生态环境规划技术与方法

王飞儿　编著

中国环境出版集团·北京

图书在版编目（CIP）数据

生态环境规划技术与方法 / 王飞儿编著. -- 北京：中国环境出版集团, 2023.10
ISBN 978-7-5111-5652-5

Ⅰ. ①生… Ⅱ. ①王… Ⅲ. ①生态规划－研究 Ⅳ. ①X32

中国国家版本馆 CIP 数据核字(2023)第 203078 号

出 版 人 武德凯
责任编辑 黄　颖　　梅　霞
封面设计 宋　瑞

出版发行 中国环境出版集团
（100062　北京市东城区广渠门内大街 16 号）
网　　址：http://www.cesp.com.cn
电子邮箱：bjgl@cesp.com.cn
联系电话：010-67112765（编辑管理部）
发行热线：010-67125803，010-67113405（传真）

印　　刷 北京中科印刷有限公司
经　　销 各地新华书店
版　　次 2023 年 10 月第 1 版
印　　次 2023 年 10 月第 1 次印刷
开　　本 787×1092　1/16
印　　张 27
字　　数 555 千字
定　　价 135.00 元

序

规划是从理念到行动、从理论到实践的政策载体与桥梁，是国家治理体系的重要组成部分。生态环境规划作为我国环境治理体系中的一项基础制度，是生态环境管理的重要手段，具有很强的统领性和战略性，不仅推动了不同时期我国环境保护工作的系统施策，还为实现社会经济和生态环境协调发展提供了有效途径。

我国生态环境规划经过了近50年的探索发展，经历了从无到有、从简单到完善的发展过程，逐步形成了有层次、分类型、多样化的规划体系，规划理念、技术方法取得了重大进展，规划实践探索丰富多样，成为国民经济和社会发展规划体系中的重要组成部分。然而生态环境规划的编制专业性较强，需要科学系统的技术方法体系作为支撑。因此，生态环境规划技术创新对提升规划的科学性具有重要意义，同时也影响着生态环境精细化管理水平。我们必须看到在我国生态环境规划实践深入推进过程中，规划技术方法不断迭代，新技术逐步被应用。特别是近年来以“3S”技术为代表的地理信息技术蓬勃发展，数据库技术、模型模拟技术、可视化技术等逐步得到应用，拓展了生态环境规划的广度和深度，提升了规划编制的精细化、信息化和空间化水平。此外，在生态环境管理转型新形势下，环境空间规划技术、规划情景分析技术、环境系统模拟仿真技术、环境经济学分析技术等都得到了快速发展。

党的十八大以来，生态文明制度改革深入推进，美丽中国、人与自然和谐成为社会主旋律，在经济高质量发展和生态环境高水平保护统筹推进的背景下，要求生态环境规划在促进生态文明建设、系统谋划环境污染治理、改善生态环境质量中继续发挥重要引领作用。因此，新时期的生态环境规划编制不但要在规划理念上进行创新，在规划领域上进行拓展，更需要在规划技术上有所突破。

近年来，生态环境部环境规划院、全国高等院校及地方院所积极参与国家生态文明、绿色发展、美丽中国等战略研究，并承担了国家及地方中长期生态环境规划、重点流域和区域规划、重点领域环境规划等的编制与实施评估，生态环境规划实践丰富多彩。但同时我们也必须看到，我国各类生态环境规划编制过程中仍存在规划编制技术方法创新不足、标准规范体系支撑不够的问题，亟须集成新技术、新方法来提升我国生态环境规划水平。我很高兴看到一本关于生态环境规划技术的著述出现，用于指导生态环境规划的科学编制，满足社会经济综合决策和环境精细化管理的需求。

浙江大学王飞儿老师编制的《生态环境规划技术与方法》基于我国近50年来生态环境规划研究与实践，系统阐述了生态环境规划理论基础、技术方法、规划体系，对我国生态环境规划技术及进展进行了深入、系统的总结，初步建立了生态环境规划技术方法体系，是一本很有价值的生态环境规划参考书。该书的特色主要体现在3个方面：一是梳理了生态环境规划基本原理和理论，构建了生态环境规划理论应用体系；二是基于社会经济转型对生态环境规划技术提出的新要求，对生态环境规划编制各环节所涉及的技术方法进行了全面总结，并引入最新研究成果，丰富了规划技术方法体系；三是围绕着以生态环境保护五年规划为统领、空间规划为基础、区域规划和专项规划为支撑的生态环境规划体系，系统地介绍了生态环境保护五年规划、生态环境空间管控规划、区域生态建设规划、环境要素专项规划等各类规划的基本内容及技术方法，充分体现了我国生态环境规划领域的技术进展。

党的十九届五中全会提出了建设美丽中国的远景目标，党的二十大报告确立了建设人与自然和谐共生的现代化，为新时代生态环境保护指明了方向。然而，我国生态环境保护形势仍十分严峻，生态环境规划面临着一系列新挑战，需要全社会共同努力，积极探索，创新规划理念，完善规划体系，健全规划技术规范，提高规划编制科学性、系统性，使规划能更好地引领我国生态环境保护综合施策。相信《生态环境规划技术与方法》将成为生态环境规划研究的重要成果之一。同时，也希望浙江大学在生态环境规划领域有更多的学术成果，为我国生态环境规划学科的发展添砖加瓦。

中国工程院院士

生态环境部环境规划院院长

王金南

2023年1月

前　言

环境污染与生态破坏归根结底是由于人类过度及盲目的社会经济活动所造成的。生态环境规划是为了使生态环境与社会经济协调发展，依据社会经济规律、生态规律和地球科学原理，对人类自身活动和环境所作的时间和空间上的合理安排，是为了克服人类经济社会活动和环境保护活动的盲目性和主观随意性而进行的科学决策活动。

我国生态环境规划伴随国家生态环境保护事业的起步而开展，规划实现了由重点到全面、由区域到全国、由要素到领域、由环境污染治理到生态文明和美丽中国建设的发展轨迹。在这个过程中，规划理念不断创新、规划层级不断提升、规划体系不断完善、规划技术不断突破，已经形成了一套具有中国特色的生态环境规划体系。生态环境规划在我国生态环境管理过程中的基础性、统领性、战略性作用日益增强。党的十八大以来，生态文明建设持续推进，美丽中国、人与自然和谐共生的现代化、“碳达峰与碳中和”等远景目标的提出，赋予了生态环境规划新的历史使命，也对生态环境规划界定了新边界、提出了新要求。

生态环境规划的编制是一项复杂且涉及多学科的系统工程。在我国生态环境规划编制过程中，环境调查与评估、形势分析与预测、目标方案制定与优化等都需要科学的技术方法作为支撑。然而，当前生态环境规划编制的理论基础研究不深，模型方法开发不够，技术研发与实践应用脱节，与生态环境规划的科学编制要求仍有较大的差距。为适应新时期生态环境保护对规划编制与实施的要求，引导我国生态环境规划实践向更科学、更规范的方向发展，笔者基于我国近 50 年的生态环境规划研究成果及实践，系统总结了国内外生态环境规划技术方法及进展，构建了科学性、实用性强的生态环境规划编制技术方法体系。

本书立足于科学性、实用性、全面性、合理性的总体要求，以反映当代生态环境规划理论技术与实践的最新进展为目标，按照“基础理论—技术方法—规划体系”的结构进行编写。全书共分为 3 个部分：第一部分在对生态环境规划基本原理及发展历程进行阐述的基础上，重点介绍了可持续发展理论、生态学理论、系统科学理论、空间结构理论等生态环境规划理论基础；第二部分从规划全过程出发，分别介绍了生态环境调查评价、环境模拟与预测、生态环境空间区划、目标方案决策及规划实施评估等环节的技术方法及内容；第三部分按照“以五年综合规划为统领、空间规划为基础、区域规划和专项规划为支撑”的规划体系，分别介绍了生态环境保护五年规划、生态环境空间管控规划、区域生态建设规划及环境要素规划（水、气、土、生态）等的主要内容与支撑技术。

党的十九大以来，生态环境体制机制改革拓展了生态环境规划的边界与内容，进一步强化了生态环境规划的综合性、基础性。本书在对生态环境规划理论进行总结的基础上，按照生态环境规划流程对各环节所涉及的内容与技术方法进行了系统梳理，并纳入了当前生态环境规划领域的最新研究成果，丰富了规划的技术方法体系。本书既是对我国生态环境规划领域技术方法及重点规划类型的总结，也吸收了国内外同行及笔者多年生态环境规划实践研究成果，较好地反映了生态环境规划领域的技术进展。

本书在编著过程中得到了王金南院士的指导，收获了宝贵的修改意见，在此表示诚挚的感谢。同时，书中参考并引用了众多专家学者的著作与研究成果，在此向相关作者表示衷心的感谢。由于生态环境规划涉及领域广泛，以及笔者水平有限，书中难免存在疏漏、不足之处，敬请读者不吝批评指正。

王飞儿

2023 年 1 月

目　录

第1章 绪 论

生态环境规划是指为使生态环境与社会经济协调发展，把“社会-经济-环境”作为一个复合生态系统，依据社会经济规律、生态规律和地球科学原理，对其发展变化趋势进行研究而对人类自身活动和环境作出时间和空间上的合理安排。环境污染与生态破坏日益严峻，归根结底是由于人类过度及盲目的社会经济活动所造成的。生态环境规划作为一种克服人类经济社会活动和环境保护活动盲目性和主观随意性的科学决策活动，是防治环境污染与生态破坏、提高环境质量、提供更多优质生态产品的重要手段和根本保证。随着人民日益增长的优美生态环境需要，生态环境规划越来越受到社会的广泛重视，在国际上也是一项重要的环境管理手段。我国生态环境规划工作始于 20 世纪 70 年代，生态环境规划实践经历了从孕育尝试到提高的发展历程，生态环境规划技术方法也经历了从单一到系统的发展历程，已经成为国民经济和社会发展规划的有机组成部分。随着科学发展观、生态文明理念深入我国社会经济建设的各个方面，要切实做到全面协调可持续发展基本要求，政府及各部门制定相互包容、彼此嵌套、合成体系的规划已成为最重要的行政手段，而生态环境规划在实现综合、科学决策中的作用也将更为突出。

1.1 生态环境规划概述

1.1.1 生态环境规划概念

规划是某一特定领域的发展愿景，是基于对未来整体性、长期性和基本性问题的思考来设计未来整套行动方案。规划包含两层含义：一是描绘未来，即人们根据对规划对象现状的认识对其未来目标和发展状态进行构思；二是行为决策，即人们为达到或实现未来发展目标应采取的行动。

生态环境规划是国家规划体系的组成部分之一，是指人类为使生态环境与经济社会协调发展而对自身活动和生态环境在时间、空间上所作出的合理安排，是对一定时期内的生态环境保护目标和措施所作出的规定。在生态环境规划的发展历程中，人们对生态环境规划的认识也不尽相同。有的学者把生态环境规划看作在一定时期、一定范围内整治和保护生态环境，达到预定生态环境目标所作出的总体部署和规定；而有的学者认为生态环境规划是政府或组织根据生态环境保护法律法规所作出的、今后一定时期内保护生态环境功能和环境质量的行动计划；还有学者认为生态环境规划是对不同地域和不同空间尺度的未来生态环境保护进行规范、系统筹划，是实现预期生态环境目标的一种综合性手段。

综合来看，生态环境规划是为了保护人类生存、社会经济持续发展所依赖的环境，而对一定时期内人类自身生产生活活动进行调控，包括引导、约束、规范人类社会经济活动在时间与空间上的安排，合理配置环境质量、生态服务、环境容量和生态承载力等公共物品与服务，设置生态环境功能区，安排环境基础设施建设等。生态环境规划既是一定时间内的生态环境保护方针、战略、指导思想，也是对未来一定时期内生态环境保护目标、任务、工程、措施所作出的具体规定，具有强制性。

1.1.2 生态环境规划特点

（1）整体性与关联性

生态环境规划的整体性反映在环境要素和各个组成部分之间构成了一个有机整体，关联性反映在各要素之间又存在一定的联系。生态环境各要素自身的问题特征和规律十分突出，有其相对确定的分布结构和相互作用关系，从而各自形成了独立、整体性强、关联度高的体系。

生态环境规划的关联性还反映在规划过程中各技术环节之间关系紧密、关联度高，各环节均会影响和制约相关环节，同时又会受到其他环节的影响和制约，因此，规划工作应从生态环境系统的整体出发，全面考察研究，单独从某一环节着手并进行简单的串联叠加则难以获得有价值的系统结果。

（2）综合性与交叉性

生态环境规划的综合性反映在其涉及领域广泛、影响因素众多、对策措施综合、部门协调复杂。随着人类对环境保护认识的提高和实践经验的积累，生态环境规划的综合性及集成性日益增强。当代生态环境保护的兴起和发展是从治理污染、消除公害开始的，并大致经历了以单纯运用工程技术措施治理污染为特征的第一阶段；以污染防治相结合为核心的第二阶段；以环境系统规划与综合管理为主要标志的第三阶段；以生态环境社会经济统筹为核心的第四阶段。近年开展的环境规划在内容上综合了自然、工程、技术、经济、社会等多学科知识，同时也与建设、水务、气象、国土、经济、计划、农林等多部门进行了协调，是一个融多部门成果的集成产物。

同时，生态环境规划所依据的技术方法和支撑软件环境具有多学科性。在生态环境规划过程中，无论是信息收集、储存、识别、核定，还是生态环境现状调查及问题识别，未来趋势预测，方案对策制定，环境影响技术经济模拟及评估，多目标方案评选等，均涉及大量定性或定量的各类信息与因素，这些信息与因素基本都涉及环境、经济、社会及科学与工程等多学科。特别是由于环境问题的复杂性、成因的多源性，单纯注重数学模型复杂演算，只注重工程措施，只对某局部环节作分散研究，或者只对宏观对策作理论论述，都难以解决问题。环境问题的解决需要发挥多学科优势，逐步建立起一套将定性、定量因素相结合的处理方法、手段和工具。

（3）区域性与类别性

生态环境问题呈地域特异性，因此生态环境规划必须注重“因地制宜”。由于不同地区具有不同的社会背景、社会经济结构和经济发展速度，生态环境问题及特征不同，控制方案评价指标体系的构成及指标权重不同，各类模型中参数、系数属地修正不同，各地技术条件和基础数据条件不同，因此在总结精练生态环境规划的基本原则、规律、程序和方法时必须融入地方特征才有效。同时，空间布局和结构理论及环境问题种类繁多的特点也要求在解决环境问题时体现出分区分类特征。生态环境规划的分区分类特征也体现了我国环境管理差异化的要求。

（4）动态性与不确定性

生态环境规划是对自身活动和环境所作的在时间、空间上的合理安排，是对一定时期内的环境保护目标和措施所作出的规定，因此具有较强的时效性。但外部影响因素不断变化，无论是生态环境问题（包括现存的和潜在的），还是社会经济条件等都随时间发生着难以预料的变化，而这种变化也往往带来了生态环境规划的不确定性。基于一定条件（现状或预测水平）制定的生态环境规划，随着社会经济发展方向、发展政策、发展速度及实际环境状况而变化，这就要求环境规划工作具有快速响应和更新的能力，即要根据变化适时进行调整。因此要从理论、方法、原则、工作程序、支撑手段、工具等方面着手，逐步建立起一套滚动环境规划管理系统，以适应生态环境规划不断更新调整、修订的需求，减少随机性影响。

（5）政策性与约束性

尽管生态环境规划没有单独进行立法，但是《中华人民共和国环境保护法》等法律对生态环境规划作为一项重要环境管理制度进行了规范，也将该项工作列入了生态环境行政主管部门的首要职能。生态环境规划已成为我国各项生态环境保护工作开展的重要依据，生态环境规划的指导性作用体现得十分明确，因而带有很强的政策性特征。同时生态环境规划具有较强的约束性，主要体现在规划组织及实现过程中。从生态环境规划的最初立项、规划编制到最后的规划方案决策分析，都需要依据相关法律法规及标准进行选择；生态环境规划一经制定和权力机关讨论通过并颁布，就具备了法律性质。因此，生态环境规划的组织与实施具有国家法律作后盾的强制性，其所规定的内容，对有关部门、有关单位、有关人和事都具有约束性。

1.1.3 生态环境规划作用

生态环境规划从可持续发展角度出发，将生态环境问题与社会经济问题一起考虑，并在经济社会发展中求得解决，以取得经济社会与生态环境的协调发展。因此，生态环境规划已成为我国环境保护工作的重要组成部分和手段，对促进环境和经济与社会的可持续发展，保障将环境保护活动纳入国民经济和社会发展计划起到了十分重要的作用。总体来说，生态环境规划的作用可归纳为以下 5 个方面。

（1）促进环境与经济、社会的可持续发展

大量事实告诉我们，生态环境问题必须从根本上加以解决才能取得有效进展，头痛医头、脚痛医脚的治污模式不但不能解决问题，还会随着一个问题的解决又出现新的问题。因此生态环境问题的解决必须以注重预防为主，防患于未然；否则将损失巨大、后果严重。生态环境规划的重要作用就在于协调环境与经济、社会的关系，预防环境问题的出现，促进环境与经济、社会的可持续发展。

（2）保障环境保护活动与经济社会发展活动相统筹

《中华人民共和国环境保护法》明确规定，县级以上人民政府应当将环境保护工作纳入国民经济和社会发展规划，环境保护规划的内容应当包括生态保护和污染防治的目标、任务、保障措施等，并与主体功能区划、土地利用总体规划和城乡规划等相衔接。生态环境规划将生态环境保护纳入了国民经济和社会发展计划，使生态环境保护的目标与国民经济和社会发展相适应，实现了生态环境保护工作与社会建设、经济建设、制度建设等工作的统筹。

（3）改善环境质量，维护生态服务功能

生态环境规划的重要目标之一是改善环境质量，防止生态破坏。这也是生态环境规划在环境保护中最基本的作用，是其他规划不可替代的。生态环境规划在对规划区域内的生态特征、环境问题进行识别的基础上，根据区域生态环境承载能力来进行合理的产业布局、规范人类活动，并采取有效措施解决环境问题，开展环境建设活动，从而推动区域环境质量改善，提升区域生态服务功能，实现生态系统良性循环。

（4）指导各项环境保护活动的进行

生态环境规划制定的功能区划、质量目标、控制指标和各种措施及工程项目，给人们提供了环境保护工作的方向和要求，可以指导环境保护和生态建设等各项环境保护与生态建设活动的开展，对有效实现环境科学管理起着决定性作用。

（5）以最小的投资获取最佳的环境效益

环境既是人类生存的基本要素，也是生活的重要指标，又是经济发展的物质基础。然而，任何环境保护活动都需要有人力、物力和财力的投入。在有限的资源和资金条件下，特别是对于发展中的中国来说，如何用最小的投入实现经济和环境的协调发展就显得尤为重要。生态环境规划正是运用科学的方法，保障在发展经济的同时，以最小的投资获取最佳环境效益的有效措施。

1.1.4 我国生态环境规划发展历程

我国生态环境规划是伴随环境保护工作的开展而发展的。近 50 年来，生态环境规划工作经历了从无到有、从简单到完善的过程。生态环境规划发展历程表明，生态环境保护与社会经济发展密切相关，每个时期的规划确定的工作重点虽然有所不同，但都对指导时下的环境保护工作发挥了纲举目张的作用，成为国民经济和社会发展规划体系中的重要组成部分，推动了生态环境保护事业的发展。纵观我国生态环境发展历程，可从时间上将其大致划分为 5 个阶段：起步阶段、探索阶段、发展阶段、提高阶段及深化阶段。

（1）起步阶段（1973—1985 年）

1973 年 8 月，国务院召开了第一次全国环境保护会议，审议通过了《关于保护和改善环境的若干决定（试行草案）》，确定了我国第一个关于环境保护的“全面规划、合理布局、综合利用、化害为利、依靠群众、大家动手、保护环境、造福人民”32 字方针。“全面规划”是 32 字方针之首，以此确立了环境规划在各项环境管理制度中的统领地位。

1973 年我国第一次全国环境保护会议的召开，标志着我国环境管理工作的开启。按照原国家计委《关于拟定十年规划的通知》，国务院环境保护领导小组于 1975 年 5 月编制了环境领域第一个国家计划《关于制定环境保护十年规划和“五五”（1976—1980 年）计划》，计划提出了“5 年内控制、10 年内基本解决环境污染问题”的总体目标，这反映了当时国家治理污染的决心和良好愿望。但由于在制定环境保护规划目标时，对我国环境污染现状不明，低估了环境污染的复杂性、治理污染的艰巨性和解决环境问题的长期性，致使这一目标完全不可能实现。“五五”（1976—1980 年）计划是我国第一个环境保护规划，对环境规划的内涵、意义与方法论，规划的实施与管理都没有充分认识，环境保护规划编制仍处于想做而不知如何去做的起步阶段。这一时期的环境保护规划属于污染治理型计划，代表性规划包括《官厅水库水源保护 1976—1985 年规划要点》，该类规划一方面具有很强的时代特征，另一方面，许多目标也是不切实际的，但与“五五”（1976—1980 年）计划一样，也属于污染治理型计划。

“六五”期间，环境保护作为独立的篇章纳入了国民经济和社会发展第六个五年计划，并作为与发展工农业生产、调整产品结构、鼓励企业技改、扩展对外贸易等经济建设领域并列提出的第十项基本任务，提出实施“三同时”制度与提高“三废”处理能力，环境保护的重要意义也被充分肯定。同时，不少地区和城市借鉴国外环境规划的方法，开始编制环境规划，其中具有代表性的环境规划有“山西能源重化工基地环境规划”“济南市环境规划”“长春市环境规划”等。各地区根据“六五”（1981—1985 年）计划确定的环境目标做了大量工作，并且都取得了显著成就。城市环境急剧恶化的趋势有所控制，环境管理得到了加强。但总体来说，环境规划工作仍薄弱，许多地方环境规划还没有真正纳入国民经济和社会发展计划之中。

另外，这一阶段我国也开始开展一些环境保护规划理论和方法研究，如环境影响评价、环境容量等规划基础研究，并取得了一些有价值的成果。但总体来说，该阶段的环境规划仍处于起步阶段，无论是从方法学还是理论体系上，仍未形成。

（2）探索阶段（1986—1990 年）

该阶段环境保护计划编制工作全面展开。环境保护规划工作结合国民经济和社会发展第七个五年规划开展，并作为独立文件颁布实施。国家“七五”（1986—1990 年）计划的主要目标、基本任务和一些可量化指标以独立篇章纳入了《中华人民共和国国民经济和社会发展第七个五年计划》。

“七五”（1986—1990 年）计划突出城市环境综合整治和工业污染防治工作，强调不同地区和行业要有针对性地提出各自的环保目标。强调环境容量约束与总量控制，要求“人口密度高和工业集中地区的工业，应当逐步向环境容量大的地区转移。在环境容量许可条件下开采自然资源，继续进行环境容量研究工作。经济区和城市群共同使用的水系应逐步实行污染物总量控制”。注意经济区、城市群和乡镇企业出现的一系列新的环境问题，注重环境管理制度在环境保护计划中的重要作用。

“七五”（1986—1990 年）计划的多数指标已经完成，在经济高速发展、国家对环境保护投资有限的情况下，环境污染在一定程度上得到控制。“七五”（1986—1990 年）计划的科学性有了显著的提高。第一次形成了一个内容比较丰富、指标比较齐全、方法比较科学的环境保护五年计划。

此外，该阶段在全国各地广泛开展了大量环境预测研究工作，完成了“全国 2000 年环境污染预测与对策研究”项目，为国家的环境规划奠定了基础。然而，该阶段的环境规划编制还缺乏统一的规划编制大纲和规划编制技术指南，大多数环境保护规划仍停留在宏观目标规划层次上，操作性不强。

（3）发展阶段（1991—1995 年）

“八五”（1991—1995 年）计划强化了“七五”（1986—1990 年）计划对总量的控制要求，提出了污染防治逐步从浓度控制转变为总量控制，从末端治理到全过程防治；提出了工业粉尘排放总量控制目标，对重点工业污染源、流域、海域实行污染物总量控制；注重环境保护与经济、社会的协调发展，强化了环境管理与科技进步。

“八五”（1991—1995 年）计划的显著进展在于首次把环境保护指标纳入了国民经济和社会发展计划中。环境规划编制有了全国统一的技术大纲，大纲规定了规划编制的主导思想、指标体系、主要内容和主要方法。规划中不仅编制了宏观的环境污染物总量控制计划，还编制了环境质量保护的污染物控制计划。主要指标还分解到了省（自治区、直辖市）和计划单列市。在时间序列上，除了有十年计划、五年计划，还编制了年度计划，并纳入了国家国民经济和社会发展年度计划。初步形成了一个以促进经济与环境持续、协调发展为目的的宏观环境保护目标规划和以污染物排放、治理分配到源为特征的环境质量规划相结合的环境规划体系。

“八五”期间，环境保护从单一的污染治理型向污染防治型转变，并从各个层次逐步纳入国民经济和社会发展计划。这一时期的工业污染防治和城市环境综合整治成效显著，自然保护区建设取得较大进展。同时，环境保护规划编制技术方法进一步完善，一些研究单位还开发了环境污染治理规划的复杂模型和方法，计算机等信息技术手段开始在环境规划中得到应用。本阶段还首次编制了全国统一的环保规划编制大纲，规划编制的科学性有了较大提高。

（4）提高阶段（1996—2005 年）

20 世纪 90 年代以后，随着我国经济持续快速发展，发达国家上百年工业化过程中分阶段出现的环境问题在我国集中出现，环境与发展的矛盾日益突出。资源相对短缺、生态环境脆弱、环境容量不足逐渐成为我国发展中的重大问题。同时，此阶段我国正处于工业化和城市化加速发展的阶段，也正处于经济增长和环境保护矛盾十分突出的时期。

为贯彻落实《国民经济和社会发展“九五”计划和 2010 年远景目标纲要》和《国务院关于环境保护若干问题的决定》（国发〔1996〕31 号文件），1996 年 7 月国务院召开的第四次全国环境保护会议审议通过了《国家环境保护“九五”计划和 2010 年远景目标》（以下简称“九五”环保计划），这是国家环保五年计划第一次经国务院批准实施。

1992 年联合国环境与发展大会之后，我国提出《中国环境与发展十大对策》和《中国 21 世纪议程——中国 21 世纪人口、环境与发展白皮书》，要求各级人民政府和有关部门在制定和实施发展战略时，编制环境保护规划，提出了走可持续发展之路的必要性。“九五”环保计划进一步明确了可持续发展战略，并在国民经济和社会发展规划中单列了可持续发展环保目标，这也标志着环境保护规划步入了另一个新阶段。

“九五”环保计划的目标是力争使环境污染和生态破坏加剧的趋势得到基本控制，部分城市和地区的环境质量有所改善。要求实现“一控双达标”，突破重点流域区域污染防治。“九五”环保计划推出了两项重大举措，即《“九五”期间全国主要污染物排放总量控制规划》和《中国跨世纪绿色工程规划》。从“九五”时期开始，国家确定了以“三河三湖”和“两控区”为污染防治重点，第一次颁布了“三河三湖”流域水污染防治规划和“两控区”二氧化硫污染防治规划。这些都是对“七五”“八五”环保计划的重大创新和突破。

“九五”期间开始全国实行污染防治与生态保护并重方针。这期间，原国家环保局出台了 6 项国家级环境保护规划并获国务院批准实施，同时还联合国家计委等 13 个部门印发了《中国生物多样性保护行动计划》《中国自然保护区发展规划纲要（1996—2010）》两项规划。环境保护呈现多部门合作、多部门参与的局面。

进入 21 世纪，我国环境状况总体恶化的趋势尚未得到根本遏制，环境矛盾凸显，压力继续增大。一些重点流域、海域水污染严重，部分区域和城市大气灰霾现象突出，许多地区主要污染物排放量超过环境容量。农村环境污染加剧，重金属、化学品、持久性有机污染物及土壤、地下水等污染显现。部分地区生态损害严重，生态系统功能退化，生态环境较为脆弱。核与辐射安全风险增大。人民群众环境诉求不断提高，突发环境事件的数量居高不下，环境问题已成为威胁人体健康、公共安全和社会稳定的重要因素之一。同时，随着人口总量持续增长，工业化、城镇化快速推进，能源消费总量不断上升，污染物产生量将继续增加，经济增长的环境约束日趋强化。2001 年 12 月，《国家环境保护“十五”计划》（以下简称“十五”计划）获国务院批复，继续重点抓好“三河、三湖、两控区”，北京，渤海等“九五”期间确定的环境保护重点区域的污染防治工作，抓紧治理三峡库区和南水北调工程沿线的水污染。“十五”计划坚持污染防治与生态保护并重的原则，坚持环境保护基本国策走可持续发展战略，以改善环境质量为目标，保障国家环境安全，保护人民身体健康，以流域、区域环境区划为基础，突出分类指导。“十五”计划的主要指标、重点任务和政策措施等都纳入了《国民经济和社会发展第十个五年规划纲要》中。

“十五”期间，各类规划全面推进，除国家环境保护规划外，有 8 个专项规划获得国务院批准实施，国务院还印发了《全国生态环境保护纲要》。同时，“十五”期间还编制并实施了《“十五”期间全国主要污染物排放总量控制分解规划》，确定了 6 项主要污染物排放总量控制指标，并分解了总量控制目标到各省（自治区、直辖市）和计划单列市。另外，首次对全国进行了系统的水环境功能区划，并初步完成了我国 31 个省（自治区、直辖市）的生态功能区划编制工作。

“十五”期间，一些重点区域的环境保护规划也取得了重大进展，如《珠江三角洲环境保护规划纲要》和《广东省环境保护规划纲要》在规划思路、技术方法、重点任务、规划实施机制上都具有重大创新。《珠江三角洲环境保护规划纲要》首次提出了生态环境空间管控的概念，并通过广东省人大审议印发实施，是我国第一个通过立法实施的区域性环保规划，解决了环境规划执行力弱、缺乏法律地位的尴尬局面。随后，长江三角洲、京津冀区域的环境保护规划编制工作也相继展开。

（5）深化阶段（2006 年至今）

“十一五”期间，我国国民经济和社会发展规划发生了一些重大的变化，主要体现在从传统的 GDP 增长和总量平衡规划转向了更加注重区域协调发展和空间布局、发展质量的规划；将主要污染物排放总量显著减少作为国民经济和社会发展纲要的约束性指标，建立了严格的总量考核制度，通过大工程带动大治理；将环境保护作为贯彻落实科学发展观、转变经济发展方式、推进生态文明建设的重要内容和主要手段。中共中央政治局和国务院常务委员会专题听取了关于“十一五”规划思路的汇报，第一次将国家五年环境保护计划以国务院印发形式颁布，反映出国家高度重视环境保护工作。

《国家环境保护“十一五”规划》（以下简称“十一五”规划）使我国环境保护发生了历史性转变。从国民经济规划对环保工作思路的导向性来看，“九五”环保计划、“十五”计划及之前的计划强调区域性、行业性，大多分为城市环境保护、农村环境保护、工业污染防治等领域。“十一五”规划则强调要素导向，水、气、渣等体现要素管理、分类实施。国民经济规划在促进区域协调发展等多个环节提及了环境保护，同时单列了建设资源节约型、环境友好型社会任务篇章，比“十五”计划中关于人口、资源、环境任务的表述内涵要广；强调要实行强有力的环保措施，主要通过健全法律法规、加大执法力度等法律手段，并辅以经济手段加以落实。

“十一五”期间，着力解决突出环境问题，在认识、政策、体制和能力等方面取得重要进展。继水环境功能区划工作取得进展后，2008 年，环境保护部和中国科学院联合颁布并实施了《全国生态功能区划》。在国家“十一五”规划纲要中明确要求了对 22 个重要生态功能区实行优先保护，适度开发。

“十二五”规划开启了积极探索面向环境质量和环境风险的环境保护转型。与以往的规划相比，“十二五”规划的编制体现了坚持“在保护中发展，在发展中保护”的战略思想，体现了以环境保护优化经济发展的历史定位，更体现了国家对环境保护重大战略任务的统筹安排。在规划指导思想上，紧扣科学发展这个主题和加快转变经济发展方式这条主线，努力提高生态文明水平，切实解决影响科学发展和损害人民群众健康的突出环境问题。全面推进环境保护历史性转变，积极探索代价小、效益好、排放低、可持续的环境保护新道路，加快建设资源节约型、环境友好型社会。在规划编制机制上，更加注重开门编制规划，加强基础研究，广泛听取各行业各领域专家学者的意见和建议。在规划内容上，提出深化主要污染物总量减排、努力改善环境质量、防范环境风险和保障城乡环境保护基本公共服务均等化四大战略任务。“十二五”规划的主要目标、主要指标、重点任务、政策措施和重点工程项目都纳入了《国民经济和社会发展第十二个五年规划纲要》。

“十二五”期间编制出台了一系列规划（表 1-1）。此外，还启动了城市环境总体规划编制试点，广州、福州、北京、成都、青岛、济南、哈尔滨、乌鲁木齐、宜昌等超过 40 个城市启动了城市环境总体规划的编制，探索建立起具有基础性、战略性、空间性、系统性等特征的城市环境总体规划，极大地提高了环境管理系统化、科学化、法治化、精细化、信息化水平。

表 1-1　我国不同时期主要生态环境规划文件

时期	年份	文件名称	印发部门	特点
“九五”	1996	《国家环境保护“九五”计划和 2010 年远景目标》	国务院批准，国家环境保护局、国家计委、国家经贸委联合印发	首次由国务院批准实施，采用了“质量—总量—项目—投资”四位一体的技术路线；颁布了“三河三湖”流域水污染防治规划
	1996	《“九五”期间全国主要污染物排放总量控制计划》	“九五”计划附件	
	1996	《中国跨世纪绿色工程规划》（第一期）	“九五”计划附件	
	1996	《淮河流域水污染防治规划及“九五”计划》	国务院批准	
	1998	《太湖水污染防治“九五”计划及 2010 年规划》	国务院批准	
	1998	《滇池流域水污染防治“九五”计划及 2010 年规划》	国务院批准	
	1999	《海河流域水污染防治规划》	国务院批准	
	1999	《辽河流域水污染防治“九五”计划及 2010 年规划》	国务院批准	
	1994	《中国生物多样性保护行动计划》	国家环境保护局、国家计委等 13 个部委联合印发	
	1997	《中国自然保护区发展规划纲要（1996—2010 年）》	国家环境保护局、国家计委等联合印发	
“十五”	2000	《全国生态环境保护纲要》	国务院印发	以控制污染物排放总量为主线，坚持污染防治与生态保护并重
	2001	《国家环境保护“十五”计划》	国家环境保护总局、国家计委、国家经贸委、财政部联合印发	
	2001	《“十五”全国污染物总量控制计划》	“十五”计划附件	
	2002	《国家环境保护“十五”重点工程项目规划》	“十五”计划附件	
	2001	《渤海碧海行动计划》	国务院批准	
	2001	《太湖水污染防治“十五”计划》	国务院批准	
	2002	《巢湖流域水污染防治“十五”计划》	国务院批准	
	2003	《滇池流域水污染防治“十五”计划》	国务院批准	
	2003	《淮河流域水污染防治“十五”计划》	国务院批准	
	2003	《辽河流域水污染防治“十五”计划》	国务院批准	
	2003	《南水北调东线工程治污规划实施意见》	国务院批准	
	2001	《三峡库区及其上游水污染防治规划（2001—2010 年）》	国家环境保护总局印发	
	2002	《两控区酸雨和二氧化硫污染防治“十五”计划》	国家环境保护总局印发	
	2004	《全国危险废物和医疗废物处置设施建设规划》	国家环境保护总局印发	
	2001	《国家环境保护总局关于开展环境法制宣传教育的第四个五年规划》	国家环境保护总局印发	

时期	年份	文件名称	印发部门	特点
	2007	《国家环境保护“十一五”规划》	国务院印发	
	2006	《“十一五”期间全国主要污染物排放总量控制计划》	国务院批复	
	2006	《松花江流域水污染防治“十一五”规划》	国务院批准	
	2008	《太湖流域水环境综合治理总体方案》	国务院批准	
	2006	《丹江口库区及上游水污染防治和水土保持规划》	国务院批准	
	2008	《淮河流域水污染防治规划（2006—2010年）》	环境保护部、国家发展和改革委员会、水利部、住建部联合印发	
	2008	《海河流域水污染防治规划（2006—2010年）》	环境保护部、国家发展和改革委员会、水利部、住建部联合印发	
	2008	《辽河流域水污染防治规划（2006—2010年）》	环境保护部、国家发展和改革委员会、水利部、住建部联合印发	
	2008	《巢湖流域水污染防治规划（2006—2010年）》	环境保护部、国家发展和改革委员会、水利部、住建部联合印发	
“十一五”	2008	《滇池流域水污染防治规划（2006—2010年）》	环境保护部、国家发展和改革委员会、水利部、住建部联合印发	注重区域协调发展和空间布局、发展质量，强调刚性约束作用
	2008	《黄河中下游流域水污染防治规划（2006—2010年）》	环境保护部、国家发展和改革委员会、水利部、住建部联合印发	
	2008	《三峡库区及其上游水污染防治规划（修订本）》	国家环境保护总局、国家发展和改革委员会印发	
	2006	《国家农村小康环保行动计划》	国家环境保护总局印发	
	2006	《全国生态保护“十一五”规划》	国家环境保护总局印发	
	2007	《国家重点生态功能区规划纲要》	国家环境保护总局印发	
	2007	《全国生物物种资源保护与利用规划纲要》	国家环境保护总局印发	
	2007	《全国农村环境污染防治规划纲要（2007—2020年）》	国家环境保护总局印发	
	2010	《中国生物多样性保护战略与行动计划（2011—2030年）》	环境保护部印发	
	2008	《国家酸雨和二氧化硫污染防治“十一五”规划》	环境保护部印发	
	2006	《国家环境保护“十一五”科技发展规划》	国家环境保护总局印发	
	2007	《国家环境技术管理体系建设规划》	国家环境保护总局印发	
	2006	《“十一五”国家环境保护标准规划》	国家环境保护总局印发	
	2007	《国家环境与健康行动计划（2007—2015年）》	卫生部印发	

时期	年份	文件名称	印发部门	特点
“十一五”	2005	《“十一五”全国环境保护法规建设规划》	国家环境保护总局印发	
	2008	《国家环境监管能力建设“十一五”规划》	国家环境保护总局印发	
	2007	《全国城市生活垃圾无害化处理设施建设“十一五”规划》	国家发改委印发	
	2007	《现有燃煤电厂二氧化硫治理“十一五”规划》	国家发改委印发	
	2007	《能源发展“十一五”规划》	国家发改委印发	
“十二五”	2011	《国家环境保护“十二五”规划》	国务院印发	探索环境质量与风险防范型规划，深化污染物总量减排—环境质量—环境风险—公共服务四大战略任务
	2013	《大气污染防治行动计划》	国务院印发	
	2012	《节能减排“十二五”规划》	国务院印发	
	2012	《“十二五”节能环保产业发展规划》	国务院印发	
	2011	《重金属污染综合防治“十二五”规划》	国务院批准	
	2011	《长江中下游流域水污染防治规划（2011—2015年）》	国务院批准	
	2011	《全国地下水污染防治规划（2011—2020年）》	国务院批准	
	2012	《重点流域水污染防治规划（2011—2015年）》	国务院批准	
	2012	《丹江口库区及上游水污染防治和水土保持“十二五”规划》	国务院批准	
	2012	《重点区域大气污染防治“十二五”规划》	国务院批准	
	2012	《核安全与放射性污染防治“十二五”规划及2020年远景目标》	国务院批准	
	2012	《“十二五”全国城镇污水处理及再生利用设施建设规划》	国务院办公厅印发	
	2012	《“十二五”全国城镇生活垃圾及无害化处理设施建设规划》	国务院办公厅印发	
	2010	《中国生物多样性保护战略行动计划》（2011—2030年）	环境保护部印发	
	2011	《国家环境保护“十二五”科技发展规划》	环境保护部印发	
	2011	《国家环境保护“十二五”环境与健康工作规划》	环境保护部印发	
	2011	《国家环境监测“十二五”规划》	环境保护部印发	
	2011	《“十二五”全国环境保护法规和环境经济政策建设规划》	环境保护部印发	
	2011	《环境影响评价“十二五”规划》	环境保护部印发	
	2012	《全国主要行业持久性有机污染物污染防治“十二五”规划》	环境保护部印发	
	2012	《全国农村环境综合整治“十二五”规划》	环境保护部印发	

时期	年份	文件名称	印发部门	特点
"十二五"	2012	《"十二五"危险废物污染防治规划》	环境保护部印发	
	2011	《全国畜禽养殖污染防治"十二五"规划》	环境保护部印发	
	2013	《全国生态保护"十二五"规划》	环境保护部印发	
	2013	《化学品环境风险防控"十二五"规划》	环境保护部印发	
	2013	《国家环境保护标准"十二五"发展规划》	环境保护部印发	
	2013	《环境国际公约履约"十二五"工作方案》	环境保护部印发	
	2013	《国家环境监管能力建设"十二五"规划》	环境保护部印发	
	2014	《全国生态保护与建设规划（2013—2020年）》	其他部门联合环境保护部印发	
	2011	《全国城市饮用水卫生安全保障规划（2011—2020年）》	其他部门联合环境保护部印发	
	2012	《全国海洋功能区划（2011—2020年）》	国家海洋局印发	
	2010	《全国主体功能区划》	国务院印发	
"十三五"	2016	《"十三五"生态环境保护规划》	国务院印发	以环境质量改善为核心，生态与环境相统筹，突出环境质量改善与总量减排、生态保护、环境风险防控等系统联动，实施环境质量改善的精细化、清单式管理
	2015	《水污染防治行动计划》	国务院印发	
	2016	《土壤污染防治行动计划》	国务院印发	
	2016	《"十三五"节能减排综合工作方案》	国务院印发	
	2017	《重点流域水污染防治规划（2016—2020年）》	环境保护部联合其他部门印发	
	2016	《全国生态保护"十三五"规划纲要》	环境保护部联合其他部门印发	
	2016	《全国城市生态保护与建设规划（2015—2020年）》	环境保护部联合其他部门印发	
	2016	《国家环境保护"十三五"科技发展规划纲要》	环境保护部联合其他部门印发	
	2017	《全国农村环境综合整治"十三五"规划》	环境保护部联合其他部门印发	
	2017	《国家环境保护"十三五"环境与健康工作规划》	环境保护部联合其他部门印发	
	2017	《核安全与放射性污染防治"十三五"规划及2025年远景目标》	环境保护部联合其他部门印发	
	2017	《国家环境保护标准"十三五"发展规划》	环境保护部联合其他部门印发	
	2015	《京津冀协同发展生态环境保护规划》	环境保护部联合其他部门印发	
	2017	《长江经济带生态环境保护规划》	环境保护部联合其他部门印发	
	2017	《"一带一路"生态环境保护合作规划》	环境保护部印发	

党的十八大以来，国家坚决向污染宣战，全力推进大气、水、土壤污染防治，持续加大生态环境保护力度，生态环境质量有所改善。2016年11月国务院印发了《"十三五"生态环境保护规划》（以下简称"十三五"环保规划）。"十三五"环保规划以提高环境质量为核心，统筹部署了"十三五"生态环境保护总体工作，提出到2020年实现生态环境

质量总体改善的总体目标，确定了打好大气、水、土壤污染防治三大战役等 7 项主要任务，提出了 12 项约束性指标，突出了环境质量改善与总量减排、生态保护、环境风险防控等工作的系统联动，将提高环境质量作为核心目标和评价标准，将治理目标和任务落实到区域、流域、城市和控制单元，实施环境质量改善的精细化、清单式管理。

“十三五”环保规划的标题将“环境保护”改为“生态环境保护”，内容实现了环境保护与生态保护建设的全面统筹。在规划思路上，坚持以改善生态环境质量为核心，将三大计划的路线图转变为施工图，贯彻环境质量管理的概念。在任务设计上，强化分区分类指导，将全国水环境划分为 1 784 个控制单元，对其中的 346 个超标单元逐一明确目标和改善要求；对于京津冀、长三角、珠三角三大区域，分类提出了大气改善的目标与任务。“十三五”环保规划把绿色发展和改革作为重要任务，改变了以往将规划作为保障体系的惯例，显著强化了绿色发展与生态环境保护的联动，坚持从发展的源头解决生态环境问题。另外，“十三五”环保规划还提出了数十项重要政策制度的改革方案，用改革保障规划的实施，通过规划的实施促进改革的推进。

“十三五”期间，国务院削减各领域的规划数量，提高规划质量与可操作性，除国家环保规划外，还有 3 项规划获得了国务院批准印发，分别是《水污染防治行动计划》（以下简称“水十条”）、《土壤污染防治行动计划》（以下简称“土十条”）、《“十三五”节能减排综合工作方案》，其中“水十条”“土十条”及 2013 年印发的“大气十条”，是党的十八大以来党中央、国务院向污染宣战的重要文件。

1.2 生态环境规划体系

1.2.1 生态环境规划分类

依据不同的划分准则，生态环境规划可分为多种类型（图 1-1）。

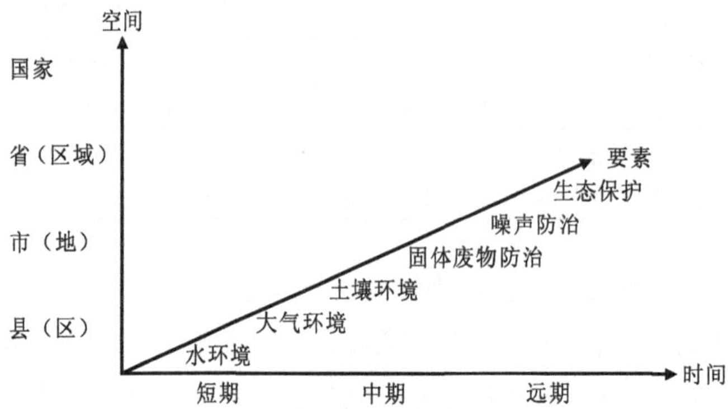

图 1-1 生态环境规划分类

（1）按规划时期划分

按时间跨度，生态环境规划大体可分为长（远）期生态环境规划、中期生态环境规划和短期生态环境规划。

长（远）期生态环境规划一般指时间跨度比较长，通常是10年以上，以纲要性计划为主的规划。其主要内容是确定生态环境保护的战略目标，主要环境问题的重要指标、重大政策措施等。因此，长（远）期生态环境规划一般比较宏观，以战略性规划为主。

中期生态环境规划的时间跨度一般在 5～10 年，在生态环境规划中属于比较常见的规划，属于基本计划。其主要内容是确定环境保护目标、主要指标、生态功能区划、环境保护任务，以及相应支撑项目、投资计划。最常见的中期生态环境规划是五年生态环境保护规划（计划）。由于我国国民经济计划体系是以五年计划为核心的计划体系，因此五年生态环境保护规划也是各类生态环境规划的核心。

短期生态环境规划一般指时间跨度在五年以下的规划，一般是中期生态环境规划的实施计划，包括三年行动计划、年度计划等，其内容相比中期规划更为具体，是对中期规划任务的具体安排，包括措施、工程和项目，可操作性强且有所侧重。

（2）按规划要素划分

按环境要素，生态环境规划可分为水环境保护规划、大气污染防治规划、土壤污染防治规划、固体废物污染防治规划、噪声污染防治规划、生态保护规划等。通常环境要素保护规划的范围要比要素污染防治规划的大，内容也更复杂。

水环境保护规划包括区域、流域水资源保护与水污染防治规划。具体地讲，水域（河流、湖泊、地下水、海洋）等环境保护规划的主要内容是对规划区内水域污染控制、水资源利用、水生态健康提出基本任务、规划目标、保护与治理措施。目前，水环境保护规划以污染防治规划为主，但近年来也慢慢扩展到水生态与水资源保护。水环境保护规划的范围及内容在不断扩大，其综合性也在不断加强。

大气污染防治规划主要是针对区域、城市或特定地区，以大气环境质量改善为目的一类规划。其主要内容是对区域内大气环境质量及污染控制提出基本目标、基本任务和主要防治措施。大气污染防治规划按其防治对象及重点又可分为酸雨控制规划、二氧化硫防治规划、空气环境质量达标规划等。

土壤污染防治规划主要是以改善土壤环境质量、保障农产品质量安全和建设良好人居环境为目标的规划。其主要内容有农用地土壤环境保护、土壤污染风险管控、污染土壤治理修复及土壤环境监管等。

固体废物污染防治规划可以是省级、市级、区级、行业、企业等的规划，主要是对规划区的固体废物处理处置及资源化利用进行规划，提出相应的目标、任务与措施。

噪声污染防治规划是指城市、小区、道路和企业的噪声污染防治规划。

生态保护规划是指侧重于生态系统保护与修复，强调生态系统服务功能和价值恢复的规划，包括自然保护区建设规划、生物多样性保护规划、重要生态功能区建设规划等。

（3）按区域及管理层次划分

按区域和管理层次划分，生态环境规划可分为国家生态环境规划、省级（区域）生态环境规划、市级生态环境规划、县（市、区）级生态环境规划、乡镇生态环境规划。

国家生态环境规划范围很大，涉及整个国家，是国家发展规划的重要组成部分，其目的是协调全国经济社会发展与生态环境保护之间的关系。国家生态环境规划对全国的环境保护工作起着指导性作用，也是各级政府和生态环境部门制订生态环境规划的重要依据，各地根据国家生态环境规划提出的目标与要求，结合本地实际制订相应的规划，并加以贯彻和落实。

省级（区域）生态环境规划一般是针对省级或相当于（或大于）省级的经济协作区，如长三角、珠三角、京津冀、长江经济带等。省级（区域）生态环境规划的综合性和地区性很强，它既是国家生态环境规划的基础，又是制订城市生态环境规划、县（市、区）级环境规划的前提。

市级、县（市、区）级生态环境规划一般是在国家或省级（区域）生态环境规划基础上，结合地方特征及生态环境保护要求而制订的生态环境规划，其目标明确、内容针对性强，是国家、省级（区域）生态环境规划的具体实施。

乡镇生态环境规划一般是县（市、区）级生态环境规划在乡镇范围内的任务分解，其目标和任务明确，同时又结合乡镇特点对乡镇生态环境保护工作进行了总体安排。

（4）按规划内容划分

按规划内容划分，生态环境规划可分为污染防治规划、生态保护规划、核与辐射安全规划、环保能力建设规划等。目前受关注较多的是污染防治规划与生态保护规划。

污染防治规划也称污染控制规划，是当前生态环境规划的重点。按内容划分，可分为工业污染防治规划、农业面源污染防治规划及城镇污染综合整治规划等；按要素划分，可分为水污染防治规划、大气污染防治规划、土壤污染防治规划、固体废物污染防治规划及噪声污染防治规划。按范围划分，可分为区域污染综合防治规划及部门污染综合防治规划。

生态保护规划是根据生态规律及社会经济发展计划，对一定地域生态平衡的维系、保护所作的具体安排。在编制国家或地区经济社会发展规划时，不是单纯考虑经济因素，而是把规划区地球物理系统、生态系统和社会经济系统紧密结合在一起进行考虑，使国家或地区的经济发展能够符合生态规律，既能促进和保证经济发展，又不使当地的生态系统遭到破坏。按不同类型划分，可分为城市生态规划、农村生态规划、海洋生态规划等。生态保护规划的内容主要是在充分了解自然生态过程特点及其与人类活动相互关系的基础上，根据具体的社会经济条件和自然资源潜力，提出维护社会经济功能与生态环境支持服务功能的具体措施及任务。科学编制生态保护规划能合理有效地利用各种自然资源，最有效地发挥自然界的功能，促进社会经济系统与生态系统协同发展。

1.2.2 我国生态环境规划体系

生态环境规划体系是包含规划的分类体系、内容体系、法规体系、方法体系、能力保障体系、实施评估体系等在内的总称。经过 20 多年的发展，我国生态环境保护规划体系逐步完善，目前形成了由全国、省（区、市）、市、县（区）生态环境保护五年规划，城市及农村环境整治规划，环保模范城市、生态示范区、生态省、生态市、生态县和环保优美乡镇等各类创建规划，污染物总量控制、环境质量达标、区域环境综合整治等专项规划组成的多层次、多类型生态环境规划体系，为我国生态环境保护工作奠定了基础，为环境质量改善和生态功能维护作出了重大贡献。

按行政层级划分，生态环境规划可分为国家生态环境保护规划、省（区、市）级生态环境保护规划、市级生态环境保护规划、县（区、市）级生态环境保护规划、乡镇生态环境保护规划；按要素类型划分，包括水、气、土、固体废物、噪声、生态等生态环境保护规划；按空间载体分，生态环境规划可分为城乡环境保护规划、流域环境保护规划、区域环境保护规划、海域环境保护规划；按功能性质分，生态环境规划可分为污染防治规划、生态建设规划、环境风险防控规划、生态创建规划、环境质量达标规划等。不同行政层级和不同空间载体的规划形成了纵向规划体系，不同环境要素和不同功能性质的规划形成了横向规划层次。经过多年的发展，我国环境规划体系正从“行政层级+要素”的纵横二维结构发展成“行政层级+要素+空间+功能体系”的纵横交错多维环境规划体系结构（图 1-2），基本形成了覆盖环保全领域的规划体系，其中，国家综合生态环境保护规划是整个环境规划体系的核心部分。

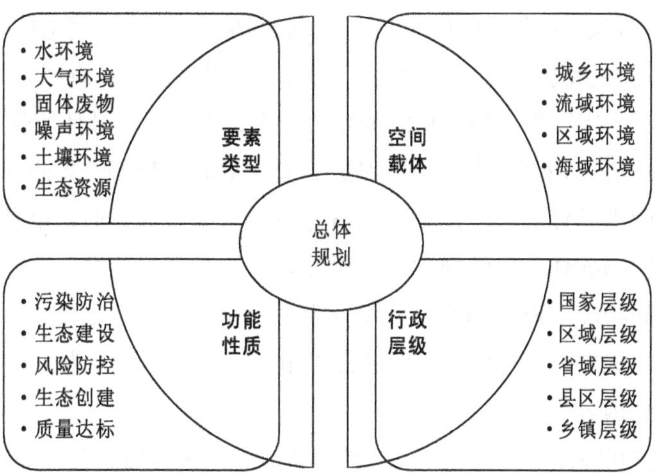

图 1-2 环境规划体系

（1）环境规划编制体系

规划实施实际上是一个从现实向未来引导的过程，规划编制要以满足规划实施的需要为宗旨，即主动引导区域发展。根据生态环境保护的特点及目前我国生态环境规划体系的实际情况，生态环境规划可分为两个层次、两种类型。两个层次是指首先进行生态环境综合区划，划出生态保护红线及环境管制区域，然后在此基础上进行各类生态环境规划；两种类型是从规划编制的角度来划分的，分为战略性生态环境规划和操作性生态环境规划（图 1-3）。

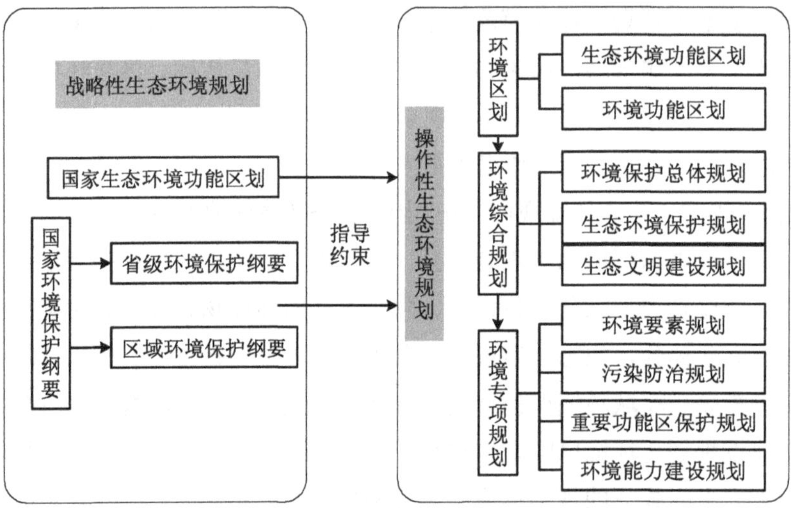

图 1-3 环境规划编制体系

战略性生态环境规划对整个生态环境保护工作具有宏观的、全面的指导作用；强调前瞻性、战略性、长期性、全局性和导向性，目的是为环境保护及自然资源开发利用提供战略部署和全局性安排；从时间跨度来看，一般都是长远规划，考虑的是 10 年、20 年甚至更长时间内的发展状况；一般包括国家、省级和区域（流域、海域）3 个层面；从性质与内容来看，可分为国家生态环境功能区划，国家、省级、区域环境保护纲要等。

操作性生态环境规划是对生态环境保护的宏观战略、指导性思想和基本原则的具体落实，以一定时间内具体的环境保护与生态建设要求为目标导向，以具体的工程项目、对策措施为规划实施载体，以法规制度为保障。一般具有目的性、可操作性、针对性较强的特点，在时间跨度上以中期和短期规划为主，在内容层次上分为环境区划、环境综合规划和环境专项规划，在行政层级中通常以市、县（市、区）为主（图 1-3）。

（2）环境规划内容体系

“十一五”时期以来，我国环境规划“纵横”交错的多层级、多类型体系日益完善。内容上从传统的污染防治规划、生态建设规划开始向环境风险、有毒有害物质等非传统领域延伸，规划层级也从省、市、县向乡镇、乡村延伸，并逐步拓展到园区和企业等微观规划层次。

进入“十二五”时期以后，我国环境规划体系内容更加全面，以“削减排放总量-改善环境质量-防范环境风险-提升环境公共服务”四大战略任务内容统揽全局。主要体现在5个方面：一是以总量控制为主线，编制基础条件具备、保障措施可行、全面可达的“十二五”总量控制规划；二是以改善民生为出发点，统筹考虑重点流域规划、近岸海域规划、饮用水水源地和地下水污染防治规划，兼顾重点区域、重点城市群规划，在各专项规划中体现削减总量、改善质量与防范风险的集成；三是以防范环境风险为方向，编制实施重金属污染综合防治、主要行业持久性有机污染物污染防治、化学品环境风险防控、危险废物污染防治、核与辐射等规划，确保环境安全；四是编制生态保护、农村环境整治、土壤和国际履约等规划，力争重点领域有所突破；五是体现环境基本公共服务发展要求，强化人才保障、科技支撑，完善国家环境保护法规政策和标准体系，谋划环境经济体制改革，促进环境监测事业发展，全面提升国家环境监管和应急能力，体现规划对环境保护工作的先导性和引领性作用。

国家“十二五”环境保护规划“分类-内容”交错体系如图1-4所示。

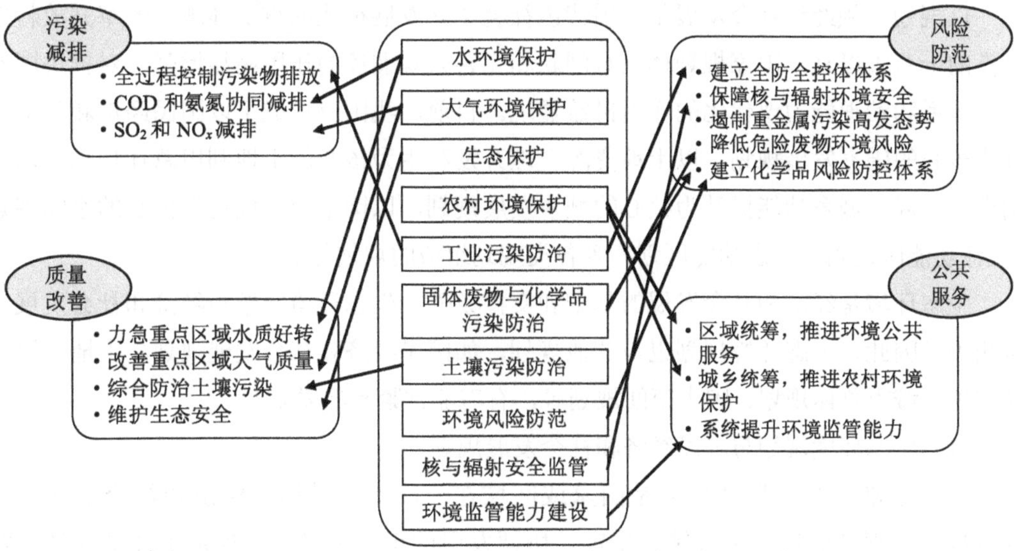

图1-4 国家“十二五”环境保护规划“分类-内容”交错体系

（3）环境规划行政体系

在环境规划行政体系中，国家规划是龙头，省级环境规划和区域（流域、海域）环境规划是核心，市、县（市、区）级环境规划是基础。上一行政层级环境规划是下一行政层级环境规划编制与实施的依据，下一行政层级环境规划是上一行政层级环境规划的分解与细化。

不同行政层级对应不同的规划层次，其内容侧重点也不一样，具体见表1-2。

表 1-2 不同行政层级的规划层次

<table>
<tr><th rowspan="2">规划性质</th><th rowspan="2">规划层次</th><th rowspan="2">规划类型</th><th colspan="3">区域（流域、海域）</th><th colspan="4">行政层级</th></tr>
<tr><th>区域</th><th>流域</th><th>海域</th><th>国家</th><th>省域</th><th>市、县</th><th>乡镇</th></tr>
<tr><td>战略性生态环境规划</td><td>战略规划</td><td>环境规划纲要</td><td>√</td><td>√</td><td>√</td><td>√</td><td>√</td><td></td><td></td></tr>
<tr><td rowspan="8">操作性生态环境规划</td><td rowspan="2">综合规划</td><td>生态环境五年规划</td><td></td><td>√</td><td></td><td>√</td><td>√</td><td>√</td><td></td></tr>
<tr><td>生态建设规划</td><td>√</td><td>√</td><td></td><td>√</td><td>√</td><td>√</td><td>√</td></tr>
<tr><td rowspan="4">专项规划</td><td>环境要素规划</td><td>√</td><td>√</td><td>√</td><td></td><td>√</td><td>√</td><td></td></tr>
<tr><td>污染防治规划</td><td>√</td><td>√</td><td>√</td><td>√</td><td>√</td><td>√</td><td>√</td></tr>
<tr><td>环境能力建设规划</td><td></td><td></td><td></td><td>√</td><td>√</td><td>√</td><td></td></tr>
<tr><td>生态功能区规划</td><td>√</td><td></td><td></td><td>√</td><td>√</td><td>√</td><td></td></tr>
<tr><td rowspan="2">行动计划</td><td>三年行动计划</td><td></td><td></td><td></td><td></td><td></td><td>√</td><td>√</td></tr>
<tr><td>年度实施方案</td><td></td><td></td><td></td><td></td><td></td><td>√</td><td>√</td></tr>
</table>

1.2.3 生态环境规划与其他规划的关系

以规划引领经济社会发展是中国特色社会主义发展模式的重要体现。改革开放特别是党的十八大以来，国家规划体系对创新和完善宏观调控的作用明显增强，对推进国家治理体系和治理能力现代化的作用日益显现。目前，我国已形成了以国民经济和社会发展为核心的国家发展规划，以土地资源合理开发利用为核心的土地利用总体规划，以空间合理布局、城乡功能提升为核心的城乡发展规划，以国土空间优化为核心的空间规划（主体功能区规划、生态功能区划）等各类规划组成的规划体系。

生态环境是经济和社会发展的基础和支撑条件。生态环境问题与经济和社会发展直接相关，因此，生态环境规划也与其他规划，如国民经济和社会发展规划、土地利用总体规划、城市总体规划、国土空间规划等，有着非常紧密的联系。

（1）生态环境规划与国民经济和社会发展规划

国民经济和社会发展规划是国家或区域在一段历史时期内经济和社会发展的全局安排，是保证国民经济持续、稳定、协调发展的重要手段。它规定了经济和社会发展的总目标、总任务、总政策，包括所要发展的重点领域、经过的阶段、所要采取的战略部署和重大政策与措施。它侧重于速度、比例、规模的时间约束，是一个指令性与指导性并重的计划。防治环境污染、改善生态环境是国民经济和社会发展所涉及的重点内容之一。

国民经济和社会发展五年（或十年）规划是对一定时期内区域经济和社会发展目标、发展方向、人口规模、产业结构、空间布局、生态环境保护等的综合部署及具体安排。生态环境保护是国民经济和社会发展规划的重要组成部分。制订生态环境保护规划的主要依据是国民经济和社会发展规划。生态环境保护目标要与国民经济和社会发展目标相协调，并且纳入国民经济和社会发展规划目标体系中；生态环境保护规划确定的环境污染防治和生态建设重要举措及工程措施，也应纳入国民经济和社会发展规划中，并参与资金综合平衡，确保项目同步规划、同步实施。而国民经济和社会发展规划则以生态环境规划为基础，只有合理利用自然资源、维护生态平衡、改善环境质量，为民众提供优质的生态环境，经济才能持续发展、社会才会趋于和谐。因此，生态环境规划对国民经济和社会发展起着重要的补充作用，生态环境规划的制定和实施是保证国民经济和社会发展规划目标得以实现的重要条件。

生态环境规划与国民经济和社会发展规划关系最紧密的有 4 个部分：一是人口与经济部分，如人口密度、经济的规模；二是生产力布局与产业结构，它对环境有着根本性的影响和作用；三是因经济社会发展产生的污染，尤其是生产污染，始终是环境保护的主要控制目标；四是国民经济给环境保护与生态建设提供的资金，这是确定和实现环境保护目标的重要保证。

我国自“六五”开始将国家环境保护以独立篇章纳入国民经济和社会发展规划，“八五”开始将环境保护指标纳入国民经济和社会发展规划，目前生态环境规划已成为国民经济和社会发展的专项规划之一。生态环境规划纳入国民经济和社会发展规划可以从环境的角度提出人口控制、经济发展、产业布局、城乡建设的合理政策，促进生产力布局和产业结构合理化，推动城乡生态服务功能提升，实现环境与经济的协调发展。“十一五”时期以来，国民经济和社会发展规划开始进行改革，从单纯追求总量平衡和部门协调转变为强调空间均衡和空间协调。作为国民经济和社会发展专项规划，生态环境规划也开始在原来污染防治和生态建设任务的基础上，增加空间管制的要求，从国土空间管控角度对城镇建设、资源能源、生态环境等开发保护活动提供指导和约束。

（2）生态环境规划与城市总体规划

城市总体规划是指对一定时期内城市性质、发展目标、发展规模、土地利用、空间布局及各项建设的综合部署。城市一级人民政府根据国家对城市发展和建设方针、经济技术政策、国民经济和社会发展的长远规划，在区域规划和合理组织区域城镇体系的基础上，按城市自身建设条件和现状特点，合理制定城市经济和社会发展目标，确定城市发展性质、规模和建设标准，安排城市用地功能分区和各项建设总体布局，布置城市道路和交通运输系统，选定规划定额指标，制定规划实施步骤和措施。最终在满足城市生态环境容量的条件下，使城市的工作、居住、交通和游憩四大功能活动相互协调发展。

生态环境规划是城市总体规划编制过程中不可或缺的重要部分。从早期《城市规划条例》《中华人民共和国城市规划法》的颁布，到近年《中华人民共和国城乡规划法》《城市规划编制办法》的制定，都强调了在编制城市规划的过程中，应当提高自然生态环境在城市系统中的地位，对其进行适当的保护和改善，同时也需要采取相关措施让城市生态环境得到合理的建设与管理。生态环境规划既是城市总体规划的主要组成部分，也是独立的规划，且参与城市总体规划目标的综合平衡。城市生态环境规划与城市总体规划互为参照和基础。

生态环境规划与城市总体规划的主要差异在于生态环境规划是从保护人的健康出发，以保持和创建清洁、优美、适宜的人居环境为目标，从而促进经济社会与环境的可持续发展；而城市总体规划所涵盖的内容较多，对城市总体发展指导性更强，是一种更深、更高层次的城市经济和社会发展规划，两者之间存在事实上的主从关系。两者主要有三个方面相互关联：一是城市人口与经济，二是城市生产力与布局，三是城市基础设施建设。城市人口与经济的规模决定城市对环境保护的要求，经济实力决定环境保护投入的可能规模；城市产业布局与产业结构决定环境污染防治的关注对象，而生态环境功能区划又决定城市产业布局与产业准入；城市基础设施，如能源供应、给水排水、固体废物管理系统、绿地系统等，既是城市人居环境建设的主要内容，也是防范环境问题的重要措施。

将生态环境保护规划纳入城市总体规划之中，并将经济、社会和环境同步规划，同步贯彻实施及协调发展，能有序解决城市环境污染及生态破坏问题，让经济、社会和环境的效益实现统一。近年来，城市总体规划也将生态环境规划作为前期工作进行研究，通过环境功能区划、生态保护红线划定、环境承载力计算、生态适宜度分析等手段，以环境保护约束来引导城市社会经济的总体发展，推进城市发展不突破生态环境承载力，城市空间布局符合生态适宜度要求，城市生态安全空间格局得到维护，优美适度人居环境得以实现。

（3）生态环境规划与国土空间规划

国土空间规划以空间治理和空间结构优化为主要内容，是实施国土空间用途管制和生态保护修复的重要依据，其目的是为国家发展规划确定的重大战略任务的落地实施提供空间保障，为其他规划提出的基础设施、城镇建设、资源能源、生态环境等开发保护活动提供指导和约束。国土空间规划也是整个国家规划体系的重要组成部分，是高层次、长远性的国土资源总体布局与开发建设。

国土空间规划主要是对国土资源开发、利用、整治和保护实施的综合性战略部署，从土地、水、矿产、气候、海洋、旅游、劳动力等资源的合理开发利用角度，确定开发和保护布局，协调经济发展与人口、资源、环境之间的关系，明确综合开发的方向、目标、重点和步骤，提出国土资源开发、利用、整治和保护的重大措施与基本构想。其规划体系中含有多重生态环境保护的内涵，主要包括生态安全底线、生态保护红线、生态修复任务和目标、资源环境承载力等。无论是横向的重大专项设计，还是纵向的五级

[全国、省（区、市）、市、县（市、区）、乡镇] 规划工作内容，每个环节都与生态环境密切相关。而且只有国土空间的生态属性优先于其发展属性，才能保障国土空间的安全格局、支撑国土空间规划体系的顺利实施。

生态环境规划与国土空间规划的关系十分密切，不是简单的包含关系，而是交叉关系，不仅起到生态警戒作用，而且指引生态环境健康发展。生态环境规划是国民经济和社会发展的关键组成部分，是生态环境安全格局和健康发展在时间和空间上的具体安排，也是国土空间中高质量发展的决定要素。为保障一张蓝图绘到底，推进高质量发展，生态环境规划的重要结论，特别是各要素保护的空间落实结论应纳入国土空间规划中。

《中华人民共和国国民经济和社会发展第十三个五年规划纲要》提出，要以绿色、循环、低碳发展为途径，促进生产空间集约高效、生活空间宜居适度、生态空间山清水秀。新型城乡规划制度改革接近尾声，在国土空间规划体系中也可以看出生态环境规划的重要性。无论是底线约束和控制线划定，还是生态环境评估和信息平台构建，以及实现高质量发展，构建国土空间生态安全格局，都需要生态环境规划的超前谋划。在当前规划体系转型过程中，生态环境规划应在为高质量发展服务、构建分区分类治理体系、推进差异化管控等方面有所创新，将生态保护红线、环境承载力、生态容量、生态布局等要素融入国土空间规划。

（4）生态环境规划与土地利用规划

土地利用规划作为配置和合理利用土地资源的重要手段，是指在一定区域内，根据国家社会经济可持续发展的要求和当地自然、经济、社会条件，对土地的开发、利用、治理、保护在空间上、时间上所作的总体安排和布局，是国家实行土地用途管制的基础。土地资源是生态环境资源中的一种，而土地利用方式也反映出人类的社会经济活动类型，因此土地利用规划与生态环境规划关系密切。

传统的生态环境规划通常以国民经济和社会发展规划、城市总体规划、土地利用规划等为依据，因此难以从生态环境格局和资源环境承载力等方面发挥基础指导作用。生态文明理念（党的十七大）、“五位一体”（党的十八大）、“千年大计”（党的十九大）等的提出，使生态文明建设成为社会主流价值观。生态文明建设要求区域空间规划克服传统规划侧重经济要素，忽略社会、环境、生态等要素的局限。土地利用规划和生态环境规划分别作为土地管理和生态环境保护工作的“龙头”，是生态文明建设中的两项重要内容——“优化国土空间开发格局”和“加大自然生态系统和环境保护力度”，使两者的战略地位得到了进一步的提升，两者之间相互指导、互为补充的关系也日益加强。

当前生态环境规划与土地利用规划的主要衔接点在于“三界四区”与环境功能分区、生态红线等。“三界四区”中的“三界”即规模边界、扩展边界和禁建边界，“四区”即允许建设区、有条件建设区、禁止建设区和限制建设区。环境功能分区是根据国家和地方环境法规与标准，按照一定的原则和方法划分出具有不同环境功能的区域，从而为落实环保目标，实现分类管理、分期实施及重点保护奠定基础。生态红线是指对国家生态安全和可持续发展具有重要战略意义的关键生态保护区域边界线，它不仅是国家或区域生态安全的“底线”，也包括重要生态服务功能保护红线、生态脆弱区/敏感区保护红线和生物多样性保护红线。“三界四区”是土地利用规划中的内容，目的是加强城乡建设用地的管控；环境功能分区属于生态环境规划中的内容，目的是对不同环境功能的区域实施分类管理，进而落实总体环保目标。我国的建设用地供需矛盾突出，集约节约用地水平低，造成建设用地大规模扩张。同时我国环境污染问题日益严重，环境治理需要新思路。因此，产业的布局和准入必须既符合环境功能区的要求，又符合土地利用规划中关于建设用地的管控要求，即只能在允许建设区或有条件建设区建设。生态红线与环境功能区划关系密切，是环境功能区划的重要组成部分。“三界四区”和环境功能区的划分都应在把握区域空间资源和环境承载力的基础上，即把环境承载力评价作为前置条件来选址、安排项目，确定国土资源开发利用强度，引导国家环境与经济社会的协调发展。

在“多规合一”的态势下，生态环境规划与土地利用规划将进一步衔接。土地利用规划与生态环境规划相互协调和统一的结合点在于注重保护和改善生态环境，减轻自然灾害及污染对土地的毁损。土地利用规划目标的制订需要将环境现状评价及环境预测结果作为其参考依据，生态环境规划目标也需要依据土地利用规划中的土地生态建设目标来制订，而且不可脱离社会经济发展与土地开发利用强度而凭空制订环境目标，要增强生态环境规划的可操作性。

第 2 章　生态环境规划的理论基础

解决生态环境问题的有效手段是预防为主，防患于未然。生态环境规划作为环境保护的重要预防手段被广泛关注和重视。生态环境系统是一个复杂的系统，生态环境问题具有复杂性、广泛性，同时又与社会经济活动紧密相关。生态环境规划具有多学科交叉的特点，因此生态环境规划工作必须结合多学科综合开展，借助多学科的理论与技术手段来支撑。可持续发展理论、生态学理论是生态环境规划的重要基础理论；环境承载力理论、循环经济理论等揭示了环境与社会经济协调发展的关系；系统科学理论、空间结构理论为生态环境规划的编制提供了方法学上的支撑。

2.1　可持续发展理论

随着科技进步及社会生产力的极大提高，人类创造了前所未有的物质财富，加快推进了文明的发展进程。与此同时，人口剧增、资源过度消耗、环境污染、生态破坏等诸多问题日益突出，并成为全球性的重大问题，严重阻碍了社会经济的发展和人们生活质量的提高，继而威胁着全人类未来的生存和发展。在这种形势下，人类对“增长=发展”的模式产生了怀疑，开始重新审视社会、经济行为，然后发现，传统末端治理和以资源环境为代价的发展模式已不适应未来的发展，必须探索新的发展模式。

2.1.1　可持续发展的内涵

1987 年，世界环境与发展委员会在《我们共同的未来》中将“可持续发展”定义为“既满足当代人的需求，又不对后代人满足其自身需求的能力构成危害的发展”。这一定义表明了发展与保护的统一，即既要达到发展目的，又要保护好人类赖以生存的大气、淡水、海洋、土地和森林等自然资源和环境，使子孙后代能够永续发展和安居乐业。可持续发展的核心是发展，但要求是在严格控制人口、提高人口素质和保护资源环境永续利用的前提下推进经济和社会发展。

可持续发展是建立在社会、经济、人口、资源、环境相互协调和共同发展基础上的一种发展，其宗旨是既能相对满足当代人的需求，又不对后代人的发展构成危害。主要原则包括以下几个方面。

（1）可持续性

可持续性是指生态系统受到某种干扰时仍能保持其生产能力。可持续发展要求人们调整自己的生活方式，在生态承载范围内确定自己的消费标准，核心是人类经济和社会发展不能超过资源与环境承载力。

（2）公平性

所谓公平是指机会选择的平等性。可持续发展所追求的公平性包括三层含义：一是本代人公平，即同代人之间的横向公平性；二是代际间公平，即世代人之间的纵向公平性；三是公平分配有限资源。由此可见，可持续发展不仅要实现当代人之间的公平，而且要实现当代人与未来各代人之间的公平，向所有人提供实现美好生活愿望的机会。这是可持续发展与传统发展模式的根本区别之一，这要求当代人在考虑自身需求与消费的同时，也要对未来各代人的需求与消费担负起历史与道义的责任。

（3）共同性

鉴于世界各国历史、文化和发展水平的差异，可持续发展的具体目标、政策和实施步骤不可能是唯一的，但可持续发展作为全球发展的总目标，其体现出的公平性、可持续性原则是共同的。此外，实现这一总目标还需采取全球共同的联合行动。

在持续性、公平性和共同性原则下，可持续发展可以从宏观、中观、微观三个层次进行阐述。在宏观层次上，可持续发展可以理解为人和自然共同协调进化，即“天-人”关系；在中观层次上，可持续发展可以理解为既满足当代人需求又不危及后代人需求，既符合局部人口利益又符合全球人口利益，即“人-地”关系；在微观层次上，可持续发展可以理解为经济、环境、社会协调发展，是在资源环境合理保护与持续利用的条件下取得最大经济效益和社会效益的关系，即“人-人”关系。

可持续发展是一个综合的、动态的概念。可持续发展不是单一经济系统的发展，而是与社会系统和生态系统互相影响的综合发展。可持续发展同时也是满足一个地区或国家人群的需求且不损害其他地区或国家人群需求的发展，强调地区之间或国家之间的可持续发展。

2.1.2 可持续发展的目标

可持续发展是当今的社会发展目标，同时其也有自身的目标，包括：①社会格局合理、社会生活稳定和连续；②保持环境稳定和物种多样性，环境状况良好，没有环境赤字，且物种数量不减少；③保持地区发展平衡，总体发展水平有所提高；④保持个体发展的相对独立性，包括社会、经济、文化、技术等发展；⑤实现物质生活水平提高，即实际收入水平提高和物质财富增加。

2015 年 9 月，联合国可持续发展峰会通过了《改变我们的世界——2030 年可持续发展议程》，提出了 17 项可持续发展目标和 169 项具体目标，将推动世界在今后 15 年内实现 3 个史无前例的非凡创举：消除极端贫穷、战胜不平等和不公正、遏制气候变化。具体包括在世界各地消除一切形式的贫穷；消除饥饿，实现粮食安全，改善营养和促进可持续农业；让不同年龄段的所有人过上健康生活，提高他们的福祉；提供包容和公平的优质教育，让全民终身享有学习的机会；实现性别平等，保障所有妇女和女孩的权利；为所有人提供水和环境卫生并对其进行可持续管理；每个人都能获得价廉、可靠和可持续的现代化能源；促进持久、包容和可持续的经济增长，促进充分的生产性就业，促进人人都有体面的工作；建造有抵御灾害能力的基础设施，促进具有包容性的可持续工业化，推动创新；减少国家内部和国家之间的不平等；建设包容、安全、有抵御灾害能力的可持续城市和人类社区；采用可持续的消费和生产模式；采取紧急行动应对气候变化及其影响；养护和可持续利用海洋和海洋资源以促进可持续发展；保护、恢复和促进可持续利用陆地生态系统，可持续管理森林，防治荒漠化，制止和扭转土地退化，提高生物多样性；创建和平和包容的社会以促进可持续发展，让所有人都能诉诸司法，在各级建立有效、负责和包容的机构；加强执行手段，恢复可持续发展全球伙伴关系的活力。

综上可知，可持续发展是着眼于未来的发展，不仅考虑社会范围内的问题，而且还有经济的可持续能力、环境的承载能力、资源的永续利用和社会公平，强调人类社会与生态环境及人与自然界和谐共存前提下的延续。

可持续发展从环境与自然资源的角度提出了关于人类长期发展的战略和模式。它不是一般意义上所指的发展经济，而是在自然环境资源承载能力下的发展，这也为生态环境规划目标及相关对策界定了范围，提出了要求，明确了矛盾的核心体。

2.1.3 可持续发展理论在生态环境规划中的应用

可持续发展思想正在改变人们的价值观与理念，其根本思想是实现人与自然的协同发展。这就要求在环境保护中把长远问题和近期问题结合起来考虑，把环境、经济与社会作为一个整体来谋划。因此，面向可持续发展的生态环境规划必须从区域社会、经济与环境效益的统一和协调出发，以实现区域可持续发展为目标，以区域复合生态系统良性循环为准绳，以区域在空间上协调发展及时间上可持续发展为依据，从宏观、中观和微观三个层次审视和处理区域复合生态系统的各种问题及它们之间的关系。

（1）宏观层次上制定生态环境保护总体战略

生态环境规划以区域经济和社会发展要求为基础，针对现状分析和趋势预测，识别主要环境问题；通过对相关资源和能源的输入、转换、分配、使用和污染排放全过程分析，确定主要污染物的宏观总量及其发展趋势，弄清制约区域经济和社会发展的主要环境资源要素，结合区域环境承载力分析，从经济社会发展结构、规模及速度等角度协调与区域环境的关系，制定生态环境保护总体战略。

（2）中观层次上编制区域生态环境规划

中观层次的生态环境保护规划着眼于探求区域社会经济发展与环境保护相协调的具体途径。遵循复合生态系统的运行规律，根据不同功能的环境要求，从环境资源的空间分布入手，合理进行资源配置，使环境资源开发、利用与保护并举；调整区域生产力布局、产业结构、投资方向、生产技术水平和污染控制技术水平，编制基于可持续发展的生态环境保护规划，使环境保护与社会经济发展在区域层面协同发展。

（3）微观层次上落实区域生态环境规划

区域生态环境规划的实施主要是落实宏观层次的生态环境保护战略与中观层次的生态环境规划中提出的主要指标和基本途径。采用专项规划与综合分析相结合的方法，落实生态环境规划中的相关指标与任务，并按时间、空间、行业和部门进行分解，将各项规划措施尽可能分解落实到项目。同时对区域环境综合整治的总体效益进行分析与综合评估，并将主要问题进一步反馈到中观层次和宏观层次的相应规划中。

2.2 生态学理论

现代生态学研究表明，自然界中生物的存在，一方面需与其栖居地条件相适应，另一方面又以竞争、共生、寄生方式形成物种间的营养链网结构；自然生物不产生绝对意义上的废弃物，它们在物质上总是处于以流动和循环为特征的动态平衡之中；无数自然生物的个体与群体占据着不同的生态位，从而使自然界所能提供的生存资源得到最有效的利用，并形成了空间上既相互分割、相互独立又相互联系的宏观格局与微观格局。20 世纪 70 年代，联合国教科文组织（UNESCO）发起的“人与生物圈计划”（MAB）围绕人类经济社会活动与生态的关系，将人与自然及其资源作为一个系统加以研究，从而开始了以复合生态系统为核心的生态系统管理研究。

复合生态系统是生态环境规划的重要对象，而生态系统基本原理是生态环境规划的重要理论基础。40 多年来，生态环境规划的对策大多来自对生态学规律认识的进步。众多生态学家从不同的角度诠释了生态学规律。例如，我国生态学家马世骏提出了生态学五规律：相互制约和相互依赖的互生规律、相互补偿和相互协调的共生规律、物质循环转化的再生规律、相互适应与选择的协同规律和物质输入输出的平衡规律。生态学家陈昌笃提出了六条生态学一般规律，即物物相关、相生相克、能流物复、负载定额、协调稳定和时空有宜。美国环境学家小米勒（George T. Miller，Jr）提出了生态学三定律：①任何行动都不是孤立的，对自然界的任何侵犯都具有无数效应，其中许多效应是不可逆的，又称多效应原理或极限性原理；②每种事物无不与其他事物相互联系和相互交融，可称为相互联系原理或生态链原理；③人类生产的任何物质均不应对地球上自然的生物地球化学循环有任何干扰。

2.2.1 复合生态系统理论

环境本身是一个由社会、经济、自然组成的复杂系统。因此，生态环境规划工作必须结合多学科知识进行综合研究，其中复合生态系统理论是其支撑理论之一。

（1）复合生态系统的内涵与特点

复合生态系统的概念是由我国生态学家马世骏于 20 世纪 80 年代初率先提出的。早在 20 世纪 70 年代，马世骏根据他多年研究生态学的实践，以及关于人类社会所面临的人口、粮食、资源、能源、环境等生态和经济问题的深入思考，提出了将自然系统、经济系统和社会系统复合到一起的构思。20 世纪 80 年代初，马世骏、王如松进一步提出，复合生态系统是人与自然相互依存、共生的复合体系，是以人为主体的社会系统、经济系统和自然生态系统在特定区域内通过协同作用而形成的复合系统，并从复合生态系统角度提出了可持续发展思想。

在这个复合生态系统中，社会是经济的上层建筑；经济是社会的基础，又是社会联系自然的中介；而自然既是整个社会经济的基础，又是整个复合生态系统的基础。以人类活动为主体的系统，如农村、城市及区域，实际上是一个由人类活动的社会属性及自然过程的相互关系构成的社会—经济—自然复合生态系统。与自然生态系统相比，复合生态系统具有以下几个特点。

1）复合生态系统的人为性。人类在整个生态系统中的主体地位首先体现在人口数量上，区域中尤其是城市中存在密集的人口，而其他生物的生存和发展受到人类的限制和压抑。人类在整个生态系统中的主体地位其次体现在人对整个生态系统的功能性上，人类的活动不仅改变了自然环境，创造了人工生态系统，而且影响着生态系统中能量流、物质流和信息流的流动，并对整个系统进行着调控和管理，对生态系统的发展起着支配作用。

2）复合生态系统的不完整性。自然生态系统是自然界一定空间内生物系统和非生物环境系统相互作用、不断演变，呈现动态平衡和相对稳定的统一整体。按其能量物质的传递次序，分为生产者、消费者和分解者，可实现物质循环和能量多层次分级利用。自然生态系统基本无废物排出，处于相对平衡和良性循环状态。复合生态系统中的土地、水体和大气这些无机环境很大部分被人工环境覆盖，而且结构简单。各类生物在生态系统中所扮演的角色也发生了相对变化，自然界的流通渠道被破坏，自我调节能力降低，人类活动造成的污染往往又超出了环境自净能力，所以复合生态系统的平衡完全取决于人为的调控，其结构是不完整的。

3）复合生态系统的开放性。复合生态系统的不完整性决定了复合生态系统的开放性。目前，世界上还没有能完全封闭、与外界没有丝毫来往的区域存在。随着区域经济一体化乃至全世界经济一体化的发展，区域间的交往与协作日益增强，即区域间的物质流、能量流、信息流、人口流、货币流等的流动交换。由于区域复合生态系统的非独立性和对其他生态系统的依赖性，区域复合生态系统的自我调节能力减弱，其中某一种流的流通渠道受阻，会使整个系统受损，甚至陷入瘫痪。

4）复合生态系统的高效率性。自然生态系统中，物质、能量的转化环节多、时间长，而区域复合生态系统中，从生产、分配、流通到消费的经济活动过程，形成了一个具有复杂结构的多层次人工经济生态系统。人们主要通过技术力量和经济力量促使巨大的物质和能量的转化时间缩短，转化效率提高，从而使各种流的循环周期大大加快。

5）复合生态系统的脆弱性。自然生态系统中的能量与物质能够满足系统内部生物生存的需要，成为一个“自给自足”的系统。该系统基本能够自我调节、自我修复、自我维持和自我发展，以维持其自身的动态平衡。而以人为主体的复合生态系统中，维持系统动态平衡的生态链关系被简化、省略甚至消灭，导致系统自然调节机能在一定程度上受到破坏。复合生态系统需要通过一套完善的闭合输入输出循环系统来维持各子系统间的正常运行。一旦该闭合输入输出循环系统中任何一个环节发生故障，将会立即影响整个系统的正常功能。因此，简化的生态链导致复合生态系统成了一个十分脆弱的系统。

（2）复合生态系统的结构与功能

自然、社会、经济三个相互作用、相互依赖的子系统共同构成了一个庞大的复合生态系统。自然子系统以生物结构及物理结构为主线，以生物环境的协同共生和环境对人类生活的支撑、缓冲及净化为特征，提供了人的栖息劳作环境、物质原材料供应和废弃物消纳，是复合生态系统的自然物质基础；社会子系统以人为中心，包括体制、组织、文化、技术，是整个复合生态系统运转的调控中心；经济子系统则包括物质的输入输出、产品的供需平衡及资金积累与利润产出，涉及各种生态流生产、流通、消费、还原、调控等全过程，是促进社会进步和环境保护的必要条件。子系统之间相互联系、相互制约，构成了社会—经济—自然复合生态系统错综复杂的生态关系（图 2-1），包括人与自然之间的促进、抑制、适应、改造关系，人对资源的开发、利用、储存、扬弃关系，以及人类生产生活中的竞争、共生、隶属、互补关系。

复合生态系统的基本功能包括支持、生产、消费和还原四大功能。这些功能的发挥要依靠系统中连续不断和密集的物质流、能量流、信息流、人口流和价值流等生态流来实现和维持，实现为生产提供物资、信息和产品，为生活提供条件和栖息环境。要正常发挥复合生态系统的功能，就必须采取合理的调控措施，使系统内的能量流和物质流能相互适应、协调发展，从而维持区域社会经济活动和生态环境之间的动态平衡。

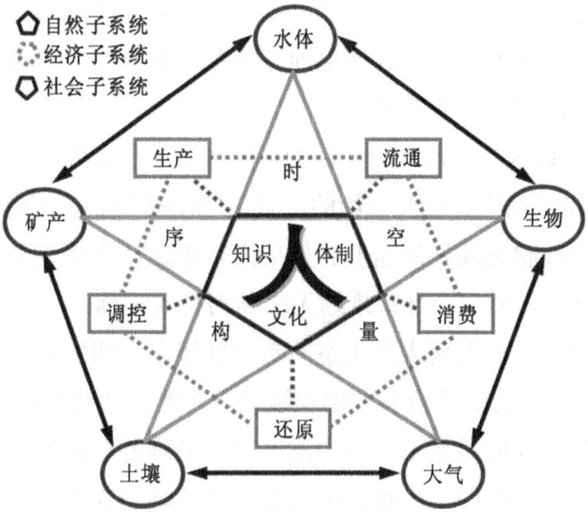

图 2-1　社会—经济—自然复合生态系统

（3）复合生态系统对生态环境规划的指导作用

生态环境规划实质上是为了克服人类经济社会活动和环境保护活动的盲目性和主观随意性而进行的科学决策活动，它绝不仅是单纯追求优美自然环境，而是以人与自然和谐，社会、经济、自然持续发展为价值导向，所以它的研究视野就不应只局限于物质环境上，而是要扩展到人与自然共生、共存、共荣的复合系统。生态环境规划的目标和评价标准要从社会、经济和自然 3 个方面来衡量是否符合可持续发展准则；生态环境规划的方法应广泛应用和吸收现代科学的理论技术和手段，去模拟、设计和调控系统内各种生态关系，提出人与自然和谐发展的调控对策；生态环境规划的本质是基于人类生态学基本思想，把人与自然看作一个整体，以自然生态优先原则来协调人与自然的关系，促进系统向更有序、稳定、协调的方向发展。

因此，生态环境规划要以经济和社会发展要求为基础，一是依据有限环境资源及其承载能力，对人们的经济和社会活动进行一定约束，以调控人类自身活动、协调人与自然的关系；二是根据经济和社会发展，以及人民对优美生态环境的需求，对环境保护和建设活动作出时间和空间上的安排与部署。

1）自然子系统对生态环境规划的指导作用。自然环境是环境演变的基础，也是人类生存发展的重要条件。它制约着自然过程和人类活动的方式和程度。自然环境的结构与特点不同，人类利用自然发展生产的方向、方式和程度也有明显差异；人类活动对环境的影响方式和程度，环境对人类活动的适应能力和对污染物的降解能力也随之不同。同时，现代科学技术的发展使人类能够在很大程度上能动地改造自然，改变原来自然环境的某些特征使其形成新的环境。现代环境在自然环境的基础上叠加了社会活动的影响，形成了不同于自然环境的演化方向。因此，生态环境规划必须综合研究区域复合生态系统，根据区域特征和区域差异，充分体现地方特色，做到符合当地社会经济发展规律，使区域环境质量状况得到实质性改观。

2）社会、经济子系统对生态环境规划的指导作用。在复合生态系统中，社会、经济、自然 3 个子系统是相互联系、相互制约的，且呈现动态发展。因此，生态环境规划必须考虑社会和经济的发展状态及发展速度。如果没有考虑，那规划就会失去着力点，会因脱离实际而失去意义，同时也会导致规划无法顺利有效实施。

此外，科学技术的发展促使人类生态不断由低级向高级发展，极大地促进了人类健康和福利。然而，自然资源的不合理利用和管理，人类活动对自然生态系统的干扰加剧，社会和经济发展引起的环境质量下降和生态退化，最终都会影响人类自身的生活、健康和福利。许多生态环境问题的产生都是由社会经济活动引起的，作为处理生态环境问题的重要手段之一，生态环境规划必须理顺复合生态系统中经济、社会、自然 3 个子系统的关系，并根据这 3 个子系统的运转规律及相互联系，从时间、空间、结构、功能等角度建立新秩序，促进复合生态系统的整体协调，实现可持续发展。

2.2.2 承载力理论

生态环境系统中的一切资源都是有限的。对于污染和破坏带来的影响，生态环境系统也只有一定限度的承受能力，如果超过这个限度，自然系统就会失去平衡稳定能力，从而引起质量上的衰退并造成严重后果。因此，人类对环境资源的开发利用必须维持自然资源的再生能力和环境质量的恢复能力，不允许超过生物圈承载能力或容许极限。

（1）承载力的概念

承载力（carrying capacity）一词原为物理力学中的一个物理量，是指物体在不产生任何破坏时所能承受的最大负荷，可以通过野外或室内力学试验得到具体数据。随着城市化和工业化的快速发展，植被退化、土壤流失、环境污染与资源短缺等一系列问题出现，承载力一词逐渐被用来描述生态系统对环境变化的最大承受能力。1921 年，Park 和 Burgess 首次提出了承载力的概念，用以表征资源环境限制因子对人类社会物质增长过程的重要影响。1953 年，Odum 出版了全球第一部生态学教材，系统地介绍了承载力的含义和应用，由此，生态承载力正式成为生态学研究的重要领域。20 世纪 60 年代以后，西方发达国家普遍经历了生态环境质量下降的问题，于是环境承载力引起了他们的注意，结合承载力的思想，相关学者又提出了环境容量的概念。1972 年，罗马俱乐部在《增长的极限——罗马俱乐部关于人类困境的报告》中首先指出土地和资源环境无法支撑人类经济的无限增长，人们需要注重生态容量和环境容量。1972 年，联合国人类环境会议提出了承载力评估和可持续发展理念；1985 年，联合国教科文组织（UNESCO）和联合国粮农组织（FAO）

又在理解并综合应用前人研究成果的基础上提出了资源承载力的概念。

自 20 世纪 90 年代以来，承载力的概念和应用范围不断扩大，逐渐扩展到生态学、地理学等诸多领域，并衍生出一系列概念，如种群承载力、草地承载力、土地承载力、环境承载力、资源承载力、生态承载力等。其中比较常用的是生态承载力、资源承载力和环境承载力。生态承载力起源于特定栖息地所能最大限度承载某个物种的最大种群数量，发展于生态系统的自我维持、自我调节能力，取决于生态系统的弹性力、资源承载力和环境承载力；资源承载力基于人口与资源的关系，侧重探讨人口、食物与资源（土地、水等）之间的关系；环境承载力反映了人类与环境相互作用的界面特征，是研究环境与经济是否协调发展的一个重要判据，环境承载力取决于环境系统结构和功能。生态承载力的“施力者”是整个生态系统；环境承载力的“施力者”是环境系统。生态承载力比环境承载力更复杂，环境承载力比生态承载力更具体、针对性更强。

（2）生态承载力

国内关于生态承载力的研究始于 20 世纪 90 年代，早期的研究认为，生态承载力是一种客观属性，是生态系统承受外界干扰的能力或生态系统自我调节、维持生态平衡的功能。高吉喜认为生态承载力是指生态系统的自我维持与自我调节能力、资源与环境子系统的供容能力及其可维持的社会经济活动强度和具有一定生活水平的人口数量。随着人们对复合生态系统理论和应用认识的加深，生态承载力的内涵进一步拓展，人类活动对承载力的影响也被纳入了评价中，生态承载力被广泛认为是在生态系统结构和功能不受破坏的前提下，生态系统对外界干扰特别是人类活动的承受能力，即资源承载力是基础条件，环境承载力是约束条件，生态弹性力是支持条件。

对于生态承载力的量化，国内外提出了许多简单直观、易于理解、易于操作的思路和方法。依据目前不同的生态承载力评价思路，将生态承载力评价方法分为 3 类：①指标体系综合评价法，如综合评价指标体系、生态足迹模型等；②产品周期综合评价法，包括能值分析法、生命周期评估法等；③结合不同学科和不同方法的综合评价法，包括净初级生产力法、生态系统服务功能法、氧平衡法、状态空间法等。其中指标体系综合评价法在生态环境规划中应用较多。

（3）环境容量

环境容量是指在确保人类生存发展不受危害、自然生态平衡不受破坏的前提下，某一环境所能容纳污染物的最大负荷值。一个特定环境（如一个自然区域、一个城市）对污染物的容量是有限的。其容量的大小与环境空间大小、各环境要素特征、污染物物理和化学性质有关。环境空间越大，环境对污染物的净化能力就越大，环境容量也就越大。就某种污染物而言，其物理和化学性质越不稳定，环境对它的容量也就越大。

环境容量是以反映生态平衡规律、污染物在自然环境中的迁移转化规律，以及生物与生态环境之间的物质能量交换规律为基础的综合性指标，所以环境容量是自然生态环境的基本属性之一，由自然生态环境特征和污染物质特性共同确定。

环境容量是一个变量，由两部分组成，即基本环境容量和动态环境容量。其中基本环境容量也称 K 容量或稀释容量，是通过环境质量标准减去环境本底值求得的；动态环境容量也称 R 容量或自净容量，主要是指该环境单元的自净能力。

环境容量越大，可接纳的污染物就越多，反之则越少。污染物的排放必须与环境容量相适应。因此，在生态环境规划中，环境容量是总量控制、产业布局和环境质量改善的重要依据。我国的环境容量研究始于 20 世纪七八十年代，是通过水体污染物自净规律等研究提出的环境容量相关概念。"六五""七五"期间，通过沱江、湘江、鸭绿江等水系有机物与重金属环境容量的相关研究，以及《水环境容量综合手册》《水环境容量开发与利用》等书籍，环境容量的定义得到了明确；"八五"期间，滇池、长江、太湖等区域陆续开展了环境容量的应用研究；从发展与应用来看，目前关于水环境容量方面的研究较多，特别是在"十五"期间，基于全国水功能区划开展了第一轮全国范围地表水环境容量核定，开启了全国范围内水环境容量测算工作，为国家后期推行容量总量控制提供了可能；"十一五"期间，多个流域水环境容量研究被列入国家重点攻关项目计划，以水环境容量为依据的总量控制得到初步开展。

某环境单元内环境容量值的大小与该环境单元本身的组成和结构有关，因此在地表不同区域内，环境容量变化具有明显的地带性规律和地区性差异。要准确得到某区域的环境容量，就需要花费大量的人力、物力，以及较长的研究、监测时间。环境稀释容量一般是利用环境浓度标准值与背景值之差，通过一定的输入输出关系转换成排放量，即以污染物的允许排放量作为环境容量。但在某些比较成熟的区域，可以进一步深化环境容量的计算。目前，我国的水环境容量研究已从简单的稀释容量计算发展为广义的纳污能力计算，研究指标逐渐增加，研究区域从简单水体逐步扩展至受潮汐、感潮等影响的特殊水域，计算手段也从单一的数学方法延伸至多类型模型耦合，环境容量研究取得了显著的成果。

当前，我国已建立以环境质量为核心的生态环境管理体系，生态环境规划也从最初的根据浓度排放标准来限制各污染源的排放量，到了以污染物总量来控制某一区域的排放量，最终实现区域环境质量的提升与改善。然而在过去的生态环境规划中，总量控制基本上是基于行政目标总量来进行控制，并未建立总量控制与质量响应的关系，这就导致生态环境规划目标最终未能实现。因此，基于环境容量的总量控制，将是今后生态环境规划中通过总量控制实现质量改善的重要抓手，也是产业结构调整及合理布局的重要依据。

（4）环境承载力

人类赖以生存和发展的环境是一个大系统，既为人类活动提供空间和载体，又为人类活动提供资源并容纳废弃物。对于人类活动来说，环境系统的价值体现在它能为人类社会的生存发展活动需要提供支持。由于环境系统的组成物质在数量上有一定比例关系，在空间上具有一定分布规律，因此它对人类活动的支持能力有一定的限度，这种支持能力一般就被称为环境承载力或环境承受力。当人类社会的经济活动对环境的影响超过了环境所能支持的极限，即外界“刺激”超过了环境系统维护其动态平衡与抗干扰的能力，也就是人类社会行为对环境的作用力超过了环境承载力，将导致环境问题的出现。当前存在的种种环境问题大多是人类活动与环境承载力之间出现冲突的表现，因此人们常用环境承载力作为衡量社会经济与环境协调程度的标尺。

关于环境承载力目前主要有以下 3 类定义方式。

1）从“容量”角度定义。如高吉喜在《可持续发展理论探索：生态承载力理论方法与应用》一书中指出，环境承载力是指在一定生活水平和环境质量要求下，不超出生态系统弹性限度下环境子系统所能承纳的污染物数量，以及可支撑的经济规模与相应人口数量。

2）从“阈值”角度定义。《中国大百科全书》中关于环境承载力的定义是在维持环境系统功能与结构不发生变化的前提下，整个地球生物圈或某一区域所能承受的人类作用在规模、强度和速度上的限值；郭秀锐等学者认为，环境承载力是指在一定时期、一定状态或条件下，一定环境系统所能承受的生物和人文系统正常运行的最大支持阈值。

3）从“能力”角度定义。彭再德等学者将环境承载力定义为在一定时期和一定区域范围内，在维持区域环境系统结构不发生质的改变，区域环境功能不朝恶性方向转变的条件下，区域环境系统承受人类各种社会经济活动的能力；Schneider 强调，环境承载力是自然或人造环境系统在不发生严重退化的前提下，对人口增长的容纳能力。

综上可知，环境承载力是指在某一时期、某种状态下，区域环境对人类社会、经济活动的支持能力。环境承载力由区域环境系统结构和功能的完整性决定，是一个多维向量，其特征主要体现在以下 3 个方面。

1）客观性和主观性。环境承载力的客观性体现在一定时期、一定状态下的环境承载力是客观存在的，是可以衡量和评价的，是该区域环境结构和功能的一种表征；环境承载力的主观性体现在人们用怎样的判断标准和量化方法去衡量它，即人们对环境承载力的评价分析具有主观性。

2）区域性和时间性。环境承载力的区域性和时间性是指不同区域、不同时期环境承载力是不同的，相应评价指标的选取和量化评价方法也应有所不同。

3）动态性和可调控性。环境承载力的动态性和可调控性是指环境承载力可以随着时间、空间和生产力水平的变化而变化。人类可以通过改变经济增长方式、提高技术水平等手段来提高区域环境承载力，使其向有利于人类的方向发展。

从上述的环境承载力特征可以看出，环境承载力既不是一个纯粹描述自然环境特征的量，也不是一个描述人类社会的量，它侧重体现和反映环境系统的社会属性，即外在的社会禀赋和性质、环境系统的结构和功能是其承载力的根源。在科学技术和社会关系发展的一定历史阶段、一定时期内及一定状态下，环境承载力是有限的。

生态环境规划的目标是协调环境与社会、经济发展的关系，使经济社会发展建立在不破坏或少破坏环境的基础上，甚至在发展经济的同时不断改善环境质量。因此，其目标就是在环境承载力范围内制定经济社会发展的最优政策，提供环境与社会经济相协调的最优发展方案，使人类的社会经济行为与环境状态相匹配，使作为人类生存和发展基础的环境在发展过程中得到保护和改善。因此，在生态环境规划编制过程中，无论是对环境形势的分析、对未来环境的预测、制定规划目标，还是提出产业发展布局方案等，都必须考虑当地的环境承载力水平。

（5）资源承载力

资源承载力是衡量人类经济社会生活与自然环境之间相互关系的重要概念。最早可追溯至 18 世纪的 Malthus 人口理论。Malthus 指出，资源有限且影响着人口的增长。1949 年美国学者 William 提出了土地资源承载力的概念，他认为土地的生产潜力决定了它为人类提供饮食住所的能力。这种土地向人类提供粮食、衣着、住所的能力及环境阻力对生物潜力的限制程度是土地资源承载力的主要内涵。

自然资源枯竭和环境恶化等问题日益突出促进了资源与环境承载力的相关研究，其概念也随之不断外延。资源承载力概念被较为明确地提出是在关于世界发展趋势的研究报告《增长的极限——罗马俱乐部关于人类困境的报告》中。该报告指出，人类社会的增长由 5 种相互影响、相互制约的发展趋势构成：快速发展的工业化、剧增的人口、粮食私有制、非再生资源枯竭化及生态环境恶化，它们均以非线性指数的形式增长，全球的增长将会因为粮食短缺和生态环境破坏在某个时段内达到极限。随着可持续发展理论的提出，若干种资源承载力的定义也被不断提出，包括联合国教科文组织提出的某一国家或地区的资源承载力是指在可预见的时期内，利用该国家或地区的能源和其他自然资源，以及智力、技术等条件，在保证符合其社会文化准则的物质生活水平下所能持续供养的人口数量。尽管定义多种多样，但学者们普遍认同资源承载力是评价资源环境与社会经济协调度的重要标准。资源承载力通常以要素承载力表示，具体见表 2-1。

表 2-1　资源承载力类型及内涵

承载力要素	承载力内涵	细化方向
土地资源	一定时期内，一定区域的社会、经济、生态环境条件下，土地资源能承载人类各种活动的规模和强度的阈值	城市土地承载力、耕地承载力、森林承载力

承载力要素	承载力内涵	细化方向
水资源	在一定经济社会条件和技术发展水平下，以生态、环境健康发展和社会经济可持续发展协调为前提，区域水资源系统能够支撑社会经济可持续发展的合理规模	湿地承载力、渔业资源承载力、地下水承载力
矿产资源	在一个可预见的时期内，在当时的科学技术、自然环境和社会经济条件下，矿产资源的经济可采储量（或生产能力）对社会经济发展的承载能力	煤炭资源承载力、矿产资源安全承载力
旅游资源	一定时期内，在可持续发展的标准下，生态旅游目的地的自然环境、社会经济环境和生态旅游资源对开展生态旅游活动的容纳或支持能力	海滩资源承载力、自然保护区生态承载力、旅游资源空间承载力
土壤水资源	在土壤中水、肥、气、热相互协调的前提下，一个地区土壤水资源供需协调的综合能力	土壤水含量承载力、耕地土壤水资源承载力
植被资源	某一区域的某种植物在生命期的一年至多年内，在现有条件下，以维护水分生态良性循环和可持续发展为前提，当地土壤水分中雨水的补给量可支撑的植物群落健康生产或生长的最大数量	土壤水分植被承载力、植被碳承载力

随着可持续发展研究的深入，资源承载力的评价对象已由单一资源要素承载力向多要素或综合要素承载力发展，并在实践中得到了广泛应用。资源承载力评价成果在人口、国土空间开发、灾后重建、区域可持续发展、自然资源、环境规划与管理及生态系统管理等领域得到了广泛应用，且以单要素资源承载力研究较为深入，特别是把以土地开发强度为特征的承载力研究作为资源承载力的重要内容受到了许多的关注。

1）以人口经济为核心的资源承载力。土地资源作为人与自然的综合体，其具有的不可替代的粮食及农业生产功能使土地资源可持续承载力研究受到了更多的关注。土地资源承载力的多数研究是基于土地粮食生产功能对可承载人口规模进行探讨的，但也有部分学者探讨了土地资源经济承载能力。1949 年，威廉·付格特在《生存之路》中较早地提出了关于土地资源人口承载力的测算方法。联合国粮农组织和联合国教科文组织先后组织开展了全球主要国家土地资源承载力的研究，拓展了土地资源承载力的内涵、评价内容和方法体系。我国于 20 世纪 80 年代初正式开展土地资源承载力研究，至 2000 年共开展和完成了 3 次具有代表性的土地资源承载力评价工作。此外，相关学者还开展了全国、流域、地区、城市等不同尺度的土地资源人口承载力研究，不断丰富和发展了土地资源承载力研究的内容和方法体系。当前土地资源承载力研究更多的是关注人口和经济的极限容量。

受经济社会发展、环境污染及气候变化等的影响，以及经济社会发展对水资源的需求日益增加，水资源稀缺性得到了前所未有的关注，水资源承载力逐渐成为关注热点。目前的大部分研究是从水资源安全视角，对区域水资源承载力特别是干旱区域水资源进行了度量。随着“以水定需，以水定城，以水定产”等治水要求的提出，水资源承载力在区域规划及决策中得到了大量应用。例如，一些重要战略空间（如京津冀、长江经济带等）的水资源人口承载规模测算及承载状况分析；超大城市和特大城市水资源人口、经济承载规模测算等。

2）以土地开发强度为特征的资源承载力。资源承载力是人与自然关系的空间表征，因此，各类资源要素承载都需要从空间上落实到土地利用。有研究基于土地利用广度、深度、限度 3 个方面，提出并开发了集广度、深度、限度于一体的中国土地开发度评价模型；也有研究基于空间开发利用视角来确定土地合理开发强度及空间分布。除了开展资源环境综合承载力的土地开发度研究，还开展了基于单要素约束揭示区域城市用地空间开发规模的研究。例如，由于水资源是影响建设用地开发的重要因素，因此基于水资源承载力确定城市适度规模；基于水资源约束进行城镇开发阈值测算和城镇开发度预警方法制订；基于资源环境承载力确定城市增长边界的划定和土地开发强度等。

3）基于适宜性及供给能力的资源承载力。区域各类自然资源可供给规模、生态供给能力及环境容纳能力决定了资源环境可承载能力。《全国主体功能区规划》（国发〔2010〕46 号）中以可利用土地资源、可利用水资源、环境容量等资源环境指标，生态及经济社会指标体系为基础，进行地域功能适宜性评价及主体功能区划分。省级主体功能区划中，结合各省（区、市）的自然地理特征及省（区、市）域特性，选取可利用资源能源、经济社会等指标构建资源承载力评价指标体系，开展资源承载力评价，并以此作为主体功能区规划的基础和依据。

基于供给能力的资源承载力评价以国家发展改革委主导开展的主体功能区划中的承载力评价最具代表性，其综合了多要素自然资源供给能力、环境容量综合容纳能力及经济社会发展等指标，指标体系较为系统和全面。此外，关于供给能力的资源承载力评价研究也可从单要素供给能力角度开展，如构建基于供给生态服务价值的土地资源承载力，基于水资源供给能力的干旱区土地资源承载力等。

2.2.3 生态产业理论

生态学第二定律是指每一种事物都与其他事物相互联系和相互交融，即生态链原理。生态产业理论的核心是依据生态链原理，模仿自然生态系统的物质循环和能量流动规律重构产业系统。生态产业理论是生态环境规划的重要理论基础。

生态产业思想源于美国通用汽车公司的 Robert Frosch 和 Nicolas Gallopoulos 于 1989 年 9 月在杂志《科学美国人》上发表的一篇题为《可持续工业发展战略》的文章，他们认为工业系统可以仿照生态系统的物质循环过程，在企业之间建立共生关系，从而促使工业系统转化为生态工业系统。这一思想的提出引起了经济学界的广泛关注。1991 年 10 月，联合国工业发展组织（UNIDO）提出了生态可持续性工业发展（Ecological Sustainable Industrial Development）的概念，认为生态工业是指在不破坏基本生态进程的前提下，促进工业在长期内给社会和经济利益作出贡献的工业化模式。这是一种环境与发展兼顾的模式。

1995 年，美国耶鲁大学的 Thomes Graedel 和 Braden Allenby 合著的《工业生态学》，全面勾画了工业生态学的总体框架和重点内容，认为生态工业是仿照自然界生态过程的物质循环方式来规划工业生产系统的一种工业模式。在生态工业系统中，各个生产过程不是孤立的，而是通过物料流、能量流和信息流互相关联，一个过程的废物可以作为另一个过程的原料加以利用。生态工业追求的是系统内各个生产过程从原料、中间产物、废物到产品的物质循环，达到资源、能源、投资的最优利用。

此后，不同研究人员也对产业生态学或生态工业提出了自己的见解。如 Reid Lifset 指出，产业生态学是迅速发展的系统科学分支，从局部、地区和全球 3 个层次研究产品、工艺、产业部门中的能量流和物料流，重点研究产业如何降低产品生命周期过程中的环境压力。国际电气与电子工程师协会（IEEE）在《持续发展与产业生态学白皮书》中指出，产业生态学是探讨产业系统与经济系统及自然系统相互关系的学科，是研究可持续能力的科学。Cohen Rosenthal 认为，产业生态学的目标是通过物质和能量的最优循环将产业对生态系统的破坏降到最低。肖焰恒和陈艳指出，生态工业是根据生态学和生态经济学原理，应用现代科学技术建立和发展起来的一种多层次、多结构、多功能、变工业排泄物为原料、实现循环生产和集约经营管理的综合工业生产体系。

尽管产业生态学或生态工业的定义颇多，但其本质是根据生态学和经济学原理模拟自然生态系统，再遵循生态系统物质循环利用和能源梯级利用的法则，结合本地环境条件和资源限制，建立和发展一种“资源利用—清洁生产—资源再生”的现代产业模式，实现经济与环境的双赢。它和传统产业的主要区别在于力求把产业生产过程纳入生态化轨道中，把生态环境优化作为衡量产业发展质量的标志。

产业生态学的理论研究与实践方法有 3 类：面向产品分析的生命周期评价（LCA）、面向物流分析的物质代谢分析（物质流分析）和面向区域发展的循环经济。

（1）生命周期评价

根据 ISO 14040 的定义，生命周期评价是指对一个产品系统生命周期内的输入、输出及其潜在环境影响的汇编和评价，具体包括互相联系、不断重复进行的 4 个步骤：目的与范围的确定、清单分析、影响评价、结果解释。作为一种全新的预防性环境保护策略与手段，生命周期评价主要应用在通过确定和定量化研究能量和物质利用及废弃物的环境排放来评估一种产品、过程或生产活动造成的环境负载。通过辨识和量化整个生命周期内能量和物质的消耗，以及环境释放，评价这些消耗和释放对环境的影响，辨识与量化减少环境负荷的关键机会，进而探求改善环境的方法。

生命周期评价通过考察产品、行业甚至产业链的整个生命周期对决策过程中的环境因素作出评价，这种评价可以是战略性的，也可以是具体运营和细节操作方面的，从而促使产业内部行为更加符合可持续发展原则。生命周期评价在工业部门中的应用有产品系统的生态辨识与诊断、产品生命周期影响评价与比较、产品改进效果评价、生态产品设计与新产品开发、循环回收管理及工艺设计、清洁生产审计 6 个方面。生命周期评价不仅可以解决微观层面上产品生产、使用、再生和处置等生命周期各阶段资源和环境的合理配置，而且可以了解宏观层面上社会经济体系和自然生态规律体系之间的相互作用和相互影响，从而为政府管理部门制定地区和行业的环境发展政策提供依据。

（2）物质代谢分析（物质流分析）

人类社会面临的环境与发展问题究其生态原因有 3 个方面：一是物，即资源代谢问题；二是事，即系统结构和功能问题；三是人，即人的行为和信息反馈机制问题。其中，资源代谢在时间、空间尺度上滞留和耗竭是导致各种环境问题出现的主要症结。生态产业系统中的能源和物质消耗是最优的，产生废物是最少的，一个过程的排放物将作为另一个过程的原材料，其本质是强调如何提高资源和能源的利用及转化效率。生态工业园区建设是实现这一模式的主要途径，而物质代谢分析（物质流分析）（Material Flow Analysis，MFA）则为其提供了有效分析方法。

2001 年，欧盟统计局（Eurostat）出版了第一部有关物质流分析研究方法的手册，推动了世界各国在社会—经济系统物质流分析方面的研究。2004 年，Paul H B 和 Helmut R 合作编写了《物质流分析实践手册》（*Practical Handbook of Material Flow Analysis*）一书，系统介绍了物质流分析的概念、历程、应用范围及目标，详细陈述了其数据库管理、软件应用的具体操作方法，并列举了许多关于环境管理、资源保护、废弃物管理及区域物质流分析与管理的经典案例。

物质代谢分析不仅应用于以工业共生网络为特征形成的特殊区域，而且还可以应用于城市及国家更大尺度的物质代谢分析。通过 MFA 方法来辨识园区内各企业及其相互之间、城市各组成部分之间及国家各部门或各区域之间的物质流动特征，并在评价其物质代谢及循环利用效率的基础上，寻找是否存在物质再利用的机会与潜力。在国家尺度上，开展物质代谢分析可以反映经济发展对本国、本区域所造成的资源环境压力；在城市尺度上，物质代谢分析和物质流核算可以通过系统解析和度量城市系统的物质通量、分布及其机制，研究城市发展和建设过程中资源、环境和生态问题的形成过程和机理，并据此提出相应的城市生态调控策略。在工业园区小尺度上，通过物质代谢分析来寻找企业与企业、企业与社会等不同利益体之间在物质再利用方面的合作机会与潜力，并最终通过特殊物质或元素的代谢路径来构建园区内的生态产业链。

目前，国家尺度上的物质流分析通常采用欧盟统计局提出的物质流分析框架，即把物质流分析拆解为输入、输出和存储 3 个部分。城市尺度上的物质流分析在总体结构和物质分类上与国家尺度并没有不同，但在计算方法上有所区别。除采用了欧盟统计局提出的物质流分析框架外，还采用了区域投入产出矩阵和产品生命周期数据库建立的区域物质流综合分析模型，或基于三维物质投入-产出表（PIOT）的物质流核算模型，对社会经济系统进行物质代谢分析。工业园区物质流分析的总体结构和物质分类与国家尺度上的物质流分析基本保持一致，但数据获取途径及指标设计方面则与国家尺度和城市尺度存在很大差异。有研究在获取园区及园区内各企业物质流向及流量数据的基础上，对园区产业进行了物质流核算；还有研究通过引入部门间实物型投入产出表，构建了工业园区物质流分析模型指标体系。

（3）循环经济

循环经济也称资源循环型经济，强调把经济活动组织成一个“资源—产品—再生资源”的反馈式流程。循环经济思想萌芽于 20 世纪 60 年代的美国。循环经济这一术语在我国出现于 20 世纪 90 年代中期，学术界在研究过程中从资源综合利用、环境保护、技术范式、经济形态和增长方式、广义和狭义等角度对其作了多种界定。当前，社会上普遍推行的是国家发展改革委对循环经济的定义：“循环经济是一种以资源的高效利用和循环利用为核心，以‘减量化、再利用、资源化’为原则，以低消耗、低排放、高效率为基本特征，符合可持续发展理念的经济增长模式，是对‘大量生产、大量消费、大量废弃’的传统增长模式的根本变革。”这一定义不仅指出了循环经济的核心、原则和特征，而且指出了循环经济是符合可持续发展理念的经济增长模式，抓住了当前我国资源相对短缺而又大量消耗的症结，对解决我国资源对经济发展的瓶颈制约具有迫切的现实意义。

传统经济将自然生态系统作为取料场和垃圾场，完全是一种不合理的线性经济。循环经济是一种生态型的闭环经济，形成了合理的封闭循环，它要求人类经济活动按照自然生态系统模式，组织成一个“资源产品—再生资源—再生产品”的物质反复循环流动过程，所有的原料和能源在这个不断进行的经济循环中得到最合理的利用，从而将经济活动对自然环境的影响控制在尽可能低的程度。在循环经济里没有真正的废弃物，只有放错了地方的资源。循环经济要求社会的经济活动以减量化、再使用、再循环为基本准则。

循环经济按其循环大小分为小循环、中循环和大循环，即微观企业层次、中观产业园区层次和宏观社会区域层次。这些层次由小到大依次递进，前者是后者的基础，后者是前者的平台。

在企业层次，与传统企业资源消耗高、环境污染严重、通过外延增长取得企业效益的模式不同，循环型企业是通过在企业内部交换物料流和能量流建立生态产业链，使企业内部资源利用最大化和环境污染最小化，即通过集约性经营和内涵性增长获得企业效益。

在产业园区层次，通过模拟自然生态系统来设计园区内的物料流和能量流，构建一种新型的工业组织形态，即生态产业园区。生态产业园区把工业生产视为一种类似于自然生态系统的封闭体系，采用废物交换和清洁生产手段将一个企业生产的副产品或废物作为另一个企业的投入或原材料，实现物质闭路循环和能量多级利用，形成相互依存、类似自然生态系统食物链的工业生态系统，以达到物质和能量利用最大化、废物排放量最小化的目的。

在社会区域层次，循环型城市和循环型区域通常以污染预防为出发点，以物质循环流动为特征，以社会、经济、环境可持续发展为最终目标，最大限度地高效利用资源和能源，减少污染物排放。循环型城市和循环型区域有四大要素，即产业体系、基础设施、人文生态和社会消费。一是要构建以工业共生和物质循环为特征的循环经济产业体系；二是要建设包括水循环利用体系、清洁能源体系、清洁公共交通运营体系等在内的基础设施；三是要致力于规划绿色文化、景观绿色化和建筑绿色化的人文生态建设；四是要努力倡导和实施绿色销售、绿色消费。

2.2.4 人地系统理论

生态学第三定律：我们生产的任何物质均不应该对地球上自然的生物地球化学循环有任何干扰。其反映了人与地之间的关系，是人地系统平衡与稳定的基础。

人地关系问题是伴随人类的产生而出现的，并随人类社会的发展不断向广度和深度进化。在我国古代大致有3种人地关系的认识观："天命论""人地相关论""人定胜天论"。在西方，围绕人地关系的观点可大致按其出现顺序依次归纳为环境决定论、或然论、人类生态学、文化景观论及和谐论等。现代人地关系问题又是与可持续发展问题紧密联系在一起的。从地学角度来看，人口、资源、环境是地球表层的重要组成部分，发展与人的能动作用是作用于"地"的人，人口、资源、环境与发展的关系是人地关系的一种形式，可持续发展实质上是协调人地关系。因此生态学第三定律的实质就是协调人地关系，维持系统的稳定。

（1）人地系统的结构与功能

1991年，吴传钧提出"人地关系地域系统"理论，"人地关系地域系统是以地球表层一定地域为基础的人地关系系统，是人与地在特定的地域中相互联系、相互作用而形成的一种动态结构"。人地系统中的"地"是指地理环境，包括自然地理环境和社会环境两个方面。自然地理环境是指由岩石圈、大气圈、生物圈和水圈等组成的复杂系统，是人类物质和能量的供应地。社会环境是指人类同自然环境进行索取与返还过程中建立的人与人之间的关系。可见，人地系统是由"人"子系统和"地"子系统组成的复杂巨系统。

人地系统的结构可以理解成3个关系圈的集合：其核心圈是人，包括组织、文化和技术，称为人地核，是人地系统的调控、管理与决策中心，涉及科学人文社会；第二圈是人地系统的内部环境圈，称为人地基，包括人口、资源、环境与发展（以下简称 PRED），是人地系统的内部介质；第三圈是外部环境，称为人地库，是人地系统的基础支持系统，具体见图 2-2。

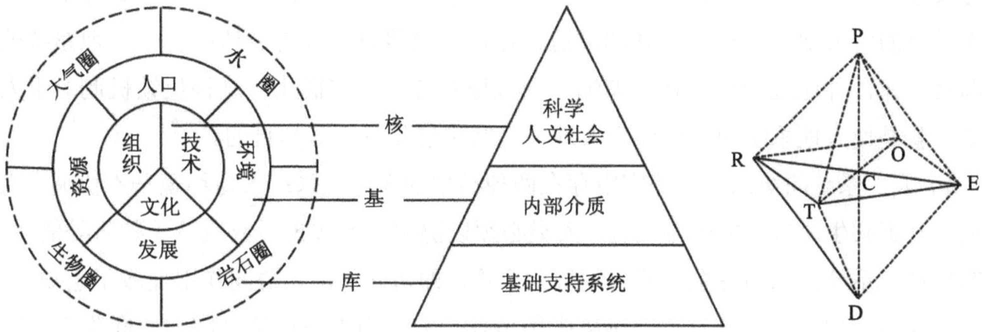

图 2-2　人地系统的结构与功能

人地系统的功能可用图 2-2 的八面体简单表示，其顶点分别为人口（P）、环境（E）、发展（D）、资源（R）、文化（C）、组织（O）和技术（T），分别表示人地系统的调控、生产、生活、转化、供给、接纳和还原功能。这些功能之间的作用构成了人地系统复杂的关系，包括人与资源、环境之间的促进、抑制、适应、改造关系，人对资源的开发利用与加工关系，以及人类生产和生活中的竞争、共生、隶属关系。人地关系系统的总目标是协调系统内各要素的相互作用及系统的整体行为。

许多学者对人地系统的内涵及关系进行了深入探讨。如吴传钧从人的客体性和主体性两方面论述了人地关系，他认为人对地具有依赖性，地理环境制约着人类社会活动的广度、深度和速度，且制约作用随着人类对地的认识和利用能力而变化；人具有能动功能，人地关系是否协调抑或矛盾，取决于人而不决定于地。王恩涌指出，人地关系着重研究人与地的交互过程，是人的生存、生产和社会活动与地理环境在共同作用界面上相互影响、相互制约的关系。陆大道提出，人地关系即为地球表层人与自然的相互作用和反馈作用。根据众多学者对人地系统的解析可以看出，人地系统是一个开放的、复杂的、远离平衡态的、具有耗散结构的自组织系统。其特征如下。

1）人地系统的时空性。人地系统在多个水平层次上存在。它的时间过程在静态上表现为规模、结构、格局、效益，在动态上表现为演变、交替、发展时期；它的空间特征表现为区位、生存空间、生态系统、地域实体（城市系统、行政组织系统）。这一特点决定了区域间复杂的、输入与输出的能流交换环境。

2）人地系统的开放性。任何一个区域都不是孤立存在的，都需要与外界不断进行物质、能量和信息的交换。这种交换既包括与其他区域的交换，也包括与外层空间的交换。

区域间的相互作用和相互交换，其输入与输出是非线性、非平衡的，决定了人地系统是一个耗散结构系统。

3）人地系统的反馈性。人的主观能动作用包括人类作用于自然环境的强度在增加，同时反馈作用也在增强。人类可以充分运用科学技术、政策法令、经济计划等手段，按人类的目的对人地系统进行管理和改造，也可以调整自身行为去适应整个人地系统的发展演替规律，并通过合理规划、调配实现人地系统的调控优化。这种反馈机制对于人类来说，就是使人地系统的调控成为人地关系共生与和谐的基本目的。

4）人地系统的协同性。现实中存在两种类型的人地关系：人与环境—不协调、人与环境—互惠共生。为了生存与发展，人类必须以协调的方式去适应或改善其所处的环境，同时促使各系统内部和各系统要素间彼此合作，即协同作用。协同作用促成了宏观有序，即当协同作用越大，系统就表现出越强的整体功能；当人与环境之间的协同作用强时，则表现为人地关系的和谐。

（2）人地系统协调共生

人地系统理论的核心目标是协调人地关系，即从空间结构、时间过程、组织序变、整体效应、协同互补等方面去认识和寻求不同空间尺度下人地关系系统的整体优化、综合平衡及有效调控，为有效进行区域开发和管理提供理论依据。因此，人地系统理论的要点就是人地相互作用形成的功能、结构、过程和效应，以及人地作用的区域分异特征、系统性和可调控性。

人地系统的整体调控途径与优化需要从空间、时间、组织序变、整体效应、协同互补等方面入手。具体的手段与方法有分类、区划、定量分析、建立模型和评价等。通过了解全球、国家、区域等不同尺度的人地系统整体优化及有效调控机理，揭示系统的内在功能特征与时空变化规律，协调不同区域的人地相互作用及过程。

关于人地关系优化的理论及方法研究较多，如从制度层面提出生态环境补偿、资源价格等人地系统调控的政策机制；从人口生产、物质生产、生态生产和社会文化生产 4 个方面协调；基于 PRED 问题［人口（population）、资源（resources）、环境（environment）和发展（development）不协调］构建人地关系系统模型与方法；基于人的视角从制度、技术和文化 3 个方面提出优化人地系统的主要路径；也有学者在人地系统各组成要素之间、区际之间进行动态协调和优化，以实现人地系统中人的经济社会行为对地的空间区位的有序占据；此外还有从环境管理的视角制定法律制度、经济政策、管理体制、环境监控、公众参与、科技信息六位一体的区域环境管理体系等。

（3）人地系统理论在生态环境规划中的应用

人地系统协调共生一方面要顺应自然规律，另一方面要对已经破坏了的不协调人地关系进行调整。因此人地系统理论在生态环境规划中的应用具体表现在以下几个方面。

首先，在战略目标的设置上建立人地协调的、多元化的、综合性的战略目标体系。社会经济必须发展，但要把改善生态条件、合理利用自然资源、提升环境质量及由此涉及的生态、社会指标都纳入社会经济发展的指标体系中，从而构成基于多元指标的综合性发展战略目标。

其次，构建经济发展与生态环境建设协调发展的模式。人们要正确处理经济发展和生态环境建设间的辩证关系。发展经济是主导，只有经济得到快速、健康、稳步的发展，才可能为环境的改善和治理提供必要的资金、技术，从而提高人类保护环境的能力。发展经济也必须重视生态环境建设，以生态系统的总体制约为限度，以环境优化经济发展。只有这两个方面的优化同时、同等、同步、同效地满足特定发展阶段的要求，才能说经济发展是成功的、可取的。

再次，推动区域自然资源的合理开发，使其达到充分和永续利用。资源是经济发展的物质基础，人类对资源的利用应注重利用与保护、消费与增值的统一。现代人地关系协调论认为，保护资源就是保护生产力，在经济发展中必须考虑不同性质自然资源的特殊性，采取有利于维护自然资源总体使用价值的开发利用方式，并创造有益于自然资源再生产的条件，合理利用可更新资源，科学利用更新资源，因地制宜、取长补短，实现永续利用的目的。

最后，保护与整治生态环境，使生态系统实现良性循环。人类在社会经济活动中所需的物质和能量，都是直接或间接地来自生态环境系统。人类对生态环境的干预和影响不能超越生态环境系统的自我调节限度。因此必须积极采取措施，确保人类活动在自然生态系统承载能力之内，同时要积极整治生态环境，引导生态系统实现良性循环。

（4）生态文明理念

生态文明是生态和文明的结合，是以生态文化理念为指导、注重保护自然和人类发展相结合的高级形态，也是我国继物质文明、精神文明、政治文明之后的第四种文明。

生态文明首先是通过价值观念的转变、生产方式的变革、绿色消费行为的实施来修复工业文明时期的人地矛盾，使人与自然的紧张关系趋向缓和；同时通过不同利益国家之间、区域之间、部门之间和代际之间的协同治理，实现不分国界、不分利益、不分文化的人与人之间的和谐；以人与人、人与自然、人与社会和谐共生为宗旨，建立可持续的生产方式和消费方式，引导人们走上持续、和谐的发展道路。

建设生态文明是关系人民福祉、关乎民族未来的长远大计。面对资源约束趋紧、环境污染严重、生态系统退化的严峻形势，必须树立尊重自然、顺应自然、保护自然的生态文明理念，把生态文明建设放在突出地位，融入经济建设、政治建设、文化建设、社会建设各方面和全过程，努力建设美丽中国，实现中华民族的永续发展。

党的十七大报告首次提出要建设生态文明，党的十八大报告明确提出要把生态文明建设放在突出地位，实施“五位一体”协调发展，党的十九大报告把建设生态文明作为千年大计实施。生态文明已成为我国的主流价值和社会主旋律。在党的十八大报告、党的十九大报告中均提出了生态文明建设的战略任务。

一是优化国土空间开发格局。要按照人口资源环境相均衡、经济社会生态效益相统一的原则，加快实施主体功能区战略，控制开发强度，调整空间结构，推动各地区严格按照主体功能定位发展，构建科学合理的城市化格局、农业发展格局、生态安全格局，促进生产空间集约高效、生活空间宜居适度、生态空间山清水秀，给自然留下更多修复空间。

二是全面促进资源节约。要节约、集中利用资源，推动资源利用方式的根本转变，加强全过程节约管理，大幅降低能源、水、土地的消耗强度，提高利用效率和效益。推动能源生产和消费革命，支持节能低碳产业和新能源、可再生能源发展，确保国家能源安全。加强水源地保护和用水总量管理，建设节水型社会。严守耕地保护红线，严格土地用途管制。加强矿产资源勘查、保护、合理开发。发展循环经济，促进生产、流通、消费过程的减量化、再利用、资源化。

三是加大自然生态系统和环境保护力度。要实施重大生态修复工程，增强生态产品生产能力，推进荒漠化、石漠化、水土流失综合治理。加快水利建设，加强防灾减灾体系建设。坚持预防为主、综合治理，以解决损害群众健康的突出环境问题为重点，强化水、大气、土壤等污染防治。坚持共同但有区别的责任原则、公平原则、各自能力原则，同国际社会一道积极应对全球气候变化。

四是加强生态文明制度建设。要把资源消耗、环境损害、生态效益纳入经济社会发展评价体系，建立体现生态文明要求的目标体系、考核办法、奖惩机制。建立国土空间开发保护制度，完善最严格的耕地保护制度、水资源管理制度、环境保护制度。深化资源性产品价格和税费改革，建立反映市场供求和资源稀缺程度、体现生态价值和代际补偿的资源有偿使用制度和生态补偿制度。加强环境监管，健全生态环境保护责任追究制度和环境损害赔偿制度。加强生态文明宣传教育，增强全民节约意识、环保意识、生态意识，形成合理消费的社会风尚，营造爱护生态环境的良好风气。

2.3 系统科学理论

2.3.1 系统科学基本理论

系统科学理论包括一般系统论、控制论、信息论、耗散结构理论、协同论、突变论等，其中一般系统论、控制论和信息论合称“老三论”，耗散结构理论、协同论、突变论合称“新三论”。它们从不同的角度对系统问题进行研究，形成和完善了系统科学的概念和范畴，从系统的角度揭示了客观事物和现象之间相互联系、相互作用的本质和规律。

（1）一般系统论

系统思想源远流长，但作为一门科学的系统论，人们公认的是奥地利理论生物学家贝塔朗菲（Ludwig Von Bertalanffy）创立的。他在 1932 年提出了开放系统理论，即系统论的思想；1937 年提出了一般系统论原理，奠定了这门科学的理论基础；1968 年发表的专著《一般系统理论：基础、发展和应用》（*General System Theory*；*Foundations*，*Development*，*Applications*）成为系统科学的经典。贝塔朗菲在一般系统论中明确描述了系统的概念，并进一步对组织、整体、等级、动态和目的等系统特征作出了建设性的论述。贝塔朗菲认为系统存在封闭系统和开放系统的区别，热力学研究的只是封闭系统，是开放系统的一个特例，开放系统才是更为一般的系统。他建立的一般系统论是能够适合机体组织一切层次的系统理论。

系统论的基本概念包括系统、层次、结构、功能、反馈、信息、平衡、涨落、突变和自组织等。系统是由两个以上要素构成的集合体，各要素之间存在一定的联系和相互作用，形成了特定的结构和功能，它从属于更大的系统。系统具有整体性、结构性、层次性、动态性等特征。

1）系统的整体性：整体性是系统科学的基本原理。它强调了系统虽然是由不同要素组成的，但绝不是要素的简单拼凑，而是由各要素之间的内在必然联系组成的一个整体，具有各要素所不具有的新特征。

2）系统的结构性：系统的整体性取决于系统的结构。结构是系统中各要素之间相互联系、相互作用的方式。一个系统是由 3 个因素决定的：一是构成要素的性质，二是构成要素的数量，三是构成要素的联结方式。

3）系统的层次性：一个系统总是由若干子系统组成，该系统本身又可看作更大系统的一个子系统，这就构成了系统的层次性。不同层次上的系统运动有其特殊性。在研究复杂系统时要从较大的系统出发，考虑到系统所处的上下左右关系。

4）系统的动态性：一切实际系统由于其内外部联系复杂的相互作用，总是处于无序与有序、平衡与非平衡相互转化的运动变化之中。任何系统都要经历一个发生、维持、消亡的不可逆演化过程。也就是说，系统本质上是一个动态过程，系统结构不过是动态过程的外部表现。而任何系统作为过程又构成更大过程的一个环节、一个阶段。

（2）控制论

自从 1948 年诺伯特·维纳（Wiener，N）出版了著名的《控制论：或关于在动物和机器中控制和通信的科学》一书以来，控制论的思想和方法已经渗透到几乎所有自然科学和社会科学领域。控制论侧重于研究过程中的数学关系，是综合研究各类系统的控制、信息交换、反馈调节的科学，是跨及人类工程学、控制工程学、通信工程学、计算机工程学、一般生理学、神经生理学、心理学、数学、逻辑学、社会学等众多学科的交叉学科。

与任何一门传统自然科学不同的是，对于各种动态物质系统，控制论并不追究其具体的物质构造和能量变化过程，而是着重从物质和能量所负载的信息角度考察各种系统的功能，探索它们在行为方式上的联系和一般规律。因此，控制论的基本问题就是如何在不同系统中实现相同的或相似的控制过程。从本质上讲，所谓控制，就是为了“改善”某个或某些受控对象的功能或发展需要获得并使用信息，以这种信息为基础进行通信并作用于该对象。由此可见，控制的基础是信息，一切信息传递都是为了控制，而任何控制又都有赖于信息反馈来实现。信息反馈是控制论中一个极其重要的概念。通俗地讲，信息反馈就是指由控制系统把信息输送出去，再将其作用结果返送回来，并对信息的再输出发生影响，起到制约的作用，以达到预定目的。

控制论研究表明，信息作为系统内部及不同系统间的重要联系，是任何控制系统实施控制的依据。因此，信息与控制是密切相关的。

（3）信息论

信息论主要研究通信系统中的信息传递和信息处理问题。狭义信息论主要是研究通信和控制系统中普遍存在的信息传递的共同规律，以及最佳解决信息的获取、度量、变换、储存和传递等问题的基础理论。广义信息论是运用概率论与数理统计等方法研究信息、信息熵、通信系统、数据传输、密码学、数据压缩等问题的应用数学学科，不确定性是信息论的核心概念。

香农（Claude E. Shannon）将信息定义为减少可能事件出现的不确定性的量度。信息量等于不确定性减少的数量。基于这个思想，香农、维纳（Norbert Wiener）进一步提出了信息的量化公式。具体而言，如果有 n 个可能事件，每个事件出现的概率分别为 P_1，P_2，…，P_n，那么在没有干扰的情况下，接受的每个信息的平均信息量为

$$I=-\sum_{i=1}^{n}P_i\log_2 P_i \tag{2-1}$$

据此就可对信息进行精确的计算。从上述信息量的数学表达式中可以看出，信息与信息熵这个物理量有着密切的关系。对于一个系统来说，信息描述的是它的有序程度，而热力学中的熵则表示其无序程度，实际上信息就等于负熵，我们把这个负熵称为信息熵。

在当代科学技术综合理论发展中，信息的概念已经从单纯的统计信息拓展到了语义信息、价值信息和模糊信息，信息传递和信息处理的理论也已超过通信领域，进入了其他许多相关学科，进而形成了以信息论为基础，涉及控制论、电子学、计算机科学、自动化技术和人工智能，以及心理学、语言学、经济学、社会学、数学、物理学和生物学等领域，新的大跨度信息科学。

整体性作为一般系统论的核心概念，也是控制论和信息论的基本出发点。总的来看，一般系统论主要研究系统结构组织，而控制论和信息论侧重系统行为方式研究。一般系统论、控制论和信息论对系统的整体性、系统行为的不确定性及其调控方式等做了系统的描述。然而这样一个整体有序的结构到底是如何形成的？对于这个问题的解答，引发了关于系统更深层次的探讨，也就开始了对开放的非平衡态系统自组织过程的研究。

（4）耗散结构理论

耗散结构是普利高津在研究不违背热力学第二定律情况下，如何阐明生命系统自身进化过程时提出的新概念。耗散结构是指一个远离平衡态的非线性开放系统（无论是物理的、化学的、生物的系统还是社会的、经济的系统）通过不断与外界交换物质和能量，在系统内部某个参量变化达到一定阈值时，通过涨落，系统可能发生突变，即非平衡相变，由原来的混沌无序状态转变为一种在时间上、空间上或功能上的有序状态。这种在远离平衡的非线性区形成的新的、稳定的宏观有序结构，由于需要不断与外界交换物质或能量才能维持，因此称为耗散结构（dissipative structure）。

普利高津强调“非平衡是有序的起源”，耗散结构与热力学平衡结构是相对立的；耗散结构必须通过连续的物质和能量流来维持，即耗散系统必须是一个开放系统。同时，耗散结构的形成是一个自组织过程，因此耗散结构理论本质上是一种自组织理论，普利高津又将其称为“非平衡系统的自组织理论”。自组织理论在认知目标上也是把揭示自然界的不确定性、复杂性、偶然性放在首要地位。

耗散结构理论原本属于非线性、非平衡热力学领域，但随着相关研究的不断拓展，其应用范围已经超过物理、化学系统，且逐步步入生物、社会系统。耗散结构理论最为成功的应用便是统一了热力学第二定律和生物进化论的矛盾。

（5）协同论

协同论主要研究远离平衡态的开放系统在与外界有物质或能量交换的情况下，如何通过自身的内部协同作用自发地出现时间、空间和功能上的有序结构。协同论以现代科学的最新成果——系统论、信息论、控制论、突变论等为基础，吸取了结构耗散理论的大量营养，采用统计学和动力学相结合的方法，通过对不同域的分析，提出了多维相空间理论，建立了一整套数学模型和处理方案，在微观到宏观的过渡上描述了各种系统和现象从无序向有序转变的共同规律。

协同论的主要内容可以概括为以下 3 个方面。

1）协同效应。协同效应是指由于协同作用而产生的结果，是指复杂开放系统中大量子系统相互作用而产生的整体效应或集体效应。对于千差万别的自然系统或社会系统而言，均存在协同效应。协同效应是系统有序结构形成的内驱力。任何复杂的系统，在外来能量作用下或物质聚集态达到某种临界值时，子系统之间均会产生协同效应。这种协同效应能使系统在临界点发生质变，使系统从无序变为有序，从混沌中产生某种稳定结构。

2）伺服原理。伺服原理用一句话来概括，即快变量服从慢变量，序参量支配子系统行为。它从系统内部稳定因素和不稳定因素间的相互作用方面描述了系统自组织过程，其实质在于规定了临界点上系统的简化原则——快速衰减组态被迫跟随于缓慢增长的组态，即系统在接近不稳定点或临界点时，系统动力学和突现结构通常由少数几个集体变量即序参量决定，而系统其他变量行为则由这些序参量支配或规定。正如协同学的创始人哈肯所说，序参量以“雪崩”之势席卷整个系统，掌握全局，主宰系统演化的整个过程。

3）自组织原理。自组织是相对他组织而言的。他组织是指组织指令和组织能力来自系统外部，而自组织则指系统在没有外部指令的条件下，其内部子系统之间能够按照某种规则自动形成一定的结构或功能，具有内在性和自生性特点。自组织原理解释了在一定的外部能量流、信息流和物质流输入条件下，系统为何会通过大量子系统之间的协同作用形成新的时间、空间或功能有序结构。

（6）突变论

“突变”强调变化过程的间断或突然转换。在自然界和人类社会活动中，除了渐变和连续光滑的变化现象，还存在大量突然变化和跃迁现象，如岩石的破裂、桥梁的崩塌、地震、海啸、细胞的分裂、生物的变异、人的休克、情绪的波动、战争、市场变化、企业倒闭、经济危机等。

突变论研究的是从一种稳定组态跃迁到另一种稳定组态的现象和规律。它指出自然界或人类社会中任何一种运动状态都有稳定态和非稳定态之分。在微小的偶然扰动因素作用下，仍然能够保持原来状态的是稳定态；而一旦受到微扰就迅速离开原来状态的则是非稳定态，稳定态与非稳定态相互交错。非线性系统从某一个稳定态（平衡态）到另一个稳定态的转化是以突变形式发生的。

突变论主要以拓扑学为工具，以结构稳定性理论为基础，提出了一条新的判别突变、飞跃的原则：在严格控制条件下，如果质变中经历的中间过渡态是稳定的，那么它就是一个渐变过程。此外，突变论还提出了一系列数学模型，用于解释自然界和社会现象中发生的不连续变化过程，描述各种现象为何从形态的一种形式突然飞跃到根本不同的另一种形式。按照突变理论，自然界和社会中的大量不连续事件，可以由某些特定的几何形状来表示。托姆指出，发生在三维空间和一维空间 4 个因子控制下的突变有 7 种突变类型，包括折迭突变、尖顶突变、燕尾突变、蝴蝶突变、双曲脐突变、椭圆脐形突变及抛物脐形突变。

突变论作为研究系统序演化的有力数学工具，能较好地解说和预测自然界和社会上的突然现象，在数学、物理学、化学、生物学、工程技术、社会科学等方面有着广阔的应用前景。突变论在许多领域已经取得了重要的应用成果。随着研究的深入，它的应用范围也在不断扩大。

2.3.2　系统工程的“三维”方法

系统工程是以系统为研究对象，把所要研究和管理的事物当成系统，从系统的整体性观点出发，运用各种组织管理技术，使系统的整体与局部之间关系协调、相互配合，实现总体的最优运行，即对系统进行最优规划、最优管理、最优控制，以达到最优系统目标的一门综合性组织管理技术，也是一门多学科、多方法的边缘科学。日本工业标准委员会（Japanese Industry Standards Committee，JISC）规定：系统工程是为了更好地达到系统目标而对系统的构成要素、组织结构、信息流动和控制机构等进行分析与设计的技术。我国著名科学家钱学森指出，系统工程是组织管理系统的规划、研究、设计、制造、试验和使用的科学方法，是一种对所有系统都具有普遍意义的科学方法。

系统工程方法的主要特点：一是把研究对象作为一个整体来分析，分析总体中各个部分之间相互联系和相互制约的关系，使总体中的各个部分相互协调配合，服从整体优化要求，在分析局部问题时，是从整体协调的需要出发，选择优化方案，综合评价系统的效果；二是综合运用各种科学管理的技术和方法，将定性分析和定量分析相结合；三是对系统的外部环境和变化规律进行分析，分析它们对系统的影响，使系统适应外部环境的变化。

美国学者 Arthur D. Hall 在 1969 年提出的三维结构分析法比较准确地反映了系统工程方法论的实质。Arthur D. Hall 从逻辑维、时间维和知识维 3 个方面说明了系统工程的基本方法和程序。

逻辑维给出了解决系统工程问题思考过程的逻辑关系和顺序。这个逻辑思维过程分为以下 7 个阶段，各阶段的内容：①规划准备，通过系统调查，尽量收集所要解决问题的历史、现状及发展趋势的资料和数据，阐明问题的形成原因和关键所在。②系统目标设计，提出系统需要达到的目标体系，并拟定评价系统功能的标准，以利于评价衡量所有可供选择的系统方案。③系统方案综合，按照系统目标和问题的特性，拟定出各种可供选择的方案，并阐明相应设计方案的结构、参数、所需条件、主要优缺点等。④系统方案分析，按照系统评价标准，对各备选方案进行分析和比较，拟定系统功能与目标的分析模型，通过模型化分析，综合研究方案的功能和特征。⑤系统方案优化，在系统分析的基础上，选定和调整系统中的有关参数，选择有利于达到系统目标优化的可行性方案。⑥系统方案决策，通过最优化分析选出最优方案。⑦系统实施，制订实现选定方案的计划并付诸实施，如计划实施遇到问题则重复前面的步骤，直至方案目标完成。

时间维给出了系统工程活动从规划到使用、更新的时间顺序。一般把整个活动过程按时间先后顺序对应分成 7 个阶段，各阶段的内容与任务：①规划阶段，在广泛调查研究的基础上，按系统要求拟定规划目标和战略对策。②方案阶段，根据规范和标准对策提出具体计划方案。③分析阶段，采用数学模拟方法，分析方案实现的条件、结果和要求。④运筹阶段，对各方案进行技术经济评价与比较，选择优化方案。⑤启动阶段，启动入选方案使其开始运转。⑥运行阶段，系统开始正常运行工作。⑦更新阶段，根据系统环境的变化，按照新的目标要求，不断改进原设计，使系统功能更加完善有效。

知识维给出了制定方案、评价方案和实施方案各阶段、各步骤所需要的知识和专业技术。按各种知识和技术的使用频率和重要程度，系统工程使用的知识依次为工程技术、环境科学、数学工具、计算机技术、现代管理理论、法律、医学、社会学等。

2.3.3 系统科学在规划中的应用

系统科学是研究系统的一般性质、运动规律、系统方法及其应用的学科。系统科学被认为是 20 世纪最伟大的科学革命之一。在系统科学出现之前，由于人们的认识能力有限，只能凭直觉观察和经验定性认识事物之间的相互联系，不能从整体上定量地描述事物间的联系，只能把复杂系统分解成各个子系统，甚至分解成最基本的要素开展研究。这样的研究虽然对推动科学发展起到了巨大作用，但是忽视了事物之间的联系，对其认识不够全面阻碍了科学的进一步发展。因此客观上要求发展一门处理复杂系统的科学，系统科学就是在这种背景下产生的，其提供了一种认识和处理复杂系统的理论和方法，为环境系统与社会经济系统交叉融合提供了学科基础与方法论。

生态环境规划在制定、执行时遵循的方法步骤实质上就是以系统工程方法在研究问题时，特别强调研究对象和研究过程的整体性，坚持全面地看待问题，寻求总体最优的研究效果为基础。在编制生态环境规划时，研究问题还具有跨学科、跨专业的综合性特点，而系统科学理论尤其适合研究复杂的巨系统。同时系统工程研究方法具有科学性和艺术性相结合的特征，具体表现在解决问题时，不局限于同一种模式，而是在系统理论的指导下，追求创造性地解决问题。

系统科学理论之所以能成为生态环境规划的基础理论，是因为生态环境规划的综合性、复杂性，尤其是生态环境规划针对的对象是自然经济社会复合系统，该系统具有整体性、层次性、开放性、关联性、反馈性、动态性等特点，该系统也是系统科学研究的主要对象。系统科学中的系统论、控制论、信息论、耗散结构理论、协同论、突变论等相关理论都是通过不同角度来研究自然经济社会复合系统的运作及演变。由此可知，生态环境规划的研究、编制与实施必须借助系统科学理论，从基于整体过程的方法论角度进行环境经济系统的问题研究。主要研究内容包括根据所研究的环境问题确定环境规划的目标和边界；从环境规划的整体优化和整体协调出发，按照系统本身所特有的性质与功能，研究环境系统与经济系统之间、环境系统与各子系统之间，各子系统与各子系统之间、各子系统与各要素之间、各要素与各要素之间相互作用、相互依赖和相互协调的关系，同时建立相应的数学模型并应用于多目标系统优化方法，如建模方法、预测方法、模拟方法、评价方法、决策分析方法及其他从定性到定量的综合集成方法等，定量或半定量地研究环境经济系统的运行规律、目标指标与环境规划方案。

2.4 空间结构理论

空间结构理论是研究人类活动空间分布及组织优化的科学，为区域规划提供理论基础和方法支持。区域性生态环境规划是区域规划的重要组成部分。它从生态环境保护角度出发，科学合理安排生产规模、生产结构和布局，调控人类自身活动，是一项涉及自然、社会和经济巨系统的复杂系统工程，需要环境科学、经济学、生态学和地理学等多学科知识共同来支撑。与以往的区域规划不同，区域生态环境规划在进行区位选择、分区管控时，不仅需要考虑社会经济因素，还需要考虑生态环境因子的空间分异性，从保护生态环境的角度出发，将生态环境因子与人类活动合理匹配，促使两者协调。

区域空间结构研究源于区位论，区位论也可以看作现代空间结构理论的微观部分。“二战”后美国经济学家与欧洲学者将古典区位理论进行综合，提出了现代空间结构理论和“空间经济学”的概念，将“空间系统”作为区域经济研究对象，并将投入产出方法应用于区域发展分析，从而开创了区域空间结构发展综合研究及其应用的先河。改革开放后，我国经济地理学者和人文地理学者在积极吸取西方国家的空间结构理论基础上，以研究我国生产力布局为核心，形成了非均衡发展观、增长极理论、点轴开发模式、圈层结构模式、内源式乡村发展理论和梯度理论等一系列区域空间发展理论，并被广泛地应用于区域开发和国土规划的实践之中。

2.4.1 空间结构的内涵及影响因素

（1）空间结构的内涵

空间结构是指在一个地域范围内经济要素在不同空间点上的分布状况及变动趋势。对空间结构内涵的理解应包括以下几个方面。

1）空间结构的区域性。空间是物质存在的一种客观形式。区域和空间联系在一起形成了区域空间统一体。区域因空间得以存在，空间因区域而有意义。无论是自然系统还是社会经济系统，其内在规律的发生作用都离不开一定区域的空间特性。同样地，离开一定具体地域范围而抽象地开展空间特征研究也无法对现实社会经济发挥指导作用。

2）空间结构的经济性。研究区域空间结构的目的是促使人地关系走向和谐，区域经济得到持续发展。区域空间结构的实质是社会经济发展的非均衡问题，区域经济活动的强度和力度大小可以形成较“密”或较“疏”的经济空间格局。在研究区域空间结构时，必须深入探讨、研究经济要素在空间结构形成和变化过程中的作用，并结合区域特征和发展目标找出区域空间结构变化规律及其形成的内在动力机制，使区域经济得到可持续的协调发展。

3）空间结构与区域经济的关联性。区域经济空间结构是区域内一种重要的经济结构形态，它是区域经济发展水平、产业结构类型、生产要素集聚与控制能力的重要体现。一方面区域空间结构的演化直接制约区域经济发展的进程，另一方面区域空间结构又随着区域经济的发展而不断发展和深化。通过空间配置使经济要素充分发挥作用，区域内的人流、物流和能量流在经济生产和流通过程中实现支出最小化，城乡居民关联点达到一体化，区域经济从不平衡发展到相对平衡发展，整体效益达到最优。

（2）空间结构的影响因素

一个区域空间结构的形成既有自然原因，也有经济和历史的原因。影响区域空间结构形成的既有自然因素，也有社会经济因素。

自然因素主要包括自然资源和空间因子，也称重要的区位因素。自然禀赋差异和要素的不完全一致性是区域经济的灵魂和活力所在，是区域空间结构差异的前提，也是区域经济多样性、互补性和区域分工的前提。研究区域空间结构的形成原因及演变规律首先要从区域自然资源着手，结合自然资源开发所遵循的规律来研究区域空间结构变迁。另外，空间距离是空间结构的重要组成部分。人类社会的经济活动离不开地域空间，有空间就会有距离，就会产生位移，就需要支付距离成本。空间距离对区域经济活动和空间结构的演变，尤其是对城镇体系、城市群、产业带、产业集群、经济地带的建设起着不可忽视的作用。

社会经济因素主要涉及人口、资本、技术和制度。人口作为生产者和消费者的统一，是生产行为和消费行为的载体，在区域空间结构变迁中起着重要的作用。而资本包括物质资本、金融资本和人力资本，在区域经济增长中起推动和限制作用。技术是科学知识和生产相结合的物化形态及知识形态的总称，当技术进步表现为技术或技术体系发生质的飞跃性变革时就会产生技术革命，由此将会影响区域产业结构的发展变化及区域空间结构的逐渐演变。制度变迁在区域经济发展中起着重要的作用，也是推动区域空间结构演变的重要因素，直接影响着区域经济可持续发展的实现和区域空间结构的演变。

2.4.2 空间结构理论的基本内容

社会—经济—自然复合系统的发展具有明显的地域分异性，社会经济环境空间的联系内容、方向及强度在地理空间上交织，形成完备的空间网络结构。而构成这一空间网络结构的因子主要包括流、通道（线或轴）、网络、节点和等级体系。它们在地域空间中的不同组合将表现为区域复合生态系统的空间形态、结构。

所谓空间结构理论，就是研究区域空间结构五大要素在地域上的组合特征及演变规律的理论，其研究目标和着眼点不是要得出各种单个社会经济事物和现象的最佳区位，而是各种客体在空间的相互作用及相互关系，以及反映这种关系的客体和现象的空间集聚规模和集聚程度。在强调区域各组成部分相互关联性的同时，空间结构理论也强调各组成部分或现象之间的联结变化过程，即各种动态序列的瞬间反映。通过对区域内各组成部分在空间位置及各组成部分间相互作用和相互关联性的研究，组建合理的区域空间结构，使区域内各要素组合成一个有机的协调运行系统。

因此，区域空间结构理论关注区域总体经济结构与形态的模式，从注重抽象的纯理论研究演变为从总体出发寻求各种经济主体在空间的最优组合。

（1）区域经济空间极化理论

空间极化理论以增长极理论为基础发展而来。增长极理论认为增长并非同时出现在所有地方，它以不同强度出现于一些增长点或增长极上，然后通过不同渠道向外扩散，并对整个经济产生不同影响。20 世纪 60 年代中期，布德维尔把经济空间转化为具体的地理空间，强调了增长极的空间特征。区域空间结构通过复杂的反馈影响社会经济的发展，区域极化与扩散效应是区域空间结构形成和发展的基本动力机制。增长极与区域腹地的联系和互动机制包括极化效应与扩散效应。因此，社会经济发展过程是一个动态的各种因素相互作用、互为因果、循环积累的非均衡发展过程。空间极化理论认为经济空间既存在功能极化，也存在地域极化。极化过程不仅是一个自组织过程，而且也是一个可控过程，即可以通过市场机制或政府干预进行调控。因此，许多国家把空间极化理论作为发展战略、区域规划和区域政策制定的理论依据。

（2）区域经济空间分异理论

区域经济空间分异理论主要有倒“U”字形理论、“核心-边缘”理论、“点-轴”渐进式扩散理论和梯度推移理论等。

在区域经济发展过程中，一些实证分析发现，人均收入增长同地区差异间呈倒“U”字形发展趋势，即在区域经济发展的初级阶段，区域间的差异将会扩大；随着经济的发展，区域间的差异又趋于稳定；在达到发展成熟阶段时，区域间的差异又趋于缩小。倒“U”字形模式将时间序列问题引入区域空间结构变动分析或区域生态环境演变分析，使其具有了长期动态均衡特征，揭示了经济增长与区域发展之间、经济增长与环境变化之间存在不平衡的依存关系，为制定区域发展战略、生态环境保护战略提供了理论依据。

“核心-边缘”理论认为，任何区域的空间系统都可以看作由中心和外围两个空间子系统组成。在区域经济增长过程中，空间子系统的边界将发生变化，区域空间结构会发生结构性演变。从产业发展和空间演变相结合的角度建立区域空间结构和发展阶段的关系，不仅揭示了区域经济发展过程中空间结构的阶段性变化规律，而且揭示了区域工业化和城市化过程的一般规律。

“点-轴”渐进式扩散理论认为，社会经济运行主体大多在点上聚集，并通过线状基础设施连成一个有机的空间结构体系。“点-轴”渐进式扩散是指在区域中，经济和社会要素存在“经济梯度”与“社会梯度”，在“梯度”和“压力差”的作用下，扩散源沿着扩散通道（线状基础设施束）渐次扩散社会经济“流”，各种“流”从高压地向低压地流动，形成了空间扩散。

梯度推移理论认为，产业结构、新技术与生产力等随时间的推移，产品生命周期的变化存在由高梯度地区向低梯度地区转移的规律。

（3）区域空间相互作用理论

空间相互作用是区域空间结构形成与演化的基本动因。区域间和区域内的空间相互作用以货物流、人流、财政流等空间流为内容，多种形式空间流的流动体现了区域间联系和关联的实质性内容。互补性、可转移性及介入机会是空间结构形成与演化的基础，不同的区域发展阶段和水平，以及不同的区域特征受这 3 个因素的影响而存在差异。这 3 个因素相互配合，可以促使区域空间相互作用、相互联系，组成一个有机整体。因此，这 3 个要素对区域空间结构形成与演化所起的作用各不相同但又互相补充。

（4）区域经济空间结构网络理论

网络不仅是区域经济发展中的一种有效空间结构，而且网络具有的特有功能为区域经济的高效发展提供了条件。即通过有组织的连接模式，有效地组织和连接节点。同时，网络的一个基本特征是连通性，网络形态与功能的关联是网络的本质特性。网络作为区域空间结构的一种形态，不仅表示经济发展的地域联系，而且表示这种联系的各种依托。网络为研究复杂空间系统提供了一种思路，其中神经网络是研究网络空间结构的有效方法。

2.4.3 空间结构理论在规划中的应用

区域空间结构反映了区域内社会经济各组成部分及其结合类型的空间位置关系、集聚程度和疏密关系，它与资源在空间的配置及经济活动的空间区位分布密切相关，在区域经济活动中具有特殊的意义。进入新时代，区域空间结构面临转型与重构。特别是随着“一带一路”倡议、京津冀协同发展、长江经济带三大战略布局及新型城镇化等发展战略的实施，基于全球化、信息化、生态环境保护及经济转型背景，我国区域空间结构日益丰富和复杂。关于空间结构理论的深化及应用也成为热点。当前，空间结构在以下一些领域应用较多，也成为生态环境规划的重要依据。

（1）区域空间演变的动力机制

随着技术的创新，特别是运输和通信技术的进步，有效降低了空间距离，带来了时空压缩或时空汇聚，一定程度上决定了区域的空间布局和土地利用格局。其中，经济全球化、技术创新、生态环境等因素对我国区域发展的作用趋于增强，引起了区域空间结构的演变。有学者指出，一方面空间结构与经济发展相互作用，另一方面人口、区域开放程度与区位等是影响区域空间结构异化的重要因素。而产业集聚是影响区域空间结构演变的另一重要因素。产业集聚不仅推动了产业迁移，而且带动了社会人口重心和经济产业重心的迁移，产业集聚在多方面因素的相互作用下引起了区域空间结构的演变。

（2）城镇化体系与动力机制

城镇体系是指某一特定区域内，相互依存、有机结合的城镇群体，是区域空间结构的核心。城镇化是一个人口集聚、空间结构变换、经济社会结构迭代升级的过程。伴随着经济全球化和社会经济结构转型，快速城镇化引发了各类生态环境问题，加剧了人地矛盾和社会治理压力等社会问题。城镇化包括了人口城镇化、土地城镇化、经济城镇化和社会结构城镇化，是受多重作用综合影响下的城镇演化过程。关于城镇化驱动机制的探索在不断加深，特别是地域化、特殊性驱动机制研究成为城镇化动力机制研究的重要组成部分。

（3）城市空间结构

城市空间结构在城市-区域层次上表现为城市外部空间结构和城市内部空间结构两种形式。城市外部空间结构是从总体角度研究城市在空间上的位置和反映城镇间相互作用与相互关系的空间集聚规模与集聚程度。而面向城市内部空间结构的研究则主要围绕物质空间、经济空间、社会空间和生态空间 4 个方面。在物质空间结构方面，土地集约利用评价、空间格局演化及转型是重要的研究方向，主要针对城市边缘区、开发区、卫星城、城中村等不同空间尺度进行研究。在经济空间结构方面，主要研究产业空间分布规律等。在社会空间结构方面，探究城市用地布局和住房分配制度。在生态空间结构方面，研究城市空间发展理论、生态性土地利用、生态空间管控等。

（4）主体功能区空间规划

主体功能区是按照一定指标划定的不同空间范畴，并承担一定主体功能定位的区域。2010 年，国务院出台了《全国主体功能区规划》，提出将国土空间划分为优化开发、重点开发、限制开发和禁止开发四类主体功能区。随着主体功能区理论探讨的不断深入，围绕其结构框架的测度方法、实证分析也得到了发展与完善，并且在探究主体功能区战略及其资源环境承载能力、功能区可持续发展、功能区生态环境等内容上取得了显著成果。国家也在此基础上提出了生态环境功能区划，着眼于区域功能空间格局及生态要素的时空演变规律，进一步优化国土开发格局，打造生产空间集约高效、生活空间宜居适度、生态空间山清水秀的格局。

（5）区域经济效率与全要素生产率

从区域经济效率的角度出发，探索区域经济关系、区域政策理论等问题，如经济发展中的效率与公平、经济两极化增长、经济发展环境绩效等，以期解释地区经济发展差异、区域产业结构理想程度等实质问题的成因，实现区域空间平等与经济效率环境保护兼容的理想状态。有些研究从全要素生产率角度出发，采用数据包络分析等方法，对我国不同空间尺度的区域经济效率、基础设施投资效率等进行了实证分析，探究其空间演变趋势及其差异因素等问题，包括探究区域经济增长与土地资源的空间特征及区域差异；评价城市、城市群效率的空间差异问题；或从经济增长效率、能源效率与生态效率等视角分析区域经济增长的空间差异等。

第 3 章 生态环境规划编制的程序与内容

生态环境规划编制是一项复杂的系统工程，其程序和内容一般包括现状调查与评价、发展趋势预测、生态（环境）功能区划分、规划目标确定、方案制定与优化、支撑项目或重点工程设计、规划保障措施制定等。随着生态环境规划编制的发展，现在还包括前期编制思路研究、中期专家咨询及后期公众和社会意见征求等环节，以充分体现生态环境规划编制的科学性、公开性及“开门编规划”的特点。

3.1 生态环境规划的任务与程序

3.1.1 工作内容

生态环境规划的主要任务是通过生态环境保护主动引导、优化经济发展，促进环境经济协调。规划需要在摸清生态环境现状的基础上，开展环境经济综合分析，尤其是要关注制约环境保护的主要污染源、产业结构和布局状况，预测生态环境经济发展趋势及发展“瓶颈”，并在此基础上，结合生态环境功能区划、环境承载力分析，提出产业布局及结构优化的建议。同时针对生态环境质量改善，从污染控制与生态修复等角度提出相应的对策及支撑项目。

生态环境规划的主要工作内容包括区域生态环境现状及存在的问题、压力和制约因素分析；区域环境承载力（环境容量）分析；区域发展主体功能区、生态分级控制区、环境功能区划分；生态环境规划目标及指标体系确定；基于环境承载力及功能分区的产业结构调整、布局优化和生态环境调控总体策略研究；区域污染物总量控制规划；各要素污染控制规划；生态保护（建设）规划；重点工程规划；规划实施保障体系制定等。

不同类型和层次的生态环境规划其重点内容不完全相同，编制规划时要根据规划目的选择相应内容，做到因地制宜。

3.1.2 基本程序

生态环境规划是一个科学决策过程，其涉及范围广、涵盖内容多。由于规划种类较多，内容侧重点也各不相同，尚缺乏一个固定模式，国家也没有出台专门的、普适性的技术规范与导则。但各类规划的基本内容与编制思路还是有许多相近之处。生态环境规划从工作流程来看，一般分为 4 个阶段，分别是准备阶段、编制阶段、实施阶段、评估阶段。从规划编制的基本程序来看，一般包括工作大纲编制、现状调查与评价、环境预测、生态功能区划、规划目标确定、规划方案拟定与确定、规划实施与评估。具体见图 3-1。

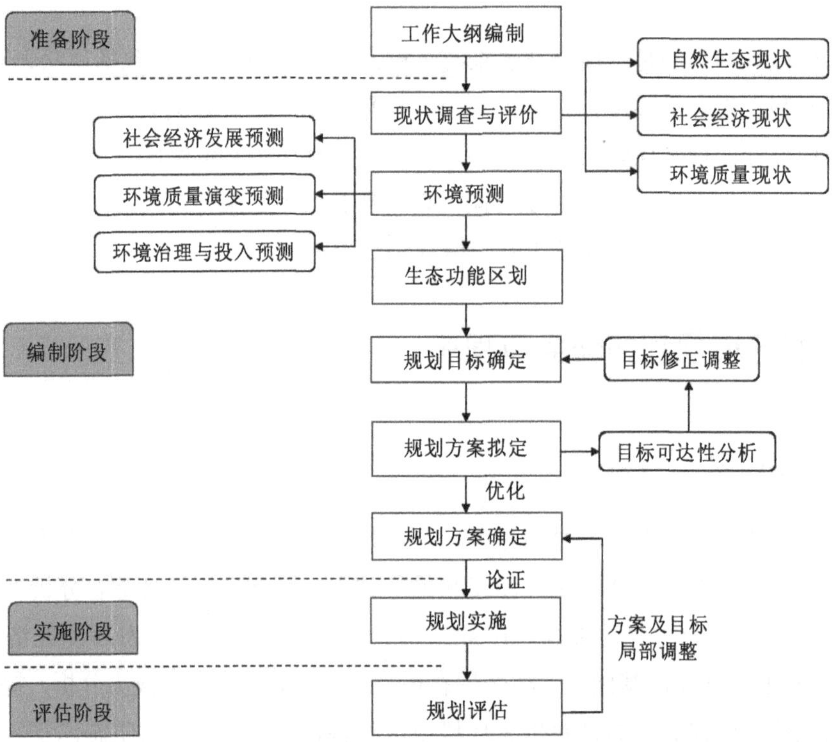

图 3-1　生态环境规划编制的基本程序

规划方案设计是整个规划工作的中心，是在考虑国家或地区有关政府规定、环境问题、环境目标、经济投资能力情况下，提出具体的污染防治和生态保护对策及措施。规划方案的优化、决策是在特定历史阶段，根据人类社会生存和持续发展需要，通过分析、评价、比较，从各种可供选择的实施方案中，选定一个切实可行的环境规划方案。规划能否实现，关键在于实施和落实，因此规划实施是对规划方案或任务在时间、空间、部门等各方面的落实。规划实施一定时期后，其效果如何、是否达到预期目标或阶段目标，需要对规划的实施进行动态评估，根据评估结果对规划目标或方案进行修正，以适应新时期总体环境保护导向。因此，生态环境规划的编制、实施和管理是一个动态追踪的发展过程。

（1）准备阶段

生态环境规划具有科学性和指令性，编制生态环境规划是为了适应区域经济社会发展而对环境污染控制和生态健康维护作出时间和空间上的科学安排和规定，是一个正确认识社会、经济、环境相互关系、动态变化及发展过程，也是一个科学决策过程。

由于生态环境问题的广泛性、复杂性及与社会经济的关联性，为了让生态环境规划有序进行，在开展规划之前，规划部门将会对整个规划工作进行组织和安排。具体包括下达规划任务、收集相关资料、制订规划工作计划、拟订规划编制大纲，明确编制任务。

对于一些复杂的规划，或牵涉面比较广、站位比较高的战略性规划或概念规划，一般在规划编制前，还需要开展一些专题研究，为规划的编制提供理论基础。

（2）编制阶段

1）环境现状调查和评价。这是编制生态环境规划的基础。通过对规划区域社会经济发展现状、环境质量状况、污染源状况与自然生态环境状况进行调查与评价，找出存在的问题，提出规划需要重点解决的问题。在调查过程中应通过资料收集或现场调研，收集和掌握相关资料，包括区域经济社会现状及已有的发展规划、前期环境规划和执行情况及总结分析；区域自然环境条件、区域污染源状况、环境问题及发展趋势、主要污染行业及污染动态变化等。采用各种数学方法分析评价区域社会经济发展水平及环境质量演变特征。

2）环境预测与压力分析。环境预测是在对环境质量的历史和现状进行调查研究的基础上，根据所掌握的区域环境信息资料，结合经济和社会发展状况对区域未来环境变化趋势作出科学、系统的判断。预测未来社会经济发展对资源环境的需求及污染物排放对环境容量的需求，分析可能存在的资源环境压力以及生态环境问题。环境预测是环境决策的重要依据，缺乏科学准确预测将不能及时作出正确的科学决策，也不会有科学的规划。因此，环境预测是环境决策与管理的基础，也是制定规划目标和规划方案的重要依据。

3）生态环境功能区划。为落实和强化生态环境分区分类管理，科学合理使用自然和环境资源，生态环境规划一般会结合国家提出的区域发展主体功能区划（优化开发、重点开发、限制开发、禁止开发）要求，对生态环境从空间上按功能进行区划，主要包括综合性生态环境功能区划、要素类功能区划，如水环境功能区划、大气环境功能区划、声环境功能区划、海洋环境功能区划等，并在此基础上形成分类管控目标及要求。生态环境功能区划是环境保护规划的重要组成部分，也是区域产业布局的重要依据。

4）环境规划目标设定。在对区域环境现状进行综合评估的基础上，对接上位规划目标要求，设定规划区域生态环境目标。经过论证再对目标进行修正，形成最终区域生态环境保护目标。生态环境规划目标与目标指标体系是在一定条件下决策者所要达到的生态环境质量状况或标准，是在一定时空范围内所有环境因素构成的系统的整体反映，是生态环境规划核心。制定科学的生态环境目标是规划编制的关键。规划目标既要与上位规划相对应，又要与区域经济社会发展程度相协调，与区域功能性质相适应，也要与当前和今后环境状况及经济实力相匹配。一般而言，生态环境规划总体目标和阶段目标可采用定性描述，将主要环境问题及其在规划期所要达到或解决的目标用文字作结论性说明。而具体目标说明，可采用指标进行定量描述，如总量控制指标、环境治理指标、环境质量指标等。

5）规划方案筛选与制定。生态环境规划方案是整个规划成果的集中体现，是达到目标的具体途径。在前期调查评估分析的基础上，围绕环境目标开展规划方案的设计。一般要在草拟规划方案基础上进行筛选、优化再确定。根据规划任务，可分为产业优化发展，水、大气、噪声、海洋、生态、管理能力等专项规划方案，并形成各专项规划方案的重点工程。通过对规划方案的环境效益、经济效益和社会效益进行可行性分析，筛选、优化规划方案，并得到规划重点项目清单。

（3）实施阶段

生态环境规划编制完成后，再经过专家论证、修改、补充、完善，分别报国家相关部门综合平衡，进一步修改定稿。规划按法定程序审批通过后，在生态环境部门监督管理下，各级政府和有关部门应根据规划组织各方面力量，将规划付诸实施。为了保证规划能够顺利实施，在规划编制发布后还要有一系列的保障措施。

（4）评估阶段

规划的实施要比规划的编制复杂、重要和困难得多。生态环境规划按照既定程序审批下达后进行实施。但区域发展具有很大的可变性，为了能适应这种变化，规划在实施过程中需不断进行修正与补充。我国建立了规划中期评估制度，对规划实施成效进行评估，从目标达标、工程推进、问题解决等进行全面分析与评估，在实施过程中对规划进行修正与补充，以引导规划有效实施。

3.2 生态环境调查与评价

在规划编制前期，需对规划区域进行背景资料调查，继而开展实地调查和社会调查。根据调查和监测结果进行统计分析和计算，对生态环境质量作出综合评价，找出生态环境保护中存在的问题，并有针对性地制定改善和提高生态环境质量的对策措施。

生态环境评价是在生态环境调查分析的基础上，运用数学方法，对生态环境质量、环境影响进行定性和定量的评价。通过评价了解区域生态环境特征、生态环境调节能力和承载能力，识别主要问题，确定主要污染物和污染源的时空分布特征。

3.2.1　生态环境现状调查

现状调查一般采用背景资料调查、实地调查、社会调查和遥感调查等方法和手段。背景资料调查主要通过资料收集和分析，用于了解规划区域概况。实地调查是资料调查的补充，也是深入了解规划区域现状、发现存在问题的重要途径。社会调查主要指公众参与调查，通过调查，了解区域内不同阶层对社会和环境发展的要求及关注点，在规划中充分体现公众意见。同时进行专家咨询、座谈，将专家的知识与经验结合于规划中。近年来，地理信息系统（GIS）和遥感技术发展迅速，为及时准确地获取地形、地貌、土地利用、水系分布、植被覆盖等空间特征资料提供了技术支撑，已成为生态环境规划获取资料的重要手段。

生态环境信息的收集与分析不仅在规划编制时必不可少，在规划实施评估中也十分必要，对信息进行分析以调整规划或采取应变措施，保障规划目标实现。因此，生态环境信息的收集与分析贯穿了整个规划过程，是一项基础性工作，也是规划科学编制的关键。

（1）信息收集内容与来源

规划前期信息收集以广而全为原则，应包括与规划相关的一切社会经济类信息，以及自然、地理、生态、环境等相关信息。在对规划区域概况初步了解后，根据规划目的和内容，再进一步深入挖掘新的信息。

信息收集主要有几种途径：一是规划区域统计数据，二是各类相关规划计划，三是相关研究成果。统计数据包括统计部门历年统计资料，如区域统计年鉴、环境统计资料、水资源公报等。相关规划计划既是生态环境规划基础和背景资料，也是规划预测和目标制定的重点参考资料，具体包括区域国民经济和社会发展规划、土地利用规划、城乡一体化发展规划、各部门专项规划等。其他相关研究资料包括规划内容相关的一些调查研究报告，如环境质量报告、区域生态环境质量演变研究报告等。

（2）信息采集方法

信息采集的方法包括文献调研、现场调研及遥感分析等。文献调研主要是查阅和收集公开发表的文献资料、统计数据及相关报告。现场调研既包括对规划区域实地调查，也包括对相关部门、专家的访谈，以获取第一手资料。遥感分析主要是针对一些区域特征指标缺乏的情况，利用“3S”（包括 GPS、GIS、RS）技术来获取相关的信息数据，包括规划区域地形地貌、土地利用及植被覆盖等。遥感技术可以帮助规划分析该区域这些地理特征指标的演变。

3.2.2 生态环境现状评估

在区域环境现状调查基础上进行系统分析和研究，开展区域生态环境评价，找出目前存在的各种环境问题及在规划期内亟待解决的主要环境问题。按规划评价对象要素分，规划过程中一般要开展社会经济现状、生态资源现状、环境质量与污染源等评价。生态环境规划的评价过程及主要内容如图 3-2 所示。

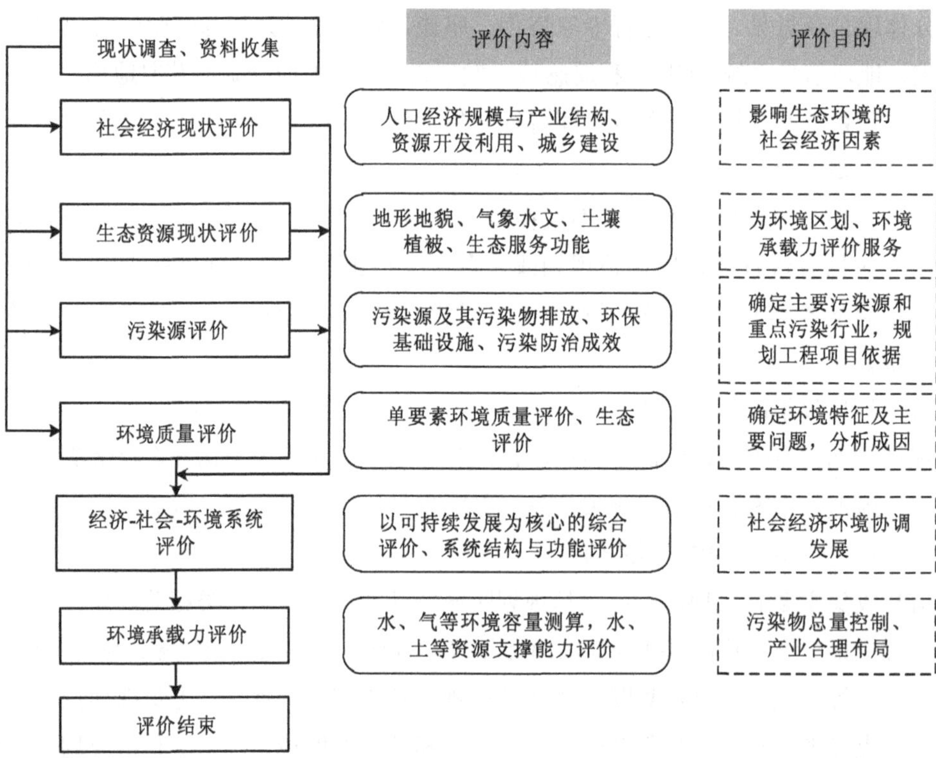

图 3-2 生态环境规划的评价过程及主要内容

（1）社会经济现状评价

社会经济现状评价主要包括经济现状评价和社会发展现状评价。

经济现状评价主要是指与规划内容有直接或间接关系的那部分经济活动。这些活动对区域生态环境质量有着直接或间接的影响。经济现状评价主要包括该区域经济规模、产业结构及布局。经济规模侧面反映了该区域人类活动强度，也是环保投入的重要保障。因此，通过分析区域经济规模来分析环境污染出现可能性和客观必然性，并通过环境损益分析结果，因势利导、最大限度地控制区域环境污染。而产业结构与布局跟区域环境质量有着直接的相关性。合理的产业结构与布局能够最大限度减轻对区域环境的危害，并在有限的环境容量和环境资源条件下，发挥当地最大生产潜力；而不合理产业结构布局既不能有效地发挥生产潜力，又会严重地降低区域环境质量。通过对产业结构与布局合理性评估，为优化与调整产业结构和布局提供思路与着力点。

社会现状评价一般包括人口评价与区域发展基础评价。人口评价主要是对人口规模发展趋势、人口空间分布、人口组成结构等进行评估；基础设施评价包括供水排水、能源供应、城镇绿化、污水处理率、城镇道路等进行评估，主要反映区域人居环境建设水平，从基础设施评估来反映出区域建设对区域人口、经济发展及环境保护支撑能力。但不同规划侧重点不一样，评估内容可以根据规划的需要进行选择评估。

（2）生态资源现状评价

生态资源是区域发展的重要支撑，因此在生态环境规划中要对规划区内各类生态资源进行评价，分析资源环境承载能力。一般在对规划区域地质、气候、水文、植被、土壤等自然生态特征进行分析的基础上，分析水资源、土地资源、生物资源等资源禀赋及对社会经济支撑能力。

水资源包括地表水资源与地下水资源，评价内容主要是水资源开发利用现状、区域供水结构、用水结构及水资源承载能力，重点关注区域饮用水安全保障。

土地资源评价主要是对区域土地利用类型及其变化进行评估，通过分析耕地人均拥有量、建设用地人均占有量等指标，分析土地资源利用效率。

生物资源主要包括植被及动物资源。植被评估内容包括植被类型、分布、面积和覆盖率、历史变迁原因，植物群系及优势植物种，植被主要环境功能，珍稀植物种类、分布及其存在的问题等。植被现状评价应以植被现状图表示。动物评估主要包括野生动物生境现状、破坏与干扰，野生动物种类、数量、分布特点，珍稀动物种类与分布等。动物有关信息可从动物地理区划资料、动物资源收获（如皮毛收购）、实地考察与走访、调查，从生境与动物习性相关性等获得。

（3）环境质量评价与污染源评价

环境质量评价是对环境质量优劣进行定量、半定量甚至是定性的描述，其目的在于揭示特定地区或区域环境质量水平和差异，较全面地揭示环境质量状况及其变化趋势，找出区域主要环境问题及主要控制污染物，识别出重大环境问题。同时通过污染源评价，识别重点污染行业及污染源，为制定区域环境污染防治规划提供依据。

环境质量评价内容一般根据多年环境监测数据，对区域内大气、水、土壤、噪声环境质量现状进行评估，分析其时空演变趋势及其特点，识别主要环境问题及制约区域发展的环境“瓶颈”。污染源评价主要根据各类污染源相关资料，统计分析区域内各类污染物总量及时空分布特点，根据污染排放强度识别主要控制区域，根据排放行业识别区域重点排放行业及排放源。污染源评价不仅是对工业污染源进行评价，还应将生活污染源、农业面源等纳入分析。

3.2.3 生态分析与评价

生态分析与评价是运用生态学原理和方法，对规划区域系统的组成、结构、功能与过程进行分析评价，评估区域发展所涉及的生态系统敏感性与稳定性，了解自然资源的生态潜力和对区域发展可能产生的制约因素，为区域空间合理布局、生态环境建设策略制定提供依据。它主要包括以下 5 个方面。

（1）生态过程分析

生态过程是由生态系统类型、组成结构与功能所规定的，是生态系统及其功能的宏观表现。自然生态过程反映自然资源与能流特征、生态格局与动态，反映生态系统功能。同时人类的种种活动使区域生态过程带有明显人工特征。在生态环境规划中，受人类活动影响的生态过程及其与自然生态过程的关系是关注重点，特别是那些与区域发展和环境密切相关的生态过程，如能流、物质循环、水循环、土地承载力、景观格局等，应在规划中进行综合分析。

（2）生态承载力分析

生态承载力也称生态潜力，是指区域内所有生态资源在自然条件下的生产和供应能力。在生态系统中，地质地貌、气候条件、土壤、水分及植被状况基本上决定了生态系统的特征。这些因素的不同组合构成了不同的生态环境类型，也决定了不同的生态系统类型和生态系统承载力，包括系统的抗干扰能力和受干扰后的恢复能力等。气候、水文与土壤等决定生态系统类型和系统受破坏后的恢复能力，植被状况是维持生态系统稳定性和抗干扰能力的因素，这些因素结合基本上可反映生态系统特征。生态环境规划中通过对生态承载力或潜力的分析，与现状利用和产出进行对比，从而找出制约发展的主要生态环境要素。

（3）生态格局分析

人类的长期活动使区域景观结构与功能带有明显的人工特征。原来物种丰富的自然植物群落被单一种群的农业和林业生物群落所取代，成为大多数区域景观基质，城镇与农村居住区广泛分布成为区域功能的镶嵌体，公路、铁路、人工林带与区域内交错的自然河道、人工河渠及自然景观残片共同构成了区域的景观格局。不同要素、区域基质构成了生态系统的第一性生产者；而在山区和丘陵区，农田则可能成为缀块镶嵌在人工、半人工或自然林中；城镇是区域镶嵌体，又是社会经济中心，它通过发达的交通网络等廊道与农村及其他城镇进行物质与能量交换与转化；残存的自然斑块则对维护区域生态条件、保存物种及生物多样性具有重要意义。无论是残存的自然斑块还是人工化的景观要素，均反映在区域土地利用格局中，而生态环境规划要表达的结构也反映在土地利用格局的改变上。因此，景观的结构与功能分析及格局的动态变化评估对生态环境规划具有重要意义，是生态建设规划的基础。

（4）生态敏感性分析

在复合生态系统中，不同子系统或景观斑块对人类活动干扰的反应也不相同。有的生态系统对人类干扰有较强的抵抗力，有的则具有较强的恢复力，也有的既十分脆弱又不易恢复。生态环境敏感性是指生态系统对区域内自然和人类活动干扰的敏感程度，反映了区域生态系统在遇到干扰时，发生生态环境问题的难易程度和可能性大小，并用来表征外界干扰可能造成的后果。因此，在生态环境规划中必须分析和评价系统各因子对人类活动的反应，即进行敏感性评价。开展生态敏感性评价，识别出敏感程度高的区域，可以为生态环境敏感区保护红线的划定提供科学基础。根据区域发展和资源开发活动可能对系统的影响，生态敏感性评价一般包括土壤侵蚀敏感性评价、沙漠化敏感性评价、盐渍化敏感性评价、石漠化敏感性评价、酸雨敏感性评价、自然灾害敏感性评价、特殊价值生态系统敏感性评价等。

（5）生态适宜性分析

生态适宜性分析是生态规划的核心，其目标是以规划范围内的生态类型为评价单元，根据区域资源与生态环境特征、发展需求与资源利用要求，综合考虑自然属性和社会经济因素，选择有代表性的生态特性，从规划对象尺度的独特性、抗干扰性、生物多样性、空间地理单元的空间效应、观赏性及和谐性分析规划范围内的资源质量及与相邻空间地理单元的关系，确定规划范围内的生态系统类型对资源开发的适宜性和限制性，反映出区域开发利用的可能性及开发潜能，进而划分适宜性等级。

3.3　生态环境预测

生态环境预测是指在生态环境调查和现状评价基础上，结合经济发展规划，运用现代科学技术手段和方法，预测社会经济活动对生态环境的影响。生态环境预测是生态环境决策和管理的基础，是贯彻预防为主方针的一项重要措施。通过对未来生态环境状况和发展趋势的动态描述和分析，把握影响生态环境的主要经济社会因素，为寻求有效的防范措施提供依据。

3.3.1　生态环境预测内容

生态环境预测以生态环境质量评价、社会经济发展目标、城镇发展规划、区域发展规划及能源、交通、电力、水利、通信等行业发展规划为基础，系统分析规划期内区域社会经济与生态环境发展趋势。预测内容一般包括人口、经济、科技的发展趋势，能源消耗、资源开发、土地利用的速度和规模，排污量或污染负荷的变化及分布，环境质量和生态破坏的程度及分布，经济损失和对人体健康的危害，以及达到不同生态环境目标所需的投资和效益分析等。

（1）社会经济发展预测

社会经济发展预测具体包括规划期内区域人口总数、人口密度、人口分布及变化趋势，人们的生活水平、居住条件、消费倾向和对环境污染承受能力等方面的变化趋势，区域生产布局、生产力发展水平和区域经济基础、经济规模和经济条件等方面的变化趋势。其中，社会发展预测的重点是人口预测，而经济发展预测的重点则是国内生产总值预测和工业部门产值预测。根据规划内容及关注点，也要对经济结构与布局、交通和其他重大建设项目作必要的预测与分析。

（2）资源能源消耗预测

资源能源消耗预测具体包括区域水资源供需水平及消耗量等，煤炭、燃料油等能源消耗强度及总量，城镇化带来的土地利用结构变化等，农业生态环境预测，如农业耕地数量和质量，盐碱地面积和分布，水土流失面积和分布等。此外，还包括区域内森林、草原、沙漠等的面积、分布及区域内的物种，自然保护区和旅游风景区的变化趋势。

（3）污染物总量预测

根据社会经济发展及环境资源（如水、能源等）情景方案，预测各类污染物产生总量。污染物宏观总量预测重点是确定合理的排污系数（如单位产品和万元工业产值排污量）和弹性系数（如工业废水排放量与工业产值的弹性系数），从而得到相应污染物产生量和排放量。预测内容围绕工业污染源、生活污染源及农业面源等，预测废气及大气污染物、废水及其污染物、固体废物（工业固体废物和生活垃圾）等不同水平年产生量、排放量。除预测污染物排放总量及排放结构外，还需对规划期内由于各类污染控制措施可能带来的减排成效进行分析。

（4）环境质量变化预测

生态环境规划的出发点是改善环境质量。环境质量变化预测的要点是确定污染物排放量、排放源与环境受纳体之间的输入、输出响应关系，预测各类污染物在大气、水、土壤等环境要素中的总量、浓度及分布。环境质量变化预测是目前生态环境规划中最复杂的一个环节。国家层面上的生态环境规划只在大气污染防治规划领域有所突破，初步建立了国家、区域和城市层面上的大气污染物排放与空气质量模拟平台。国家层面上的水和土壤污染防治规划目前很难突破这个技术难题。在城市流域水污染防治规划中，可以利用相关数据及模型预测水污染物排放与水质改善的关系。

（5）环境治理和投资预测

环境治理和投资预测包括各类污染物治理技术、装置、措施、方案及污染治理投资和效果，规划期内环境保护总投资、投资比例、投资重点、投资期限和投资效益等，重点工程项目投资匡算等，环境投资来源等。

3.3.2 环境预测结果分析

对预测结果进行综合分析，识别区域生态环境保护与建设面临的压力与挑战，并由此确定生态环境规划对象、目标及任务。预测结果分析主要包括以下内容。

（1）经济发展趋势分析

分析规划区域经济发展趋势及产业结构变化，同时分析影响经济发展的主要制约因素，包括外在的机遇与挑战，内在的优势与劣势，为经济与环境协调发展提供思路。经济发展趋势及制约因素分析是生态环境功能区划的基础，也是制定经济与环境协调发展战略的前提。

（2）资源承载能力分析

根据对规划期内水、土地、能源等资源供给水平的预测，同时结合社会经济发展预测，分析规划期内不同时期资源对区域发展的承载能力及制约因子，特别是对制约发展的“瓶颈”进行详细分析。

（3）生态环境质量发展趋势分析

根据污染物总量预测结果，对比区域污染物总量与上级下达总量控制指标的差距，分析削减压力与潜力。明确需要控制的主要污染物、主要污染源、重点污染区域及受污染环境介质，明确大气、水环境质量变化趋势，指出其与功能要求的差距，确定重点保护对象。必要时应采用定量或定性方法给出污染造成的危害和损失等，以强调污染物总量控制与环境质量改善的必要性。

（4）环境风险趋势分析

环境风险有两种类型：一类是指一些重大环境问题，如全球气候变化、臭氧层破坏或严重环境污染问题等；另一类是指意外发生事故对环境或人群安全健康造成的危害，这类事故所排放的污染物量大、集中、浓度高，危害也比常规排放严重，如化工厂爆炸，采油井喷，交通运输中、事故中有毒有害物泄漏等。对环境风险进行预测与评价，有助于针对性地采取防范措施或应急措施，防患于未然，可以在风险发展时把环境危害降到最低，有效减少损失。

3.4 生态环境规划的目标和指标体系

为了全面、合理地评价区域生态环境现状与未来，对区域性质、规模、结构、土地利用及环境容量等进行定量或半定量的测定和预测，对区域发展作出科学的规划，实行准确的控制、调整与反馈，促使区域社会、经济、环境协调发展，制定出一套科学的、恰当的规划目标是非常有必要的。规划目标既是生态环境规划的核心，又是环境战略的具体体现，还是环境规划方案制定的基本出发点和归宿。

3.4.1 生态环境规划目标

生态环境规划目标既是制定规划的关键，又是规划的核心内容，还是对规划对象（如区域、城市、农村或工业区等）未来某一阶段生态环境质量发展方向和发展水平所作出的规定。生态环境规划目标体现了规划战略意图，也为环境管理活动指明了方向、提供了依据。

（1）生态环境规划目标基本要求

生态环境规划目标的确定应能够体现规划的根本宗旨，即要保障国民经济和社会持续发展，促进经济效益、社会效益和生态环境效益协调统一。因此生态环境规划目标既不能过高，也不能过低，而是要恰如其分，做到经济上合理、技术上可行和社会上满意。只有这样，才能发挥规划目标对人类活动的指导作用，使生态环境规划纳入国民经济和社会发展规划成为可能。

1）具有一般发展规划目标的共性。生态环境规划目标必须具有一般发展规划目标相同的性质，如有时间限定和空间范围约束，可以量化并能反映客观实际，而不是规划人员和决策者的主观要求和愿望。

2）与社会经济发展目标相协调。环境保护和生态建设根本目的是实现人与自然和谐，保障生态环境与社会经济协调发展，规划目标应集中体现这一方针。因此，规划目标应与社会经济发展目标进行综合平衡，通过规划实施实现生态环境与社会经济的协调发展。

3）保证规划目标的可实施性。规划目标可实施性主要指技术、经济条件的可达性，以及目标本身的时空可分解性，并且要便于管理、监督、检查和实行，与现行管理体制、政策、制度相配合，尤其是与目标责任制挂钩。

4）保证目标的先进性与科学性。规划目标应能满足社会经济健康发展对环境的要求，保障人民正常生活的需求，满足人们对优美环境的追求。因此，规划目标在设置时，要在考虑技术进步的基础上，确保规划目标的先进性。同时也要做到科学合理设置规划目标，使目标具有一定的代表性。

（2）生态环境规划目标的类型

生态环境规划目标涉及面较广，分类方法也较多，表 3-1 列出了常见的生态环境规划目标类型。

表 3-1 生态环境规划目标的分类

分类	项目	说明
管理层次	宏观目标	对规划区在规划期内应达到的环境目标进行总体上规定
	详细目标	按照环境要素、功能区划对规划期内目标的具体规定

分类	项目	说明
内容	环境质量目标	包括大气、水、土壤、声环境质量目标
	污染物总量控制目标	包括水、气污染物总量控制或削减目标
	生态建设目标	包括生物丰度、森林覆盖、水土资源利用等
目的	环境污染控制目标	主要包括大气、水、固体废物和噪声污染控制目标等
	生态保护目标	主要包括保护森林资源、草原资源、野生动植物资源、矿产资源、土地资源和水资源等保护目标
	环境管理目标	包括组织、协调、监督等管理目标，实施环境规划、执行各项环境法规及环境保护宣传、教育等管理目标
时间	短期目标	目标准确、定量、具体，体现出很强的可操作性
	中期目标	既包含具体的定量目标，又包含定性目标
	长期目标	主要是有战略意义的宏观要求
空间范围	包括国家、省（区、市）、县（市、区）各级环境目标，对特定的森林、草原、流域、海域和山区也可规定其相应目标	

生态环境规划目标在设置时，一般按宏观目标与详细目标进行设置。宏观目标是从战略高度上提出的生态环境保护目标要求。在宏观目标的基础上，再按时间提出阶段性总体目标，一般按近期、中期、远期设置总体目标。详细目标通常用指标来表征，这些规划指标也是按规划时期，即近期、中期、远期提出定性或定量的目标值。

不同类型规划的规划目标形式上基本一致，即由总体目标及详细目标组成。但在内容上会根据规划目的有所侧重。一般规划目标包括环境质量目标、生态保护目标、污染总量控制目标、环境治理目标及环境管理目标等。

1）环境质量目标主要针对水、大气、土壤、声等环境要素提出质量要求，不同地域或功能区有不同的环境质量目标，一般由一系列表征环境质量的指标体系来体现，或采用一个综合指数来表征。

2）生态保护目标是生态建设规划的主要目标内容，一般是从自然资源合理利用及自然生态功能维持等方面进行设置，既包括保护森林资源、草原资源、野生动植物资源、矿产资源、水土资源，又包括防止水土流失、土地沙化、土地荒漠化，还包括自然保护区、城镇公共绿地的规划目标。

3）污染物总量控制目标要衔接上位规划对本区域污染物总量削减的要求，提出相应的控制目标。

4）环境治理目标要与环境质量目标、污染物总量控制目标相衔接，一般从污染物排放强度控制及基础设施治理等方面进行设置，包括单位国内生产总值污染物排放强度、单位国内生产总值能耗、城镇污水处理水平、垃圾回收利用率等。

5）环境管理目标是环境质量目标实现的保障，生态环境规划通常会将环境管理能力建设作为规划目标之一，包括环境监测监控、执法能力建设、宣传教育、公众参与度等。

在生态环境规划编制过程中，不同分类规划目标通常是相互渗透、合理组合在一起，在时间、空间上对规划区未来的发展进行了展望和要求，是整个规划编制的核心，也是规划方案编制的主要依据及出发点。

3.4.2 生态环境规划指标体系

生态环境规划指标是对生态环境规划目标具体内容、要素特征和数量的表达，能够直接反映环境对象及其特征。规划指标体系是一系列既相互独立又相互联系、互为补充的生态环境指标所构成的有机组合体。

（1）指标选择原则

生态环境规划的内容不同，指标体系表征的对象、作用、范围和内容也不同。规划指标体系的选择应遵循整体性、科学性、规范性和可行性等原则，设置适宜的指标。如果指标过多，则会给规划工作带来困难；如果指标过少，则难以保证规划的科学性和有效性，进而影响其执行权威性。因此，必须根据规划编制背景、规划区域主要问题、环境状况及经济技术条件来选取适合区域生态环境规划的指标，建立起全面、准确、系统和科学的生态环境规划指标体系。

生态环境规划指标体系在指标选择及目标设定时，要综合考虑以下 3 个因素。

1）把握战略总要求，体现全面性。指标体系的构建要全面贯彻落实生态文明建设精神，对中央和地方政府战略导向重点领域给予充分体现，切实将党委和政府的战略导向和决策部署落到实处，形成一个全方位的指标体系。此外，还需要考虑与国家和地方上位规划进行衔接，以及与政府任期目标、各专项中长期规划的衔接。

2）突出发展阶段特征，体现特色性。为保持在时间序列上的可比性和连续性，指标体系设置要保留和继承以前指标体系中，能较好地反映经济社会发展状况的指标，以便进行横向和纵向比较。同时，要选用少而精、精而准、体现区域特征和阶段性特点的特色指标，与各项经济社会发展指标的匹配度、转型升级的进展度、生态环境的改善度、人民群众的满意度等指标协调衔接。

3）注重现有的统计基础，体现操作性。在指标遴选上应挑选具有综合性和代表性的指标，学术研究色彩较浓指标不宜纳入。指标选取和目标值确定，要尽量与国家和地方已有指标体系衔接，同时充分考虑指标数据的可得性。设置的指标最好是有统计基础或将会具备统计基础的，以利于今后的年度、中期或五年评估。

（2）指标类型

规划指标是规划目标的重要组成部分，因此其类型要与规划目标内容相匹配。但目前没有规范化或标准化的指标体系。特别是生态环境规划类型多种多样，因此相应指标也是多样的。从内容上看，有数量方面指标、质量方面指标和管理方面指标；从表现形式上看，有总量控制指标和浓度控制指标；从复杂程度上看，有综合指标和单项指标；从范围上看，有宏观指标和微观指标；从地位和作用上看，有决策指标、评价指标和考核指标；从作用上看，有指令性指标和指导性指标。

目前生态环境规划指标分类主要采用按其表征对象、作用及在生态环境规划中的重要性或相关性来划分，主要划分为生态环境质量指标、污染物总量控制指标、环境治理与管理指标及其他相关指标。

1）生态环境质量指标。生态环境质量指标是生态环境规划的出发点和归宿，所有其他指标确定都是围绕质量指标来进行。生态环境质量指标主要表征自然环境要素（大气、水、土壤等）和人类生活环境质量及主要自然生态系统状况，一般以环境质量标准为基本衡量尺度。生态环境质量指标是对规划期内生态环境质量提出要求，体现为各类环境要素的污染物水平指标或污染物控制强度指标，通常比较容易选择和确定；生态系统质量指标由于缺乏质量标准而难以选择，通常选择一些生态系统的特征性指标，如森林覆盖率、自然保护区面积、绿地面积、生物多样性等。

2）污染物总量控制指标。污染物总量控制指标主要是对各类环境污染物排放总量或管理总量提出的要求，可以是环境容量总量指标，也可以是目标管理总量控制指标。前者体现环境容量要求，是自然约束的反映；后者体现规划导向要求，是人为约束的反映。我国自“九五”时期开始将污染物总量指标列入生态环境规划中，“十三五”时期在我国五年环保规划中纳入的污染物总量控制指标有化学需氧量、氨氮、二氧化硫、氮氧化物，此外在重点地区、重点行业推进挥发性有机物总量控制，对沿海 56 个城市及 29 个富营养化湖库实施总氮总量控制，对总磷超标的控制单元及上游相关地区实施总磷总量控制。另有部分生态环境规划则将容量控制与管理控制有机结合起来，在寻求源与汇响应的基础上，污染物总量控制指标将污染源与环境质量联系起来，将排放源污染物排放量对受纳体环境质量的影响进行统筹考虑。

3）环境治理与管理指标。环境治理与管理指标是达到污染物总量控制进而实现环境质量指标的支持与保证，主要包括各类污染物治理和管理指标及生态管理指标。这类指标有的属于生态环境部门管理，有的属于城市建设部门管理，有的属于资源部门管理，但这类指标与生态环境质量的优劣密切相关，因此也将其列入生态环境规划中。

4）其他相关指标。相关性指标主要包括资源、经济和社会生活三大类。这些指标对大多数生态环境规划来说，通常可以看作规划的外生指标，但对于综合性生态建设规划或生态环境总体发展规划来说，仍是重要组成部分。将社会、经济类指标纳入规划中，更全面地衡量环境规划指标的科学性和可行性。对于区域来说，资源有效开发利用也是直接与生态环境相关的，在生态环境规划中占有越来越重要的位置。

生态环境规划指标类型见表 3-2。

表 3-2 生态环境规划指标类型

指标类型	要素	具体表征指标（示例）
生态环境质量指标	大气环境	$PM_{2.5}$（SO_2、NO_x）年均浓度、环境空气质量优良天数的比例、空气质量指数（AQI）≤100 的天数、灰霾天气数、酸雨发生频度、酸雨平均 pH、O_3 浓度
	水环境	饮用水水源水质达标率、水环境功能区水质达标率、水质综合指数、地表水水质好于Ⅲ类水比例、地表水控制断面劣Ⅴ类水比例、地表水中 COD、氨氮、总氮、总磷平均浓度、地下水矿化度、总硬度、硝酸盐氮、亚硝酸盐氮
	海域	近岸海域水质达标率（水质类别）、近岸海域好于Ⅱ类水的比例
	土壤环境	耕地土壤环境质量达标率、土壤环境质量达标率、土壤有机质含量
	噪声与辐射环境	区域环境噪声平均值、交通干线两侧噪声平均值、功能区噪声达标率、核电厂对周边居民造成的个人年有效剂量占国家标准的比例
	生态安全	生态环境状况指数、森林覆盖率、林草地优势度、生物多样性指数、建成区绿化覆盖率、人均公园绿地面积
污染物总量控制指标	大气污染物	SO_2 排放总量、NO_x 排放总量、挥发性有机物排放总量、碳排放强度、燃煤烟尘排放量、工业粉尘排放量、工业废气排放量
	水污染物	工业废水排放量、生活污水排放量、COD 排放总量、氨氮排放总量、总磷排放总量、总氮排放总量
环境治理与管理	大气环境治理	机动车尾气排放达标率、工业废气排放达标率、万元国内生产总值废气及污染物排放量、城市烟尘控制区覆盖率、酸雨控制区面积、重污染天气监测预警应急体系建设、机动车尾气定期检测率等
	水环境治理	工业废水排放达标率、工业用水重复利用率、城镇生活污水集中处理率、农村生活污水处理率、单位工业增加值废水排放量、重点污染企业安装水质在线监测系统比例
	固体废物及土壤治理	一般工业固体废物处置利用率、危险废物处置利用率、城镇生活垃圾无害化处理率、秸秆综合利用率、畜禽养殖场粪便综合利用率、农药化肥施用强度
	噪声与辐射环境	废放射源收储处理率
	生态管理	自然保护区比例、受保护地区占国土面积比例、水土流失治理率、荒漠化治理率、土地退化治理率、退耕还林还草率、基本农田保有率
	其他	实施强制性清洁生产企业通过审核比例、村庄环境综合整治率、环境信息公开率

指标类型	要素	具体表征指标（示例）
其他相关指标	资源类	单位地区生产总值能耗、人均能源年消耗量、清洁能源使用率、人均水资源拥有量、单位地区生产总值用水量、单位工业增加值用水量、农田灌溉利用系数、建设用地集约利用水平、人均耕地拥有量
	经济类	国内生产总值年增长率、人均国内生产总值年增长率、第三产业产值比例、城镇居民人均年收入、高新技术产业产值占比、工业经济效益综合指数
	社会生活类	城镇化水平、人口密度、人口期望寿命、基尼系数、人口期望寿命、城镇新建绿色建筑比例、公众绿色出行率、节能节水器具普及率、公众环境满意度

3.4.3　生态环境规划目标的确定及可达性分析

生态环境规划目标的确定既要跟区域现状、性质相符，又要与社会经济发展规划目标相衔接，既要有代表性，又要适宜且可操作。因此，规划目标的确定是一项系统工程，需要根据多种关系进行统筹、不断反馈，最终得到科学、系统的目标体系。

（1）生态环境规划目标及指标体系确定

生态环境规划目标的设置一般是先设定总体目标，再确定指标目标值，一般通过经验判断法来进行。生态环境规划目标及指标体系确定的基本流程如图 3-3 所示。

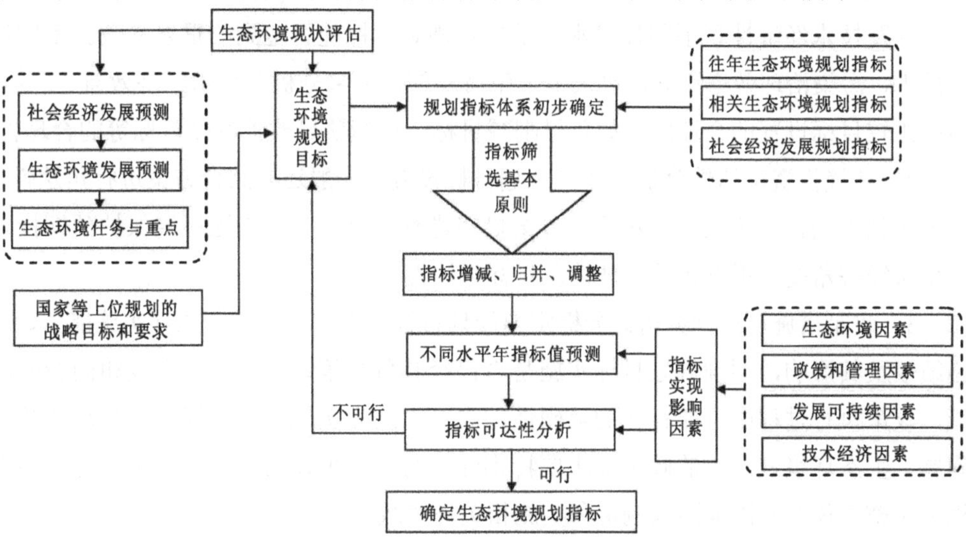

图 3-3　生态环境规划目标及指标体系确定的基本流程

生态环境规划的总体目标一般要基于生态环境现状分析及社会经济、生态环境发展趋势来确定，同时也要结合国家或区域的一些战略目标和要求，另外，生态环境规划目标要体现规划内环境保护工作的任务和重点。

生态环境规划指标是总体目标的具体体现。规划指标类型繁多，选择时要综合考虑指标体系的系统性、科学性、代表性、可操作性等原则。一般指标选择时可以参考往年同类环境规划指标及相关生态环境规划指标，同时参考相关的社会经济发展规划指标，但指标选择时要结合总体目标来进行。在初步确定指标体系后，要对相关指标进行筛选，按照指标确定原则，对指标进行增减、归并或调整。确定了指标体系后，要对各个指标不同水平年的目标值进行初步设定。指标值设定要综合考虑生态环境因素、政策和管理因素、发展可持续因素及技术经济因素，通过预测各个指标的发展趋势及部分指标的指令性要求，对不同水平年目标值进行可达性分析。如果指标可达性存在问题，则需反馈、调整初始设置的目标值；如果符合治理和管理要求，则确定指标目标值，同时明确指标属性（是约束性指标还是参考性指标），形成生态环境规划指标体系，作为规划方案编制及规划实施考核的重要依据。

（2）生态环境规划目标可达性分析

为了确保规划目标可行，目标的可达性分析是重要一环。规划目标可达性分析主要包括技术需求可达性分析、环境投资可达性分析、政策措施可达性分析、污染负荷削减可行性分析、组织管理可达性分析等。同时部分指标，如总量控制指标、污染治理指标，对环境质量指标的支撑可达性也要进行分析。

1）技术需求可达性分析。主要关注环境污染防治和生态建设（修复）技术可得性、适用性及技术经济性。不同技术水平是决定规划目标能否达到的重要参数。不同污染治理技术，污染治理效率不同，可采用全生命周期评估来分析其技术经济效益、环境效益，最终比较目标设置的合理性，如总量削减目标、环境质量改善程度目标等的合理性。

2）环境投资可达性分析。环境规划目标设置，一般还要结合方案进行可达性分析。对未达到规划目标所设置的对策与方案投资进行综合，分析当地环境保护预期投入，进一步从经济角度分析方案的合理性及目标可达性。

3）政策措施可达性分析。分析实现规划目标已有政策基础、执行实施能力、政策实施绩效及其影响，明确规划目标实施是否已经具备政策条件，需要突破和创新的政策领域，政策执行过程中可能存在的障碍性因素，以及为实现规划目标需要解决的政策配套问题。生态环境规划中的政策需求要特别注意与规划主体的一致性和协调性，不能脱离规划实施主体的权限范围来制定和实施相关环境政策。

4）污染负荷削减可行性分析。对规划区污染负荷削减能力的分析直接关系到环境目标能否实现。通常污染负荷削减能力由以下两部分组成：一是现有削减能力，通过调查和评价，统计出区域污染削减平均水平，估算出其已有的削减力；二是潜在削减能力，预测、推演未来削减潜力，分析挖掘潜力的可能性，从而得出今后一定时期内该区域可能增加的污染负荷削减能力，与实现削减目标进行比较，得出最终削减可行性。

5）组织管理可达性分析。生态环境规划目标可达性分析中，公众的环保意识和素质也是重要因素之一。不同地区、不同社会经济发展阶段，公众对环境问题的态度和关心程度有较大差别。因此，通过对执行规划的组织机构的组织能力、人力资源配置、公众意识等进行分析，明确区域组织管理、公众意识对生态环境规划目标实现的保障程度。

3.5　生态环境规划方案的制定

生态环境规划方案是整个规划的核心，与确定目标一样都是工作重点。规划方案是基于国家或地区有关政策要求、区域生态环境问题和规划目标，提出的具体污染防治和生态保护对策措施。

3.5.1　生态环境规划方案的设计原则

（1）坚持质量核心、系统施治

生态环境规划应有针对性，不可能面面俱到，这就要求规划方案要以区域问题、规划目标为导向，从总体上提出生态环境保护方向、重点、任务和步骤。现阶段我国大部分生态环境规划主要是以生态环境质量改善为核心，统筹运用结构优化、污染治理、污染减排、达标排放、生态保护等多种手段，开展多污染物协同防治，系统推进生态修复与环境治理，确保生态环境质量稳步提升，提高优质生态产品供给能力。

（2）坚持空间管控、分类防治

生态环境规划是对未来生态环境保护与建设在时间、空间上的安排。生态环境规划方案设计时必须关注生态环境问题空间属性，关注生态环境问题区域分异性。按照生态优先，统筹生产、生活、生态空间管理，严守生态保护红线，维护区域生态安全，建立系统完整、权责清晰、监管有效的管理格局，实施分区分类管控，差异化管理，分级分项施策，制定精细化规划方案，使规划方案有针对性，便于实施。

（3）坚持区域统筹、协同推进

生态环境规划是一项系统工程，在规划前期一定要充分识别区域主要生态环境问题，明确现有的治理和管理技术、可能投入的资金、污染物削减能力等信息，在规划方案设计时要基于山水林田湖草沙系统施治原则，采用陆海统筹、上下联动，打破要素、区域界限等手段，对各类生态系统实施统一保护和监管为要求，提出各种措施和对策，增强生态保护的系统性、协同性。

（4）坚持节约优先、绿色发展

生态环境规划方案设计要把经济社会发展建立在资源得到高效循环利用、生态环境得到严格保护的基础上，形成资源节约和环境友好的空间格局、产业结构、生活方式；在污染物总量控制、生态保护及污染整治等方面，也要以资源高效循环利用、社会经济绿色低碳发展为核心。

（5）坚持制度创新、社会共治

规划方案设计要在现有政策允许的范围内考虑设计方案和情景，提出的对策与措施要避免与之抵触，同时也要通过改革创新来推进生态环境治理制度建设。此外，方案设计要综合考虑全社会参与生态环境保护的积极性，采用激励与约束并举，充分利用政府与市场“两手发力”，构建政府、企业、公众共治的环境治理体系。

3.5.2 生态环境规划方案的总体思路

规划方案编制最核心的原则之一是因地制宜。因此，针对不同规划区域、不同规划主题、不同生态环境问题，所编制的规划方案也是千差万别的。同类型的规划方案在规划思路上类同，但所采取的措施与对策应有区别。下面以环境要素为主题，分析其相对普适性的方案编制思路。

（1）大气环境污染防治

大气环境污染防治是我国当前污染防治的重点领域之一，其核心管控思路为“三控”，即污染物协同控制、污染源综合管控、区域联防联控。大气污染综合防治措施归纳起来为 4 个方面：一是统筹区域环境资源，优化产业结构与布局；二是加强能源清洁利用，控制煤炭消耗量；三是深化大气污染治理，实施多污染物协同控制；四是创新区域管理机制，提升联防联控管理能力。

合理利用大气容量是优化产业布局的重要依据。在充分考虑大气自净能力的基础上，划定功能区，合理布局工业产业、城镇居住区及其他功能区，实现充分利用大气自净能力减少污染物削减量、降低治理费用的目的。同时要根据区域资源特点，推动产业结构调整与优化，构建绿色、低碳、循环的产业发展模式。大气污染防治的核心及重点是减少污染物排放，改善空气环境质量。这一方面要从能源结构调整入手，包括采取合理能源政策、开展能源清洁利用等措施，从源头上减少大气污染物的产生；另一方面要加大 SO_2、NO_x、PM、VOCs 等多污染物协同控制及工业源、面源、移动源等多源综合控制，最终实现减排目的。在控制方式上还要推进区域联防联控。因此在设计生态环境规划方案时，要将区域大气环境质量监控、预警及区域间联防联控等措施纳入生态环境规划方案中。

（2）水环境污染防治

随着我国流域水环境污染防治工作不断推进，水环境污染防治思路开始从单一的污染治理向“三水”统筹、系统治理转变。为此，在生态环境规划方案设计中要基于流域实际，在深入分析流域突出环境问题，明确流域生态环境保护工作总体布局，聚焦重点区域、重点城市、重点领域和重点行业，突出“一河一策”，体现不同流域特色。并按照“流域统筹、区域落实”的思路，打通水里和岸上，以保护水体生态环境功能、明晰各级行政辖区责任为目的，逐步建立包括全国—流域—水功能区—控制单元—行政辖区的5个层级、覆盖全国的流域空间管控体系。其中，控制单元作为核心层级，是细化落实“三水”保护要求、实施精细化管理措施的空间载体，由水体及其陆域汇水范围共同组成，可通过控制断面进一步明晰行政辖区责任。

水污染防治规划方案的具体措施一般是围绕“保、截、治、管、用、引、排”等来设计的。“保”是指建立饮用水水源保护区，首先保护好饮用水水源；“截”是通过污水截流，使清污分流，为集中治理和科学排放打下基础；“治”是指将点源治理与集中控制相结合，推进工业、生活、农业面源等各类污染源的治理，同时也指对水体开展生态修复与治理；“管”是指强化环境管理，以管促治；“用”是指推进污水资源化，开展水资源综合利用，节省水资源，减少污水排放；“引”是指通过水资源调控，引水冲污，引用海水、江水或水库水增大环境容量，改善水质；“排”是指科学排放污水，利用环境容量，减少污水治理费用。

（3）土壤环境污染防治

土壤是经济社会可持续发展的物质基础，关系着人民群众的身体健康。保护好土壤环境是推进生态文明建设和维护国家生态安全的重要内容，因此土壤环境污染防治是生态环境规划的重要内容之一。土壤环境污染防治的总体思路是以改善土壤环境质量为核心，以保障农产品质量和人居环境安全为出发点，坚持预防为主、保护优先、风险管控，突出重点区域、行业和污染物，实施分类别、分用途、分阶段治理，严控新增污染、逐步减少存量，形成政府主导、企业担责、公众参与、社会监督的土壤污染防治体系，促进土壤资源永续利用。

土壤污染防治规划的具体措施包括构建土壤环境质量监控体系，掌握土壤环境质量状况；加强土壤污染物来源控制，如强化工矿企业、农业生产等污染控制，对造成土壤严重污染的工矿企业实行限期治理，对耕地和集中式饮用水水源保护区内历史遗留的工矿污染及其土壤环境安全隐患进行排查和专项整治等；严格管控受污染土壤环境风险，包括管控受污染土壤环境风险、强化被污染地块环境监管等；积极开展土壤污染治理与修复，根据土壤污染状况，制定土壤修复工程规划，确定治理与修复的优先区域、目标和主要任务；加大土壤污染防治投入，包括土壤修复技术储备、土壤治理资金储备、土壤污染防治环境监管等。

（4）环境噪声污染防治

噪声污染控制规划的总体目标是为居民提供一个安静的生活、学习和工作环境。环境噪声污染防治规划方案设计可从两个方面进行：一是对区域进行合理功能布局，二是加强各类噪声源控制。工业生产、建筑施工、交通运输和社会生活 4 类噪声源是规划方案的主要控制对象，具体措施主要围绕源头控制、过程阻隔及末端防护 3 个方面来设置。

交通噪声污染控制方案主要从隔声屏的设置、路面降噪、绿化隔离、禁鸣喇叭等方面来制定相应措施。工业噪声治理主要考虑从声源上降噪和传播途径上降噪采取措施，声源降噪措施包括应用新材料，改进设备结构、改革工艺等；传播途径降噪包括合理布局、构建绿化带等措施。建筑施工噪声控制措施有选择低噪声施工机械、建立施工申报制、禁止夜间施工等。社会生活噪声防控包括商业活动及文化娱乐活动产生的噪声污染控制，具体措施包括加大宣传教育和管控等。

（5）生态保护与建设

与污染防治规划相比，生态保护规划更侧重生态系统保护与修复，体现尊重自然、顺应自然、保护优先等生态原则，强调生态系统服务功能和价值恢复。生态保护与建设规划在结合区域生态现状，按照生态敏感性、生态系统服务功能空间分异性进行生态功能区划，实行分区管控；应用景观生态学原理对区域生态环境保护与建设提出系统建议方案。

广义的生态规划方案包括生态功能区划方案，确定生态空间格局，制定切实有效的严格控制区、有限开发区、集约利用区管理和建设方案。一般型生态保护规划方案内容涉及生态系统保护、生态资源利用、生态治理修复、生态经济构建等，具体有生物多样性保护方案、重点和敏感生态区保护和建设方案、重点资源开发管护方案、城市生态体系格局建设方案、农业及农村环境保护方案等。

3.5.3 生态环境规划方案优化

生态环境规划方案是指实现生态环境目标应采取的措施及相应的环境保护投资，力争投资少、效果好。在制定方案时，一般要有多个不同的备选方案。经过对比各方案，确定经济上合理、技术上先进、满足环境目标要求的最佳方案作为推荐方案，以供决策。

方案优化是编制生态环境规划的重要步骤。方案比对要抓住起关键作用的因素作比较。基于环境目标要求，在有关因素（经济、社会、技术等）约束下提出各种初始方案；初始方案通常为各种措施的组合，因而需要选用恰当方法进行优化。规划方案的优化方法通常包括情景分析法、数学优化方法、费用效益分析方法、线性规划方法、非线性规划方法和多目标决策分析方法等。优化时要对所有拟定的环境规划草案进行经济效益分析、环境效益分析、社会效益分析和生态效益分析。比较和论证各种规划草案，选出最佳总体方案，达到投资少、效果好的目的。同时，预测、评估区域生态环境规划方案的实施对社会、经济发展和环境产生的影响，估算规划，实施所需的总投资，确定投资方向、重点、构成与期限，预测投资效果等。

3.6 生态环境规划的实施与评估

3.6.1 生态环境规划的实施流程

生态环境规划依照法定程序通过审批后即进入实施阶段。目前，我国生态环境规划的实施流程大致可以分为 3 个阶段：目标和任务分解阶段、实施计划制订阶段、实施计划推进阶段。具体见图 3-4。

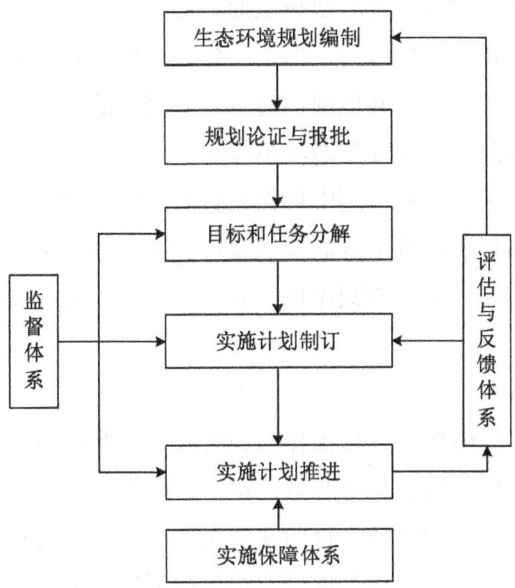

图 3-4 生态环境规划的实施流程

（1）目标和任务分解

生态环境规划的有效实施依赖目标分解和任务细化，要落实相关责任。由于生态环境问题的综合性和复杂性，一项规划实施往往涵盖多个地区、涉及诸多部门机构。为了使规划实施的参与主体了解“应该做什么”和“目的是什么”，就必须对规划目标进行分解，明确各个参与主体的任务和职责，以消除具体操作的盲目性，杜绝推卸责任现象。目前，我国生态环境规划目标的分解流程包括两个阶段：第一阶段是层级政府间传达，指下级政府依据上级单位的生态环境规划来编制本地区生态环境规划的过程；第二阶段是本级政府向参与主体传达，指地方政府将规划目标、任务及相关工程以通告、规定等形式指派给相关部门或涉及企业的过程。第一阶段要避免下级政府在编制本地规划过程中“独立作战”，要把上级规划的目标纳入本级规划，同时根据上级规划任务和本地实情来设计，有效贯彻上级规划指标与任务要求。第二阶段，由于很多目标与任务同时涉及多个部门，容易出现相互推诿的现象。因此在目标与任务分解中，一定要落实主要责任方及相关配合方，同时要以强有力的保障措施来保障任务有效下达。

（2）实施计划制订

生态环境规划方案通常比较综合，而且规划时期以 5 年左右为多，因此要进一步细化、编制实施计划，如年度计划、三年行动方案等。在明确各个参与主体的责任与义务后，参与主体将通过制订实施计划来明确“如何完成任务”。计划内容包括项目安排、实施时间、资金保障、责任人、验收方式等。目前，我国规划实施流程中涉及的参与主体主要包括政府部门、环保项目投资与建设企业、污染企业等。其中政府部门，除了生态环境部门，更多的还要依赖其他部门。但由于生态环境规划，特别是一些专项规划被认为是生态环境部门的部门规划，其他部门对规划中提出的要求重视程度不足，导致规划实施计划编制不力。因此，大部分生态环境规划以人民政府名义进行发布和推进，有利于其他部门积极参与进来。实施计划中环保项目的投资与建设企业，要考虑到建设日程与资金保障，尽可能在任务、资金方面作出合理安排，防止实施滞后，资金短缺。对于污染削减企业来说，实施计划中的减排任务要明确，但政策、资金、技术等方面也要有一定保障。

（3）实施计划推进

实施计划编制完成后即进入具体操作实施阶段。在此阶段，参与主体根据上一阶段拟订的实施计划开展工作，履行自身职责。这一阶段是规划实施的核心阶段，具体规划要求和任务都将在本阶段落到实处。目前我国生态环境规划的具体操作和实施状况不容乐观：一方面，各级部门对生态环境规划要求重视不足，未把生态环境任务的实施摆到自身工作的主要位置；另一方面，环保建设单位往往受制于资金、技术不足等问题，无法有效开展工作，此外还有一部分企业对规划要求视而不见，拒不履行环境义务。因此，实施规划必须有一套有效保障措施，包括加强组织领导、落实目标责任、加大资金投入、强化科技支撑、加大宣传教育等。

3.6.2 规划实施评估

规划实施评估是指在一定时间节点对规划目标和执行进展进行系统、客观的分析，总结经验，查找问题，并提出实施规划的后续方向、重点和措施。生态环境保护规划的综合性、政策性、导向性特点日益凸显，其地位和作用也不断增强。党的十八大以来，生态文明建设和环境保护被放在了更加突出的位置，公民环境意识不断觉醒，生态环境保护规划实施和评估也日益引起各级党委、政府和全社会的强烈关注。“十二五”时期，在国家层面进一步完善了环境保护规划实施评估机制，建立了年度调度、中期评估和终期考核制度，对实时掌握规划进展、推动规划落实具有重要保障作用。但目前我国规划评估体系仍处于完善中，在评估主体、评价内容、评估方法等方面还没有明确统一的标准，仍在不断探索。

（1）评估主体

当前，我国环境规划体系中尚没有明确指定的规划评估单位，即未明确哪个参与单位负有对环境规划实施状况进行评估的责任。因此，已开展的环境保护规划评估大多可视为内部评估，即在环境保护规划实施过程中由实施机构进行自我监督、自我评估、自我修正和调整。相对环境保护规划制定者自评的内部评估而言，第三方评估是外部、独立性评估。这种评估主体主要包括受行政机构委托的研究机构、专业评估组织（包括大专院校和研究机构）、中介组织、舆论界、社会组织、公众和利益相关者等。国际经验证明，为了保证规划实施评估的客观性和公正性，独立的第三方外部评估通常是不可或缺的。

目前，我国规划实施评估除规划实施者自我内部评估外，还有一种是由环境规划编制技术单位来进行评估，主要形式是新一轮规划过程中对上一轮规划实施状况和成效进行评估总结；另外是相关研究单位的专家学者以课题研究形式完成规划实施评估，一般针对一些国家级战略规划较多。

（2）评估内容

目前，规划实施评估的内容构成不具有统一性，大多数评估均涉及规划中最主要指标的达标、任务推进及工程完成度，但并没有覆盖规划文本的全部内容。从现有一些规划评估实践来看，结合规划实施目的和要求，一般规划实施评估要包括以下内容。

1）分析规划的执行绩效。开展生态环境规划的绩效分析，诊断问题并总结经验是生态环境规划评估最重要的内容。绩效评估适宜在规划实施中期和末期开展。在实施中期开展绩效分析，可以掌握规划目标和任务的进展或执行情况，明确执行情况与规划目标的差距，识别影响规划执行的关键因子，诊断影响规划预期进展的关键问题。通过经验和教训的总结，把评估分析结论落实到后续的生态环境规划调整中，实现后续生态环境规划的有效调整，保证规划持续性。在实施后期对本轮规划绩效进行综合分析，可以为下一轮环境保护规划编制提供基础信息。

2）预测规划目标和任务的可达性。根据社会经济发展形势，预测规划目标和任务的可达性，分析规划的执行情况及有利与不利因素。在此基础上，对规划中不再适合社会经济和环境变化要求的相关内容进行及时调整，是生态环境规划评估的重要内容和必然要求。在评估时，要注意对规划长期、中期和短期目标的评估，保证规划评估时序上的连续性。在短期评估的同时，要注重掌握大的发展方向，根据评估结果及时调整规划的下一个短期目标，以满足规划的中长期目标。

3）开展规划的费用效益分析。费用效益分析是实现生态环境规划方案科学选择和科学决策的重要工具。规划的有效运行需要合理的经济分析作为基础，才能保证规划以最小的投入取得最佳效果或最大效益。费用效益分析是以货币的形式对某项目的成本和社会收益进行综合评价，追求以最低的社会成本实现政策的既定目标。在资金有限的情况下，费用效益比最高的项目应优先执行。所以在规划编制阶段，应开展费用效益分析，研究环境保护投入对经济增长的贡献，确保规划经济有效；在规划实施阶段，可利用费用效益分析来确定工程项目实施优先顺序；在阶段性规划结束后，评估生态环境保护投入带来的效益和规划期内环境保护投资方案的落实和绩效情况，可为下一阶段规划资金投入和项目安排提供技术支持。

4）针对性提出规划调整意见。生态环境保护规划评估提供的年度或中期阶段性报告将为下一年或后续生态环境保护规划的调整提供建议，是后续生态环境保护规划有效实施的重要基础。通过持续性的规划评估机制，可以确保规划动态调整以及规划目标分阶段实施。同时，通过评估，也会发现前期环境保护规划在编制内容、方法及实施管理等方面存在的问题，并在后续规划过程中力图避免和不断完善。可以说，评估报告的这种后续效用性是建立生态环境保护规划评估机制的根本意义。日本的点检报告制度、美国的年度跟踪制度等都是基于这方面考虑而构建的规范性评估制度。我国自“十二五”开始建立这种类型的评估机制，将会进一步推进我国生态环境保护规划目标的顺利实现。

（3）评估方法

环境保护规划实施评估是一个系统的、具有持续性的动态过程，应有一套科学合理的评估方法体系。从总体来看，我国目前针对生态环境保护规划实施评估方法的研究仍处于初步探索阶段。虽然一些地方近年来进行了一些探索，但主要采用的还是规划目标与实现程度对比分析方法，这只是环境保护规划评估的最基础部分，而且目前对比分析方法在指标体系的选取及比较角度选择等方面都存在问题，现有的生态环境规划评估方法远不能满足保障生态环境规划可持续运行的需求。

从国外生态环境规划评估的发展来看，20 世纪 80 年代后，生态环境规划评估逐渐趋向多元化的研究方法，如管理分析、系统分析、费用效益分析、环境经济模拟、预测分析等，并取得了较好的效果。鉴于此，我国生态环境规划评估的方法和技术，除了继续借鉴已有的公共政策实施评估理论和方法，还要逐步向系统性综合评估靠拢，建立一套完整灵活的环境保护实施评估理论和方法体系，尤其要根据我国生态环境规划存在的经济分析不足，做好生态环境规划的经济评估技术研究。规划评估的具体技术方法见第 4 章。

3.6.3　规划实施反馈

目前，我国生态环境规划领域的反馈主要发生在本轮规划实施期结束后和新一轮规划编制开始前。通过对本轮规划实施状况的评估，明确存在的问题和不足，在新一轮规划编制中针对这些问题提出解决方案。但是在规划实施过程中，有效的反馈机制尚未形成。首先，并非所有的规划都得到了全面的评估；其次，评估结果难以对原规划实施进程施加影响；最后，规划评估单位的权利和义务不明确，评估结果作用较弱。换言之，规划实施过程中存在的问题无法得到及时的解决，已完成的规划无法针对实际情况进行必要调整。规划实施中的障碍只能继续保留到下一轮规划编制阶段才能够被评估和消除。因此，当前规划的反馈时点相对滞后，信息量匮乏，反馈回应微弱，反馈机制还有待健全。

第 4 章　生态环境分析与评价

生态环境评价是生态环境规划的基础工作，贯穿生态环境规划全过程。应用各种分析评价技术，对区域环境现状进行评价和分析，识别规划区域社会经济、生态环境基本特征及主要生态环境问题，研判规划区域社会经济与生态环境发展趋势，对各类生态环境保护对策措施进行费用效益评估，得到优选方案，并对规划的实施进行评价，以便进一步判断规划方案的有效性。因此，生态环境评价技术是规划的重要手段和方法。本章重点介绍生态环境现状评价技术、环境费用效益分析技术及生态环境规划实施评估技术。

4.1　生态环境现状评价

生态环境现状评价是生态环境规划的基础。生态环境规划从最初的探索发展到现在，已经与计算机技术、遥感与地理信息技术、系统工程、数学分析技术等紧密结合，发展出很多规划评价方法。根据评价目的与对象不同，现状评价可以分为社会经济发展现状评价、自然环境现状评价、污染物排放评价、环境质量评价、生态风险评价、生态承载力评价、可持续发展评价等。生态环境规划现状评价的主要目的是识别规划区域生态环境特征、主要问题，并为规划目标确定、方案制定提供信息支撑。

4.1.1　社会经济与自然生态评价

（1）社会经济评价

社会经济评价的目的是帮助规划者了解区域社会经济特征、生态环境产生根源，同时为社会经济发展趋势及环境压力预测提供相关的信息。因此，社会经济评价内容与生态环境直接或间接相关，或是影响环境质量的社会、经济活动。经济评价主要是指对经济发展规模、生产力发展水平、产业结构及生产布局等进行分析。社会评价主要指对区域内人口等要素进行分析，包括人口总数、人口结构、人口密度、人口变化、城镇化水平等。社会经济评价还对研究区域城镇建设等进行评价，包括城乡体系、城市性质、道路交通、给水排水、绿地建设等。

生态环境规划中经济社会评价一般比较简单，主要是采用描述性评价或比较评价法。

常见方法如下。

1）人口方面

人口现状评价通常对人口总数、空间分布、人口结构、人口迁移等进行评价，以判断规划区人口总数是否适宜，人口结构与分布是否满足区域生态平衡和经济发展需要，城镇化水平如何等。

在传统的人口适宜度评价或空间分布评价中，多采用统计分析方法来定性、定量地描述人口变化特征。随着空间信息技术发展，地理信息系统因具有其他学科难以代替的良好空间数据管理与分析能力，能将人口空间分布表达得更加直观、形象，逐渐成为生态环境规划中人口评价，特别是空间分布评价，最有力的工具。在人口评价中，人口空间分布特征是评价的重点。一般采用人口分布结构指数、人口重心、基尼系数等指标来进行评价和分析。

人口分布结构指数是特定区域人口分布集中或分散趋势的常用指标，包括人口分布不均衡指数和集中指数，二者的计算公式分别为

$$U=\sqrt{\frac{\sum_{i-1}^{n}\frac{\sqrt{2}}{2}\left(x_i-y_i\right)^2}{n}} \tag{4-1}$$

$$C=\frac{1}{2}\sum_{i=1}^{n}\left|x_i-y_i\right| \tag{4-2}$$

式中：U 为不均衡指数；C 为集中指数；n 为研究区个数；x_i 为 i 区人口与研究区总人口的比值；y_i 为 i 区面积与研究区土地总面积的比值。U 和 C 的值越小，表示人口分布越平衡；反之，表示人口分布越集中。从整体上，U 值和 C 值反映出不同时期人口空间分布的均衡性程度。

人口重心是衡量人口空间分布的重要指标，能表现区域人口分布的总趋势和中心区位，其变动轨迹还可反映出一定历史时期内人口分布时空演变特征及其密切相关的经济重心、工业重心等多元要素的变动偏离情况。人口重心的计算公式为

$$X=\frac{\sum_{i=1}^{n}P_iX_i}{\sum_{i=1}^{n}P_i} \qquad Y=\frac{\sum_{i=1}^{n}P_iY_i}{\sum_{i=1}^{n}P_i} \tag{4-3}$$

式中：n 为研究区内统计单元个数；X、Y 分别为研究区人口重心经度和纬度；X_i、Y_i、P_i 分别为 i 统计单元中心经度、纬度和人口数量。设第 j 年、第 k 年人口重心分别为 P_j（X_j，Y_j）和 P_k（X_k，Y_k），以第 j 年为起点，第 k 年为终点，人口重心移动的距离模型可以表示为

$$D_{j-k}=\sqrt{\left(X_j-X_k\right)^2+\left(Y_j-Y_k\right)^2} \tag{4-4}$$

人口重心转移及重心距离在一定程度上反映出了区域人口的空间变化趋势，尤其是重心距离的变化，则能反映人口变化的剧烈程度。

2）经济方面

现代经济发展历程显示，一个国家或地区经济发展不仅体现为国内生产总值或地区生产总值增长，还必然伴随着产业结构成长。总量与结构是社会经济发展过程中两个基本变量。总量主要反映国民经济发展水平与动态数量参数；结构即产业结构，主要反映国民经济各产业之间和产业内部各部门之间的联系和数量比例关系。因此，经济发展水平主要体现在工业化水平、经济结构和基础设施发展水平上，最终表现为经济结构和产出效率上。目前，关于经济发展水平评价一般采用单一指标（如人均 GDP）来评价区域经济发展水平，或采用一系列指标对区域经济发展水平进行综合评价。

人均 GDP 因为简单方便，既可以对一个地区不同年份间进行纵向比较，也可以对不同地区间同一个年份做横向比较，所以作为衡量经济发展水平的重要指标在规划中被采用。但如果涉及区域总体发展水平时，只用一个单一综合指标表征是不全面的。区域经济发展水平不仅涉及经济规模，还涉及经济结构、产业布局等。因此在一些专项规划中，通常采用综合指标体系法来进行评价。

综合指标体系法是对通过一系列指标的加权综合来对各国或各地的经济发展水平进行综合评价和比较的一类方法的总称。综合指标体系法在挑选多个指标基础上。通过运用适当统计方法得到某种具有综合意义的指标，以此来对各国经济发展水平作综合评价。这种方法表面上综合了一个经济的各个发展方面，但实际上由于权重选择的主观性，综合指标的含义不清，这种方法的科学性也有争议。

以整个国民经济社会再生产的均衡关系为基础所建立的投入产出表及其模型，是对一个实体经济发展情况的全面系统描述，其中包含了丰富的关于经济发展水平特征的重要信息。为研究一国在一定时期内社会再生产过程和产业之间的联系提供了定量化分析工具，在对区域经济特征、经济发展与环境关系、系统物流分析、能值分析等方面具有较好的支撑作用。

投入产出分析是通过编制投入产出表来实现的。投入产出表有实物和价值两种形式：①实物表，亦称综合物资平衡表，按实物单位计量，主栏为各种产品，宾栏有 3 部分：资源、中间产品、最终产品。②价值表，按纯部分编制。纯部分是由生产工艺、消耗构成、产品用途基本相同的产品所构成的部门。投入产出分析表可以从横行和纵列两个方向进行考察，横行从使用价值角度反映各部门产品分配使用情况，分为第一部分、第二部分两部分；纵列反映部门产品的价值形成，分为第一部分、第三部分。第四部分反映非生产部门和个人通过国民收入再分配得到的收入，一般不编这一部分。投入产出表的格式如表 4-1 所示。

表 4-1 投入产出表

（产品部门×产品部门表）

<table>
<tr><td colspan="2" rowspan="4">产 出
投 入</td><td colspan="4">中间使用</td><td colspan="10">最终使用</td><td rowspan="4">进口</td><td rowspan="4">总产出</td></tr>
<tr><td rowspan="3">产品部门1</td><td rowspan="3">……</td><td rowspan="3">产品部门n</td><td rowspan="3">中间使用合计</td><td colspan="5">最终消费</td><td colspan="3">资本形成总额</td><td rowspan="3">出口</td><td rowspan="3">最终使用合计</td></tr>
<tr><td colspan="3">居民消费</td><td rowspan="2">政府消费</td><td rowspan="2">合计</td><td rowspan="2">固定资本形成额</td><td rowspan="2">存货增加</td><td rowspan="2">合计</td></tr>
<tr><td>农村居民消费</td><td>城镇居民消费</td><td>小计</td></tr>
<tr><td rowspan="2">中间投入</td><td>产品部门1
……
产品部门n</td><td colspan="4">第Ⅰ象限</td><td colspan="12">第Ⅱ象限</td></tr>
<tr><td>中间投入合计</td><td colspan="4"></td><td colspan="12"></td></tr>
<tr><td>增加值</td><td>劳动者报酬
生产税净额
固定资产折旧
营业盈余
增加值合计</td><td colspan="4">第Ⅲ象限</td><td colspan="12"></td></tr>
<tr><td colspan="2">总投入</td><td colspan="4"></td><td colspan="12"></td></tr>
</table>

3）基础设施方面

基础设施是区域发展和人民生活的物质基础，是区域现代化建设的重要内容，其建设对社会经济发展具有重要引导和支撑作用。城市或农村基础设施系统的技术状态、功能负荷直接影响着区域社会经济系统的运行效率，也直接影响着生态环境质量。生态环境规划中的基础设施评价主要根据人均住宅面积、人均道路面积、自来水普及率、下水道普及率、人均公园绿地面积等指标来反映区域基础设施建设水平。

基础设施多维性，要求其评价必须采用多指标综合评价方法，如浙江省提出了“浙江省城市基础设施现代化指标体系”，包括六大系统 53 个分指标，并参考国外评价标准，提出了各指标的推荐值，被广泛引用与借鉴。有学者用最大关联法、主成分分析法、熵权法等方法对我国主要城市的基础设施水平进行了综合评价和比较分析。

在综合评价中，指标选择非常关键。但不同研究指标的选择也不同，一般从系统性、科学性、代表性、可得性等角度进行选择。黄金川等以地级以上城市为评价对象，选取能源、供排水、交通、邮电、环境 5 个分项系统中最具有代表性、可采集统计的 22 个指标进行城市基础设施发展水平评价，如表 4-2 所示。

表 4-2 城市基础设施发展水平评价指标体系

序号	指标	指标解释
1	绿化覆盖率	绿化覆盖面积（市辖区）/市辖区面积
2	人均公共绿地	建成区公共绿地面积/城区人口
3	生活垃圾处理率	生活垃圾处理量/生活垃圾清运量
4	工业废水排放达标率	达到排水标准的外排工业废水量/工业废水排放总量
5	污水集中处理率	污水集中处理量/污水排放总量
6	万人拥有环卫专用车辆	环卫专用车辆总数/城区人口
7	万人拥有公厕数	城市公共厕所数/建成区人口
8	人均道路面积	城市道路总面积/城市总人口
9	道路网密度	城市道路长度/城区面积
10	每万人拥有公交车辆	城市公交车辆标台数/城区人口
11	公交线网密度	城市公共交通线路长度/建成区面积
12	轨道交通线网密度	城市轨道交通线路长度/建成区面积
13	国际互联网普及率	国际互联网用户/城区人口
14	邮政局分布密度	城区邮政局所个数/城区面积
15	每百人固定电话数	城区固定电话数/城区人口
16	每百人移动电话数	城区移动电话数/城区人口
17	供水普及率	城市中使用公共供水设施供水的人口/城市人口
18	供水管道密度	城市供水管道长度/建成区面积
19	排水管道密度	城市排水管道长度/建成区面积
20	供水管网漏损率	漏损水量/城市供水总量
21	管道燃气普及率	（人工煤气+液化石油气+天然气）/市辖区人
22	集中供热管道密度	城市集中供热管网长度/建成区面积

（2）自然生态环境评价

自然生态环境评价一般是对规划区域内的生态环境相关因素进行描述，主要包括区域地理概况（所辖行政区域、地理位置、区域四至边界、面积等）及地形地貌、气象水文、土壤植被、土地利用、资源开发利用等。这一评价过程一般是在收集资料的基础上，从数量上评价规划区域的生态环境资源禀赋，从空间上评价分布格局，从结构上评价生态系统功能完善性，从而明确区域自然生态特征及其演变、生态资源潜力及其弹性，生态环境问题及其成因。

规划过程中在对生态环境概况进行描述之后，根据规划性质与目的展开生态评价。参评指标选择就要根据规划内容、目标来定，如侧重于生态功能部分，可以对区域水源涵养、生物多样性等指标进行评价；如分析生态脆弱性，可以对土壤侵蚀、土地荒漠化、土壤盐渍化、酸雨等指标的敏感性进行评价；在涉及资源利用方面，可以对土地资源、水资源、能源等开发利用水平、绩效等进行评价；如涉及生态适宜性，可对区域发展与资源利用进行评价；此外，还可以对森林覆盖率、生物多样性指数、景观格局指数、水土流失指数、生态风险指数等进行评价。

自然生态环境评价方法主要有图形叠置法、指数法、形态分析法、综合评价法等。其中，指数法或指标法是用定量或半定量的方法对相关生态环境主题进行评价、分级，并绘制在地图上，一般有单因子指数法、综合指数法；图形叠置法通常将不同指标要素在 GIS 平台通过加权求和方法叠加在一起；综合评价图形叠置法是将各因子通过一定方法进行整合、拟合或分解，剖析其特征、演变规律及相互关系，包括又有多因子分析法、层次分析法、回归分析法、聚类分析法、相关分析法等。下面重点介绍几种常用的评价方法。

1）图形叠置法

图形叠置法又称生态图法，是把两个以上的生态信息叠合到一张图上，构成复合图，用以表示生态变化的方向和程度。该方法的特点是直观、形象、简单明了，在生态环境现状评价过程中能够直观、形象地展示各种单个因子和复合因子的空间分布，并能够从空间或时间上分析变化趋势。基于 GIS 的图形叠置法除应用于生态环境现状评价外，还可与计算机作图、地理信息系统等技术结合起来，得到直观的动态变化显示，也是生态环境规划基础图件的重要内容。

进行图形叠置法时首先要收集相关的评价因子，如以评价某个生态特征而选取特定的指标体系，将这些指标信息标在图上。然后运用 GIS 空间分析技术，分析评价因子不同影响性质、类型和程度，通过定性分析或定量分析方法将指标赋值或分级，将影响因子图和底图叠加，得到生态评价图。图 4-1 是流域总氮流失风险评价，将流域总氮源强空间分布图层与总氮迁移转化因子评价图层叠加计算，再与子流域边界叠加，最终得到各个子流域总氮流失风险评价图。

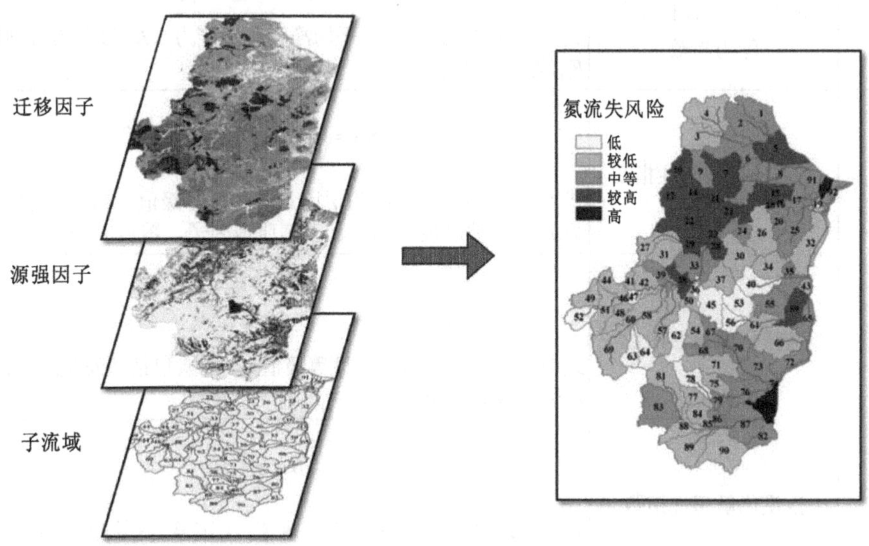

图 4-1　基于 GIS 的图形叠置空间分析

图形叠置法在生态适宜性评价、生态风险评价、生态敏感性评价、生态服务功能评价等方面都有着较广泛的应用。

2）指数法

指数法是先给出各个参评因子的具体指示值，参照一定的标准进行去量纲化，再按照各因子（或因子组）的相对重要性赋予不同的权重，求出总的综合指标值。最后按评价标准划分不同的评价等级，其计算公式为

$$I_{cp}=\sum_{i=1}^{n}\frac{w_i L_{pi}}{n}=\sum_{i=1}^{n}(w_i\frac{L_{oi}}{L_{si}})/n \text{ 或 } I_{cp}=\prod_{i=1}^{n}L_{pi}{}^{\lambda_i}=\prod_{i=1}^{n}\left(\frac{L_{oi}}{L_{si}}\right)^{\lambda_i} \tag{4-5}$$

式中：I_{cp} 为某评价指数；L_{pi} 为某类因子（指标）标准化后的值；L_{oi} 为某类因子的实际值；L_{si} 为某类因子的标准值或参照值；ω_i、λ_i 为权重。

表 4-3 是生态环境规划中常见的一些指数计算方法。

表 4-3　生态环境因子评价

评价类型	生态环境因子指数	计算公式
生态服务功能	水源涵养服务能力指数	$WR=\text{NPP}_{\text{mean}}\times F_{\text{sic}}\times F_{\text{pre}}\times(1-F_{\text{slo}})$ 式中：NPP_{mean} 为多年平均净初级生产力；F_{sic} 为土壤渗流能力因子；F_{pre} 为降水因子；F_{slo} 为坡度因子
	水土保持服务能力指数	$S_{\text{pro}}=\text{NPP}_{\text{mean}}\times(1-K)\times(1-F_{\text{slo}})$ 式中：NPP_{mean} 为多年平均净初级生产力；K 为土壤可蚀性因子；F_{slo} 为坡度因子
	生物多样性保护服务能力指数	$S_{\text{bio}}=\text{NPP}_{\text{mean}}\times F_{\text{tem}}\times F_{\text{pre}}\times(1-F_{\text{alt}})$ 式中：NPP_{mean} 为多年平均净初级生产力；K 为土壤可蚀性因子；F_{slo} 为坡度因子
生态敏感性	土壤侵蚀敏感性指数	$\text{SS}=\sqrt[4]{\prod_{i=1}^{4}C_i}$ 或 $\text{SS}=\sum_{i=1}^{n}W_iC_i$ 式中：W_i 为权重；C_i 为 i 因素敏感性等级值；i 因素包括降水侵蚀力 R 值、坡度坡长因子、土壤质地因子、覆盖因子
	盐渍化敏感性指数	$\text{YS}=\sqrt[4]{\prod_{i=1}^{4}S_i}$ 式中：S_i 为 i 因素敏感性等级值；i 因素包括蒸发量/降水量、地下水矿化度、地形
	沙漠化敏感性指数	$S=\sqrt[4]{\prod_{i=1}^{4}D_i}$ 式中：D_i 为 i 因素敏感性等级值；i 因素包括湿润指数、土壤质地及起沙风的天数

评价类型	生态环境因子指数	计算公式
生态景观格局	斑块密度	$C=\sum n/S$ 式中：$\sum n$ 为区域斑块总数；S 为区域面积
	破碎性指数	$\mathrm{FN}=(\mathrm{NP}-1)/\mathrm{NC}$ 式中：NP 为此景观斑块的数量；NC 为研究区域总面积与最小斑块面积的比值；FN 值为 0～1，0 表示景观完全没有破碎，1 表示完全破碎
	景观多样性指数	$H=\sum_{i=1}^{n}P_i\cdot\log_2 nP_i$ 式中：n 为景观要素类型数目；P_i 景观要素 i 所占面积比例
土地利用结构	土地利用程度	$\mathrm{UINEX}=100\times\sum_{i=1}^{n}A_i\cdot C_i$ 式中：A_i 为第 i 级土地利用程度分级指数；C_i 为第 i 级土地利用程度分级面积百分比
	土地利用信息熵	$H=-\sum_{i=1}^{n}P_i\cdot\log_2 P_i$ 式中：n 为土地利用类型数量；P_i 为各类土地面积占该区域土地总面积比例
	土地集约化利用系数	$C=M_1\cdot W_1+M_2\cdot W_2$ 式中：M_1、M_2 分别为城市人口密度和经济密度；W_1、W_2 为权重系数

4.1.2 生态环境现状评价

（1）污染源评价与调查

污染源评价主要通过对规划区域各类污染源污染物排放状况进行评价，以确定区域主要污染源、主要污染物及其排放量、排放强度、空间分布。在环境污染调查基础上，分析区域污染特点，明确主要控制对象及目标。

污染源调查是污染源评价的基础和前提。针对不同类型污染源，其调查评价方法也是不一样的，具体包括统计报表法、实测法、物料平衡法和经验估算方法。在生态环境规划中常采用的是统计报表法和经验估算法。

1）统计报表法

排污单位按统一格式填写相关内容，经统计后向上级提交，然后层层汇总统计报告。可按行业、部门、区域、污染物等分类统计污染物排放量。此方法通常用在污染源普查或环境统计中。在区域生态环境规划中，受时间及经费限制，一般不直接用统计报表法进行污染源调查，而是直接引用环统或污染源普查的数据进行评价。

2）经验估算法

当规划区域现有污染调查统计口径与规划需求不一致时，规划中需对一些污染源排放进行核算。一般采用经验估算法，又称排污系数法，即根据生产过程中单位产品的排污系数和产品产量计算污染物排放量，通常对工业污染负荷、生活污染源及农业面源采用该方法进行估算，计算公式为

$$G_i = K_i \cdot M \tag{4-6}$$

式中：G_i为污染物 i 的排放量；K_i为 i 的单位产品排污系数；M 为产品的产量。

排污系数是根据经验或实验方法测得的。对同一产品，生产工艺不同，生产规模不同，原料不同，污染物处理水平不同，排污系数也不同。所以在实际计算时，应根据规划区域实际生产水平对选择的排污系数进行修正。

下面介绍不同类型污染源污染负荷估算法。

Ⅰ. 生活污水：生活污水主要是指在人们日常生活中排放到环境中的污水。通常采用排污系数法来估算生活污染排放量，其估算公式为

$$Q_i = P_{\text{cz}} \times w_i \tag{4-7}$$

式中：Q_i为生活污染年排放量；P_{cz}为常住人口，人；w_i为人均生活污水排污系数。生活污水人均排污系数与当地居民的生活习惯密切相关，具体参数可参考全国污染源普查手册。

Ⅱ. 种植业污染：种植业灌溉排水形式和地表径流比较复杂，除用 SWAT 模型、AnnAGNPS 模型、SWMM 模型等非点源污染模型估算外，农田面源污染负荷也通常采用排污系数法。由于不同区域施肥结构和施肥方式存在差异，一般根据地方实际采用适当的排污系数来确定种植业的污染负荷量，即

$$Q_{\text{pj}} = U_{\text{zj}} \times \frac{W_{\text{zj}}}{R_j \times 100\%} \tag{4-8}$$

式中：Q_{pj}为种植业营养物流失量；U_{zj}为各类种植业土地利用面积；W_{zi}为种植业污染流失强度系数；R_j为各土地利用类型的复种指数。种植业的流失系数可以参考类似区域相关文献的研究结果。

Ⅲ. 畜禽养殖污染：按照畜禽养殖污染物产生及排放水平估算区域内畜禽污染物的排放量。畜禽养殖排污量的具体计算公式为

$$W_{\text{pf}} = \sum_{i=1}^{n} (\delta_{i1} \times \alpha_{i1} + \delta_{i2} \times \alpha_{i2}) \times N_i \times (1 - \beta_i) \tag{4-9}$$

式中：W_{pf}为畜禽养殖排污总量；δ_{i1}、δ_{i2}分别为各类畜禽个体年产粪量和年产尿量；α_{i1}、α_{i2}分别为畜禽粪、尿中污染物平均含量；N_i为各类畜禽饲养总量；β_i为各类畜禽污染处理率。各类畜禽养殖的粪尿排泄系数、污染物平均含量可以参考《江苏省太湖流域污染源调查报告》《农业技术经济手册》《畜禽养殖业排放标准》等来确定。

Ⅳ. 水产养殖：常用的水产养殖排污量估算方法以面积估算法和产量估算法为主。水

产养殖排污量面积估算法的具体算法为

$$L = A \times S \tag{4-10}$$

式中：L 为水产养殖排污量，A 为水产养殖单位面积排污系数，S 为水产养殖面积。

V．生活垃圾：常采用人均垃圾产生量来估算。具体算式为

$$G = P_u \times k_u + P_r \times k_r \tag{4-11}$$

式中：G 为区域生活垃圾产生量；P_u 和 P_r 分别为城镇人口和农村人口总量；K_u 和 K_r 分别为城镇人均垃圾产生量和农村垃圾产生量。

污染源评价主要有排毒指数法、污染能力潜在指数法、等标污染负荷法等。但等标污染负荷法是最常用的方法，也是确定主要污染源、主要污染物最常用的方法。

1）等标污染负荷法

废水污染物的等标污染负荷计算公式为

$$P_i = \frac{C_i}{C_{0i}} \times G \times 10^{-6} \tag{4-12}$$

式中：P_i 为废水中污染物 i 的等标污染负荷，10^6t；C_i 为污染物 i 的实测浓度的平均值，mg/L；C_{0i} 为污染物 i 的评价标准，mg/L；G 为含污染物 i 的废水排放量，t；10^{-6} 为废水的换算系数。

废气污染物的等标污染计算负荷公式为

$$P_i = \frac{C_i}{C_{0i}} \times G \times 10^{-5} \tag{4-13}$$

式中：P_i 为废气污染物 i 的等标污染负荷，$10^9\,m^3$；C_i 为污染物 i 的实测浓度的平均值，mg/m^3；C_{0i} 为污染物 i 的评价标准，mg/m^3；G 为废气排放量，$10^6\,m^3$；10^{-5} 为废水的换算系数。

某污染源 j 的等标污染负荷 P_j 为其所排各污染物的等标污染负荷之和：

$$P_j = \sum_{i=1}^{m} P_{ij} \tag{4-14}$$

式中：i=1，2，…，m 为污染源的不同污染物。

某区域 i 污染物的等标总污染负荷为该区域内所有污染源 i 污染物的等标污染负荷之和：

$$P_i = \sum_{j=1}^{k} P_{ij} \tag{4-15}$$

式中：j=1，2，…，k 为该区域的不同污染源。

某区域所有污染源污染物的等标污染负荷 P 为

$$P = \sum_{j=1}^{k} P_j = \sum_{i=1}^{m} P_i \tag{4-16}$$

式中：P 为该区域所有污染源所有污染物等标污染负荷之和。

污染物 i 的污染负荷比 K_i 为该区域排放的污染物 i 的等标污染负荷占区域总污染负荷之比，污染源 j 在区域中的污染负荷比 K_j 为该污染源的等标污染负荷占区域总污染负荷之比。具体计算如下：

$$K_i = \frac{P_i}{P} \times 100\% \quad K_j = \frac{P_j}{P} \times 100\% \tag{4-17}$$

将 K_i 和 K_j 从大到小排列，计算累计污染负荷比，当累计污染负荷比大于 80%时，纳入统计的污染物则为区域主要污染物，纳入统计的污染源则为区域主要污染源。

2）污染排放强度评价

为识别污染重点控制区域，通常采用污染物排放强度进行评价。一般采用单位面积污染物排放量这一指标。通过空间分布，识别重点控制区或关键源区。污染排放强度统计既可以根据行政区计算，也可以根据子流域计算或按划分网格计算。图 4-2 所示为某流域按子流域计算的磷污染负荷排放强度，根据总磷排放强度空间分布，确定磷污染关键源区。也可以以行政区（如乡镇）为单元，计算各行政单元污染物排放强度，确定重点排放区域。

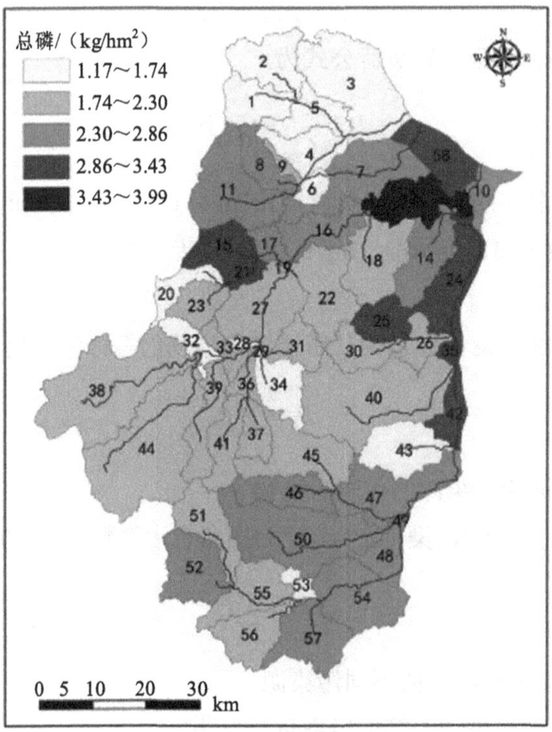

图 4-2 某流域总磷排放强度空间分布图

3）农业面源污染关键源区识别

随着工业点源与城镇生活污染控制的加强，面源特别是农业面源成为一些地区生态环境规划中关注的重要污染源。然而，因面源形成机理复杂性、来源模糊性、发生随机性、分布广泛性、时间潜伏性等特点，面源污染控制与治理具有极大的不确定性。为提高治理成效，识别面源污染关键源区时，可以将有限的资源投入对环境危害可能性最大且范围相对较小的关键区域。关键源区识别通常采用流域非点源污染模型、污染负荷统计模型、指标体系法等分析面源污染风险，进而确定关键源区。不同方法都有其特点及适用范围，如模型法数据需求量大，运行成本高；污染负荷法只考虑面源的输出，未考虑迁移过程；指标体系法数据需求量小、操作简便、运行周期短。自 20 世纪 90 年代美国率先提出采用磷流失指标体系法（PI）进行农田磷素流失风险的分级评价，随后大量关于氮磷流失的评价指标得到广泛应用。包括改进的磷指标体系法（Phosphorus Index，PI）、氮流失指标体系法（Nitrogen Loss Indicators，NLIs），以及其他综合评价指标体系法（GIS-based Multicriteria Analysis，GIS-MCA）。

指标体系法通常采用一个相对的概念，评价对象也比较单一，因而被广泛应用。下面介绍一种基于面源产生、流失规律及特征，从输出与迁移转化两个角度去表征面源污染流失风险的评价方法，该方法按照源因子与迁移因子两方面来设置相应的指标体系，将负荷估算模型与分级指标体系相融合，并将多种类型的面源污染纳入评价体系，根据面源污染流失风险程度大小，将高风险区域确定为面源污染控制关键源区。具体操作流程如图 4-3 所示。

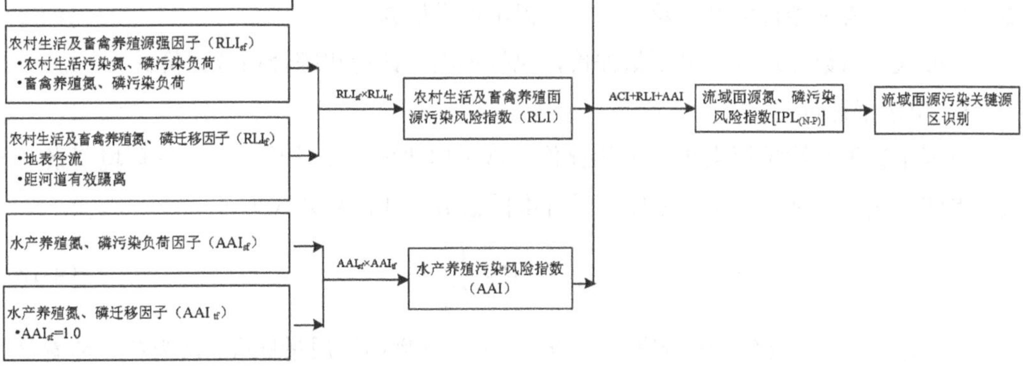

图 4-3　面源污染风险评价及关键源区识别技术流程

农田氮、磷源因子采用化肥流失系数来估算农田氮、磷流失负荷，林地采用地表径流氮、磷流失负荷进行估算。迁移因子采用土壤侵蚀因子、地表径流、土壤渗透性、土壤粒径及距河道有效距离，根据氮、磷流失特点赋予不同的权重。根据各评价单元迁移因子值，采用自然裂解法分成 5 级，对各迁移因子赋予不同的风险值。将源因子（负荷量）与迁移因子相乘，得到农业生产面源污染风险指数。农村生活污水与畜禽养殖污染负荷采用排污系数法进行估算，迁移因子考虑到其排放特点，采用了地表径流与距河道距离两个指标，赋予等权，也按自然裂解法来进行分级。风险评价指数计算同农业生产面源污染风险评价指数。水产养殖面源污染风险评价采用排污系数法进行估算。由于直接入河，因此迁移因子直接取 1。

将各类面源氮、磷污染风险指数叠加得到流域面源污染风险综合指数。根据全流域各子流域（或控制单元）面源污染综合指数，采用自然裂解法进行分级，分成高、较高、中等、低、较低 5 个级别。根据流域面源污染控制的现实需求，一般将风险较高级别的子流域（或控制单元）识别为关键源区。

（2）环境质量评价

环境质量评价是对环境素质优劣定量、半定量甚至是定性的描述。评价目的在于揭示特定地区环境质量水平和区域差异，阐明影响环境质量的原因和有可能采取的措施，按照环境质量变化规律，制订环境保护规划，加强环境保护管理。

环境质量评价是从人类社会环境需求出发，按照一定的环境质量标准和评价方法对环境优劣及其满足人类需求程度来进行评价，即基于环境监测数据与环境质量标准比对，分析其达标状况以及环境质量演变趋势。

环境质量评价根据规划需求，可以分为多种不同类型，如从时间上可分为环境回顾性评价、环境质量现状评价和环境影响评价；从环境要素上可分为大气环境评价、水环境评价、土壤环境评价、噪声环境评价等。在生态环境规划中，环境质量评价一般为回顾性评价和现状评价，通过一定方法评价规划区域环境质量现状、特征、演变趋势及主要环境问题，为规划目标设置及规划方案提出提供依据。

一般采用指数法进行环境质量评价，包括单因子评价和综合指数评价。

1）单因子评价

单因子评价又称单要素单污染物评价，常采用比值法来计算，即某种环境要素（大气、水或土壤）中某一污染物浓度超过标准的倍数，其计算公式为

$$P_i = \frac{C_i}{C_{is}} \tag{4-18}$$

式中：C_i 为第 i 种污染物实测浓度；C_{is} 为第 i 种污染物环境质量标准；P_i 为单一环境要素的污染物 i 的环境质量指数，$P_i \geqslant 1$ 说明超标，$P_i < 1$ 说明达标。

在生态环境规划中，判定某个要素的环境质量，通常以污染指数最大因子来定性。如某个监测断面大部分指标都达到了Ⅲ类水（实测值与Ⅲ类水标准值比值小于 1），但某一指标为Ⅴ类（该指标实测值与Ⅴ类水标准比值小于 1，与Ⅳ类水标准比值大于 1），则该水质断面定性为Ⅴ类水。

生态环境规划中还根据功能区达标率来判定环境质量，即将不同点位的实测监测数据，与各功能区的目标值进行比较，如果 P 小于 1 则为达标，如果 P 大于 1 则为超标。用达标点位占总点位的数量或达标次数占总监测次数的比例来表征。

单因子评价方法可以非常清晰地帮助规划者了解影响区域环境质量的主要因子及控制对象，因此在规划中该方法是最常用的评价方法。

2）综合指数评价

为全面表征某一环境要素中不同污染物的综合环境质量，通常采用综合指数来进行评价，如分析大气环境多种污染物时，通常采用空气环境质量指数（Air Quality Index，AQI）。综合环境质量评价一般采用多种污染物环境质量指数的叠加，包括简单叠加、加权叠加、对数叠加等。表 4-4 所示为环境质量现状评价中常用的综合指数评价模型。

表 4-4　环境质量评价模型

类型	数学表达	符号注释
代数叠加型	$I=\sum_{i-1}^{n}\frac{C_i}{C_{is}}=\sum_{i=1}^{n}I_i$	C_i 为第 i 种污染物在环境中的浓度； C_{is} 为第 i 种污染物的评价标准； I_i 为第 i 种污染物的环境质量指数
均值型	$I=\frac{1}{n}\sum_{i-1}^{n}\frac{C_i}{C_{is}}=\frac{1}{n}\sum_{i=1}^{n}I_i$	I_i 为第 i 种污染物的环境质量指数
加权型	$I=\sum_{i=1}^{n}W_iI_i$	W_i 为第 i 种污染物的权重
加权平均型	$I=\frac{1}{n}\sum_{i=1}^{n}W_iI_i$	W_i 为第 i 种污染物的权重
突出极值型 1	$I=\sqrt{\max(I_i)\cdot\frac{1}{n}\sum_{i=1}^{n}W_iI_i}$	分指数中极大值与平均值的几何平均
突出极值型 2	$I=\sqrt{\frac{\left[\max(I_i)\right]^2+\left[\frac{1}{n}\sum_{i=1}^{n}W_iI_i\right]^2}{2}}$	分指数中极大值平方与平均值平方平均值的平方根
幂指数	$I=\prod_{i=1}^{n}W_iI_i$	I_i 为第 i 种污染物的环境质量指数； W_i 为第 i 种污染物的权重
向量模型	$I=(\sum_{i=1}^{n}I_i^2)^{\frac{1}{2}}$	I_i 为第 i 种污染物的环境质量指数
均方根型	$I=\sqrt{\frac{1}{n}\sum_{i=1}^{n}I_i^2}$	I_i 为第 i 种污染物的环境质量指数

3）几种常规环境质量综合指数

Ⅰ. 空气环境质量指数（AQI）

AQI 是定量描述空气质量状况、量纲为一的指数。AQI 计算与评价过程大致可分为以下 3 个步骤。

第一步是对照各项污染物的分级浓度限值［AQI 的浓度限值参照《环境空气质量标准》（GB 3095—2012）］，以细颗粒物（$PM_{2.5}$）、可吸入颗粒物（PM_{10}）、二氧化硫（SO_2）、二氧化氮（NO_2）、臭氧（O_3）、一氧化碳（CO）等各项污染物的实测浓度值（其中 $PM_{2.5}$、PM_{10} 为 24 h 平均浓度）分别计算得出空气质量分指数（Individual Air Quality Index，IAQI）：

$$\mathrm{IAQI}_p=\frac{\mathrm{IAQI}_{\mathrm{Hi}}-\mathrm{IAQI}_{\mathrm{Lo}}}{\mathrm{BP}_{\mathrm{Hi}}-\mathrm{BP}_{\mathrm{Lo}}}(C_p-\mathrm{BP}_{\mathrm{Lo}})+\mathrm{IAQI}_{\mathrm{Lo}} \tag{4-19}$$

式中：IAQI_p 为污染物项目 P 的空气质量分指数；C_p 为污染物项目 P 的质量浓度值；$\mathrm{BP}_{\mathrm{Hi}}$ 为表 4-5 中与 C_p 相近的污染物浓度限值的高位值；$\mathrm{BP}_{\mathrm{Lo}}$ 为表 4-5 中与 C_p 相近的污染物浓度限值的低位值；$\mathrm{IAQI}_{\mathrm{Hi}}$ 为表 4-5 中与 $\mathrm{BP}_{\mathrm{Hi}}$ 对应的空气质量分指数；$\mathrm{IAQI}_{\mathrm{Lo}}$ 为表 4-5 中与 $\mathrm{BP}_{\mathrm{Lo}}$ 对应的空气质量分指数。

表 4-5　空气质量分指数及对应的污染物项目浓度限值

空气质量分指数（IAQI）	污染物项目浓度限值					
	$PM_{2.5}$ 24 h 平均/（μg/m³）	PM_{10} 24 h 平均/（μg/m³）	NO_2 1 h 平均/（μg/m³）	CO 1 h 平均/（mg/m³）	SO_2 1 h 平均/（μg/m³）	O_3 1 h 平均/（μg/m³）
0	0	0	0	0	0	0
50	35	50	100	5	150	160
100	75	150	200	10	500	200
150	115	250	700	35	650	300
200	150	350	1 200	60	800	400
300	250	420	2 340	90	1 600	800
400	350	500	3 090	120	2 100	1 000
500	500	600	3 840	150	2 620	1 200

第二步是从各项污染物的 IAQI 中选择最大值确定为 AQI，当 AQI 大于 50 时，将 IAQI 最大的污染物确定为首要污染物；当 IAQI 最大的污染物为两项或两项以上时，并列为首要污染物。LAQI 大于 100 的污染物为超标污染物。

$$\mathrm{AQI}=\max(\mathrm{IAOI}_1,\ \mathrm{IAOI}_2,\ \mathrm{IAOI}_3,\ \cdots,\ \mathrm{LIAOI}_n) \tag{4-20}$$

式中：AQI 为空气质量指数；IAQI 为空气质量分指数；n 为污染物项目。

第三步是对照 AQI 分级标准，确定空气质量级别、类别。如表 4-6 所示。

表 4-6　空气环境质量指数分级

AQI	0～50	51～100	101～150	151～200	201～300	>300
空气质量指数级别	一级	二级	三级	四级	五级	六级
空气质量指数类别	优	良	轻度污染	中度污染	重度污染	严重污染

Ⅱ. 富营养化指数（TLI）

湖泊水体富营养化评价是开展湖泊规划与管理及综合治理的基础。我国湖泊富营养化评价基本方法主要有营养状态指数法［卡尔森营养状态指数（TSI）、修正的营养状态指数、TLI］、营养度指数法和评分法。下面介绍我国湖库富营养化评价方法中应用较多的综合营养状态指数法。

综合营养状态指数法相对于其他营养指数法，评价范围全面，评价因子综合考虑了总氮（TN）、总磷（TP）、透明度（SD）、叶绿素 a（chla）、高锰酸盐指数（COD_{Mn}），克服了单一评价因子评价不足的问题，在应用上也趋于成熟，其计算公式为

$$\text{TLI}(\Sigma)=\sum_{j=1}^{m}W_j\times \text{TLI}(j) \tag{4-21}$$

式中：TLI（Σ）为综合营养状态指数；TLI（j）为第 j 种参数的营养状态指数；W_j 为第 j 种参数的营养状态指数的相关权重。以 chla 作为基准参数，则第 j 种参数归一化的相关权重计算公式为

$$W_j=\frac{r_{ij}^2}{\sum_{j=1}^{m}r_{ij}^2} \tag{4-22}$$

式中：r_{ij} 为第 j 种参数与基准参数 chla 的相关系数；m 为评价参数的个数。

我国湖泊叶绿素 a 与其他参数之间的相关关系 r_{ij} 及 r_{ij}^2 见表 4-7。

表 4-7　我国湖泊部分参数与 chla 的相关关系 r_{ij} 及 r_{ij}^2 值

参数	chla	TP	TN	SD	COD_{Mn}
r_{ij}	1	0.84	0.82	−0.83	0.83
r_{ij}^2	1	0.705 6	0.672 4	0.688 9	0.688 9

注：表中相关数据引自金相灿等著的《中国湖泊环境》，表中的 r_{ij} 来源于中国 26 个主要湖泊调查数据的计算结果。

营养状态指数的计算为

$$\mathrm{TLI(chla)} = 10\,(2.5 + 1.086 \ln \mathrm{chla}) \tag{4-23}$$

$$\mathrm{TLI(TP)} = 10\,(9.436 + 1.624 \ln \mathrm{TP}) \tag{4-24}$$

$$\mathrm{TLI(TN)} = 10\,(5.453 + 1.694 \ln \mathrm{TN}) \tag{4-25}$$

$$\mathrm{TLI(SD)} = 10\,(5.118 + 1.94 \ln \mathrm{SD}) \tag{4-26}$$

$$\mathrm{TLI(COD)} = 10\,(0.109 + 2.66 \ln \mathrm{COD}) \tag{4-27}$$

采用 0～100 一系列连续数字对湖泊（水库）营养状态进行分级，结果如表 4-8 所示。

表 4-8　湖泊（水库）营养状态分级

TLI（Σ）	0～30	30～50	50～60	60～70	>70
营养状态分级	贫营养	中营养	轻度富营养	中度富营养	重度富营养

III. 生态环境指数（EI）

EI 是指反映被评价区域生态环境质量状况的一系列指数的综合。计算公式为

EI=0.25×生物丰度指数+0.2×植被覆盖指数+0.2×水网密度指数+0.2×土地退化指数+0.15×环境质量指数　（4-28）

其中：

生物丰度指数=A_{bio}（生物丰度指数的归一化系数）×（0.5×森林面积+0.3×水域面积+0.15×草地面积+0.05×其他面积）/区域面积　（4-29）

植被覆盖指数=A_{veg}（植被覆盖指数的归一化系数）×（0.5×林地面积+0.3×草地面积+0.2×农田面积）/区域面积　（4-30）

水网密度指数=A_{riv}（河流长度的归一化系数）×河流长度/区域面积+Alak（湖库面积的归一化系数）×湖库（近海）面积/区域面积+Ares（水资源量的归一化系数）×水资源量/区域面积　（4-31）

土地退化指数=A_{ero}（土地退化指数的归一化系数）×（0.05×轻度侵蚀面积+0.25×中度侵蚀面积+0.7×重度侵蚀面积）/区域面积　（4-32）

污染负荷指数=［A_{SO_2}（SO_2 的归一化系数）×0.4×SO_2 排放量+A_{sol}（固体废物的归一化系数）×0.2×固体废物排放量］/区域面积+A_{COD}（COD 的归一化系数）×0.4×COD 排放量/区域年均降水量　（4-33）

根据计算所得的生态环境状况指数，将生态环境分为五级，即优、良、一般、较差和差。规定当 EI≥75 时，生态环境质量为优。

4.1.3　生态环境综合评价

生态环境综合评价是开展国土空间优化、生态建设规划等综合性规划的基础。通过

对社会经济环境复合系统现状的描述与评价，为优化与协调复合系统结构与功能提供依据。社会经济环境复合系统综合评价主要是要回答区域生态环境承载能力或潜力、社会经济与环境协调度、区域的可持续发展等问题。关于生态承载力、区域可持续发展、协调度等评估，常用的方法有 RSP 综合评价法、生态足迹（Ecological Footprint，EF）评价法及生态系统服务（ES）法等。

（1）PSR 综合评价法

基于社会经济自然复合生态系统内部复杂的作用与反作用关系，构建综合评价指标来反映系统的协调性、承载力、可持续发展水平。PSR 模型是规划中较常见的方法。

PSR 模型是研究自然环境、社会环境及人类活动相互作用过程中的压力（pressure）、状态（state）和响应（response）关系的概念模型，最初是由加拿大统计学家 Tony Friend 和 David Rapport 提出的。20 世纪 70 年代，经济合作与发展组织（OECD）对 PSR 模型进行了修改并将其用于环境报告中。80 年代末 90 年代初，OECD 肯定了 PSR 模型在环境指标研究中的适用性和有效性。此后，研究者将 PSR 模型广泛应用于水资源承载力评价、水生态安全评价、生态系统健康评价、土地利用可持续性评价，以及区域水资源与社会经济耦合协调度研究。

PSR 模型是基于因果关系构建的逻辑框架。其中，“压力”可视为逻辑起点。在由人类生产生活活动连接起来的自然-经济-社会复合系统中，为了满足人类自身的生存需求和经济、社会发展需要，必然消耗资源，产生污染物和废弃物，给环境带来一定的压力。“压力”现状下的环境质量、自然资源存量和生态承载力等称为“状态”。为了实现复合系统稳定持续的发展，决策者需要对管理方案进行调整，如完善立法、更新技术、经济调控等，即作出“响应”。压力、状态、响应三者相互联系，形成完整的逻辑链，全面回答了为什么、是什么、怎么做的问题（图 4-4）。

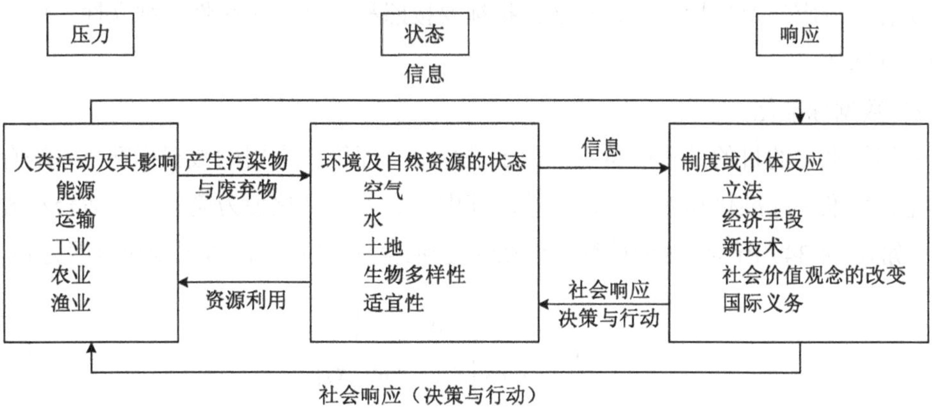

图 4-4 PSR 模型

在PSR模型中，压力主要是指导致状态变化的负面因素，未体现出人类活动对复合系统的正面改造。联合国可持续发展委员会（UNCSD）就此对PSR模型进行了改进和扩充，提出“驱动力-状态-响应”（DSR）模型。该模型在水资源及土地利用安全评价、可持续发展评价等方面应用较多。自然-经济-社会复合系统中，人类生产生活活动对环境产生影响，环境也会对人类社会作出反馈。在PSR模型和DSR模型的基础上，欧洲环境局（EEA）提出了驱动力-压力-状态-影响-响应（DPSIR）模型。DPSIR模型从系统分析出发，对因果关系的梳理更加多维立体（图4-5）。

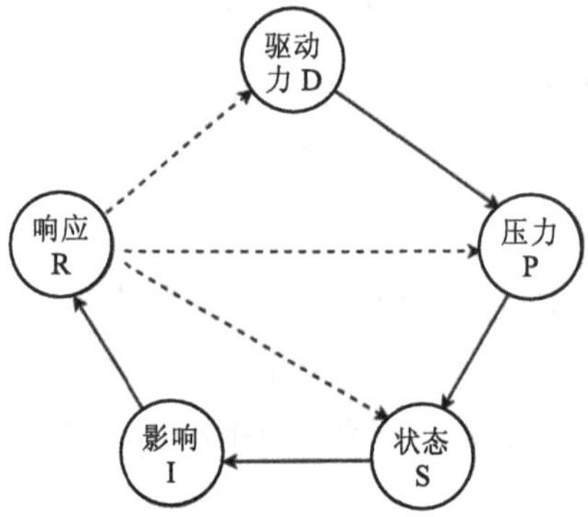

图4-5 DPSIR概念模型

无论是PSR模型还是DPSIR模型，在评价区域环境与社会经济耦合协调发展中，其一般过程均包括指标体系构建、数据标准化、指标赋权及协调度计算。具体如下：

1）指标体系构建

应用PSR模型测算区域环境社会经济耦合协调度，首先选择各个子系统中的关联因素指标，辨析各指标的压力、状态、响应属性。将各指标按目标层（协调度）、准则层（压力、状态、响应）及指标层进行构建。指标要按照科学性、系统性、独立性、可操作性原则进行选择。

2）数据标准化

数据标准化的目的是去除量纲，便于进行综合评价。常用的数据标准化方法有离差标准化、标准差标准化和归一标准化等。其中，离差标准化最为简单，且适合小数据量场景。如式（4-34）所示，对原始数据作线性变换，经过处理后的数据变化范围为[0，1]。

$$y_i = \frac{x_i - \min\{x_j\}}{\max\{x_j\} - \min\{x_j\}} \tag{4-34}$$

式中：$i \in [1, n]$；$j \in [1, n]$；$\max\{x_i\}$为样本最大值；$\min\{x_i\}$为样本最小值；y_i为标准化后的数据。

按照对协调度影响的正、负特性，指标可分为正向指标和逆向指标。正向指标越大越好，逆向指标反之。对于逆向指标采用下式计算：

$$y_i = \frac{\max\{x_j\} - x_i}{\max\{x_j\} - \min\{x_j\}} \tag{4-35}$$

3）指标赋权

各个指标对于研究目的的影响程度是不同的，在进行汇总评价之前，需要根据各指标的重要性进行赋权。常用的赋权方法可分为两类：主观赋权法和客观赋权法。前者包括专家评分、相邻比较、最小二乘法、层次分析法等，后者包括主成分分析法、基尼系数法、熵权法、神经网络、变异系数法。也有研究者综合客观赋权的科学性和主观赋权的经验性，采用组合赋权方法对影响决策的各项指标进行权重排序。

熵权法是一种常用的客观赋权法，能规避专家评分等主观赋权法的主观性和随意性，较为充分地利用原始信息。下面以熵权法为例介绍权重的设置。计算过程如下。

①假设有 m 个行政单元，每个行政单元各有 n 个评价指标，则原始数值矩阵 $\boldsymbol{X}$ 为

$$\boldsymbol{X} = (x_{ij})_{m\times n} = \begin{pmatrix} x_{11} & x_{12} & \cdots & x_{1n} \\ x_{21} & x_{22} & \cdots & x_{2n} \\ \vdots & \vdots & \vdots & \vdots \\ x_{m1} & x_{m2} & \cdots & x_{mn} \end{pmatrix} \tag{4-36}$$

式中：x_{ij} 为第 i 个行政分区第 j 个评价指标的原始数值。

②对原始数据进行标准化处理以消除不同评价指标计量单位影响，得到标准化矩阵 $\boldsymbol{Y}$：

$$\boldsymbol{Y} = (y_{ij})_{m\times n} = \begin{pmatrix} y_{11} & y_{12} & \cdots & y_{1n} \\ y_{21} & y_{22} & \cdots & y_{2n} \\ \vdots & \vdots & \vdots & \vdots \\ y_{m1} & y_{m2} & \cdots & y_{mn} \end{pmatrix} \tag{4-37}$$

$$y_{ij} = \frac{x_{ij}}{\sum_{i=1}^{m} x_{ij}} \tag{4-38}$$

③计算第 j 个指标的熵值 e_j：

$$k = (\ln m)^{-1} \tag{4-39}$$

$$e_j = -k\sum_{i=1}^{m} y_{ij} \ln y_{ij} \tag{4-40}$$

由此可知，要使权重计算过程顺利进行，原始数值矩阵中的元素 x_{ij} 必须为正值。

④计算第 j 个指标的变异系数 h_j:

$$h_j = 1 - e_j \tag{4-41}$$

⑤计算第 j 个指标的权重 w_j:

$$w_j = \frac{h_j}{\sum_{j=1}^{n} h_j} \tag{4-42}$$

4）协调度计算

协调度是描述两个或两个以上系统相互作用、相互影响程度的定量指标。根据协同学理论，复合系统在临界状态的有序或无序演化趋势取决于子系统之间的协调程度。协调度是反映子系统耦合度和协同性的参量。TOPSIS 模型、模糊评价法、灰色系统理论等常用于构建耦合协调度测算模型。下面以 TOPSIS 模型为例介绍协调度计算。

TOPSIS 是一种评价研究对象与理想化目标接近程度的系统方法，多用于进行有限方案的多属性决策分析。复合系统协调度研究中，不同行政单元可以看作不同方案，评价指标可视为属性。指标正理想解取其最大值，负理想解选其最小值。根据各指标值距离正负理想解的距离来计算评价区域的协调度，计算过程如下。

①对原始数据矩阵作正则化处理，得到规范化决策矩阵 $\boldsymbol{Z}$:

$$\boldsymbol{Z} = (z_{ij})_{m\times n} = \begin{pmatrix} z_{11} & z_{12} & \cdots & y_{1n} \\ z_{21} & z_{22} & \cdots & y_{2n} \\ \vdots & \vdots & \vdots & \vdots \\ z_{m1} & z_{m2} & \cdots & y_{mn} \end{pmatrix} \tag{4-43}$$

$$z_{ij} = \frac{x_{ij}}{\sqrt{\sum_{i=1}^{m} x_{ij}^2}} \tag{4-44}$$

②利用指标权重与矩阵 $\boldsymbol{Z}$ 计算规范化加权决策矩阵 $\boldsymbol{R}$:

$$r_{ij} = z_{ij} \times w_j \tag{4-45}$$

$$i=1，2，\cdots，m；j=1，2，\cdots，n \tag{4-46}$$

③确定正理想解 R^{+}和负理想解 R^{-}:

$$R^{+} = \left\{(\max r_{ij} | j \in P),\ (\min r_{ij} | j \in N) \,|\, i = 1,2,\cdots,n\right\} = \left\{r_1^{+}, r_2^{+}, \cdots, r_n^{+}\right\} \tag{4-47}$$

$$R^{-} = \left\{(\min r_{ij} | j \in P),\ (\max r_{ij} | j \in N) \,|\, i = 1,2,\cdots,n\right\} = \left\{r_1^{-}, r_2^{-}, \cdots, r_n^{-}\right\} \tag{4-48}$$

④计算各子区域的各属性值到正、负理想解的欧氏距离 S_i^{+}、S_i^{-}:

$$S_i^+ = \sqrt{\sum_{j=1}^{n}\left(r_{ij} - r_j^+\right)^2} \tag{4-49}$$

$$S_i^- = \sqrt{\sum_{j=1}^{n}\left(r_{ij} - r_j^-\right)^2} \tag{4-50}$$

⑤计算各子区域的协调度 C_i：

$$C_i = \frac{S_i^-}{S_i^+ + S_i^-} \tag{4-51}$$

协调度 C_i 的取值范围为［0，1］，C_i 值越大，表明评价区域越接近正理想解，即协调度越高。

（2）生态足迹评价法

生态足迹是指满足一定人口需求的、具有生物生产力的土地和水域的面积。通过某区域生态足迹与实际具备的生态承载力对比，可以判断生态系统处于盈余或赤字状态，从而制定人地协调的管理策略。生态足迹方法引入中国以来，在中国有了大量的研究实例，不仅是对人地协调度、生态承载力的研究，同时还广泛应用于水、土资源的承载力研究。

生态足迹计算主要基于人类消耗的资源、能量和废料的数量及用于生产资源和吸收废物的生物生产性土地面积。其计算可分为 5 个步骤：①对人类资源消耗及废物产生进行分类并计算消耗量；②通过平均产品数据将消费量转化为生物生产用地；③通过等价因子将各种生物生产用地面积转变为等量用地面积；④总结和计算出等效生产用地的面积，以获得生态补偿；⑤用产量因子计算生态承载力，并与生态足迹进行比较，然后分析其可持续发展程度。

1）生态足迹（需求量）的计算模型为

$$\mathrm{EF} = \sum_{i=1}^{6} r_j A_i = \sum_{i=1}^{6} r_j \left(\frac{C_i}{P_i}\right) \tag{4-52}$$

式中：EF 为所求的生态足迹；r_j 为第 j 种生态生产性土地类型的均衡因子；i 为消费商品或生物生产的类型，A_i 为第 i 项消费项目人均占用实际生态生产性土地面积；C_i 为第 i 项消费项目的人均消费量；P_i 为第 i 项消费项目的世界平均生产力即全球平均产量。

$$r_j = \frac{d_j}{D}\left(j = 1, 2, 3, \cdots, 6\right) \tag{4-53}$$

式中：r_j 为均衡因子；d_j 为全球第 j 类生物生产面积类型的平均生态生产力；D 为全球所有各类生物生产面积类型的平均生态生产力。

2）生态承载力（供给量）的计算模型为

$$\mathrm{EC} = (1 - 12\%)\sum_{j=1}^{6} a_j \times r_j \times y_j \tag{4-54}$$

式中：EC 为区域生态承载力；a_j为人均生态生产性面积；r_j为均衡因子；y_j为产量因子。

如果某一地区的生态承载力大于生态足迹，则表现为生态盈余，反之则表现为生态赤字，也就是超过了生态承载能力，其计算公式为

$$EDES = EF - EC \quad (4\text{-}55)$$

式中：EDES 表示人均生态赤字（生态盈余），它表明资源供需平衡的协调性，是判断人地协调性及生态可持续发展判断的直接依据。

（3）生态系统服务（ES）法

1997 年，Daily 将自然生态系统及其物种所提供的、能够满足和维持人类生活需要的条件和过程定义为生态系统服务。Costanza 等将产品和服务合称为生态系统服务，是人类直接或间接从生态系统功能中获得的收益，并将生态系统服务分为 17 种类型。生态系统服务可以看作生态系统提供给人类生存和发展的限制性资源，是生态保护、生态功能区划、自然资产核算和生态补偿决策的依据和基础。因此，开展生态系统服务评估，明确区域生态承载力的限制因素，为保障区域可持续发展提供依据。

千年生态系统评估（Millennium Ecosystem Assessment，MEA）将人类从生态系统获取的惠益分为供给服务、调节服务、文化服务和支持服务 4 类。其中，供给服务是生态系统为人类提供各种产品，可细分为食物、原材料生产等；调节服务是人类从生态系统过程的调节作用中获取的各种惠益，包括气候调节、水资源调节、废弃物处理等；文化服务是人们通过精神满足、认知发展、思考、消遣和美学体验而从生态系统获得的非物质惠益，包括教育价值、美学价值、文化遗产价值等；支持服务是产生其他所有的生态系统服务而必需的那些生态系统服务，包括初级生产、氧气产生、土壤形成与保持、养分循环、水分循环和提供栖息地等。

生态系统服务以物质量的形式来表征生态系统提供的所有类型的服务量。生态系统服务功能物质量计量方法较多但目前不是很统一，不同研究采用不同方法进行计量。如供给服务中，食物生产常采用农产品（如粮食、油菜籽和棉花等）作物产量进行计算；碳储存表征区域内生态系统对气候变化调控能力，因此气候调节功能通常采用该指标进行评估；水源涵养功能通过计算生态系统拦截滞蓄降水，增强土壤下渗、蓄积，涵养土壤水分、调节地表径流和补充地下水所增加的水资源总量进行表征；土壤保持量采用修正土壤流失方程（Revised Universal Soil Loss Equation，RULSE）计算获得；营养物质的保持通常采用营养盐输出量进行反向表征；生物多样性维护采用生境不可替代性指数、物种丰富度、珍稀濒危物种数量进行表征；文化娱乐功能从可达性、文化景点、景观美丽程度和旅游潜力进行表征。

为了更好地评估生态系统服务的功能，通常采用生态系统服务价值量对不同类型生

态系统服务功能进行评价。生态系统服务价值评估方法有功能价值法和当量因子法。功能价值法是基于生态系统服务功能量的多少和功能量单位价格得到总价值，主要通过建立单一服务功能与生态环境变量之间的生产方程来估算各类生态系统服务功能价值量，根据不同的服务功能和服务价值类型确定具体的估算方法。当量因子法是基于单位面积价值进行评估的，在区分不同生态系统服务功能类型基础上，基于可量化的标准构建不同类型生态系统各种服务功能价值当量，然后结合生态系统分布面积进行评估，较为直观易用，数据需求少，因此得到了较为广泛的应用。

当量因子法最早由 Costanza 提出。Costanza 等将生态系统分成了海洋和陆地两大系统，又细分成 16 个生态系统类型，得到每类生态系统各生态服务功能单位面积价值量，结合全球各生态系统分布面积，计算出了全球生态服务总经济价值。谢高地等在 Costanza 的研究基础上，修订了我国的生态系统服务价值当量因子表。

当量因子法具体计算过程如下：根据各类生态系统面积和单位面积生态系统服务价值，计算评估单元的生态系统服务价值。

$$\mathrm{ESV}=\sum_{k=1}^{n} A_k \times \mathrm{VC}_k \tag{4-56}$$

式中：A_k为第 k 类生态系统的面积，hm^2；VC_k为第 k 类生态系统单位面积的生态服务价值，元/hm^2，即当量因子，如表 4-9 所示。

表 4-9 单位面积生态系统服务价值当量

生态系统分类		供给服务			调节服务				支持服务			文化服务
一级分类	二级分类	食物生产	原料生产	水资源供给	气体调节	气候调节	净化环境	水文调节	土壤保持	维持养分循环	生物多样性	美学景观
农田	旱地	0.85	0.40	0.02	0.67	0.36	0.10	0.27	1.03	0.12	0.13	0.06
	水田	1.36	0.09	−2.63	1.11	0.57	0.17	2.72	0.01	0.19	0.21	0.09
森林	针叶	0.22	0.52	0.27	1.70	5.07	1.49	3.34	2.06	0.16	1.88	0.82
	针阔	0.31	0.71	0.37	2.35	7.03	1.99	3.51	2.86	0.22	2.60	1.14
	阔叶	0.29	0.66	0.34	2.17	6.50	1.93	4.74	2.65	0.20	2.41	1.06
	灌木	0.19	0.43	0.22	1.41	4.23	1.28	3.35	1.72	0.13	1.57	0.69
草地	草原	0.10	0.14	0.08	0.51	1.34	0.44	0.98	0.62	0.05	0.56	0.25
	灌草丛	0.38	0.56	0.31	1.97	5.21	1.72	3.82	2.40	0.18	2.18	0.96
	草甸	0.22	0.33	0.18	1.14	3.02	1.00	2.21	1.39	0.11	1.27	0.56
湿地	湿地	0.51	0.50	2.59	1.90	3.60	3.60	24.23	2.31	0.18	7.87	4.37
荒漠	荒漠	0.01	0.03	0.02	0.11	0.10	0.31	0.21	0.13	0.01	0.12	0.05
	裸地	0.00	0.00	0.00	0.02	0.00	0.10	0.03	0.02	0.00	0.02	0.01
水域	水系	0.80	0.23	8.29	0.77	2.29	5.55	102.24	0.93	0.07	2.55	1.89
	冰川积雪	0.00	0.00	2.16	0.18	0.54	0.16	7.13	0.00	0.00	0.01	0.09

注：表中相关数据引自谢高地等发表的论文《基于单位面积价值当量因子的生态系统服务价值化方法改进》。

当量因子法反映了不同土地利用类型生态系统服务价值的高低，但其空间异质性不强，相同类型土地在不同地理环境下生态服务价值也存在差异，因此需要对其进行空间修正。生物量是反映生态系统原料生产能力的一种重要表征，其形成和累积过程中对生态系统其他服务功能也产生了重要影响，可以在很大程度上反映不同区域服务功能差异，因此可以采用归一化植被指数（NDVI）对各个评估单元林地、耕地、草地的生态服务价值评估进行空间修正。修正因子为

$$w = \frac{\mathrm{NDVI}_i}{\mathrm{NDVI}_j} \tag{4-57}$$

式中：w 为各评估的时空修正因子；NDVI_i 为评估单元的归一化植被指数；NDVI_j 为区域平均归一化植被指数。

4.2 生态环境费用效益分析

在生态环境规划编制过程中，无论是污染控制措施确定、规划方案优选，还是后续管理保障措施落实，以及规划实施监督，均会涉及费用效益分析问题。这是因为人们制定并实施任何规划的初衷都是想用最小投入获得最大环境效益，而费用效益分析恰恰给人们提供了选择与评价的定量化依据。因此，费用效益分析技术是贯穿生态环境规划始终的一项重要技术。

4.2.1 费用效益理论基础

费用效益分析从整个社会角度出发，分析项目对整个社会福利水平影响，通过评估各种项目方案或政策所消耗的社会成本和产生的社会效益而起到权衡利弊、指导决策的作用，因而广泛应用于公共领域投资决策中。随着环境问题日益严峻和生态文明建设推进，评价内容从经济领域扩展到环境领域。作为环境经济理论与费用效益分析方法结合的产物，环境费用效益分析在生态环境规划决策中得到了广泛的应用。环境费用效益分析已发展成为主要的决策手段，应用到项目可行性分析、规划方案抉择等方面。

费用效益分析作为经济学分析方法，是以新古典经济学理论为基础，强调个人消费主权哲理，有以下几个重要的假设：①一个人满足程度与他的经济福利水平可以用人们为消费商品和劳务而愿意支付的价格来衡量；②用个人货币值的累加值来计量社会福利；③资源配置追求帕累托最佳准则；④当社会净效益最大时，社会资源的使用在经济上才是最有效的。费用效益分析的具体原理如下。

（1）资源环境供给的社会净效益原理

根据经济学的供求原理，任何稀缺物品都存在需求曲线和供给曲线，并在两条曲线

交点处达到均衡状态，这时社会获得的净效益为生产者剩余和消费者剩余之和（图 4-6）。生产者剩余指生产者从该物品生产中获得的福利大小，用物品价格与生产者实际耗费成本差额表示。消费者剩余指消费者从该物品中获得的福利大小，用消费者愿意对该物品支付的价格与实际支付的价格之差表示。

当把环境资源或环境质量作为一种稀缺资源并赋予市场价值时，环境资源就像是一般商品一样具有供求曲线并存在均衡，这时该环境资源在市场上配置所产生的社会净效益便是该环境产品的生产者剩余与消费者剩余之和。

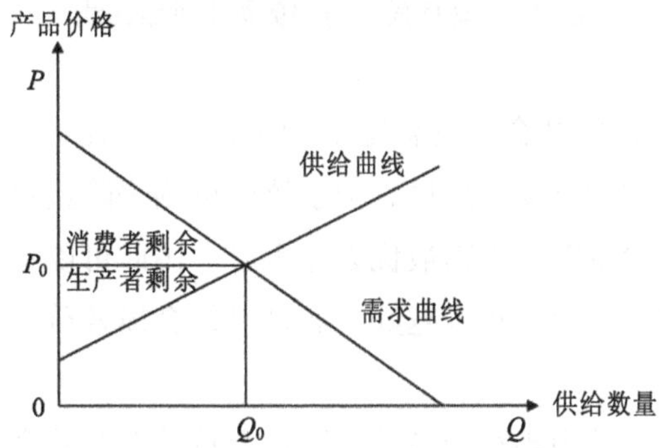

图 4-6　需求供给曲线

社会净效益原理可以总结为用人们愿意为产品或服务支付的价格来衡量人们的满足程度和经济福利水平；对于资源环境产品，用人们愿意为环境资源或服务支付的价格来衡量人们的满足程度和该环境产品或服务的价值。

（2）资源环境供给的经济有效性原理

在一定区域和时间范围内，环境质量或服务的供给在很大程度上与污染物去除量有关。由于污染物去除量越大，环境质量就越高，所提供的环境质量或者环境服务的数量就越多，因此环境质量或服务的数量就等同于去除一定量污染物留下的数量。

在环境质量与服务需求供给曲线图中，横坐标为污染物去除量，纵坐标为以去除一定量污染物所需的费用或效益，便可以得到去除一定量污染物的总费用和总效益曲线［图 4-7（a）］。去除污染物的费用随着污染物去除量的增加而增加，污染物去除的量越多，费用增加得越快；去除污染物得到的效益随着污染物去除量的增多而增加，污染物去除的量越多，效益增加得越慢。由总费用和总效益曲线可以得到去除一定量污染物的边际费用和边际效益曲线，边际去除费用随着污染物去除量的增加而增加，边际去除效益随着污染物去除量的增加而减少［图 4-7（b）］。

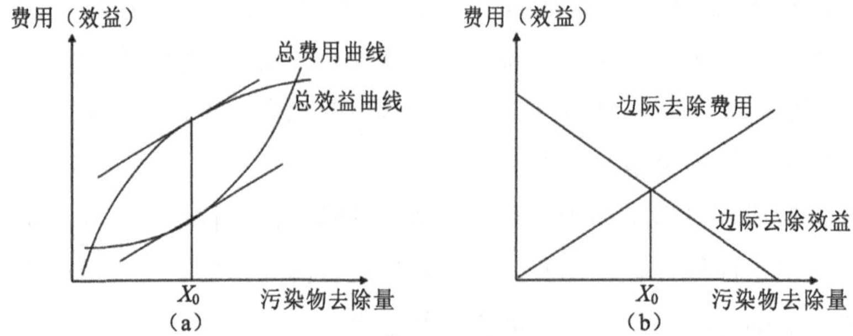

图 4-7　环境质量与服务需求供给曲线

污染物去除量为 X_0 时的社会净效益为 X_0 对应的总效益减去总费用，即边际去除效益等于边际去除费用对应的污染物去除量。由于该污染物去除量对应的社会净效益最大，因此，此时的污染物去除量即污染物最优去除水平。由此可以看出，提供环境质量或服务要做到经济上可行并不是数量越多越好，而是以社会净效益最大为准则来决定环境质量或服务的供给数量。

经济有效性原理可总结为当社会净效益即社会总效益与社会总费用之差最大时，该物品的供给在经济上最有效。应用于环境物品的供给：提供某项环境质量或服务的社会净效益，即提供该项服务的社会总效益与总费用之差最大时，该项环境质量或服务的提供水平或污染控制水平在经济上最有效。

（3）资源环境供给的帕累托效率

帕累托效率是经济学中关于资源配置效率理论。该理论认为在资源配置过程中，一个人得到好处而不使任何其他人受到损失时的分配是最有效率的分配。根据这个效率准则，社会资源利用率在社会净效益最大时取得最大值，即社会总效益与社会总费用之差最大时，资源利用率最高。然而，资源配置过程中，有人受益就必然有人受到损失，因此有人提出对受损者进行补偿后，受益者仍然比过去好，那么对社会就是有益的，该原则被称为希克斯-卡尔多补偿原则，也是帕累托效率的改进准则。

资源环境产品在配置过程中也存在帕累托最优：环境产品或服务资源分配过程中的社会净效益最大时，资源环境产品的配置最有效。当一部分人受益的同时有人受损，通过对其进行补偿来改进该项资源的配置，从而提高社会资源利用效率。资源环境损失的补偿可以是实际补偿，也可以是虚拟补偿。

4.2.2　环境费用效益分析

（1）费用效益分析流程

无论是对项目投资、环境规划，还是环境政策进行费用效益分析，都要按照一系列步骤进行，对比不同方案的费用和效益。根据净效益大小对不同方案或项目进行排序，作为对项目可行性决策依据。具体流程一般包括确定影响分析范围，识别主要环境影响，判断影响属性，定量化环境影响，将环境影响货币化；确定费用效益现值，合理评估各项方案（图 4-8）。

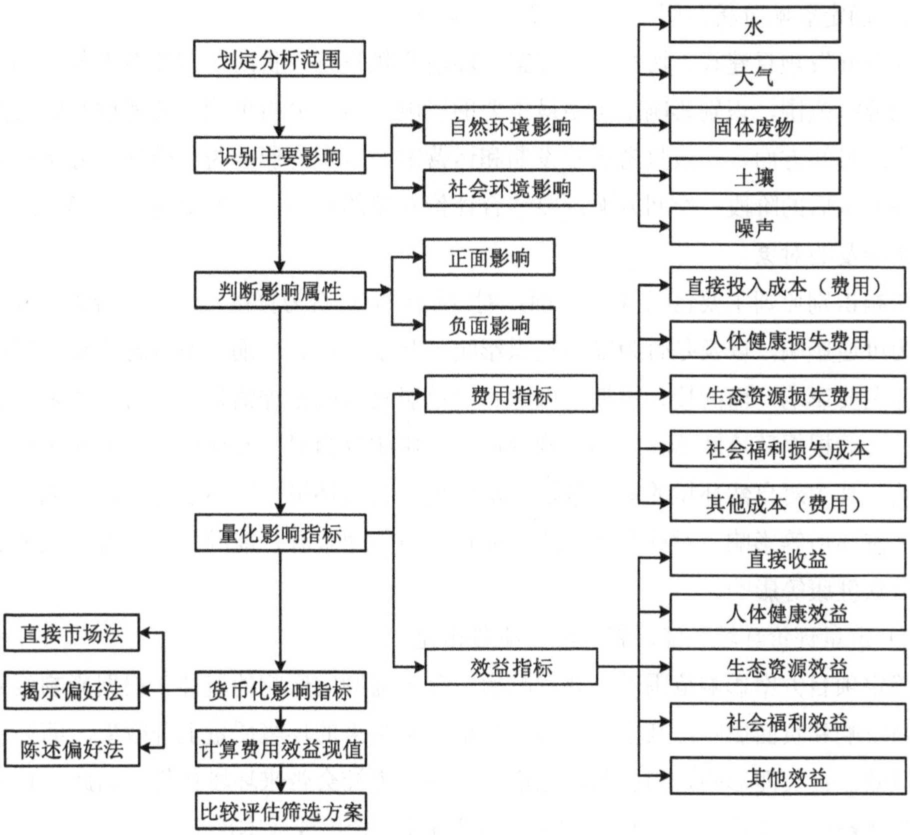

图 4-8　环境费用效益分析流程

评价准备阶段：包括划定分析范围和识别主要影响。在开展评估前要求在人力、物力和财力都允许的情况下确定足够大的分析范围，并识别范围中最主要的影响因素。由于不同评估对象往往涉及不同的环境影响，一般需要开展影响清单分析，并对主要影响进行筛选。

实施评估阶段：包括判断影响属性，量化和货币化影响指标。根据评估对象环境影响清单分析，判断影响属性，在此基础上选定合适的费用指标和效益指标进行量化和货币化核算。在指标选定过程中，尽量选择有代表性的影响指标，保证指标的完备性且注意避免重复。再根据选定的各类费用指标和效益指标的特点，选择合适的货币化方法进行定量核算。

结论分析阶段：包括计算费用和效益现值，比较项目环境影响经济损益。根据具体的评价指标，对费用指标和效益指标核算结果进行贴现处理，综合分析费用和效益现值，以此判断项目环境影响的经济可行性。若有需要，则可提出相应的改进建议。

（2）费用效益分析方法

1）确定影响分析范围，识别主要环境影响

在对开发项目建设、污染控制方案、环境政策进行评价时，首先要做的是确定尽可能大的分析范围，识别影响范围中最主要的影响因素。分析范围主要考虑时间与空间两个因素：时间方面，一般只考虑建设期和运营期，以生态影响为主的评价方案可能会包括服务期满后的阶段；空间方面，要结合评价对象的特点，一般要考虑其影响的空间范围及所涉及的对象。

影响识别原则主要包括 4 个方面：对区域环境是否为直接影响、是否为长期影响、是否为可逆影响，以及是否为复杂累积影响。其中直接、长期、不可逆和复杂累积影响应作为主要影响，而间接、短期、可逆和简单影响可根据评估目的和对象实际情况进行选择。一般根据环境敏感程度和影响特征等将影响分为对自然环境的影响和对社会环境的影响，其中对自然环境的影响包括对水环境、大气环境、固体废物、声环境、土壤环境及生态环境等影响；对社会环境的影响包括对当地资源、能源、生产力、人力资源配置和公众健康等影响。

2）定量评价环境功能，将环境影响货币化

确定项目方案影响范围及主要影响后，首先需判定影响的属性。根据影响效果可分为正面影响和负面影响，其中正面影响是指方案带来的环境质量上升效果，即为社会带来环境效益；负面影响是指引起环境质量下降，为社会带来环境代价。因此，正面影响将作为效益进行评价，而负面影响将作为损益计入费用或成本部分。

对各项影响进行分析量化需要通过一定方法将这些影响以货币形式表示出来，以便对项目方案进行对比和决策。首先要确定费用指标和效益指标。根据影响属性判断结果，从生产力、人体健康、生态资源、人类福利和其他间接损失或收益 5 方面，筛选出合适的、有代表性的费用指标和效益指标。这部分费用指标或效益指标一般不直接表现为货币，但能够通过剂量-反应关系来量化和货币化。指标货币化是环境影响经济损益分析关键步骤，需要选取合适方法进行核算。常用货币化方法包括直接市场评价法、揭示偏好法和陈述偏好法等。各方法的具体分类、特点和适用范围见表 4-10。

由于环境效益实际是环境负成本的体现，即负的费用就是效益。因此，效益指标和费用指标影响要素、货币化方法和细化指标等方面基本一致，在此不再赘述。

表 4-10 常见的货币化方法

方法		特点	适用范围
直接市场评价法	人力资本法	是对人体健康损失的一种简单估算	适用于由于环境变化引起人体健康的损失，主要包括造成过早死亡、疾病或误工等情况
	市场价值法	将环境看作生产要素，环境质量变化会导致生产率和生产成本的变化，从而引起产量和利润的变化	适用于土地、农田、林业、渔业等可由环境变化计算产值利润变化的环境要素
	机会成本法	将环境污染造成的机会成本作为损失费用	适用于水、土地等环境要素
揭示偏好法	恢复费用法	将环境影响造成的费用可以等同于为了消除或减少有害环境影响所需要的经济成本或费用	适用于计算大多数环境要素
	影子工程法	用人工建造另一个环境来替代原环境的作用，将所需费用视为其经济损失	是恢复费用法的一种特殊形式
陈述偏好法	调查评价法	是一种主观定性评估的方法。通过向专家或环境资源使用者进行调查来拟定环境资源的价格，如采用支付意愿来确定价格或损益	适用于景观、生态环境等要素

3）确定费用效益现值，合理评估各项方案

规划方案建设期和运营期一般都需要跨越较长时间，致使其支出费用和获得效益不能在同一时间内表达，因此需要考虑时间因素，即用社会贴现率将未来费用和效益折算成现值，使整个时期，甚至不同方案之间的费用和效益具有可比性。具体计算公式如下：

$$\mathrm{PVC}=\sum_{t=1}^{n}\frac{C_t}{(1+r)^t} \tag{4-58}$$

$$\mathrm{PVB}=\sum_{t=1}^{n}\frac{B_t}{(1+r)^t} \tag{4-59}$$

式中：PVC 为总费用的现值；PVB 为总效益的现值；C_t 为第 t 年的费用；B_t 为第 t 年的效益；r 为社会贴现率；t 为时间（通常以年为单位）。

方案的经济可行性可以根据经济效益净现值来判断，该值能够反映规划方案或建设活动对社会经济净贡献的绝对指标，具体计算公式为

$$\mathrm{ENPV}=\mathrm{PVC}-\mathrm{PVB} \tag{4-60}$$

式中：ENPV 为经济效益净现值。

根据经济效益净现值，来开展方案评估或抉择。

①对于单个建设活动或规划方案，如果各期内净效益现值即经济净现值大于零，则

可对该项目进行投资。由于费用效益分析考虑经济效益最大化，当净效益现值为正时，该项目投资才产生经济效益；反之应放弃该项目。

②如果比较两个以上项目方案时，净效益现值越大，表示相同的成本产生的回报越高，对国民经济的贡献程度越大，因此应选择单位投资经济净现值率大的项目方案。

③以项目投资最高盈利率为标准进行评判，即分析项目投资内部收益率是否高于银行贷款利率。如果内部收益率低于银行贷款利率，那么该项目的最终盈利将不足以支付银行贷款，会造成亏损，不符合项目投资的效益最大化原则。

4.2.3 费用效益评价方法

环境费用效益分析主要计算环境改善带来的效益，或环境污染和破坏造成的损失。下面列举几种常用方法。

（1）市场价值法

市场价值法（Market Value Approach）也称生产率法，这种方法把生态环境看作生产要素，生态环境质量变化导致生产率和生产成本变化，进而影响价格和产出水平，或者将导致产量或预期收益损失。如大气污染将导致农作物减产，影响农产品价格等，从而引起农作物产值和利润变化，而产值和利润是可以用市场价格来计量的。市场价值法就是利用因生态环境质量变化引起的产值和利润变化来计量生态环境质量变化带来的经济效益或经济损失。

市场价值法有以下两种情况。

一是生产要素不变，产量增加不影响市场格局。即生产要素不变化（这里不变化是指相对不变化），而产量变化不会引起供需矛盾整体结构改变，此时生态环境质量价值为

$$V = q(P - C_v)(\Delta Q) - C \tag{4-61}$$

式中：V为生态环境价值；P为产品价格；C_v为单位产品可变成本；C为成本；q为每个单位产量，通常取 1；ΔQ为产量的增加量。

二是要素价格变化。如果由于生态环境变化导致产量变化，从而引起产品和生产要素价格变化，则生态环境的价值为

$$V = \frac{\Delta Q(P_1 + P_2)}{2} \tag{4-62}$$

式中：V为生态环境价值；ΔQ为产量增加量；P_1为产量变化前产品价格；P_2为产量变化后产品价格。

（2）机会成本法

用环境资源机会成本来计量生态环境质量变化带来的经济效益或经济损失。当某些

资源经济效益不能直接估算时，机会成本法（Opportunity-cost Approach）是一种很有用的评价技术。

机会成本是一种非货币成本，不体现在会计账目上，但通常可用机会成本来衡量决策后果。所谓机会成本，就是作出某一种决策而不作另一种决策时所放弃的利益。自然资源使用通常存在许多相互排斥的备选方案，为了作出最有效的选择，必须找出社会经济效益最大的方案。但资源是有限的，且具有多种用途，选择了一种使用机会就放弃了其他使用机会，同时也失去了相应的获得效益机会。其他使用方案中获得的最大经济效益，称为该资源选择方案的机会成本。例如，资源 M 有 A、B、C 3 种使用方案，A、B 两种方案所获得效益是可计量的，分别为 5 000 万元、8 000 万元，而 C 方案效益难以计算，如果按照 C 方案进行使用，就失去了按照 A、B 方案使用资源的机会，A、B 方案中获得的最大经济效益为 8 000 万元，那么 8 000 万元就是 M 资源按照 C 方案使用时的机会成本。生态环境保护中同样充满选择方案，如一块湖区，有两种开发方案，一种是用于水力发电，发展工农业生产；另一种是保护湖区美丽的风景、野生生物，作为旅游区。开发水电的效益是可以计算的，如果净现值是 1 亿～1.5 亿元，但保护该湖作为旅游区的价值很难确定，那么作为旅游区的机会成本就可以用开发水电的效益来衡量。

机会成本法是费用效益分析法的重要组成部分。它常被用于某些资源应用的社会净效益不能直接估算场合，是一种非常实用技术。它简单易懂，能为决策者和公众提供有价值的信息。由于生态环境价值难以直接评估，所以利用机会成本法来评估生态环境质量的价值，可以为决策者提供科学依据，从而更好地配置生态环境资源。

（3）费用分析法

全面评价生态环境质量改善效益，在很多情况下是很困难的。实际上许多有关生态环境改善决策是在缺少对效益进行货币评价基础上进行的。为了消除或防护一种资源不受污染所需要的费用，可以作为对生态环境质量改善效益最低估计，即生态环境资源破坏带来的最低经济损失或生态环境质量改善所需的最低投入成本。根据实际费用情况不同，可以分为以下 3 种方法。

1）防护费用法

防护费用是指人们为了消除或减少生态环境质量恶化而愿意承担的费用。如为了防止水环境恶化，人们采取修建污水收集管网、污水处理厂等措施。由于增加了这些措施的费用，就可以减少甚至杜绝生态环境恶化及其带来的消极影响，产生相应的生态效益。避免了损失就相当于获得了效益。因此，可以用防护费用来替代生态环境变化所需的费用或带来的效益。尽管这种替代并不全面，但防护费用法对生态环境问题决策还是非常有益的，可以将不可知的问题转化为可知的问题，实现环境问题的货币化衡量。

2）恢复费用法

生态环境恶化会给人们的生产、生活和健康造成损害，为了消除这种损害，其最直接的办法就是采取措施将已经恶化的生态环境恢复到原来状况。理论上可以用恢复措施所需费用来估算生态环境质量变化带来的损益。例如，一个水体受到污染造成很大损失，那么采取治理措施使污染水体基本恢复到原来未受污染时的状况花费的所有治理费用，就是该水体从差状态到好状态的效益或从好状态到差状态的损失。

3）影子工程法

当生态环境价值难以被直接估算时，可借助能够提供类似功能的替代工程或所谓的影子工程价值来替代该环境生态价值。一般当某一环境破坏后，其造成的损失很难估算时，可以用人工建造一个工程来代替原来的环境功能，用于建造新工程费用来估计环境污染或破坏所造成的经济损失。如一个旅游海湾被污染了，则另建造一个海湾公园来代替它；一个水源被污染了，需另找一个水源来代替，其污染损失至少是新工程投资及运行费用。

森林效益计量也通常用影子工程法来估算。森林每年给社会带来多少效益不易计算，可以假定森林不存在，而用另外的办法来取得现有森林对社会的效益。如森林涵养水源功能，可用修建储存与森林涵养水源同样水量的水库来代替，该水库的建设费用与运行费用，来替代该森林涵养水源生态功能的价值。森林固土功能，可用拦蓄泥沙工程来代替，该工程的投入费用则可作为森林固土功能的效益。

（4）人力资本法

生态环境质量变化对人类健康有很大影响。优美的生态环境使人心情舒畅，有益于身心健康，而生态环境破坏，特别是环境污染会对人体健康造成极大损害，甚至可能剥夺人的生命。与健康影响有关的货币损失有 3 个方面：过早死亡、疾病或者病休造成的损失；医疗费用开支增加；精神或心理上的代价。为了评价环境污染对人体健康造成的货币损失，人力资本法是一项应用最广泛的方法。

人力资本法将人看作劳动力，是生产要素之一。在污染环境下生活或工作，人会生病或过早地死亡，耽误生产或丧失劳动力，因而不能与正常人一样为社会创造财富，还要社会负担医疗费、丧葬费，并且还需要他人（非医务人员）护理，从而又耽误护理人员劳动工时，这些都属于社会损失。人力资本法将环境污染引起人体健康的经济损失分为直接经济损失和间接经济损失。

直接经济损失包括预防和医疗费用、死亡丧葬费。间接经济损失包括病人及非医护人员护理、陪住而影响劳动工时造成的损失。而舒适性损失，如病人的病痛、家属的悲伤，由于很难用货币来度量，因此不计入人力资本评价范围。

直接经济损失计算公式如下：

患病：

$$L_{11} = \alpha \cdot R_{\mathrm{p}} \cdot C \tag{4-63}$$

死亡：

$$L_{12} = \alpha \cdot R_{\mathrm{d}} \cdot (C + B) \tag{4-64}$$

式中：L_{11}、L_{12}为直接经济损失；α 为环境污染因素在发病或发生死亡原因中所占的百分比；R_{p}为患病人数；R_{d}为死亡人数；C 为每个患者的医疗费用；B 为每个死亡者的丧葬费。

间接经济损失的计算公式如下：

患病：

$$L_{21} = \alpha \cdot L_{\mathrm{d}} \cdot P \tag{4-65}$$

死亡：

$$L_{22} = \alpha \cdot \mathrm{LL} \cdot P \tag{4-66}$$

式中：L_{21}、L_{22}为间接经济损失；α 为环境污染因素在发病或死亡发生原因中所占的百分比；L_{d}为病人和陪住人员的误工天数；P 为人均国民收入；LL 为死亡者与平均寿命相比损失的劳动日总数。

环境污染对健康影响，一般表现为常见病的发病率与死亡率增加。如大气污染所导致的过敏性鼻炎、支气管炎及肺癌等疾病发病率增加。但采用人力资本法中，一个重要问题是要弄清楚环境污染因素在这些常见病的发病原因中占多大比重，而式中 α 通常是要通过对污染地区和无污染地区的流行病学调查和对比分析而求得的。

人力资本法的提出为生态环境效益及损害的计算提供了一条出路，但其发展中也有很多问题，如伦理道德问题、效益归属问题、理论缺陷问题等。在这些问题的解决与探索过程中，也出现了一些改进的人力资本法，如美国疾病控制与预防中心应用流行病学中用于衡量疾病负担的潜在生命损失年（Year of Potential Life Last，YPLL）和伤残调整生命年（Disability Adjusted Life Year，DALY）指标，将直接计算人的生命价值改为计算每个人的年价值，从而避开了伦理道德难题。

另外在人力资本法计算中，通常要构建环境损害剂量-反应关系。实际上，污染源 j 中的污染物 i 对接受体 h 的损害函数或剂量-反应有关系，可以用下述关系式表达为

$$D = f(\alpha, t, P_i, S_k, I_t) \tag{4-67}$$

式中：D 为单位暴露时间内接受体受到的损害；α 为接触条件；t 为接触时间；P_i为 i 污染物的强度；S_k为接受体的特征；I_t为污染源输入变量。

（5）调查评价法

调查评价法又称意愿评估法（Contingent Valuation Method）。该方法通过对消费者直接调查，了解消费者支付意愿或他们对商品或服务数量选择愿望。该方法用于估算公共

资源或不能分割的物品（如水和空气）和具有美学、文化、历史、生态或者罕见的享受性资源，以及没有市场价格的其他商品和服务价值。

调查评价法基本理论依据是效用价值和消费者剩余理论，即依据个人需求曲线理论和消费者剩余理论，运用消费者支付意愿或者接受补偿愿望来度量环境服务价值。根据数据获得途径不同，调查评价法可以细分为投标博弈法、比较博弈法、无费用选择法等。

1）投标博弈法（Bidding Game Approach）

投标博弈法是通过对个人访问，反复应用投标过程，求得个人愿意支付的最大金额或同意接受补偿的最小金额，作为评估环境损益度量。这种方法首先需要向被访问者认真详细介绍环境服务特征，包括数量、质量、时间、使用年度及使用权限等，然后给被访问者一个起点值 X，询问他是否愿意为此而支付。如果回答肯定，则提高投标，如此反复，直到得到否定回答为止。或者先给出一个较高值，再逐步降低投标，直至得到回答愿意时停止。用这种方法一般可以确定比较精确的支付意愿。对被访问者可能面临的损失，也可以采用类似的方法确定。

2）比较博弈法（Trade-off Games）

比较博弈法要求个人在多种支出中作出偏好选择。多种支出最简单情况是先提出两种选择方案：一是有一定数量的环境服务，从没有货币支出，到由个人支付一定金额（基本支出）；二是由个人支付多于基本支出金额，并同时改变提供服务数量（选择支出）。然后询问被访者，你愿意哪项支出，并有计划地改变选择支出中设定金额，直到两种支出选择相同为止。选择支出最后确定的金额，就是个人为增加服务数量而作出的货币权衡，即个人对这种增加的环境服务的支付意愿。

3）无费用选择法（Costless Choice）

无费用选择法是首先用直接询问法来确定个人在各种不同数量商品或服务之间的选择，然后用选择提供的定量数据，推断出被访问者的支付意愿。一般情况下，选择是在多方案中进行，没有费用的参与。其中一个方案就是待估的环境服务，其他方案则是一笔钱或能够用价值度量的商品。如果选择了环境服务，意味着环境服务价值就是放弃的那笔钱。

意愿支付法需要通过大量样本数进行。但受被访者环境意识、收入水平等因素影响，意愿支付法仍存在较大的不确定性。然而，对于无法用其他定量的费用效益评估方法，意愿支付法是一个较好的补充。

4.3　生态环境规划实施评估

4.3.1　评估方法分类

环境规划实施评估按对象大致可分为两类：实施绩效评估、实施过程评估。两类评估的侧重点与方法略有不同。

（1）实施绩效评估

环境规划实施绩效评估包括规划指标完成情况评估、规划重点行动和计划实施评估、规划重点工程效果评估、对社会经济影响评估等。重点是将实施结果与规划确定的目标及工程要求进行对照，从而确定规划目标实现程度以及计划、工程推进程度。通常假定规划目标、计划及工程设置是合理和精确的。绩效评估重点关注可量化结果指标。如果规划目标及工程是强制性的，那么通过结果实现程度就可以比较容易直接作出判断；如果规划目标、计划及项目是非强制性（指导性）的，评估则应尽可能地体现出引导性和鼓励性。除了关注既定规划目标及项目实现程度，还应关注计划及工程实施对社会经济影响。

（2）实施过程评估

对规划实施过程进行评估，一般在评估实施绩效基础上，重点关注规划实施过程中实施主体与对象之间作用机制。规划实施通常体现在法规、标准及相关政策制定与实施上，评估内容主要包括规划实施主体、对象行为机制、影响条件及结果敏感性等。通过“5W1H”（Why，What，Where，When，Who，How）方法调查分析行为主体“为什么这么做”“做了什么”“在什么地方做的”“什么时间做的”“执行者是谁”“如何做的”，以便实施过程优化，从而改善生态环境规划整体实施绩效。

针对不同实施内容，可采用不同评估方法。规划实施评估方法按性质分，有定性评估方法、定量评估方法、综合评价方法。其中定性评估方法包括逻辑框架法、对比分析法等；定量评估方法包括数据包络分析法、差距分析法等；综合评价方法包括层次分析法、模糊评价法、灰色综合评价法等。

4.3.2　定性评估方法

定性评估方法是根据规划内容与具体目标设定，对规划实施绩效及实施过程等方面进行“性质衡量与判断”。定性评估方法往往依据一定理论与经验，在生态环境规划应用主要包括两方面：一是评估规划实施整体进度，包括规划目标达成情况、工程项目建设情况及投资完成情况等。这些内容都可以采用定性方法来判断，对于决策者或其他利益相关方而言是一项十分需要的信息。二是评估规划实施的公众满意度。一般采用问卷调查或访谈的方式获得相关信息，也被认为是一种定性评估方法。下面重点介绍两种定性评估技术，即逻辑框架法和对比分析法。

（1）逻辑框架法

逻辑框架法（Logic Framework Approach，LFA）广泛应用于规划策划、分析、管理与评价。该方法利用一张简单框图分析复杂系统的内涵及其逻辑关系，为规划实施评估提供了一种层次分明、结构清晰、逻辑合理的分析框架。

在生态环境规划实施评估中，逻辑框架法把规划的关键要素组合起来，以分析其因果与逻辑关系，建立规划问题树和目标树，分析规划垂直和水平关系，构建规划项目逻辑框架，进而对规划目标确定及相应保证措施进行评价，发现存在的问题，并提出解决方法。逻辑框架法为规划编制者和评估者提供一种分析思维框架，以达到对项目的清晰描述、得到明确结论的目的。生态环境规划项目实施评估逻辑框架见表 4-11。在国外的环境规划实施评估案例中，逻辑框架法已经得到了较为广泛的运用，如在世界银行、联合国环境规划署、经济合作与发展组织、亚洲开发银行等国际组织下开展的环境规划实施效果评估中进行应用。一般地，逻辑框架法比较适合小区域范围的生态环境规划，或者城市或县级区域生态环境规划等。

表 4-11　生态环境规划评估逻辑框架

层次纲要	客观验证指示			原因分析		解决办法及经验教训
	原定指标	实现指标	差别与变化	内部原因	外部原因	
规划宏观目标	总量控制指标、达标率指标	具体指标实现程度等	原定指标和实现指标对比	面源污染及设施	外源污染影响	
规划直接目的	具体污染物控制指标量等	具体指标完成度等	原定指标和实现指标对比	设施存在问题	管理和设施	针对内外部原因进行加强改正
规划产出	污染控制设施完成情况等	设施完成情况等	原定指标和实现指标对比	资金投入	管理问题	
规划投入	投入资金、人员、管理和政策等方面	投入资金额度、政策制度等	原定指标和实现指标对比	设施投入	执行问题	

采用逻辑框架法对规划实施成果验证指标及其对应验证方法进行规范化基础上，结合外部影响因素，系统评估从投入到产出、从产出到目的、从目的到目标的一系列垂直因果链条，以期从中发现规划实施过程中的障碍与薄弱环节，为规划后期贯彻与实施或规划修编提供经验借鉴与技术支持。

（2）对比分析法

对比分析法是生态环境规划实施效果评估中最基本和最重要的方法之一。通过建立环境规划实施评估指标体系，利用相关统计和监测数据，对比现有规划目标、任务和措施，考核规划目标实现和任务完成程度及措施执行力度和效果，为后续生态环境规划提供明确方向性调整信息。对比分析法比较适合五年生态环境保护规划、大区域范围内生态环境规划等。

对比分析法一般较多地评估生态环境保护规划中非量子化评估因子，对评估对象作出定性价值判断结论，给出评价等级、写出评语等。如在《国家环境保护规划“十一五”中期评估技术指南》中，为形象化评价各评估对象完成“十一五”环保规划预期目标，使用直观的红绿灯分析方式，对于规划涉及定性任务要求和保障措施等各方面，按其完成程度与工作进度分为红灯、黄灯、绿灯 3 个水平：红色区域代表评估指标进展较差，黄色区域代表指标进展正常但有待加强，绿色区域代表评估指标进展顺利。

4.3.3 定量评估方法

定量评估方法是指依据统计数据建立数学模型，并用数学模型计算出分析对象各项指标值并进行评估的一种方法。随着生态环境规划研究与实践不断深入，规划涉及内容越来越广泛，相应的信息与数据量也越来越多越复杂。在这种情形下，为客观合理地评价规划实施绩效，基于数据和数学模型的定量化评估成为规划实施评估的必然趋势。

定量化评估应用较多方法包括指标差距分析法（指标比对法）、数据包络分析法等。

（1）差距分析法

差距分析法，也称接近目标法，即将指标现值与目标值相比较，得到指标的完成程度。一般采用以下公式计算：

$$D_{\mathrm{p}} = \left(X_{\mathrm{o}} - X_i\right) / X_{\mathrm{o}} \times 100\% \quad 或 \quad D_n = \left(X_i - X_{\mathrm{o}}\right) / X_{\mathrm{o}} \times 100\% \tag{4-68}$$

式中：D_{p}、D_n 为完成度，其中 D_{p} 为正向目标的指标完成度，D_n 为负向目标的指标完成度；X_{o} 为指标目标值；X_i 为指标实际值。各指标完成度 D_{p}、D_n 值范围为 0～100%（其中，0 表示完全不符合目标，100%表示完全符合目标）。

采用“接近目标”评价方法，关键在于指标目标值确定。规划目标指标体系中，对于定量的目标指标，如环境质量指标、总量控制指标、环境建设指标（如污水处理率、固体废物综合利用率等）可以采用该方法进行评价。该方法也是实施定量考核最直接方法，操作简单，结果直观。

（2）数据包络分析法

数据包络分析法（Data Envelopment Analysis，DEA）是美国著名运筹学家 A. Charnes

等以相对效率概念为基础发展起来的一种效率评价方法。它是针对多投入和多产出问题，利用线性规划的方法，对具有可比性的同类型单位进行相对有效性评价的一种数量分析方法。使用 DEA 方法评价环境效率，是在传统评价指标中加入环境指标，本着投入最小化和产出最大化的原则，建立数学规划模型计算所选评价对象的相对效率。

DEA 是一种基于被评价对象间相对比较的非参数技术效率分析方法。通过度量相似决策单元间的效率，可以综合考虑许多定量模型无法确定的定性因素的影响。DEA 模型又分为径向 DEA 模型 CCR、BCC 和非径向 DEA 模型 SBM（Slack Based Measure）3 种。各种不同模型有不同的适用条件。

1）CCR 模型和 BCC 模型

CCR 模型中有 n 个决策单元 DMU_j（j=1，2，3，…，n），DMU_j 的输入为 x_j=（x_{1j}，x_{2j}，x_{3j}，…，x_{mj}），x_{ij} 为第 j 个决策单元对第 i 种类型投入的投入量。输出为 y_j=（y_{1j}，y_{2j}，y_{3j}，…，y_{ij}）^{T}，为第 i 个决策单元对第 r 种类型产出的产出量。x_j，$y_j \geqslant 0$（j=1，2，3，…，n）。S_r^- 和 S_r^+ 分别为松弛变量和剩余变量。ε 为一非阿基米德无穷小量，可取 $\varepsilon=10^{-6}$，λ_j，S_i，θ 为待估计参量。

$$\min[\theta \to \varepsilon\left(\sum_{r=1}^{t} S_r^+ + \sum_{r=1}^{t} S_r^-\right) \tag{4-69}$$

$$s.t.\begin{cases}\sum\limits_{j=1}^{n}\lambda_j X_{ij} + S_i^- = \theta x_{\eta 0} \\ \sum\limits_{j=1}^{n}\lambda_j y_\eta + S_r^+ = y_{\eta 0} \\ \lambda_j \geqslant 0\,(j = 1,\ 2,\ 3,\ \cdots,\ n) \\ S_r^- \geqslant 0,\ S_r^+ \geqslant 0\end{cases} \tag{4-70}$$

利用 CCR 模型可以评价 DMU 的总体效率，即规划的综合效率。DMU 的相对有效性则称为 DEA 有效。CCR 模型下 DEA 有效 DMU，从生产函数角度来看，既是技术有效，也是规模有效。θ 表示总体效率。当 θ=1，并且 S_r^-，S_r^+ 至少有一个大于 0，则 DMU_j 为弱 DEA 有效；当 θ=1，并且 $S_r^-=S_r^+=0$，则 DMU_j 为 DEA 有效；当 θ<1，则 DMU_j 为 DEA 无效。

在 CCR 模型中，如果存在 λ_j（j = 1，2，3，…，n）使 $\sum\limits_{j=1}^{n}\lambda_j=1$，则 DMU_j 为规模效益不变；若 $\sum\limits_{j=1}^{n}\lambda_j<1$，则 DMU_j 为规模效益递增；若 $\sum\limits_{j=1}^{n}\lambda_j>1$，则 DMU_j 为规模效益递减。

把 $\sum\limits_{j=1}^{n}\lambda_j=1$ 的约束条件加到模型里，并将 θ 改为 σ，即得 BCC 模型。BCC 模型可以

用来评价 DMU 的纯技术效率。BCC 模型下的 DEA 有效是技术有效，但不一定是规模有效。若 σ=1，则 DMU_j 为纯技术的 DEA 弱有效；若 σ=1，且 $S_r^-=S_r^+=0$，则 DMU_j 为纯技术的 DEA 有效。

令 $S=\theta/\sigma$，则 S 为纯规模效率，S=1 纯规模有效，S<1 纯规模无效。

CCR 模型计算出的效率是综合效率，是规模效率与技术效率乘积，而 BCC 模型计算出来的效率值为纯技术效率。若将 CCR 模型所得到的效率除以 BCC 模型的效率值，则可求得每个效率的规模效率值，进而可判断各 DMU 的规模报酬是处于递增，递减还是固定规模的状态。

2）SBM 模型

应用 DEA 模型的一个问题就是如何解决非期望产出。在环境规划实施评估中，对规划实施绩效非期望产出就是废气、废水、固体废物等，所以非期望产出越少越好，这与传统 DEA 模型的概念相违背，所以非期望产出需要重新构造变换，目前将非期望产出作变换的方法有 3 种：负产出、倒数变换、线性数据转换函数变换。负产出将污染物作为负数的形式进行效率分析不符合效率评价基本要求（投入/产出数据应是非负数），而事实上，负产出的数据转换法得到的效率与将污染物作为投入指标处理得到的效率是一致的；倒数法即非线性的数据转化方法破坏了模型的凸性要求；而线性的数据转化方法在 CCR 模型中则无法保持分类的一致性，但在 BCC 模型中具有很大的优势，由于 MAX 向量的引入，使模型中加入了一个很强的凸性条件 $\sum_{j=1}^{n}\lambda_j=1$，所以非期望产出在应用线性数据转换函数以后需在规模报酬可变的情况下，即 VRS 下的 BCC 模型中求解。

以上方法都有一定的不足，因此又有学者提出了非径向和非角度的 SBM 模型。假定生产系统有 n 个决策单元，其均有 3 个投入产出向量：投入、期望产出和非期望产出，其元素可表示成 $x\in R^m$，$y^g\in R^{S}{}_1$ 及 $y^b\in R^{S}{}_2$，定义矩阵 X、Y^g、Y^b，如下 $X=[x_1, x_2, x_3, \cdots, x_n]\in R^{m\times n}$，$Y^g=[y^g{}_1, y^g{}_2, y^g{}_3, \cdots, y^g{}_n]\in R^{S_1\times n}$ 及 $Y^b=[y^b{}_1, y^b{}_2, y^b{}_3, \cdots, y^b{}_n]\in R^{S_2\times n}$，其中 $x_i>0$，$y_i^g>0$ 和 $y_i^b>0$，（i=1，2，3，…，n）。非期望产出的 SBM 模型可写成

$$s.t.\begin{cases} x_0=X\lambda+s^- \\ y_0^g=Yg\lambda-s^g \\ y_0^g=Yb\lambda+s^b \\ s^-\geqslant 0, s^g\geqslant 0, s^b\geqslant 0, \lambda\geqslant 0 \end{cases} \tag{4-71}$$

式中：s 为投入、产出的松弛量；λ 为权重向量。目标函数 ρ^* 是关于 s^-，s^g，s^b 严格递减的，并且 $0\leqslant\rho^*\leqslant 1$。对于特定的被评价单元，当且仅当 ρ^*=1 即 s^-=0，s^g=0，s^b=0 时是有效率的。SBM 模型与传统 CCR 和 BCC 模型的不同之处在于把松弛变量直接放入了目标函数中，解决了投入产出松弛性问题的同时，也解决了非期望产出存在下的效率评价问题。

对于生态环境规划而言，规划实施可以看作多个输入与输出决策单元集合。DEA 既可以用于评价规划实施总体绩效，也可以用于评价规划实施过程采取某项政策措施的绩效。因此 DEA 在生态环境规划中是一种比较有效的定量评估方法。其具体过程如下。

①明确问题。首先要明确评价目标，并围绕着评价目标对评价对象进行分析。根据各因子的影响因素，建立一个层次结构。同时确定各种因素的性质，如可控的或不可控的，主要的或次要的，在此基础上确定因素间可能的定性或定量关系。对于一些开放性的决策单元，还要辨明决策单元边界。

②建模计算。根据评价目标和评价对象层次结构建立评价指标体系，并分析指标体系合理性；然后根据目标、任务、外部环境和输入输出指标选择 DMU。开展数据的收集，并选择合适的 DEA 模式进行计算。

③分析结果。在上述工作的基础上，对计算结果进行分析和比较，找出无效单元无效原因，并提供进一步改进途径。同时根据定性分析和预测结果来考察评价结果的合理性。必要时可以采用 DEA 几种方案分别评价，对结果进行细化分析。

4.3.4 综合评估方法

完全采用定性方法进行生态环境规划实施评估一般不能满足实际需求，但定量评估方法通常受数据及方法限制。因此在生态环境规划实施评估中，通常采用定性或定量相结合的方法。比较常用的有层次分析法（Analytic Hierarchy Process，AHP）、模糊综合评价法、灰色综合评价法等。不同单项方法综合或集成的评价方法也开始得到应用，并取得良好的效果。下面介绍几种常用评价方法。

（1）层次分析法

层次分析法是指将一个复杂的多目标决策问题作为一个系统，将目标分解为多个目标或准则，进而分解为多指标（或准则、约束）的若干层次，通过定性指标模糊量化方法算出层次单排序（权数）和总排序，以作为多指标目标、多方案优化决策的系统方法。

层次分析法广泛应用于多个领域，在生态环境规划和管理中的应用也比较普遍。对于生态环境规划实施评估而言，采用层次分析法可以在有限数据条件下，结合专家意见，实现对规划实施绩效进行定性与定量相结合的综合评估。综合评估结果可直接用于综合排序，并提出综合评估结论，而单项评估结果可用于单项指标排序，并形成相应的结论，从而为评估结论应用与规划实施改进提供依据。

层次分析法建模步骤如下：建立递阶层次结构模型、构建判断（成对比较）矩阵、层次单排序及一致性检验、层次总排序及其一致性检验。具体如下。

1）建立递阶层次结构模型

采用层次分析法时，要将复杂问题进行分解，形成条理化、层次化分析框架，即将决策目标、考虑因素（决策准则）和决策对象按照它们之间的相互关系分为最高层、中间层和最低层，绘出递阶层次结构图。最高层是指决策目的、要解决问题，又称目标层；中间层是指考虑因素、决策准则，又称准则层；最低层是包括为实现目标可供选择的各种措施、决策方案，因此也称措施层或方案层，如果是用单个指标来表征的，则称为指标层。

2）构造判断（成对比较）矩阵

在确定各层次、各因素之间权重时，如果只是定性结果，则常常不容易被别人接受，因而 Saaty 等提出了一致矩阵法，即不把所有因素放在一起比较，而是两两相互比较，采用相对尺度，尽可能减少性质不同的各因素相互比较的困难，以提高准确度。如对某一准则，对其下的各方案进行两两比较，并按其重要性程度评定等级。a_{ij}为要素 i 与要素 j 重要性比较结果，按两两比较结果构成的矩阵称为判断矩阵。判断矩阵具有如下性质：

$$a_{ij} = \frac{1}{a_{ji}} \tag{4-72}$$

判断矩阵又称正反矩阵。对于如何确定 a_{ij} 的值，Saaty 给出了 9 个重要性等级及其赋值（表 4-12）。

表 4-12　一致矩阵法中判断矩阵 a_{ij} 的取值

因素 i 比因素 j	量化值	因素 i 比因素 j	量化值
同等重要	1	强烈重要	7
稍微重要	3	极端重要	9
较强重要	5	两相邻判断的中间值	2，4，6，8

3）层次单排序及一致性检验

对应于判断矩阵最大特征根 λ_{max} 的特征向量经归一化（使向量中各元素之和等于 1）后记为 W。W 的元素为同一层次因素对于上一层次因素相对重要性的排序权值，这一过程称为层次单排序。能否确认层次单排序，则需要进行一致性检验，所谓一致性检验，是指对 A 确定不一致的允许范围。其中，n 阶一致阵的唯一非零特征根为 n；n 阶正互反阵 A 的最大特征根 $\lambda \geqslant n$，当且仅当 $\lambda = n$ 时，A 为一致矩阵。

由于 λ 连续依赖 a_{ij}，则 λ 比 n 大得越多，A 的不一致性越严重，一致性指标用 CI 计算，CI 越小，说明一致性越大。用最大特征值对应的特征向量作为被比较因素对上层某因素影响程度的权向量，其不一致程度越大，引起的判断误差越大。因而可以用 $\lambda - n$ 数值的大小来衡量 A 的不一致程度。定义一致性指标为

$$CI = \frac{\lambda - n}{n-1} \tag{4-73}$$

CI=0，有完全的一致性；CI 接近于 0，有满意的一致性；CI 越大，不一致越严重。

为衡量 CI 的大小，引入随机一致性指标 RI：

$$RI = \frac{CI_1 + CI_2 + \cdots + CI_n}{n} \tag{4-74}$$

其中，随机一致性指标 RI 与判断矩阵的阶数有关，一般情况下，矩阵阶数越大，则出现一致性随机偏离的可能性也越大，其对应关系如表 4-13 所示。

表 4-13　平均随机一致性指标 RI 的标准值（标准不同，RI 的值也会有微小的差异）

矩阵阶数	RI	矩阵阶数	RI
1	0	6	1.24
2	0	7	1.32
3	0.58	8	1.41
4	0.90	9	1.45
5	1.12	10	1.49

考虑到一致性的偏离可能是随机原因造成的，因此在检验判断矩阵是否具有满意的一致性时，还需将 CI 和随机一致性指标 RI 进行比较，得出检验系数 CR，其计算公式为

$$CR = \frac{CI}{RI} \tag{4-75}$$

一般地，如果 CR<0.1，则认为该判断矩阵通过一致性检验，否则不具有满意一致性。

4）层次总排序及一致性检验

计算某一层次所有因素对于最高层（总目标）相对重要性的权值，称为层次总排序。这一过程是从最高层次到最低层次依次进行的。

（2）模糊综合评价法

模糊综合评价法是一种基于模糊数学的综合评价方法。该综合评价法根据模糊数学的隶属度理论把定性评价转化为定量评价，即用模糊数学对受到多种因素制约的事物或对象作出一个总体评价。该方法具有结果清晰、系统性强的特点，能较好地解决模糊的、难以量化的问题，适合各种非确定性问题的解决。

为了便于描述，依据模糊数学基本概念，对模糊综合评价法中的有关术语定义如下。

a. 评价因素（F）：指对规划实施评价的具体内容。

为便于权重分配和评议，可以按评价因素属性将评价因素分成若干类，把每类都视为单一评价因素，并称为第一级评价因素（F_1），第一级评价因素可以设置下属的第二级

评价因素（F_2），第二级评价因素可以设置下属的第三级评价因素（F_3），依此类推。

b. 评价因素值（F_v）：评价因素的具体值。

c. 评价值（E）：是指评价因素优劣程度。评价因素最优评价值为 1（采用百分制时为 100 分）；欠优评价因素，依据欠优的程度，其评价值大于或等于零、小于或等于 1（采用百分制时为 100 分），即 $0 \leqslant E \leqslant 1$（采用百分制时 $0 \leqslant E \leqslant 100$）。

d. 平均评价值（E_p）：指评价人员对某评价因素评价的平均值。

e. 权重（W）：指评价因素重要程度。

f. 加权平均评价值（E_{pw}）：指加权后的平均评价值，即加权平均评价值（E_{pw}）=平均评价值（E_p）×权重（W）。

g. 综合评价值（E_z）：指同一级评价因素的加权平均评价值（E_{pw}）之和。

模糊综合评价法的一般建模步骤：

1）模糊综合评价指标构建

模糊综合评价指标体系是进行综合评价基础，评价指标选取是否适宜，将直接影响综合评价准确性。规划实施评估中，评价指标选择应紧密结合评价内容，对拟评价内容进行具体化，构建评价对象的因素论域 $U=$（u_1，u_2，u_3，…，u_n）。同时确定评价等级论域 $V=$（v_1，v_2，v_3，…，v_n）。

2）构建评价矩阵

在构建等级模糊子集后，要逐个对被评价事物从每个因素 u_i（i=1，2，…，n）进行量化，即构建适合隶属函数，确定从单个因素来看被评价事物对等级模糊子集的隶属度（$R \mid u_i$），进而得到模糊关系矩阵。

$$R=\begin{bmatrix} R| \ u_1 \\ R| \ u_2 \\ \vdots \\ R| \ u_n \end{bmatrix}=\begin{bmatrix} r_{11} & r_{12} & \cdots & r_{1n} \\ r_{21} & r_{22} & \cdots & r_{2n} \\ \vdots & \vdots & & \vdots \\ r_{n1} & r_{n2} & \cdots & r_{nn} \end{bmatrix} \tag{4-76}$$

3）采用构建好权重向量

权重向量 $W=$（w_1，w_2，w_3，…，w_n）中的元素 w_i 本质上是因素 u_i 对模糊子集的隶属度，可以采用专家经验法、AHP 层次分析法或其他分级评估法等方法构建。

4）评价矩阵和权重的合成

采用适合合成因子对其进行合成，并对结果向量进行解释。

$$W \bullet R=\left(w_1, w_2, \cdots, w_n\right)\begin{bmatrix} r_{11} & r_{12} & \cdots & r_{1n} \\ r_{21} & r_{22} & \cdots & r_{2n} \\ \vdots & \vdots & & \vdots \\ r_{n1} & r_{n2} & \cdots & r_{nn} \end{bmatrix}=\left(b_1, b_2, \cdots, b_n\right)=B \tag{4-77}$$

式中：b_i是由 W 与 R 的第 j 列运算得到的，它表示被评事物从整体上看对 v_j 等级模糊子集的隶属程度。

实际应用中，分析模糊综合评价结果向量 B 最常用的方法是最大隶属度原则，但在某些情况下使用该方法会有些勉强，容易损失信息较多，甚至得出不合理的评价结果。因此，提出使用加权平均隶属等级的方法，对于多个被评事物可以依据等级位置进行排序。

第 5 章　生态环境模拟与预测

未来发展预测和环境压力预测是生态环境规划的重要环节。为了协调社会经济发展和环境保护关系，识别未来我国及区域生态环境面临的压力和挑战，保证规划目标制定的科学性，需要对未来经济社会发展特点、生态环境演变趋势及社会经济发展与环境的相互影响进行研究。通过建立社会经济与环境发展预测模型，多方案预测与模拟区域生态环境发展的特点，定量分析社会经济发展、区域发展、污染治理投入等对生态环境的影响，提出国家、区域及典型行业中长期环境保护目标及治理对策。

5.1　生态环境一般预测方法

生态环境预测是在调查研究基础上对事物未来发展变化规律进行分析与判断。预测步骤一般包括确定预测目标、收集和分析资料、选择预测方法、建立预测模型、对预测结果进行评定和鉴别。目前，关于生态环境预测有较多方法与模型，在规划中选择哪种模型进行预测，需要考虑预测方法应用范围（对象、时限、条件等）、预测资料性质、模型类型、预测方法精确度、适用性、使用预测方法费用等。根据收集资料及预测结果属性，预测方法或模型可以分定性预测和定量预测。

5.1.1　定性预测方法

定性预测方法是以预测者的经验为基础，判断事物的发展趋势，探讨事物变化规律的方法。它特别适用于在缺乏资料的情况下对事物未来的预测。在实践中，有时即使有足够的数据与资料进行定量预测，也会采用定性预测方法。定性预测方法的优点是方法简便、灵活；缺点是主观性较强，缺乏数量概念。下面介绍几种常用的定性预测方法。

（1）头脑风暴法（Brain Storming，BS）

头脑风暴法又称智力激励法、自由思考法（畅谈法、畅谈会）、集思广益法。该法是由美国创造学家 A. F. 奥斯本于 1939 年首次提出、1953 年正式发表的一种激发性思维方法。

在群体决策中，由于群体成员心理作用相互影响，易服于权威或大多数人的意见，形成所谓的“群体思维”。群体思维削弱了群体批判精神和创造力，损害了决策质量。为了保证群体决策创造性，提高决策质量，管理上发展了一系列改善群体决策方法，头脑风暴法是较为典型的一种。

采用头脑风暴法组织群体决策时，需要集中有关专家召开专题会议，参加人数一般为5～10人，最好由不同专业或不同岗位的人员组成，时间控制在1 h左右。设主持人1名，主持者对设想不作评论，以明确方式向所有参与者阐明问题，说明会议规则，由专家“自由”提出尽可能多的方案。参与者要有一定的训练基础，懂得该会议提倡的原则和方法，尽可能在会前进行柔化训练，即对缺乏创新锻炼者进行打破常规思考，转变思维角度的训练活动，以减少思维惯性。

为使与会者畅所欲言，互相启发和激励，达到较高效率，必须严格遵守下列原则。

a. 禁止批评和评论，也不要自谦。对别人提出的任何想法都不能批判、不得阻拦。同时也不允许自我批判，在心理上调动每个与会者的积极性，彻底防止出现一些“扼杀性语句”和“自我扼杀语句”。让与会者在充分放松心境下，在别人设想激励下，集中全部精力开拓自己思路。

b. 目标集中，追求设想数量越多越好。在智力激励法实施会上，只强制大家提出设想，越多越好。会议以谋取设想数量为目标。

c. 鼓励巧妙地利用和改善他人的设想。这是激励的关键所在。每个与会者都要从他人的设想中激励自己，从中得到启示，或补充他人设想，或将他人若干设想综合起来提出新的设想等。同时主张独立思考，不允许私下交谈，以免干扰别人思维。

d. 提倡自由发言，畅所欲言，任意思考。会议提倡自由奔放、随便思考、任意想象、尽量发挥，主意越新、越怪则越好，因为它能启发人推导出好的观念。

头脑风暴法中专家小组的选择是关键，一般由方法论学者、思想产生者、分析者、演绎者组成。但这类方法比较适合单纯的问题，而且预测目标比较明确。如果问题牵涉面太广、包含因素太多，就要先对所研究的问题进行分解，再采用此法。

（2）德尔菲法

德尔菲法也称专家调查法，1946年由美国兰德公司创始实行，是一种反馈匿名函询法，其大致流程是在对所要预测问题征得专家意见之后，进行整理、归纳、统计，再匿名反馈给各专家，再次征求意见，再集中，再反馈，直至得到一致的意见。

由此可见，德尔菲法是一种利用函询形式进行的集体匿名思想交流过程，通过依赖专家的知识、经验、活跃的思维和分析判断能力，发挥集体的智慧，将少数人的意志对众多人的强制影响最小化。它有3个明显区别于其他专家预测方法特点，即匿名性、反馈性、统计性。

匿名性。因为采用这种方法时所有专家组成员不直接见面，只是通过函件交流，这样就可以消除权威影响。匿名是德尔菲法极其重要的特点，从事预测的专家不知道其他有哪些人参加预测，他们在完全匿名的情况下交流思想。后来改进的德尔菲法允许专家开会进行专题讨论。

反馈性。该方法需要经过 3～4 轮信息反馈，在每次反馈中使调查组和专家组都可以进行深入研究，使最终结果基本能够反映专家基本想法和对信息的认识，所以结果较为客观、可信。小组成员交流是通过回答组织者问题来实现的，一般要经过若干轮反馈才能完成预测。

统计性。最典型的小组预测结果是反映多数人的观点，少数派观点仅被概括性地提及一下，但是这并不体现小组不同意见的状况。而统计回答却不是这样，它报告 1 个中位数和 2 个四分点，其中一半落在 2 个四分点之内，另一半落在 2 个四分点之外。这样，每种观点都包括在这样的统计中，避免了专家会议法只反映多数人观点的缺点。

应用德尔菲法应注意以下几点。

a. 专家选择。专家选择是关系预测成败的关键点。所谓专家，是指在某一专业领域内从事多年工作，掌握该领域（或专业）知识、技能的人。在选择专家时，不仅要有一定名望、有学派代表性的专家，同时还应聘请一些边缘学科、社会学、环境学、经济学、法学等学科的专家。专家人数一般以 10～50 人为宜，人数过少会限制学科的代表性，统计趋向性不明显；人数过多则会导致组织工作和数据处理比较复杂，拖长预测周期，同时增大开支。

b. 预测问题提出与调查表编制。调查表是德尔菲法的主要预测工具。调查表中首先要附上预测题目。预测题目设计应该措辞准确，不能引起歧义，不可让专家花费很长时间去理解一个意思不明的表格。另外征询问题一次不宜太多，不要问那些与预测目的无关的问题，列入征询的问题不应相互包含；所提问题应是所有专家都能答复的问题，而且应尽可能保证所有专家都能从同一角度去理解，同时表内要留出足够的空白供专家充分阐明自己的意见和论点。

（3）主观概率法

在社会和自然界中，某一类事件在相同条件下可能发生也可能不发生，这类事件称为随机事件。不同随机事件发生的可能性大小是不同的，在这种情况下，就产生了概率。概率就是用来表示随机事件发生可能性大小的一个量。主观概率法一般先由分析者对预测事件发生的概率作出主观估计，或者对事件变化动态作出一种心理评价，然后计算其平均值，以此作为预测结论。

环境预测中是通过主观概率法寻求对未来事件的最佳主观估计。一般先调查专家主观概率，调查相加再平均即得某事件发生的概率，即

$$P=\frac{\sum_i^n P_i B_i}{\sum_i^n B_i} \tag{5-1}$$

式中：P 为事件发生概率的预测值；P_i 为第 i 种概率分级；B_i 选择以 i 种概率分级为主概率的专家数。

5.1.2 统计预测方法

根据历史资料和数据，应用数理统计方法来预测事物的未来，或者利用事物发展因果关系来预测事物的未来。凡利用事物内部因素发展因果关系来预测事物发展趋势的称为因果法，常用的有回归分析法、投入产出法等。凡利用过去的时间序列数据推算事物发展趋势的称为外推法，常用的有时间序列分析法。

（1）回归分析法

回归分析法是经常使用到的一种定量预测方法。它是基于变量之间相互关系，依据事物内部因素因果关系变化来预测事物未来的发展趋势。

回归分析法有多种类型。依据相关关系中自变量的个数不同可分为一元回归分析和多元回归分析。在一元回归分析预测法中，自变量只有 1 个，而在多元回归分析预测法中，自变量则有 2 个以上。依据自变量和因变量之间相关关系不同，可分为线性回归和非线性回归。

回归分析预测的实施步骤如下。

a. 根据预测目标，确定自变量和因变量。通过查阅资料，寻找与预测目标相关的影响因素，即自变量，并从中选出主要影响因素。

b. 建立回归预测模型。依据自变量和因变量历史统计资料进行计算，在此基础上建立回归分析方程，即回归分析预测模型。

c. 进行相关分析。回归分析是对具有因果关系的影响因素（自变量）和预测对象（因变量）所进行的数理统计分析处理，其原理是建立在自变量与因变量相关的基础上，因此需对两者进行相关分析，以相关系数的大小来判断自变量和因变量相关程度。

d. 检验回归预测模型，计算预测误差。回归预测模型是否可用于实际预测，取决于对回归预测模型检验和预测误差计算。回归方程只有通过各种检验，且预测误差较小，才能将回归方程作为预测模型进行应用。

e. 计算并确定预测值。利用回归预测模型计算预测值，并对预测值进行综合分析，以确定最后的预测值。

应用回归分析法时，应首先确定变量之间是否存在相关关系。如果变量之间不存在相关关系，那对这些变量应用回归进行分析就会得出错误结果。因此，应用回归分析法进行预测时应注意用定性分析判断现象之间的依存关系，避免回归预测任意外推；应用合适的数据资料。

下面介绍几种回归分析预测模型。

1）一元线性回归模型

如果只有一个自变量 X，而且因变量 Y 和自变量 X 之间的数量变化关系呈近似线性关系，就可以建立一元线性回归方程，由自变量 X 的值来预测因变量 Y 的值。

一元线性回归方程也称为样本回归直线，其形式为

$$y = a + bx \tag{5-2}$$

式中：y 为因变量；x 为自变量；a 和 b 分别为回归方程系数。

根据样本观察数据，采用最小二乘法估计出 a 和 b 数值之后，样本回归方程可作为预测模型，即一元线性回归预测模型。

2）广义线性回归模型

一元线性回归模型中，两个变量形式相对简单，在散点图上趋势基本是直线。但是有一些看起来复杂的两个变量之间关系是非线性，往往可通过“变量变换”简化成线性模型。下面给出一些常见的可以通过“变量变换”简化成线性模型的非线性模型。在简化成线性模型后，即可按线性模型方法估算其参数。

环境预测中，一般一元函数中简化曲线方程为直线方程问题占有很大比重。但在进行该项工作之前，较困难的是确定要匹配曲线类型，即根据理论分析及所积累经验，确定 x、y 之间的函数类型；或在数据量不大的情况下，作出散点图，观察散点的分布，确定函数类型；或者采用多种曲线模型进行回归分析，进行相关比较分析，从中选择一个较好模型作为预测模型。表 5-1 是一些常用的简化曲线方程为直线的变量代换方法。

表 5-1　广义曲线模型变量变换

<table>
<tr><th>曲线函数</th><th>模型一般形式</th><th>变量变换</th><th>预测模型</th></tr>
<tr><td>双曲线函数</td><td>$\frac{1}{Y}=a+\frac{b}{X}$</td><td>令 $\frac{1}{Y}=Y^*$，令 $\frac{1}{X}=X^*$</td><td rowspan="5">$Y^*=a+bX^*$</td></tr>
<tr><td rowspan="2">指数函数</td><td>$Y=Ae^{bx}$</td><td>两边取对数：$\ln Y=\ln A+bX$
令 $Y^*=\ln Y$，$\ln A=a$</td></tr>
<tr><td>$Y=Ae^{\frac{b}{x}}$</td><td>两边取对数：$\ln Y=\ln A+\frac{b}{X}$
令 $Y^*=\ln Y$，$\ln A=a$，$X^*=\frac{1}{X}$</td></tr>
<tr><td>幂函数</td><td>$Y=AX^b$</td><td>两边取对数：$\ln Y=\ln A+b\ln X$
令 $Y^*=\ln Y$，$\ln A=a$，$X^*=\ln X$</td></tr>
<tr><td>S 曲线</td><td>$Y=\frac{1}{a+be^x}$</td><td>两边取倒数：$\frac{1}{Y}=a+be^{-x}$
令 $Y^*=\frac{1}{Y}$，$\ln A=a$，$X^*=e^{-x}$</td></tr>
</table>

3）多元线性回归模型

在实际环境预测中，一般环境预测目标不单单受一个因素影响，通常是受两个甚至更多因素影响。如水中某污染物浓度，不仅与源强有关，其他如水量、流速、温度等因素都会影响水体中某污染物浓度。此时，必须探索在多种因素综合作用下系统变化的规律性，以预测系统的变化。解决此类问题最简单方法是多元线性回归分析。

多元线性回归分析原理与一元线性回归分析基本相同，其一般形式为

$$y = b_0 + b_1 x_1 + b_2 x_2 + \cdots + b_n x_n \tag{5-3}$$

式中：b_0是常数项，b_j（j=1，2，…，n）是x_1，x_2，…，x_n的回归系数。

为了估计诸回归系数及常数项，仍用最小二乘法，即以误差平方和最小为回归分析准则。

以上介绍的是几种比较经典的回归分析预测法，该类方法运用比较广泛。其中线性回归预测法和非线性回归预测法又运用得更广泛些。在实际使用过程中，如果在选择具体方法和模型时能对数据作较为详细的分析，预测结果就会比较令人满意。回归分析最大的特点就是在偶然中发现必然，而实际情况却常常是千变万化的，有时偶然因素影响也会超过必然，这时预测结果也就不尽如人意，这就要求在预测工作中不能太机械，要会灵活运用，注意了解会影响预测结果的偶然情况，以便对预测结果进行适当修正。

（2）时间序列分析法

时间序列就是将历史统计资料按时间顺序排列起来的一组数据序列。如区域历年人口总量、污染物排放量、垃圾产生量、能源消耗量等。时间序列分析法就是根据预测对象数据，利用数理统计方法加以处理，以预测事物发展趋势。这类预测方法的基本原理：一是依据事物发展延续性特征，运用时间序列数据进行统计分析，就能推测事物发展趋势，作出定量预测；二是考虑事物发展中随机因素影响和干扰，通常将历史时间序列数据作为随机变量序列，运用加权平均方法进行趋势预测。

时间序列分析主要有确定性变化分析和随机性变化分析。其中，确定性变化分析包括趋势拟合法、平滑法，随机性变化分析有 AR、MA、ARMA 模型等。

趋势拟合法就是把时间作为自变量，相应的序列观察值作为因变量，建立序列值随时间变化的回归模型的方法。包括线性拟合和非线性拟合，具体方法见前文回归分析模型。

平滑法是进行趋势分析和预测时常用的一种方法。它是利用修匀技术，削弱短期随机波动对序列的影响，使序列平滑化，从而显示出长期趋势变化的规律。下面介绍 3 种平滑法。

1）滑动平均法

滑动平均法（Moving Average）又称移动平均法。在简单平均数法基础上，通过顺序

逐期增减新旧数据求算移动平均值，借以消除偶然变动因素，找出事物发展趋势，并据此进行预测的方法。滑动平均法是趋势外推技术的一种。实际上是对具有明显负荷变化趋势的数据序列进行曲线拟合，再用新曲线预报未来某点处的值。其预测模型为

$$F_i = \frac{x_{t-1} + x_{t-2} + \cdots + x_{t-n}}{n} \ (t \geqslant n) \tag{5-4}$$

式中：t 为资料的时间期限（年、季、月）；F_t 为 t 时间的预测值；x_{t-1}，x_{t-2}，…，x_{t-n} 为实际值；n 为预测资料期（滑动平均的时间长）。

滑动平均法最主要的特点在于简捷性。一方面，滑动平均法相对于其他动态测试数据处理方法而言，算法很简便，计算量较小，尤其是可采用递推形式来计算，可节省存储单元，快速且便于实时处理非平稳数据等，这些是滑动平均法的优点，也是这种古老算法仍有实用价值的主要原因。另一方面，滑动平均法又存在一定的主观性和任意性。因为其应用效果很大程度上取决于各种算法参数的选定。因此通常依据动态测试过程的变化机理，以及实际测试数据的变化状态，根据经验来合理选定滑动平均算法的参数。

2）加权滑动平均法

加权滑动平均法就是利用不同的权重来反映数据作用的方法。加权滑动平均法一般按照“重近轻远”的原则，通过对数据加以不等权，近期数据给予较大权数，远期数据给予较少的权数，目的在于强化近期数据作用，弱化远期数据影响。其预测模型为

$$F_t = \sum_{i=t-n}^{t-1} w_i x_i \tag{5-5}$$

式中：w_i 为与 x_i 对应的权重，满足 $\sum w_i = 1$，且 $0 \leqslant w_i \leqslant 1$；$F_t$ 为 t 时间的预测值；x_i 为实测值。

3）指数平均法

指数平均法是在滑动平均法基础上发展起来的一种时间序列预测方法。其特点是以之前的实际值和预测值为依据，经修改后得出本期预测值。该方法实际上是一种加权平均法，只不过它的权重和加权滑动法的权重不同。加权滑动法的权重选择带有经验，而指数平均法的权重是由实际值与预测值的误差来确定的，且它在整个时间序列中是有规律的排列。指数平均法的数学模型为

$$F_t = F_{t-1} + \alpha (x_{t-1} - F_{t-1}) \tag{5-6}$$

式中：α 为平滑系数（$0 \leqslant \alpha \leqslant 1$）；其他符号意义同前。

5.2　生态环境关系预测模型

在早期生态环境规划中，传统统计预测方法（如回归分析、时间序列、马尔科夫预

测等）在各类环境预测中得到了广泛应用。但这些方法在应用中也会出现一些不理想的现象，因为在应用模型之前，已经对数据结构作了一定假设。由于环境要素之间相互作用是复杂的，要素之间变动通常也是联动的。近几年来，随着对数据精度要求的提高，出现了一些新的方法理论，如投影寻踪法、灰色系统理论模型、机器学习模型（人工神经网络模型、支持向量机法）、系统动力学模型等。这些模型构建大部分是基于预测对象及其关联因子的非线性关系，通过不同角度构建环境要素关系，或梳理各类环境要素演变规律，对环境时序数据进行预测。随着计算机技术的兴起与发展，基于要素关联性的系统预测模型在生态环境规划中也得到了较好的应用。下面简单介绍几种此类模型。

5.2.1 灰色预测模型

灰色系统理论以“部分信息已知，部分信息未知”的“小数据”“贫信息”不确定性系统为研究对象，主要通过对“部分”已知信息进行挖掘，提取有价值的信息，实现对系统运行行为、演化规律的正确描述和有效监控。在大数据时代，现实世界中仍然存在大量“小数据”“贫信息”不确定性系统，而在生态环境规划中，也存在大量“小数据”“贫信息”的现象。灰色预测这种针对小样本的预测工具，常被用于生态环境规划。

灰色预测模型（Gray Forecast Model）是一种通过少量或不完全的信息，建立数学模型并作出预测的方法。该模型的特点是用灰色系统理论处理不确定量，使之量化；充分利用已知信息寻求系统的运动规律。

灰色系统理论认为，尽管客观表象复杂，但总是有整体功能的，因此必然蕴含某种内在规律。灰色预测模型的建模思路是通过对原始数据的整理来寻求其变化规律。一般通过某种数据生成，如累加生成、累减生成和加权累加生成，弱化数据序列的随机性，显现其规律性，生成灰色序列。用于预测的灰色模型一般为 GM（n，1）模型，表示含有 n 个变量、一阶方程的预测模型，其中 GM（1，1）模型是最常用的灰色模型。

GM（1，1）模型为单序列一阶线性动态模型，其离散时间响应函数近似呈指数分布。具体建模过程如下。

1）选取等时距连续一组原始时间序列：

$$\text{设 } X^{(0)}=[X^{(0)}(1),\ X^{(0)}(2),\ \cdots,\ X^{(0)}(n)]$$

2）对原始序列进行一次累加，得到生成时间序列

$$\begin{aligned}X^{(1)}&=[X^{(1)}(1),X^{(1)}(2),\cdots,X^{(1)}(n)]\\&=[X^{(1)}(1),X^{(1)}(1)+X^{(0)}(2),\cdots,X^{(1)}(n-1)+X^{(0)}(n)]\end{aligned}$$

3）采用一阶变量微分方法进行拟合，得到白化的 GM（1，1）模型：

$$\frac{\mathrm{d}X^{(1)}}{\mathrm{d}t}+aX^{(1)}=\mu \tag{5-7}$$

式中：a 为发展灰数；μ 为内生控制灰数。

4）设 $\hat{\alpha} = (a, \mu)^{\mathrm{T}}$，用最小二乘法求解方程中的参数向量，得到

$$\hat{\alpha} = (B^{\mathrm{T}}B)^{-1}B^{\mathrm{T}}Y_1 \tag{5-8}$$

其中

$$\boldsymbol{B} = \begin{pmatrix} -\frac{1}{2}[X^{(1)}(1) + X^{(1)}(2)] & 1 \\ -\frac{1}{2}[X^{(1)}(2) + X^{(1)}(3)] & 1 \\ \vdots & \vdots \\ -\frac{1}{2}[X^{(1)}(n-1) + X^{(1)}(n)] & 1 \end{pmatrix} \tag{5-9}$$

$$Y_1 = \begin{pmatrix} X^{(0)}(2) \\ X^{(0)}(3) \\ \vdots \\ X^{(0)}(n) \end{pmatrix} \tag{5-10}$$

5）求解白化的 GM（1，1）模型，得到时间响应函数：

$$\hat{X}^{(1)}(k+1) = [X^{(0)}(1) - \frac{u}{a}]\mathrm{e}^{-ak} + \frac{u}{a} \tag{5-11}$$

近十多年来，灰色预测模型得到了广泛应用，并产生了一系列改进的模型，如为解决扰动问题提出了分数阶累加离散灰色模型；结合动力系统自忆性原理，建立了 DHGM（2，2）灰色微分方程与自忆性原理的耦合方程；基于合成灰数灰度的区间灰数自忆性预测模型等。在生态环境预测中灰色预测模型也有较广泛应用，如用于水文过程预测、大气质量预测、人口增长预测、污染物排放预测等，并获得了较高的精度。

5.2.2 机器学习模型

机器学习概念最早由亚瑟·塞缪尔于 1959 年提出，最初定义为“计算机在没有被明确编程的情况下进行学习”。经过几十年的发展，机器学习逐渐与大数据分析融合在一起，被普遍认为是计算机从海量数据中自行寻找规律，构建关系并进行预测的活动。目前，机器学习已经发展为一门涉及多领域的交叉学科，其强大的拟合能力及优秀的数据挖掘效果使得各行各业的研究者都开始尝试利用机器学习的方法来解决实际问题。

机器学习根据给定训练样本进行某系统输入、输出依赖关系的估计，使它能对未知输出作出尽可能准确的预测。与基于过程的传统机理模型不同，机器学习模型利用训练构建的输入-输出关系，对于难以精确数学表达的过程或模式识别模拟的现象、回归分析和概率密度估计。在生态环境研究领域中，环境系统通常被看作黑箱或灰箱，其要素间

关系及过程通常难以进行精确的数学表达，同时生态环境一般涉及的数据体量大、类型多、结构复杂，可涉及水、土壤、大气等各类生态数据。而机器学习方法可以从海量环境数据中挖掘出有用信息，并加以模拟和演绎。因此，目前已有一些案例将机器学习算法应用于环境系统的模型构建，如空气质量预测、湖泊蓝藻暴发预警预报、地表水水质预测和生物多样性评价等并取得了较好效果。下面简要介绍几种常见的机器学习算法及其在生态环境研究领域的应用。

（1）人工神经网络模型

人工神经网络算法（Artificial Neuron Network，ANN）是模仿人脑神经元网络连接方式构建的，由大量处理单元互联组成的非线性、自适应信息处理系统。在一个神经网络模型中，神经元是最基本组成单元。单元以层的方式组织，每层每个神经元都和前后层神经元具有特定连接方式，层被分为输入层、隐藏层和输出层，三层结构为最简单的ANN（图 5-1）。输入层接收外部信息，该层神经元不进行计算，相当于自变量，其作用为向下一层传递信息。隐藏层位于输入层和输出层之间，用于数据分析，其分析结果传递至输出层，并由输出层的输出单元向外部输出最终结果。

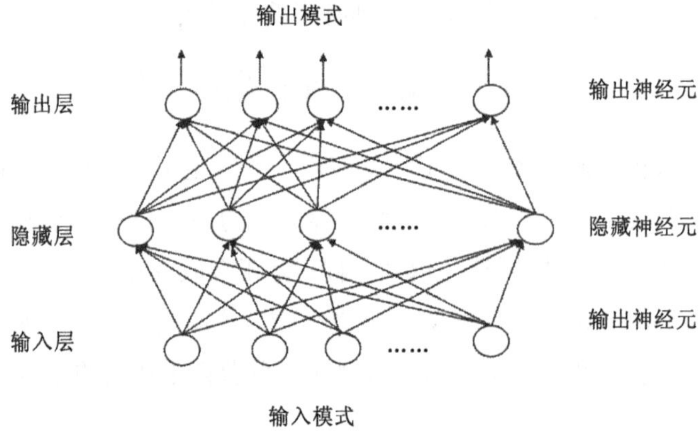

图 5-1 典型神经元结构图

除此之外，在模型训练过程中神经元之间的连接权重会被不断调整。当网络输出结果与实际结果相悖时，该输出的连接强度将会通过权重降低方式被削弱，以达到通过不断学习使其减少类似错误的目的。此种方法具有大规模并行处理、分布式信息存储、良好自组织自适应性，并且具有很强的泛化和非线性映射能力。然而，ANN 也存在众多不明确、不完善地方，其对全局收敛实现与否及收敛速度快慢等问题受到算法结构和算法参数的直接影响，算法改进和参数选取一直是众多学者研究目标。

ANN 的发展历史最早可追溯至 20 世纪 40 年代美国心理学家麦克洛奇和数学家皮兹提出的 M-P 神经网络模型，随着该理论不断发展，目前已出现了上百种神经网络模型。

在机器学习的基础上提出的深度学习（Deep Learning）更是突破了传统神经网络层数限制，具有多层隐含层结构的 ANN。在众多 ANN 算法中，BP-ANN 算法是应用最广泛的一种，其经典结构为三层前向网络，第 l 层神经元 j 的输入为

$$V_j^l = f\left(\sum_{i=1}^{n} w_{ji} v_i^{l-1} - \theta_j\right) \tag{5-12}$$

式中：w_{ji} 为 l 层神经元 j 与 $l-1$ 层神经元 i 的连接权重值；v_i^{l-1} 为第 $l-1$ 层神经元 i 的输出；n 为第 $l-1$ 层神经元数；θ_j 为神经元 j 的阈值；f 为作用函数，常取 Sigmoid 函数。

权重修正公式为

$$\Delta w_{ji}(t+1) = -\eta \frac{\partial E(t)}{\partial w_{ji}(t)} + \alpha \Delta w_{ji}(t) \tag{5-13}$$

式中：η 为学习速率；α 为动量因子；$E(t)$ 为期望输出与实际输出的误差平方和。

在生态环境领域实践中，ANN 较多应用在大尺度生态环境质量评估、长时间序列大气或水环境质量预测、环境监测补点优化等。这些研究的共同特点是分析数据量大，采用 ANN 模型可以有效解析数据之间的关联，并建立相应系统。ANN 模型的优点可用于处理海量数据，当然这也制约了其进一步被广泛应用，对于数据信息量较少的问题，ANN 模型的应用就会受限。如果数据可用性进一步提高，则基于 ANN 发展出来的深度学习将在生态环境领域得到更广泛应用。

（2）随机森林模型

随机森林（Random Forest，RF）是集群分类模型中的一种，是由若干决策树作为弱分类器组合而成的集成学习（Ensemble Learning），也是目前应用十分广泛的机器学习模型之一。20 世纪 80 年代，Breiman 等发明了分类树算法，通过反复二分数据进行分类或回归，使计算量大大降低。2001 年，Breiman 把分类树组合成随机森林，即在变量（列）使用和数据（行）使用上进行随机化，生成很多分类树，再汇总分类树的结果。RF 在运算量没有显著提高的前提下提高了预测精度，同时对多元共线性不敏感，结果对缺失数据和非平衡的数据比较稳健，可以很好地预测多达几千个解释变量的作用，被誉为当前较好的算法之一。

1）算法原理

随机森林顾名思义是用随机方式建立一个森林，森林由很多决策树组成，每棵决策树之间是没有关联的。在得到森林之后，当有一个新的输入样本进入时，就让森林中每棵决策树分别进行判断，看看这个样本应该属于哪一类（对于分类算法），然后看看哪一类被选择最多，就预测这个样本为哪一类（具体过程如图 5-2 所示）。

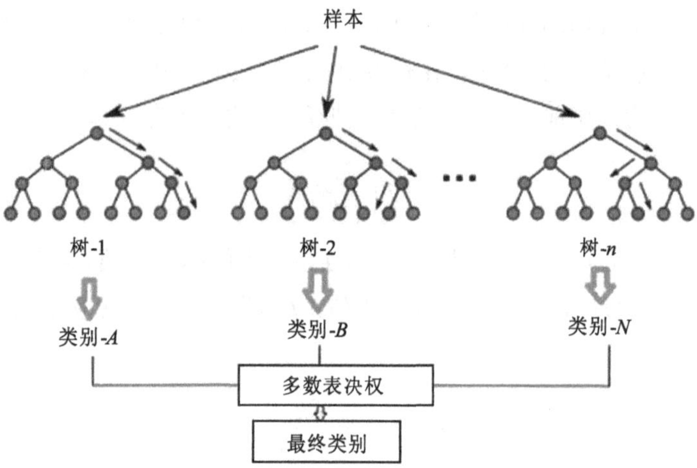

图 5-2 随机森林模型算法示意图

RF 通过采样与完全分裂来建立决策树。通过自助法（bootstrap）重采样技术，RF 对输入的数据要进行行、列采样。对于行采样，采用有放回方式，也就是在采样得到的样本集合中，可能有重复的样本。假设输入样本为 N 个，那么采样的样本也为 N 个。这样在训练时，每棵树的输入样本都不是全部样本，也就相对不容易出现过拟合（over-fitting）。然后进行列采样，从 M 个节点变量（features）中，选择 m 个（$m \leqslant M$）。RF 对采样之后的数据使用完全分裂的方式建立决策树，即对决策树每个节点进行分裂时，从全部属性中等概率地随机抽取一个属性子集，再由决策树算法从这个子集中选择一个最优属性来分裂节点。

随机森林一般采用 bagging 自助采样，也可以采用 bootstrap 抽样。两者的区别是 bootstrap 抽样生成每棵树时每个节点变量都仅在随机选出的少数变量中产生。因此不但样本是随机的，就连每个 feature 的产生都是随机的。

2）算法

RF 中常用决策树是由里奥·布瑞曼提出的分类与回归树（Classification And Regression Tree，CART）。CART 是二叉树算法，在每个节点将数据空间划分成两个区域，依据基尼指数选取生成节点时的特征。基尼指数是指从数据集中随机取两个不同类别样本的概率，基尼指数越小，则说明数据纯度越高。对于有 N 个类别的数据集 D，某一样本属于类别 n 的概率等于该类别的分布概率为

$$P(Y=n)=p_n \tag{5-14}$$

那么 D 的基尼指数定义为

$$\text{Gini}(D)=1-\sum_{n=1}^{N}p_k^2 \tag{5-15}$$

CART 在进行节点划分后，D 会被分为属 A 类或不属于 A 类，即 $D_{A=a}$ 和 $D_{A\neq a}$，那么

D 在按照该特征划分后的加权基尼指数为

$$G\left(D|A=a\right)=\frac{\left|D^{A=a}\right|}{|D|}\mathrm{Gini}(D^{A=a})+\frac{\left|D^{A\neq a}\right|}{|D|}\mathrm{Gini}(D^{A\neq a}) \tag{5-16}$$

CART 在划分时会遍历所有可用特征与其所有可能取值，再全局考量选取一个最佳特征与最佳划分点。若 D 有 M 个特征，每个特征有 V 种不同取值，则

$$\left(A_{\mathrm{opt}},a_{\mathrm{opt}}\right)=\mathrm{argmin}\left[G(D|A_i=a_j)\right],i=1,2,\cdots,M;\ j=1,2,\cdots,V \tag{5-17}$$

因此，训练 RF 的过程就是训练各个决策树的过程。由于每个决策树训练是相互独立的，因此 RF 训练可以通过并行处理来实现，可以大大提高模型的训练效率。此外，由于 Bagging 抽样是有放回的，当样本量非常大时，大约有 37%样本会被遗漏，这部分数据被称为袋外数据。袋外数据的存在使 RF 训练不再使用交叉验证，而采用袋外数据误差作为模型泛化能力的估计。此外，继承自决策树的基尼指数可以作为特征重要性的衡量标准，从而使基尼指数计算成为 RF 自带特征筛选机制。

3）应用范围

随机森林主要应用于回归和分类。通常随机森林利用多个分类树对数据进行判别与分类，同时还可以给出各个变量重要性评分，评估各个变量在分类中所起的作用。因此，随机森林模型常用于环境质量预测评估及主要影响因子分析。在生态环境模拟与预测中，往往会涉及多重变量，但由于缺乏详细的机理研究，难以从经验知识角度判断变量的重要性。而 RF 对于大量特征的处理方式，以及其自带的特征筛选机制，都非常适合解决这类问题。此外，部分涉及空间异质性的环境问题往往不具有大量可用数据（受限于监测点位的数量），也适合采用 RF 方法。

（3）支持向量机

支持向量（Support Vector Machines，SVM）又称支持向量网络，是一种监督学习模式下的数据分类、模式识别、回归分析的机器学习模型，能够执行线性或非线性的分类、回归，甚至异常值检测。

作为机器学习中最流行模型之一，SVM 是一种二分类模型，基于统计学习理论和结构风险最小化准则，根据输入数据样本寻找到一个最优分类超平面。最优分类超平面的求解问题可转化为求数据样本分类间隔最大化的二次函数解，关键是求得分类间隔最大值的目标解。以两类线性可分数据为例：一类数据用圆形代表，另一类数据用菱形代表，通常存在多个决策边界（超平面）对数据进行划分，处于决策边界（H）两侧的数据点为待分类的样本（图 5-3），选择最大间隔（margin）的决策边界为目标解。

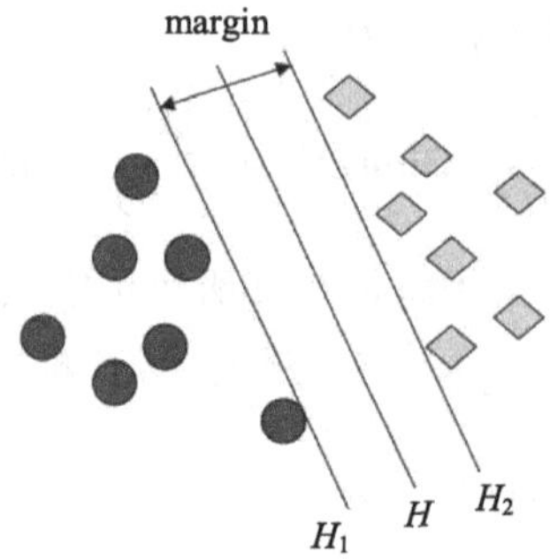

图 5-3　最优分类线示意图

对于线性可分的二分类样本集$\{(x_i, y_i), i=1,2,\cdots,l\}$，若$x_i \in R^N$属于第 1 类，则标记为正$(y_i=1)$；若属于第 2 类，则标记为负$(y_i=-1)$。SVM 的学习目标是构造判别函数，将样本数据尽可能地正确分类。如果存在分类超平面，则

$$w \bullet x + b = 0 \tag{5-18}$$

使得

$$\begin{cases} \boldsymbol{w} \bullet x_i + b \geqslant 1, y_i = 1 \\ \boldsymbol{w} \bullet x_i + b \leqslant -1, y_i = -1, i=1,2,\cdots,l \end{cases} \tag{5-19}$$

则称样本集是线性可分的，其中$\boldsymbol{w} \bullet x$表示向量$\boldsymbol{w} \in R^N$和$x \in R^N$的内积。若距超平面最近的样本数据与超平面之间的距离最大，则该超平面为最优超平面，由此可得到判别函数为

$$y(x) = \mathrm{sign}(\boldsymbol{w} \bullet x + b) \tag{5-20}$$

最优超平面的求解问题就可被转化为二次规划问题：

$$s.t. \begin{cases} \min\limits_{w.b} \frac{1}{2}|\boldsymbol{w}|^2 \\ y_i(\boldsymbol{w} \bullet x_i + b \geqslant 1), i=1,2,\cdots,l \end{cases} \tag{5-21}$$

求解得到参数$\boldsymbol{w}$和b，以及判别函数$y(x)$便可以应用于验证或测试样本的分类。

支持向量机是基于两类线性可分的样本数据发展而来，但是在实际应用中则需要识别和分类的数据大多数情况下都处于非线性不可分状态，并非线性理想化状态。对于非线性问题，线性可分支持向量机并不能有效解决。因此可以采用非线性变换，将非线性问题变换成线性问题，解线性分类问题的方法去求解。

将非线性问题变换为线性问题，则需要一个核函数将原低维空间中非线性不可分数据映射到高维空间，即解决低维特征空间无法构造分类超平面的问题。支持向量机的应用性能关键在于核函数方法的选取。核函数方法的计算公式为

$$K(X,Z) = (\phi(x) \bullet \phi(z)) \tag{5-22}$$

式中：$K(X, Z)$ 为特征空间直接计算内积；ϕ 为 X 映射到内积特征空间的过程。

核函数主要分为线性核、多项式核、Sigmoid 核和 Gauss 径向基核（RBF）。

线性核代表数据所处的原空间中的内积计算，其作用是统一两空间数据形式，即数据处于原空间的形式与数据经映射后所处空间的形式。具体公式为

$$K(x_i, x) = x_i^{\mathrm{T}} x \tag{5-23}$$

多项式核代表多项式空间中的内积计算，注重数据的全局性。其计算过程包含一个转换过程，即从高维空间转到低维空间，利用低维空间计算其内积值。具体公式为

$$K(x_i, x) = (\gamma x_i^{\mathrm{T}} x + r)^d \tag{5-24}$$

Sigmoid 核将 Sigmoid 函数作为核函数，其近似为多层感知器神经网络，注重样本数据的全局最优值。具体公式为

$$K(x_i, x) = \mathrm{Tanh}(\gamma x_i^{\mathrm{T}} x + r) \tag{5-25}$$

Gauss 径向基核将原始特征空间映射到无穷维特征空间中。其性能的好坏取决于参数的调控，局部性较强，参数选取的值较小，映射后的特征空间近似一个低维空间，参数选取值较大，易造成过拟合问题。但因为其具有较强的可调控性，在实际应用中更为广泛。具体转换公式为

$$K(x_i, x) = \exp(-\gamma P x_i - x P^2) \tag{5-26}$$

实际应用中研究者通过权衡各个核函数的优势与劣势，通常将最佳的核函数应用于特定数据分类领域中。

虽然 SVM 方法在理论上具有很突出的优势，但与其他理论研究相比，其应用研究仍比较滞后。支持向量机应用于时间序列分析、生物信息领域、回归分析、聚类分析、函数逼近、数据压缩、文本识别、信号处理、遥感图像分析、控制系统等诸多领域，近几年在生态环境中也开始进行应用。SVM 方法在生态环境研究领域多应用于分类，比如土地利用类型分类、水质等级分类评价、水质级别预测、污染事件或蓝藻暴发事件预警等。

5.2.3　系统动力学仿真

系统动力学（SD）最早出现于 1956 年，创始人为美国麻省理工学院的 Forrester 教授，他以传统管理程序为背景，通过引入信息反馈理论和系统力学理论，使社会问题流程化，获得描述社会系统构造的一般方法，并在计算机上进行仿真运算，从而获得对真实系统的模拟，实现社会系统战略与策略仿真试验。

系统动力学包含结构与功能、物质与信息、科学与经验，并将它们融为一体，沟通了自然科学与社会科学的横向联系，可以处理高阶、非线性、多反馈、复杂和不确定的系统问题，其特点如下。

a. 系统动力学能够容纳大量变量，一般可达数千个以上，适用于社会系统这类开放

的复杂巨系统。

b. 系统动力学模型，既有描述系统各要素之间因果关系的结构模型，以此来认识和把握系统结构，又有专门形式表现的数学模型，据此进行仿真试验和计算，以掌握系统未来动态行为。因此，系统动力学模型是一种定性分析和定量分析相结合的仿真技术。

c. 系统动力学通过人和计算机的结合，既能发挥人对社会系统的了解、分析、推理、评价、创造等能力优势，又能利用计算机高速计算和迅速跟踪等功能，以此来试验和剖析实际系统，从而获得丰富而深化的信息，为选择最优或满意的决策提供有力依据。

d. 系统动力学通过模型进行仿真计算的结果，用来预测未来一定时期内系统各种变量随时间变化的趋势。

（1）系统动力学建模过程

系统动力学仿真是通过建立系统动力学模型、利用计算机仿真实现对真实系统的仿真试验，进而研究系统的结果、功能和行为之间的动态关系。系统动力学的建模过程如图 5-4 所示。

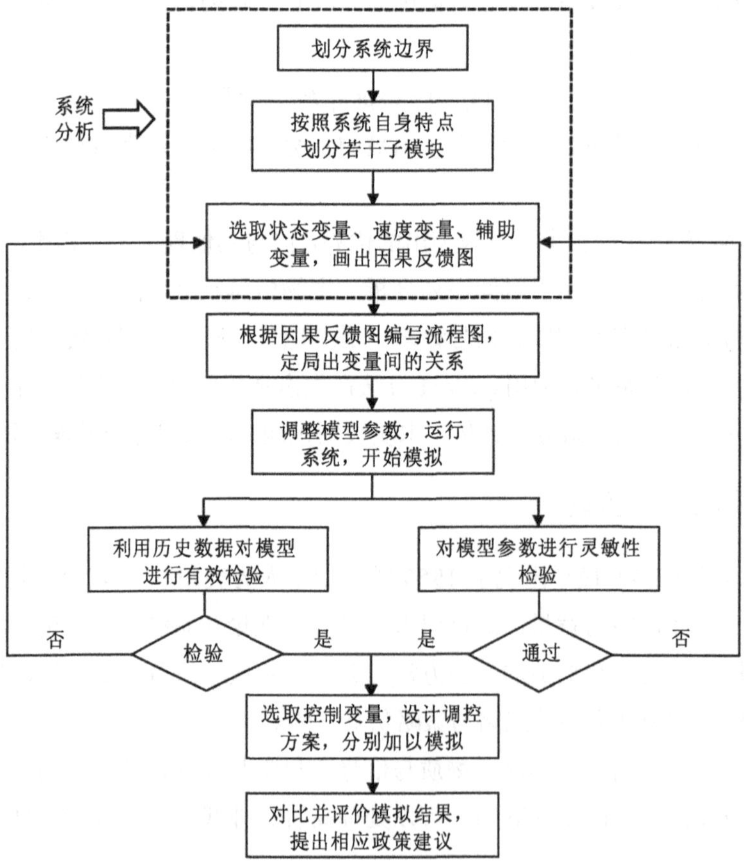

图 5-4　系统动力学的建模过程

1）明确系统建模目的

系统动力学是把社会系统作为非线性多重反馈系统来进行研究的，将社会问题模型化，通过仿真试验和计算对社会现象进行分析和预测，为制定发展战略及进行决策提供有用信息。

2）确定系统边界

系统动态行为模式是由系统边界内各部分相互作用要素所产生的，因此把与建模目的关系密切、重要量都划入边界内，边界应是封闭的。按照系统动力学观点，正确划出系统边界一条准则是把系统中反馈回路考虑成闭合回路，而某一特定动态行为则由系统内部要素决定。

3）因果关系分析

因果关系分析是系统动力学一个重要步骤。通过因果关系分析，来明确系统内部各要素间因果关系，并用表示因素关系的反馈回路（因果回路图）来描述。

4）绘制系统的存量流量图

存量流量图是在因果回路图的基础上绘制的，是应用系统动力学专用符号绘制而成的，用来描述系统各要素之间因果关系和系统结构。存量流量图不能显示各变量间定量关系，需要通过结构方程进行定量描述。存量流量图和结构方程是系统动力学模型不可或缺的两部分。

5）模型参数估计

系统动力学模型中有 3 类性质的变量：存量、常量和辅助变量。仿真前首先要对常量赋初值及确定变量之间方程式，这些都涉及参数估算问题，要尽可能准确合理地估算模型参数，使模型更接近实际系统。

6）系统模型检验与修正

根据仿真结果分析，对系统模型进行检验与修正。其内容包括系统结构、系统的运行参数、策略；或重新确定系统边界等，以使模型能更加真实地反映实际系统的行为。

（2）因果回路图

在系统动力学中，用因果回路图（Causal Loop Diagram，CLD）来表达系统中的因果关系和反馈回路。一张因果回路图包含多个变量，变量之间由表示因果关系箭头（因果链）所连接，多条因果链闭合形成因果回路图（图 5-5）。在绘制因果回路图时要注意以下几点。

a. 标明因果链的正负极性。若变量 A 的变化使变量 B 在同一方向上变化，则为正极性，表示为 $A\xrightarrow{+}B$；若变量 A 的变化使变量 B 在相反方向上变化，则为负极性，表示为 $A\xrightarrow{-}B$。

b. 确定因果回路的极性。因果回路若包含偶数个负的因果链，则其极性为正；若包含奇数个负的因果链，则其极性为负。极性为正的因果回路也称正反馈回路，极性为负的因果回路也称负反馈回路。

c. 注明因果链中的主要延迟，明确表示负因果回路的目标等。

生态环境规划是对社会经济环境复合系统进行调控。在这个复合系统中，各类要素通过生产—消费—还原等过程发生关联。任一要素行为的改变，必将直接或间接影响其他要素，发生联动效应。以水资源为例（图 5-5），人口规模和供水量代表了可由系统外部控制的社会经济变量，对这些可控变量调节通过系统内部反馈回路传递，使水资源供需约束空间张弛变化。

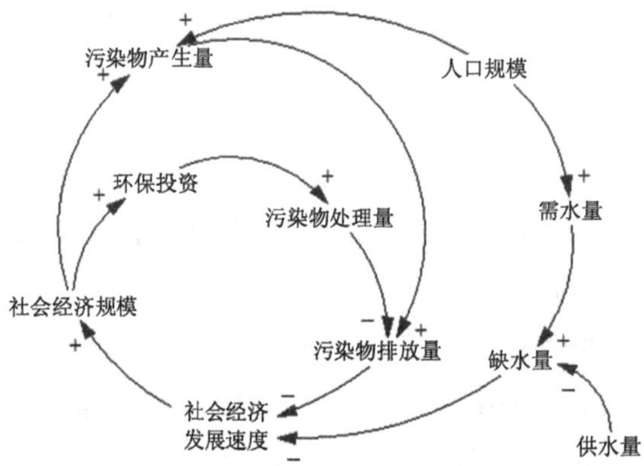

图 5-5 水-经济-社会-环境复合系统的因果关系回路图

（3）存量流量图

存量和流量是系统动力学中的一个核心概念。如果没有存量和流量，就无法模拟反馈回路随时间而变化的过程。存量流量图是在因果回路图基础上进行绘制的。在绘制存量流量图之前，要收集整理有关系统各要素及其相互关系的数据资料，查清各个环节中存量的意义，进一步分析因果回路图并作出必要的补充和完善，使之能完整地显示出系统应用的因果关系和各模块的正确衔接结果，又能正确地反映出系统中诸要素数学意义和数量关系。

存量流量图绘制是为了建立变量之间数学关系来量化模型。在存量流量图中，存量是累积量，表征系统状态，用矩形代表（象征“容器”）；流量是速率量，表征存量变化速率，流入量用箭头指向存量的管道代表（象征“加入”），流出量用箭头指向离存量的管道代表（象征“减少”）。

绘制存量流量图应该遵循以下原则：每个反馈回路至少有一个存量；只有流量能够改变存量；一般情况下，存量为系统提供信息，而这信息会用于改变速率变量，表示根据系统状态进行决策，并对系统进行控制。

Vensim 是由美国 Ventana Systems Inc.开发的系统动力学建模软件，通常很多研究会采用 Vensim DSS 来绘制存量流量图（系统动力学模型流图）。图 5-6 是某地区水-经济-社会-环境系统的存量流量图。箭头指示“信息”在变量间的传递方向，存量变化是流入量和流出量的结合，可以用数学公式表征为

$$\text{Stock}(t)=\int_{t_0}^{t}\left[\text{Inflow}(t)-\text{Outflow}(t)\right]\mathrm{d}t+\text{Stock}(t_0) \tag{5-27}$$

式中：Stock（t）为 t 时刻存量的数量；Inflow（t）为流入量；Outflow（t）为流出量；Stock（t_0）为初始刻存量的数量。

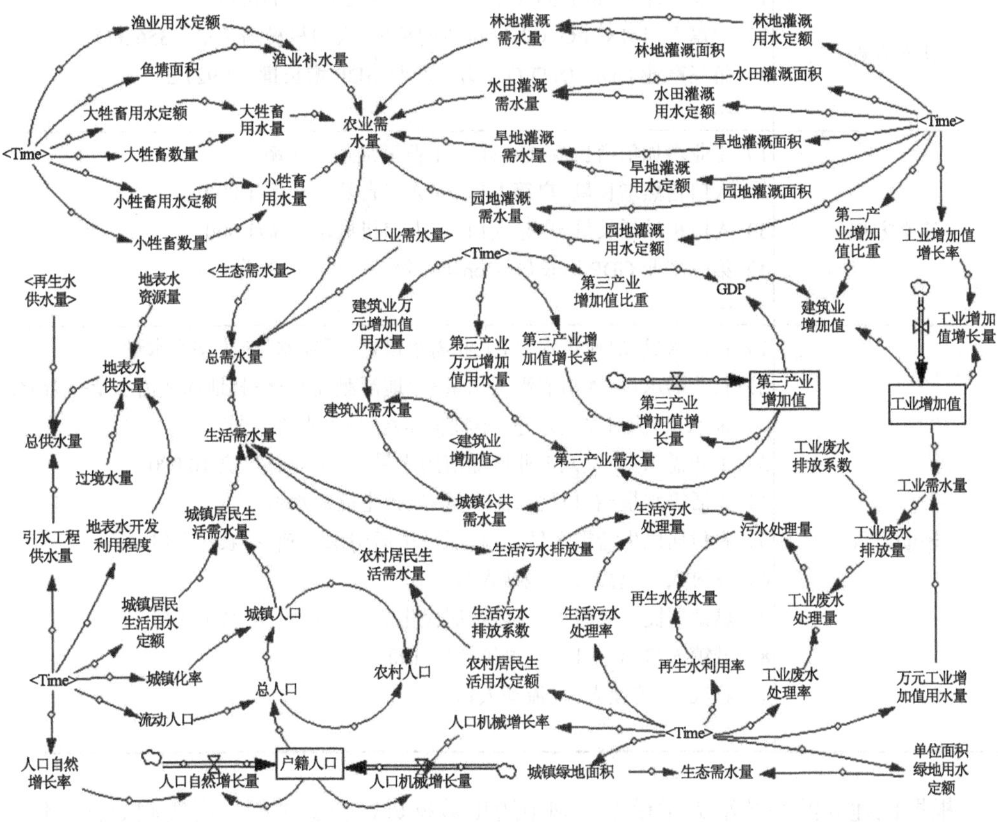

图 5-6　水-经济-社会-环境系统的存量流量图

在一般的存量图中都会包含辅助变量和常量。常量是在研究期间保持不变或者变化甚微的量，一般为系统中局部目标或标准；辅助变量是用来描述决策过程中状态（存量）变量和速率变量之间信息传递和转换过程中间变量。在存量流量图绘制过程中要区别对待不同性质的变量，然后将它们之间的相互关系整理清楚。除了建立起存量、流量及其关系，还要建立辅助变量和常量，并与系统结构相对应。

（4）系统模拟与预测

基于存量流量图列出相应的系统动力学方程，包括状态方程、速率方程、辅助变量方程。结合系统实际，对模型参数进行估计，使模型更接近于实际系统。表 5-2 是某地区水资源开发利用系统的动力学模拟模型（部分）。

表 5-2 某地区水资源开发利用系统的动力学模拟模型（部分）

模型类型	数学方程
状态方程	1）工业增加值=INTEG（工业增加值增长量，2 110.4） 2）户籍人口=INTEG（人口自然增长量+人口机械增长量，356.37） 3）第三产业 GDP=INTEG（第三产业 GDP 增长量，1 927.05） ……
速率方程	1）工业增加值增长量=Const × 工业增加值增长率 2）人口自然增长量=户籍人口 × 人口自然增长率/1 000 3）人口机械增长量=户籍人口 × 人口机械增长率/1 000 4）第三产业 GDP 增长量=Const × 第三产业 GDP 增长率 ……
辅助方程	1）总需水量=农业需水量+工业需水量+生活需水量+生态需水量 2）农业需水量=水田灌溉需水量+旱地灌溉需水量+林地灌溉需水量+园地灌溉需水量+大牲畜需水量+小牲畜需水量+渔业补水量 3）工业需水量=万元工业增加值用水量 × 工业总产值/10 000 4）生活需水量=农村生活需水量+城镇生活需水量 5）农村居民生活需水量=农村居民生活用水定额 × 农村人口 6）农村人口=总人口–城镇人口 7）城镇居民生活需水量=城镇居民生活用水定额 × 城镇人口 8）城镇人口=总人口 × 城镇化率/100 9）总人口=户籍人口+流动人口 ……

根据已建立的系统动力学模型，利用历史数据进行仿真模拟，用实测数据与仿真数据进行比对，根据模型精度要求，对系统模型进行检验与修正。具体修正可以从系统结构、系统运行参数、策略、系统边界（时间和空间）等角度入手，使模型的精度达到预期效果。

利用已修正或率定的系统动力学仿真模型，根据预测情景条件，预测各类状态变量的变化。

5.3　水环境模拟与预测

在水污染防治规划中，不仅需要了解水环境现状，而且还需要知道水环境未来可能发生的变化趋势，特别是规划水平年随着社会经济发展，污染物排放负荷增长或削减，水环境质量必然会发生一定变化。因此，需根据当前污染负荷排放及水质现状、污染物迁移转化规律及今后的污染源发展情况来预测未来水体质量变化，结合水环境质量控制目标，有针对性地采取必要措施，防患于未然。

5.3.1　水污染负荷预测

污染负荷预测是水环境预测的前提，也是污染物总量控制的前提。关于污染负荷预测方法较多，前文一般预测方法中提到的统计预测、系统动力学仿真预测、投入产出预测等方法都可以用来开展污染负荷预测。下面介绍生态环境规划中一般的污染负荷预测方法。

（1）废水量预测

废水量预测一般包括工业废水量与生活污水量预测。常用的简便预测方法是采用系数法进行预测，即根据废水排放系数及规划水平年产业发展水平及人口规模。

1）工业废水量预测

$$W_t = W_0(1+r_w)^t \tag{5-28}$$

式中：W_t为某水平年工业废水排放量；W_0为基准年工业废水排放量；r_w为工业废水排放量年均增长量；t为基准年与某水平年的时间间隔。

工业废水排放量年均增长量 r_w 的确定是采用该方法的关键。如果资料比较完善，则可用统计回归方法求出 r_w；如果资料不太完善，则可结合经验判断方法求出 r_w。为了使预测结果比较准确，一般采用滚动预测方法。

工业废水排放量也可以用系数法进行预测：

$$W_t = K_t \cdot D_0(1+r_d)^t \tag{5-29}$$

式中：D_0为基准年工业总产值；r_d为工业总产值年均增长量；K_t为预测年单位产值废水排放量，K_t可用生长曲线法进行预测，也可用工业生产循环用水率来预测：

$$K_t = K_0\frac{1-\eta_t}{1-\eta_0} \tag{5-30}$$

式中：K_0为基准年单位产值废水排放量；η_t与 η_0分别为预测年与基准年工业循环用水率。

2）生活污水量预测

$$Q_t = 0.385A_tF = 0.385A_0(1+P)^tF \tag{5-31}$$

式中：Q_t为规划水平年生活污水量，万 t；A_t、A_0分别为预测年及基准年人口数，万人；P为人口增长率；F为人均生活污水量，L/（d·人）。

预测年份人均生活污水量也可用人均生活用水量转换。生活用水量可以参照国家标准《城市居民生活用水量标准》（GB/T 50331—2002）。规划水平年的人口可采用地方人口中的规划量，也可以根据人口增长率计算获得。

（2）污染负荷预测

当前，我国主要污染负荷预测仍围绕着总量控制指标，如 COD、氨氮、总磷。对于不同区域，也可以增加对其他特殊因子预测。污染负荷预测仍按污染源来开展，包括工业污染源、生活源、农业面源等。

1）工业污染源

工业污染负荷排放量计算：

$$W_t = W_0 + \left(q_t - q_0\right)C_s \times 10^{-2} \tag{5-32}$$

式中：W_t为预测年份工业污染源排放的某污染物量，t；q_t和q_0分别为预测年与基准年工业废水排放量，$10^4 m^3$；C_s为含某污染物废水工业排放标准，mg/L；W_0为基准年某污染物排放量，t。

如果区域污染物基准年排放浓度低于排放标准，预测年份增加的污水所携带的污染物量仍按排放标准计算，其结果必然偏大。因此，当某污染物基准年均浓度大于排放标准时，按排放标准（C_s）计算总量，当平均浓度低于排放标准时，用平均浓度（C_0）计算总量。

由于工业废水平均浓度随着产业结构变化及污水处理水平提升，存在较大的不确定性。因此有些规划根据调查得到的各行业污染物排放与产值关系，建立起基于单位产值的排放模型，即可采用单位产值排放强度来进行预测：

$$W_{it} = \alpha D^{\beta} \tag{5-33}$$

式中：W_{it}为预测年份某污染物排放量；D为工业产值（分行业）；α、β为系数，与行业特点有关，可以用统计回归等方法求得。

如果仅有一两年的污染源调查数据，又只知道工业发展综合目标（工业生产总值增长），则只能采用概略预测方法：

$$W_{it} = TA_0D_t = (1+r_D)^t A_0D_t \tag{5-34}$$

式中：W_{it}为排污量；T为排污量随时间递减系数；A_0为基准年万元产值排污量；D_t为预测年工业总产值；r_D为因技术进步等因素造成的万元排污量递减率，一般用经验判断法来确定，也可以根据统计资料进行回归分析得到。

2）生活污染源

生活污染物排放可根据生活污水中各类污染物的平均浓度、生活污水的排放量进行预测。具体计算为

$$W_{dt} = A_0(1+P)^t \cdot K \tag{5-35}$$

$$W_{dt} = 0.385A_0(1+P)^t F \cdot C \tag{5-36}$$

式中：W_{dt}为预测年份生活污染源排放的某污染物量；A_0为基准年的人口数；P为人口增长率；K为人均某污染物（COD、BOD、氨氮等）排放量；F为人均生活污水量；C为生活污水中某污染物排放平均浓度，一般根据污水处理水平加权得到平均浓度进行计算。

3）面源污染负荷预测

面源污染来源复杂、机理模糊，具有随机性、滞后性、不易监测等特点，对其进行定量化核算和预测一直是规划的难点。自 20 世纪 60 年代以来，研究者提出了多种面源污染负荷核算方法，包括经验统计法和机理模型法两大类。经验统计方法包括输出系数法（Export Coefficient Method，ECM）、污染分割法、降水量差值法等。还有一些机理模型法，包括 GWLF 模型、PLOAD 模型。另外，结合水质模拟的还有分布式模型，如 SWAT 模型、AnnAGNPS 模型、SWMM 模型等。

经验统计模型不涉及污染物具体转化机理，简化了迁移、流失等复杂环境过程，仅与源数据输入和模型设计的运算模式有关系。该模型优点是对数据需求量较少，并能够快速简便地计算出流域出口或者区域总污染负荷量，表现出较强实用性和一定的准确性，较大程度上可提高资料可收集度和工作的可操作性，因此在数据信息量比较少，而面源污染控制不是规划重点条件下，通常采用经验统计模型，最常用的为输出系数法。本书 4.1.2 节根据排污系数法给出了农业面源污染负荷核算方法，则可通过对预测年份农业生产水平预测，采用合适的排污系数，估算预测年排放水平。

经验统计模型方法除排污系数法外，也有一些采用输出系数法，该方法与排污系数法类似，只是预测时其他参数选择不同，例如，下式就是针对不同土地利用类型面源污染负荷输出强度的计算公式：

$$L = \alpha \sum_{i=1}^{n} \lambda_i E_i \left[A_i(I_i) \right] \tag{5-37}$$

$$\alpha = \frac{M_i}{\bar{M}} \tag{5-38}$$

式中：L为污染物输出量；α为降雨影响系数；λ_i为流域损失系数（流域损失系数=污染物入河系数×污染物降解系数）；E_i为第 i 种污染物输出系数；A_i为预测年第 i 类土地利用类型的面积或第 i 类畜禽数量或第 i 类水产养殖数量或者人口数量；I_i为第 i 种污染物输入量；M_i为第 i 年流域污染物负荷量；M为流域多年平均污染物负荷量。

面源污染预测机理模型法在考虑径流、降水、蒸发等多个环境要素影响下，通过模拟面源污染物进入环境后迁移、转化、入河等一系列复杂过程，并定量描述在不同土地利用类型下农业面源污染物流失机理，预测污染入河负荷量及其对水环境影响。但是机理模型对基础资料要求较高，运行参数众多，不利于资料缺乏的条件下应用。

下面简要介绍半分布式半经验面源污染负荷模型，将面源污染负荷与水质影响相结合的分布式模型将在本书的5.3.3节进行介绍。

①GWLF（Generalized Watershed Loading Functions）模型

GWLF 模型是半分布式、半经验式的流域负荷模型，主要以月步长形式模拟流域内不同土地利用类型产生的径流量、土壤侵蚀量和氮磷营养盐负荷。模型将整个流域视为一个单一单元，并不对流域进行空间划分，仅对所有土地利用地区的负荷量进行简单加和。

GWLF 模型采用 SCS 曲线方程对地表径流进行计算模拟。利用改进的 USLE 方程计算进入水体中的土壤侵蚀产生量。对于污染负荷模拟，GWLF 模型将进入水体的污染物按形态分为溶解态污染物和颗粒态污染物。溶解态污染负荷来源包括点源、农村径流和地下水，颗粒态污染负荷来源包括农村径流和城市径流。GWLF 采用负荷方程将溶解态和颗粒态污染物与流量联系起来。

GWLF 模型能够利用地理信息系统技术（GIS）和遥感技术（RS）提供的空间数据，在中等尺度流域的范围内进行非点源污染负荷估算。GWLF 对数据要求比较低，只需要土地利用信息、土地覆盖、土壤、径流参数、土壤侵蚀和营养物负荷等，同时模型参数量少、模拟过程相对简单等且模型不需要校准。

②PLOAD（Pollutant Loading Estimator）模型

PLOAD 模型是基于 GIS 的流域非点源污染负荷模型，主要在年尺度上分析流域非点源的负荷量情况。PLOAD 模型所需数据分为 GIS 数据（包括流域边界数据和土地利用类型数据）和表格形式的数据，输入数据以文件形式传递给模型进行计算。PLOAD 能够计算各种污染物负荷，包括 TSS、溶解性总固体（TDS）、COD、BOD、N、P 等，计算负荷量时根据不同土地利用类型进行分类统计计算。

PLOAD 模型具有众多优点，使其在许多区域得到广泛应用。该模型计算方法简单、易于理解、操作简便，而且计算结果可视化效果好；同时又能与 BMP 模型结合，可通过情景预测为非点源污染控制措施的制定提供依据。

5.3.2 水环境质量模拟

在流域水污染防治规划、水体达标规划或水环境容量估算中，一般需要对污染物进入水体后的水质影响进行模拟与预测，分析水质变化趋势及达标的可行性，为水污染控制措施制定提供依据。

一般在开展水环境模拟与预测时，必须收集水质、水文、气象、污染源等基础信息，在某种程度上，这些信息量的大小和信息的真实程度将决定水质预测结果可靠性。如果现有资料不足时，还需进行一些现场调查和野外监测。

在拥有大量可靠信息基础上，建立水质预测模型开展水质模拟。一般来说，水质预测模型按模型性质可分为黑箱模型、白箱模型和灰箱模型；按建模方法和变量特点，可分为确定性模型和随机性模型；按模型描述的系统是否具有时间稳定性，可分为稳态模型和非稳态模型；按反应动力学性质，可分为纯输移模型、纯反应模型、生化模型、生态模型等；按使用管理角度，可分为江河模型、河口模型、湖泊与水质模型、海洋模型等。下面介绍规划研究中常用的水质模型。

（1）常规水质模型

根据水体特征及系统参数空间分布特征，水质模型可分为零维水质模型、一维水质模型、二维水质模型和三维水质模型，下面介绍前 3 种模型。

1）零维水质模型

零维水质模型又称混合稀释模型，适用于持久性污染物连续稳定排放且水体充分混合后的稳态河流中断面平均水质预测。一般河水流量与污水流量之比大于 10～20 或不需考虑污水进入水体的混合距离，均可采用零维模型。

零维模型的控制方程为

$$C=\frac{C_p \cdot Q_p + C_h \cdot Q_h}{Q_p + Q_h} \tag{5-39}$$

式中：C 为污染物浓度，mg/L；C_p 为污染物排放浓度，mg/L；Q_p 为污水排放量，m^3/s；C_h 为河流上游污染物浓度，mg/L；Q_h 为河流流量，m^3/s。

2）一维水质模型

一维模型适用于以下条件：宽浅河段；污染物在较短时间内基本能混合均匀；污染物浓度在断面横向方向变化不大，横向和垂向污染物浓度梯度可以忽略。

对于单向河流中符合一级反应动力学降解规律的一般污染物，如有机毒物、COD 和氨氮等水质指标，在离散作用可忽略不计时，可采用一维稳态水质模型：

$$C = C_0 \cdot e^{-\frac{Kx}{u}} \tag{5-40}$$

式中：C 为污染物浓度，mg/L；C_0 为上游污染物初始浓度，mg/L；K 为污染物综合降解系数，s^{-1}；u 为断面流速，m/s；x 为河流纵向长度，m。

除一维稳态水质模型外，其他一维水质模型还包括 Streeter-Phelps（S-P）模型和修正的 Streeter-Phelps（S-P）模型（如欧康奈尔模型）等。S-P 模型是最早的水质模型，其主要假设为：溶解氧（DO）浓度仅取决于 BOD 反应与复氧过程，并认为有厌氧微生物参与 BOD 衰变反应符合一级反应动力学；水中溶解氧减少是由于含碳有机物在 BOD 反应中被细菌分解引起的，与 BOD 降解有相同速率；由于氧亏和湍流而引起复氧，复氧速率与水中氧亏成正比。由以上假设得出 BOD-DO 耦合方程为

$$\frac{\partial L}{\partial t}+u\frac{\partial L}{\partial x}=D\frac{\partial^2 L}{\partial x^2}-K_1L \tag{5-41}$$

$$\frac{\partial C}{\partial t}+u\frac{\partial C}{\partial x}=D\frac{\partial^2 C}{\partial x^2}-K_1L+K_2\left(C_s-C\right) \tag{5-42}$$

式中：L 为河水中 BOD 浓度，mg/L；C 为河水中 DO 浓度，mg/L；U 为河流流速，m/s；C_s 为河水中饱和溶解氧浓度，mg/L；D 为弥散系数，m^2/s；K_1 为河水中 BOD 降解速度常数，s^{-1}；K_2 为河水复氧速度常数，s^{-1}。

S-P 模型修正形式较多，有 Thomas 修正、Dobbins-Camp 修正、O'Connor 修正。3 种修正具体见表 5-3。

表 5-3 S-P 模型修正形式一览表

修正形式	修正内容	模型
Thomas 修正	增加一项因其他因素如沉淀、悬浮、吸附及再悬浮等过程引起的 BOD 速率变化，系数为 K_3	$\frac{\partial L}{\partial t}+u\frac{\partial L}{\partial x}=D\frac{\partial^2 L}{\partial x^2}-(K_1+K_3)L$ $\frac{\partial C}{\partial t}+u\frac{\partial C}{\partial x}=D\frac{\partial^2 C}{\partial x^2}-K_1L+K_2\left(C_s-C\right)$
Dobbins-Camp 修正	添加因底泥释放和地表径流所引起的BOD变化。以 S_L 表示，同时考虑了藻类光合作用和呼吸作用引导起的溶解氧变化，以 P-R 表示	$\frac{\partial L}{\partial t}+u\frac{\partial L}{\partial x}=D\frac{\partial^2 L}{\partial x^2}-(K_1+K_3)L+\frac{S_L}{A}$ $\frac{\partial C}{\partial t}+u\frac{\partial C}{\partial x}=D\frac{\partial^2 C}{\partial x^2}-K_1L+K_2\left(C_s-C\right)+\left(P-R\right)$
O'Connor 修正	假定总的 BOD 是由含碳 BOD 和含氮 BOD 两项组成的，增加的 K_N 代表含氮 BOD 降解速度常数	$\frac{\partial L_c}{\partial t}+u\frac{\partial L_c}{\partial x}=D\frac{\partial^2 L_c}{\partial x^2}-(K_1+K_3)L+\frac{S_L}{A}$ $\frac{\partial L_N}{\partial t}+u\frac{\partial L_N}{\partial x}=D\frac{\partial^2 L_N}{\partial x^2}-K_NL_N$ $\frac{\partial C}{\partial t}+u\frac{\partial C}{\partial x}=D\frac{\partial^2 C}{\partial x^2}-K_1L_c-K_NL_N+K_2\left(C_s-C\right)+\left(P-R\right)$

3）二维水质模型

常用模型为河流二维稳态混合衰减水质模型。适用于流量较大、稀释扩散能力强、岸边水流相对平缓、横断面可概化为矩形且在排污口下游一定范围内形成污染带的河流。

河流二维对流扩散水质模型通常假定污染物浓度在水深方向是均匀的，而在纵向、横向是变化的。

河流二维水质模型控制方程为

$$C(x,z)=\frac{m}{hu\sqrt{\pi E_y \frac{x}{u}}}\exp(-\frac{z^2u}{4E_y x}-K\frac{x}{u}) \tag{5-43}$$

式中：C（x，y）为纵向距离 x 点、横向距离 y 点的污染物浓度，mg/L；M 为污染物排放速率，g/s；h 为断面水深，m；E_y 为污染物横向扩散系数，m^2/s；K 为污染物综合降解系数，s^{-1}；u 为断面流速，m/s；X 为河流纵向长度，m。

（2）综合水质模型软件

基于零维、一维、二维等水质模型，目前有一些成熟的水质模型软件来进行水质模拟及水环境容量估算。常用的水质模拟软件包括 WASP 模型、MIKE 模型、EFDC 模型 QUAL 模型、HEC-RAS 模型等。

1）WASP 模型

WASP（Water Quality Analysis Simulation Program）模型于 1983 年由 EPA Athens 实验室研究推出。模型以完全混合水体控制单元（segment）为研究对象（研究水体在纵向、横向和垂向上被分割为独立控制单元进行研究），控制单元内污染物迁移转化遵守质量守恒定律，通过模型内置数学方程进行计算求解。模型可以适用于河流、湖泊、河口、水库等多种稳态和非稳态水体，并对水体常规污染物（包括溶解氧、生物耗氧量、营养物质及海藻污染）、有毒污染物（包括有机化学物质、金属和沉积物）等进行浓度预测与动态分析，因而 WASP 模型在水环境质量模拟中得到了广泛的应用。

WASP 模型由两个独立的计算机程序水动力程序（DYNHYD）和水质程序（WASP）组成，两个程序可以联合运行，也可以独立运行。前者为模型的水动力学程序，为水质模拟提供流量、流速、河宽、水深等水文信息；后者为模型的水质程序，用于模拟水中各种污染物迁移转化规律与相互作用。同时，WASP 根据模拟物质不同，又被细分为富营养化子模块（EUTRO）、有毒物质模块（TOXI），以及随着模型发展衍生的汞（MERCURY）模块、温度（HEAT）模块。

①水动力程序

水动力程序在模型中用于水体水动力模拟。该程序以运动方程和连续方程为基础。其中，运动方程用于预测水体流速和流量，连续方程用于预测水位和河道体积。

运动方程为

$$\frac{\partial \mathrm{U}}{\partial t}=-U\frac{\partial U}{\partial x}+\alpha_{g,\lambda}+\alpha_f+\alpha_{\omega,\lambda} \tag{5-44}$$

式中：$\frac{\partial U}{\partial t}$为时变加速度；$U\frac{\partial U}{\partial x}$为位变加速度；$\alpha_{g,\lambda}$为沿渠道方向重力加速度；$\alpha_f$为阻力加速度；$\alpha_{\omega,\lambda}$为沿渠道方向的风加速度。

连续性方程为

$$\frac{\partial H}{\partial t}=-\frac{1}{B}\frac{\partial Q}{\partial x} \tag{5-45}$$

式中：$\frac{\partial H}{\partial t}$为水面高度随时间变化率；$\frac{1}{B}\frac{\partial Q}{\partial x}$为单位宽度体积变化率。

②水质程序

水质程序以平移-扩散质量迁移方程为基本方程，能描述任一水质指标的时空变化。对于任一无限小的水体，污染物质量平衡式为

$$\frac{\partial C}{\partial t}=-\frac{\partial}{\partial x}(U_xC)-\frac{\partial}{\partial y}(U_yC)-\frac{\partial}{\partial z}(U_zC)+\frac{\partial}{\partial x}\left(E_x\frac{\partial C}{\partial x}\right)+\frac{\partial}{\partial y}\left(E_y\frac{\partial C}{\partial y}\right)+\frac{\partial}{\partial z}\left(E_z\frac{\partial C}{\partial z}\right)+S_{\mathrm{L}}+S_{\mathrm{B}}+S_{\mathrm{K}} \tag{5-46}$$

式中：U_x、U_y、U_z为水体 3 个方向的流速；E_x、E_y、E_z为水体 3 个方向的扩散系数；C为污染物浓度；S_{L}为点源和非点源污染；S_{B}为边界污染物浓度；S_{K}为动力转换项。

WASP 模块中富营养化子模型以 POTOMAC 富营养化模型动力学方程为基础，对 NH_3-N（C1）、NO_3-N（C2）、无机磷（C3）、浮游植物（C4）、CBOD（C5）、DO（C6）、有机氮（C7）和有机磷（C8）8 个常规水质指标进行模拟计算。这 8 个水质指标并非独立的指标，在模型浮游植物动力学子系统、磷循环子系统、氮循环子系统和 DO 平衡子系统的串联下，各指标间可通过相互作用实现相互转化。指标间的相互转化关系如图 5-7 所示。

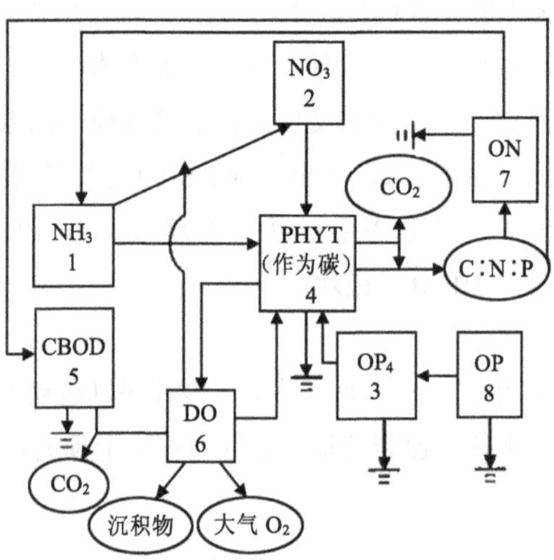

图 5-7　WASP 模型指标间的相互转化关系

程序中的 TOXI 模块主要对水体中有毒物质进行水质模拟。有毒物质包括有机污染物、大部分重金属及沉积物，通常一次可同时进行 1～3 种化学物质或 1～3 种颗粒物质模拟。由于污染物质在河流中迁移转化机制相对复杂，整个过程受到水体流动因素、气象因素和物质本身的一系列物理化学性质等影响。为保证模型运行效率，TOXI 模块所考虑的动力过程在实际过程的基础上进行了精简，主要包括转化、吸附和挥发 3 大物理过程及生物降解、水解、氧化还原等生物化学过程。其中，吸附作用是一个包括 DOC 吸附、固体吸附在内的可逆平衡过程。

WASP 模型在国内外水环境研究中得到了广泛应用。在应用过程中，模型对不同水体均具有良好适应性，且对各种水质过程的刻画较为详细，模拟结果精度与精确度均较高。因此，模型在水体富营养化研究、水体重金属与有毒物质浓度模拟、水环境管理等方面得到了较广应用。

2）MIKE 模型

MIKE 模型由丹麦水动力研究所（DHI）开发，包括 MIKE 11、MIKE 21、MIKE FLOOD、MIKE URBAN、MIKE BAISIN、MIKE SHE 等系列软件。MIKE 系列软件在业界具有较高的应用率和认可度，该软件可应用于众多水环境和生态系统模拟，维度从一维到三维，如城市和流域降雨产流过程、河流河口模拟等。同时兼具功能强大、界面友好、模拟计算快速准确等特点，得到了广泛的应用。

MIKE 11 是一维水环境模拟软件，其在水质、水流和泥沙的输运等问题中都得到了较广应用；MIKE 21 是二维水环境模拟软件，常用于模拟河流、河口及海洋的泥沙、水流及环境场；MIKE URBAN 是城市地表产汇流和管网模拟软件，有全面的供排水管网模型，可以用来计算有压和无压管道水流情况。MIKE FLOOD 包括完整的一维及二维洪水模拟引擎，基于 FLOOD 平台可以将 MIKE 11 或 MIKE URBAN 与 MIKE 21 3 种模型行耦合，实现模拟城区排水在管网中和在地表可能出现的积水处水流情况，以及对洪水，海洋风暴和堤坝决口等问题的模拟。MIKE BASIN 适用于流域或区域尺度，基于 GIS 进行水资源规划和管理的工具软件，用于解决地表水产汇流及水质模拟等问题。MIKE SHE 能够模拟许多水文循环过程，常用于流域管理、洪泛区研究、环境评估、地表水和地下水的相互影响等。

下面以 MIKE11 为例介绍模型结构与基本原理。

MIKE 11 是一维水动力学模型，是具有水流、水质和泥沙等多功能水环境数值模拟软件，在水环境质量模拟中应用较多。模型以圣维南（Saint-Venant）方程组为理论基础，可以与 DHI 开发的其他软件进行交互运用。MIKE 11 的水质模拟模块方程为

$$\frac{\partial C}{\partial t} = E_x \frac{\partial^2 C}{\partial x^2} - \overline{u} \frac{\partial C}{\partial x} - K_1 L_c + K_2 \left(C_s - C\right) - S_R \tag{5-47}$$

$$\frac{\partial L_c}{\partial t}=E_x\frac{\partial^2 L}{\partial x^2}-\overline{u}\frac{\partial L}{\partial x}-(K_1+K_3)L+L_A \tag{5-48}$$

式中：L 为河水中 BOD 浓度；C 为河水中 DO 浓度；$\overline{u}$ 为河流流速；C_s 为河水中饱和溶解氧浓度；E_x 为沿河扩散系数；K_1 为河水中 BOD 降解速度常数；K_2 为河水复氧速度常数；X 为横断面沿程距离；S_R 为由水生生物光合作用、呼吸作用和河床底泥耗氧等引起的 DO 增减率；L_A 为当地径流或吸着有机物的底泥重新悬浮引起的 BOD 增减率。

MIKE 11 的主要模块有水动力（HD）模块、降雨径流（RR）模块、非黏性泥沙输运（ST）模块、对流扩散（AD）模块、水质（ECO Lab）模块等。MIKE 11 模型各模块的研究范围、功能和基本原理见表 5-4。其中，HD 模块为其他模块提供计算基础，即 HD 模块是 MIKE11 软件中最重要的模块。HD 模块基于一维 Saint-Venant 方程，并采用 Abbott 六点隐式差分格式进行求解，模拟得到各河道断面、各个时刻水位和流量等水文要素信息。这样通过方程组求解有利于保证模型的稳定性和计算精度。MIKE 11 可以与 GIS 文件数据交互，并能够与 MIKE SHE、MIKE 21、MIKE URBAN 进行耦合计算。

表 5-4 MIKE 11 模型各模块的研究范围、功能和基本原理

模块名称	研究范围	功能	基本原理
HD 水动力模块	研究某一流域内河道的非连续性水流运动规律的模型	结果可以对河道水流运动的基本特征进行描述	对圣维南方程组即一维非恒定流方程组求解
RR 降雨径流模块	研究模拟流域内的降雨-径流过程	计算结果作为旁侧入流进入 HD 模块的河网中	包括 NAM 法、UHM 法、SMAP 方法等
ST 非黏性泥沙输运模块	泥沙输运及河床演变研究	将河床阻力和断面改变反馈给水动力模拟	计算分级泥沙输运分布和颗粒尺寸分布
Load 污染负荷计算模块	应用于农业、畜禽、工业及生活等多种污染源	点源/非点源污染物负荷估算	可根据时间进行污染负荷分配及根据距离进行污染物衰减
AD 对流扩散模块	水体中的可溶性物质和悬浮物质对流扩散过程模拟	能精确计算较大浓度梯度、模拟黏性泥沙的侵蚀和沉积	求解溶解物或悬浮物的对流扩散方程
ECO Lab 水质模块	用于河流、湿地、湖泊、水库等水质模拟	可与 MIKE 11 的 HD、AD 模块集成计算	按实际需求自定义多种污染物质，并定义相应的降解速率进行模拟
FF 洪水预报模块	河流洪水预报	预测河流系统内各处的水位和流量	根据设定的未来气象资料河流模型边界处的未来变化模拟

MIKE 11 因为具有多个模块，所以在一维水环境模拟和其他领域都得到了较广泛的应用。由于进行一维模拟所需时间较短，且模拟精度很高，具有丰富多样结果展示方法，

易于理解。目前该模型在国内外被广泛用于各流域管理，包括防洪、水资源保护、大坝安全评估、湿地功能量化及控制结构优化。但 MIKE 11 模型不能进行二维水流模拟，且难以进行不确定流模拟。在一些特殊水体如海洋，水环境模拟也较为困难。同时因为条件限制，对于水流参数要做较多概化工作。

3）EFDC 模型

EFDC（Environmental Fluid Dynamics Code）模型是由威廉玛丽大学维吉尼亚海洋科学研究所（Virginia Institute of Marine Science at the College of William and Mary，VIMS）的 John Hamrick 等开发的三维地表水水质数学模型，可实现河流、湖泊、水库、湿地系统、河口和海洋等水体的水动力学和水质模拟，是一个多参数有限差分模型。经过近 20 年的发展和完善，该模型已在大学、政府机关和环境咨询公司等组织中被广泛使用，并成功用于美国、欧洲和其他国家 100 多个水体区域的研究，在我国云南滇池、重庆、密云水库、内蒙古乌梁素海地区等区域的水质、水动力、营养物模拟中得到了广泛应用。

EFDC 模型包括水动力、水质、泥沙等模块（图 5-8）。该模型的计算原理和方法类似于美国陆军工程团的 Chesapeake 河口模型和 Blumberg-Mellor 模型。模拟计算过程中首先完成流场计算，获得三维流速场的时空分布特征，在此基础上计算泥沙迁移、冲淤作用，进而模拟受黏性泥沙吸附影响的各水质变量动态变化过程。对非等密度流体运用三维、垂直静压力、自由表面、紊流平均的动量平衡方程。模型在水平方向采用正交曲线坐标和笛卡尔坐标系，垂直方向采用 sigma 坐标，可以较好地拟合固定岸边界和底部地形。在水动力计算方面，动力学方程采用有限差分法求解，水平方向采用交错网格离散，时间积分采用二阶精度的 3 层时间步长有限差分法，以及内外模式分裂技术，沿水深积分长波重力波的外模式和与垂直流结构相联系的内模式。

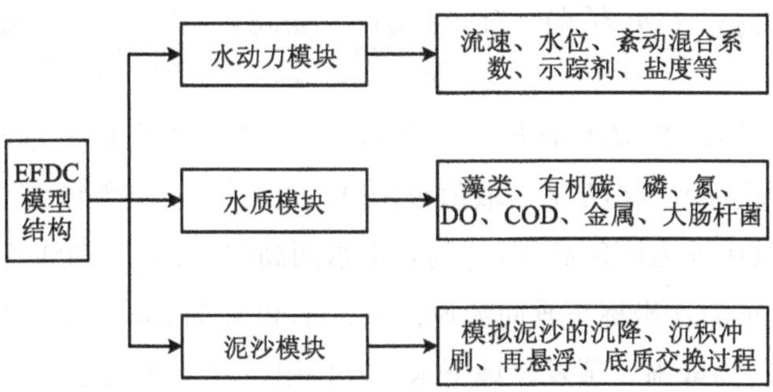

图 5-8 EFDC 模型结构示意图

EFDC 水动力模块输出变量可直接与水质，底泥迁移和毒性物质等模块耦合，作为物质运移的驱动条件。EFDC 泥沙模块可进行多组分泥沙模拟。根据在水体里面迁移特征把泥沙分为悬移质和推移质，可根据物理或经验模型模拟泥沙的沉降、沉积、冲刷及再悬浮等过程。EFDC 水质模块主要模拟水体中以藻类生长为中心的各变量间的相互关系。而底质模块模拟沉积物与水体之间物质交换过程，其中有毒污染物模拟则需要针对特定有毒污染物提供具体反应过程，设定反应系数。

EFDC 模型基于三维水动力学方程，在水平方向采用曲线正交坐标系，垂直方向采用坐标变换，主控方程如下。

①连续性方程

$$\frac{\partial m\zeta}{\partial t}+\frac{\partial(m_y H_u)}{\partial x}+\frac{\partial(m_x H_v)}{\partial y}+\frac{\partial(mw)}{\partial z}=Q_H \tag{5-49}$$

②动量方程

$$\begin{gathered}\frac{\partial(mH_u)}{\partial t}+\frac{\partial(m_y H_{uu})}{\partial x}+\frac{\partial(m_x H_{vu})}{\partial y}+\frac{\partial(mwu)}{\partial z}-\left(mf+v\frac{\partial m_y}{\partial x}-u\frac{\partial m_x}{\partial y}\right)H_v\\=-m_y H\frac{\partial(g\zeta+P)}{\partial x}-m_y\left(\frac{\partial h}{\partial x}-z\frac{\partial H}{\partial x}\right)\frac{\partial p}{\partial z}+\frac{\partial}{\partial z}\left(m\frac{1}{H}A_v\frac{\partial u}{\partial z}\right)+Q_u\\\frac{\partial mHv}{\partial t}+\frac{\partial(m_y Huv)}{\partial x}+\frac{\partial(m_x Hvv)}{\partial y}+\frac{\partial(mwv)}{\partial z}+\left(mf+v\frac{\partial m_y}{\partial x}-u\frac{\partial m_x}{\partial y}\right)H_u\\=-m_x H\frac{(g\zeta+P)}{\partial x}-m_x\left(\frac{\partial h}{\partial y}-z\frac{\partial H}{\partial y}\right)\frac{\partial p}{\partial z}+\frac{\partial}{\partial z}\left(m\frac{1}{H}A_v\frac{\partial v}{\partial z}\right)+Q_v\end{gathered} \tag{5-50}$$

③状态方程

$$\begin{gathered}\rho=999.843+(6.794\times10^{-2}\theta-9.095\times10^{-3}\theta^2+1.002\times10^{-4}\theta^3-\\1.120\times10^{-6}\theta^4+6.536\times10^{-9}\theta^5)\end{gathered} \tag{5-51}$$

④浓度运输方程

$$\frac{\partial(mH\phi)}{\partial t}+\frac{\partial(m_y H_u\phi)}{\partial x}+\frac{\partial(m_x H_v\phi)}{\partial y}+\frac{\partial(mw\phi)}{\partial z}=\frac{\partial}{\partial z}\left(m\frac{1}{H}A_b\frac{\partial\phi}{\partial z}\right)+Q_\phi \tag{5-52}$$

为适应实际边界，通常水平方向采用 x，y 正交曲线坐标，垂向采用 σ 坐标系：$z=(z^*+h)/H=(z^*+h)/(\zeta+h)$，$z$ 取值范围[0，1]；z^*为 σ 转换前实际的垂向物理坐标，总深度 $H=h+\zeta$，其中 h 为底床高程，ζ 为自由水面高程；u 和 v 曲线正交坐标系下 x 和 y 方向的流速分量；w 为 σ 坐标下垂向流速；m_x、m_y 和 m 为 Jacobian 曲线正交坐标转换系数，$m=m_x m_y$；Q_H 为降雨、蒸发、地下水相互作用、取水或点源和非点源入流；p 为相对静水压力；f 为柯氏力参量；A_v 为垂向紊流黏滞系数；Q_u 和 Q_v 为动量源汇项；A_b 为垂向紊动扩散系数；Q_ϕ为源汇项；ϕ 为某种水质组分浓度。

EFDC 模型水动力模块是用于描述水体的水文特征、流场变化的数学模型，计算流速、示踪剂、温度、盐度、近岸羽流和漂流，对各类水环境都有很强的适应性，能够模拟河流、湖泊的动力学过程。在河口海岸区域主要用于盐度入侵和潮汐模拟，在湖库和河流等水体中主要用于流速场、温度及示踪剂模拟。同时 EFDC 也提供了与 WASP 等软件的接口，输出可供水质模拟使用的.HYD 文件。

EFDC 模型将水质指标中的温度、盐度列入水动力模块部分，水质模块源于 CE-QUAL-ICM 模型。与广泛使用的 WASP 模型的水质模块相比，EFDC 能够模拟 21 个水质指标，如将浮游植物细化为 4 个指标，包括蓝藻、硅藻、绿藻和静态藻类。不过很多学者在进行水质模拟时也常将它与 WASP 等其他模型耦合。GIS 技术以其强大的空间数据建模和分析功能也运用到了水环境模拟领域，基于 GIS 地理信息系统建立 WASP 与 EFDC 耦合水质模型，可以实现高效的数据流程和数据分析能力。

EFDC 模型的泥沙模块将沉积物分为黏性和非黏性泥沙，可以模拟多组分泥沙运输，能够模拟黏性泥沙的悬移、絮凝、沉降、沉积和固结过程。对于非黏性泥沙，模型主要研究临界剪切流速从而分析泥沙运动状态。

4）QUAL 模型

QUAL 模型假设在河流中物质的主要迁移方式是平移和弥散，且认为这种迁移只发生在河道或水道的纵轴方向上，因此是一维水质综合模型，其基本方程是一个平移-弥散质量迁移方程，同时考虑了水质组分间的相互作用及组分外部源汇入对组分浓度的影响。

QUAL 模型系列中最初的完整模型是美国得克萨斯州水利发展部（Texas Water Development Board）于 1971 年开发完成的 QUAL-Ⅰ模型，它是具有综合性和多样性的河流水质模型，利用计算机对天然变化的水体进行一系列模拟，使动态变化水体系统在模拟时简单明了。后来 SEMCOG 和美国水资源工程公司合作推出了 QUAL-Ⅱ，Tufts 大学土木工程系和 EPA 水质模型中心（CWQM）环境研究实验室合作又对之前的版本进行了修改，形成了 QUAL2E（2.2 版）、QUAL2E（3.0 版）。2003 年，美国国家环境保护局推出了一个综合性、多样化的流域综合水质模型，其前身是经过多年发展的 QUAL2E，经过多次修订与增强，形成了 QUAL2K，成为国外河流水质模拟及河流规划管理实践中最广泛应用的模型之一。模型既可以用作稳态模拟，也可以用作时变的动态模拟；不仅可用来研究入流污水负荷对受纳水体水质的影响，而且可用来研究非点源污染问题。

QUAL2K 基本模型假设：①河流河段可分成一系列连续的一维计算单元水体，且各个单元水体内污染物混合均匀；②单元水体内污染物沿水流方向平流迁移，紊流和扩散等作用均发生在主流方向，与浓度梯度一致；单元内流量和旁侧入流不随时间变化；③相同的单元水体内具有相同的水力特性（坡度、过流面积和糙率）与生化反应速率、沉降速率等；④单元水体内生物转化反应和沉降过程符合一级反应动力学方程。

QUAL2K 模型整体遵循流量平衡方程，包含水动力模块和水质模块。QUAL2K 模型需将流域干支流河网划分为一系列恒定的非均匀流河段，再将每个河段划分为若干等长计算单元，采用 Shreve-Smart 分级法定义河网的拓扑关系，实现整个流域的同步水质求解（图 5-9）。

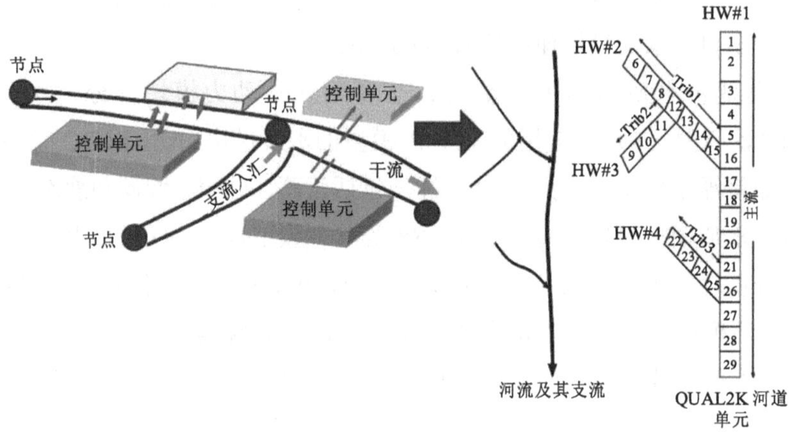

图 5-9 河道单元划分示意图

每个模拟河段适用的稳态流量平衡方程为

$$Q_i = Q_{i-1} + Q_{\text{in},i} - Q_{\text{ad},i} \tag{5-53}$$

式中：Q_i 为河段 i 的流出量，是河段 i+1 的流入量；Q_{i-1} 为从上游河段 i−1 流入的流量；$Q_{\text{in},i}$ 为点源和非点源流入河段 i 的总流量；$Q_{\text{ad},i}$ 为通过出水口流出河段 i 的总流量。

QUAL2K 模型中运用水动力子模型开展水力模拟。主要采用的方式为流量关系曲线、曼宁方程等。

QUAL2K 水质模型非常适用于树枝状河流系统的水质模拟。允许沿河多个点源废水排放、面源汇入、取水、支流流入和沿程流量变化，模拟各类污染物质排放量和具体排放位置对受纳水体水质的影响。模型可按用户希望的任意组合方式模拟 21 种水质组分，包括水温、电导率、无机颗粒物、DO、快反应 CBOD、慢反应 CBOD、有机氮、氨氮、硝酸盐氮、有机磷、溶解态磷、浮游植物、植物体内磷、植物体内氮、底栖藻类、腐质、病原体、pH、碱度和自定义的 3 种污染物等。

QUAL2K 模型中的水质动力学过程包括溶解（dr）、水解（h）、氧化（ox）、硝化（n）、反硝化（dn）、光合作用（p）、呼吸作用（r）、排泄（e）、死亡（d）、呼吸/排泄（rx）；传质过程包括，复氧（re）、沉降（s）、沉积物需氧量（SOD）、沉积物转换（se）、沉积物无机碳通量（cf）等。QUAL2K 模型中各主要组分的交互作用见图 5-10。

QUAL2K 模型的水质基本方程是一维平流-扩散物质迁移方程，该方程考虑了平流扩散、稀释、物质组分自身反应，水质组分间相互作用以及组分的外部源和汇对组分浓度的影响。

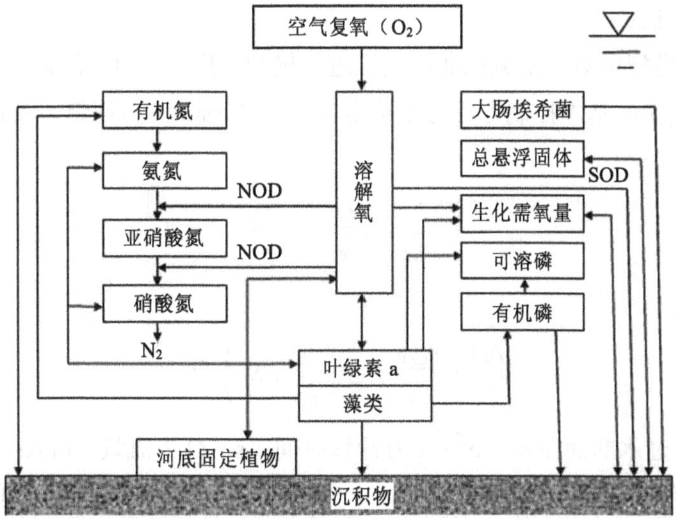

图 5-10 QUAL2K 模型中各主要组分的交互作用

$$\frac{\partial C}{\partial t}=\frac{\partial\left(A_xD_t\dfrac{\partial c}{\partial x}\right)}{A_x\partial_x}-\frac{\partial\left(A_xuc\right)}{A_x\partial_x}+\frac{\mathrm{d}c}{\mathrm{d}t}+\frac{s}{V} \tag{5-54}$$

式中：C 为组分浓度；X 为距离；T 为时间；A_x 为距离 x 处的河流断面面积；D_l 为纵向弥散系数；u 为平均流速；S 为源汇项。

QUAL2K 模型的主要特点包括①功能全面，通用性强，适用于中小尺度流域的水质模拟（CBOD、营养盐，藻类、溶解氧、病原体、沉积物和自定义污染物浓度变化动态过程）；②对数据、资料需求量较少；③模型是由一些简单模型组合而成，该模型中大量动力学参数可以参照相关的研究成果；④图形用户界面采用 Excel 实现，界面规范，可视化程度高，同时操作方便且容易掌握；⑤模型核心数学计算模块采用 Fortran 开发和优化，计算效率高，内存需求小且运行速度快。其他模块采用 VBA 编写，简单易学，易于与其他兼容性软件搭配使用。

5）HEC-RAS 模型

HEC-RAS（Hydrologic Engineering Center River Analysis System，HEC-RAS）模型由美国陆军工程兵团水文工程中心研发，是常用的水力分析模型，可用于一维恒定流、非恒定流、泥沙运移、水质分析模拟等。HEC-RAS 模型最早的 1.0 版本于 1995 年公开发布，并在 4.0 及以上版本中新增了泥沙运移和水质模拟等功能。2019 年 3 月发布的 HEC-RAS 5.0.7 主要功能模块包括恒定流/非恒定流模拟模块、泥沙输移模块和水质分析模块。模块间共用几何数据资料，保存路径也相同，能够应用于水面线（水位）计算、河道构筑物影响分析、渠道整治分析、河道输沙量计算、水质模拟等领域。

①水力分析模块

HEC-RAS 模型可对恒定流或非恒定流进行模拟，其中非恒定流计算基于质量守恒定律和能量守恒定律，基本控制方程为圣维南（Saint-Venant）方程组，具体方程如下。

连续方程为

$$\frac{\partial A}{\partial t}+\frac{\partial Q}{\partial x}-q=0 \tag{4-55}$$

动量方程为

$$\frac{\partial Q}{\partial t}+\frac{\partial Qv}{\partial x}+gA\left(\frac{\partial z}{\partial x}+S_{\mathrm{f}}\right)=0 \tag{4-56}$$

式中：A 为河道过水断面面积，m^2；t 为计算时间，s；Q 为流量，m^3/s；x 为河道计算长度，m；q 为单位长度的侧向流量，m^3/s；v 为流速，m/s；g 为重力加速度，m/s^2；z 为水位，m；S_f 为阻力坡降。

②水质分析模块

水质分析模块包括温度、营养物质模拟。其中，营养物模拟主要包括溶解态有机氮、溶解态亚硝酸盐、溶解态有机磷、溶解氧等在水中的迁移转化过程和相互间物理和化学作用。水质模型主要根据质量守恒定律。其控制方程为一维对流扩散方程，具体形式为

$$\frac{\partial}{\partial t}(CA)+\frac{\partial}{\partial x}(CQ)=\frac{\partial}{\partial x}\left[(DA)\frac{\partial C}{\partial x}A\right]-AKC+\sum S_i \tag{5-57}$$

式中：C 为污染物浓度，mg/L；A 为河道过水断面面积，m^2；Q 为流量，m^3/s；D 为纵向离散系数；K 为营养物综合降解系数；S_i 为源汇项，kg。

在营养物质模拟中，HEC-RAS 模型可以通过调节参数，对于一些模型尚未提供的成分或是复杂模型运行前的简单测试，用户可选择使用任意组分工具（Arbitrary Constituents Box）进行自定义设置，其控制方程为

$$\text{Arbitrary constituent}_{\text{Source/Sink}}=KC \tag{5-58}$$

式中：C 为模拟物质的浓度，是一个状态变量，mg/L；K 为速率常数，分为增长速率常数（正值）和衰减速率常数（负值）两种，d^{-1}。

HEC-RAS 模型被广泛应用于水动力模拟中，是公认的模拟效果较好的水力模型之一，近年来也在水质模拟中有所应用。

5.3.3 流域综合模拟模型

流域水环境过程综合了水循环及生物地球化学循环等自然过程，包括物理、化学和生物各要素间的相互复杂作用。水环境过程综合模拟模型可以揭示流域水环境关键过程

机制、预测水环境过程演变、诊断水环境安全问题、评估治理或管理措施的影响和效益，以及辅助水环境管理决策等，由此也成为面向流域水环境系统的科学研究、工程规划和管理决策等方面的重要工具。

流域过程模拟一般可以划分为坡面的非点源污染过程与河流和湖泊等受纳水体的水环境过程。对于工业及城镇生活污水等集中排放产生的点源污染，因其排放较为稳定，入河过程比较清晰，可直接根据污染负荷监测成果纳入水环境过程模拟。水环境过程模拟方法具体见本章 5.3.2 节介绍的各类水质模拟模型。因此，流域综合模拟模型大部分是对流域水文与非点源污染的过程模拟。

非点源污染模拟主要指流域坡面水环境过程模拟。这里限定于流域陆面污染物质随着降雨径流产生、迁移及转化过程，即涉及流域水循环过程及水分运动影响下土壤侵蚀和污染物质迁移转化过程。流域水文模型是以水量平衡原理为基础建立的数学模型，描述包括降水、植被冠层截留、地表洼地滞留、地表径流、蒸发蒸腾、土壤入渗、壤中流和地下径流等流域系统内水分运动过程。以水文模型为基础，耦合泥沙和营养盐等物质迁移转化过程的数学描述，则形成更为综合的流域水文水质模型，即非点源污染模型。国外从 20 世纪 70 年代开始比较系统地研究非点源污染模拟，并开发了一系列实用但较为复杂的流域综合模型，如 SWAT 模型、AGNPS 模型、SWMM 模型、HSTP 模型、INCA 模型等。下面简要介绍几种常用的流域非点源污染模型：SWAT 模型、AGNPS/AnnAGNPS 模型、HSPF 模型和 BASINS 模型。

（1）SWAT 模型

SWAT（Soil and Water Assessment Tool）模型是美国农业部农业研究所历时 30 多年开发的一套长时间尺度流域分布式水文模型，能够用来模拟不同土壤类型、土地利用方式、植被覆盖等改变对流域产流、产沙、营养物质转移及非点源污染等的影响，在缺乏监测资料时甚至可以利用模型自带的天气发生器生成部分缺失资料，功能非常强大，被称为在以农业和森林为主的流域、具有连续模拟能力、最有前途的非点源污染模拟模型。

SWAT 模型包括陆面水文过程和水面/汇流过程两部分，其中陆面水文部分分为水文、气象、泥沙、土壤温度、农作物生长、营养物、杀虫剂和农业管理 8 个模块，水面/汇流模块通过河道径流演算、水库水量平衡和演算两个模块模拟流域水文循环过程。模型包括水文过程、土壤侵蚀及污染负荷 3 个子模块，其基本原理如下。

1）水文子模型

水文子模型包括水文循环陆地阶段、水文循环演算和水文循环的汇流阶段 3 个模块。其基本计算是基于以下水量平衡方程式：

$$\mathrm{SW}_t = \mathrm{SW}_0 + \sum_{i=1}^{t}(R_{\mathrm{day}} - Q_{\mathrm{surf}} - E_a - W_{\mathrm{seep}} - Q_{\mathrm{gw}}) \tag{5-59}$$

式中：SW_t 为土壤最终含水量，mm；SW_0 为土壤前期含水量，mm；t 为时间，d；R_{day} 为降水量，mm；Q_{surf} 为地表径流量，mm；E_a 为蒸发蒸腾量，mm；W_{seep} 为存在于土壤剖面地层的渗透量及测流量，mm；Q_{gw} 为地下水含量，mm。

SWAT 模型采用 SCS 径流曲线法模拟流域地表径流量，该方法可以计算不同土地利用方式和土壤类型条件下的表面径流量：

$$Q_{surf}=\frac{(R_{day}-I_a)^2}{R_{day}-I_a+S} \tag{5-60}$$

$$S=\frac{25\,400}{CN}-254 \tag{5-61}$$

$$CN_1=CN-\frac{20\times(100-CN)}{100-CN+\exp[2.533-0.063\,6\times(100-CN)]} \tag{5-62}$$

$$CN_2=CN\bullet\exp 0.063\,6\times(100-CN) \tag{5-63}$$

式中：S 为土壤持水能力参数，mm；I_a 为初损，mm；CN 为量纲为一的反映降雨前期流域特征的综合参数，与前期土壤湿度、坡度、植被、土壤类型和土地利用方式等有关，CN 值越大，产流量越大，反之越小；CN_1、CN_2 分别为干旱和湿润等级的 CN 值。

另外，SWAT 模型还模拟了壤中流、地下水、蒸散发水量、子流域及水库汇流量等水文过程，在此不再一一列举。

2）土壤侵蚀子模型

在 SWAT 模型中，降水、地表径流产生的土壤侵蚀可以采用修正的通用土壤流失方程（Modified Universal Soil Loss Equation，MUSLE）来计算。与通用土壤流失方程（USLE）相比，MUSLE 方程采用的径流因子是先行湿度（antecedent moisture）和降水动能函数，能够更精确预测泥沙含量，另外可以将方程用于单次降雨事件，其计算方法为

$$m_{sed}=11.8\times(Q_{surf}\bullet q_{peak}\bullet A_{hru})^{0.56}\bullet K_{USLE}\bullet C_{USLE}\bullet P_{USLE}\bullet LS_{USLE}\bullet CFRG \tag{5-64}$$

式中：m_{sed} 为土壤侵蚀量，t；Q_{surf} 为地表径流，mm/h；q_{peak} 为洪峰径流，m^3/s；A_{hru} 为水文响应单元（HRU）的面积，hm^2；K_{USLE}、C_{USLE}、P_{USLE}、LS_{USLE}、CFRG 分别为土壤侵蚀因子、植被覆盖和管理因子、保持措施因子、地形因子和粗碎屑因子。

3）污染负荷子模型

以营养元素氮为例，SWAT 模型可以模拟各种形态氮的迁移转化过程，如径流流失、入渗淋失、化学肥料施入等物理过程，有机氮矿化、硝化、反硝化等化学过程，以及农作物吸收等生物过程。溶解态氮和杀虫剂的计算公式为

$$X_{surf}=B_X\bullet conc_{X,moble}\bullet Q_{surf} \tag{5-65}$$

式中：X_{surf} 为地表径流流失的溶解态氮或杀虫剂量；B_X 为氮的渗透系数，即地表径流或壤中流在土层间转移的氮或杀虫剂；$conc_{X,moble}$ 为 10 mm 的表层土中流动水体中的氮或杀虫剂含量，kgN/mmH_2O。

作为极具代表性的分布式水环境模型，SWAT 模型具有以下几个特点。

①以子流域为单位进行模拟。SWAT 模型首先按照特定的集水区域阈值将研究区域划分为若干个子流域，再根据不同的土地利用方式和土壤类型将各子流域进一步划分出水文响应单元 HRUs（Hydrologic Response Units），模型在各个 HRU 上单独运行，并对每个 HRUs 上的产水、产沙、营养物质等的输出进行单独计算，最终在总出口处汇总。

②以物理过程为模型的原理和基础。模型各模块如水文子模块、土壤侵蚀子模块、污染负荷子模块等都具有强大的物理基础作为支撑，可以更加精确模拟水循环、沉积物循环、植物生长以及营养物质循环等过程，保障模型精度。

③能够长时间连续模拟。通过长时间的不间断模拟，可以有效模拟污染物累积效应和对下游水体的影响等问题。

虽然模型输入参数较多，且大多数参数存在一个不确定的取值范围，但模型仍然具有较高的运算效率。因此 SWAT 模型在北美、欧洲乃至世界范围内都得到了广泛应用。除了用于模拟流域水分及营养物迁移转化规律、污染负荷（通量）计算，SWAT 模型还被大量用于流域非点源污染最佳管理措施评估。

（2）AGNPS/AnnAGNPS 模型

AGNPS（Agricultural Non-point Source）模型是由美国农业部及明尼苏达污染物控制局共同研发的广泛应用于农业非点源污染的水质模型，是一个方格式、分布式流域时间模型，由水文、趋势、沉积和化学传输 4 个部分组成，用于氮、磷等土壤养分预测，同时对次暴雨径流和侵蚀产沙过程进行模拟。AGNPS 模型适用的流域尺度大小从几公顷到最大约 20 000 hm^2。流域以 0.4～26 hm^2 的单元进行等量分室，并以网格为基本运行单位，流域内径流、污染物、泥沙通过网格间逐步演算推算出流域出口（图 5-11）。在次降雨过程中，对每个分室径流特征和泥沙、养分及化学需氧量（COD）迁移过程进行描述、模拟和评价，同时某一分室输出将成为相邻分室输入。AGNPS 模型中的侵蚀模块以 USLE 为基础应用于次暴雨过程，在次暴雨事件中以 EI 进行表达，土壤侵蚀函数包括侵蚀与沉积；模型中的水文模块是以美国 SCS 曲线法为基础，用于预测径流量和径流高峰；氮、磷元素在流域迁移传输通过化学传输模块，分为可溶性部分和泥沙结合态进行计算。

AGNPS 在应用中虽然取得较好的效果，但由于它是单事件模型，在应用中有许多局限性。AnnAGNPS（Annualized AGNPS）是在 AGPNS 模型基础上发展而来的一种连续式模拟模型，它不是沿袭 AGNPS 模型均等划分分室的方法，而是根据流域水文特征将流域划分成集水单元（图 5-11），使模型更符合实际。

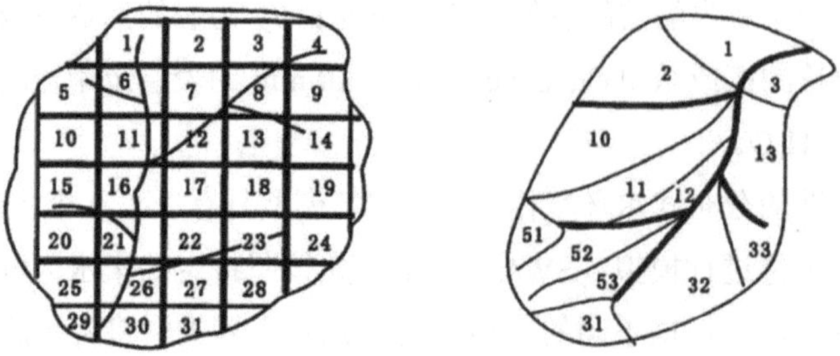

（a）AGNPS　　（b）AnnAGNPS

图 5-11　AGNPS/AnnAGNPS 模型计算单元

AnnAGNPS 以日为基础连续模拟一个时段内各分室每天及累积的径流、泥沙、养分、农药等输出结果，可用于评价流域内非点源污染长期作用效果。AnnAGNPS 模型的另一改进是采用修正的通用土壤流失方程（MUSLE）预测各分室的土壤侵蚀。此外，AnnAGNPS 模型还包括一些特殊模型计算点源、畜牧养殖场产生的污染物、土坝、水库和集水坑对径流、泥沙的影响。

AnnAGNPS 模型的系统结构主要由 3 个部分组成：数据输入和编辑模块、年污染负荷计算模块和数据输出和显示模块（图 5-12）。其中，数据输入和编辑模块包括流网生成器（flownet generator）、输入编辑器（input editor）、气象因子生成模块、AGNPS 到 AnnAGNPS 转换器（AGNPS-to-AnnAGNPS converter）；污染物负荷计算模块包含了单元处理、养殖场处理、沟渠处理、河段处理和点源处理 5 个过程；数据输出和显示模块将事件文件输出的模拟期内流域出口处和指定河段上各参数的量按单一事件、月和年统计结果进行汇总。

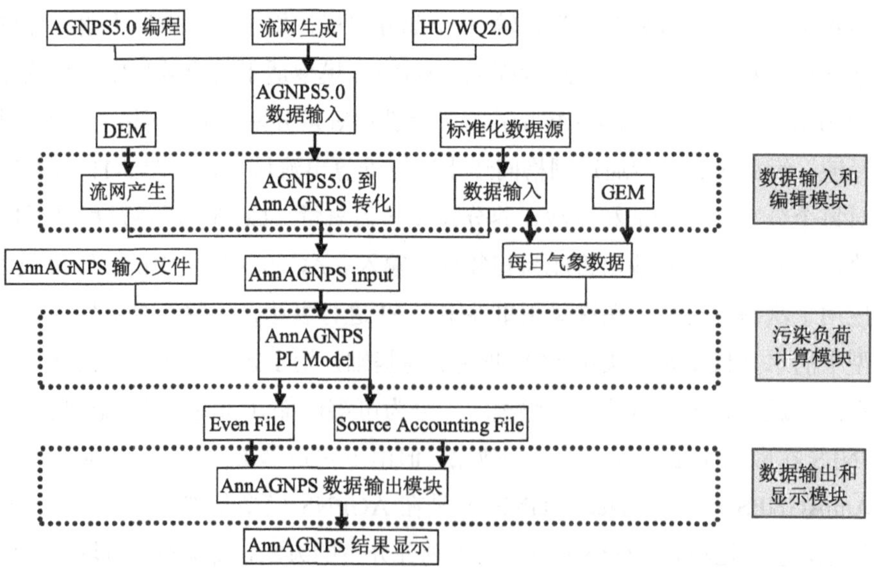

图 5-12　AnnAGNPS 模型的系统结构

AnnAGNPS 模型功能模块由水文模块、土壤侵蚀模块、化学物质迁移模块三大功能模块组成。

1）水文模块

AnnAGNPS 水文模块将土壤剖面划分为两层，上部 200 mm 为耕作层，其余为第二层，每天的水量应考虑以下几个过程：降雨、灌溉、融雪、径流、蒸发和渗漏。地表径流量估算采用 SCS 曲线法：

$$Q=\frac{(P-I_{\mathrm{a}})^2}{(P-I_{\mathrm{a}})+S}=\frac{(P-0.2S)^2}{P+0.8S} \tag{5-66}$$

式中：Q 为地表径流，mm；P 为降水量，mm；S 为径流开始后潜在的最大滞留量或称储流指数，mm；I_{a} 为初始截留量，mm。初始截留量是指径流开始前全部降雨损失，包括：表层低洼处储水、植被截获、蒸发、入渗等。研究表明初始截留量 $I_{\mathrm{a}}=0.2S$。

峰值流量用 Smith 和 William 得出的经验相关方程推算：

$$Q_{\mathrm{p}}=2.78\times10^{-3}\times P_{24}\times D_{\mathrm{a}}\times\left[\frac{a+(cT_{\mathrm{c}})+eT_{\mathrm{c}}^{2}}{1+(bT_{\mathrm{c}})+(dT_{\mathrm{c}}^{2})+(fT_{\mathrm{c}}^{3})}\right] \tag{5-67}$$

式中：Q_{p} 为洪峰流量，$\mathrm{m^3/s}$；D_{a} 为集水区总面积，$\mathrm{hm^2}$；P_{24} 为 24 h 有效降水量，mm；T_{c} 为汇流时间，h；a，b，c，d，e，f 由 I_{a}/P_{24} 和降雨类型确定的单位径流回归系数。

2）土壤侵蚀模块

AnnAGNPS 模型采用地表径流计算沟蚀，运用泥沙迁移能力估算河床剥蚀。对于泥沙迁移过程使用 Bagnold 指数方程进行计算，能够估算出流域紊流和基流下的泥沙流失量。泥沙进入集水区后，一般要经历泥沙沉降、冲刷和运输 3 个过程。如果集水区输送能力小于进入的泥沙量，便会发生泥沙沉积现象。模型将土壤侵蚀结果划分为 5 个颗粒等级，分别为黏粒、粉砂、砂粒、小团粒和大团粒。

在径流形成条件下，各集水单元土壤侵蚀量通过 MUSLE 方程来计算，MUSLE 除了能够预测整个流域平均侵蚀状况，还可以预测流域内不同集水单元侵蚀状况。其计算方程如下：

$$A=R\times K\times L\times S\times C\times P\times \mathrm{SSF} \tag{5-68}$$

式中：A 为年平均侵蚀量，t/（$\mathrm{hm^2\cdot a}$）；R 为降雨侵蚀因子，MJ·mm/（$\mathrm{hm^2\cdot h\cdot a}$）；$K$ 为土壤可侵蚀因子，$\mathrm{t\cdot hm^2\cdot h}$/（$\mathrm{MJ\cdot mm\cdot hm^2}$）；$L$ 为坡长因子；S 为坡度因子；C 为覆盖与管理因子；P 为水土保持措施因子；SSF 为坡型修正因子。

MUSLE 被用来预测片蚀和细沟侵蚀，无法考虑到泥沙的沉积，各分室单元侵蚀物向沟道的输移率计算由 HUSLE 完成，其方程为

$$S_y=0.22\times Q^{0.68}\times Q_{\mathrm{p}}^{0.95}\times K\times L\times S\times C\times P \tag{5-69}$$

式中：S_y为产沙量，mg/hm²；Q为径流量，mm；Q_p为洪峰流量，mm/s；K、L、S、C、P为MUSLE方程各因子。

3）化学物质迁移模块

采用CREAM模式和饲育场评价模型模拟预测化学物质（氮、磷等）迁移转化过程。化学物质迁移传输通过化学传输模块，按可溶态和泥沙结合态进行计算。泥沙结合态营养物吸附量采用单元的总泥沙量计算：

$$\text{Nut}_{\text{sed}} = \text{Nut}_{\text{tr}} \cdot Q_s \cdot E_R \tag{5-70}$$

式中：Nut_{sed}为随泥沙运移的氮或磷，mg；Nut_{tr}为土壤中的氮或磷浓度，mg/kg；Q_s为土壤流失量，kg；E_R为氮或磷的富集比，%。

可溶性营养物质估算考虑了降雨、施肥和淋溶对营养物质影响。径流中可溶性营养物质由下式估算：

$$\text{Nut}_{\text{sol}} = C_{\text{Nut}}\text{Nut}_{\text{ext}} \cdot Q \tag{5-71}$$

式中：Nut_{sol}为径流中可溶性氮或磷的浓度；C_{nut}为降雨过程中土壤表层氮或磷的平均浓度；Nut_{ext}为氮或磷进入径流的提取系数；Q为径流量。

（3）HSPF模型

HSPF（Hydrological Simulation Program-Fortran）模型是在斯坦福模型（Stanford Watershed Model，SWM）基础上发展起来的半分布式水文模型，经过不断发展完善已日益成熟。它不仅能模拟流域内长时间连续水文和水力过程，也能模拟流域非点源污染和点源污染演进过程，被美国国家环境保护局列为推荐模型，广泛用于区域水资源水环境模拟。

HSPF模型以BASINS系统为系统平台，能够解决不同的时空尺度下点源、非点源污染问题，并且与Windows结合成易于操作的WinHSPF应用界面。HSPF模型的系统结构如图5-13所示。HSPF模型包括透水区、不透水区、河道和混合水库3个模块，分别对3种不同性质的地表水文和水质过程进行模拟。

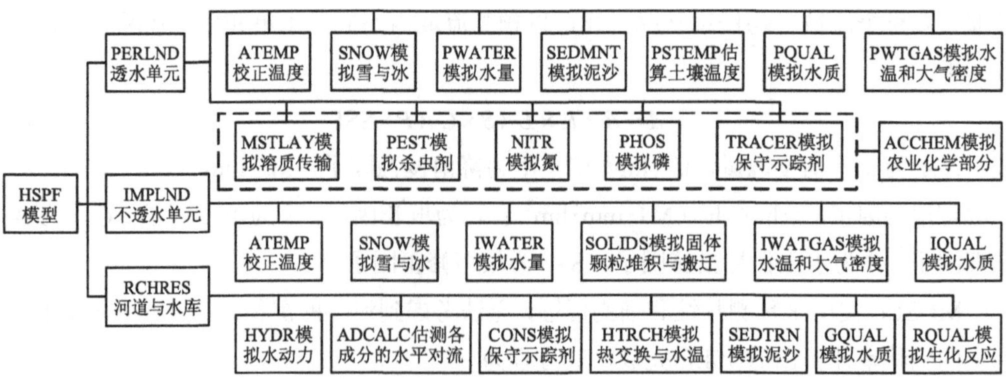

图5-13　HSPF模型的系统结构

3 个模块按照功能分为若干子模块，各功能模块之间，按一定的层次排列，实现对径流和泥沙、BOD、DO、N、P、农药等污染物迁移转化和负荷的连续模拟。其中，PERLND 模块适宜于子流域透水部分（耕地、园地、林地等），径流通过坡面流或其他方式汇入河流或水库中，从而实现该地段水、颗粒沉积物、化学污染物、有机物质的运移；IMPLND 模块解决不透水地段（建设用地）水文水质过程模拟；RCHRES 模块模拟单一开放式河流、封闭式渠道或湖泊、水库等水体，水流及其他化学元素均为单向流动，入口物质一部分到达出口，余下的滞留，出口接纳既包括入口水流携带的物质，也包括该段流域经溶解、冲刷重新加入的物质。该复杂过程构成了首尾连成一体的地表水体水文水质模拟模块。

HSPF 模型是目前综合模拟径流、土壤流失、污染物传输、河道水力等过程，以及水温、泥沙传输、营养物和化学物相互反应的流域非点源污染模拟模型之一。模型的模拟结果是径流、沉积物输送、营养物、农药及用户定义的污染成分浓度过程的时间序列、流域内某一点水量、水质的时变过程。HSPF 模型可以用于连续模拟透水地面、不透水地面、河流或完全混合型湖泊水库的水文和水质过程，并可以设定多种情景，对气候变化与土地利用变化引起的水文水质过程变化进行很好的模拟，为分析人类活动与全球气候变化导致的水环境效应提供方法。

（4）BASINS 系统

BASINS（Better Assessment Science Integrating Point and Non-point Sources）系统由美国国家环境保护局组织开发完成并发布，它可以对多种尺度下流域内点源和非点源进行综合分析。1996 年，提出 BASINS1.0 版本，经过长时间的发展，目前已发展到 BASINS4.0 版本，是一个基于 GIS 的流域管理工具，用于流域环境管理与规划。

BASINS 系统必须借助 ArcView 平台运行。在 GIS 软件环境下将输入数据转化为文件的格式，以动态链接方式直接传递给系统内模型使用。模型本身既能在 Windows 运行，也能在 DOS 环境下运行，模拟结果可直接输出亦可用作进一步的分析评价。BASINS 系统主要依靠 4 个部分共同完成流域和水质分析任务：基础数据库、分析评价工具、流域模型库、决策分析模块，BASINS 系统的结构如图 5-14 所示。

基础数据库：基本图形数据包括行政区域边界、子流域边界、污染源方位和主要道路交通系统；环境背景数据包括土壤类型特征、土地利用、数字高程及河流网格等流域基础数据；关键数据部分包含水体水质、细菌、水文监测站、气象站及鱼类和野生动物分布状况相关数据资料；点源分布和污染负荷数据中有污染物排放规模、年均污染负荷、有毒物质排放点、矿产与资源保护等数据资料。

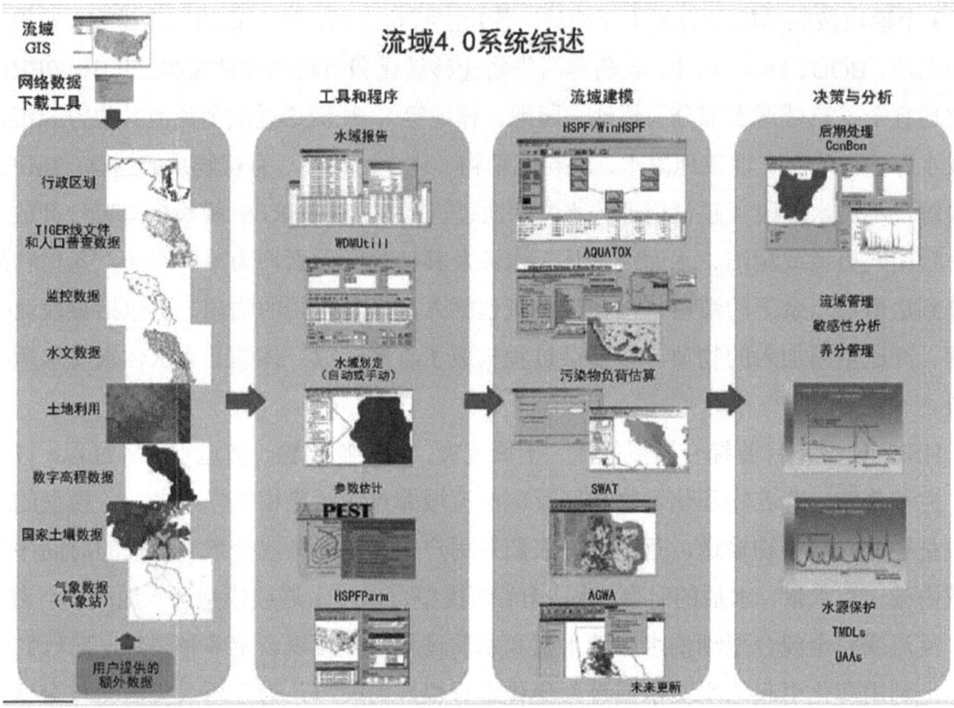

图 5-14　BASINS 系统的结构

分析评价工具：主要包括流域特征分析、污染控制目标评估、流域参数概化、数据挖掘工具等各类分析评估方法及模块。

流域模型库：主要包括 PLOAD 模型、SWAT 模型、AGWA 模型、AQUATOX 模型、HSPF 模型。PLOAD 是 BASINS 系统中用来计算非点源污染负荷量的模型，主要分析流域非点源年负荷量；SWAT 模型适用于具有不同土壤类型、不同土地利用方式和管理条件下的复杂大流域，可以长期预测土地管理措施对大面积复杂流域水文、泥沙、农业化学物质产量的影响；AGWA 基于 GIS 的水文模拟工具，与 SWAT 和运动径流侵蚀模型（Kinematic Runoff and Erosion Model，KINEROS）等水文模型组合，执行流域评价；AQUATOX 可模拟多种环境压力（包括营养、有机负荷、化学物质、温度等），以及它们对水生生物的影响；HSPF 模型考虑点源与非点源负荷，采用可固定的或用户选择的时间步长进行连续模拟，可预测混合土地利用情景下的负荷，适用于营养物、有毒物、细菌、泥沙等。

决策分析模块：将模型结果进行分析并应用于流域规划、水环境保护、水资源开发利用等管理中。

BASINS 系统以 ArcView 软件为平台，成功地将不同过程模块结合组成系统构架，极大增强了系统模拟能力，提高了模型效率，是一个十分值得推广的现代模型系统，为模型与模型之间数据调用、协同工作提供了平台。

5.4　大气环境模拟与预测

大气环境模拟与预测是大气污染防治规划中的重要一环，是大气污染物总量控制的基础，也是大气环境质量目标设定的重要依据。规划中通常会根据区域社会经济发展及能耗结构变化预测区域水平年大气污染物排放负荷，根据气象条件及排放负荷分布，预测空气环境质量变化，并提出针对性措施，达到预期目标。

5.4.1　大气污染物排放预测

（1）能耗量增长预测

能耗量增长主要反映化石燃料消耗量增长，消耗化石燃料时产生的污染物排放量最大、种类最多、危害最严重，因此化石燃料增长预测是源强变化预测主要内容之一。能耗增长预测主要反映工业耗煤量预测、取暖耗煤量预测、生活耗煤量预测及耗油量预测。

1）工业耗煤量预测

工业耗煤量预测可根据规划区内各个部门对未来工业产值年均增长率进行计算，计算公式为

$$M_t = M_0(1+\alpha)^{t-t_0} \tag{5-72}$$

式中：M_t为 t 年工业耗煤量；M_0为基准年工业耗煤量；α 为耗煤年增长率；t 为预测年；t_0为预测起始年。

工业耗煤年增长率通常采用弹性系数法进行预测，其计算公式为

$$C_e = \frac{\alpha}{\beta} \tag{5-73}$$

式中：α 为工业耗煤增长率；β 为工业增加值增长率；C_e为能耗弹性系数，可采用经验判断或相关能耗目标来确定。

2）取暖耗煤量预测

计算公式为

$$E_{暖} = \delta \times S \tag{5-74}$$

式中：$E_{暖}$为预测年采暖耗煤量；S 为预测年采暖面积；δ 为采暖系数。

3）生活耗煤量预测

计算公式为

$$E_{生} = \varepsilon \times N \tag{5-75}$$

式中：$E_{生}$为预测年生活耗煤量；N 为预测年人口总量；ε 为人均的耗煤量。

4）耗油量预测

耗油量预测包括两个方面：一方面是流动源耗油量，可根据规划区各处实际消耗量

平均增长率及各种车辆总台数预测汽油和柴油消耗量；另一方面是各工厂企业燃油量，可将各耗油企业耗油量分别预测之后，求总量即可。

（2）污染物排放量预测

污染物排放量预测一方面是燃料燃烧向大气排放的各种污染物，另一方面是工业生产过程中向大气排放的各种污染物。我国大气污染常规受控制污染物为烟尘、SO_2、NO_x及 VOC，有些城市有特殊污染物，如汞污染、氟污染等，需要根据实际情况进行确定。一般情况下是 SO_2 和烟尘及 NO_x。

1）SO_2 和烟尘排放量预测

预测年（t）燃煤燃烧排放的 SO_2 和烟尘年排放量按下式计算：

$$W_{SO_2}=2\times M_t\times S\times\gamma(1-\delta) \tag{5-76}$$

$$W_{烟尘}=M_t\times D_{fh}\times\beta\times(1-\eta) \tag{5-77}$$

式中：W_{SO_2} 为预测年 SO_2 排放量；M_t 为预测年煤耗量；S 为煤中含硫量；γ 为 SO_2 的转化率（取 85%～90%）；δ 为平均脱硫效率；$W_{烟尘}$为预测年烟尘排放量；D_{fh} 为煤中挥发分含量；β 为飞灰占灰分的百分含量；η 为除尘器平均除尘效率。

2）NO_x 排放量预测

根据排污系数法进行预测。一般燃烧 1 t 煤，电站锅炉、工业锅炉、采暖家用炉 NO_x 的排放系数分别为 9.08、9.08、3.62。

5.4.2 大气环境预测模型

环境影响预测大多数情况下是以数学模型为基础的。根据排放量变化，预测大气环境污染物浓度变化。这里介绍基本模型中的点源高斯模型。

（1）坐标系

高斯模式的坐标系如图 5-15 所示，其原点为排放点（无界点源或地面源）或高架源排放点在地面的投影点，x 轴正向为平均风向，y 轴在水平面上垂直于 x 轴，正向在 x 轴的左侧，z 轴垂直于水平面 xoy，向上为正向，即右手坐标系。

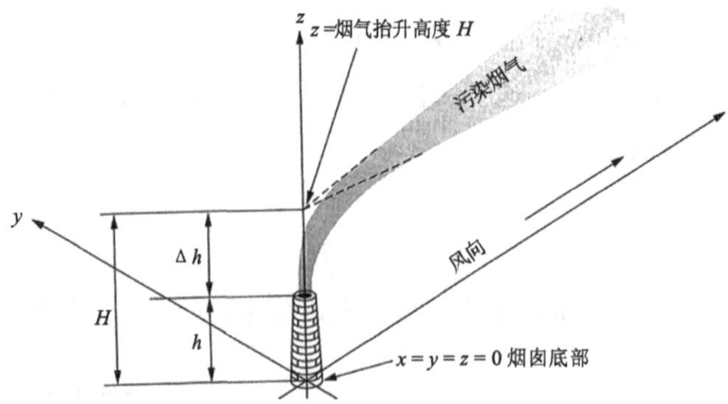

图 5-15　高斯点源预测坐标系

（2）基本假设

大量实验和理论研究证明，特别是对于连续源的平均烟流，其浓度分布是符合正态分布的。因此作如下假定：①污染物浓度在 y、z 轴上的分布符合高斯分布（正态分布）；②在全部空间中风速是均匀且稳定的；③源强是连续均匀的；④在扩散过程中，污染物质量是守恒的（不考虑转化）。

（3）高斯连续点源模型

高斯连续点源模型考虑了地面对扩散的影响，认为地面像镜面一样对污染物起反射作用，因此可得到点源下风向 P 点污染物浓度的计算公式为

$$\rho(x,y,z,H)=\frac{Q}{2\pi u\sigma_y\sigma_z}\exp\left(-\frac{y^2}{2\sigma_y^2}\right)\left\{\exp\left[-\frac{(z-H)^2}{2\sigma_z^2}\right]+\exp\left[-\frac{(z+H)^2}{2\sigma_z^2}\right]\right\} \quad (5\text{-}78)$$

式中：ρ（x，y，z，H）为污染源下风向任意点 P 处污染物浓度；σ_y、σ_z 分别为污染物在 y、z 方向分布的标准偏差；u 为平均风速；Q 为源强。

利用上式可以求出任意一点污染物浓度，但也可以进行几种特殊情况下污染物浓度预测。

1）地面污染物浓度

此时可令 z=0，得到地面污染物浓度的计算公式为

$$\rho(x,y,0,H)=\frac{Q}{\pi u\sigma_y\sigma_z}\exp\left(-\frac{y^2}{2\sigma_y^2}\right)\exp\left(-\frac{H^2}{2\sigma_z^2}\right) \quad (5\text{-}79)$$

2）地面轴线浓度

此时地面浓度以 x 轴为对称轴，轴线 x 上具有最大值，令 y=0 即可得到地面轴线浓度的计算公式为

$$\rho(x,0,0,H)=\frac{Q}{\pi u\sigma_y\sigma_z}\exp\left(-\frac{H^2}{2\sigma_z^2}\right) \quad (5\text{-}80)$$

3）地面最大浓度

在进行环境质量预测时，通常要清楚地面最大浓度，以确定控制方法。通常情况下，假设 σ_y/σ_z 是不随距离 x 变化而变化的一个常数，通过对 σ_z 求导，令其为零，求得地面最大浓度为

$$\rho_{\max}=\frac{2Q}{\pi ueH^2}\cdot\frac{\sigma_y}{\sigma_z} \quad (5\text{-}81)$$

4）地面连续点源模型

有时在规划区域内，可能会遇到没有高架烟囱的污染源，这时只需要令高架连续点

源模型中的有效源高 H=0，即可得

$$\rho(x,y,z,0)=\frac{Q}{\pi u\sigma_y\sigma_z}\exp\left[-\left(\frac{y^2}{2\sigma_y^2}+\frac{z^2}{2\sigma_z^2}\right)\right] \tag{5-82}$$

5.4.3 典型空气质量预测模型

空气质量模型按空间尺度划分，可分为城市模型、区域模型和全球模型；按机理划分，可分为统计模型和数值模型，前者是以现有的大量数据为基础做统计分析的模型，后者则是对污染物在大气中发生物理化学过程进行数学抽象所建立的模型；按流体力学角度划分，可分为拉格朗日模型和欧拉模型；从模型研究对象划分，可分为惰性气体扩散模型、光化学氧模型、酸沉降模型、气溶胶细粒子模型和综合空气质量模型。表 5-5 为空气质量模型分类与特点比较。

表 5-5 空气质量模型分类与特点比较

扩散模型	模型机理	特点	局限性
统计模型	回归方程	根据历史空气质量和气象条件建立浓度和气象参数之间的回归方程，由气象条件推算浓度，计算非常简单，可用于所有大气污染物	不能反映污染源排放与环境质量之间的输入-响应数量关系
高斯烟流模型	分布函数	以 AERMOD、ADS 为代表，可用于模拟 SO_2、NO_2、PM_{10} 等。简化了物理和化学过程，只需要单点气象资料；计算简单，可逐时、逐日进行长期浓度模拟	属于稳态烟流模型，不能考虑流场的空间变化
拉格朗日轨迹模型	烟团模型	以 CALPUFF、CALGRID 为代表，分别用于模拟 SO_2、NO_2、PM_{10} 和 O_3 等。可使用客观分析法处理三维气象场；计算量适中，可逐时、逐日进行长期浓度模拟	与高斯模型相比，计算工作量较大，与网格模型相比，考虑的化学机制相对简单
	经济动力学模型	以 EKMA 为代表，便于使用，考虑的化学反应较为详细，计算速度快	物理过程过于简单，可模拟的周期短，不能准确地模拟多天时间或长距离输送
欧拉网格模型	城市网格模型	以 UAM 为代表，物理过程详细，适用于城市多天污染事件模拟	计算工作量大，模拟长距离输送问题时对边界条件很敏感
	区域网格模型	以 RADM、ADOM、ROM 为代表，物理、化学过程详细，适用于区域臭氧及酸沉降污染模拟	计算工作量大，空间分辨率有限，不能很好地适用于研究城市污染物动态变化
	嵌套网格模型	以 CMAQ 、 CAM 、 WRF-CHEM 、 NAQPMS 为代表，基于“一个大气”理念设计，物理和化学过程详细，可同时模拟区域和城市尺度各种大气污染过程，在重点地区进行网格嵌套	模型机制复杂，数据需求高，计算工作量大，专业门槛高

下面简要介绍几种空气环境质量模型。

（1）法规化中小尺度模型

ISC3 模型、AREMOD 模型、ADMS 模型、CALPUFF 模型是最典型的法规化中小尺度模型。这 4 个模型的优点均在于结构简单、计算速度快、基础数据要求低等。其简单易用的优点奠定了其成为法规化模型的基础。不足之处体现在适用尺度相对较小、没有化学过程或化学过程较为简单，基本理论假设过于理想，不能很好地模拟 O_3、$PM_{2.5}$、酸雨等区域性复合型大气污染过程。从实践应用来看，ADMS 模型、AREMOD 模型、CALPUFF 模型多用于环境影响评价和城市尺度一次污染物的模拟。

1）ISC3 模型

ISC3（Industrial Source Complex 3）模型是美国国家环境保护局开发的一个复合工业源空气质量扩散模式，其公式利用稳态封闭型高斯扩散方程。适用范围一般小于 50 km，模拟物质一般为一次污染物。

ISC3 模型可处理各种烟气抬升和扩散过程，如静风、风廓线指数、烟囱顶端尾流、城市建筑下洗、污染物转化、沉积和沉降等。可对点源、面源、线源、体源等多种污染源进行模拟；可输出多种污染物浓度及颗粒物沉积和干、湿沉降量等计算结果；污染物可选取 SO_2、TSP、PM_{10}、NO_x 等；可选择逐时、数小时、日、月及年等多种平均模拟时段。

ISC3 模型最大的优势在于其操作简单，需要输入数据相对较少，而且可以利用 NWS（美国国家气象局）航空数据。当污染物质为惰性物质，气象条件单一时，除污染源排放参数以外，输入的其他数据包括气象数据如风向、风向角、大气稳定度、混合层高度，以及接受点地形高度、建筑物维度。ISC3 模型也有其局限性，如没有考虑建筑物对周围点源扩散影响；没有考虑流线反射对烟羽轨迹影响；没有考虑烟羽抬升过程中尾流速度缺失影响；没有解决近处尾流截获远处尾流中物质问题；两个下洗方程接口不连续；没有考虑低矮建筑物对周围风向影响；小风稳定条件下，污染浓度估计过大等。

2）AERMOD 模型

AERMOD 模型由美国国家环境保护局联合美国气象学会组建的法规模式改善委员会开发，该模型采用 ISC3 模型的输入与输出结构、应用最新扩散理论和计算机技术进行开发，包括 AERMET 气象、AREMAP 地形、AERMOD 扩散 3 个模块。

AERMOD 模型以高斯统计扩散理论为出发点，假设污染物浓度分布在一定程度上服从高斯分布，是一种稳态烟羽模型。在稳定边界层（SBL），将垂直和水平方向浓度分布看作高斯分布，在对流边界层（CBL）将水平分布也看作高斯分布，但是垂直分布考虑用概率密度函数来描述。另外，在对流边界层中，AERMOD 考虑“烟羽抬举”(plumelofting）现象：从浮力源出来的部分烟羽物质，先是升到边界层顶部附近并在那里停留一段时间，然后混合入对流边界层内部中。AERMOD 计算穿透进入稳定层的部分烟羽，允许它在某些情况下重新返回边界层内。无论是在稳定边界层还是在对流边界层中，AERMOD 均考虑了弯曲烟羽导致的水平扩散加强现象。

AERMOD 模型的适用范围一般小于 50 km，可用于乡村环境和城市环境、平坦地形和复杂地形、低矮面源和高架点源等多种排放扩散情形的模拟和预测。主要特点：以行星边界层（PBL）湍流结构及理论为基础，按空气湍流结构和尺度概念，湍流扩散由参数化方程给出，稳定度用连续参数表示；中等浮力通量对流条件采用非正态的 PDF 模式；考虑了对流条件下浮力烟羽和混合层顶的相互作用；对简单地形和复杂地形进行一体化处理；可以计算城市边界层，建筑物下洗，以及干、湿沉降等清除过程。

3）ADMS 模型

ADMS 模型是由英国剑桥环境研究中（CERC）开发的一套先进的三维高斯型大气扩散模型，适用范围一般小于 50 km，可模拟点源、面源、线源和体源排放出的污染物在短期（小时平均、日平均）和长期（年平均）的浓度分布。该 ADMS 模型系统里还包括一个街道窄谷模型，适用于简单地形和复杂地形，同时也可以考虑建筑物下洗、湿沉降、重力沉降和干沉降及化学反应等功能。

ADMS 模型与其他大气扩散模型的一个显著区别是使用了最小莫宁-奥布霍夫（Monin-Obukhov）长度和边界结构新理论，精确定义边界层特征参数。另外，ADMS 模型在不稳定条件下摒弃了高斯模式体系，采用高斯概率密度函数（PDF）及小风对流模式。

4）CALPUFF 模型

CALPUFF 模型是三维非稳态拉格朗日扩散模式系统，与传统的稳态高斯扩散模式相比，它能更好地处理长距离污染物传输（50 km 以上的距离范围）。它由西格玛研究公司（Sigma Research Corporation）开发，是美国国家环境保护局长期支持开发的首选法规化模型。

CALPUFF 模型系统包括 3 部分：CALMET、CALPUFF、CALPOST，以及一系列对常规气象、地理数据进行预处理的程序。CALMET 气象模型用于在三维网格模型区域上生成小时风场和温度场。CALPUFF 非稳态三维拉格朗日烟团输送模型利用 CALMET 生成的风场和温度场文件，输送污染源排放的污染物烟团，模拟扩散和转化过程。CALPOST 通过处理 CALPUFF 输出文件，生成所需浓度文件用于后处理及可视化。

CALPUFF 模型的主要优势与特点：能用于模拟从几十千米到几百千米中等尺度的环境问题；能模拟一些非稳态情况（静小风、熏烟、环流、地形和海岸效应）；气象模型包括陆上和水上边界层模型，可以利用 MM5 或中尺度气象模式（WRF）输出的网格风场作为观测数据，或者作为初始猜测风场；采用地形动力学、坡面流参数方法对初始猜测风场进行分析，适合粗糙、复杂地形条件下的模拟；加入了处理针对面源浮力抬升和扩散的功能模块。

（2）综合型区域尺度模型

事实上大气污染过程异常复杂，各种污染物之间存在极为复杂的物理、化学反应及气固两相转化过程，而法规化简单空气质量模型很难实现大气模拟的真实性、内生原理性和污染过程的系统性，因此第三代综合性空气质量模型如 NAQPMS、CAMx、WRF-CHEM 及 CMAQ 等不断被开发应用。这些模型均充分考虑了各种大气物理过程和各污染物间的化学反应及气固两相转化过程，可模拟多污染物间的协同效应；同时基于嵌套网格设计，可用于模拟局地、区域等多种尺度大气环境问题。该类模型一般可同时模拟各种大气环境问题，特别适用于模拟 O_3、$PM_{2.5}$ 和酸雨等区域性复合型大气污染过程。但该类模型对气象、污染源等基础数据要求过于苛刻，也导致了虽然功能灵活多样但操作性下降。

1）NAQPMS 模型

嵌套网格空气质量预报系统（NAQPMS）由中国科学院大气物理研究所自主开发研制，是通过集成自主开发的一系列城市、区域尺度空气质量模式发展而成，包括 4 个子系统，分别为基础数据系统、中尺度天气预报系统、空气污染预报系统和预报结果分析系统。

NAQPMS 为三维欧拉输送模式，垂直坐标采用地形追随坐标，垂直方向不等距分为 18 层；水平结构为多重嵌套网格，采用单向和双向嵌套技术，水平分辨率一般为 3～81 km。模型可用于多尺度污染问题研究，不但可以研究区域尺度空气污染问题（如臭氧、细颗粒物、酸雨、沙尘等污染物的跨界跨国输送等），而且可以研究城市尺度空气污染发生机理及其变化规律，以及不同尺度之间相互影响过程。NAQPMS 模式目前主要应用于空气质量预报领域，已在北京、上海、深圳、郑州等城市的空气质量预报业务中得到大量应用。

2）WRF-CHEM 模型

WRF-CHEM 模型是美国最新发展的区域大气动力-化学耦合模型，是在 WRF 中加入大气化学模块（CHEM）集成而成。WRF 是一个完全可压非静力模式，对湍流交换、大气辐射、积云降水、云微物理及陆面等多种物理过程均有不同的参数化方案，可以为化学模式在线提供大气流场，模拟污染物输送（包括平流、扩散和对流过程）、干湿沉降、气相化学、气溶胶形成、辐射和光分解率、生物所产生的放射、气溶胶参数化和光解频率等过程。WRF-CHEM 模型的最大优点是气象模式与化学传输模式在时间和空间分辨率上完全耦合，实现真正的在线反馈。该模式在我国尚处于探索研究阶段，应用案例也相对较少。

3）CAMx 模型

CAMx 模型是美国 ENVIRON 公司在 UAM-V 模式基础上开发的综合空气质量模型，可用来对气态和颗粒物态大气污染物在城市和区域多种尺度上进行综合性评估。CAMx 模型的主要特点包括双向嵌套及弹性嵌套、网格烟羽（PiG）模块、臭氧源分配技术（OSAT）、颗粒物源分配技术（PSAT）等。

CAMx 模型有 3 种笛卡尔地图投影体系：通用横轴墨卡托圆柱投影（Universal Transverse

Mercator)、旋转的极地立体投影（Rotated Polar Stereographic）和兰伯特等角圆锥投影（Lambert Conic Conformal)。同时，该模型提供在弯曲线性测量经纬度网格体系中运算选项。此外，CAMx 垂直分层结构是从外部定义的，所以各层高度可以定义为任意空间或时间函数。这种在定义水平和垂直网格结构方面的灵活性，使 CAMx 能适应任何用来为环境模型提供输入场的气象模型。

4）CMAQ 模型

CMAQ 模型在我国有着广泛的应用。该模型由美国国家环境保护局于 1998 年第一次正式发布。模型最初设计目的在于将复杂空气污染问题进行综合处理。为此采用了一体化设计理念，对多种尺度、各种复杂的大气环境污染问题进行系统模拟，即可以同时模拟出不同空间尺度多种大气污染物行为，包括臭氧、PM、酸沉降及能见度等。

CMAQ 系统由排放清单处理模型（SMOKE)、中尺度气象模型（MM5 模型或 WRF 模型等）和通用多尺度空气质量模型（CMAQ）3 部分组成，其中 CMAQ 是整个系统的核心。CMAQ 模型主要由边界条件模块（BCON)、初始条件模块（ICON)、光解速率模块（JPROC)、气象-化学预处理模块（MCIP）和化学输送模块（CCTM）构成。CMAQ 模型关键部分是化学输送模块（CCTM)，污染物在大气中扩散和输送过程、气相化学过程、气溶胶化学过程、液相化学过程、云化学过程以及动力学过程都由该模块模拟完成。其他模块主要功能是为 CCTM 提供输入数据和相关参数。CCTM 提供了多种气相化学机制和气溶胶化学机制供使用者选择，输出结果包括各种气态污染物和气溶胶组分在内的污染物逐时浓度，以及逐时能见度和干湿沉降。

（3）全球性大尺度模型

比较著名的全球尺度空气质量模式包括 MOZART 模型和 GEOS-CHEM 模型，主要用于模拟全球尺度大气污染物长距离传输及化学反应过程。此外，全球尺度空气质量模型还可以与卫星遥感资料结合反演近地面空气污染物浓度，如 Aaronvan Donkelaar 等基于卫星观测的气溶胶光学厚度和 GEOS-CHEM 模型成功反演了 2001—2006 年全球 $PM_{2.5}$ 浓度，首次揭示了全球 $PM_{2.5}$ 浓度的空间分布特征。除全球性空气质量模型外，全球性气候模型及气候与空气质量双向耦合模型近几年也有了迅速发展。

第 6 章　生态环境区划技术与方法

由于区域社会经济发展和环境功能差异性，决定了区域环境管理必须推行分区分类管理。在生态文明建设的框架下，我国提出优化国土空间格局，构建国家空间规划体系的构想，区域生态环境空间管控和新的空间规划体系协调、融合成为必然趋势。生态空间管控以划定空间管控分区为基础，以制定分区管制要求为核心，以实施差异化政策制度为目的，是国家空间规划体系的重要组成部分。

6.1　生态环境区划概述

社会-经济-自然复合生态系统的空间层次和结构层次在区域上的分异性，决定了区域环境的相似性和差异性。生态环境功能区划是为了保护和改造生态环境，合理利用资源和能源而提出差别化、区域化、精细化的方案和政策，是一个国家或地区经济发展规划和生态环境保护规划的基础，可为实现区域产业结构布局合理化、生态环境得到有效保护、环境容量得到合理利用、群众健康得到安全保障提供支持。

6.1.1　生态环境区划概念

生态环境区划是空间区划的一个分支。生态环境区划是为了协调经济发展和环境之间的矛盾，保护人类身体健康，在综合了各个环境要素、资源要素、社会要素及经济要素的基础上，对区域环境功能、环境保护目标、区域环境质量和环境管理要求进行了综合判断并进行空间分区的过程。

生态环境区划是一种综合区划，即综合各主导要素或成分对某一区域进行空间划分，对象是地域综合体，如主体功能区划、生态功能区划等。

生态环境区划是一种区域区划，即根据一定目的和原则，将相似地理单元进行合并，将不同地理单元进行区分，从而将研究区域划分为不同分区。

生态环境区划是一种基础性和功能性区划。与规划相比，功能区划一般具有基础性、约束性和长期性等特点，是编制相关规划的依据。生态环境区划是生态环境规划的基础及核心内容，同时也是环境影响评价、环境管理的基础。

与一般的专项区划相比，生态环境区划综合考虑了社会、经济、环境 3 个方面的因素，不但注重空间区域的自然特征和环境特征，还充分考虑了社会经济活动对环境的干扰和影响。

6.1.2 生态环境区划体系

针对管理目标不同，从环境要素和空间尺度两方面构建生态环境区划体系。生态环境区划体系是由综合及各专项生态环境区划组成的一个互相联系的多层次系统，主要由按环境要素控制的横向区划体系和按空间尺度控制的纵向区划体系组成（图 6-1）。

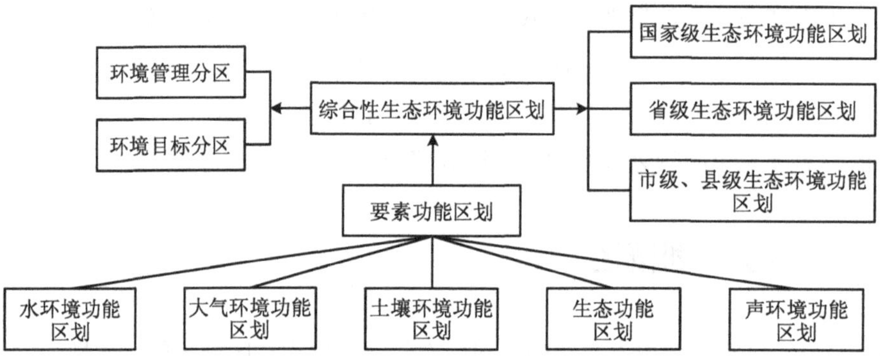

图 6-1 生态环境区划体系

环境要素功能区划是根据各环境要素的突出问题和地域分异规律，对各环境要素建立具体的分区管控目标和指标。目前，我国已建立了包含水、大气、土壤、声、生态等要素的环境功能区划体系。从空间尺度的纵向区划体系包括国家级、省级（区域、流域）、市级及县级的综合性生态环境功能区划。国家综合性生态环境功能区划由全国环境功能区划、省级（区域、流域）环境功能区划、市级环境功能区划、县级环境功能区划等组成。国家生态环境功能区划是在国家尺度上对全国陆地国土空间及近岸海域进行环境功能分区，以宏观引导为主，提出维护和保障主要环境功能的总体目标和对策，是各专项环境区划编制和实施的基础和依据。省级（区域、流域）生态环境功能区划是全国区划和市级、县级区划之间的过渡和衔接。市级和县级生态环境功能区划是具体落实全国生态环境功能区划的操作层面，明确各类生态环境功能区的地理位置、功能定位、边界范围，以及水、大气、噪声、土壤、生态等环境要素管理指标和标准。

综合性生态环境功能区划从类型上又可以分为环境管理性分区和环境目标性分区。环境管理性分区是以解决生态环境问题为导向的空间区域划分。如有按生态保护红线区、生态功能保育区、农产品生产环境保障区、人居环境维护区等。环境目标性分区是以环境保护目标为导向进行环境区域类型的划分。根据实现环境目标不同，可以将生态环境区划在区域层面上分为保护治理目标分区与开发强度目标分区，如按禁止准入区、限制准入区、优化准入区和重点准入区。

6.1.3　生态环境区划原则

（1）相似性与差异性相结合

根据地理学地域分异规律，同一区划单元内的地理要素存在相似性，不同单元内的要素则存在差异性。自然环境是环境演变的基础，也是人类生存发展的必要条件，制约着环境发展和人类活动的方式。生态环境区划单元内的环境质量、环境结构和环境功能也应该具有相似性，不同单元之间具有差异性。

（2）综合性和主导性相结合

自然环境因素与社会经济因素相互作用、相互影响，共同构成了生态环境区划的要素体系，因此生态环境区划要考虑到不同要素间的综合作用。但是不同地区主导要素不同，在不同时间其作用也不同，所以要从整体出发，寻找生态环境区划的支配性因素、主导性因素，用少量指标反映环境本质、主要环境功能和管理要求。

（3）自然界线与行政区界相结合

生态环境区划中应尽量减少边界处理，充分利用自然环境和行政区域界线进行划分。其中，生态环境区划可以自然界线进行单元划分，但为了方便管理和生态环境区划落地，环境目标和管理措施的制定一般又以行政区为界线，保证行政区界的完整性和地区的连片性。

（4）科学性和可操作性相结合

生态环境区划是从区域整体观点出发，根据自然环境特征和经济社会发展状况，把特定的空间划分为不同功能的环境单元。因此，区划指标的选择既要体现自然环境特征和社会经济特征，还要保证指标易于观测、统计和比较。

6.2　生态环境区划技术

6.2.1　生态环境区划步骤与流程

生态环境区划的主要步骤如下：①在确定区划目标的基础上，开展自然地理、生态环境、资源能源、社会经济等区域生态环境调查，分析区域环境背景、环境要素质量状况、环境功能特点，并据此提出环境功能分区格局；②根据生态环境区划内容及原则，构建区划指标体系，对各指标的空间分异性进行分析；③对各指标进行空间聚类分析及空间叠置分析，结合区域主导生态环境功能分区、管理要求及控制目标进行分区；④根据自然地理边界及行政边界对初步分区进行修正，协调生态环境功能分区；⑤对各功能区的概况、目标、管理导向制定分区方案。

生态环境区划流程如图 6-2 所示。

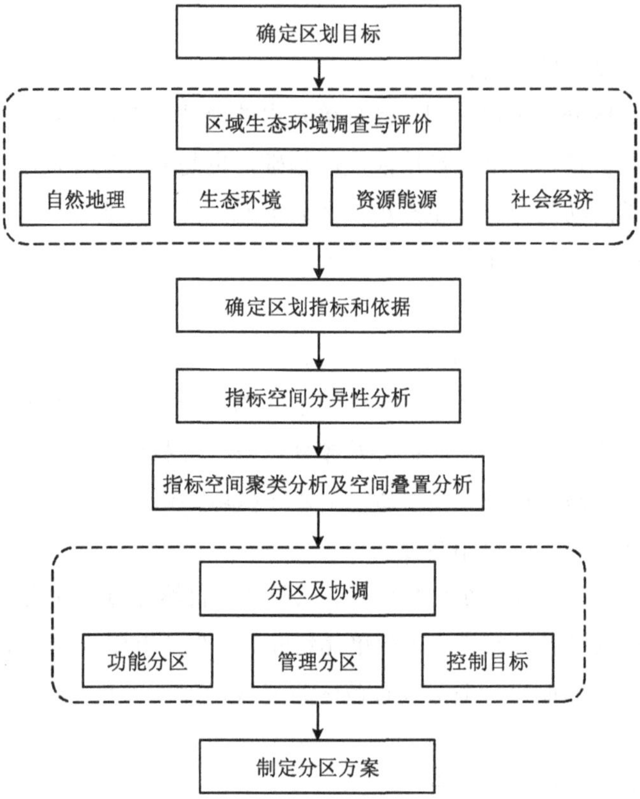

图 6-2　生态环境区划流程

6.2.2　生态环境区划方法

针对不同尺度区域的划分，生态环境区划一般采用“自上而下”和“自下而上”相结合的方法。

“自上而下”的区划方法，一般从大尺度层面着手对环境地域主导因素进行分析，根据主导因素差异将全部对象划为若干部分，每次使用一组特征指标作为分类标准进行逐级划分。对区划对象充分认识及差异指标选择是“自上而下”方法的关键和难点。“自上而下”方法的优势在于步骤清晰，缺点在于越到级别低的划分，差异性指标选择就越困难。

“自下而上”的区划方法，是从小尺度层面着手，根据区域单元的一致性原则，按照区域的相似性，对最低级别的单元进行合并、聚类，再按更高层次的相似性指标进行合并，逐级递推形成的区划单元。“自下而上”方法可以较好地确定低级别区划单元，也可使高一级的区划单元界限更客观。常用的指标加权法、聚类分析法、因子分析法等都是基于“自下而上”概念进行的。

早期的生态环境区划以定性分析为主、定量分析为辅；目前生态环境区划以定性分析为基础、定量分析为依据进行分区。

（1）定性与半定性分析方法

定性与半定性分析方法主要有类型制图法、要素叠置法、要素相关法和主导标志法。

1）类型制图法

类型制图法是根据生态系统类型图或环境污染和生态环境破坏类型图，利用不同类型图分布差异来进行环境区划的方法。它与生态系统类型的同一性原则相对应。

2）要素叠置法

单一要素的环境区划肯定不能反映生态环境的全貌。采用各要素叠置的方法进行区划，综合考虑各要素的特性，才能反映生态系统的综合状况。针对社会经济自然复合系统，环境要素、自然要素叠加人类社会经济活动，将各类要素图叠置在一起，得出一个定性的网络，选择其中重叠最多的线条作为环境区划的分区界线。

3）要素相关法

在对环境要素进行初步分析的基础上，对各区划要素进行相关性分析，将相关性大的要素进行优先叠加，并将其边界作为区划的主要边界；将关系不大的要素分别考虑，也可以作为边界修正。随着数学工具的发展和应用，可以采用多元统计分析作为划分区界的定量辅助方法。

4）主导标志法

在进行生态环境区划时可以选取反映环境地域差异性的主导要素作为区划主要依据，其他要素则作为次要依据。主导标志法是生态环境区划中的常用方法之一，如在声环境功能区划分时，通常将用地类型作为主要划分依据；在水环境功能区划时，通常将用水功能作为主要划分依据。

（2）定量分析方法

定量分析方法有指标法、聚类分析法等。

1）指标法

指标法的核心思想是构建体现分区目的与性质的指标体系，同时确定各指标权重，采用加权求和方法计算得到综合评价结果，对评价结果进行分级，再根据分级结果进行区划。具体过程如下：选择体现环境质量、环境功能且具有空间分异规律的各类自然环境、社会经济指标；通过专家方法确定各个指标的权重；根据各个指标及其权重求得综合区划指标；根据综合指标分级结果，结合其他参考要素进行生态环境分区。

由于生态环境区划的对象是一个复杂的复合系统，要素复杂多样，指标也较多，因此区划不同，指标选取也存在差异。一般生态环境区划指标体系可以从自然要素、生态要素、环境要素、社会经济要素等角度去选择。

生态环境分区是在地理分区的基础上进行的，自然要素是生态环境区划最主要的依据之一，通常采用自然要素开展生态环境初步分区。因此，在指标的选择上应更多地考虑地形、地貌、气象、水文、植被覆盖、土壤类型等指标。

生态环境分区通常也要考虑区域生态属性的差异性。因此也会选择如生物多样性、生态服务功能、生态敏感性、生态脆弱性等生态要素类指标。

环境要素既是生态环境分区的依据，同时也是后续环境管理分区及目标制定的重要组成部分。因此，一般结合环境质量标准体系中的指标来选择环境要素指标。如大气环境要素一般采用 SO_2、NO_x、PM_{10} 等质量指标进行表征；地表水和地下水环境要素可以用水量及水污染物浓度等指标表示；声环境要素主要考虑噪声等级及其分布；土壤环境要素可以考虑土壤类型、土壤质地及土壤重金属含量等指标。

社会经济要素是综合考虑人类活动影响，在指标选择上通常从经济、人口、社会因素入手。但社会经济要素不是生态环境区划的主导要素，所以在指标选择上一般不会太多，只要能反映社会经济环境基本规律即可。常用的指标经济类包括单位面积 GDP 强度、单位面积能耗或污染物排放水平等，人口因素除了总量还要考虑人口密度，社会因素通常考虑城镇化水平、城镇建设用地比例、基础设施建设等。

不同尺度、级别、类型的生态环境区划，在指标的选择上因为目标不同而不同。如水生态功能区划指标体系（图 6-3），针对不同的尺度，指标的选择可以不同，自上而下进行划分。

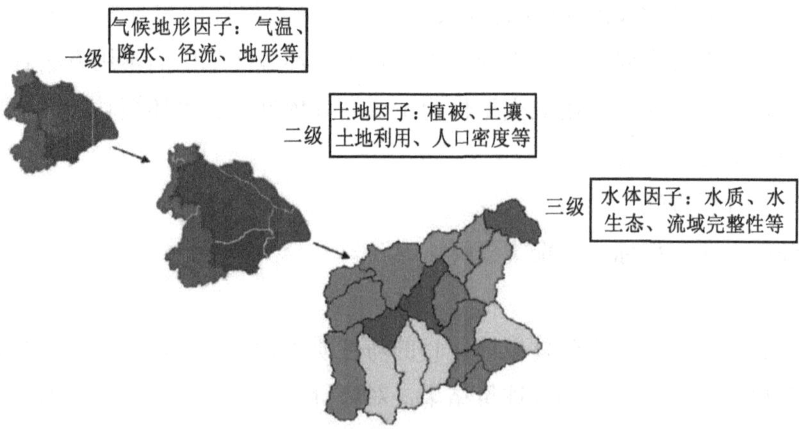

图 6-3 不同层级水生态功能区划指标体系

2）聚类分析法

聚类分析方法是统计学所研究的“物以类聚”问题的一种方法，它属于多变量统计分析范畴，能够将一批样本数据（或变量）按照它们在性质上的亲疏程度，在没有先验知识的情况下自动进行分类。这里一个类就是一个具有相似性的个体集合，不同类之间具有明显的非相似性。在分类过程中，不必事先给出一个分类标准，聚类分析能够从样本数据出发，客观地决定分类标准。

由于生态环境区划要求区划单元内部具有区域相似性、区划单元之间具有差异性，所以通常采用聚类分析方法把具有相似属性的评价单元分为一类，把属性差异较大的评价单元划分为不同的类。其基本思想是考虑评价单元之间存在程度不同的相似性（亲疏关系），根据一批评价单元多个观测指标，找出一些能够具体度量指标之间相似程度的统计量，以这些统计量为划分类型的依据。将一些相似程度较大单元聚合为一类，把另一些相似程度较大的单元又聚合为另一类；关系密切的聚合到一个小的分类单位，关系疏远的聚合到一个大的分类单位，直到把所有单元（指示）聚合完毕。

6.2.3　生态环境区划指标筛选

生态环境区划通常会根据区域某些属性的空间差异性进行分区，但在众多的指标中，要选择出关键指标用于分区，常用的方法有主成分分析法（Principal Component Analysis，PCA）、典范对应分析法（Canonical Correspondence Analysis，CCA）。

（1）主成分分析法

主成分分析法是数据挖掘中比较常用的一种降维算法，是一种多变量统计方法，其最主要用途在于“降维”。主成分分析法通过重新组合原有的多个指标，得到相对独立综合指标进行代替，而仍保持原指标包含的主要信息，以达到减少指标量目的。在生态环境区划时，通常会遇到指标较多的现象。当指标的信息收集工作较大或较难收集时，仍希望保持一个较好的分类效果，或希望剔除部分指标减少工作量，可以采用可主成分分析法对指标进行初步筛选，如果最终主成分可以揭示 85%以上的变异度，就可以用筛选出来的主成分进行分区。

在进行浙江省水生态环境功能一级分区时，所选择的指标既要有效体现研究区水生态环境功能的异质性，又要考虑指标的精简，避免指标冗杂，利用 SPSS 软件对高程、坡度、气温、降水量等相关的指标进行主成分分析。通过主成分分析法筛选了两个主成分，占总特征根的 88.35%，主成分 1 描述了 56.99%的变量，与高程和坡度相关性较高，代表地形因子；主成分 2 描述了 31.36%的变量，与多年平均降水量、多年平均气温、0℃以上积温、干燥度相关性较高，代表气温和水量因子，具体见表 6-1。为进一步避免指标冗余，又对指标之间进行了相关性分析，发现高程和坡度相关性较高，多年平均气温、10℃以上积温和 0℃以上积温相关性较高，多年平均降水量、干燥度、湿润指数的相关性较高，因此综合主成分分析和相关性分析结果，筛选高程、多年平均降水量和多年平均气温为一级水生态功能分区指标。

表 6-1　一级水生态功能分区指标主成分分析

变量	主成分 1	主成分 2
高程（DEM）	0.921	–0.003
坡度	0.907	0.171
多年平均气温	–0.696	0.695
10℃以上积温	–0.700	0.650
0℃以上积温	–0.696	0.697
干燥度	–0.585	–0.731
湿润指数	0.736	0.586
多年平均降水量	0.664	0.720
NDVI	0.821	–0.081
特征值/%	56.990	31.359
累积特征值/%	56.990	88.349

（2）典范对应分析法

典范对应分析法近年来在生态环境区划指标筛选中常被应用。典范对应分析法是由对应分析发展而来的，是将对应分析与多元回归分析相结合的一种排序方法，又称多元直接梯度分析。其基本思路是在对应分析的迭代过程中，将每次得到的样方排序坐标值均与环境因子进行多元线性回归，通过两组变量间对应关系的分析，以综合变量对之间的相关关系较好地反映两组指标之间的整体相关性。典范对应分析法要求样方具有两个数据矩阵，一个是植被（物种）数据矩阵，另一个是环境数据矩阵。首先计算出一组样方排序值和种类排序值（同对应分析），然后将样方排序值与环境因子用回归分析方法结合起来，这样得到的样方排序值既反映了样方种类组成及生态重要值对群落的作用，同时也反映了环境因子的影响，再用样方排序值加权平均求种类排序值，使种类排序坐标值间接地与环境因子相联系。典范对应分析法是一种基于单峰模型的排序方法，样方排序与对象排序对应分析，而且在排序过程中结合多个环境因子，因此可以把样方、对象与环境因子的排序结果表示在同一排序图上，根据排序图筛选出重要性最大的因子作为分区指标。

以浙江省水生态功能区划为例。水生态功能分区中常把水生态指标同环境因子指标进行典范相关性分析，进而筛选出与水质、水生生物多样性相关性大的环境指标作为分区的依据。利用生态学软件 CANOCO，将各类环境因子与水质数据进行典范相关性分析（图 6-4）。图中的圆点代表样本；箭头代表环境因子；典范对应分析法排序坐标轴用于表征对样本物种变化的特征向量；箭头所处的象限表示环境因子与排序坐标轴之间的正负相关性；箭头连线的长度表征某个环境因子与研究对象分布相关程度的大小，连线越长，表明这个环境因子对研究对象的分布影响越大；箭头连线与排序轴的夹角表征某个环境因子与排序轴的相关性大小，夹角越小，相关性越高。结果表明，第一轴和第二轴基本解释了自然环境因素和水质的关系，植被指数（NDVI）和人口密度与第一轴相关性较高，土地利用和土壤类型与第二轴相关性较高，因此筛选了土地利用、土壤类型、NDVI 和人口密度作为分区指标。

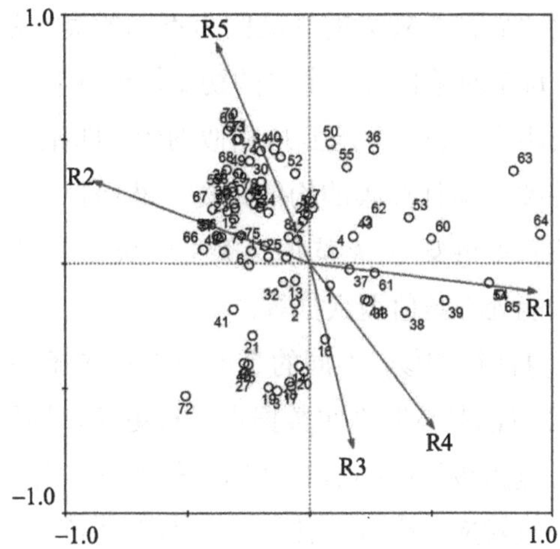

图 6-4　分区指标典范相关性分析

6.2.4　聚类分析技术

聚类分析技术是将数据分类到不同的类或者簇的过程，同一个簇中的对象有很大相似性，而不同簇间对象有很大相异性。因此，聚类分析技术被广泛地应用于地理区划、生态环境区划中。目前存在大量聚类算法，而算法的选择取决于数据类型、聚类目的和具体应用。聚类算法主要分为五大类：基于划分的聚类方法、基于层次的聚类方法、基于密度的聚类方法、基于网格的聚类方法、基于模型的聚类方法和模糊聚类分析。目前在生态环境区划中，基于划分的聚类方法与基于层次的聚类方法应用最广。此外，聚类问题研究不仅局限于上述的硬聚类，即每个数据只能被归为一类，模糊聚类也是聚类分析中研究较为广泛的一个分支。模糊聚类是通过隶属函数来确定每个数据隶属各个簇的程度，而不是将一个数据对象硬性地归类到某一簇中。相对生态环境区划中分区指标属性的连续性，模型聚类分析也被引入了生态环境区划中。

（1）基于划分的聚类方法

基于划分的聚类方法是一种自上向下的方法，对于给定的 n 个数据对象的数据集 D，

将数据对象组织成 k（$k \leqslant n$）个分区，其中，每个分区代表一个簇。

基于划分的聚类方法大部分是基于距离的，采用“迭代的重定位技术”，最经典的就是 *k*-均值（*k*-means）算法和 *k*-中心（*k*-medoids）算法，很多算法都是由这两个算法改进而来的。该类聚类方法优点是收敛速度快，缺点是要求类别数目 k 可以合理地估计，并且初始中心的选择和噪声会对聚类结果产生很大影响。在当前的生态环境区划中，该类划分方法应用最广泛。

k-均值聚类的方式原理很简单，是基于欧氏距离（Euclidean distance），将“距离”较小的样品归为同一类，将“距离”较大的样品归为不同的类。基本过程如下：在数据集 D 中随机选择 k 个对象，每个对象代表一个簇的初始均值或者中心，对剩下的每个对象，根据与各个簇中心的欧氏距离，将它分配到最相似的簇，即距离簇形心最近的欧式距离。簇中每加入一个对象就需要重新计算簇的均值距离，然后把中心更新为该均值。重复以上过程直至样本点归入的簇不再变动。*k*-均值聚类主要缺点是初始点敏感、只能发现近似球状簇、对噪点敏感、只能处理数值型数据等。

k-中心算法与 *k*-均值算法很相似，不同的是形心更新选择，*k*-均值是按照欧氏距离的均值更新形心，而 *k*-中心算法是按照真实数据点进行更新，遍历所有的数据点，找到误差平方和最小的那个中心点为数据中心点。具体过程如下：首先随机选取一组聚类样本作为中心点集，每个中心点对应一个簇。计算各样本点到各个中心点的距离（如欧氏距离），将样本点放入距离中心点最短的那个簇中。计算各簇中距簇内各样本点距离的绝度误差最小的点，将这个点作为新的中心点，如果新的中心点集与原中心点集相同，算法终止；如果新的中心点集与原中心点集不完全相同，重新计算各样本点到簇新中心点的距离。与 *k*-均值算法相比，*k*-中心算法对于噪声不那么敏感，这样对于离群点就不会造成划分的结果偏差过大，少数数据不会造成重大影响。

在 *k*-均值算法和 *k*-中心算法基础上进一步拓展改进的还有 *k*-modes（模式）算法，它克服了 *k*-均值算法不能对分类数据进行聚类的局限性；ISODATA 算法，它是 *k*-均值算法的重要扩展，可获得高质量聚类；FCM（Fuzzy-*C*-Means）；模糊 C 均值聚类算法等。

（2）基于层次的聚类方法

基于层次的聚类方法是指对给定的数据进行层次分解，直到满足某种条件为止。该算法根据层次分解顺序分为自底向上法和自顶向下法，即凝聚式层次聚类算法和分裂式层次聚类算法。

凝聚式层次聚类算法：首先，每个数据对象都是一个簇，计算数据对象之间的距离，每次将距离最近的点合并到同一个簇。然后计算簇与簇之间的距离，将距离最近的簇合并为一个大簇。不停地合并，直到合成一个簇，或者达到某个终止条件为止。该聚类方法常使用树状图显示（图 6-5），显示簇-子簇联系和簇合并（凝聚）或分类的次序。

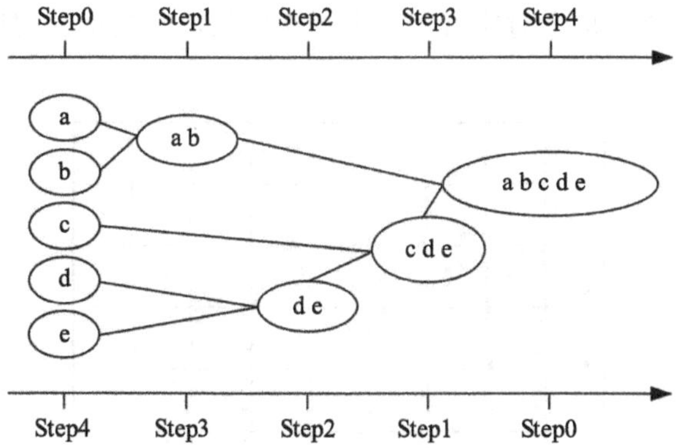

图 6-5　基于层次的聚类算法示意图

簇与簇的距离计算方法有最短距离法、中间距离法、类平均法等，其中最短距离法是将簇与簇距离定义为簇与簇之间数据对象的最短距离。自底向上的凝聚式层次聚类算法应用较为广泛，代表算法是 AGNES（Agglomerative NESing）算法。

分裂式层次聚类算法：该方法在一开始所有个体都属于一个簇，然后逐渐细分为更小的簇，直到最终每个数据对象都在不同的簇中，或者达到某个终止条件为止。自顶向下法的代表算法是 DIANA（DIvisive ANAlysis）算法。

层次聚类较大的优点是它一次性地得到了整个聚类过程。只要得到了聚类树，想要分多少个簇都可以直接根据树结构得到结果，改变簇数目不需要再次计算数据点的归属。层次聚类的缺点是计算量比较大，因为每次都要计算多个簇内所有数据点的两两距离。另外，由于层次聚类使用的是贪心算法，得到的显然只是局域最优，不一定是全局最优。

（3）基于密度的聚类方法

基于密度的聚类方法主要目标是寻找被低密度区域分离的高密度区域。与基于距离的聚类算法不同的是，基于距离的聚类算法的聚类结果是球状的簇，而基于密度的聚类算法可以发现任意形状的簇。

基于密度的聚类方法是从数据对象分布区域密度着手。如果给定类中的数据对象在给定范围区域内，则数据对象密度超过某一阈值就继续聚类。这种方法通过连接密度较大区域，能够形成不同形状的簇，而且可以消除孤立点和噪声对聚类质量影响，以及发现任意形状的簇。

基于密度的聚类方法中最具代表性的是 DBSAN 算法、OPTICS 算法和 DENCLUE 算法。

（4）基于网格的聚类方法

基于网格的聚类方法是将空间量化为有限数目的单元，形成一个网格结构，所有聚类都在网格上进行的方法。基本思想就是将每个属性的可能值分割成许多相邻的区间，并创建网格单元的集合。每个对象落入一个网格单元，网格单元对应的属性空间包含该对象值，如图 6-6 所示。

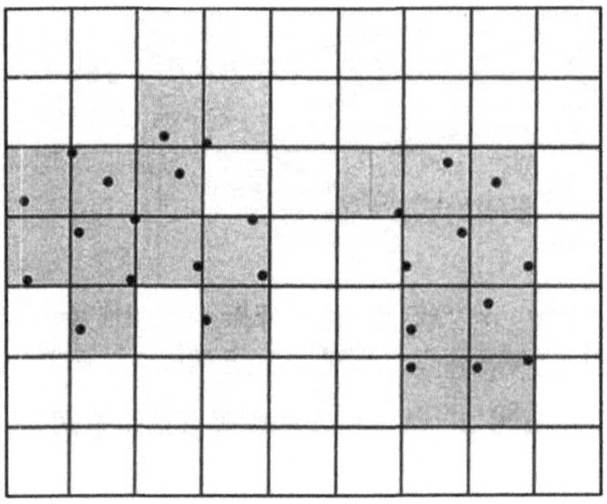

图 6-6 基于网格的聚类算法示意图

基于网格的聚类方法主要优点是处理速度快，其处理时间独立于数据对象数，而仅依赖于量化空间中每一维单元数。这类算法的缺点是只能发现边界是水平或垂直的簇，而不能检测到斜边界。另外，在处理高维数据时，网格单元的数目会随着属性维数增加而呈指数级增长。

（5）基于模型的聚类方法

基于模型的聚类方法是试图优化给定数据和某些数学模型之间的适应性。该方法给每个簇假定了一个模型，然后寻找数据对给定模型的最佳拟合。这种方法的基本原理就是假定目标数据集是由一系列潜在的概率分布所决定的。比较典型的有神经网络聚类算法。

自组织映射神经网络（Self-Organizing Map，SOM）是由芬兰神经网络专家 Kohonen 教授提出的。该算法假设在输入对象中存在一些拓扑结构或顺序，可以实现从输入空间（*n* 维）到输出平面（2 维）的降维映射，其映射具有拓扑特征保持性质，与实际大脑处理有很强的理论联系。

SOM 包含输入层和输出层。输入层对应一个高维输入向量，输出层由一系列组织在 2 维网格上有序节点构成，输入节点与输出节点通过权重向量连接。在学习过程中，找到与之距离最短的输出层单元，即获胜单元，对其更新。同时，将邻近区域的权值更新，使输出节点保持输入向量的拓扑特征。具体过程如下：①网络初始化，对输出层每个节点权重赋初值；②从输入样本中随机选取输入向量，找到与输入向量距离最小的权重向量；③定义获胜单元，在获胜单元的邻近区域调整权重使其向输入向量靠拢；④提供新样本、进行训练；⑤收缩邻域半径、减小学习率、重复，直到小于允许值，输出聚类结果。

（6）模糊聚类分析

1965 年，美国加州大学伯克利分校的扎德教授第一次提出了“集合”的概念。经过多年的发展，模糊集合理论渐渐被广泛应用到各个领域。为克服非此即彼的分类缺点，出现了以模糊集合论为数学基础的聚类分析。用模糊数学方法进行聚类分析，就是模糊聚类分析。模糊聚类分析一般是指根据研究对象本身的属性来构造模糊矩阵，并在此基础上根据一定的隶属度来确定聚类关系，即用模糊数学方法把样本之间的模糊关系定量确定，从而客观且准确地进行聚类。聚类就是将数据集分成多个类或簇，使各个类之间数据差别应尽可能大，类内之间数据差别应尽可能小。当聚类涉及事物之间的模糊界限时，需运用模糊聚类分析方法。因此模糊聚类分析被广泛应用于自然环境管理中。模糊聚类分析有两种基本方法：系统聚类法和逐步聚类法。

系统聚类法是一种基于模糊等价关系的模糊聚类分析法，用经典等价关系对样本集 X 进行聚类。设 R 是 X 上的经典等价关系，对 X 中的两个元素 x 和 y，若 xRy 或（x，y）$\in R$，则将 x、y 并为一类，否则 x 和 y 不属于同一类。

逐步聚类法是一种基于模糊划分的模糊聚类分析法。它是预先确定好待分类的样本应分成几类，然后按最优化原则进行再分类，经过多次迭代直到分类比较合理为止。在分类过程中可认为某个样本以某一隶属度隶属某一类，又以另一隶属度隶属另一类。这样，样本就不是明确地属于或不属于某一类。若样本集有 n 个样本要分成 c 类，则它的模糊划分矩阵为 $c \times n$，模糊划分矩阵有下列特性：①$u_{ij} \in [0, 1]$；$i=1, 2, \cdots, c$；$j=1, 2, \cdots, n$。②每个样本属于各类的隶属度之和为 1。③每类模糊子集都不是空集。

6.2.5 空间分析技术

随着信息科学、空间科学和地球科学的交叉发展，计算机技术、遥感技术、信息工程及现代地理学方法结合产生了地理信息系统（Geographic Information System，GIS）。近年来，GIS 在环境领域的应用发展非常迅速，经历了从数据处理与管理到多源信息分析、服务与决策的发展过程。GIS 能有效处理大量复杂空间信息，成为生态环境区划中最重要工具。绝大部分的区划工作及其方案均在 GIS 平台上得到实现，其中的图层叠置分析、缓冲区分析等空间分析技术在生态环境区划中得到广泛应用。

（1）图层叠置分析

图层叠置分析又称叠加分析（Overlay），是 GIS 中一项非常重要的空间分析功能，是指在统一空间参考系统下，通过对两个数据进行一系列集合运算，产生新数据的过程。叠加分析的目标是分析在空间位置上有一定关联的空间对象空间特征和专属属性之间的相互关系。多层数据的叠置分析，不仅可以产生新的空间关系，还可以产生新的属性特征关系，能够发现多层数据间相互差异、联系和变化等特征。

在环境区划中，通常会涉及带有不同属性的多个要素图层综合。采用图层叠置分析，将同一地区、同一比例尺、同一数学基础、不同信息表达的两组或多组专题要素图形或数据文件进行叠置（图 6-7），根据各类要素与多边形边界的交点或多边形属性建立具有多重属性组合的新图层，并对那些在结构和属性上既相互叠加又相互联系的多种现象要素进行了综合分析和评价，根据这新的空间结构关系及属性进行分区。

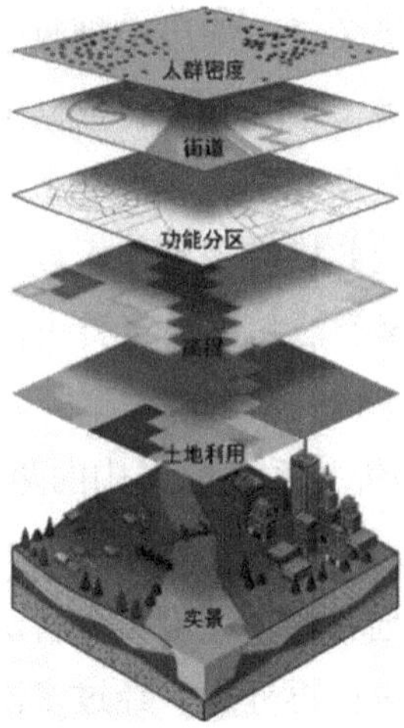

图 6-7　图层叠置示意图

叠加分析对地理信息图形和属性进行各自叠加处理。叠加分析分为矢量数据叠加分析和栅格数据叠加分析。矢量数据模型与栅格数据模型的属性叠加处理分为代数运算与逻辑运算两大类，其中栅格数据模型叠加运算常被称为地图代数，应用非常广泛。

1）矢量数据叠加分析

矢量数据是由点、线、多边形的几何对象来表达地理空间要素的，根据要素类型不同，叠加分析主要包括点与点叠加、点与线叠加、点与多边形叠加和线与多边形叠加、线与线叠加、多边形与多边形叠加等。其中点与点叠加是将不同图层中的点进行叠加，并为图层内的点建立新的属性，对点的属性进行统计分析；点与线叠加是把一个图层上的点目标与另一个图层上的线目标进行叠加，并为图层内点与线建立新的属性，叠加分析结果可用于点与线的关系分析；点与多边形叠加和线与多边形叠加是将一个含有点的图层或含有线的图层叠加到另一个含有多边形的图层上，实际上是计算多边形对点或线的包含关系，以确定一个要素图层中的点要素、线要素落在另外一个图层中哪个多边形内；线与线的叠加则是将不同图层的线进行叠加，分析线之间关系，并为图层中线建立新属性关系；多边形与多边形叠加分析是指将同一地区、同一比例尺的两组或两组以上多边形要素进行叠加。若需要多层叠加，则可以两两叠加后再与第三层叠加。

多边形与多边形叠加要比其他类型的叠加复杂得多，需要将两层多边形边界全部进行边界求交运算和切割，然后根据切割弧段重建拓扑关系，最后判断新叠加的多边形分别落在原始多边形层的哪个多边形内，建立起叠加多边形与原多边形的关系。

在生态环境区划中，通常会涉及多种分区的叠加，如行政分区、流域分区、生态分区等多区叠加（耦合），这时就涉及多边形与多边形的叠置。一般对于这种多区叠置，在算法上或边界处理上有几种方式：①相交（intersect），即保留输入图层的相交部分；②判别（identity），即保留原来一个输入图层多边形内部分；③相减（erase），即保留原来一个输入图层多边形以外的部分；④合并（union），即保护原来两个输入图层所有多边形，并以交点为节点，生成新的多边形；⑤更新（update），即保留一个图层内部分内容，并用这部分内容去更新另一个图层内这部分位置。

多区耦合叠加分析的基本处理方法是根据两组多边形边界的交点来建立具有多重属性的多边形，或进行多边形范围内的属性特性统计分析。其中前者叫作合成叠加，后者称为统计叠加。合成叠加的目的是通过区域多重属性模拟，寻找和确定同时具有几种地理属性的分布区域，或者按照确定的地理目标，对叠加后产生的具有不同属性多边形进行重新分类或分级，因此叠加结果为新的多边形数据文件。统计叠加的目的是计算一种要素（如土地利用）在另一种要素（如行政区域）的某个区域多边形范围内的分布状况和数量特征（包括拥有的类型数、各类型的面积等），或提取某个区域范围内某种专题内容数据。

2）栅格数据叠加分析

栅格数据叠加分析要求参与叠加分析的两个图层要素均为栅格数据。用栅格方式来组织存储数据的最大优点就是数据结构简单，不会出现类似于矢量数据多层叠加后精度有限导致边缘不吻合等问题。因为对于同一区域、同一比例尺、同一数据基础、不同信息表达的要素来说，其栅格编号不会发生变化，即对于任何栅格单元进行标识的行列号是不变的，进行叠加时只是增加了其属性表的长度。

生态环境区划中采用的栅格数据一般来源复杂，包括各种遥感数据、航测数据、数字化和网格化的地质图、地形图及其他自然环境数据。栅格叠加可用于数量统计、成本效益分析、基本类型叠加、动态分析及几何提取等应用。如将某区域的行政区划图与土地利用类型图叠加，由叠加结果可以看出各行政区内土地利用类型个数及各种土地利用类型面积等。

栅格数据叠加分析主要是通过栅格之间的运算来实现的。栅格之间的运算包括加、减、除、指数、对策等数据运算，也可通过数据关系式建立多个数据层之间的关系模型。

（2）缓冲区分析

缓冲区是指为了识别某一地理实体或空间物体对其周围地物的辐射范围或影响程度，在其周围建立具有一定宽度的带状区域。如要确定废水、废气所影响的空间范围、工业集中区的影响范围、城镇边界扩展范围、自然保护缓冲区域等。

缓冲区分析是对一级或一类地物按缓冲距离条件，建立缓冲区多边形，然后将这一图层与需要进行缓冲分析的图层进行叠加分析的一种空间分析方法。缓冲区分析适用于点、线或面对象，如点状的居民点，线状的公路或河流，面状的湖泊、工业园区等，只要研究实体能对周围一定区域形成影响即可使用这种分析方法。

缓冲区主要包括点状缓冲区、线状要素缓冲区、面状要素缓冲区。研究对象影响力特点不同，同一类型实体的缓冲区半径可以不一致，还有一些特殊形态的缓冲区，如点对象有圆形缓冲区、三角缓冲区、矩形缓冲区等，线对象有单侧缓冲区或不对称缓冲区，面对象有内侧缓冲区或外侧缓冲区。

GIS 中的数据存储类型主要为矢量数据和栅格数据，不同数据存储类型缓冲区建立方法也会有所不同。另外，在现实世界中很多空间对象或过程对于其周围的影响并不是只随着距离的变化而变化的，有时还需要建立动态缓冲区，根据空间物体对周围空间环境影响度的变化，可以采用不同分析模型来建立缓冲区。

缓冲区作为一个独立的数据层，也可以参与叠加分析，常用于河流、居民点、工厂等生产生活设施的空间分析，为不同的工作需要如污染范围确定、保护区划定等提供相关科学依据。

6.3 环境功能区划

环境功能区是指对经济和社会发展起特定作用的地域或环境单元。由于每个区域的自然条件和人为利用方式不同，对环境的影响程度也各异，因此环境管理目标及执行标准也不一样。结合环境功能开展环境要素分区，可以为社会经济的合理布局、推动环境差异化管理、科学化决策及各类法律法规的实施提供依据。

6.3.1 水环境功能区划

水环境功能区是根据水域使用功能、水环境污染状况、水环境承受能力（环境容量）、社会经济发展需要及污染物排放总量控制的要求，划定具有特定功能的水环境单元。水环境功能区从水环境保护角度出发，根据与水质相关的使用功能进行划分，保证地表水标准实施和水环境综合治理。1989 年，全国第二次水污染防治会议引导全国范围内开展水环境功能区划。1996 年，国务院颁布了《关于环境保护若干问题的决定》，根据其中提出的“一控双达标”，各地都编制完善了水环境功能区划方案。载至 2002 年，全国水环境功能区划工作已初步完成，对 10 大流域、51 个二级流域、600 多个水系、5 737 条河流和 980 个湖库进行了水环境功能区的划分，共划分了 12 876 个水环境功能区，其中河流 12 482 个，湖泊 394 个，共计河流长度 29.8 万 km，湖库面积 5.2 万 km^2。

（1）水环境功能区分类

水环境功能区划分与水功能区划分的关系紧密。水功能区和水环境功能区从水体功能角度出发，根据水体主导功能划定范围，并确定相应的水质标准。其中水功能区更侧重于水体的使用功能，而水环境功能区则更多地考虑不同用水功能对水环境质量要求。我国大部分省（自治区、直辖市）将两者结合在一起，再根据水功能区划分来确定水环境功能区。

根据《水功能区划分标准》（GB/T 50594—2010），水功能区划为两级体系，即一级区划和二级区划。一级区划在宏观上调整水资源开发利用与保护的关系，协调地区间的关系，同时考虑持续发展的需求，将功能区分为 4 类，即保护区、保留区、开发利用区、缓冲区。二级区划主要确定水域功能类型及功能排序，协调不同用水行业间关系，因此将一级水功能区中的开发利用区具体划分为饮用水水源区、工业用水区、农业用水区、渔业用水区、景观娱乐用水区、过渡区、排污控制区 7 类。

水环境功能区采用一级区划体系。根据《中华人民共和国水污染防治法》和《地表水环境质量标准》（GB 3838—2002），结合水域使用功能要求，将地表水环境功能区分为 5 类：Ⅰ类水环境质量功能区，主要指源头水与国家自然保护区；Ⅱ类水环境质量功能区，主要指集中式饮用水水源地一级保护区、珍贵鱼类保护区、鱼虾产卵场等；Ⅲ类水环境质量功能区，主要指集中式饮用水水源地二级保护区、一般鱼类保护区及游泳区；Ⅳ类水环境质量功能区，主要指一般工业用水区及人体非直接接触的娱乐用水区；Ⅴ类水环境质量功能区，主要指农业用水区及一般景观要求水域。

有些地区结合《地表水环境质量标准》（GB 3838—2002）的规定要求及水环境管理要求，将水环境功能区分为以下几类，分别为自然保护区、保留区、饮用水水源保护区、渔业用水区、工业用水区、农业用水区、景观娱乐用水区、过渡区和混合区等。

自然保护区：为了保护自然环境和自然资源，促进国民经济持续发展，对有代表性的自然生态系统、珍稀濒危动植物种群天然集中分布区、有特殊意义的自然遗迹等保护对象所在区域，由县级以上人民政府依法划出一定面积的陆地和水体，予以特殊保护和管理；分国家级自然保护区与地方级自然保护区。自然保护区执行《地表水环境质量标准》（GB 3838—2002）Ⅰ类标准。

保留区：目前尚未开发或开发利用程度不高，为今后开发利用预留的水域；保留区内的水质应维持现状不受破坏。

饮用水水源保护区：饮用水水源保护区由当地人民政府依法划定的城镇饮用水集中式取水构筑物所在地表水域及其地下水补给水域、地下含水层的某一指定范围。饮用水水源保护区分为一级保护区、二级保护区和准保护区，分别执行《地表水环境质量标准》（GB 3838—2002）中的Ⅱ、Ⅲ、Ⅲ类标准。

渔业用水区：指鱼、虾、蟹、贝类的产卵场、索饵场、越冬场、洄游通道和养殖鱼、虾、蟹、贝类、藻类等水生动植物的水域。渔业用水区分为珍贵鱼类保护区和一般鱼类用水区，珍贵鱼类保护区执行《地表水环境质量标准》（GB 3838—2002）中的Ⅱ类标准，一般鱼类用水区执行《地表水环境质量标准》（GB 3838—2002）中的Ⅲ类标准。

工业用水区：指各工矿企业生产用水的集中取水点所在水域范围。工业用水区执行《地表水环境质量标准》（GB 3838—2002）中的Ⅳ类标准。

农业用水区：指灌溉农田、森林、草地的农用集中提水站所在水域的指定范围。农业用水区执行《地表水环境质量标准》（GB 3838—2002）中的Ⅴ类标准。

景观娱乐用水区：指具有保护水生生态基本条件、供人们观赏娱乐、人体非直接接触的水域。景观娱乐用水区水质执行《地表水环境质量标准》（GB 3838—2002）中的Ⅲ～Ⅴ类标准。

过渡区：水质功能相差较大（两个或两个以上水质类别）的地表水环境功能区之间划定的、使相邻水域管理目标顺畅衔接的过渡水质类别区域。执行相邻地表水环境功能区对应高低水质类别之间的中间类别水质标准。

混合区：污水与清水逐渐混合、逐步稀释、逐步达到地表水环境功能区水质要求的水域。混合区不执行《地表水环境质量标准》（GB 3838—2002），是位于排放口与水环境功能区之间的劣Ⅴ类水域。

（2）水环境功能区划分原则

水环境功能区划分需结合水资源保护及社会经济的发展需要，因地制宜开展。一般应遵循以下原则。

1）可持续发展原则

水环境功能区划要根据水资源可再生能力和水环境可承受能力，科学合理地开发利用水资源，并留有余地保护当代和后代赖以生存的水资源和生态环境，保障人体健康和环境的结构与功能，促进社会经济和生态环境的协调发展。

2）饮用水水源优先保护原则

在规定的各类功能区中，以饮用水水源地、具有生物学重要价值的敏感地区（如自然保护区、珍贵鱼虾产卵场等）为优先保护对象，在功能出现冲突时，应优先考虑这些功能保护。在保护重点功能前提下，还可兼顾其他功能区的划分。

3）使用功能和水质现状相结合原则

水体使用现状功能间接反映了水体受污染影响程度，也是区域发展现状的体现。同时，现状水体功能对未来水体水质目标可达性也具有重要影响。因此，水环境功能区划不得降低现状使用规划，而要兼顾规划功能。

4）统筹兼顾、突出重点原则

以流域、水系为单元，统筹兼顾上下游、左右岸、干支流及近远期经济社会发展对水域功能的要求，合理组合水环境功能区。在划分各功能断面时，要注意上下游功能组合的合理性，以及潜在功能要求。同时综合考虑流域生产力布局及排污口分布，水功能区划必须与陆上的产业布局相适应。

5）合理利用水环境容量原则

合理的功能分区可以最大限度地利用水体容量资源，降低污染削减费用，引导城镇与产业优化合理布局，实现社会、经济与环境效益统一。同时要从不同水域水文特点出发，充分利用水体自净能力和水环境容量。

6）经济技术可行、便于管理的原则

在水环境功能区类别确定时要充分考虑经济技术条件约束，研究功能目标是否可达，对各类削减费用、治理费用进行估算，对多方案进行比较优化。同时功能区划方案要实用可行，有利于强化水质目标管理，有利于解决上下游、左右岸矛盾。

（3）水环境功能区划方法

水环境功能区划技术路线贯穿整个区划过程，一般遵循“技术准备—定性判断—定量计算—综合决策”路线开展（图 6-8）。

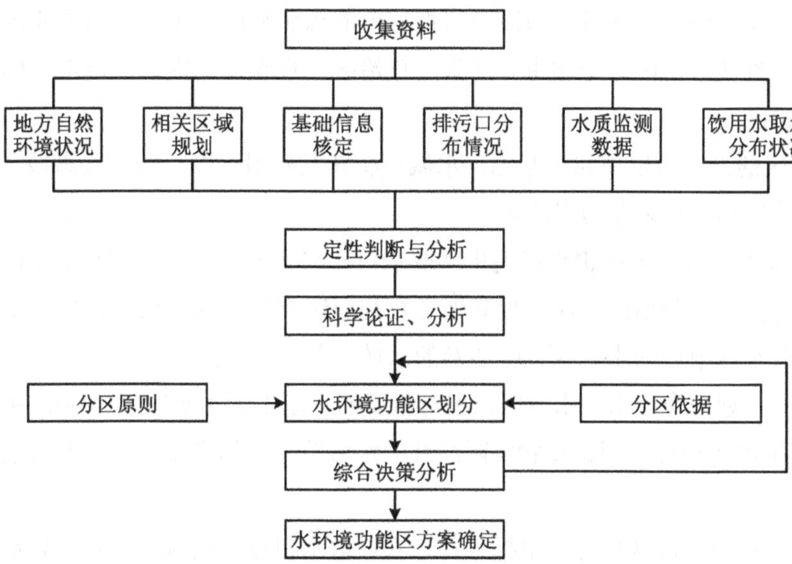

图 6-8　水环境功能区划分技术路线图

1）搜集基础资料，调查评估阶段

搜集和汇总现有基础资料及数据，包括区域自然环境资料，如气候、地质、地貌、植被条件等，与水环境功能密切相关的水系、水文、流量、流速和径流量等；区域规划资料，包括城镇发展规划、产业发展规划等，分析人口密度、城镇发展、产业布局等；污染源和水污染治理现状资料，如水污染源的数量、种类、排放量及排污口分布现状等；

水环境现状资料，包括监测点位及断面分布、水环境质量现状及演变趋势、水体主要污染物等；水资源开发利用资料，包括饮用水水源分布、取水口位置、水厂位置、区域用水结构、生态需水量、各部门及对水质的要求等；区域经济发展状况等资料。

2）定性判断与分析阶段

在资料调研与实地调查基础上，对水环境现状进行评价，预测污染源及污水量增加与削减量，分析水体现状使用功能、规划功能，确定影响使用功能的污染因子和污染时段；分析各类监测控制断面、点位的实测资料是否合理、是否可靠、是否具有代表性；分析污染源优先控制顺序，将现状功能区中水质要求不符合标准（或达不到现状功能）的水域，依据污染因子列出相应的污染源；提出规划功能及相应水质控制目标，预测污染物排放量增长与削减。

在考虑上下游、左右岸关系的基础上，根据区划原则及依据，提出功能区划分初步方案。以下一些定性判断或处理方式可供参考。

a. 国家和省级自然保护区所涉及的水域应划为保护区（自然保护区）。源头水保护区可划在重要河流上游的第一个城镇或第一个水文站以上未受人类开发利用的河段，也可根据流域综合规划中划分的源头河段或习惯规定的源头河段划定。国家重要水源地水域和跨流域、跨省（自治区、直辖市）及省（自治区、直辖市）内大型调水工程水源地水域应划为保护区。

b. 保留区的划分应以现状为基础，水域现状开发利用程度不高，远离城区，水质受开发利用影响较小，宜划分为保留区。

c. 饮用水水源区划分应根据已建生活取水口布局状况，结合规划水平年内生活用水发展需求，选择开发利用区上游或受其他开发利用影响较小的水域。在划分饮用水水源区时，应将取水口附近的水源保护区涉及的水域一并划入。对于零星分布的小型生活取水口，可不单独划分为饮用水水源区，但对重要的大型生活用水取水口应单独划区。

d. 渔业用水区划分应根据现状实际涉及的水域范围，结合发展规划要求划分相应用水区。

e. 工业、农业用水区划分应根据工业、农业取水口分布现状，结合规划水平年内工业、农业用水发展需要，将工业取水口、农业取水口较为集中的水域划分为工业用水区域和农业用水区。

f. 景观娱乐用水区的划分应根据现状实际涉及的水域范围，结合发展规划要求划分相应用水区。

g. 过渡区划分应根据两个相邻功能区水质目标差别确定。水质要求低的功能区对水质要求高的功能区影响较大时，以能恢复到高要求的功能区水质标准来确定过渡区长度。过渡区范围应根据实际情况确定，必要时可通过模型计算确定。

h. 排污控制区（混合区）划分宜为排污口较为集中且对其他用水影响不大的水域。排污控制区设置应从严控制，分区范围不宜过大。

i. 缓冲区划分，跨省边界水域宜划为缓冲区。缓冲区范围可根据水体自净能力，通过模型计算分析确定。两省（自治区、直辖市）之间水质要求差异小，缓冲区范围可较小，上下游缓冲区长度比例可按省界上游占 2/3，省界下游占 1/3 划定。

在功能区划分中，有几点需注意：饮用水优先；各功能区之间互不干扰，多功能同时并存，但不能兼容时，确定主导功能，舍弃与之不能兼容的功能；当某水域主导功能和该水域控制水质标准并不完全一致时，选择适当的水质标准。

3）科学论证与可行性分析阶段

对水环境功能区划分初步方案进行可达性分析，包括混合区、过渡区范围确定，技术经济评价和方案比选等。对各功能区达到各个环境目标的技术方案及投资进行可达性分析，提供决策依据。

方案可行性分析一般是采用定性与定量相结合的方案确定。对于水体功能明确，且无可替代方案选择的区域，如集中式饮用水水源保护区等，可不进行定量模拟确定。一般涉及混合区、缓冲区、过渡区等，通常会采用定量水质模拟方式来确定功能区范围或分析功能区范围的合理性，具体思路如下。

a. 确定设计条件。设计条件必须在定量计算前进行，主要包括设计流量、设计流速、设计排污量、分期目标、设计达标率等。在概化设计条件时有两种方案：一种是定常条件下平均，另一种是在概率分布条件下平均。

b. 选择水质模型。在水环境功能区划，在河道与排污口概化基础上，一般采用的是一维稳态模型；涉及潜在污染冲突的河段或混合区确定，可考虑用二维模型，提高划分精度。

c. 计算混合区范围。在削减排污量方案的费用较高、技术不可行时，为了保证功能区水质符合要求，可考虑改变排污去向至低功能区水域，或减少混合区范围及利用大水体稀释扩散能力。

4）综合决策阶段

对水环境功能区划分方案进行意见征求、专家论证，要充分协调好流域上下游之间、功能区与功能区之间、行政区与行政区之间关系，确定切实可行的区划方案，同时拟订保障水环境功能区的分期水质目标。

6.3.2　水生态功能分区

由于水环境功能区划侧重于水体功能及水质目标，忽视了水陆完整性及水生态健康等因素。20 世纪 80 年代，Omernik 采用土地利用、自然植被、土壤和地形 4 个自然环境指标，对美国进行了多级水生态功能分区；2000 年，欧盟颁布了《欧盟水框架指令》（Water Framework Directive 2000/60/EC，WFD），在该框架下，法国、德国、希腊等国家先后进行了水生态区划。“十一五”期间，我国在一些重要流域（如辽河流域、海河流域等）分别开展了水生态功能分区实践。现阶段，我国水环境区划开始从水环境功能分区逐步向水生态功能分区、水环境控制单元进行拓展。

（1）水生态功能分区体系及指标

各种影响因素在不同尺度上的综合作用决定了水生态系统的结构和功能。大中尺度分区主要反映水生态系统区域差异，多根据自然环境和社会环境因子分布格局进行划分，小尺度分区主要反映水生态功能类型空间差异，分区指标也多以水质、水生生物等反映生态环境类型及功能类型差异的水生态因子为主。

一级、二级水生态功能分区是大中尺度的分区。具体来说，一级分区主要反映自然环境因子对水生态系统的影响，因此地貌、气候、水文等因子是其常采用的分区指标，如在丹江口地区一级水生态功能分区时选取了高程、干燥度及年均径流深等指标；海河流域基于地貌类型、径流深、年降水量和年蒸发量划定了一级水生态功能区。随着社会经济的发展，水生态系统特征不仅表现为自然地域分异规律，更体现了人类活动的叠加影响，二级分区在中尺度上体现自然环境因子和社会环境因子对水生态系统协同作用的影响，土壤、植被类型、土地利用类型和人口密度等是重要的指标。

三级、四级水生态功能分区是小尺度的分区，主要反映水生态功能类型空间差异。三级分区指标多以水质、水生生物等水生态因子为主。如太子河流域采用鱼类多样性指数、氮磷排放强度等指标进行三级分区；济南市选取了浮游动植物、鱼类和水质等指标，划分了三级水生态功能区。四级分区是在河段层面上根据河流生境特征反映水生生物的分布格局，河流比降、蜿蜒度、河岸带类型等河段生境指标被应用于巢湖和松花江的四级水生态功能分区。

当然，不同区域在具体的水生态功能区划实践中，结合目标及分级不同，采用的指标体系也存在差异。中国环境科学研究院在国家“十三五”重大水专项“流域水质目标管理技术体系集成研究”项目中提出了八级分区的水生态功能分区体系（图 6-9）。

不同尺度分区有适用的因子类型，但具体指标选择要根据实际区域确定，且水生态功能分区指标较多，为了避免指标冗余，需要进行指标筛选。指标筛选方法以主成分分析法和典范对应分析法最为常见（具体见 6.2.3 节）。

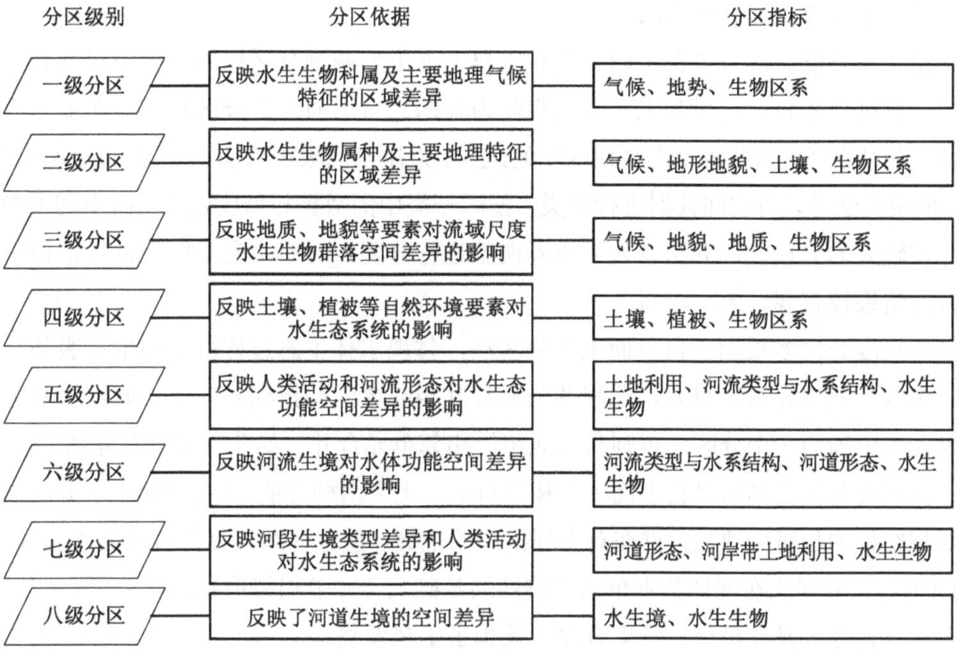

图 6-9 水生态功能分区体系

根据自然环境因子对水生态系统的影响不同，流域尺度水生态功能分区一般分为 3 个等级。一级水生态功能分区主要反映水资源空间格局，二级水生态功能分区主要反映生态空间格局，三级水生态功能分区反映水生态功能空间差异性。不同层级的水生态功能分区依据是不同的。目前，流域或区域层面水生态功能分区根据流域管理需要进行不同层级分区。表 6-2 是浙江省流域水生态功能分区指标体系。

表 6-2 浙江省流域水生态功能分区指标体系

级别	环境因子	分区指标	备注
一级	地貌	高程、坡度	反映水资源空间格局，采用主成分分析法进行筛选
	气候	降水量、气温、干燥度、湿润指数	
	水文	年均径流深	
二级	植被	植被类型、植被指数（NDVI）	反映水生态系统完整性、差异性，采用典范对应分析法或机器学习方法进行筛选
	土壤	土壤类型	
	土地利用	土地利用类型	
	人类活动	人口密度	
三级	生境	河流等级、河网密度、流域面积等	反映水文过程、水质净化等生态功能的差异性，采用典范对应分析法进行筛选
	水生态	生物多样性指数等	
	水污染	水质指数、污染物排放强度	

（2）水生态功能分区方法

水生态功能分区有“自上而下”和“自下而上”两种分区思路。大中尺度分区多采用以计算机技术自动定量为主、专家判断为辅的“自上而下”分区法，即在多个分区指标叠置的情况下，按照水生态系统的空间差异，采用空间聚类方法，如ISODATA聚类法、*k*-均值聚类法等，对空间数据进行聚类，使同一类中的数据相似度较高，而不同类型的数据存在较大的异质性，并结合人为边界调整进行分区，对整个宏观格局进行把控，得到的分区结果较直观、效率较高。

小尺度分区多采用“自下而上”分区法，体现水体生态过程特征和生态服务功能差异，多以子流域为基本单元，比较各单元与其相邻单元间指标差异性，如果差异显著，此单元就单独为一个分区，否则与其他相似相邻单元合并，如此完成所有分区。

完整的分区要结合“自上而下”和“自下而上”两种方法，“自上而下”分区法保证了区划结果的相对一致性，重在对宏观格局的把握，使分区结果具有直观的生态学意义，“自下而上”分区法在保证基本单元完整性的基础上合并了相似单元，可保证区域共轭性，两者结合使分区操作可行、结果合理，减少了主观调整。

（3）水生态功能区分类

水生态服务功能主要包括水源涵养与水文调节、土壤保持、重要生态资产保护等生态功能，以及农业生产支撑、城市生活支撑等。根据降水量、植被覆盖、水域湿地、土地利用等现状数据，对各功能分区逐个开展生态功能识别和重要性值计算。根据各分区水生态服务功能识别结果，将重要性大、优势突出的生态服务功能判定为该区的主导生态功能。当优势功能不突出时，可按照下述进行排序：水源涵养与水文调节＞生境维持功能＞水生珍稀特有物种栖息地与洄游通道＞重要生态资产保护＞土壤保持功能＞农业生产支撑功能＞城市生活支撑功能。

根据各水生态功能区的主导功能，对其进行分类，确定每个功能区类型。

6.3.3 环境空气功能区划

环境空气功能区划是大气环境管理的重要依据。环境空气功能区划是指为了确定研究地区环境空气规划目标而对这些地区进行的功能区划，是以城市环境功能分区为依据，根据自然环境概况、土地利用规划、规划区域气象特征和国家环境空气质量的要求，将规划城市按大气环境质量划分为不同的功能区。

（1）环境空气功能区类型

根据《环境空气质量标准》（GB 3095—2012），环境空气功能区分为两类：一类区为自然保护区、风景名胜区和其他需要特殊保护的区域；二类区为居住区、商业交通居民混合区、文化区、工业区和农村地区。

一类区中的自然保护区、风景名胜区是指县级以上人民政府划定的自然保护区、风景名胜区。其中，自然保护区是按照《自然保护区类型与级别划分原则》(GB/T 14529—1993)的规定，对有代表性的自然生态系统、珍稀濒危动植物物种的天然集中分布区，有特殊意义的自然遗迹等保护对象所在陆地、陆地水体或海域，依法划出一定面积予以特殊保护和管理的区域；风景名胜区是指具有观赏、文化或科学价值、自然景物、人文景物比较集中，环境优美，具有一定规模和范围，可供人们游览、休息或进行科学、文化活动的地区；需要特殊保护的地区是指因国家政治、军事和为国际交往服务需要，对环境空气质量有严格要求的区域。

二类区是指除一类区以外的区域，将原来《环境空气质量标准》(GB 3095—1996)中的三类区（特殊工业区）也纳入二类区。

（2）环境空气质量功能区划原则

环境空气质量功能区以保护生活环境和生态环境，保障人体健康，以及动植物正常生存、生长和文物古迹为宗旨。划分环境空气功能区应遵循以下原则：

①环境空气质量功能区的划分应充分利用现行行政区界或自然分界线。

②环境空气质量功能区划分宜粗不宜细。

③环境空气质量功能区划分时既要考虑到环境空气质量现状，又要兼顾城市发展规划。

④不能随意降低原已划定功能区的类别。

（3）环境空气功能区划方法

环境空气功能区划分应在区域或城市功能区（或城市性质）基础上，根据环境空气功能区划分原则，在对地理、气象、大气污染源现状分布及社会经济发展等因素进行综合分析的基础上，按环境空气质量标准的要求将区域或城市环境空气划分为不同的功能区域。其划分方法如下。

①分析区域或城市发展规划，确定环境空气功能区划分的范围并准备工作底图。

②调查区域现行空气环境功能区划。在进行环境空气功能区划以前，首先要对环境空气功能区现状进行调查。

③根据调查和监测数据，以及环境空气功能区类别定义、划分原则等的综合分析，确定了每个单元的功能类别。

④把区域类型相同的单元连成片，并绘制在底图上；同时，将环境空气质量标准中例行监测的污染物和特殊污染物的日平均值等值线绘制在底图上。

⑤根据环境空气质量管理和城市总体规划要求，依据被保护对象对环境空气质量的要求，兼顾自然条件和社会经济发展，将已建成区域规划中的开发区等所划区域最终边界、区域功能类型进行反复审核，最后确定该区域环境空气功能区划分方案。

⑥绘制大气环境功能区划图。在规划区域地图上（1∶10 000 或 1∶50 000 的行政区划图），画出各类环境空气功能区的边界及范围，并附必要的说明。

在划分环境空气功能区过程中，应注意以下几点：①一类区与二类区不得小于 4 km^2。②一类区与二类区之间设置一定宽度的缓冲带。缓冲带宽度根据区划面积，污染源分布、大气扩散能力确定，一般情况下缓冲带宽度不小于 300 m。缓冲带内环境空气质量应向要求高的区域靠拢。③位于缓冲带内的污染源，应根据其对环境空气质量要求高的功能区影响情况，确定该污染源执行排放标准的级别。

6.3.4 声环境功能区划

声环境功能区执行《中华人民共和国环境噪声污染防治法》和《声环境质量标准》（GB 3096—2008），开展声环境功能区划是区域声环境质量管理的需要。

（1）声环境功能区类型

根据《声环境质量标准》（GB 3096—2008），声环境功能区分为以下 5 类。

0 类声环境功能区：指康复疗养区等特别需要安静的区域。

1 类声环境功能区：指以居民住宅、医疗卫生、文化教育、科研设计、行政办公为主要功能，需要保持安静的区域。

2 类声环境功能区：指以商业金融、集市贸易为主要功能，或者居住、商业、工业混杂，需要维护住宅安静的区域。

3 类声环境功能区：指以工业生产、仓储物流为主要功能，需要防止工业噪声对周围环境产生严重影响的区域。

4 类声环境功能区：指交通干线两侧一定距离之内，需要防止交通噪声对周围环境产生严重影响的区域，其中包括 4a 类和 4b 类两种类型。4a 类为高速公路、一级公路、二级公路、城市快速路、城市主干路、城市次干路、城市轨道交通（地面段）、内河航道两侧区域；4b 类为铁路干线两侧区域。

（2）声环境功能区划原则

区划以有效控制噪声污染程度和范围，有利于提高声环境质量为宗旨。区划应遵循以下基本原则：

①区划应以城市规划为指导，按区域规划用地的主导功能、用地现状确定，应覆盖整个城市规划区面积。

②区划应便于城市环境噪声管理和促进噪声治理。

③单块的声环境功能区面积，原则上不小于 0.5 km^2。山区等地形特殊的城市，可根据城市的地形特征确定适宜的区域面积。

④调整声环境功能区类别需进行充分的说明，严格控制 4 类声环境功能区范围。

⑤根据城市规模和用地变化情况，声环境区划可适时调整，原则上不超过5年调整一次。

（3）声环境功能区划依据与程序

声环境功能区划主要依据《声环境质量标准》（GB 3096—2008）中对各类功能区的定义，同时要结合城市的性质、结构、规划及用地现状，城市区域环境噪声污染特点、噪声管理要求及城市行政区划、地形地貌等。

声环境功能区划一般实行“自下而上”的区划思路。在对区划基础资料进行搜集、分析的基础上，以基础分区单元（如行政单元、网格）为初步分析对象，根据每个基础单元的用地性质（现状或规划），结合声环境质量标准，初步确定各基础单元执行的声环境质量标准（类别），然后根据相似相邻原则，把功能类型相同的基础单元进行合并，充分利用交通干线（主干线及以上级别）、区行政边界、河流、沟壑、绿地等地形地貌作为区划边界，形成分区的初步方案。在对初步方案进行管理可行性分析、论证的基础上，征求各部门意见，最终确定城市声环境功能区划，并绘制区划图。具体技术路线如图6-10所示。

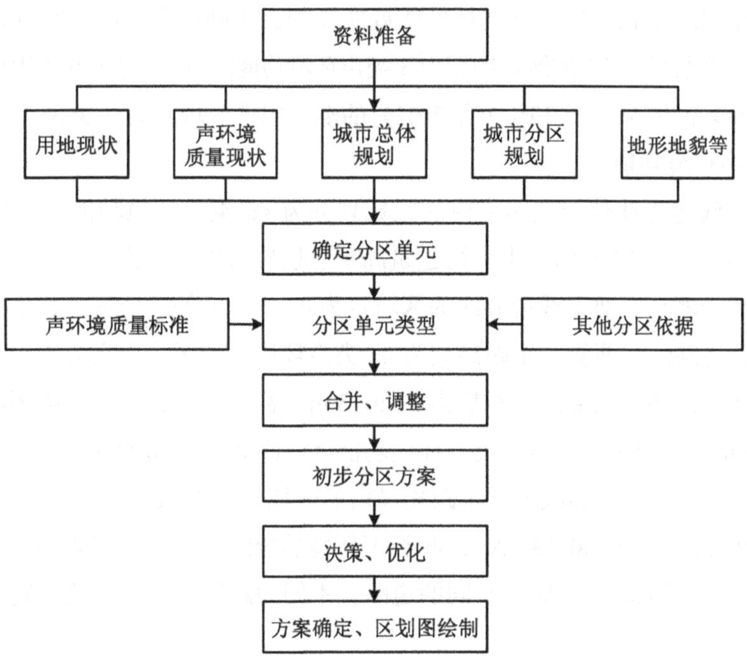

图6-10 声环境功能区划分技术路线图

（4）声环境功能区划方法

声环境功能区划一般按先功能单一区后低混合区的划分次序进行划分，即区划宜首先对0类、1类、3类声环境功能区确认划分，余下区域划分为2类声环境功能区，在此基础上划分4类声环境功能区。

1）0 类声环境功能区

0 类声环境功能区适用于康复疗养区等特别需要安静的区域。该区域内及附近区域应无明显噪声源，区域界线明确。

2）1 类声环境功能区

对于城市用地现状已经形成一定规模或近期规划已明确的主要功能区域，其用地性质符合声环境质量标准中规定的 1 类声环境功能区域或者 I 类用地（居住用地、公园绿地、行政办公用地、文化设施用地、教育科研用地、医疗卫生用地、社会福利设施用地）占地率大于 70%（含 70%）的混合用地区域，则划为 1 类声环境功能区。

3）2 类声环境功能区

符合下列条件之一的划为 2 类声环境功能区：城市用地现状已形成一定规模或近期规划已明确主要功能的区域，其用地性质符合 2 类声功能区规定的区域；划定的 0 类、1 类、3 类声环境功能区以外居住、商业、工业混杂区域。

4）3 类声环境功能区

对于城市用地现状已形成一定规模或近期规划已明确主要功能的区域，其用地性质符合 3 类声环境功能区定义的区域则划为 3 类声环境功能区，或者对于II类用地（工业用地、物流仓储用地）占地率大于 70%（含 70%）的混合用地区域划为 3 类声环境功能区。

5）4 类声环境功能区

将交通干线边界线外一定距离内的区域划分为 4a 类声环境功能区，执行标准昼间 70 dB（A），夜间 60 dB（A）。当临街建筑高于三层楼房以上（含三层）时，将临街建筑面向交通干线一侧至交通干线边界线的区域定为 4a 类声环境功能区。若临街建筑低于三层楼房，则将道路红线两侧一定距离划为 4a 类声环境功能区。距离的确定方法如下：若相邻区域为 1 类声环境功能区，距离为 50 m±5 m；若相邻区域为 2 类声环境功能区，距离为 35 m±5 m；若相邻区域为 3 类声环境功能区，距离为 20 m±5 m。

交通干线（铁路）边界线外一定距离以内的区域划分为 4b 类声环境功能区，执行标准昼间 70 dB（A），夜间 60 dB（A）。4b 类声环境功能区划分方法同 4a 类声环境功能区。

划分 4 类声环境功能区时，不同的道路、不同的路段、同路段的两侧及道路的同侧距离可以不统一。

6.3.5 土壤环境功能区划

土壤是重要的环境因子之一，随着我国工业化和城镇化进程的加快，土壤污染问题逐渐显露。加强土壤环境管理，防控土壤污染、实施分类分区管理已经成为我国当前土壤环境管理的重要方向。通过划分土壤环境功能区，明确了各个区域土壤环境问题是开展土壤环境保护、制定分类分区土壤环境管理政策的先导性工作。土壤环境功能区划可为土地资源合理开发和高效利用，防止土壤环境污染和维护土壤环境质量，实现经济社会可持续发展提供科学依据。

国外虽然尚未见单独针对土壤环境功能进行相应区划，但有许多区划做法和区域环境管理政策已经渗透了土壤环境功能区划的相关内容。我国土壤环境功能区划研究起步较晚，也在不同层次对土壤环境功能区划进行了探索，如 2009 年环境保护部自然生态保护司组织专家对《土壤环境功能区划技术导则》进行了研讨，2009 年以来南京市、沈阳市、郑州市甚至全国都开展了土壤环境功能区划的探讨，但目前全国仍没有一套统一的土壤环境功能区划技术方法及指标体系。

（1）土壤环境功能区概念

2009 年，环境保护部生态环境司组织专家起草的《土壤环境功能区划技术导则》征求意见稿，初步提出了土壤环境功能区划的定义，是指依据各土壤环境单元的承载力（环境容量）及环境质量的现状和发展变化趋势，结合土地利用方式和社会经济发展对土壤环境质量的要求，对区域土壤进行合理划分。其中既包括基于土壤环境本身的功能差异而进行的土壤目标分区，也包括为了保护土壤环境功能而进行的政策和措施分区。

也有学者提出，土壤环境功能区是指为了适应土壤环境保护工作需要，依据土壤自然属性和社会属性及土壤自然资源开发利用现状，结合本行政区的国民经济和社会发展计划或规划，按照规定程序，对土壤按照不同使用功能和保护目标而划定的土壤区域。因此，土壤环境功能区划是指根据土壤环境现状，并根据国家或地区经济与社会发展需要，将土壤环境划分为不同类型的功能区，根据每个功能区的环境适宜性，规范土壤开发利用活动，制定各功能区保护目标，并综合考虑自然环境特征和社会经济活动对生态系统干扰和影响，实现环境区划和功能区划的统一。

（2）土壤环境功能区划基本思路

依据土壤环境功能区划的概念及内涵，土壤环境功能区划基本思路如下。

①构建土壤环境功能区划指标体系：构建土壤环境功能相关指标集，针对土壤环境功能，筛选评价指标，确定指标权重，构建土壤环境功能区划指标体系。

②土壤环境功能评价：根据选取的指标，通过区域土壤调查和采样分析获取土壤相关数据，结合土地利用方式，采用层次分析、模糊评价等评价方法进行土壤环境功能评价。

③土壤功能区划：按照评价结果，采用空间分析法对土壤环境功能进行空间聚类分析，确定区域主导功能并进行功能类型划分，划定不同的土壤环境功能区。

④土壤环境功能区划成图：依据土壤环境功能评价结果，利用 ArcGIS 等地理信息系统的分析功能，以区划图形式表示不同土壤环境功能区，为了保护土壤资源，制定土壤资源合理利用与管理提供科学依据。

（3）土壤环境功能区划原则

土壤环境功能区划与其他功能区划一样，也是采用定性与定量相结合的方法开展。其划分原则如下。

1）主导因素原则

基于土壤环境质量区划，叠置现有土地利用方式，优先考虑土壤环境功能，再根据土壤环境质量，以主导功能确定土壤环境功能类型。

2）相关性原则

对于由多个土地利用方式构成的区域单元，综合考虑土地利用方式的空间组合及比例，以主要类型确定该区域的主要环境功能。

3）整体性原则

土壤环境功能区划的各单元虽然有地理位置或空间范围的差异，但是均具有较为完整的功能体系。

4）协调性原则

土壤环境功能区划要兼顾国家主体功能区规划、全国生态功能区划、全国农业区划及其他专项区划。

（4）土壤环境功能区划指标体系

土壤作为环境因子之一及重要的自然资源，对人类的生存及发展起着重要的支撑，其功能一般概括为 3 个方面，即生产功能、生态功能和承载功能。生产功能为人类提供了粮食及其他农产品，生态功能主要为涵养水源、保持水土、维持生物多样性和调节气候等，承载功能为人类活动提供承载基础。虽然不同层次的土壤环境功能区划实践采用的指标体系不同，但大部分区划基本上都是围绕这 3 个方面展开。由此，土壤环境功能区划指标体系包括生产保障功能指标、生态保护功能指标、承载维持功能指标。区划指标体系按照三级叠加，逐层收敛。表 6-3 为土壤环境功能区划指标体系，它包括生产保障功能、生态保护功能、承载维持功能 3 大功能及相应的、可测的、可比的、可以获得的指标或者指标群。

表 6-3　土壤环境功能区划指标体系

功能类别	指标	指标群
生产保障功能	土壤质量指数	土壤质地、体积质量、有机质、全氮、速效磷、速效钾、阳离子代换量
	气候指数	太阳辐射、降水量、温度、气象灾害
	土壤现实生产力	单位面积产量、人均耕地面积
	土壤退化状况	退化类型和程度
	农业生产污染指数	农药、化肥、农膜使用强度

功能类别	指标	指标群
生态保护功能	污染指数	有机污染与重金属污染状况，重金属污染指数（或地累积指数，污染负荷指数）
	景观生态稳定性指标	土壤退化占比、自然灾害发生频率、水土流失率、林木覆盖率
	景观异质性指标	多样性指数、优势度指数、破碎化指数
	潜在生态危害指数	重金属的潜在生态危害指数（哈森指数）
承载维持功能	植被覆盖度	归一化植被指数（NDVI）
	灾害抵御能力	地质灾害发生率、防洪能力
	地面承载率	—

土壤生产保障功能主要是保障土壤生产力的发挥。因此在考虑土壤生产保障功能指标体系时，既要考虑保障土壤生产力的指标，又要考虑影响该区生产功能正常发挥的因素，如生态环境因素、农业生产污染等。土壤生态保护功能主要是土壤对污染物的缓冲、过滤功能，土壤的保护、保持功能等，同时也有维持生态环境、体现美学价值的作用，因此，对于该类指标选取应尽量选择与生态环境保护相关的指标。土壤承载维持功能主要是指土壤环境对各种建设、设施提供维持场所、条件，包括土地稳定性、抵御各种自然灾害的能力等。

但是，不同空间尺度土壤环境在区划时，区划方法、目标不同，所选择的指标也是不同的。全国、区域、省、市、县尺度的土壤环境功能区划分类体系方面都存在一定的差异。区域尺度重点解决跨省土壤环境功能区划问题，省级尺度土壤环境功能区划重点解决土壤环境功能区划与相关区划接口和环境管理接口问题，市级和县级土壤环境功能区划与环境管理接口更为直接，是地方土壤环境管理的直接依据。目前，土壤环境功能区划实践研究主要集中在市级和县级区域尺度上。

第 7 章　生态环境规划决策分析

环境决策（environmental decision-making）是在一定时期内根据经济和社会持续发展的需要，确定该时期的环境目标，并从各种可供选择的方案中，通过分析和论证，选定一个切实可行的优化方案的过程。为了实现环境规划目标，需要对环境规划中的各类方案，如产业结构调整、经济发展速度、产业发展布局、污染治理水平、污染总量削减等进行科学决策，最终选出最优的规划方案。因此，环境规划决策是环境规划的重要环节，直接影响环境规划的科学性和有效性。本章在对环境规划决策分析的概念、框架、模式等进行介绍的基础上，重点介绍环境规划决策常用方法和模型。

7.1　生态环境规划决策概述

7.1.1　生态环境规划决策概念

决策是一个对事物进行分析综合和思维判断的过程，是一个包括提出问题、确立目标、设计和选择方案的过程。决策分析是指进行决策方案选择的一套系统分析方法，通常是为了实现某一特定目标，在拥有系统信息的基础上，根据各种客观条件和各种备选行动方案，借助科学理论和方法，通过必要的计算、分析和判断，从备选行动方案中选择一个有利于实现特定目标的最佳行动方案，或选择一个有利于实现特定目标、决策者认为满意的行动方案。

决策具有以下共同点：

a. 决策要有明确的目标，即决策是为了解决某一问题，或是为了达到一定目标。确定目标是决策过程的第一步。决策所要解决问题必须十分明确，所要达到的目标必须十分具体。没有明确的目标，决策将是盲目的。

b. 决策要有两个或两个以上备选方案。决策实质上是选择行动方案的过程。如果只有一个备选方案，就不存在决策问题。因而，至少要有两个方案，人们才能从中进行比较、选择，最后选择一个满意方案为行动方案。

c. 决策是基于目标的优化。决策是基于目标对备选方案进行筛选及择优，不进行优化，决策就失去了意义。

d. 选择后的行动方案必须付诸实施。决策是需要落实执行的，没有执行的决策是多余的。

环境规划决策分析是在识别环境主要问题、制定环境规划目标和实施备选方案后，依据一定的决策及优化原则（目标可达、经济可行、技术可得等），对各种方案进行分析、优化和筛选，以期选择出各方满意或环境、经济、社会效益最优的对策和方案过程。环境规划决策是环境规划过程的最后一个环节。

7.1.2 生态环境规划决策特征

由于环境系统是一个复杂的人工和自然复合系统，环境规划决策问题涉及环境、经济、社会、政治、技术等多种因素，因此其具有一般决策问题的典型特征。

（1）非结构化特征

按决策问题具有的复杂性和解决问题的难易程度，决策一般分为结构化决策、非结构化决策和半结构化决策问题。

结构化决策又称程序化决策。这类问题从信息收集加工、确定决策影响因素和条件、形成决策等方面看是可以准确识别且处理方式相对简单的一类管理规划决策问题。其基本表现是：决策问题结构良好、可以运用数学模型较精确地刻画描述；决策具有明确定义的目标并且存在明确判断目标的准则，同时存在一个为人所公认的最佳方案；决策具有一定的决策规则，可按照某种通用的、固定的程序与方法进行；能够广泛地借助数学方法和计算机、适宜自动化方式进行。

非结构化决策也称非程序化决策。此类问题决策所涉及的信息知识具有很大程度的模糊性和不确定性：问题的性质无法以准确的逻辑判断予以描述；缺乏例行的决策规则，难以识别决策过程的各个方面；依据固定的程序方法，其结果重现性较差。这种非结构决策，其决策问题复杂，决策者的行为对决策活动的效果具有较大影响，很难用数学方法和自动化方式进行。

介于结构化决策和非结构化决策之间的决策问题称为半结构化决策。就环境系统中各类决策问题而言，既有结构化决策问题又有非结构化决策问题，但就一个环境系统规划总体而言，往往更多是具有半结构化或非结构化决策特征。

（2）多目标特征

许多社会经济活动的决策问题，其决策目标往往不止一个，普遍呈现出多个目标特征：①目标间存在冲突性或矛盾性，即某一目标的改进往往导致其他目标实现程度降低；②目标间存在不可公度性，即多个目标没有统一的度量标准。

环境规划方案选择，往往涉及广泛的环境、经济、社会甚至政治等多种因素，其各个目标之间普遍存在冲突性和不可公度性。

在环境规划决策中，针对多目标决策问题，首先通过一定方式转换，使目标之间统一到可度量的方式，其次就是将多目标转换成单目标进行处理。当然，追求各目标之间的帕累托最优也是规划决策所追求的。

（3）基于价值观念特征

现实社会中大量的系统决策问题，往往涉及错综复杂的关系，特别是由于在广泛的目标因素中包含社会因素和人的行为因素，因此人的价值观念在评价各种性质不同的问题、因素时将起到重要作用，从而直接影响决策方案选择。这种决策问题中人的价值观念和取向反映了基于对客观现实进行价值估计的决策特征。

这里所谓的"价值"，可泛指规划主体对评价对象所具有的作用、意义的认识和估计。一方面，在具体问题上，由于规划主体对评价对象的条件、目的、立场和观点等各有不同，从而造成对价值认识和估计不同；另一方面，由于人类的社会化，对于价值主观认识估计，又会不同程度地反映出现实价值观念的共性和客观性。因此，基于价值评价对复杂因素进行综合分析，就成为决策活动中的一个显著特征。

在环境规划方案的选择中，通常需要通过价值估计来对各种行动影响作出评价，从而作出满意的决策。

7.1.3 生态环境规划决策过程

不同类型的环境规划，其规划决策过程并不完全相同，但是根据系统工程原理，环境规划决策过程大致如图 7-1 所示。

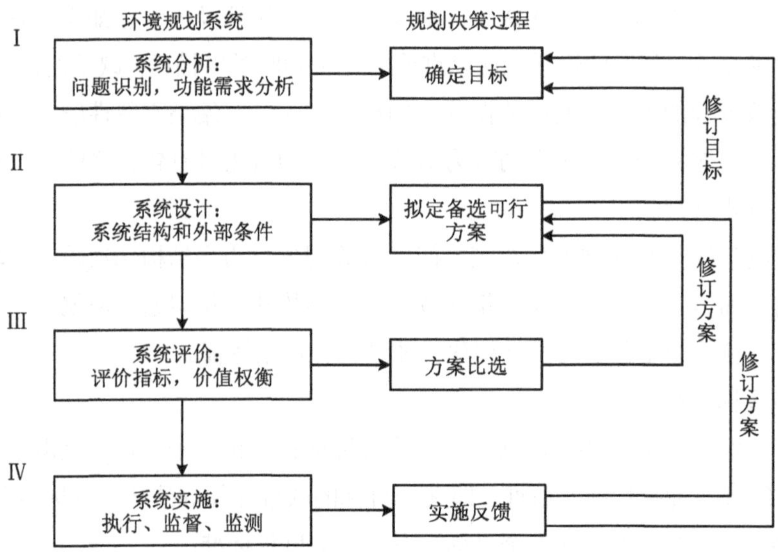

图 7-1 环境规划决策过程

（1）确定目标

目标是决策分析中最重要的内容，同时目标也是决策分析基础。环境规划目标一般不是单一的，往往会有多个目标，涉及经济、环境、社会等方面，这就需要根据各目标在系统中所处的位置，针对的问题，分清主要目标和次要目标。同时，还要考虑达到某种目标可能发展的潜在问题，也就是目标实现的约束条件。

（2）拟定备选可行方案

备选可行方案是实现决策目标的途径和手段。决策核心问题就在于对各种可行性方案进行甄别、优选。方案是否可行需要进行可行性研究，其基本任务是对规划中的问题、目标从社会、经济、环境、技术等方面进行系统、综合地研究分析，并对方案实施后的经济社会环境效益进行预测与评价。

（3）方案比选

根据规划目标建立决策模型，分析评价方案，并求其解。对模拟结果进行分析评价，如采用数学优化方案、决策矩阵、层次分析法、决策树等详尽阐明各种可行方案的利弊。

对各个可供选择的可行性方案进行权衡，从中选出一个或者综合各方案优点组合出一个新方案。

（4）实施反馈

对方案实施有可能带来的各种影响进行评估、反馈，进而对方案进一步优化。

图 7-1 描述的是环境规划决策的基本流程，实际上规划决策是一个动态过程，会通过不断改进、提升形成多次反复循环反馈过程。

7.1.4　生态环境规划决策模式

决策是决定未来的行动计划。未来将出现什么状态或可能出现什么状态对选择决策分析方法及其结果有本质影响。根据对未来状态掌握的可靠程度不同，决策一般分为确定型决策、风险型决策和不确定型决策 3 类。在环境规划决策时，同样面临着这 3 类决策。

对于每个可行方案未来可能发生的各种状态及结果掌握比较清楚的，有确定把握的，可以从可行方案中选择一个最有利方案作为决策方案，这类决策称为确定型决策。一般在环境规划方案选择中，这类确定型决策在环境规划方案选择特别是支撑工程设置时比较普遍。通常在决策分析过程中采用最优化技术来构造环境规划决策分析模型（又称“最优化决策模型”），即利用数学规划方法，建立数学模型并一次求解行动方案的决策分析过程。

但因为规划是对未来事物进行时间、空间上的安排，规划方案实施存在一定不确定性。因此在决策中，有时要考虑环境要素变化的随机性或模糊性，对方案分析评判预测也只能到可能发生的几种状态，如果每种状态根据经验分析判断可以得到概率值，那么这种决策一般称为风险型决策；反之如果可能性（概率值）无法确定，是一种不确定状态，那么通常根据个人经验进行决策。

对于确定型决策，一般采用定量决策分析方法开展方案选择，而对于不确定型决策，通常采用定性决策分析方法进行。风险性决策则是定量与定性相结合的一种决策。但无论是哪种类型决策，环境规划决策分析通常是多方案、多目标的决策，因此在实践过程中，往往采用决策树的结构框架进行分析，即将这种多方案、多目标的决策过程，按因果关系、隶属层次和复杂程度分成若干有序的方案和若干等级目标，形成由对策-目标组成的递阶展开的“树枝状”决策分析系统，如图 7-2 所示。

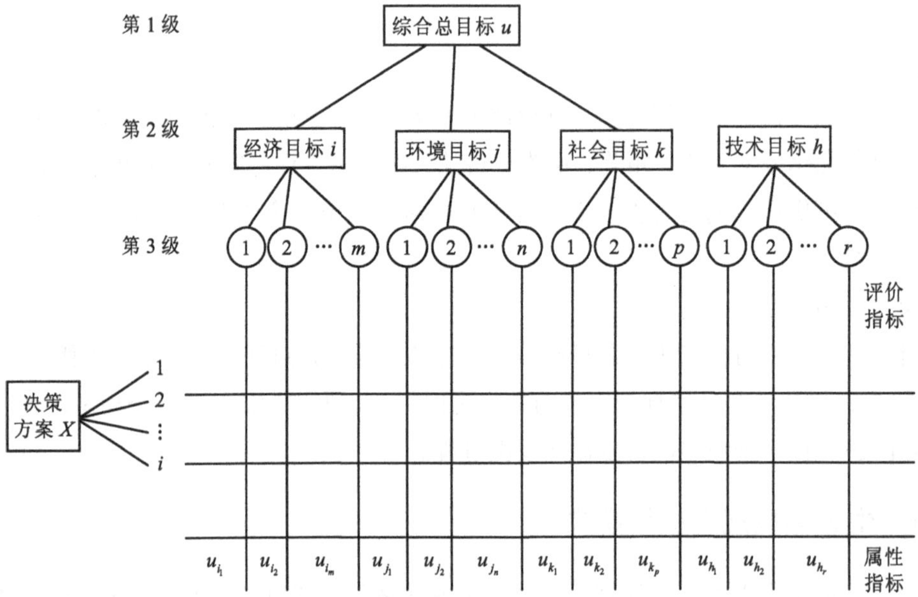

图 7-2 “树枝状”决策分析系统

在上述对策-目标决策分析系统中，通常基于各种备选方案进行系统目标模拟分析，从而选择满意方案，因此也常称为“模拟优化决策分析”。但关键问题在于不同性质目标之间如何进行综合比较分析。一种方法是将各个目标进行去量纲化，把不同性质的环境、经济、社会目标指标置于统一的评价系统之中，通过加权叠加模式形成综合目标，然后对各个方案最终目标实现程度进行排序；另一种比较常用的方法是采用价值观念方法实现复杂因素的量化，常用损益矩阵来描述决策树，并以此为基础，运用不同的分析标准和方法，从若干个可行方案中选出最佳方案。

7.2 生态环境规划决策方法

生态环境规划决策方法类型较多，按其决策对象及依据信息，决策方法有定性决策方法和定量决策方法。

定性决策方法又称为主观决策法，是指在决策中主要依靠决策者或有关专家的智慧来进行决策的方法。决策者运用社会科学原理并依据个人经验和判断能力，采取一些有效组织形式，充分发挥各自丰富的经验、知识和能力，从决策对象的本质特征研究入手，掌握事物的内在联系及其运行规律，最终对决策目标、决策方案的拟订及方案选择和实施作出判断。定性决策方法有很多种，常用的有德尔菲法、头脑风暴法、公众参与法、哥顿法、电子会议法等，其中以德尔菲法和头脑风暴法最为常用。在环境规划方案的决策中，由于涉及经济、社会、技术等多方面的因素，并且很多相关影响因素错综复杂，需要通过经验和专业知识进行综合评判。因此，定性决策方法在环境规划决策中应用较多。

定量决策方法常用于数量化决策，主要运用于数学工具建立反映各种因素及其关系的数学模型，并通过对这种数学模型计算和求解，选出最佳决策方案。由于对决策问题进行定量分析可以提高常规决策时效性和准确性，因此运用定量决策方法进行决策也是决策方法科学化的重要标志。在环境规划决策制定过程中，越来越多地需要更多的定量化指标和数据以支撑决策制定，如在达到环境质量目标下污染治理投入、经济发展速度、污染处理水平等多指标确定问题。其中既包括单目标，又包括多目标；既有确定性因素，又有不确定性因素。因此，通过定量化决策方法可以使环境规划方案制定及方案优化时，通过量化指标选出最优规划方案和项目。

定性决策方法中的德尔菲法及头脑风暴法等在本书第 5 章有介绍，这里只介绍近几年被广泛应用的公众参与法；定量决策方法则主要介绍不确定型决策、风险型决策和多目标决策，确定型决策主要是采用数学模型进行优化选择，将在本书的 7.3 节单独进行介绍。

7.2.1 公众参与法

生态环境规划决策的公众参与是指在制订生态环境规划过程中吸收公众意见，特别是请公众对环境污染现状、规划目标指标、功能区划定、规划任务优先次序、规划方案和项目及重大环境政策措施等发表意见和建议，使环境规划更加贴近公众和民生需求。从方法学角度来看，环境规划公众参与法是一种非专家形式的德尔菲法和头脑风暴法。随着我国公众参与制度日益完善，公众参与环境规划决策也越来越受到政府部门及规划研究者重视。环境规划决策公众参与越深入越全面，环境规划公众可接受性及可实施性也就越强。我国从国家环境保护“十五”规划开始就引进了公众参与制度，其参与深度和广度也在不断地提高。据中华环保联合会的调查，高达 97.2%的公众认为政府在制定生态环境保护规划和决策时，有必要对规划方案进行公示，或召开听证会听取公众意见和建议。近年来，随着“以人为本”理念的发展，环境保护规划中的公众参与越来越受到重视，各地探索环境规划公众参与热情高涨，特别是地方政府在进行环境规划编制时，越来越多地注意到公众参与的必要性，如福建省在编制和实施《福建省“十二五”环境保护与生态建设专项规划》中积极引入多种形式的公众参与；广州市在编制《广州市环境保护“十二五”规划》时，公开向社会征询六方面事项等。

（1）公众参与程序与要求

公众参与环境保护规划的一般程序如图 7-3 所示。公众参与环境保护规划在程序上有以下特点。

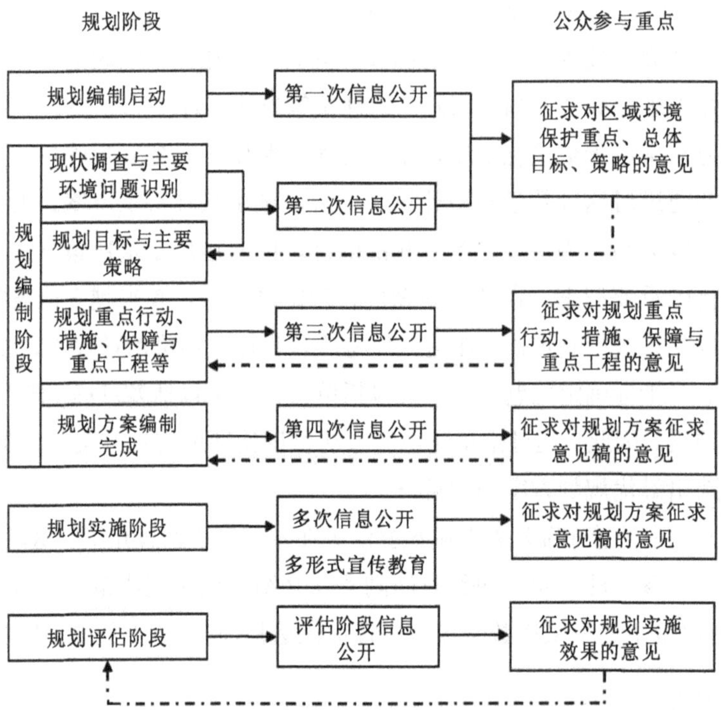

图 7-3 公众参与程序

1）全程参与

即公众参与从环境保护规划编制工作启动时开始，贯穿环境保护规划编制、实施与评估全过程。

2）信息公开先行

即每个阶段征求公众意见时，均提前公开环境规划相关信息，为公众提供充分的决策基础。

3）公众参与直接影响决策

即及时整理、处理和吸纳每个阶段公众对环境规划的意见，并在规划方案编制、实施与评估决策中考虑公众的意见。

由于环境规划实施需要除了环境保护行政主管部门的其他政府部门、相关单位的配合与参与。这些政府部门、单位提前参与有利于环境规划决策与实施顺利开展。因此，考虑将上述利益相关方引入公众范围，故环境规划中的公众除了规划编制组织部门与编制单位，所有直接或间接受环境规划影响的单位和个人都可纳入公众范围，具体包括受环境规划直接影响的单位和个人、受环境规划间接影响的单位和个人、有关专家、关注环境规划的单位和个人、其他相关行政主管部门。

（2）公众参与形式

环境规划中的公众参与是指在规划过程中公民有权通过一定途径参与一切与其利益相关的活动，使该活动符合公众切身利益。不同国家的国情、职能及工作需要不同，因而他们与公众的交流方式也不同。

1）问卷调查法

问卷调查法是将与公众生活、工作等有关的一系列问题设计成问卷，通过一定组织形式发放到广大公众手中，并让他们认真填写，然后对收集回来的资料进行分析整理，把公众的意见作为编制环境规划依据。一般有书面问卷调查和网上问卷调查两种形式。书面问卷调查可以在环境规划相关活动现场开展，或对规划范围内公众整体进行科学抽样后开展；网上问卷调查较书面问卷调查成本低，受时空限制小、范围广等优点，可通过公共网站或与环境规划相关专业网站提供网上问卷调查链接开展。

问卷是调查者与应答者之间交流信息的载体。一般规划单位对规划范围内公众比较关注的问题，如规划目标、环境问题解决方案、空间管控等开展调查。调查对象一般以规划区域内的公众为主，也包括当地相关行政管理部门、社会团体和专家学者。问卷设计应以简洁易懂、回答简便为基本原则，同时也要向应答者提供充分准确信息。针对有关专家和其他部门问卷，可以提高开放式问题比例，有利于吸收更多的意见和建议。

2）征求意见法

征求意见法是在环境规划编制过程中，规划设计部门就某些重大问题或规划设计方案，采取座谈讨论、专家咨询或审查会等形式广泛征求和听取各方意见的一种方法。这种方法针对性强，因而备受社会各界重视。在我国环境规划编制过程中，征求意见法大部分由政府管理部门和项目实施单位组织召开，参加会议的有政府环境保护管理部门及其他相关部门、基层政府部门、规划单位及被邀请的有关专家和技术人员。专家咨询或审查会已经成为环境规划工作的必经程序和关键环节，也是环境规划决策中的重要一环。

3）公众座谈会法

一般由政府环境保护管理部门和规划单位共同组织召开公众座谈会，是通过面对面交流的方式，当场解答公众提出的问题，或与广大公众就某些问题进行讨论的一种方法。一般参加会议的有社会团体、人大代表、政协委员、民主党派人士、居委会、村委会、企事业单位代表及对项目感兴趣的人等。这些代表广泛发表对规划方案的意见和评论，规划编制单位根据这些意见和评论对规划方案进行优选或修正。这种方法针对性较强，在一些空间管控规划意见征求中常被采用。

（3）公众参与规划内容

生态环境规划是一项系统工程，涉及较多内容，而公众参与的决策方式一般不能全部覆盖到。在我国大部分环境规划公众决策中，通常会聚集在 3 个方面，规划拟解决的重点环境问题、规划目标指标及规划实施措施。

1）规划拟解决的重点环境问题

由于环境规划制定者和公众对环境信息的掌握和理解是不对称的，因此在判断环境规划解决重点问题优先序方面往往是不一致的，特别是由于局域性、城市性、区域性和全球性环境问题以及利益关联性的差异，对拟解决的重点问题认同不一，也会导致规划任务优先序理解出现很大的反差。

对于一般公众来说，比较关注生活环境周边的污染问题，如城市空气污染、饮用水水源地安全、水环境污染等，但国家层面上或区域层面上更关注如流域性环境问题、酸雨控制、生态安全等比较宏观的问题，而且从深层次上更加关注引起这些问题的解决，如采用总量控制解决环境污染问题。

另外，对于规划方案在不同层级公众或部门意见征求，也会表现出不同的意见，在一些管控型规划中特别突出。对于上级政府来说，追求总体环境质量改善和生态安全保障，因此对某些区域社会经济活动加以限制；而对于一些基层或有关部门来说，更关注的是发展与环境的平衡，希望在管辖范围内有更多的发展空间，因此不愿意过多空间被“约束”。于是在一些环境问题的解决、空间管控优先顺序上产生了差异。

2）规划目标指标

确定规划目标指标是编制生态环境规划的核心环节之一。目标指标的确定直接涉及公众环境利益，也涉及企业负担的治理成本。公众参与环境规划目标指标的确定主要涉及 3 个方面：一是总体的规划目标如何确定，如总体环境质量保持稳定、有所改善、显著改善等；二是选择哪些规划指标，如总量减排指标还是环境质量指标，甚至与公众健康密切相关的指标；三是规划水平年的指标值选取。

规划指标及指标值选取，公众与规划制定者之间有时可能会出现较大的差异。对于公众来说，一般是更愿意选择环境质量指标，即状态指标，能够直接反映出环境质量改善的指标；而对于规划制定者来说，环境质量的不确定性及不可控性，更倾向于选择过程指标，如总量减排指标、治理指标等。另外，对于指标值的选择，公众一般是偏好改善程度大的值，这也充分反映了他们对优美环境追求的愿望，而对于规划制定者来说，希望能“脚踏实地”或“跳一跳够得着”的指标值。因此，如何协调公众的愿望与规划制定者的偏好，是规划决策中需考虑的重点之一。

3）规划实施措施

公众参与环境规划决策的最重要环节是参与规划方案和项目，特别是政策措施的确定。据相关组织的调查，在“十一五”国家环境规划实施配套措施的制定中，公众和专家在国家环境规划投入、经济手段应用、环境执法强化和公众参与等方面提出了许多建议，成为国家环境规划制定的重要依据。

（4）公众意见的处理

在规划不同环节开展的公众参与活动，应由专人负责收集和整理公众发来的传真、电子邮件、问卷调查表，并记录有关信息，针对书面调查问卷，座谈会、论证会等会议纪要也要妥善存档备查。也要对收集的公众意见有效性进行识别。有效性公众意见包括与区域环境问题、环境保护规划目标、策略、重点行动计划、措施、重点工程，环境保护规划实施效果、改进建议，环境保护规划评估相关的意见和建议。对通过不同途径收集的有效公众意见进行汇总分析与分类统计，及时反馈给规划编制技术单位、实施单位和评估执行单位。

7.2.2 不确定型决策

在环境规划中，往往涉及社会、经济、自然等多方面要素，而且关系复杂，只能了解事物有可能出现哪几种状态，无法确定这些事件哪一种自然状态将会发生及各种自然状态发生的概率，这类决策问题就是不确定型决策。例如，由于产业发展和技术进步的不确定性，无法准确预测未来大气污染物发生量，因此按不同情景设计方案，各方案设置随机变量（准则系数），根据不同准则下的最终收益对方案进行抉择。

不确定型决策应满足：①存在一个明确的决策目标；②存在两个或两个以上随机的自然状态；③存在可供决策者选择的两个或两个以上的行动方案；④可求得各方案在各状态下的决策矩阵。

在不确定型决策问题中，主要任务是确定衡量方案优劣的准则。准则一旦确定，问题将很容易得到解决。从不同角度出发，可以确定不同决策准则，从而得到不同的决策方法，在各种准则下的决策结果也有所不同。常用的不确定型决策问题准则主要包括悲观决策准则、乐观决策准则、乐观系数（折中决策）准则、后悔值决策准则及等概率决策准则。

（1）悲观法

悲观法也称华尔德决策准则（Wald Decision Criterion）或小中取大（Max-Min）准则，它是一些比较小心、谨慎所谓“保守型”决策者常用的方法。该方法的主要特点是对客观情况持悲观态度，在各种最坏的情况下选择好一点的结果。其决策基路是对于任何行动方案 a_i，都认为将是最坏的状态发生，即收益值最小（或损失值最大）的状态发生。然后再比较各行动方案实施后的结果，取具有最大收益值（或最小损失值）的行动方案为最优方案。用公式表示为

$$Q(s,a_{\text{opt}})=\max_i \min_j u_{ij}(a_i,s_j) \tag{7-1}$$

式中：$u_{ij}(a_i,s_j)$ 为方案 a_i 在状态 s_j 下的收益值；$Q(s,a_{\text{opt}})$ 为最优方案 a_{opt} 在相应最坏状态 s 下的收益值，即最优值。

决策的具体步骤：①根据决策矩阵选出每个方案在所有状态下的最坏结果值；②从这些最坏结果值中挑选出一个最优值，其所对应的方案即最满意方案。这里的最坏结果是指最小收益值或最大损失值，而最优值是指最大收益值或最小损失值。持悲观准则的决策者在各种状态结果不清楚时，态度谨慎保守，充分考虑最坏的可能，采取坏中取好的策略选择最满意的决策方案，以避免冒很大的风险。如在环境容量计算时，通常选择最不利的设计条件，以此来污染物排放不突破环境容量，保障环境安全。

悲观法要求决策者在做决策时从最不利的结果出发，凡事做最坏的打算，较多考虑自身是否能承受决策失误带来的打击。一般对于那些把握性很小，而若失败则损失很大的决策问题，比较适合用悲观决策准则。

（2）乐观法

乐观法又称最大最大（Max-Max）或大中取大准则的决策方法。与悲观法相反，乐观法是一种冒险型决策，其特点是在方案选择中采用乐观原则。乐观法的基本思路：对于任何行动方案 a_i，都认为将是最好的状态发生，即收益值最大（或损失值最小）的状态发生。然后再比较各行动方案实施后的结果，取具有最大收益值（或最小损失值）的行动方案为最优方案。用公式表示为

$$Q(s,a_{\text{opt}})=\max_i \max_j u_{ij}(a_i,s_j) \tag{7-2}$$

这里的最优结果是指最大收益值或最小损失值。持乐观准则的决策者在各方案可能出现的结果不明朗时，采取好中取好的乐观态度，选择最满意的决策方案。由于过于乐观，一切从最好的情况考虑，难免会冒很大的风险。

乐观准则决策只看重最大收益（环境效益），而忽略了其他有价值的信息，无论是最

坏状态下的损失有多大，都不能影响决策者对取得最大收益方案的选择。但如果实际发生的状态劣于决策者的主观预期，决策者将可能蒙受巨大的损失。因此，该准则的运用有一定的使用范围，如果决策失败的风险在可承受范围，且一旦成功将带来较大的收益，就可以采用该准则。

（3）折中法

折中法又称赫威决策准则（Hurwicz Decision Criterion），它是介于乐观决策法和悲观决策法之间的一种决策准则，即对客观条件的估计既不乐观，也不悲观。这种方法的特点是既不像乐观决策法那样在所有方案中选择效益最大的方案，也不像悲观决策法那样，从每个方案的最坏处着眼进行决策，而是在极端乐观和极端悲观之间，通过乐观系数确定一个适当的值作为决策依据。这种利用乐观系数进行决策的方案，又称乐观系数决策法。

在折中法中，决策者根据对形势的判断确定一个介于 0 和 1 之间的数值 α，称为乐观系数。乐观系数决策准则的基本思路是假设各行动方案既不会出现最好的结果，也不会出现最坏的结果，而是出现最好结果值与最坏结果值之间的某个折中值，分别以 α 和 $1-\alpha$ 为权重，求最好结果值与最坏结果值的加权平均值。用公式表示为

$$H(a_i)=\alpha\max_j u_{ij}(a_i,s_j)+(1-\alpha)\min_j u_{ij}(a_i,s_j)\quad(0\leqslant\alpha\leqslant1)\tag{7-3}$$

式中：α 为乐观系数。然后比较各方案实施后的结果，取具有最大效益（或最小损失）加权平均值的方案为最优方案，即

$$Q(a_{\text{opt}})=\max_i H(a_i)\tag{7-4}$$

折中法中乐观系数的选取完全取决于决策者的经验和对风险偏好程度。α 越接近 1，表示决策越乐观，所得的结果也越接近依据“大中取大”准则所选择的结果；反之，α 越接近 0，表示决策越悲观，所得的结果也越接近依据“小中取大”准则所选择的结果。如果 $\alpha=1$，则决策者采用的是乐观决策准则；如果 $\alpha=0$，则决策者采用的是悲观决策准则。

（4）等可能法

等可能法是以所谓无充分理由原则为依据。由于各种自然状态出现的概率未知，故没有足够的信息说明其发生概率是不同的，既然如此，19 世纪数学家拉普拉斯（Laplace）提出了等概率准则，即认为各种自然状态出现的概率可能性相等。在进行环境规划方案抉择时，一般先采用这种等可能法，即各个方案发生的概率是一样的，或者说对各方案赋予同样的权重。然后进行最终结果的比较。等可能法或等概率准则是一种平均主义决策。其基本思路是：在未来各种自然状态发生的概率不清楚时，假定各自然状态发生的概率相同，然后求解各行动方案的期望收益值，最大收益值所对应的方案即最优方案。

等可能法的基本步骤：①求出每个行动方案 α_i 各状态下益损值的算术平均值；②比较

各行动方案实施后结果，取具有最大收益（或最小损失值）平均值的方案为最优方案，即

$$Q(s,a_{\text{opt}})=\max_{i}\frac{1}{n}\sum_{j}u_{ij}(a_i,s_j) \tag{7-5}$$

等可能法的优点是全面考虑了一个方案在不同自然状态下的可能结果，并把概率引入了决策问题。但是认为各状态发生的概率相同，往往与实际情况不符。它适用于决策者对未来自然状态没有一点判断，甚至连事物发生的趋势都不能把握的情况。

（5）后悔值法

后悔值法也称萨维厅（Savage）方法或遗憾法。通常在决策时，决策者应当选择收益最大或损失最小的方案为最优方案，但由于某种原因没有采用该方案而采用了其他方案，必将后悔。为避免将来不后悔，而采用后悔值法。

后悔值法将每种自然状态下的最优损益值作为该状态的理想目标，再将该状态下其余损益值与最优值之差称为未达到理想的后悔值，表示为

$$R_{ij}(a_i,s_j)=\max_{i}u_{ij}(a_i,s_j)-u_{ij}(a_i,s_j) \tag{7-6}$$

后悔值法实际上是一种机会损失。对于任何行动方案 α_i，决策者都认为将是最大后悔值所对应的状态发生。由于后悔值的大小反映了后悔的程度，因此要使作出的决策尽可能满意，应按照“大中取小”进行择优，即在比较各行动方案实施后的结果，选取具有最小后悔值方案作为最优方案，表示为

$$R(s,a_{\text{opt}})=\min_{i}\max_{j}R_{ij}(a_i,s_j) \tag{7-7}$$

7.2.3 风险型决策

风险型决策也称随机型决策，是决策者根据几种不同自然状态可能发生风险的概率作出抉择的决策方法。决策者所采取的任何一种行动方案都会产生一个以上的自然状态而引起不同结果，这些结果出现的机会是用各自然状态出现的概率来表示的，决策者根据概率来选择方案。

风险型决策分析是在各状态概率已知条件下进行的，一旦各自然状态概率经过预测或估算被确定下来，在此基础上的决策分析所得到的最满意方案就具有一定的稳定性。只要状态概率测算切合实际，风险型决策就是一种比较可靠的决策方法。

通常风险型决策问题又被认为是一种特殊的不确定型决策问题，与不确定型决策唯一不同的是，风险型决策问题中各种自然状态发生的概率是可以获知或是已知的。一般来说，满足以下 5 个条件的决策称为风险型决策：①存在一个明确的决策目标；②存在两个及两个以上的随机自然状态；③存在可供决策选择的两个及两个以上的行动方案；

④可求得各方案在各状态下的收益矩阵（函数）；⑤决策者可以确定每种自然状态出现的概率。风险型决策的最后结果遵循统计规律，根据此规律，决策者可以掌握最后结果出现的概率分布。但由于该结果的出现不是必然事件，而是概率事件，因此决策者无论选择哪一种方案，都要承担一定的风险。

风险型决策常用的具体方法有 3 种：最大可能决策法、期望值决策法、树型决策法。

（1）最大可能决策法

根据概率理论，在随机决策问题中选择其中某一个概率最大的自然状态计算其损益值，然后对各备选方案在可能性最大的自然状态下的损益值进行比较，并据此作出决策。最大可能决策法实质是在将大概率事件看作必然事件、小概率事件看作不可能事件的假设条件下，将风险型决策问题转化成确定型决策问题的一种决策方法。这类决策方法适用于各种自然状态某一状态的概率显著地高于其他方案所出现的概率，而期望值相差不大的情况。但由于该方法只考虑出现概率最大的状态时各方案的收益（损失）值，因此也颇受争议，有许多人认为该准则太过片面。

（2）期望值决策法

由于各种可能的自然状态出现的概率已经通过调研获得，则可将各个备选方案在各种不同自然状态下的损益值与其对应的自然状态发生概率相乘再加总，得出各方案的损益期望值，然后根据各方案期望值的大小作出抉择。

期望值决策准则就是把每个策略方案的损益值视为离散型随机变量，求出它的期望值，并以此作为方案比较优先依据。一个决策变量的期望值，就是它在不同自然状态下的损益值乘以相对应的发生概率之后，即

$$E(d_i)=\sum_{i=1}^{n}p(\theta_j)d_{ij} \tag{7-8}$$

式中：$E(d_i)$ 为变量 d_i 的期望值；d_{ij} 为变量 i 在自然状态 θ_j 下的损益值（或机会损益值）；$p(\theta_j)$ 为自然状态 θ_j 的发生概率。

决策变量的期望值包括 3 类：收益期望值，如利润期望值、产值期望值等；损失期望值，如成本期望值、投资期望值等；机会期望值，如机会收益期望值、机会损失期望值。

每个行动方案即一个决策变量，其取值就是每个方案在不同自然状态下的损益值。把每个方案的各损益值和相应的自然状态概率相乘再加总，得到各方案的期望损益值，然后根据选择收益期望值最大者或损失期望值最小者为最优方案。例如，从控制农业面源污染负荷角度去对不同类型农业种植模式进行决策时，首先要了解不同天气类型发生的概率，其次要了解不同农业种植模式下污染负荷的输出量，那么各个方案的污染物期望输出值就是不同天气发生概率下不同种植模式固定污染负荷输出量的乘积（环境效益），最后选择环境效益最优的方案作为决策方案即可。

（3）树型决策法

树型决策法是指利用决策树作为决策手段的决策方法。该方法是指以树状图形作为分析和决策方案的一种图解决策方法。其决策依据是各个方案在不同自然状态下的期望值。

决策树是对决策局面的一种图解。它是把各种备选方案或可能出现的自然状态及各种损益值简明地绘制在一张图表上，用决策树可以使决策问题形象化。决策树图的制作步骤如下：

①根据实际决策问题，以初始决策点为树根出发，绘出决策点和方案枝，在方案枝上标出对应的备选方案；

②绘出机会点和概率枝，在概率枝上标出对应的自然状态出现的概率值；

③在概率枝的末端标出对应的损益值，这样就得出了一个完整的决策局面图（图 7-4）。

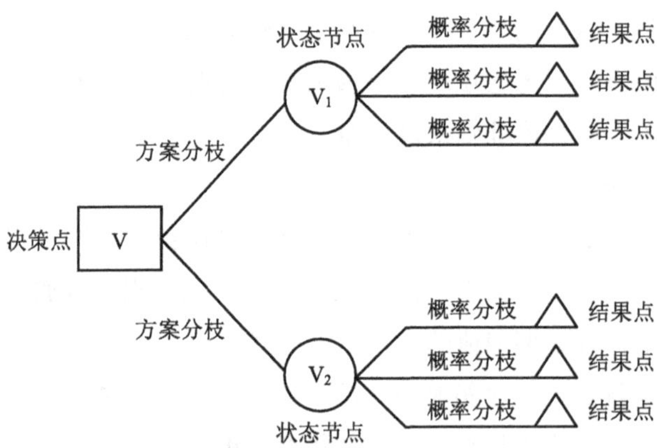

图 7-4　决策树

决策分析是从右至左逐步计算各个状态节点的期望收益值或期望损失值，并将其数值标在各节点上方，然后在决策点将各状态节点上的期望值进行比较，选择期望收益最大（或损失值最小）的方案。对不予选取的方案进行“剪枝”，最终留下效益最好的方案。

7.2.4　多目标决策

无论是不确定型决策还是风险型决策，大部分都属于单目标决策方法。但在实际问题中，许多决策方案存在多个（通常是冲突）目标。如在进行区域水资源优化配置时，不仅需要考虑水资源能否满足用户需求，也需要考虑水资源使用后对水环境的影响及用水部门的经济利益。在这种决策中，通常会有 3 个目标，即水资源利用目标、水环境保护目标、全社会的经济目标。但这些目标之间有的联系密切、相互制约，有的则根本无关甚至是矛盾的。它们无法采用同一尺度进行度量，因此就提出了在多目标情况下，如何进行决策的问题。

多目标决策分析是对多个相互矛盾的目标进行科学、合理地选优，然后作出决策的理论和方法。它是 20 世纪 70 年代后迅速发展起来的管理科学一个新分支。多目标决策与只为了达到一个目标而从许多可行方案中选出最佳方案的一般决策有所不同，一般是针对具有两个以上的决策目标，并且需要用多种标准来评价和优选方案的决策。

在现代科学技术不断进步、社会经济迅速发展、资源和生态环境日渐恶化的情况下，人类面临着越来越复杂的大系统的组织管理、协调规划、预测和控制等重大而又困难的决策问题。现代决策，要追求统筹兼顾、协调平衡和总体优化，通常不是单目标决策，而是多目标决策。在多目标决策中，对客体进行比较、排序和选择，往往还离不开决策主体对问题本身的种种价值评定和主观偏好，这就更增添了有效决策的困难性和不确定性。

（1）多目标决策特点

多目标决策是一个复杂的决策，其最显著的特点是多个目标之间具有不可公度性和矛盾性，因此不能把多个目标简单地归为单个目标，即采用求解单目标决策的方法求解多目标决策问题。多目标决策分析方法具有以下特点。

①决策问题的目标多于一个，且多个决策目标往往表现为不同性质和方向。如环境质量改善和企业污染治理成本最小。

②目标之间具有不可公度性，或称量纲不一致性，即各个目标常常没有统一的度量衡标准，因而难以比较。如污染物总量控制中的污染物削减量是用吨表示，而削减成本则是用货币表示。

③目标之间具有矛盾性。多目标之间的矛盾性是指如果采用一种方案去改进某一目标的值，可能会导致另一些目标的值变坏。实际上绝大部分多目标决策问题的各个备选方案在各目标之间存在某种矛盾。如在水资源配置中，有限的水资源如果全用于保障农业生产，则整个社会经济产出就可能不高，而将有限的水资源投入工业行业，有可能会使经济效益增大，但环境损失、粮食安全等风险也会随之增大。

④定性与定量指标相混合。有些指标是明确的，可以定量表示出来，如价格、时间、产量、成本等；而有些指标却是定性的、模糊的，如在管理措施选择中，执法成本、监控能力、人员配备等。在实际决策中，必须对这些定性指标进行模糊量化处理。

（2）多目标决策问题分类

按决策问题中备选方案的数量，多目标决策问题可以分为以下 2 类。

1）多属性决策问题

这类决策问题中的决策变量是离散型的，即其中的备选方案为有限个，因此也有文献称其为有限方案多目标决策问题。这类决策是对备选方案进行评价后排定各方案的优劣次序，再从中择优。

2）多目标决策问题

这类决策问题中的决策变量是连续型，即其中的备选方案有无限个。因此也称无限方案多目标决策问题。通常采用数学规划理论，进行向量优化，选取最优方案。

无论是多属性决策问题还是多目标决策问题，都可通称为多准则决策问题。多准则决策问题也可以像单目标决策问题那样按自然状态分类，如确定型多准则决策问题、非确定型多准则决策问题、风险型多准则决策问题。由于求解手段的限制，现有的求解方法最多只涉及风险型多准则决策问题。

多准则决策问题还可以按所涉及的决策者人数来划分，只涉及单个决策人的是一般的多准则决策问题，或称多目标决策问题，若涉及多个决策人，则称为群决策问题。

（3）多目标决策过程

多目标决策问题一般可以用下面的模型进行描述：

$$\max(\min)\boldsymbol{F}(\boldsymbol{X}) \tag{7-9}$$

$$\text{s.t. } \boldsymbol{G}(\boldsymbol{X})\leqslant \boldsymbol{C} \tag{7-10}$$

式中：$\boldsymbol{F}(\boldsymbol{X})=[f_1(X), f_2(X), \cdots, f_n(X)]^{\mathrm{T}}$；$\boldsymbol{G}(\boldsymbol{X})=[g_1(X), g_2(X), \cdots, g_n(X)]^{\mathrm{T}}$；$\boldsymbol{C}=(C_1, C_2, \cdots, C_n)^{\mathrm{T}}$，常数向量；$\boldsymbol{X}=(x_1, x_2, \cdots, x_k)$，$k$ 维决策变量向量。

对于这样一个多目标规划问题的求解，就是要决定每个决策变量取什么值以使目标函数取得满意解。由于多目标决策问题的各种目标都是以不同的侧面来反映同一事物各种特性的，很难用其中一个指标来代替它。因此，在一般的多目标决策问题中，通常没有一个方案能使每个目标值都达到最优。多目标决策问题一般不存在一个通常意义下的最优解，所以在处理多目标问题时常采用非劣解和选优解两个概念。

1）非劣解和选优解

在处理 n 个目标 $f_1(\boldsymbol{X})$，$f_2(\boldsymbol{X})$，…，$f_n(\boldsymbol{X})$，$\boldsymbol{X}=(x_1, x_2, \cdots, x_k)$ 时，使所有的目标都最大，即 $\max f_1(\boldsymbol{X})$，$\max f_2(\boldsymbol{X})$，…，$\max f_n(\boldsymbol{X})$ 的问题中，总存在非劣解 $\boldsymbol{X}^{\Delta}$，对所有的 $\boldsymbol{X}$，当 $i=1, 2, \cdots, k$（$i\neq j$）时，都有 $f_i(\boldsymbol{X})\leqslant f_1(\boldsymbol{X}^{\Delta})$，至少存在一个 j，使 $f_j(\boldsymbol{X})>f_1(\boldsymbol{X}^{\Delta})$，则 $\boldsymbol{X}^{\Delta}$ 叫非劣解。在所有非劣解中，按照一定的法则选择一个比较好的解，作为决策，这个解称为“选优解”。

2）选优解的确定

确定非劣解的过程是决策的分析过程，而在非劣解中选择选优解的过程则是决策的决定过程。因此，多目标决策由分析过程和决策过程两部分组成，分析过程一般由系统工程研究人员完成，而决策过程主要由决策者即领导完成。

多目标决策过程如图 7-5 所示。

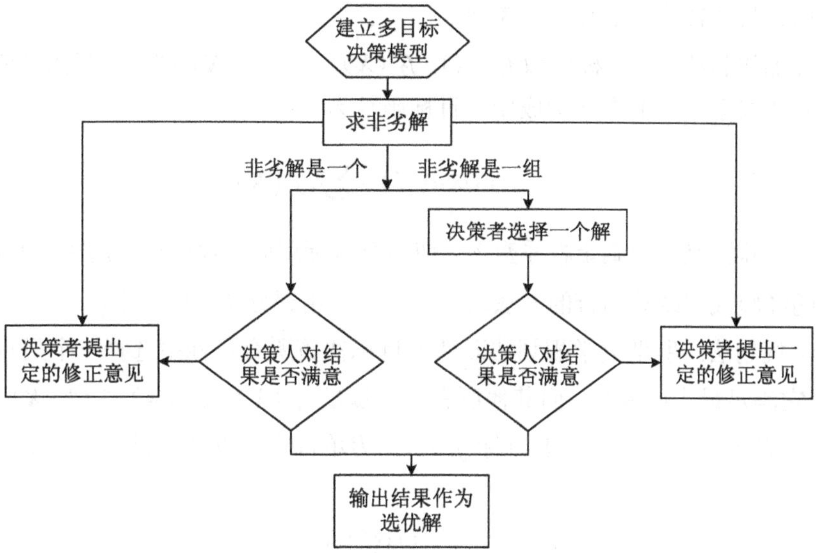

图 7-5　多目标决策过程

（4）多目标决策求解

鉴于处理多目标问题上的难度，有时也会采用降维（化多目标为单目标）方式。由于简化思路的不同，也形成了不同的多目标决策分析方法。各种多目标决策分析技术可分为有限方案与无限方案两类。在实际应用中，有限方案条件下的决策技术使用得较为广泛。

多目标决策的主要方法：①化多为少法，即将多目标问题化为只有一个或两个目标的问题，然后用简单的决策方法求解，最常用的是线性加权和法；②分层序列法，即将所有目标按其重要性程度依排序，先求出第一个最重要目标的最优解，然后在保证前一个目标最优解的前提下依次求出下一个目标的最优解，一直到最后一个目标为止；③直接求非劣解法，即先求出一组非劣解，然后从事先确定的评价标准中找出一个满意解；④目标规划法，即对每个目标都事先给定一个期望值，然后在满足系统一定约束的条件下，找出与目标期望值最近的解；⑤多属性效用法，即各个目标均用表示效用程度大小的效用函数表示，通过效用函数构成多目标的综合效用函数，以此来评价各个可行方案的优劣；⑥层次分析法，即将目标体系结构予以展开，求得目标与决策方案的计量关系；⑦重排序法，即将原来不好比较的非解通过其他办法使其排出优劣次序。

在环境规划实践中，常用的多目标决策分析主要有化多目标为单目标法、目标分层法、目标规划法、层次分析法、矩阵法等。下面主要介绍化多目标为单目标法、目标分层法、矩阵法。

1）化多目标为单目标法

由于直接求解多目标问题的最优化相当困难，于是很多学者设法将其化为较容易求解的单目标。具体转化方法有以下 3 种。

①线性加权和法。当目标函数 f_1（$\boldsymbol{X}$），f_2（$\boldsymbol{X}$），…，f_n（$\boldsymbol{X}$）都要求最大（或最小时），可采用引入加权系数 λ_i 的方法构成新的目标函数为

$$\max u(\boldsymbol{X})=\sum_{i=1}^{n}\lambda_i f_i(\boldsymbol{X}) \tag{7-11}$$

该方法的难点是如何确定权系数 λ_i，使多个目标用同一尺度统一起来。因此，选择 λ_i 要有充分的经验或用统计调查的方法求得，一般采用评分法、L 法等。

②数学规划法。所谓数学规划法即从多目标决策所有目标中选择一个最重要的目标 f_i（$\boldsymbol{X}$），使它满足最大或最小，而其他所有目标满足 f_j'（$\boldsymbol{X}$）≤f_i（$\boldsymbol{X}$）≤f_j''（$\boldsymbol{X}$）（$i\neq j$，j=1，2，…，n），从而构成一个以重要目标 f_i（$\boldsymbol{X}$）为单目标，以其余目标为约束的数学规划问题，即

$$\max f_i(\boldsymbol{X}) \tag{7-12}$$

$$\text{s.t. } f_j'(\boldsymbol{X})\leqslant f_i(\boldsymbol{X})\leqslant f_j''(\boldsymbol{X})\ \ (i\neq j,\ j=1,2,\cdots,\ n) \tag{7-13}$$

如在大气污染控制规划中以能源消耗、空气环境质量、治理费用等为评价指标，在处理这种多目标时，可以化成以费用为主指标，对其他指标都给予一定限制的数学规划问题。

③目标规划法。目标规划法的基本思想是对所有目标，首先确定一个预期达到的目标值 $f_i^*(\boldsymbol{X})$，使作出决策与该值越接近越好，如完全符合此目标，则可认为是最优解；如不符合，则以离差平方和的大小来衡量其偏离预期值的程度，从而将目标函数 f_1（X），f_2（$\boldsymbol{X}$），…，f_n（$\boldsymbol{X}$）转换为

$$\min V(\boldsymbol{X})=\sum_{i=1}^{n}\left[f_i(\boldsymbol{X})-f_i^*(\boldsymbol{X})\right]^2 \tag{7-14}$$

2）目标分层法

根据目标可划分层次的特点，目标分层法将目标按其重要性给出一个序列，分为最重要目标、重要目标、次重要目标等，设给出的重要性序列为

$$f_1(\boldsymbol{X}),\ f_2(\boldsymbol{X}),\ \cdots,\ f_n(\boldsymbol{X}) \tag{7-15}$$

目标分层法首先对第一个目标求最优解，并找出所有最优解的集合 R_0，然后在 R_0 内求第二个目标的最优解，记此时最优解的集合为 R_1，依次作下去，直至求出第 n 个目标的最优解 $\boldsymbol{X}^{(n)}$，其模型为

$$f_1\left[\boldsymbol{X}^{(1)}\right]=\min f_1(\boldsymbol{X}) \qquad x\in R_0 \tag{7-16}$$

$$f_2\left[\boldsymbol{X}^{(2)}\right]=\min f_2(\boldsymbol{X}) \qquad x\in R_1 \tag{7-17}$$

$$R_1=\left\{\boldsymbol{X}|f_1\left[\boldsymbol{X}^{(1)}\right]=\min f_1(\boldsymbol{X})\right\} \qquad x\in R_0 \tag{7-18}$$

$$f_n\left[\boldsymbol{X}^{(n)}\right]=\min f_n(\boldsymbol{X}) \qquad x\in R_{n-1} \tag{7-19}$$

$$R_i=\left\{\boldsymbol{X}|f_i\left[\boldsymbol{X}^{(i)}\right]=\min f_i(\boldsymbol{X})\right\} \qquad x\in R_{i-1} \tag{7-20}$$

$$i=1,2,\cdots,n$$

满足 $f_n\left[\boldsymbol{X}^{(n)}\right]=\min f_n(\boldsymbol{X})$ 的解 $\boldsymbol{X}^{(n)}$即多目标问题 f_i（$\boldsymbol{X}$）（i=1，2，…，n）的解。该方法有解的前提是 R_0，R_1，…，R_{n-1} 非空集或不是点集。

为了使出现在前面目标的解集 R 是非空集或点集也能求解，在数学上采用“宽容”法。所谓宽容就是把 R_i 的范围适当扩大，使 R_i 由点集或空集而变成一个小的“大范围”。此时上式可改为

$$f_1\left[\boldsymbol{X}^{(1)}\right]=\min f_1(\boldsymbol{X}) \qquad x\in R_0 \tag{7-21}$$

$$f_2\left[\boldsymbol{X}^{(2)}\right]=\min f_2(\boldsymbol{X}) \qquad x\in R_1 \tag{7-22}$$

$$R_1=\left\{\boldsymbol{X}|f_1\left[X^{(1)}\right]\leqslant\min f_1(\boldsymbol{X})+\delta\right\} \qquad x\in R_0 \tag{7-23}$$

$$f_n\left[\boldsymbol{X}^{(n)}\right]=\min f_n(\boldsymbol{X}) \qquad x\in R_{n-1} \tag{7-24}$$

$$R_i=\left\{\boldsymbol{X}|f_i\left[\boldsymbol{X}^{(i)}\right]\leqslant\min f_i(\boldsymbol{X})+\delta\right\} \qquad x\in R_{i-1} \tag{7-25}$$

$$i=1,2,\cdots,n$$

3）矩阵法

各方案的决策属性可列成一个决策矩阵，或称属性矩阵。决策矩阵提供了分析决策问题所需的基本信息，各种数据的预处理和求解方法都以此为基础。

设一个决策问题，x_1，x_2，…，x_n 是决策问题的 n 个目标（属性），A_1，A_2，…，A_m 是满足 n 个目标要求的 m 个可行方案，在此基础上，则可建立决策评价矩阵表，如表 7-1 所示。

表 7-1 决策评价矩阵表

A	x_1	x_2	…	x_j	…	x_n	V
	w_1	w_2	…	w_j	…	w_n	
A_1	V_{11}	V_{12}	…	V_{1j}	…	V_{1n}	V_1
A_2	V_{21}	V_{22}	…	V_{2j}	…	V_{2n}	V_2
⋮	⋮	⋮	⋮	⋮	⋮	⋮	⋮
A_i	V_{i1}	V_{i2}	…	V_{ij}		V_{in}	V_i
⋮	⋮	⋮	⋮	⋮	⋮	⋮	⋮
A_m	V_{m1}	V_{m2}	…	V_{mj}	…	V_{mn}	V_m

在决策矩阵中，V_{ij}代表方案A_i对目标x_j的实现程度，即该方案在目标x_j下的属性值。w_j为各目标的相对重要性评价值。V_i为各方案A_i在目标属性下的综合评价结果。运用矩阵法进行多目标的方案评价筛选，主要包括 3 个基本内容。

①V_{ij}的确定。所谓V_{ij}的确定，是对被选方案在给定目标下的贡献作用或实现程度进行评价。一般V_{ij}的确定分为两种情况：一是通过直接计算或估计得到属性值；二是通过建立分级定性指标，经判断得出属性值。通常情况下需要把不同量纲、不同数量级的属性值无量纲化，一般无量纲化后属性值在（0，1）范围内。

常用的规范化方法有向量规范化，即这种变化可把所有属性值无量纲化，但不能保证属性的最大值或最小值都与 1，0 相对应。计算公式为

$$x_{ij}=\frac{V_{ij}}{\sqrt{\sum_{i=1}^{m}V_{ij}^2}} \tag{7-26}$$

当属性值均为越大越好或越小越好时，可采用线性变换来进行规范化。

越大越好型：

$$x_{ij}=\frac{V_{ij}}{\max\limits_{j}V_{ij}} \tag{7-27}$$

越小越好型：

$$x_{ij}=1-\frac{V_{ij}}{\max\limits_{j}V_{ij}} \tag{7-28}$$

②w_j 的确定。在多目标决策问题中，不同目标间的相对重要性或偏好一般可通过权重系数来反映。权重系数是多目标决策问题中价值观念的集中体现，它的确定直接影响到规划与管理方案的选择。权重系数的确定大体可分为非交互式和交互式两类。

③V_i的确定。V_i表达了任一备选方案在多个目标下的综合评价结果，通过 V_i的大小确定对备选方案进行选择决策。V_i 的确定主要是根据每个方案对全部目标的贡献（属性值 V_{ij}）和各目标间的相对重要性（w_j），构造或选择一相应的算法，求得 V_i。

最简单的算法是加权法，其公式为

$$V_i = \sum_{j}^{n} w_j x_{ij} \tag{7-29}$$

式中：w_j为目标 j 的权重系数；x_{ij}为方案 i 在目标 j 下的属性规范值。

7.3 生态环境规划最优化决策模型

在生态环境规划的方案选择中，如果对不同方案的未来自然状态和信息完全已知，决策者可根据完全确定的情况比较选择，或建立数学模型进行运算模拟，并取得确定结论的决策。一般来说，确定性决策具备如下 4 个条件：①存在决策人希望达到的一个明确目标；②只存在一个确定的自然状态；③存在可供决策人选择的两个或两个以上的可行方案；④不同可行方案在确定状态下的损益值（损失或利益）可以定量化计算出来。

目前在生态环境规划中，确定型决策分析方法主要指部分运筹学或数量经济模型方法，包括线性规划、非线性规划和动态规划等类型。

7.3.1 线性规划

线性规划（linear programming）是运筹学中研究较早、发展较快、应用广泛、方法较成熟的一个重要分支。线性规划是辅助人们进行科学管理的一种数学方法。在资源配置、环境治理、经济管理、工农业生产等各类活动中，提高活动绩效是不可或缺的要求。在生态环境规划决策中，各种方案一般都有其最终的目标追求，包括环境负荷减少、治理成本最少、社会效益最高等。规划决策是希望在某种约束条件下，通过合理安排人力、物力、财力等手段，开展环境治理或资源配置，使经济效益或环境效益达到最好。

线性规划是一类基础最优化技术方法，其特征是变量，无论是在目标函数还是在约束条件中均为线性的规划。如果系统非线性特征很明显时，即不适用线性规划，但有时为了求解方便，可以将非线性特征不明显的非线性函数线性化后，将问题转化为线性规划求解。

（1）线性规划的基本形式

从实际问题中建立数学模型一般有 3 个步骤；根据影响所要达到目的的因素找到决策变量，由决策变量和所达目的之间的函数关系确定目标函数，由决策变量所受的限制条件确定决策变量所要满足的约束条件。

线性规划问题一般具有3个特征：①每个问题都有一组未知数（x_1，x_2，…，x_n）表示某一方案，这一组未知数的一组定值就代表一个具体方案，通常这些未知数取值为非负的；②存在一定的限制条件（称为约束条件），这些限制条件都可以用一组线性等式或线性不等式表达；③都有一个目标要求，并且这个目标可表示为一组未知数的线性函数（称为目标函数）。按所研究问题不同，要求目标函数实现最大化或最小化。

根据上述特征，线性规划数学模型的一般形式为

$$\min(\max)Z=\sum_{j=1}^{n}a_j x_j \tag{7-30}$$

$$\text{s. t.} \quad \sum_{j=1}^{n}c_{ij}x_j \geqslant (\leqslant) b_i \tag{7-31}$$

$$x_j \geqslant 0$$

$$i=1,\ 2,\ \cdots,\ m$$

$$j=1,\ 2,\ \cdots,\ n$$

式中：Z_k 为目标函数；x_j 为决策变量，即规划问题的备选方案；a_j 为目标函数系数；c_{ij} 为约束方程系数矩阵；b_i 为限制常数或约束向量。

线性规划模型具有 n 个变量和 m 个约束条件。通常 a_j，b_i，c_{ij}（i=1，2，…，m；j=1，2，…，n）等为已知常数，其中 a_j 称为费用系数（或称价值系数）。

（2）线性规划问题的变换

如果在将约束条件中的不等式改为等式的条件下，求目标函数的最大值或最小值，则这种形式的线性规划问题称为标准型规划问题。典型线性规划问题可通过以下变换转变为标准型线性规划问题。

1）松弛变量

若约束条件为≤约束：

$$\begin{cases}\sum_{j=1}^{n}c_{ij}x_j \leqslant b_i & (i=1,2,\cdots,\ m)\\ x_j \geqslant 0 & (j=1,2,\cdots,\ n)\end{cases} \tag{7-32}$$

使 $z=f(\boldsymbol{X})=\sum_{j=1}^{n}a_j x_j$ 取得最大（或最小）值。

为了使式（7-32）转化为标准形式，需要将约束条件中的每个不等式左端增添一个非负的松弛变量 x_{n+i}，即为

$$
\begin{cases}
\sum_{j=1}^{n} c_{ij}x_j + x_{n+i} = b_i & (i=1,\ 2,\ \cdots,\ m) \\
x_j \geqslant 0 & (j=1,\ 2,\ \cdots,\ n) \\
x_{n+i} \geqslant 0 & (i=1,\ 2,\ \cdots,\ n)
\end{cases}
\tag{7-33}
$$

2）剩余变量

若约束条件为≥约束：

$$
\begin{cases}
\sum_{j=1}^{n} c_{ij}x_j \geqslant b_i & (i=1,\ 2,\ \cdots,\ m) \\
x_j \geqslant 0 & (j=1,\ 2,\ \cdots,\ n)
\end{cases}
\tag{7-34}
$$

使 $z = f(\boldsymbol{X}) = \sum_{j=1}^{n} a_j x_j$ 取得最大（或最小）值。

为了使式（7-34）转化为标准形式，需要将约束条件中的每个不等式左端减去一个非负的剩余变量 x_{n+i}，即为

$$
\begin{cases}
\sum_{j=1}^{n} c_{ij}x_j - x_{n+i} = b_i & (i=1,\ 2,\ \cdots,\ m) \\
x_j \geqslant 0 & (j=1,\ 2,\ \cdots,\ n) \\
x_{n+i} \geqslant 0 & (i=1,\ 2,\ \cdots,\ n)
\end{cases}
\tag{7-35}
$$

3）自由变量

在线性规划模型中，变量 x_j（j=1，2，…，n）恒要求非负，但在实际问题中有些变量从物理意义上说并不要求非负，则可将其处理成两个变量差的形式代入约束条件和目标函数。例如 x_k（$1\leqslant k\leqslant n$）不要求非负，则使 $x_k=x_k'-x_k''$，其中 $x_k'\geqslant0$，$x_k''\geqslant0$，由于 x_k' 可以大于或小于 x_k''，故 x_k 的符号可以是正或负，因此问题仍可用非负变量表达。

如果问题是求目标函数=f（$\boldsymbol{X}$）= $a_1x_1+a_2x_2+\cdots+a_nx_n$ 的最大值，可以化为求目标函数 $z=f$（$\boldsymbol{X}$）=$-a_1x_1-a_2x_2-\cdots-a_nx_n$ 的最小值

对于既有不等式约束条件又有等式约束条件的线性规划问题，只需对那些不等式约束条件引入松弛变量或剩余变量，就可以将问题转化为与之等价的标准型线性规划问题。

（3）线性规划决策

任何决策问题，当被构造为线性规划模型时，其约束条件场反映一个决策问题中对决策变量（方案）的客观限制要求。此外，它也可以作为对具有多目标的决策问题进行目标削减，实施简化处理表达形式。线性规划中的目标函数，代表了规划方案选择的评价准则，也集中体现了决策分析中最主要的决策要求或考虑。

运用线性规划方法进行决策，就是对一个规划对象，通过建立线性规划模型，即在各种相互关联的多个决策变量的线性约束条件下，选择实现线性目标函数最优条件下规划方案的过程。一般线性规划问题求解，最常用的算法是单纯形法，已有大量标准的计算机程序可供选用（如 LINDO、LIN-GO、GINO、Mathematical 和 MATLAB 等）。此外，在一定条件下，也可采取对偶单纯形法、两阶段法进行线性规划的求解。对于某些具有特殊结构的线性规划问题，如运输问题、系数矩阵具有分块结构等，还有一些专门的有效算法。

线性规划问题中，如果部分或全部决策变量的取值有整数限制要求，这类特殊线性规划称为整数规划。对于整数规划，如果其所有决策变量都限制为（非负）整数，就称为纯整数或全整数规划，如果仅要求部分决策变量取整数值，则称其为混合整数规划。

整数规划中的一种特殊情况是 0-1 规划，它的决策变量取值仅限于 0 或 1。对于实际中存在整数解要求的问题，如污水处理设施数量或规划方案的取舍等污染控制系统规划的决策问题，整数规划是一种有效的支持技术。求解整数规划目前常用的算法有分支定界法、割平面法及针对规划的隐枚举法。其中，分支定界法一般来说对纯整数或混合整数规划求解均适用。该方法是从不考虑决策变量整数限制条件的线性规划问题出发，如果其最优解不符合该整数规划问题的限制要求，则依其解对原问题进行分解，通过增加约束条件，压缩原问题解的可行域，逐步逼近整数规划问题的最优解。其实质仍是基于线性规划算法的求解方法。

7.3.2 非线性规划

在环境系统规划管理中，不少决策问题可以归纳或简化为线性规划问题，其目标函数和约束条件都是决策变量的线性关系式。但是，客观实际中存在大量复杂的非线性关系，由于精确化需要，不宜直接通过线性关系模型来描述。例如，污水处理费用与污染物去除量（率）间的函数关系，污染物排放量与环境质量响应关系等。如果在规划模型中，目标函数和约束条件表达式中至少存在一个关于决策变量的非线性关系式，则这种数学规划问题就称为非线性规划问题，解决这类问题的决策为非线性规划。

科学研究和工程技术中遇到的大量问题是非线性的，其数学模型为

$$\text{opti}\ f\left(x_1, x_2, \cdots, x_n\right) \tag{7-36}$$

$$\begin{aligned} \text{s.t.}\ g_i\left(x_1, x_2, \cdots, x_n\right) &\geqslant (=, \leqslant) 0 \\ x_i &\geqslant 0 \\ i &= 1, 2, \cdots, m \\ j &= 1, 2, \cdots, n \end{aligned} \tag{7-37}$$

式中：f与g_i（i=1，2，…，m）中至少有一个函数为非线性函数。

从决策分析角度来看，非线性规划模型给出的是在非线性的目标函数和（或）约束关系式条件下进行规划方案选择的描述。一般地，非线性关系的复杂多样性使非线性规划问题求解要比线性规划问题求解困难得多。在非线性情况下，问题的几何性质起了根本的变化，最优解一般不在约束多边形的顶点，甚至不在其边界上，可能在约束区域的任何位置；而且非线性规划问题可能有局部最优解，它不同于全局最优解。因而，非线性规划不像线性规划那样存在普遍适用的求解算法。

目前，除了在特殊条件下可通过解析法进行非线性规划求解，绝大部分非线性规划采用数值求解。通常非线性规划求解方法大致可分为两类：一类是采用逐步线性逼近思想，把非线性问题化为线性问题来求解，如 Taylor 级数展开法（近似规划法）等，利用线性规划方法获得非线性规划的近似最优解；另一类是直接求解（搜索技术），即根据非线性规划的一些可行解或非线性函数在局部范围的某些特性，确定一个有规律的迭代程序，通过不断改进目标值的搜索计算，获得最优或满足需要的局部最优解，如罚函数法等。各种非线性规划求解算法各有所长，这需要根据具体非线性规划问题的数学特征选择使用。

7.3.3　动态规划

动态规划是运筹学的一个分支，是求解决策过程最优化的数学方法。20 世纪 50 年代初美国数学家 R. E. Bellman 等在研究多阶段决策过程的优化问题时，提出了著名的最优化原理，把多阶段过程转化为一系列单阶段的问题，利用各阶段之间的关系，逐个求解，创立了解决这类过程优化问题的动态规划新方法。动态规划的应用极其广泛，包括工程技术、经济、工业生产、军事及自动化控制等领域，并在背包问题、生产经营问题、资金管理问题、资源分配问题、最短路径问题和复杂系统可靠性问题等中取得了显著效果。

（1）动态规划的基本概念

在现实生活中，有一类活动过程由于其特殊性，可将过程分成若干个互相联系的阶段，每个阶段都需要作出决策，从而使整个过程达到最好的活动效果。因此，各个阶段决策的选取不能任意确定，它依赖当前面临的状态，又影响以后的发展。当各个阶段决策确定后，就组成一个决策序列，因而也就确定了整个过程的一条活动路线。这种把一个问题看作一个前后关联具有链状结构的多阶段过程就称为多阶段决策过程，这种问题称为多阶段决策问题。在多阶段决策问题中，各个阶段采取的决策一般来说是与时间有关的，决策依赖当前状态，又随即引起状态的转移，一个决策序列就是在变化状态中产生的，故有“动态”的含义，称这种解决多阶段决策最优化过程的方法为动态规划方法。

动态规划根据其决策对象的特征，可分为如下 3 类。

①根据决策过程的时间变量是离散的还是连续的，过程分为离散（多阶段）决策过程和连续决策过程。

②根据决策过程的演变是确定性的还是随机性的，过程又可以分为确定性决策和随机性决策过程。

③前两项组合就有离散确定性、离散随机性、连续确定性、连续随机性 4 种决策过程模型。

动态规划模型是数学建模中常常涉及的一种模型，许多决策问题既可建立静态规划模型，也可建立动态规划。动态规划与静态规划（线性和非线性规划等）研究的对象本质上都是在若干约束条件下的函数极值问题。两种规划在很多情况下原则上可以相互转换。相比之下，动态规划模型具有以下的特点：能得到最优解，但是没有统一的标准模型；没有标准的解法，用数值方法求解时因为变量的维数增大，总的计算量及存储量急剧增大导致“维数障碍”。

（2）动态规划的基本要素

阶段：把求解问题过程恰当地分成若干个相互联系的阶段，以便求解，过程不同，阶段数就可能不同。描述阶段的变量称为阶段变量。在多数情况下，阶段变量是离散的，用 k 表示，也有阶段变量是连续的情形。如果过程可以在任何时刻作出决策，且在任意两个不同时刻之间允许有无穷多个决策时，阶段变量就是连续的。

状态：状态表示每个阶段开始面临的自然状况或客观条件，它不以人们的主观意志为转移，也称不可控因素。一般第 k 阶段的状态就是某阶段出发位置，它既是该阶段某路的起点，同时又是前一阶段某支路的终点。描述过程状态的变量称为状态变量，常用 s_k 来表示第 k 阶段的状态变量。

无后效性：又称马尔科夫性质。状态应具有无后效性质，即如果给定某一阶段状态，则在这一阶段以后过程的发展不受这阶段以前各段状态的影响。换句话说，过程的历史只能通过当前的状态去影响它未来的发展，当前的状态是以往历史的一个总结，这个性质称为无后效性。状态变量要既能够描述过程的演变，又能够满足无后效性。

决策：一个阶段的状态给定以后，从该状态演变到下一阶段某个状态的一种选择（行动）称为决策。在最优控制中，也称控制。在许多问题中，决策可以自然而然地表示成一个数或一组数。不同决策对应着不同的数值。描述决策的变量称决策变量，因状态满足无后效性，故在每个阶段选择决策时只需考虑当前的状态而无须考虑过程的历史。通常用 u_k（s_k）表示第 k 阶段当状态处于 s_k 时的决策变量，这也是状态变量的函数。决策变量的范围称为允许决策集合，某阶段允许决策的集合记为 D_k（s_k）。显然有

$$u_k(s_k) \in D_k(s_k) \tag{7-38}$$

策略：由每个阶段的决策组成的序列称为策略。对于每个实际的多阶段决策过程，可供选取的策略有一定的范围限制，这个范围称为允许策略集合，用 P 表示。从允许策略集合中达到最优效果的策略称为最优策略。

对于 n 个阶段的决策过程，由第一阶段的某一状态（如从 s_1 出发作出的决策序列 u_1，u_2，…，u_n）而形成的策略（全过程策略）记为 $P_{1,n}$，即

$$P_{1,n}(s_1) = [u_1(s_1),\ u_2(s_2), \cdots,\ u_n(s_n)] \tag{7-39}$$

在 n 阶段决策过程中，从第 k 个阶段到系统终点的过程，称为 k 后部子过程，简称 k 子过程。对于 k 后部子过程相应的决策序列，称为 k 后部分过程策略，简称子策略，记为

$$P_{k,n}(s_1) = [u_k(s_k),\ u_{k+1}(s_{k+1}), \cdots,\ u_n(s_n)] \tag{7-40}$$

状态转移方程：状态转移方程由一个状态到另一个状态的演变过程，若给定第 k 阶段状态变量 s_k 的值后，如果这一阶段的决策变量一经确定，第 k+1 阶段的状态变量 s_{k+1} 也就完全确定，即 s_{k+1} 的值随 s_k 和第 k 阶段的决策 u_k 的值变化而变化，那么可以把这确定的对应关系记为 T_k（s_k，u_k），而且有

$$s_{k+1} = T_k[s_k, u_k(s_k)] \tag{7-41}$$

这是从第 k 阶段到第 k+1 阶段的状态转移规律，称为状态转移方程。

阶段效益：系统某阶段的状态一经确定，执行某一决策所得的效益称为阶段效益，它是整个系统效益的一部分，是阶段状态 s_k 和阶段决策 u_k 的函数，记为 y_k（s_k，u_k）。

最优化原理：一个最优化策略应具有这样的性质，无论过去的状态和决策如何，对于前面的决策所形成的状态而言，余下的各决策必须构成最优策略。简言之，一个最优化策略的子策略总是最优的。一个问题满足最优化原理又称其具有最优子结构性质。最优性原理实际上是要求问题的最优策略的子策略也是最优。

（3）动态规划的表达

设在阶段 k 的状态为 s_k，执行了选定的决策 u_k 之后，根据状态转移方程，状态 s_k 变为 $s_{k+1} = T_k[s_k, u_k(s_k)]$，这时 k 后部子过程变为 k+1 后部子过程。根据最优性原理，对 k+1 后部子过程采取最优化策略后，k 部子过程的最优指数函数为

$$\begin{aligned} f_k(s_k) &= \underset{u_k \in D_k(s_k)}{\text{opt}} [V_k(s_k, u_k) \text{e}\, f_{k+1}(s_{k+1})] \\ &= \underset{u_k \in D_k(s_k)}{\text{opt}} \{V_k(s_k, u_k) \text{e}\, f_{k+1}[T_k(s_k, u_k)]\} \end{aligned} \tag{7-42}$$

$$k = n,\ n-1, \cdots, 1$$

另有下列条件成立：

$$f_{k+1}\left(s_{k+1}\right)=0(或1) \tag{7-43}$$

上式称为边界条件，是指过程结束（或过程开始）的状态。当最优指数函数中的运算符号 e 取加法运算时，$f_{k+1}\left(s_{k+1}\right)=0$；当运算符号 e 取乘法运算时，$f_{k+1}\left(s_{k+1}\right)=1$。

上式被称为动态规划的基本函数方程，简称动态规划基本方程，又称递推方程，因为最优指标函数 $f_k\left(s_k\right)$ 和 $f_{k+1}\left(s_{k+1}\right)$ 之间的关系是递推关系。

对于 n 阶段的动态规划问题，在求子过程上的最优指标函数时，k 子过程与 k+1 子过程有如下递推关系：

$$\begin{cases} f_k\left(s_k\right)=\min\left[r_k\left(s_k,u_k\right)+f_{k+1}\left(u_{k+1}\right)\right], k=n,n-1,\cdots,2,1 \\ f_{k+1}\left(u_{k+1}\right)=0 \end{cases} \tag{7-44}$$

其中，第一个式子里求最小值是指在 s_k 的状态下，在所有作出的各种决策 u_k 中，取一个第 k 阶段的指标值 $r_k\left(s_k,u_k\right)$ 与以 u_k 为第 k+1 状态的 k+1 子过程的最优指标函数值之和中的最小值。求指标函数量大的动态规划问题的基础方程把 min 改为 max 即可。

（4）动态规划的求解

动态规划所处理的问题是一个多阶段决策问题，一般由初始状态开始，通过对中间阶段决策的选择，达到结束状态。这些决策形成了一个决策序列，同时确定了完成整个过程的一条活动路线（通常是求最优的活动路线），如图 7-6 所示。动态规划的设计都有一定的模式，一般要经历以下几个步骤。

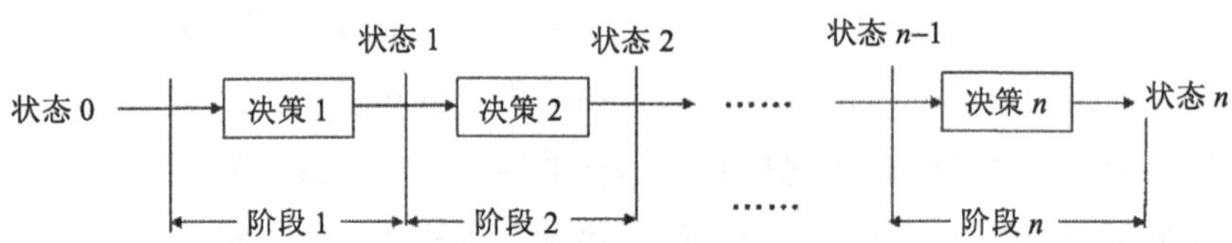

图 7-6　动态规划决策过程示意图

根据动态规划最优性原理，用动态规划方法求解一个优化问题首先应把问题过程分成几个相互联系的阶段，这些阶段状态可以用阶段的某种特征来描述，而决策过程可以通过状态演变来说明，于是就可以根据问题的实际意义，找出由一个状态演变到另一个状态的状态转移方程，然后根据所求问题的有关效益指标，建立起能够联系局部与全局最优性的动态规划基本方程，再通过迭代逐层求解，最后便可求得问题的最优解，同时也可求出各个阶段子问题的最优解。具体过程如下。

1）划分阶段

按照问题的时间或空间特征，把问题分为若干个阶段。在划分阶段时，注意划分后的阶段一定要是有序的或是可排序的，否则问题就无法求解。

2）确定状态和状态变量

将问题发展到各个阶段时所处于的各种客观情况用不同的状态表示出来。状态的选择要满足无后效性。

3）确定决策并写出状态转移方程

因为决策和状态转移有天然的联系，状态转移就是根据上一个阶段的状态和决策导出本阶段的状态。所以如果确定了决策，状态转移方程也就可写出。有时也可以反过来做，根据相邻两个阶段状态之间的关系来确定决策方法和状态转移方程。

4）寻找边界条件

给出的状态转移方程是一个递推式，需要一个递推的终止条件或边界条件。

实际应用中可以按照简化步骤进行设计：①分析最优解的性质并刻画其结构特征；②递归的定义最优解；③以自底向上或自顶向下的记忆化方式（备忘录法）计算出最优值；④根据计算最优值时得到的信息，构造问题的最优解。

一般动态规划模型建立后，对基本方程段 $f_k^*(s_k)$ 的求解就不像线性规划或非线性规划那样有固定的解法，只能根据具体问题的特点，结合数学技巧灵活求解。如果问题的决策变量 u_k 和状态变量 s_k 都只能取离散值，则采用穷举法（是一种很有效的方法）。如果 s_k、u_k 是连续变量，则可采用经典解法——线性规划方法、非线性规划方法或其他数值计算方法。

在实际问题中，最常见的最优指标函数，一种是加法型，另一种是乘法型。相应地，动态规划递推形式的基本方程为

$$\begin{cases} f_k(s_k) = \underset{u_k \in D_k(s_k)}{\text{opt}} \left[V_k(s_k, u_k) + f_{k+1}(s_{k+1}) \right] \\ f_{k+1}(u_{k+1}) = 0 \\ k = n,\ n-1, \cdots, 1 \end{cases} \tag{7-45}$$

$$\begin{cases} f_k(s_k) = \underset{u_k \in D_k(s_k)}{\text{opt}} \left[V_k(s_k, u_k) \times f_{k+1}(s_{k+1}) \right] \\ f_{k+1}(u_{k+1}) = 1 \\ k = n,\ n-1, \cdots, 1 \end{cases} \tag{7-46}$$

可见，在递推基本方程式和状态转移方程式求解动态规划的过程中，是由 $k=n$ 递推至 $k=1$。这种由后向前逐步递推的方法称为逆序解法（backward induction method）。当求出全过程的最优策略时，即可得到原来问题的最优解。此为逆序解法中的一种常用解法。

有些问题也可以采用由前向后逐步递推的方法，称为顺序解法（forward induction method）。这时状态转移方程和基本方程（加法型）分别为

$$s_{k-1} = T_k\left[s_k, u_k\left(s_k\right)\right] \tag{7-47}$$

$$\begin{cases} f_k(s_k) = \underset{u_k \in D_k(s_k)}{\text{opt}}\left[V_k(s_k, u_k) + f_{k-1}(s_{k-1})\right] \\ f_0\left(u_0\right) = 0 \\ k = 1, 2, \cdots, n \end{cases} \tag{7-48}$$

（5）动态规划的特点和应用

动态规划不仅可以处理与时间有关的决策问题，而且可以处理与时间无关的静态问题。与静态规划相比，动态规划的优越性主要体现在以下几个方面。

1）能够得到全局最优解

静态规划中由于约束条件确定的约束集合往往很复杂，即使指标函数较简单，用非线性规划也很难求出全局最优解。而动态规划方法把全过程化为一系列结构相似的子问题，每个子问题的变量个数大大减少，约束集也简单得多，易于得到全局最优解。特别是对于约束集合，状态转移和指标函数不能用分析形式给出的优化问题，可以对每个子过程采用枚举法求解，而约束性越多，决策的搜索范围越小，求解也就越容易。对于这类决策问题，动态规划通常是求全局最优解的唯一方法。

2）可以得到一组最优解

与非线性规划只能得到全过程最优解不同，动态规划得到的是全过程及所有后部子过程的各个状态的一组最优解。有些实际问题需要这样的解组，即使不需要，它们在分析最优策略和最优值对状态的稳定性时也是很有用的。当最优策略由于某些原因不能实现时，这样的解组可以用来寻找次优策略。

3）适用面宽

解决最优化问题的经典的理论是微分学和变分法，这种方法对阶数的解析要求较高，而且不能处理离散问题。而动态规划方法对函数的要求较低，因而它的适用面很宽，几乎能求任何集的全部极值。

4）能够利用经验提高求解效率

如果实际问题本身就是动态的，由于动态规划方法反映了过程逐段演变的前后联系和动态特征，因此在计算中可利用实际知识和经验提高求解效率。例如，在策略迭代法中，实际经验能够帮助选择较好的初始策略，提高收敛速度。

但是动态规划也不是万能的，它有如下缺点：

1）动态规划只是一种考察问题的途径和方法

动态规划没有统一的标准模型，也没有构造模型的通用方法，甚至没有判断一个问题能否构造动态规划模型的具体准则（大部分情况只能够凭经验判断是否适用动态规划）。因此，对于具体问题还要进行具体分析和处理，用创造性的技巧构造具体的模型求解。对于较复杂的问题，在选择状态、决策、确定状态转移规律等方面，需要丰富的想象力和灵活的技巧性，这就带来了应用上的局限性。

2）用数值方法求解时存在维数灾难

若一维状态变量有 m 个取值，那么对于 n 维问题，状态 s_k 就有 m^n 个值，对于每个状态值都要计算存储函数 $f_k(s_k)$，对 n 稍大（即使 $n = 3$）的实际问题的计算往往是不现实的。目前还没有克服维数灾难的一种有效方法。维数灾难限制了动态规划的应用范围。一般地，三维以上的问题用动态规划求解是不可取的。

动态规划方法在工程技术、企业管理、工农业生产及军事部门都有广泛的应用。如用来解决最优路径问题、资源分配问题，生产调度、最优工艺等问题，它是一种重要的决策方法。在生态环境规划中，动态规划方法更多的是应用在资源的优化配置、废弃物管理和排污权分配等方面。

第 8 章　生态环境保护五年规划

随着我国经济持续发展，生态环境问题也日益严峻，同时人民群众对优良环境质量的需求不断提升，生态环境保护规划逐渐引起政府和社会的广泛重视。我国五年环保规划始于“五五”期间，迄今为止已编制 10 个国家级综合规划，规划的名称也从计划、环境保护规划演变为生态环境保护规划，印发层级也从内部计划到部门印发到国务院批复再到国务院印发。但在“八五”之前，我国的环境保护计划还停留在宏观目标层级上，计划（规划）相对比较简单也不系统。“八五”之后我国生态环境保护规划不断发展，旨在防治环境污染与生态破坏、提高环境质量、提供更多优质生态产品以满足人民日益增长的美好生态环境需要。生态环境保护五年规划在我国环境规划体系中属于综合性规划，处于统领地位。

8.1　生态环境保护规划概述

生态环境保护规划以维持并不断改善区域良好生态环境、实现经济建设与环境保护协调为根本，全面梳理自身环境问题，统筹考虑环境一体化发展，提出区域协调的环境需求，创建宜居宜业的生活生产环境，提升环境保护管理能力及环境决策功能。生态环境保护规划是一项中期规划，规划年限一般为五年，故也称五年环保规划。经过多年的发展，目前已形成了国家-省-市-县四级的五年生态环境保护规划体系。

8.1.1　生态环境规划的定位与体系

作为我国国民经济和社会发展规划的重要组成部分，五年生态环境保护规划是全国或者某一地区生态环境保护的总体纲要，是对全国或地区五年内环境保护的统筹安排，全面指导全国或某一地区生态环境保护工作。

（1）性质

指导性与指令性相结合。生态环境规划属于指导性与指令性相结合的规划。一方面该规划宣示一段时期生态环境管理与建设理念，研究生态环境保护基本策略，作为不同层级规划制定的指导及相关部门拟订执行计划的指导，以维持不断改善的区域环境质量，实现社会经济与环境的协调发展；另一方面通过拟定具体目标及指标，落实以环境要素表达环境质量在空间上的实现，通过指令层层落实对策，特别是从国家-省-市-县层级规划体系的编制过程中，国家级、省级的生态环境保护规划指导市级、县级生态环境保护规划，同时通过一些指标进行层层分解落实，而市级、县级生态环境保护规划在领略了上位规划的精神和要求后，针对当地的环境改善要求，制定指令性强的目标及对策措施。

综合性与专项性相结合。生态环境保护规划关于空气、水、生态、固体废物、噪声、光、辐射等主要环境要素的专项规划是综合性规划，需要在上位层面上进行总体设计，统筹考虑各专项规划之间、不同区域之间的内在联系，指导区域环境保护工作。当然，从规划体系上，生态环境规划仍是国民经济和社会发展规划的专项规划。

引导性与协调性相结合。生态环境问题涉及经济、人口、资源等各方面，生态环境保护规划要与其他规划（如产业发展规划、基础设施规划、土地利用规划、城乡发展规划等）相互衔接、补充和完善。同时作为一项综合性的生态环境保护规划，在指导思想、产业结构优化、产业布局、功能区划分、污染物总量控制、环境基础设施建设、重大工程项目等方面，实行综合规划和引导，体现专业性、引导性和协调性。

（2）定位

1）区域环境保护工作的指导性文件

生态环境保护规划以不断改善和维护区域生态环境质量为出发点，协调区域社会经济发展与环境保护关系，对一段时期内生态环境保护工作及任务提出了具体的要求，绘制了规划期间区域生态环境保护的工作蓝图，是区域环境保护工作的指导性文件。

2）目标及工程措施纳入区域发展规划

生态环境保护目标是区域建设与发展目标不可或缺的一部分，是对区域生态环境保护任务的综合反映；生态环境因素是影响区域发展与布局的重要因素。而生态环境保护规划中的措施及重点项目（工程计划）既是实现环境保护规划的落脚点，也是区域发展建设的重要组成。因此，生态环境保护规划的目标、任务、项目工程等应纳入政府发展计划，即国民经济和社会发展规划，通过不同部门的共同实施，共同维护与改善区域环境质量。

（3）体系

五年国家生态环境保护规划体系主要包括以下 4 个层次。

第一层次是国家生态环境保护规划，是国家生态环境保护的总体规划，主要确定国家层面的环境保护目标与指标，明确国家环境保护的主要任务与措施，主要指标纳入国民经济和社会发展规划纲要。

第二层次是由生态环境部牵头编制的国家环境保护专项规划，包括重点流域水污染防治规划、酸雨控制规划、核安全及辐射防治规划、生态保护规划、重点海域环境保护规划等规划，以解决生态环境保护的重点领域的突出问题。

第三层次是由其他部门牵头、生态环境部参加的有关环保的国家专项规划，包括重点行业污染防治规划、城市污水处理和中水回用设施建设规划、城市生活垃圾处理设施建设规划、环保产业规划、矿产资源勘察与保护规划、资源综合利用规划、水资源综合规划等规划，这些规划体现了环境保护与资源、行业等部门规划衔接。

第四层次是生态环境部门发展规划，包括国家环境监管能力建设规划、环境科技发展规划、生态环境人才规划、生态环境保护标准发展规划、生态环境保护宣传教育规划，这些规划突出生态环境部门自身能力建设与建设，依法完善与强化生态环境部门的职责与功能，提高自身实力。

8.1.2 生态环境规划的理念与原则

作为生态环境保护五年规划，规划的战略指导思想虽然会随着不同时段的环境问题而变化，但总体上，我国“九五”以来的生态环境保护五年规划理念与宗旨是一贯的、是连续的。

（1）战略引领，问题导向

可持续发展、人与自然和谐共生是生态环境保护与建设追求的目标及重要的规划理念，当前更是围绕着美丽中国建设的战略节点，坚持以改善生态环境质量为核心，以解决突出生态环境问题为重点，谋划未来 5 年乃至更长一段时期生态文明建设和生态环境保护的战略布局、目标指标、重点任务和保障措施。

（2）绿色发展，生态优先

生态环境保护已经成为推动经济高质量发展的重要力量和抓手。绿色发展是构建高质量现代化经济体系的必然要求，也是解决生态环境问题的治本之策。要凸显绿色发展，用绿色发展的成果提升整体发展的质量，将协同推进经济高质量发展和生态环境高水平保护的要求体现在规划的方方面面。要坚持保护生态环境就是保护生产力、改善生态环境就是发展生产力的理念，建立生态优先的决策机制，实行严格的环境保护制度，充分发挥环境保护优化经济发展的综合作用，着力推进绿色发展、循环发展、低碳发展，构建生态文明的新景观。

（3）全面统筹，彰显特色

生态环境保护五年规划是环境保护的综合性规划，涉及各类环境要素的保护、生态环境管理能力的提升、优质生态产品的提供。而环境保护又与社会经济系统存在密切的相互制约又相互支撑的关系，生态环境保护规划不仅是环境要素领域的改善，更重要的是如何与社会经济系统统筹，因此在近年以生态文明理念为核心的生态环境保护规划中，要求全面统筹生态空间、生态经济、生态环境、生态制度与生态文化，通过优化国土空间格局，推进产业转型升级，大力提升环境质量，传承优秀生态文化，构建和谐优美的生态人居体系，探索和实施系列生态文明建设体制机制改革，充分体现质量和创新驱动的特色，探索具有生态文明特色的环境保护模式。

（4）政府主导，共治共享

综合运用政府“有形之手”、市场“无形之手”和社会“自治之手”，建立健全紧密联系的制度框架，对政府、企业和社会的生态环境行为进行有效规范、引导和监督，加强政府和企事业单位的环境信息公开，强化环境监管执法，构筑多渠道公众参与机制，形成政府、企业和社会多元主体参与及多方互动的“共治共享”生态环境治理模式。

8.1.3　生态环境规划的编制程序

生态环境保护五年规划虽然与其他经济与社会发展五年规划的编制背景、编制依据、规划原则、规划内容、具体要求不同，但是编制的工作程序基本与其他规划一致，具体见图 8-1。

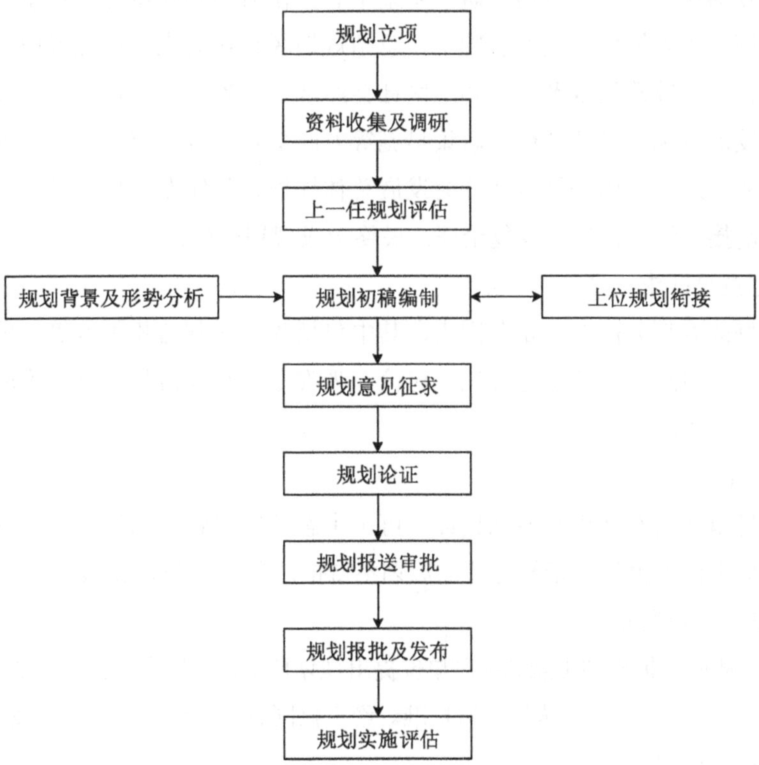

图 8-1　生态环境保护五年规划编制程序

1）规划立项

贯彻执行上级有关政策和具体规定，结合本地区生态环境保护的现实需求，确立相应的规划编制任务，进行规划立项，同时组织编制团队。由于生态环境保护规划涉及的部门不仅是单一领域，参与专家也尽量吸收各个相关专业，在进行规划编制与审核时，应该由多个部门专家组成。

2）资料收集及调研

根据规划主体要求，制订具体的调研和资料搜集计划，分工到人，列出时间表，系统收集有关社会和经济方面的资料，并访谈行业专家和其他部门、上级主管部门等。

3）上一轮规划评估

对上一轮五年环境保护规划执行及绩效进行评估，评估规划的完成情况、存在的问题。将评估中发现的问题纳入新一轮规划需解决的问题清单中。上一轮规划的实施评估是为新一轮规划的编制奠定基础。

4）规划初稿编制

这是规划的核心。结合资料调研的结果来看，在对规划区域生态环境特征进行解析以及上一任规划实施绩效评估的基础上，总结规划区存在的生态环境保护问题。同时，研究国家政策、区域政策以及国家和地区社会经济发展趋势，确定生态环境保护规划的指导思想、发展目标、具体任务、政策措施等方面是否符合国家等上位规划的要求，除此以外，还要与地方的国民经济和社会发展总体规划、其他专项规划以及上一层级规划进行充分的衔接。经过讨论、反复论证，最终形成规划初稿。

5）规划意见征求

将编制好的规划方法在一定范围内，其中包括政府和利益相关方等，采取一定的交流与论证模式，组织专家等进行交流、讨论，吸收专家及利益相关方等的反馈意见，予以修改完善和优化。

6）规划论证

在规划送审之前对其进行专家论证。可由生态环境主管部门进行组织论证，由组织论证的单位提出论证报告。未经论证的规划不得报请批准并公布实施。

7）规划报批及发布

五年生态环境保护规划由规划编制单位提出规划草案，经生态环境主管部门（或国家发展改革委）审核后，上报本级人民政府批准。经审核同意后，由各级政府签发并颁布。

8）规划实施评估

“十二五”时期以来，我国五年生态环境保护规划在规划实施的中期阶段组织评估，并将评估结果报请同级人民政府和有关部门，必要时报请同级人民代表大会，由人民代表大会对此进行监督。

8.2 生态环境保护规划编制

8.2.1 编制背景及基础

（1）背景及编制依据

五年生态环境保护规划作为国民经济和社会发展规划的专项规划，其编制依据与背景要基于各种制度对于区域经济发展、环境保护的外部制约性和强制性，以及生态环境保护与宏观经济的关联性和内在性，开展有关生态环境保护的背景分析。背景分析一般要依据全球化趋势、国内外政治、国家有关政策与法律法规、区域环境保护需求、区域经济与产业特征等进行分析，结合国家生态环境保护总体导向与趋势，阐明开展规划编制的时代背景、编制目的与总体思路。

国家政策、法律法规、区域发展规划及其他专项规划等是开展五年环境保护规划的基本依据及主要信息来源，也是开展规划编制的重要基础。因此，规划编制依据中要将国家政策、法律法规、区域发展规划、主体功能区划、上位生态环境保护规划作为规划编制依据，同时也可以将各类政府专项规划、文件及各类统计数据包括经济与社会统计数据、环境统计及生态环境质量数据等资料，作为规划的编制依据。

（2）规划基础分析

规划基础分析与规划定位、规划目标、重点任务、重点项目以及发展路径等相互关联。因此，规划基础分析是规划编制的前提与基础。

规划编制的基础分析通常采用 SWOT 分析方法。SWOT 分析是对一个组织的优势（strength）、劣势（weakness）、机会（opportunity）和威胁（threats）进行分析。SWOT 分析实际上就是对特定区域内外部条件进行综合和概括，进而归纳分析可能的优劣势、面临的机会与挑战。一般优劣势分析主要着眼于自身的实力，即对内部因素优势及短板进行分析；机会与挑战分析主要研究外部环境变化的影响。在进行 SWOT 方法分析时，应把所有的内部因素集中到一起，用外部力量对这些因素进行评估。

五年生态环境保护规划基础分析主要是建立在对上一轮规划实施评估及上一阶段生态环境保护工作概括总结的基础上进行的，同时结合区域整体发展形势，分析新阶段生态环境保护工作的优势与劣势，同时剖析生态环境保护面临的压力与挑战。

生态环境保护规划工作的总结分析主要侧重于以下几方面内容。

①生态环境质量：分析过去五年中区域生态环境质量的变化，包括水、气、声等环境质量变化，植被覆盖、生物多样性保护、生态系统完整性等生态质量变化。

②污染治理：分析上一轮规划实施中的工程推进情况、治污排减目标达成情况。

③环境风险防范：从危险废物管理、突发性环境事故发生等方面分析主要控制成效及管理状况。

④生态环境管理能力：从执法水平、监管能力、环境监测、环境宣传等方面分析总体发展水平。

通过对过去五年生态环境保护工作成果的总结，分析生态环境保护存在的问题及短板，并分析问题的成因，为新一轮生态环境保护与建设提供导向。另外，对整个社会经济发展趋势进行研判，分析生态环境保护所面临的各类外部机遇和挑战。

8.2.2 生态环境规划目标的设定

生态环境保护规划目标既是生态环境保护规划的核心，也是纳入国民经济和社会发展规划的重要内容。规划目标的制定主要依赖顶层政策与上级规划目标，规划编制背景、发展基础和已有环境资源禀赋。同时，国家政策、区域环境发展需求及生态环境问题解决的迫切性也是规划目标制定的依据。生态环境保护规划的目标一般分为总体目标与规划指标体系。

（1）总体目标

总体目标主要是根据国家环境保护政策要求及地方实际，提出新阶段生态环境保护的愿景定位。通过愿景定位，给当地政府的生态环境保护工作中提出了宏伟蓝图和奋斗方向，也确立了未来的行动纲领与工作目标。总体目标既规定了环境要素质量改善水平，也规定了生态建设的具体要求；既有具体环境整治目标定位，又有生态文明建设、管理治理能力提升的要求。表 8-1 为“十一五”至“十三五”我国生态环境保护规划的总体目标。从表中可知，不同时间总体目标的重点及工作目标存在差异。“十一五”期间目标侧重于总量控制与环境质量改善；“十二五”则以总量控制、水环境改善、环境风险防控、环境保护基础设施完善、环境监管水平提升为重点；“十三五”则基于生态文明建设，从污染物总量控制、生态环境质量改善、环境风险防范、生态安全及环境治理体系构建等方面提出了愿景。因此，规划的总体目标实际上是规定了下一阶段我国生态环境保护工作重点。

表 8-1 “十一五”至“十三五”我国生态环境保护规划的总体目标

规划	总体目标
国家环境保护“十一五”规划	到 2010 年，二氧化硫和化学需氧量排放得到控制，重点地区和城市的环境质量有所改善，生态环境恶化趋势基本遏制，确保核与辐射环境安全
国家环境保护“十二五”规划	到 2015 年，主要污染物排放总量显著减少；城乡饮用水水源地环境安全得到有效保障，水质大幅提高；重金属污染得到有效控制，持久性有机污染物、危险化学品、危险废物等污染防治成效明显；城镇环境基础设施建设和运行水平得到提升；生态环境恶化趋势得到扭转；核与辐射安全监管能力明显增强，核与辐射安全水平进一步提高；环境监管体系得到健全

规划	总体目标
国家“十三五”生态环境保护规划	到 2020 年，生态环境质量总体改善。生产和生活方式绿色、低碳水平上升，主要污染物排放总量大幅减少，环境风险得到有效控制，生物多样性下降势头得到基本控制，生态系统稳定性明显增强，生态安全屏障基本形成，生态环境领域国家治理体系和治理能力现代化取得重大进展，生态文明建设水平与全面建成小康社会目标相适应

（2）规划目标指标体系

规划目标指标是总体规划目标的具体定量化分解。不同时期总体目标不同，规划目标指标体系也在不断改变。规划指标与指标类别和需要解决的核心问题紧密相关。我国早期生态环境保护规划（计划）的目标指标主要是环境质量指标和总量控制指标，随着环境保护规划向生态环境保护规划转变，规划总体目标由污染控制、环境质量改善向生态建设、环境治理能力提升等方面转变，规划指标体系内容与数量也逐步发生改变。

国家层面规划主要是指导性规划，因此在规划目标指标时要突出主导指标，而地方生态环境保护规划则要在此基础上进一步延伸，可以结合区域特点及生态环境特征进行多样化设定。一般规划目标指标主要有以下几种类型。

①环境质量：空气环境质量优良天数（或优良率）、重污染天气数、$PM_{2.5}$平均浓度、地表水达到或优于Ⅲ类水水体比例、地表水质量劣于Ⅴ类水水体比例、水功能区水质达标率、近岸海域水质达标率、地下水质量极差比例、耕地安全利用率、污染地块安全利用率等。

②生态建设：森林覆盖率、湿地保有量、草原综合植被盖度、生态环境状况指数（EI）、重要生态功能区面积占比、自然岸线保有率、水土流失治理面积、重点保护野生动植物保护率等。

③总量控制：化学需氧量、氨氮、二氧化硫、氮氧化物、挥发性有机物、总氮、总磷等污染物排放总量减少比例。

④环境治理：城镇污水集中处理率、农村生活污水处理率、危险固体废物安全处置率、畜禽养殖污染废弃物综合利用率、固定源排污许可证发放率等。

（3）规划目标确定

规划目标与指标较为概括和简要，不应过于烦琐，避免采用与规划主题弱相关或无关的指标；同时规划目标设定要体现“量力而行”，目标设置不能过高也不能过低，要经过努力基本可以实现，即可达。

规划目标确定需通过系统研究与综合编制。主要的方法手段有对比分析法、系统工程模型等。

对比分析法分为纵向比较和横向比较。一般指不同国家、不同地区相关数据的纵向、横向分析与比较，揭示特定地区或研究对象的基本特征，进而确定其目标。在规划目标确定中，通常会通过分析上一个五年规划目标实现情况及国家政策、环境政策等要求，研究确定下一阶段规划目标；同时，也会对与本地区环境特征和社会经济发展水平相近的地区进行横向比较，以确定规划目标。

生态环境保护规划目标的测算和制定需要运用系统工程的编制思想，综合考虑各方面的要素及资源环境支撑能力，同时也要尊重生态环境保护的基本规律。各个规划指标具体数值的确定，可以采用本书第 5 章中的一些预测方法，结合区域社会经济发展及环境治理能力提升，从定性或定量角度预测各规划指标的变化趋势，结合国家政策需求及上位规划指导性指标要求，选取合适的规划目标。

8.2.3 主要领域及任务

（1）国家生态环境规划总体思路

生态环境保护五年规划的主要内容随着不同阶段环境保护面临的形势及国家环境保护策略、重点而变化，不同阶段规划内容的侧重点也有所区别。图 8-2 为我国“十一五”“十二五”“十三五”生态环境保护规划总体思路。

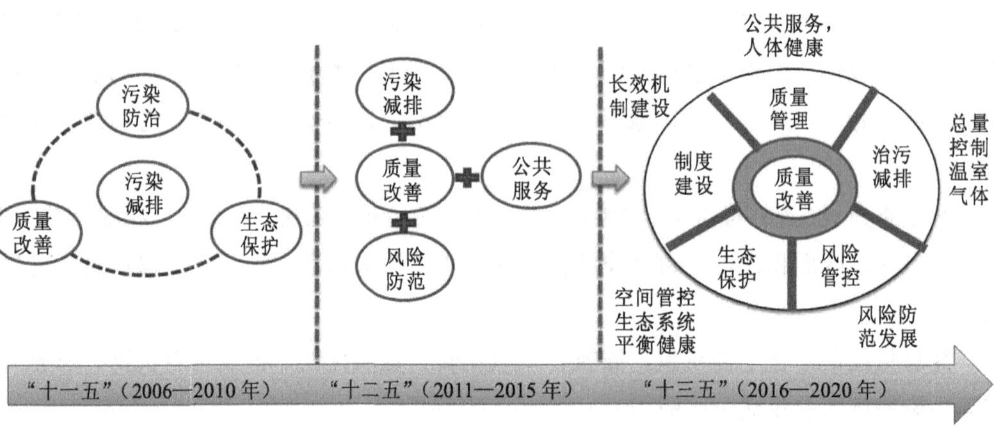

图 8-2 生态环境保护五年规划的演变

1）国家生态环境保护“十一五”规划

“十五”期间我国生态环境保护虽然取得积极进展，但“十五”生态环境保护计划指标没有全部实现，二氧化硫排放量比 2000 年增加了 27.8%，化学需氧量仅减少 2.1%，未完成削减 10%的控制目标。淮河、海河、辽河、太湖、巢湖、滇池（“三河三湖”）等重点流域和区域的治理任务只完成计划目标的 60%左右，主要污染物排放量远超过环境容量，环境污染严重，全国地表水环境质量、空气环境质量及近岸海域质量均不容乐观。同时，深层次环境问题解决没有得到突破性进展，如产业结构不合理与经济粗放型增长现状没有改变。我国环境保护面临着越来越严峻的挑战。针对这一现实，我国“十一五”生态环境保护计划将全面落实科学发展观、深入实施可持续发展，着力解决危害人民群众健康的突出问题作为“十一五”的工作重点。因此，规划突出以污染减排为核心，全面开展污染治理，推动环境质量改善和生态保护（图 8-2）。

针对环境保护面临的问题和形势，确定了“十一五”主要污染物排放控制目标。在规划思路上围绕总量控制目标，国家生态环境保护“十一五”规划把污染防治作为重中之重，把保障城乡人民饮水安全作为首要任务，全面推进、重点突破，切实解决危害人民群众健康和影响经济社会可持续发展的突出环境问题。

2）国家生态环境保护“十二五”规划

“十一五”规划的实施进度首次达到了规划目标的进度要求，且部分指标超额完成了任务，具体表现：①以环境优化经济增长、让江河湖泊休养生息、三个“转变”等重大战略思想提出并逐步落实，环境保护从认识到实践都发生了重要转变；②通过总量核查、目标责任状、流域规划评估等严格落实了地方政府环境保护责任，一些地方推行的河长制、断面目标考核补偿等也切实调动了地方政府抓环境保护的积极性；③大工程带动大治理，污水处理厂和火电脱硫设施建设超过预期、取得突破性进展，为未来发展奠定了基础；④以总量控制约束性指标为核心，兼顾目前开展的质量考核，带动了全面工作；⑤以脱硫电价为代表的各项经济政策、规划实施手段措施有所加强。

“十一五”期间，我国污染减排取得一定成绩，但是十分脆弱，仍需要在“十二五”规划中继续贯彻并进一步优化完善。从“十二五”面临的形势来看，仍是重工业发展、工业化进程加速的时期，环境消费转型压力与机遇并存，各项环境基础设施大规模建设但是环境与经济综合决策等长效机制尚未完全建立；污染物新增压力较大还将处于库兹涅茨曲线上行阶段，但是污染物产生量和排放量已经出现与经济脱钩的曙光；常态污染物有望得到解决同时各种新型环境问题相互交织，部分环境问题已经进入必须控制面源才能改善环境质量的阶段。因此，针对这些环境保护压力，“十二五”期间我国仍然以解决常态污染为主，同时积极启动开展其他污染物的防治工作。在以人为本、质量切入、夯实民生原则指导下，全面部署，重点突破常规环境问题，打好歼灭战。因此在控制酸雨等中长期生态环境系统问题的同时，把呼吸新鲜空气、喝上放心水等老百姓切身相关的问题作为“十二五”的重点，着力解决颗粒物大面积超标、水质黑臭劣Ⅴ类问题，解决环境质量评价体系与老百姓感觉不一致的问题，充分发挥社会公众保护环境作用。

根据生态环境保护面临的形势及生态环境保护重点的转移，“十二五”生态环境保护规划的编制重点是抓好三大着力点，处理好总量、质量与风险三者的关系，将削减总量、改善质量、防范风险作为“十二五”规划的 3 个着力点，即以提升环境质量为切入点，以削减总量为重要抓手，在实现环境形势趋好的同时，严格防范环境风险，保障环境安全。此外把逐步实现环境基本公共服务均等化作为一项基本任务，缩小区域、城乡差异，实现均衡发展，让老百姓享受发展实惠。

3）国家生态环境保护“十三五”规划

“十二五”时期以来，经济社会发展不平衡、不协调、不可持续的问题仍然突出，多阶段、多领域、多类型生态环境问题交织，生态环境现状与人民群众的需求和期待差距较大，提高环境质量，加强生态环境综合治理，加快补齐生态环境短板，是当前核心任务。党中央、国务院高度重视生态文明建设。习近平总书记多次强调，“绿水青山就是金山银山”，“要坚持节约资源和保护环境的基本国策”，“像保护眼睛一样保护生态环境，像对待生命一样对待生态环境”。原国务院总理李克强多次指出，要加大环境综合治理力度，提高生态文明水平，促进绿色发展，下决心走出一条经济发展与环境改善双赢之路。

在这一背景下，“十三五”我国生态环境保护规划的内容更加丰富，涉及面也更广了，同时生态文明建设也成了“十三五”生态环境保护规划的主题，由此确定了“十三五”国家生态环境保护的总体框架，即以环境质量改善为核心，继续实施治污减排、加强风险管控、强化生态保护、推进制度建设、落实质量管理（图 8-2），具体明确了“十三五”期间的七大任务：强化源头防控，夯实绿色发展基础；深化质量管理，大力实施三大行动计划；实施专项治理，全面推进达标排放与污染减排；实行全程管控，有效防范和降低环境风险；加大保护力度，强化生态修复；加快制度创新，积极推进治理体系和治理能力现代化；实施一批国家生态环境保护重大工程。

4）国家生态环境保护“十四五”规划

“十三五”时期以来，我国把生态文明建设作为统筹推进“五位一体”总体布局的重要内容，开展了一系列根本性、开创性、长远性工作，提出了一系列新理念、新思想、新战略，生态文明理念日益深入人心，污染治理力度之大、制度出台频度之密、监管执法尺度之严、环境质量改善速度之快前所未有，生态环境保护发生了历史性、转折性、全局性变化，也为“十四五”时期的高质量发展奠定了坚实的基础。

“十四五”时期是把我国建成富强、民主、文明、和谐、美丽的社会主义现代化强国和实施“两步走”战略的第一个五年规划期。做好“十四五”生态环境保护工作，正确处理发展与保护之间的关系，实现与高质量发展相匹配的高水平生态环境保护。“十四五”时期，我国经济结构、能源结构将持续改善，生态环境质量将继续向好发展，但环境治理与生态建设的边际成本不断提升、生态产品供给严重不足、社会经济发展和生态环境保护的阶段性、区域性分异并存。因此，“十四五”生态环境保护规划的主线是“巩固、调整、充实、提高”，规划的原则是“分类推进、精准施策、协同治理、社会共治”。为此在“十四五”生态环境保护的规划中，立足美丽中国建设远景目标，提出了环境治理、应对气候变化、环境风险防控、生态保护 4 个方面指标，明确了有序推动绿色低碳发展、深入打好污染防治攻坚战、持续强化生态保护监管、确保核与辐射安全、严密防控环境风险、加快构建现代环境治理体系六大重点任务，部署了重点行业大气污染治理、水生态环境提升、重点海湾生态环境综合治理等领域的重点工程。

（2）生态环境规划的领域及内容

“十一五”时期以来，生态环境保护五年规划的重点领域基本集中在环境质量改善、生态系统保护、环境风险防范及环境管理能力提升（图 8-3）。

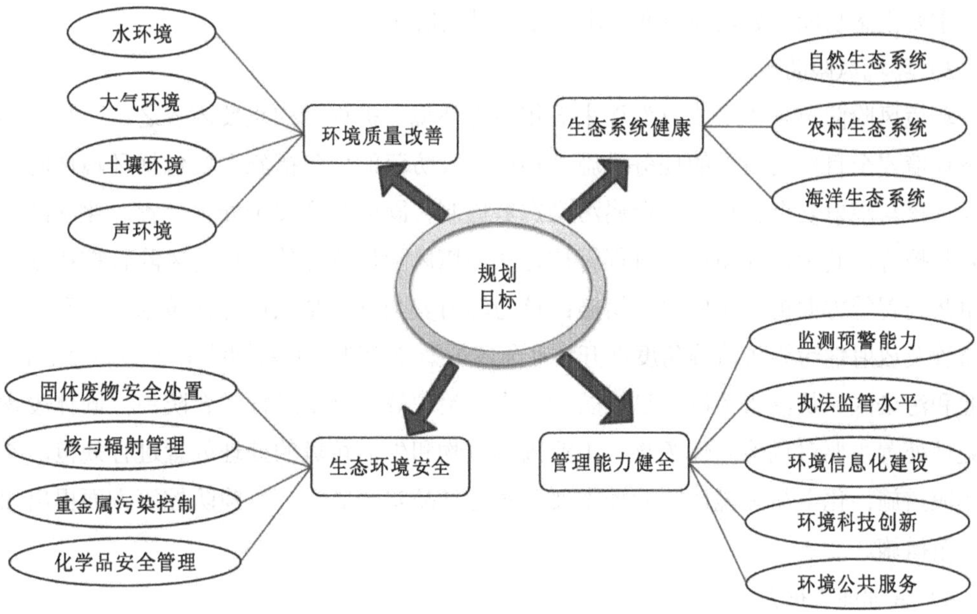

图 8-3 生态环境保护五年规划的主要领域

1）环境质量改善

环境质量改善一直是“十五”以来生态环境保护规划的核心，也是解决我国当前重点生态环境问题的关键。环境质量改善主要是围绕着水环境、大气环境、土壤环境、声环境等环境要素开展，以污染物总量控制为抓手，以产业结构调整为基础，推进污染治理，解决生态环境面临的压力与挑战，实现生态环境质量不断改善。水环境质量改善主要任务一般围绕着饮用水水源保护、水污染物总量削减、江河湖库等水体水环境质量不断提升展开；大气环境质量改善主要是以大气污染物总量削减为核心，推动燃煤废气、工业废气、机动车尾气、城市扬尘、温室气体的控制，着力推进重点城市空气环境质量改善；土壤环境保护则是基于分类管理，对农用地、建设用地进行分类管控，对受污染土壤进行修复等；声环境改善主要是从合理布局、声源（工业噪声、交通噪声、施工噪声、社会噪声）控制、敏感区域防护等角度提出相应的对策措施。

2）生态系统健康

五年生态环境保护规划的另一重要领域是推进生态系统功能提升，打造和维护生态系统健康。其主要围绕自然生态系统、农村生态系统、海洋生态系统等不同类型生态系统展开。自然生态系统保护的主要内容包括生态功能区划、重要生态功能区保护、自然保护区建设、生物多样性维护等；农村生态系统建设的主要内容是针对我国农村所面临的环境问题，围绕农村人居环境建设、农业面源污染防治等进行；海洋生态系统保护则对入海河流污染物控制、海洋水环境质量改善、海洋资源保护、海洋生物多样性维护、海洋重要生态功能区划定等方面提出了相应对策措施。

3）环境风险防范

环境风险防范是“十二五”以来五年生态环境保护规划的重要内容之一，是为实现生态环境安全目标而设置的任务措施。环境风险防范的任务措施主要包括环境风险过程管控、核与辐射安全管理、重金属污染态势遏制、固体废物安全处理处置、化学品环境风险防控等。其中，环境风险过程管控是从环境风险调查评估、环境风险管控措施、环境事故处置等方面提出相应对策措施；核与辐射安全管理是从核与核技术安全利用、安全监管及放射性污染防治等角度展开；重金属污染防治则一般对围绕着重金属排放企业、行业和污染区域从源头控制、过程防治、末端治理等进行全过程综合防治；固体废物安全处理处置主要对危险固体废物、工业固体废物和生活垃圾的处理处置进行规范，并制定相应措施；化学品环境风险防控主要是对化学品安全监管、风险防控等方面提出相应的对策措施。

4）管理能力提升

管理能力提升一直以来都是五年生态环境保护规划的重要内容。环境管理能力涉及方面较多，包括环境监测能力、环境监管能力、环境执法能力、环境科技创新能力等，但最终可以归结为环境治理体系完善及公共服务能力提升。针对环境管理能力提升，不同规划侧重点不一样，有些规划就按具体类型分别设置相应任务，如围绕着环境监测能力，一般从监测网络体系构建、监测装备提升、监测数据应用等角度去设置相应任务；针对环境监管，一方面从智能化环境管理平台构建去提升监管能力，另一方面与环境执法相结合，提升执法能力和水平。环境科技创新能力也是当前环境管理能力提升的重要内容，用科技支撑带动管理水平提升，同时也推进管理机制创新。党的十八大以来，环境公共服务能力、环境治理体系、环境治理能力已成为新时代环境能力建设的重要内容，因此，生态环境规划中的管理能力建设通常围绕如何推进公共服务能力、构建完善的环境治理体系展开。

综观我国近几轮五年生态环境保护规划，其主要领域基本如图 8-3 所示。但不同时期规划的目标不同，总体思路不同，对规划重点领域的侧重也不同，导致其任务措施也不同。表 8-2 是“十一五”至“十三五”我国生态环境保护规划的任务与措施。由表 8-2 可知，“十一五”生态环境保护规划基本上是突出了环境要素保护及能力建设；“十二五”生态环境规划则直接从规划思路的 4 个方面进行落实推进；“十三五”生态环境规划的内容则更加全面、细致，同时也进行了拓展，如将生态空间管控、供给侧结构性改革、科技创新、区域绿色协调发展等措施纳入源头控制，生态环境保护规划不单单就环境论环境，而是把产生环境问题的根源也作为调控对象进行调控。

表 8-2　“十一五”至“十三五”我国生态环境保护规划的任务与措施

时期	规划思路	重点领域		主要措施
“十一五”	以总量控制为抓手，开展污染防治、质量改善及生态保护	环境要素质量改善	水环境	COD 减排，饮用水水源安全保障、重点流域污染防治
			气环境	SO_2 减排、城市空气质量改善、工业废气治理、机动车尾气治理、温室气体排放控制
			固体废物管理	危险废物和医疗废物处置、生活垃圾无害化处置、固体废物综合利用
		生态保护与建设	生态保护	全国生态功能区划、重点生态功能保护区保护、自然保护区建设、物种资源保护和安全管理
			农村环境	土壤污染防治、农村环境综合整治、农村面源污染防治
			海洋环境	陆源污染物总量削减、重点海域污染治理、港口和船舶污染防治、海洋生态环境保护、海洋环境灾害防治
		环境管理能力提升	核与辐射	核设施建造、放射性同位素与射线装置管理、放射性污染治理、电磁辐射污染防治
			能力建设	环境监测预警体系、环境执法监督体系、环境事故应急系统、环境综合评估能力、环境保护信息系统、环境科技创新、人才与队伍建设
“十二五”	以削减总量、改善质量、防范风险为着力点，推进公共服务	污染减排		推进结构调整、削减 COD、氨氮总量、削减 SO_2、氮氧化物总量
		改善质量	解决突出环境问题	改善水环境质量、大气污染综合控制、土壤环境保护
				生态功能区保护和建设、自然保护区建设与监管、生物多样性保护、资源开发生态环境监管
		防范风险		环境风险过程管控、核与辐射安全管理、重金属污染态势遏制、固体废物安全处理处置、化学品环境风险防控
		推进公共服务		环境保护基本公共服务均等化、提高农村环境保护工作水平、加强环境监管体系建设

时期	规划思路	重点领域	主要措施
“十三五”	以环境质量改善为核心，落实治污减排、风险管控、生态保护、制度建设、质量管理	质量管理	大气、水、土壤三大污染防治行动计划
		污染减排	工业污染源全面达标排放计划、重点污染物减排、基础设施建设、农业农村环境综合治理
		风险防范	全过程、多层级风险防范体系，严密防控重金属、危险废物、有毒有害化学品、核与辐射等重点领域环境风险，强化核与辐射安全监管体系和能力建设
		生态修复	维护国家生态安全、管护重点生态区域、保护重要生态系统、提升生态系统功能、修复生态退化地区、扩大生态产品供给、保护生物多样性
		治理能力	法治体系、市场机制、地方责任、企业监管、公众参与、治理能力

8.2.4 规划实施保障

规划实施保障是保障规划实施的基本条件，一般包括组织领导、资源匹配、融资条件、技术支撑及公共服务等方面。不同规划其实施保障措施可能不同，但大部分规划基本从组织管理、政策保障、金融支撑、公众参与、评估考核等方面去落实。

（1）组织管理

生态环境保护规划是一项系统工程，规划目标、任务及项目都需要进行分解与落实，因此规划的组织管理是规划实施前提与重要保障。国家五年环境保护规划的组织管理主要是做好目标与任务分解，明确地方责任；同时对推进中央与地方、各部门之间的协同提出相应组织机制。

（2）政策保障

政策保障既是规划任务之一，也是规划实施的重要保障。一般在规划任务中没有设置政策创新任务，在规划组织实施中要提出相应的法律法规保障及政策引导建议，以保障相应规划目标的实现，任务与工程的顺利实施。

（3）金融支撑

规划项目落实需要大量资金保障。因此强化资金保障、拓展资金来源成为规划顺利实施的重要保障。为此，要明确资金投入和融资机制，包括建立政府投资稳定增长机制，加大对污染治理、环境风险管控、生态修复、环境保护基础能力建设和环境治理体系建立等重点工作的投入力度。完善多元化的环境保护投入机制，积极引导社会资本参与生态环境保护，积极创新各类环境保护投融资方式，大力推进污染治理市场化。

（4）公众参与

我国大部分规划的实施是政府主导、公众参与的模式。通过公众参与，带动规划任务及目标实施。因此在规划实施保障措施中，要以宣传教育、信息公开等方式推进公众、社会团体、企业等参与到规划的具体实施过程中。其具体措施包括多渠道、多媒体宣传环境保护规划，定期公布规划实施信息，积极引导企业切实履行社会责任，强化全民责任意识、法治意识和企业社会责任意识，发挥公众和新闻媒体等社会力量的监督作用，建立规划实施公众反馈和监督机制，等等。

（5）评估考核

规划实施评估考核机制是对规划确定的目标指标、主要任务、重大举措和重大工程落实情况进行及时评估总结。我国自“十一五”开始对五年生态环境保护规划进行中期评估及终期考核，并对评估考核结果进行通报，同时向社会公开。通过中期评估，对规划实施进行纠偏；通过终期考核，倒逼规划目标及任务的完成。

8.3　生态环境保护规划实施评估

环境保护规划是对一段时期、一定范围、一定领域内环境保护任务的统筹安排，是政府履行职能的公共政策，是组织动员全社会力量保护和改善环境质量、促进环境与经济社会协调发展的基础纲要。

规划生命周期包括谋、断、行、督 4 个环节，系统研究、科学决策、认真执行、严格监督四者缺一不可。我们过去对规划的研究编制、决策过程等比较重视，但对规划的实施、监督却会流于事务性应对。由于缺乏全过程链条式管理，出台的规划往往不能够引起各方重视，虎头蛇尾、流于形式，不能得到有效执行，包括环境保护在内的我国部分规划有时处于墙上挂挂、纸上画画的尴尬局面。

开展规划实施评估及考核，对环境保护工作的全局带动作用、落实规划目标任务、落实政府和各方责任具有重要的意义。《国家环境保护“十一五”规划》由国务院直接印发，明确了将两项主要污染物排放总量指标作为约束性指标，并建立了总量减排的年度核查及国家环境保护“十一五”规划的中期评估和终期考核制度。《国家环境保护“十一五”规划》中期评估结果由国务院第 99 次常务会审议通过，印发给各省（自治区、直辖市）人民政府。这些举措极大地促进了各级政府、企业和社会对环境保护工作的重视，国家环境保护规划的各项要求开始得到认真落实。通过严格的评估考核，真正落实政府保护环境职责，充分发挥我国机制体制优势，也是“十一五”环境保护规划实施的重大进步。

“十二五”期间，环境保护规划的评估考核机制进一步发展完善。国务院印发的“十二五”环境保护规划、专项规划，以及环境保护部印发或者联合相关部门印发的“十二五”专项环境保护规划，都明确了年度考核、中期评估、终期考核的要求，有的还明确了部门责任，其中有不少规划还提出了量化落地实施的具体要求。这些评估考核机制极大地推进了规划的落地实施，使规划不再流于形式，真正起到指导引领作用。

8.3.1 评估目标与原则

（1）评估目标

开展五年生态环境保护规划实施评估（中期评估、终期考核），是落实国务院和地方环境保护任务部署和环境保护目标责任制的需要，是推动环境保护历史性转变的需要，也是有效实施规划的现实需要。由于综合性的环境保护规划涉及面广，一般需通过中期评估，统筹经济社会环境领域的发展状况，跟踪分析规划实施中各类因素和问题，做好环境保护规划与社会经济发展相关规划的衔接协调、相互促进、同步实施。而终期考核，主要是评估规划实施绩效，同时找出规划实施期间存在的问题，为新一轮规划编制提供依据。

因此无论是中期评估还是终期评估，其目标都主要体现在以下几个方面。

①评估总结规划实施执行情况。对规划实施情况进行客观评估，明确规划目标、指标、任务、措施（工程）完成情况。

②分析规划实施经验和存在的问题。对规划实施进行调查与客观评估，总结规划实施中的主要绩效及经验，同时对执行过程中存在的问题进行梳理。

③对于中期评估，预测到规划期末，规划目标、任务及工程完成程度，重点对规划目标的可达性进行分析。

④明确下一步规划的实施重点。通过总结分析规划实施中经验和存在的问题，提出规划下一阶段（或新一轮）工作重点与思路，落实规划实施责任，提出强化规划执行机制，对下一阶段规划任务提出建议。

（2）评估原则

无论是中期评估还是后期考核，规划实施评估都应坚持以下原则。

对照规划，全面评估。为全面掌握规划实施情况，规划目标、任务、重点工程与保障措施等规划内容均应纳入评估范围，为后期规划实施提供信息、技术与经验方面支持。

环环相扣，分析因果。应用逻辑框架分析方法，将环境质量目标、总量控制目标、工程项目投资、主要任务、保障措施等规划内容进行分析提炼，探索形成具有因果关系的指标（条目）体系。

突出重点，分类把握。对于约束性指标和考核指标，评估工作要强化上级政府对下级政府的审核评估；对于部门履行规划过程中要承担的责任，直接影响到约束性指标完成情况的，也要强化审核评估；对于非约束性、非考核性指标，评估工作以自评估和各部门总结分析为主。

求真务实，利于对比。保证评估标准的一致性、评估数据的真实性、评估结果的可比性，确保评估方法、数据、结果公平透明。

8.3.2 评估思路与内容

国家或地方五年环境保护规划的评估范围十分广泛，按照规划文本进行解析，主要框架内容如下。

（1）主要目标指标

主要目标指标包括环境质量指标、污染物总量控制指标、污染防治指标及生态建设指标。对照规划目标，梳理这些指标，收集现状数据，分析评估各指标的目标达成度。

（2）重点领域任务

我国近几轮五年环境保护规划重点领域主要集中在环境质量改善、污染防治、环境风险防范、生态保护（修复或建设）及环境管理能力提升。针对规划对各个领域设置的重点任务，分析评估各任务完成推进现状。

（3）环境保护重点工程

环境保护重点工程（项目）一般是与重点任务相对应，涉及多个领域。如我国环境保护“十一五”规划围绕 8 项任务设置了 10 类工程。规划实施评估要对各类工程的具体完成度进行评估。

（4）政策保障措施

政策保障措施是规划顺利实施的重要保障。规划实施评估中要对规划实施过程中的组织管理、政策体系、资金投入、公众参与等方面内容进行评估。

在规划实施评估中，逻辑框架法是应用最为广泛的一种方法。可以某个要素为主线，按照逻辑框架分析原则，分别按“环境质量—总量—任务与措施—工程和投资—保障政策”的逻辑关系开展系统性分析评估。

以“十二五”生态环境保护规划实施评估为例，“环境质量”为目标层次，“总量”为目的层次，“任务与措施”和“工程”中部分内容强调产出与结果，“任务与措施”中涉及工作任务部分为投入层次的内容，而“投资”与“保障政策”则是规划实施的保障层次内容。

图 8-4 为水环境评估的逻辑框架。由图 8-4 可知，这种分析方法具有全面系统、层次分明、逻辑自洽等优势，适宜高层次、全方位总结，可以避免数据堆砌，强化数据分析，体现规划目标指标先导性。这种通过对规划解析构建逻辑框架进行评估，从另一方面把规划各块内容有机地联系起来，形成了对策措施—工程任务—总量—质量的输入响应关系。

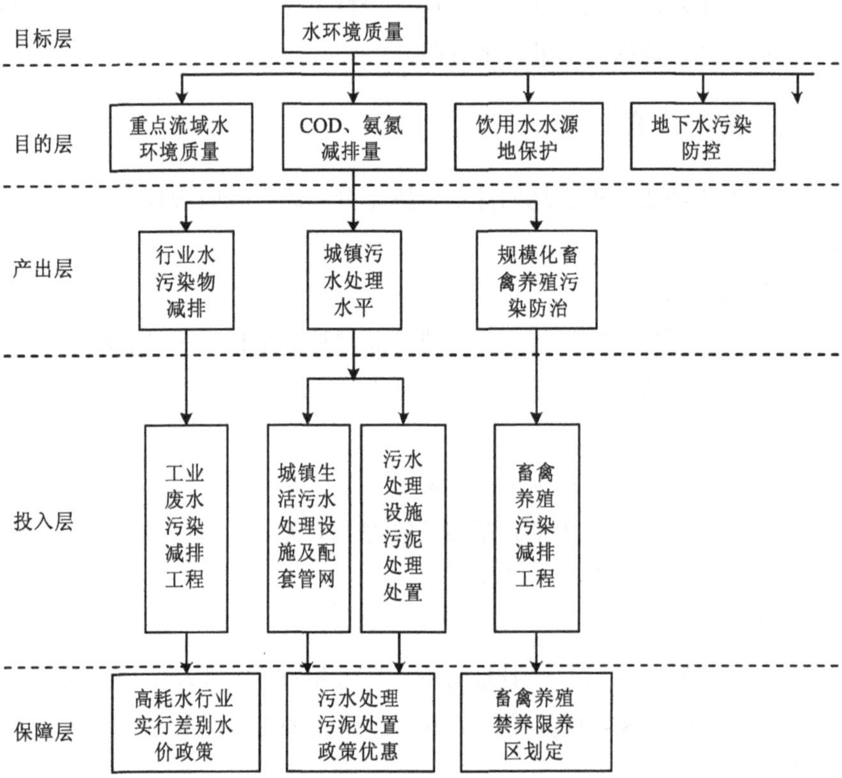

图 8-4　基于逻辑框架的水环境评估内容示范

8.3.3　评估报告的编写及应用

评估报告是生态环境保护规划评估工作的最终“成果”，是评估的重要组成部分。评估报告应建立在大量直接或间接的规划数据上，综合规划设计、执行、完成数据和信息，充分总结规划的成功经验和失败教训，在规划实施中有承前启后的功能。

（1）评估报告编写原则

评估报告应充分阐述评估目的，清楚界定评估范围和内容，建立评估指标体系，建立评估原则、指标，建立数据收集方法和处理方法。对评估系统有一个全面具体介绍，使评估结果具有可比性。

①把握总体与局部。国家级、省级规划是全局性、战略性安排，重视总体效果和战略导向，因此在评估规划的实施进展时要从宏观性、战略性、综合性角度把握规划总体进展及效果，形成总体评估结论，各领域进展评估是形成总体评估结论的支撑。市县级规划则是指令性安排，即在国家级、省级总体战略导向下，结合当地实际提出了具体任务与工程措施，因此规划评估中要侧重工程与任务推进进度及完成情况，以及目标可达

性评估。

②区分进展与效果。按照规划实施进程，规划制定的目标、任务、政策会产生一定效果。在规划实施评估中，不仅要评估各项工作进展，更重要的是要评估在此基础上所产生的多种效果，尤其是环境绩效。尽管在评估效果时有较大难度，但具有非常重要的现实意义，应在实践中探索创新。

③做好分析与预测。根据规划评估进展，采用逻辑分析和因果分析法，判断规划实施进程与目标的差距，分析影响规划实施效果的外部与内部原因，并初步预测到规划期末的规划实现情况。

（2）评估报告构成

国家级生态环境保护规划评估报告一般分为简本与详本。简本主要是为最高管理层、决策层提供一个省时、简明的速读本，一般比较简短，包括规划总体进展、主要问题及工作建议等。详本评估报告包含评估的所有内容，有图表、专栏、原因分析、进展预测及政策建议等，以及支撑评估结论的相关附件。

一般来说，国家生态环境保护规划的评估报告主要包括以下几个部分。

①规划编制的目标、要求。

②规划评估工作部署情况、本次评估组织安排、评估技术方法、数据来源进行说明。

③按照评估技术方法对评估指标（评估领域）进行实施情况评估分析与问题小结。

④总结规划目标指标、重点工程、规划主要工作任务的实施成效，找出差距，识别问题与原因。

⑤对于中期评估，要预测规划关键指标到规划期末实施情况，分析外部、内部影响因素。

⑥针对各指标、领域提出的问题，提出到规划期末规划实施建议，或下一轮规划建议。

省级环境保护规划评估报告根据实际要求也可以按简本与详本进行编制，具体编制内容参考国家生态环境保护规划评估报告要求；但地方级环境保护规划实施评估报告通常就以一个简要的文本。因此可以结合实际，参考国家评估报告及技术要求进行编制。

（3）评估结果应用

将规划评估结果（考核结果）应用在环境管理和规划决策中，改进不足，并为政策制定、后续规划实施、新一轮规划编制提供依据，是规划评估考核的最终目标。“十二五”以来，随着各专项规划重视评估考核，规划评估考核结果与环境管理结合越来越紧密，并起到了积极的促进作用。

不同层级的规划实施评估报告形成后，一方面要向规划编制实施部门、上级监督、行业主管部门报告，另一方面要向规划实施的有关部门通报，这对于加快目标实现、促进规划实施是非常必要且有效的。此外，也要向社会进行公开，以接受公众监督。

根据规划年度考核、中期评估结果，采取信息公开、约谈、预警、通报、区域限批等形式，对评估考核中存在问题的部门和单位进行整改。如在总量减排目标完成情况中，对于减排措施落实不力的企业和地方，可以实行问责；对于规划实施资金问题，可以将资金安排与考核结果挂钩。而预警作为一个有效的反馈机制，是规划评估作用的重要体现，通过发现规划设计中的不足和执行中的问题和困难，寻找其根源和补救方法，达到及时纠偏的目的。

国家生态环境保护规划的评估考核具有时间连贯、工作连续的特点，专项规划的年度考核在每年进行，规划中期评估时间在规划实施两年或三年后开展；终期考核在规划期结束后开展。因此中期评估与终期考核能够与下一个五年规划研究、编制相衔接，中期评估分析规划实施情况、判断社会、经济形势变化情况，评估结果可用于下一个五年规划的环境保护形势分析；终期考核不仅对各省（自治区、直辖市）规划执行情况进行考核，还要对环境保护方工作成效进行分析，结合新一轮五年规划研究成果及存在的问题，提出下一个五年规划的重点方向。如“十一五”规划终期考核中，国家评估报告第三部分提出了对“十二五”规划编制的四条建议，即深入推进主要污染物减排、切实解决突出环境问题、加强重点领域环境风险防控、完善环境基本公共服务体系，这 4 条被《国家环境保护“十二五”规划》采纳，并作为四大战略部署统筹布局。

第 9 章　生态环境空间管控规划

党的十八大报告指出，要优化国土空间开发格局，构建科学合理的城市化格局、农业发展格局、生态安全格局，促进生产空间集约高效、生活空间宜居适度、生态空间山清水秀。《生态文明体制改革总体方案》提出了构建以空间规划为基础、以用途管制为主要手段的国土空间开发保护制度，着力解决因无序开发、过度开发、分散开发导致生态破坏和环境污染等问题。当前无论在主体功能区规划、海洋功能区划、土地利用规划、城乡发展规划等空间规划中，对生态环境空间的要求都进行了一些探索。随着“多规合一”的推进，没有生态环境空间管控相关内容，优化国土空间格局的战略目标基本无法实现。因此，生态环境空间管控在生态文明、空间规划体系中起着前置引导性作用，是一项基础性规划。

9.1　生态环境空间管控规划概述

1997 年《欧洲空间规划制度概要》中认为，空间规划主要由公共部门使用影响未来活动空间分布的方法，通过创造一个更合理的土地利用和功能关系的领土组织，平衡保护环境和发展两个需求，以达成社会和经济发展总目标。在我国，一般观点认为涉及空间内容的规划均为空间规划，如主体功能区规划、国民经济和社会发展规划、城市总体规划、土地利用规划、环境保护规划等，还有观点认为空间规划是由不同涉及国土空间管控或使用的规划组成的体系，涉及不同空间尺度及管控对象。

生态环境规划实践是整个生态环境管理工作中最重要的一环，是目标与现实之间的桥梁。生态环境规划的好与坏直接影响着环境保护工作成效。但我国当前生态环境规划在制订、实施和评估实践中仍存在理论“创新”弱、数据“支撑”弱、体系“合力”弱、话语“地位”弱等弱效表现。这一方面与生态环境规划本身强化数量规划、质量控制、缺乏空间管控有关；另一方面与有限的生态环境空间管控往往滞后于城市规划、土地利用总体规划等空间布局规划，不能起到生态安全引导的前置作用有关。此外，我国现行的生态环境空间管控规划与城市规划的“四线四区”、土地利用规划的“三界四区”的控制管制分区对应关系尚未厘清，不利于“多规合一”空间分区管治共治的达成。

《生态文明体制改革总体方案》中提出，建立系统完整的生态文明制度体系，构建保障国家生态安全、改善环境质量、提高资源利用效率、推动形成人与自然和谐发展的现代化建设新格局。国家发展改革委、国土资源部、环境保护部、住房和城乡建设部 4 部委开展“多规合一”试点，要求划定城市开发边界、永久基本农田红线和生态保护红线，形成合理的城镇、农业、生态空间布局，探索空间规划体系及相应的管理体制机制。重点强化生态空间分区管治，推进主体功能区规划落地，以实现优化生态空间布局，有效配置土地资源，提高政府空间分区管治水平和治理能力的目标。

9.1.1 空间管控规划目标与定位

国家空间规划以空间治理和空间结构优化为主要内容，对基础设施建设、城镇建设、资源能源开发利用及生态环境保护等活动提供指导和约束，是落实国家重大战略任务的空间保障。《加快推进生态文明建设的意见》《关于加强资源环境生态红线管控的指导意见》等一系列重大政策制度密集出台，提出资源环境承载、生态红线、环境质量底线等基本制度。开展生态环境空间规划，即明确生态空间格局，构建健康生态空间体系，推进生态空间管控，对加强生态环境保护与监管、保障生态安全、促进经济社会高质量发展具有极其重要的意义。

（1）生态环境空间管控规划目标

1）优化国土生态安全格局

按照人口、资源、环境相均衡，经济、社会、生态相统一原则，整体谋划国土空间开发，统筹人口分布、产业布局、国土利用、生态环境保护，合理安排生产空间、生活空间、生态空间，构建科学的城镇发展格局、产业发展格局和生态安全格局，保障国家和区域生态安全。

2）提升生态系统服务功能

明确区域生态环境要素保护重点，加大重要生态功能区域生态功能维护，增强生态系统稳定性，保障国家和区域生态安全，提高生态系统服务功能。

3）保障资源环境开发安全

通过强化生态环境管控，规范资源开发秩序，落实“点上开发、面上保护”的战略，引导资源开发规模与布局、人口分布与产业布局和区域资源环境承载力相协调。

4）推进生态环境精细化管理

完善生态环境“分区分类分级”体系，建立健全生态环境管理和国土空间开发保护制度，实现生态环境差异化管控及精细化管理，为国家生态环境安全提供基础性保障。

（2）生态环境空间管控规划定位

《生态文明体制改革总体方案》明确空间规划是国家空间发展指南，要建立统一、规范的空间规划编制机制，整合各类具有空间性质的规划，实现规划全覆盖，并指出在生态文明体制改革要求下的未来空间规划体系的建设方向。生态环境空间管控规划不同于现存的各类具有空间性质的规划，其是以生态环境系统结构、过程和功能为基础，基于生态环境系统重要性、敏感性和脆弱性，建立生态环境空间管控和引导体系，从源头奠定区域发展格局的一系列生态环境空间管控制度。

生态环境空间规划是国土空间规划的重要组成部分（图 9-1），是一项基础性的空间管控制度，在国土空间规划统筹的影响下，生态环境空间管控体系有效影响、约束并有机融入了国土空间规划编制的重要环节及重点管控内容，不断强化在协调发展与保护方面的作用，优化国土空间开发利用，维护区域生态环境。在空间划分方面，将“人与自然和谐”的生态文明理念融入国土空间区划，将生态环境空间成果纳入国土空间规划底图，作为“三区三线”等国土空间划分的重要依据；将生态环境边界与国土空间划分边界进行拟合，将在国土空间规划目标中融合环境功能定位和目标。以“生态保护红线、环境质量底线、资源利用上线”作为空间规划的底线约束，在国土空间规划实施的全过程中落实环境管控要求。

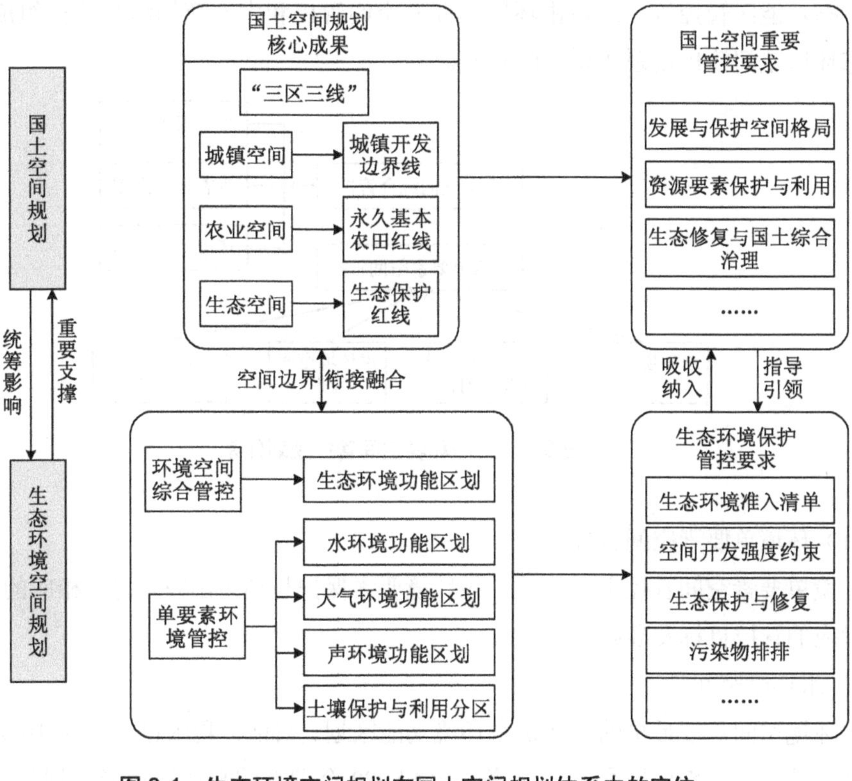

图 9-1 生态环境空间规划在国土空间规划体系中的定位

生态环境管控以环境质量改善为核心，从生态环境保护目标和区域发展战略出发，确定生态保护空间和资源环境承载力；以生态环境影响和风险评估为依据，核算区域污染物允许排放总量与资源能源利用总量，明确重点区域、行业准入清单及环境准入标准；分析各环境管控单元各类环境要素功能及管控要求，综合划定环境管控单元，提出管控措施。同时，国土空间规划将资源承载能力和环境容量作为决策依据和编制前提，通过资源环境条件前置引导和约束空间规划编制与实施，以空间规划倒逼发展转型。

9.1.2 生态环境空间管控规划体系

改革开放以来，我国城镇化进程持续快速推进，城镇常住人口快速增长，城镇化率显著提高。“十三五”末我国城镇化水平超过 60%，城镇建成区面积达 6 万多 km^2。然而，在城市化快速发展的进程中，城市不合理的开发建设布局、区域连片发展蚕食生态空间、人口集聚和产业发展与资源环境承载能力相冲突，导致地区环境出现一系列复合型、区域性和格局性环境问题。在此背景下，只有建立以生态空间管控和引导体系为核心的生态环境空间管控制度，才能从源头上奠定人与自然和谐的发展格局。

自 2000 年以来，生态环境空间管控规划制度体系经过不断探索和实践，已初见雏形。目前从国家及地方实践上来看，主要有环境功能区划、生态保护红线、环境要素空间管控、生态功能区管控等，总体由环境单要素空间管控和生态空间综合管控组成我国现有的生态环境空间管控规划体系（图 9-2）。

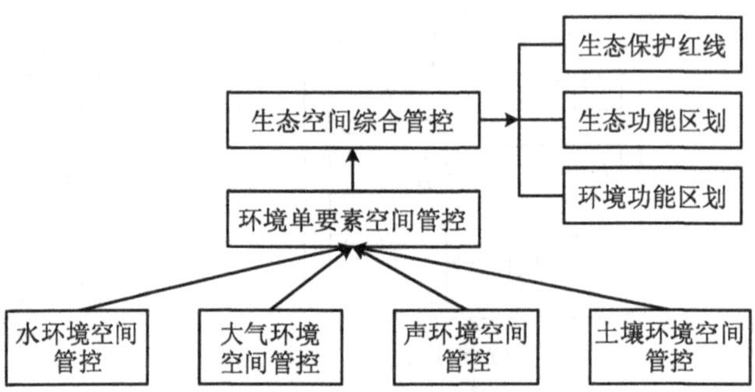

图 9-2 生态环境空间管控规划体系

（1）环境单要素空间管控

环境单要素空间管控主要是基于各环境要素保护与利用出发，建立相应的区划体系，提出对应的管控目标及准则。

1）水环境空间管控

水环境空间管控最早的形式是水环境功能区划。目前，我国已完成对 10 大流域、51 个二级流域、600 多个水系、5 737 条河流和 980 个湖库的水环境功能区划分，各省（自治区、直辖市）结合当地水环境管控要求，形成了自身的水环境功能区划，指导当地水环境保护与综合治理。如浙江省自 1995 年开展水环境功能区划后，经过二轮修编，2015 年推出第三版全省水环境功能区划。

随着水环境精细化管控要求的提升，从“十二五”时期开始，从流域角度建立流域—区域—控制单元的空间管控体系，基于水环境重要性、敏感性、脆弱性评价制定水环境分级管控方案，是当前流域水环境空间管控的重要手段，也是流域水生态环境保护规划的重要内容。

2）大气环境空间管控

大气环境空间管控是以大气环境功能区划为基础，同时对区域大气污染源头布局敏感性、污染聚集脆弱区及受体重要区的识别，确定大气环境空间差异化管控方案。2017 年开始实施的“三线一单”方案，将环境空气一类功能区作为大气环境优先保护区；将环境空气二类功能区中的工业集聚区、空气质量布局敏感区域、弱扩散区域，以及受体敏感区域等作为大气环境重点管控区；将环境空气二类功能区中的其余区域作为一般管控区。

3）土壤环境空间管控

土壤污染问题与土地利用类型密切相关，《中华人民共和国土壤污染防治法》提出了分类管理的原则与要求。随着全国土壤污染状况详查的完成，以及“土十条”的发布实施，划定优先保护、安全利用、严格管控等土壤环境分区、建立土壤分类保护与安全利用分区管控方案成为各地土壤污染防治的重要抓手。

4）声环境空间管控

声环境空间管控的主要形式是声环境功能区划。根据不同区域对噪声的敏感度，提出不同声环境质量控制标准。声环境功能区划是我国当前声环境管理和噪声污染控制的重要依据，也是促进城乡声环境质量改善的重要保障。

（2）生态环境综合管控

1）生态保护红线

生态保护红线是指在生态空间范围内具有特殊重要生态功能、必须强制性严格保护的区域，通常包括具有水源涵养、生物多样性维护、水土保持、防风固沙、海岸生态稳定等功能的重要生态功能区域，以及水土流失、土地沙化、石漠化、盐渍化等生态环境敏感脆弱区域。生态保护红线是指国家依法在重点生态功能区、生态环境敏感区和脆弱区等区域划定的严格管控边界，是保障和维护国家生态安全的底线和生命线。

生态保护红线包围的区域是生态保护红线区，对维护生态安全格局、保障生态系统功能、支撑经济社会可持续发展具有重要作用，是构建生态安全格局的关键组分。2017 年 2 月，中共中央办公厅、国务院办公厅联合印发《关于划定并严守生态保护红线的若干意见》，在党的十八大之后，生态保护红线作为国家战略，被正式写入《中华人民共和国环境保护法》和《中华人民共和国国家安全法》。

2）生态功能区划

生态功能区划采用生态学的理论和方法，根据生态环境特征、生态环境敏感性和生态服务功能在不同地域的差异性和相似性，通过相似性和差异性归纳分析，将区域空间划分为不同生态功能区的过程。目的是通过分区特征分析，掌握不同区域的生态系统类型、主导生态功能及其对区域社会经济发展的贡献。生态功能区划对引导区域资源的合理利用与开发，充分发挥区域生态环境优势，并将生态优势转化为经济优势，提高生态经济效益，实现区域经济、社会、资源与生态环境的全面可持续发展具有重要作用。

2008 年，我国发布了《全国生态功能区划》，2014 年经过修编，最终确定了三大类、9 个类型和 242 个生态功能区，其中 63 个重要生态功能区覆盖了我国陆地面积的 49.4%。新修编的《全国生态功能区划》进一步强化了生态系统服务功能保护的重要性，加强了与《全国主体功能区规划》的衔接，对构建科学合理的生产空间、生活空间和生态空间，保障国家和区域生态安全具有十分重要的意义。

3）环境功能区划

环境功能区划是环境管理走向精细化管理的一项环境制度。环境功能区划是指根据区域环境功能的空间差异划分不同类型的环境功能区，制定不同区域环境管理目标和措施，并实施差异化环境管理政策。20 世纪末，为了综合统筹考虑环境各要素，在各专项环境功能区划的基础上，逐渐形成了综合环境功能区划体系框架，确定了分区环境管理目标，建立了配套管理政策体系，为环境规划、环境影响评价、环境管理提供基础平台，促进建立以环境功能区划为基础的环境管理体系，成为维护国家环境安全、引导国民经济健康持续发展的基本空间依据与基础制度保障。

综合环境功能区划按空间尺度分为全国环境功能区划和省级环境功能区划。全国环境功能区划是指在国家尺度上对全国陆地和近岸海域国土空间进行环境功能分区，明确各个区域内的主要环境功能，分区提出主要环境保护总体目标和对策。省级环境功能区划则是指地方根据全国环境功能区划的部署进行省级和市级环境功能区划的划分，是对国家环境功能区划的细化和落实，明确各环境要素的管控措施。

结合区域自然环境、社会经济特征和区域间相互关系，根据区域环境功能类型的突出体现形式，把全国陆地范围分为 5 类环境功能类型区，包括以保障自然生态安全为主的自然生态保留区和生态功能保育区，以维护人群健康为主的食物环境安全保障区、聚居环境维护区和资源开发环境引导区，并明确了各环境功能类型区的管控导则及实施保障措施等。2009 年，环境保护部组织第一批浙江等 3 省（区）、第二批湖南等 10 省（区）

开展环境功能区划试点，研究提出环境功能区划技术指南，为地方生态环境保护规划的分区管控提供技术支撑。

9.1.3　生态环境空间管控发展趋势

空间规划作为生态文明建设的重要抓手，是空间治理体系现代化的基础，在新形势和新背景下不仅应当落实平面管控，还应当强化立体和时序管控。“十三五”时期以来，我国在生态环境空间管控方面进行了大量的研究与实践，对推进我国生态环境精细化管理起了重要的支撑。随着人们对生态环境质量、生态安全的追求，社会经济与环境关系的复杂化，生态环境的综合性（“一张蓝图”）、系统性、“块”状属地管理、分区管治等需求越来越突出，这就要求时空分级差异化管控成为今后生态环境综合管控的特点。为此，生态环境空间规划必须在以下几方面形成特色。

（1）加强生态环境保护战略规划分区的科学性

根据生态环境空间规划的定位，生态环境保护战略规划分区必须与国土空间规划相衔接。首先，要将各类空间性规划都建立在资源环境承载能力和国土空间开发适宜性科学评价和分析之上，通过规划手段把它们整合起来，形成一份互相协调的空间规划和一张完整、有意义的蓝图。其次，生态环境保护战略规划中的环境功能分区要建立在城乡功能适宜性和环境功能相容性的基础上，注重分区分线“落地”，保持与城乡环境空间规划的规划区范围与空间规划管控边界、规划边界的衔接。此外，还要考虑环境与社会经济的统筹性。一方面，要根据环境功能空间分布规律，对空间分区进行细化调整，推进大气、水、土壤污染防治行动计划实施及监管；另一方面，要根据不同区域资源环境承载能力、现有开发密度和发展潜力，统筹谋划未来人口分布、经济布局、国土利用和城镇化格局，对国土空间进行区域划分，以提高空间利用效率，合理配置各类建设用地，节约集约用地，增强可持续发展能力。

（2）制定以综合环境效能为导向的差异化管治目标及措施

在确定了各个分区环境管控目标时，不仅要考虑各个分区的污染物排放、环境风险及环境容量，还应考虑其在整个区域、整个城市中承载的经济功能（如对经济、就业的贡献）和社会服务功能，从“综合环境效能”视角确定差异化生态环境管控目标和治理保护措施。综合环境效能低值区以“控制风险、限制开发”为管理目标，控制开发强度，严禁不符合环境功能定位的建设开发活动在低值区开展，严格控制高风险源产业引入，加强对小、污、散等风险企业排放进行监督和管理；综合环境效能高值区强调空间合理引导，以“规避风险、适度发展”为管理目标，根据污染企业退出清单，搬迁、关闭高风险源企业；根据城市功能适宜性和环境功能相容性，制定不同等级城镇、发展中心、各种经济带、发展轴的生态环境空间开发和保护政策。

（3）构建以生态安全格局为核心的系统管控

基于山水林田湖草沙和城镇村庄为有机整体的生态格局，开展国土生态安全全域系统管理。一是要聚焦“面”状层面管控，针对工业化和城镇化发展快速、生态安全风险突出的区域，以资源环境承载能力为基础，优化资源开发、经济发展和生态环境功能布局，扩大环境容量与生态空间，强化区域环境保护协作。二是要拓展“线”状层面管控。以长江经济带、粤港澳大湾区等重要水系、沿海岸线为重点，强化对重要界限和生态通道的管理，加强沿江沿湖城市和城市群的大气、水污染治理联防联控，拓展生态环境治理能力和水平；强化海岸线资源保护和自然属性维护，建立健全海岸线动态监测机制，控制污染与排放；以山脉为主体，以沿江、沿湖和主要交通轴线绿色廊道为纽带，建设城市和城市群的“绿带”和“绿心”。三是要重视“点”状层面治理。加强城市中心城区、产业园区及城市新区等重点区域的宜居环境建设、污染源管控和环境应急能力建设。最终形成以整个国土空间为对象，以通道为轴带，以城市群、城市和产业开发区为重要管控节点的生态安全格局。

（4）建立以分区分类为基础的生态环境治理体系

坚持生态环境治理整体性理念，加强生态环境保护、修复和治理的整体性和协同性，探索建立“纵横联合”的环境监管管理体系。在纵向上，严格按照环境功能分区实施分等级的差别化环境管理模式，省级生态环境管理部门按照市、县环境功能定位下达差异化的污染物排放总量控制目标、各项污染物排放标准等；各市、县将省级下达的管治目标按照城镇、农业、生态 3 类空间进一步细化落实，保障市域和县域内部环境管控目标、措施与城镇发展、农业生产、生态保护等空间管治要求相协调。在横向上，完善环境执法监督网络，形成环境保护系统内部、部门之间、全社会 3 个层面的联动执法格局。建立健全部门联动执法、边界联动监管、网格化执法等机制，推进环境监管网格化和精细化。同时构建生态控制单元之间的生态补偿机制，强化生态环境保护的区域协作。

9.2 生态功能区规划

生态功能是指生态系统及其生态过程所形成或维持的人类赖以生存的自然环境条件与效用，主要包括水源涵养、调蓄洪水、防风固沙、水土保持、维持生物多样性等功能。一个生态功能区同时具有多种生态功能。将对维护流域、区域生态安全和生态平衡，促进社会、经济持续健康发展方面发挥主导作用的功能作为该区域的主导生态功能，而其他与主导生态功能相伴而存的生态功能作为辅助生态功能。生态功能保护区（重要生态功能区）是指在涵养水源、保持水土、调蓄洪水、防风固沙、维系生物多样性等方面具有重要作用的区域。根据《全国生态环境保护纲要》的规定，生态功能保护区类型包括江河源头区、重要水源涵养区、水土保持的重点预防保护区和重点监督区、江河洪水调蓄区、防风固沙区和重要渔业水域等。建立生态功能保护区，保护区域重要生态功能，对防止和减轻自然灾害，协调流域及区域生态保护与经济社会发展，保障国家和地方生态安全具有重要意义。

党中央、国务院对重要生态功能区保护十分重视。2000 年，国务院印发的《全国生态环境保护纲要》明确提出，要通过建立生态功能保护区，实施保护措施，防止生态环境的破坏和生态功能的退化。2001 年 3 月，国家环境保护总局发布了《生态功能保护区规划编制导则》（试行），以指导和规范地方编制生态功能保护区规划。2007 年，又对该导则进行了修改完善，形成《生态功能保护区规划编制大纲》（试行），并在此基础上形成了《国家重点生态功能保护区规划纲要》。为了进一步贯彻落实党的十八大关于建设生态文明和美丽中国的理念与精神，加强国家重点生态功能区环境保护和管理，增强区域整体生态功能，保障国家和区域生态安全，促进经济社会可持续发展，2013 年出台了《关于加强国家重点生态功能区环境保护和管理的意见》。

生态功能区规划是通过分析区域生态环境特点和人类经济、社会活动，以及二者相互作用的规律，依据生态学和生态经济学的基本原理，制定各类生态功能区保护目标，以及实现目标所要采取的措施。

9.2.1　规划的原则与内容

（1）规划的指导思想

以科学发展观和生态文明建设思想为指导，以保障国家和区域生态安全为出发点，以改善生态环境质量为核心，以保障和维护生态功能为主线，统筹山水林田湖草沙一体化保护和修复，把生态保护和建设与地方社会经济发展有机结合起来，统一规划，优先保护，限制开发，严格监管，确保生态功能不降低，切实维护生态安全，促进重要生态功能区经济、社会和环境的协调发展。

（2）规划的基本原则

生态功能区规划主要依据生态学和生态经济学规律，对各类生态功能区制定差异化规划保护目标及保护要求。规划应遵循以下基本原则。

保护优先，预防为主，防治结合的原则。建立生态功能保护区是为了对重要生态功能区实施抢救性保护。因此，必须坚持保护优先、预防为主，防治结合的原则，切实加强这些地区的社会、经济活动的环境监管，防止生态功能退化。同时，遵循自然规律，采取适当的生物和工程措施，尽快恢复和重建退化的生态功能。

经济发展与生态保护协调性原则。开展生态功能区建设既要追求生态效益，又要追求经济效益。通过调整优化生态功能区内的产业结构，力求做到经济发展与生态保护的有机统一，使自然资源得以合理并充分开发利用和保护，维持和提高生态系统生态产品供给能力，最终使整个生态环境处于良性循环之中，从而保证资源永续利用和经济可持续发展，增强区域社会经济发展生态环境支撑能力，提高生态文明水平。

统筹规划，突出重点，分步实施的原则。规划要坚持山水林田湖草沙系统施治原则，同时要突出重点，抓住生态功能区的主导生态功能，重点解决制约主导生态功能发挥的各类限制性因素。同时，应当统筹兼顾，点面结合，分步实施。

（3）规划的主要内容

根据我国生态功能区规划编制技术要求，生态功能区规划一般包括以下内容。

生态环境现状调查与评价。通过收集规划区域内自然环境、社会经济等信息，对区域内自然地理状况、社会环境状况、生态环境状况进行评价。在分析生态环境保护与建设成就基础，重点识别与分析区域生态环境退化状况，包括植被退化、土地退化、水生态失衡、生物多样性破坏及区域环境污染等状况。同时，对区域社会经济与生态环境协调关系进行评估，分析区域生态环境退化成因及区域生态环境承载力（发展潜力）。

生态功能分区。生态功能分区是根据生态环境特征、生态环境敏感性和生态服务功能在不同地域的差异性和相似性，将区域空间划分为不同生态功能区的过程，其目的是为提升区域主导生态功能、维护区域生态安全、推进资源合理利用、优化工农业生产布局、保育区域生态环境提供科学依据，也为分区分类落实精细化管控奠定基础。

规划目标确定。根据各生态功能分区生态评价结果，确定各功能区主导生态功能及辅助生态功能。结合生态功能维护要求，制定各功能区差异化管理与建设目标。

生态功能区保护与建设任务。在充分考虑区域生态环境与社会经济特征基础上，以各功能区建设目标为导向，通过采取有针对性的建设与管理措施，推动生态功能保护区内生态环境与社会经济协调发展。具体对策措施主要包括改变人类活动，如产业结构调整与布局优化、采取严格保护措施进行强制性保护，对受损生态系统进行生态修复与重建等。

9.2.2 生态系统特征评价

进行生态功能区规划之前，首先要通过收集当地自然环境、社会经济和生态环境状况的资料和信息，对当地生态环境特征进行辨识，对生态系统的结构完整性与功能重要性进行全面评估，分析各类生态系统空间的差异性，为生态功能区划及保护措施的制定奠定基础。

（1）生态环境现状调查与评价

生态环境调查包括自然环境调查与社会经济发展调查。自然环境调查主要是了解当地地质、地貌、地形、气候、水文、植被、土壤等自然地理信息；社会经济调查主要是明确当地社会、经济、文化发展状况及特征，包括区域人口密度和分布，敏感目标分布，土地利用现状和规划，区域所在地的经济现状和发展规划，国家及地方法律法规、标准与政策等；生态环境状况则主要是了解区域生物丰度、植被覆盖、水网密度、土地退化、环境质量及综合生态环境状况等。

生态环境现状调查中还有一个重要任务，就是收集当地主要生态系统类型及其基本特征信息，通过对已有土地利用图、植被覆盖图及其他相关图件的数字化，或通过获取各类遥感数据进行解译矢量化，辅以现场调查验证，辨识区域生态系统类型、范围与分布。结合自然环境要素进行生态系统界定和分类，得到生态系统类型分布的栅格或矢量数据图。在此基础上，确定生态服务功能和生态敏感性评价单元。

生态环境现状评价应明确区域主要生态环境问题，指出其类型、成因、空间分布、发生特点等，突出阐明区域生态环境主要矛盾和发展趋势。生态环境问题解析一般要根据区域情况，综合考虑并选择当地较为突出的生态环境问题进行评价，包括土壤侵蚀、沙漠化、盐渍化、石漠化、水资源、植被与森林资源、生物多样性、酸雨问题、与生态环境保护有关的自然灾害，如泥石流、沙尘暴、洪水、地震等，另外还可关注一些当地其他较突出的生态敏感性问题，如面源污染、气候变暖、热岛、核辐射等。

生态环境现状调查与评估等是生态功能区划的基础，也是明确区域生态系统结构与类型空间差异性的重要环节，调查评估或成图工作应借助地理信息系统或遥感等现代技术来开展。

（2）生态服务功能评价

生态服务功能评价是依据当地自然、社会、生态环境状况调查结果，确定不同地域单元的主要生态系统特征及其服务功能，明确生态服务功能的类型及其空间分布。根据评价区生态系统服务功能的重要性，分析生态服务功能的区域分异规律，明确生态系统服务功能的重要区域，将其作为生态功能分区的基础。

生态服务功能评价内容包括生物多样性维持、水源涵养和洪水调蓄、土壤保持、防风固沙、营养物质保持、产品提供及人居保障等方面。主要方法是将所得到的各单元数据进行分类整理后，再根据评价模型进行各个单项生态系统服务功能指数计算。计算中应综合运用遥感、地理信息系统等技术的空间分析功能，对所得到的计算结果和图形进行处理，得到当地各单项生态系统服务功能因子分级分布图。

1）生物多样性维持功能评价

生态系统与物种保护重要性从生态系统类型及物种数量等方面进行评价，重点关注优先保护生态系统，包括优势生态系统（往往反映该地区气候、地理与土壤综合特征，体现了植被与动植物物种地带性分布特点）、特殊生态系统（通常反映地区非地带性气候地理特征，体现非地带性植被分布与动植物分布）、特有生态系统（由于特殊气候地理环境与地质过程以及生态演替，发育与保存了一些特有的生态系统类型，在全球和地区生物多样性保护中具有特殊价值）、物种丰富度高的生态系统（生态系统构成复杂，物种丰富度高的生态系统）、特殊生境（为特殊物种尤其珍稀濒危物种提供特定栖息地的生态系统，如湿地生态系统等）。

生物多样性维持功能评价见表 9-1。

表 9-1 生物多样性维持功能评价

生态系统或物种占本区域物种数量比率	重要性
优先生态系统或物种数量比率＞30%	极重要
物种数量比率 15%～30%	中等重要
物种数量比率 5%～15%	比较重要
物种数量比率＜5%	不重要

2）水源涵养和洪水调蓄重要性评价

生态系统水源涵养重要性在于整个区域对评价地区水资源的依赖程度及洪水调节作用，可以根据评价地区地理位置及对整个流域水资源的贡献来评价。生态系统水源涵养重要性分级指标见表 9-2。

表 9-2 生态系统水源涵养重要性分级指标

类型	干旱	半干旱	半湿润	湿润
城镇水源地	极重要	极重要	极重要	极重要
农灌取水区	极重要	极重要	中等重要	不重要
洪水调蓄区	不重要	不重要	中等重要	极重要

注：洪水调蓄区主要包括评价区内具有防洪抗涝重要作用的主要湖泊和湿地。

3）土壤保持重要性评价

土壤保持重要性评价在考虑土壤侵蚀敏感性基础上，分析其可能造成的、对下游河流和水资源的危害程度。土壤保持重要性分级指标见表 9-3。

表 9-3 土壤保持重要性分级指标

土壤保持敏感性影响水体	不敏感	轻度敏感	中度敏感	高度敏感	极敏感
1～2 级河流及大中城市主要水源水体	不重要	中等重要	极重要	极重要	极重要
3 级河流及小城镇水源水体	不重要	较重要	中等重要	中等重要	极重要
4～5 级河流	不重要	不重要	较重要	中等重要	中等重要

4）防风固沙重要性评价

采用受沙漠化直接影响的人口数量来评价该区沙漠化控制作用的重要性。防风固沙评价分级标准见表 9-4。

表 9-4　防风固沙评价分级指标

直接影响人口	>2 000 人	500～2 000 人	100～500 人	<100 人
重要性等级	极重要	中等重要	比较重要	不重要

在沙尘暴起沙区，防风固沙重要性评价可以根据其可能影响的范围来判别：若该区域沙漠化将对多个地区的生态环境造成严重不利影响，则该区域对沙漠化控制有极重要的作用；若该区域沙漠化将对本地区的生态环境造成严重不利影响，则该区域对沙漠化控制有重要的作用；若该区域沙漠化不对其他地区的生态环境造成不利影响，则该区域对沙漠化控制的作用不大。

5）营养物质保持重要性评价

根据区域 N、P 流失可能造成的富营养化后果与严重程度来评价营养物质保持重要性。如果评价地区下游有重要的湖泊与水源地，则该区域营养物质保持重要性较大，否则重要性较小（表 9-5）。

表 9-5　营养物质保持重要性分级表

河流级别	位置	影响目标	重要性
1、2、3 级	河流上游	重要湖泊湿地	极重要
		一般湖泊湿地	中等重要
	河流中游	重要湖泊湿地	中等重要
		一般湖泊湿地	比较重要
	河流下游	重要湖泊湿地	比较重要
		一般湖泊湿地	不重要
4、5 级	河流上游	重要湖泊湿地	中等重要
		一般湖泊湿地	比较重要
	河流中游	重要湖泊湿地	比较重要
		一般湖泊湿地	不重要
	河流下游	重要湖泊湿地	不重要
		一般湖泊湿地	不重要
其他	河流上游	重要湖泊湿地	比较重要
		一般湖泊湿地	不重要
	河流中游	重要湖泊湿地	不重要
		一般湖泊湿地	不重要
	河流下游	重要湖泊湿地	不重要
		一般湖泊湿地	不重要

注：重要湖泊湿地包括重要水源地、自然保护区、保护物种栖息地。

6）产品提供重要性评价

产品提供重要性评价主要是评估区域陆地生态系统提供粮食、油料、肉、奶、棉花、木材等农、林、牧业初级产品生产方面的功能。产品提供重要性主要通过对地区耕地、林地、草地质量等级来间接评价其产品提供能力。质量较高地区提供相应产品能力较强，重要性较大，反之则较小。

农产品提供重要性主要用耕地质量等级来评价。耕地质量可以概括为耕地物质生产力大小与耕地环境好坏。农用地分等主要是以土地生产力指标、土地质量指标和土地生态环境指标为依据，对农用地质量进行评价。可参考 2009 年 12 月国土资源部发布的中国农用地分等成果，其通过耕地质量等级调查与评定工作，将全国耕地评定为 15 个质量等别，可以将耕地按照 1～4 等、5～8 等、9～12 等、13～15 等划分为优等地、高等地、中等地和低等地，可与农产品提供极重要、中等重要、比较重要、不重要 4 级重要性相对应。

林产品提供重要性只针对用于林业生产的地域单元，用林地质量等级来评价。林地质量是指林地维持森林生产力、促进生态平衡、改善环境的能力。林地质量分级是指以林地生产性能、生产力高低为依据，按其生产适宜性、限制性、生产潜力高低把林地划分为不同等级。根据《中国森林立地类型研究》成果，将林地质量分为 1～4 等，可与林产品提供极重要、中等重要、比较重要、不重要等 4 级重要性相对应。

牧产品提供重要性用草地资源质量等级来评价。依据草地上各种牧草的饲用价值（适口性、营养性、可利用性）分别归入优类、良类、中类、低类、劣类 5 类牧草，统计各类牧草在草群中所占百分比进行分级，同时依据草地上草群产草量（年内最高产量时测定值）进行分级，或参考利用其相应级别评价结果，或根据已有的资料，采用科学合理的方法进行分级，也可参考《生态功能区划技术规范》中推荐的分级标准。

（3）生态环境敏感性评价

生态环境敏感性评价应在明确特定区域性生态环境问题的基础上，根据主要生态环境问题形成机制，分析生态环境敏感性区域分异规律，然后对多种生态环境问题敏感性进行综合分析，明确区域生态环境敏感性分布特征，为生态功能分区和生态保护建设提供依据。

生态环境敏感性评价内容包括土壤侵蚀敏感性；沙漠化敏感性；盐渍化敏感性；石漠化敏感性；酸雨敏感性；重要自然与文化价值敏感性；其他敏感性：其他当地具有明确记录或者虽无记录但很显然可能会发生的生态环境风险，且这种风险是由人类活动引起或加剧的。例如，城市热岛效应、旱涝敏感性等。

生态环境敏感性评价可以应用定性与定量相结合的方法进行。在评价中应利用遥感数据、地理信息系统技术及空间模拟等先进的方法与技术手段。

1）土壤侵蚀敏感性

土壤侵蚀敏感性以通用土壤侵蚀方程（USLE）为基础，综合考虑降水、地貌、植被与土壤质地等因素，运用地理信息系统来评价土壤侵蚀敏感性及其空间分布特征。根据目前对中国土壤侵蚀和有关生态环境进行研究的资料，确定影响土壤侵蚀的各因素的敏感性等级（表 9-6）。采用几何平均指数法或加权平均指数法计算土壤侵蚀敏感性指数，对照分级标准，确定敏感性。

表 9-6　土壤侵蚀敏感性指标及分级标准

分级	不敏感	轻度敏感	中度敏感	高度敏感	极敏感
R 值	＜25	25～100	100～400	400～600	＞600
土壤质地	石砾、沙	粗砂土、细砂土、黏土	面砂土、壤土	砂壤土、粉黏土、壤黏土	砂粉土、粉土
地形起伏度/m	0～20	20～50	51～100	101～300	＞300
植被	水体、草本沼泽、稻田	阔叶林、针叶林、草甸、灌丛和萌生矮林	稀疏灌木草原、一年二熟粮作、一年水旱两熟	荒漠、一年一熟粮作	无植被
分级赋值（C）	1	3	5	7	9
分级标准（SS）	1.0～2.0	2.1～4.0	4.1～6.0	6.1～8.0	＞8.0

2）沙漠化敏感性

沙漠化敏感性可以用湿润指数、土壤质地及起沙风的天数等来评价区域沙漠化敏感性程度，具体指标及分级标准见表 9-7。

表 9-7　沙漠化敏感性指标及分级标准

敏感性指标	不敏感	轻度敏感	中度敏感	高度敏感	极敏感
湿润指数	＞0.65	0.5～0.65	0.20～0.50	0.05～0.20	＜0.05
冬春季大于 6 m/s 大风的天数	＜15	15～30	30～45	45～60	＞60
土壤质地	基岩	黏质	砾质	壤质	沙质
植被覆盖（冬春）	茂密适中	较少	稀疏	裸地	
分级赋值（D）	1	3	5	7	9
分级标准（DS）	1.0～2.0	2.1～4.0	4.1～6.0	6.1～8.0	＞8.0

3）盐渍化敏感性

盐渍化敏感性是指旱地灌溉土壤发生盐渍化的可能性。可根据地下水位来划分敏感区域，再采用蒸发量、降水量、地下水矿化度与地形等因素划分敏感性等级。

在盐渍化敏感性评价中，首先应用地下水临界深度（在一年中蒸发最强烈的季节不致引起土壤表层开始积盐的最浅地下水埋藏深度）划分敏感与不敏感地区。再运用蒸发量、降水量、地下水矿化度与地形指标划分等级，具体指标及分级标准见表 9-8。

表 9-8 盐渍化敏感性指标及分级标准

敏感性要素	不敏感	轻度敏感	中度敏感	高度敏感	极敏感
蒸发量/降水量	<1	1～3	3～10	10～15	>15
地下水矿化度/（g/L）	<1	1～5	5～10	10～25	>25
地形	山区	洪积平原、三角洲	泛滥冲积平原	河谷平原	滨海低平原、闭流盆地
分级赋值（S）	1	3	5	7	9
分级标准（YS）	1.0～2.0	2.1～4.0	4.1～6.0	6.1～8.0	>8.0

4）石漠化敏感性

石漠化敏感性主要根据其是否为喀斯特地形及其坡度与植被覆盖度来确定的，具体指标及分级标准见表 9-9。

表 9-9 石漠化敏感性指标及分级标准

敏感性	不敏感	轻度敏感	中度敏感	高度敏感	极敏感
喀斯特地形	不是	是	是	是	是
坡度/（°）	—	<15	15～25	25～35	>35
植被覆盖/%	—	>70	50～70	20～30	<20

5）重要自然与文化价值敏感性评价

重要自然与文化价值敏感性是指有代表性的自然生态系统、珍稀濒危野生动植物的天然集中分布地、有特殊价值的自然遗迹所在地和文化遗址、重要景观与旅游资源分布区等对因人类活动干扰而引起的原有价值损失的敏感程度。重要自然与文化价值敏感性主要体现在经过国家或省（自治区、直辖市）、市、县级认可的保护区，如各类自然保护区、自然文化遗产、风景名胜区、森林公园、地质遗迹和地质公园、旅游区等。重要自然与文化价值敏感因子分为 5 个级别，具体见表 9-10。

表 9-10 重要自然与文化价值敏感性指标及分级标准

敏感性	不敏感	轻度敏感	中度敏感	高度敏感	极敏感
自然保护区	无	县级	市级	省级	国家级
自然或文化遗产	无	县级	市级	省级	国家级、世界级
地质公园	无	县级	市级	省级	国家级、世界级
重点风景名胜区	无	县级	市级	省级	国家级
森林公园	无	县级	市级	省级	国家级
重点旅游区	无	级	3A 级	4A 级	5A 级

6）酸雨敏感性

生态系统对酸雨的敏感性是整个生态系统对酸雨的反应程度，是指生态系统对酸雨间接影响的相对敏感性，即酸雨的间接影响使生态系统结构与功能改变的相对难易程度，主要依赖与生态系统结构和功能变化有关的土壤物理化学特性，与地区的气候、土壤、母质、植被及土地利用方式等自然条件都有关系。生态系统酸雨敏感性特征可由生态系统气候特性、土壤特性、地质特性及植被与土地利用特性来综合描述。生态系统对酸沉降的相对敏感性分级指标选用周修萍建立的等权指标体系（表 9-11）。

表 9-11 生态系统对酸沉降的相对敏感性指标及分级标准

因子	贡献率（C）	等级	权重（W）
岩石类型	1	Ⅰ A 组岩石	1
		Ⅱ B 组岩石	0
土壤类型	1	Ⅰ A 组土壤	1
		Ⅱ B 组土壤	0
植被与土地利用	2	Ⅰ 针叶林	1
		Ⅱ 灌丛、草地、阔叶林、山地植被	0.5
		Ⅲ 农耕地	0
水分盈亏量（P-PE）	2	Ⅰ ＞600 mm/a	1
		Ⅱ 300～600 mm/a	0.5
		Ⅲ ＜300 mm/a	0

采用加权平均法计算酸雨敏感性指数，即

$$\mathrm{AS}_j = \sum_{i=1}^{4} C_i W_i \tag{9-1}$$

式中：AS_j 为 j 空间单元酸雨的敏感性指数；C_i 为 i 因素贡献率；W_i 为 i 因素权重。

根据敏感性指数评价，可得将其分为极敏感（6）、高度敏感（5）、中度敏感（4）、轻度敏感（2～3）和不敏感（0～1）5 个等级。

9.2.3 生态功能分区

（1）生态功能分区原则

生态功能区划分着重区分生态系统及其服务功能，以满足人类需求的有效性为区划标志。生态功能区划分遵循以下原则。

突出主导功能与兼顾其他功能相结合原则。自然资源的多样性和自然环境的复杂性使不同区域具有不同的功能，甚至同一区域具有几种不同生态服务功能，因此，生态功能区划应遵循突出主导功能与兼顾其他功能相结合的原则。在大的生态功能区内，其主体功能应该是明确的，各个生态小区的生态功能应该服从于主体功能，但不是盲目求同。

区域相关性与系统完整性相结合原则。在分区过程中，既要综合考虑流域上下游生态关系及区域间生态功能互补作用，又要遵循景观生态单元、生态学系统或生态地域及其组合，以及维持这种组合生态过程的完整性。分区结果不仅要考虑维护生态结构完整性，更要考虑保证生态系统功能过程完整性，同时保证分区应是具有独特性且空间上完整的自然区域。

等级尺度及上下层级继承原则。生态功能区划分要根据不同划分尺度确定相应的目标与指标。省级生态功能分区应从满足国家经济社会发展和生态保护工作宏观管理需要出发，进行中等尺度范围划分；市级和县级生态功能分区应与省级生态功能分区相衔接，在分区尺度上应更能满足市域和县域经济社会发展和生态保护工作微观管理的需要。此外，还要考虑上一层级分区结果对下一层级分区单元主导功能定位及生态保护和建设方向的宏观指导作用和约束力。

（2）生态功能分区流程

生态功能区划分是在生态环境特征、生态功能重要性及敏感性评估的基础上，基于各单因子生态系统服务功能重要性及空间差异性，先以生态系统服务功能主导性分区，进而分析各功能区的辅助功能，最终形成生态功能分区。主要过程如下：

①运用地理信息系统空间分析功能将各单项生态系统服务功能重要性评价结果在GIS 平台进行图层叠加，然后将各单项服务功能的Ⅲ级和Ⅳ级重要区域边界勾画出来，作为重要生态服务功能区边界；各单项服务功能重要性等级交叉的区域，以重要性等级较高的生态服务功能为主导服务功能。

②根据各单因子生态敏感性评价进行生态系统敏感性辅助分区，其分区方法和过程与生态系统服务功能分区基本相同，划出重要敏感性区边界。

③依据上述生态系统服务功能重要性分区结果和生态敏感性分区结果，运用地理信息系统技术将主导性分区图和辅助性分区图进行再次叠加分析，得到以下 3 种综合分区结果及其对应的处理方法。

生态服务功能级别达到Ⅲ级（中等重要）和Ⅳ级（极重要）的地区，以其主导生态服务功能覆盖区域为边界划分依据。

生态服务功能级别为Ⅲ级以下［不重要（Ⅰ级）和较重要（Ⅱ级）］的地区，若生态敏感性级别达到Ⅳ级和Ⅴ级区域（高度敏感和极度敏感区），以重要生态敏感性覆盖区域为边界划分的依据。

其余地区（生态系统服务功能重要性评价Ⅲ级以下且生态敏感性Ⅳ级以下的地区）则结合当地实际自然与经济状况，或按照法律法规审批通过当地发展主导方向（如作为“人居保障区域”），选择相对最重要的生态系统服务功能的覆盖区域为其边界划分。

④结合当地自然地理条件、生态环境状况、生态保护和管理的需要等，对上述综合分区结果图进行合理的调整和完善，形成科学完整的分区图和分区成果。

生态功能区采用不分级命名，每个生态功能区的命名原则上由 3 个部分组成：区位+主导生态服务功能（或生态敏感性）+ 功能管控名称，如“东部水源涵养土壤保持功能区”“东部石漠化酸雨敏感性恢复区”“东部人居保障功能区”等。

9.2.4　生态功能区保护与建设

（1）生态功能区特征描述

根据分区结果，对每个生态功能分区的区域特征进行描述与总结，识别各个功能区主导功能及主要生态环境问题，其具体内容包括：区域位置、自然地理条件和气候特征，典型的生态系统类型；存在的或潜在的主要生态环境问题，引起生态环境问题的驱动力和原因；生态功能区的生态服务功能类型和重要性，包括单项评价结果和综合评价结果；生态功能区的生态敏感性及可能发生的主要生态问题，包括单项评价结果和综合评价结果。

（2）生态功能区保护目标设定

根据各个功能区概况及特点，提出各生态功能区的生态保护目标，包括环境质量改善目标、生态功能提升目标及生态基础设施建设目标等。

（3）生态功能保护建设与管理

以区域生态环境问题及目标为导向，按照分区分类差异化管控原则，提出生态功能保护与总体导则，以及各生态功能区的生态保护与管理主要措施、生态建设与发展方向。

生态功能保护建设与管理的主要任务与措施：一是采取严格保护措施，保护现有生态状况保持良好、生态功能正常发挥的重点区域，防止发生新的退化和人为破坏。其中，生物多样性丰富、具有典型性、完整性的自然区域，也可以采取建立自然保护区的保护方式。二是对生态系统受到破坏，生态功能开始退化的区域，重点采取合理的管护措施，包括围栏封育，促进自然恢复。三是对区内严重退化的生态系统和生态严重恶化区域，通过生物和工程措施，开展生态恢复与重建，逐步恢复其生态功能。此外，为了减轻不合理发展方式带来的冲击和压力，推动生态功能区内生态环境与社会经济的协调发展，还应当在充分考虑当地经济、社会发展的需要和生态环境承载能力的基础上，调整产业结构和生产力布局，积极寻求替代产业，改变粗放的经济增长方式，发展生态经济。

生态功能区规划除了上述的分区分类差异化管控，还可以从保护管理、基础设施能力建设、宣传教育、科研监测、社区共管等方面对生态功能区的建设提出相应的管理对策。

生态功能区保护与建设的核心是对重要生态功能区实施分区建设与管理，即围绕确保主导生态功能稳定、有效发挥的需要，按照自然特点、环境现状、社会发展需要和保护与恢复生态功能的要求，进行科学分区保护。表 9-12 为不同生态功能保护区的保护对策。

表 9-12 不同生态功能保护区的保护对策

功能区类型	分类管控对策	
江河源头区	功能定位	主导功能是保持和提高源头径流能力与水源涵养能力，辅助功能主要是保护生物多样性和保持水土
	主要任务	严格保护自然、良好的冰川雪原、湿地生态系统和珍稀野生动植物栖息地与集中分布区，自然恢复退化中的草、灌、林植被或生态系统，科学治理水土流失和沙化土地
	主要措施	建立严格保护区域或自然保护区；开展围栏封育和退耕退牧还草还林还水，适当开展生态移民；严格控制载畜量，改进粗放耕作方式；按照自然生态规律，适度开展植树种草和水土流失治理等人工生态建设工程；开展生态产业示范，培育替代产业和新的经济增长点等
江河洪水调蓄区	功能定位	主导功能是保持和提高自然的削减洪峰和蓄纳洪水能力，辅助功能主要是保护生物多样性、保护重要渔业水域和维护水自然净化能力
	主要任务	防止湖泊萎缩、湿地破坏，严格保护现有的湖滨带、河滩地，以及良好的湿地生态系统和珍稀野生动植物栖息地与集中分布区；保护湖泊通江口，维护良好的通江水道；加强退田还湖还湿（地）“双退区”的保护和“单退区”的监管，防止反弹；减轻水环境污染负荷，改善水环境交换条件，恢复水生态系统的自然净化能力
	主要措施	建立严格保护区域或自然保护区，形成完善的自然保护区网络；开展退田还湖还湿（地）和适度生态移民，在“双退区”从事渔业养殖要严格控制养殖规模，必要时采取禁渔措施，规范“单退区”资源开发利用活动；调整农林牧渔产业结构与生产布局，组织生态产业示范和推广；开展湿地生态系统修复工程、农业面源污染控制工程和城镇生活、工业污染治理工程
重要水源涵养区	功能定位	主导功能是保持和提高水源涵养、径流补给和调节能力，辅助功能可根据生态功能保护区类型而定。对于天然的水源涵养区，辅助功能主要是保护生物的多样性；对于人工水源涵养区，辅助功能主要是保持水土，维护水自然净化能力
	主要任务	对于天然的水源涵养区，主要任务类似于江河源头类生态功能保护区。对于人工水源涵养区，主要任务是严格保护现有的库滨带，维护良好的湿地生态系统；恢复库区草、灌、林植被或生态系统，治理水土流失；减轻水环境污染负荷，改善水环境交换条件，恢复水生态系统的自然净化能力
	主要措施	对于天然的水源涵养区，类似江河源头类生态功能保护区。对于人工水源涵养区，主要措施是设立禁挖区、禁采区、禁伐区、禁垦区、禁牧区；开展湿地生态系统修复工程、农业面源污染控制工程和城镇生活、工业污染治理工程；开展退耕还草还林、植被恢复和水土流失治理等人工生态建设工程，适当开展生态移民；调整农林牧渔产业结构与生产布局，组织生态产业示范和推广

功能区类型	分类管控对策	
防风固沙区	功能定位	主导功能是防风固沙，减少沙尘暴的危害，辅助功能是保护生物多样性和涵养水源
	主要任务	保护草原、沙区的湖泊、湿地，保障生态用水；严格保护现有自然、良好的草、灌、林植被；保护珍稀野生动植物栖息地与集中分布区；自然与人工相结合，恢复退化植被，治理沙化土地
	主要措施	建设水源保护区或自然保护区，设立禁牧区、禁垦区、禁采区；制止滥采、滥挖野生中草药材，合理规划和鼓励开展人工生产基地建设；严格控制载畜量，建立禁牧、限牧、轮牧制度，建设人工饲料基地，鼓励舍饲养殖；围栏封育退化草地、灌丛，开展退耕还林还草、农村新能源建设和生态移民工程；组织生态产业示范和推广
重要渔业水域	功能定位	主导功能是维护生物多样性，辅助功能是调蓄洪水和水质调节
	主要任务	保护鱼虾类产卵场、索饵场、越冬场、洄游通道和鱼虾贝藻类养殖场的生态环境，防治渔业水域污染；保护珍稀野生水生生物栖息地与集中分布区；维护渔业水域的生物多样性
	主要措施	建立珍稀野生水生生物自然保护区，划定禁渔区；对鱼虾类的产卵场、索饵场、越冬场、洄游通道和鱼虾贝藻类的养殖场等重要渔业水域，划定禁渔区、设定禁渔期；控制捕捞量，避免渔业资源衰竭；推广生态渔业生产方式，科学确定养殖密度，防止养殖造成污染；防止外来物种入侵；防治农业面源污染物、工业污染物和生活污染物对渔业水域的污染；禁止炸鱼、毒鱼，不得使用禁用的渔具和捕捞方法进行捕捞；禁止捕捞有重要经济价值的水生动物苗种，确需捕捞的，应按有关规定，在指定的区域和时间内，限额捕捞；禁止围湖造田，重要的苗种基地和养殖场不得围垦

9.3 环境功能区分区规划

我国幅员辽阔，区域自然条件、社会经济发展和环境功能差异悬殊，决定了我国必须依据环境功能实行分区管理、分类指导。按环境功能区进行分区管控是保障自然生态安全和维护人群环境健康的重要管治手段。编制和实施环境功能区管控规划，是落实主体功能区战略、加强生态环境保护的具体实践，是提升环境服务功能、促进国土空间高效协调可持续开发的重要措施，是环境管理走向源头控制、精细化管理的一项基础性环境制度，将为空间开发规划、空间开发结构合理、区域发展更加协调提供环境支撑和基础保障。

9.3.1 环境功能区类型与分区原则

环境功能区划是基于经济社会发展需求，面向生态环境可持续利用的环境质量及生态状况，在空间与时间上的定量划分。其目的是在区域空间资源和环境承载能力的基础上，通过辨析面临的环境问题和生态环境保护压力，分区制定环境保护目标和明确与环境保护相关政策措施，主动引导区域环境与经济社会的协调发展。

（1）环境功能区类型

环境功能区划遵循自然环境的空间分异规律，坚持节约优先、保护优先、自然恢复为主方针，按照优化开发、重点开发、限制开发、禁止开发的主体功能定位，建立分区管理、分类指导的环境功能区体系。环境功能主要从两个方面进行定位，一方面，保障与人体直接接触的各环境要素的健康，即维护人居环境健康；另一方面，保障自然系统安全和生态调节功能稳定发挥，构建人类社会经济活动的生态环境支撑体系，即保障自然生态安全。基于上述功能类型的考虑，全国环境功能区分为 5 种类型：从保障自然生态安全角度出发划分出自然生态保留区和生态功能调节区；从维护人群环境健康方面角度出发划分出食物安全保障区、聚居发展维护区和资源开发引导区。

自然生态保留区（Ⅰ类区）是服务于保障自然本底状态、维护珍稀物种的自然繁衍、保留可持续发展环境空间、保障自然生态系统安全等具有一定的自然文化资源价值的区域，包括有代表性的自然生态系统、珍稀濒危野生动植物物种的天然集中分布地，有特殊价值的自然遗迹所在地和文化遗迹等，以及受到人类活动破坏规模较小、资源储备不具备开发价值且暂时不再开发的区域。自然生态保留区可进一步划分为自然文化资源保护区（Ⅰ-1）和保留引导区（Ⅰ-2）。其中，自然文化资源保护区依据法律法规，在国家层面划出一定面积予以特殊保护和管理的区域，包括国家级自然保护区、风景名胜区、地质公园、森林公园和世界自然文化遗产；保留引导区是法律法规在国家层面未作划定，尚未受到大规模人类活动干扰，生态服务功能不显著，暂不具备农牧业及资源开发价值，应受到保护以保留其自然状态和满足可持续发展需求的区域。

生态功能调节区（Ⅱ类区）是指生态系统十分重要，保障水源涵养、水土保持、防风固沙、维持生物多样性等生态调节功能的稳定发挥，保障区域生态安全的区域。生态功能调节区进一步划分为水源涵养区（Ⅱ-1）、水土保持区（Ⅱ-2）、防风固沙区（Ⅱ-3）、生物多样性维护区（Ⅱ-4）。其中，水源涵养区指重要河流上游和重要水源补给区、水源涵养生态功能重要性突出的地区；水土保持区指土壤侵蚀敏感性高、对下游影响大、水土保持生态功能重要性突出的地区；防风固沙区指降水量稀少、蒸发量大的干旱、半干旱地区等沙漠化敏感性高，沙尘对周边影响范围广、影响程度较大的地区；生物多样性维护区指濒危珍稀动植物分布较广、典型生态系统分布较多的地区。

食物安全保障区（Ⅲ类区）是指保障粮食、畜牧、水产等农副产品主要产地环境安全的区域，包括现在及未来粮食、畜牧、水产的主要产区，如耕地分布地区，重点牧区、牧业县等地区。食物安全保障区可进一步划分为粮食环境安全保障区（Ⅲ-1）、畜产品环境安全保障区（Ⅲ-2）、近海水产环境安全保障区（Ⅲ-3）。其中，粮食环境安全保障区指具备较好的粮食（油料、经济作物等）生产条件，以提供农产品生产为主并保障农产品生产安全的地区；畜产品环境安全保障区指以畜牧生产为主的地区；近海水产环境安全保障区指以海洋渔业、海水养殖业为主的海岛县、半海岛县地区。

聚居发展维护区（Ⅳ类区）以维护人口聚居环境健康安全为目的，服务于保障人口分布密度较高、城市化水平较高、区域开发建设强度较高、未来城镇化和工业化发展潜力较大的地区。聚居发展维护区进一步划分为聚居环境优化区（Ⅳ-1）、聚居环境维持区（Ⅳ-2）、聚居环境治理区（Ⅳ-3）。其中，聚居环境优化区是指人类活动聚居度高、经济社会发达、污染治理设施完善、环境质量较好的地区；聚居环境维持区指城镇化和工业化潜力较大、污染排放和环境风险防范压力较大、环境质量尚可的地区；聚居环境治理区指人口聚居度较高但污染较重、污染治理设施不完善、环境质量较差的地区。

资源开发引导区（Ⅴ类区）一般是服务于能源、矿产资源开发环境维护，保障周边地区环境安全的区域，即各类矿产与能源储量丰富，具备较好的开发条件，需要引导资源开发活动，保障区域环境安全的地区。资源开发引导区不划分更细的亚区。

从人类活动强度和区域环境的质量来看，各类环境功能类型区有一定的递进关系，即区域人类活动强度越低，受人类活动影响程度越小，生态功能越强，环境质量现状越好，也要求更加严格控制人类活动；而在人类活动强度较强的区域，对环境维护需求则更高。各类环境功能区的定位、人类扰动强度和质量状况见表 9-13。

表 9-13　各类环境功能区的特征

分级	分类	功能定位	人类活动强度	环境质量
Ⅰ类区	自然生态保留区	保障自然生态系统安全和可持续生存与发展的环境空间	最低	最优
Ⅱ类区	生态功能调节区	保障区域主体生态功能稳定	较低	较优
Ⅲ类区	食物安全保障区	保障主要食物生产环境安全	一般	一般
Ⅳ类区	聚居发展维护区	保障主要人口集聚区环境健康	单位面积较高	一般
Ⅴ类区	资源开发引导区	保障区域环境安全	单位面积最高	局部最差

（2）环境功能区划指导思想与原则

环境功能区划的编制和实施主要是为了指导我国经济社会发展与生态环境保护的合理布局，巩固国家生态安全格局，增强人群环境健康保障，提高资源开发的环境安全，建立以环境功能区划为基础的环境管理体系，进一步提升环境保护参与宏观决策能力，为环境管理转型提供平台，为国家环境安全提供基础制度保障。

环境功能区划编制的指导思想以生态文明理念为指导，以保障自然生态环境安全和维护人居环境健康为主线，遵循自然环境的空间分异规律，充分利用区域各项环境资源，统筹协调，综合管理，建立分区管理、分类指导的环境功能区划体系，牢固树立生态红线观念，引导经济社会发展合理布局，促进环境管理科学化、差异化、精细化，提升环境保护参与宏观决策的能力和水平，保障经济社会与生态环境的协调、健康发展。

环境功能区划基本原则如下：

保护优先，以人为本。优先保护重要生态功能区、生态脆弱区、生物多样性保育区，以及具有一定自然文化资源价值或尚未受到大规模人类活动影响且仍保留着其自然特点的较大连片区域，划定生态功能红线，严守生态安全底线。对环境相对不太敏感的区域，充分考虑人类社会和经济发展的需求，优化生态安全格局，保障基本的生产和生活环境，控制污染，以实现保障人群健康、促进环境经济社会协调发展的目标。

综合评估，科学界定。根据环境区位、环境功能特征和空间分布规律等自然属性，综合评价区域环境承载能力、环境功能和区域经济社会发展状态，结合对区域发展趋势的预测，以及人类生存、生活、生产、发展对环境功能不同需求的评估，科学界定区域环境的基本功能。

突出主导，统筹兼顾。突出区域的主导环境功能，制定主体环境功能目标和专项环境质量目标。根据区域发展现状，在不削弱区域主导环境功能的基础上，统筹考虑其他非主导环境功能需求，制定区域的环境管理要求。

衔接协调、科学引导。统筹考虑与主体功能区规划等相关专项规划、区划的衔接，协调生态、水环境、大气环境、土壤等环境要素之间的相互关系。既要落实相关规划的保护要求，又要对开发类规划形成约束，达到各类功能区边界、环境目标、管控措施及负面清单清晰可落地的要求，为管理部门提供可行的操作手段。

9.3.2 环境功能评价与类型识别

环境功能评价是从环境功能的内涵出发，综合考虑区域背景（自然条件、社会经济发展和生态环境状况），分析环境功能与经济社会的协调发展。在定量评价和定性评价的基础上，识别区域的主要环境功能，并把区域划分为不同的环境功能类型区。

（1）环境功能评价

环境功能定量评价以指标定量评价为基础。通过指标可获取性分析、空间自相关性分析、聚类分析、稳定性分析、系统性分析等一系列筛选和梳理，从区域环境支撑条件（污染物排放、环境质量等）、资源利用效率（单位 GDP 能耗、单位 GDP 水耗）、社会经济发展（人口密度、城镇化率、工业经济密度、农业经济密度等）、生态自然条件（林草覆盖率、生态脆弱性、生态重要性等）、食物保障重要性（粮食产量、畜牧产品产量、水产品产量等）等方面建立相应指标体系，对每个空间单元的每个具体指标进行标准化分级打分，并根据指标的内在含义及指标间的相互关系，将分项指标综合归纳为一个综合指数，选择环境支撑指标，对区域发展类指标进行修正，再与区域生态保育类指标进行比较（相减）。分值之差越高的地区，地域功能越偏向于以发展为主体的环境功能区，反之则越偏向于以生态保育为主体的功能区。把食物保障重要性指标作为优先考虑因素，当与其他类型重叠时优先考虑食物安全的重要性。

环境功能评价一般通过建立环境功能综合评价指标体系和环境功能综合评价指数（A）来开展定量评估，综合评价各指标的空间分异规律，识别主导环境功能。

环境功能综合评价指数的计算方法为

$$A = KP_2 - P_1 \tag{9-2}$$

式中：P_1 为区域保障生态安全类指数；P_2 为区域维护人群环境健康类指数；K 为区域环境支撑能力指数。

区域综合评价指数越高的地区，环境功能越偏向于维护人群环境健康，反之则越偏向于保障自然生态安全。

环境综合功能评价指标体系见表 9-14。

表 9-14　环境功能综合评价指标体系

一级指标	二级指标
（一）保障自然生态安全（P_1）	（1）生态系统敏感性
	（2）生态系统重要性
（二）维护人群环境健康（P_2）	（3）人口集聚度
	（4）经济发展水平
（三）区域环境支撑能力（K）	（5）环境容量
	（6）环境质量
	（7）污染排放
	（8）可利用土地资源
	（9）可利用水资源

1）区域保障自然生态安全类指数

保障自然生态安全是指保障区域自然系统安全和生态调节功能稳定发挥，可用生态系统敏感性指数和生态系统重要性指数描述。区域保障自然生态安全类指数（P_1）的计算方法为

$$P_1=\max\{［生态系统敏感性指数］,［生态系统重要性指数］\} \tag{9-3}$$

式中：生态系统敏感性指数是指生态系统对区域内各种自然和人类活动干扰的敏感程度。生态系统敏感性评价的内容主要包括土壤侵蚀敏感性、沙漠化敏感性、土壤盐渍化敏感性和石漠化敏感性等。生态系统重要性指数是指区域各类生态系统的生态服务功能及其对区域可持续发展的作用与重要性。生态重要性评价选择生物多样性维持与保护、土壤保持、水源涵养、防风固沙等因素进行。具体计算方法见本书的 9.2.2 节。

2）区域维护人群环境健康类指数

区域对维护人群环境健康方面环境功能的需求程度，可用人口集聚度和经济发展水平等指标来描述；区域维护人群环境健康类指数（P_2）的计算方法为

$$P_2=\sqrt{\frac{1}{2}[(\text{人口集聚度})^2+(\text{经济发展水平})^2]} \tag{9-4}$$

式中：人口集聚度是指一个地区现有人口集聚程度，人口集聚度通过人口密度和人口流动强度等指标进行评价；经济发展水平是指一个地区经济发展现状和增长活力。经济发展水平评价可以通过人均 GDP 和地区 GDP 的增长比率等要素进行。

3）区域环境支撑能力指数

经济社会发展所需的区域环境支撑能力可用环境容量指数、环境质量指数、区域污染排放指数、可利用土地资源指数和可利用水资源指数来描述维护人群环境健康方面环境功能的供给程度。区域环境支撑能力系数（K）的计算方法为

$$K=f\left\{\frac{\min[(\text{可利用土地资源}),(\text{可利用水资源}),(\text{环境质量})]}{\max[(\text{污染排放}),(\text{环境容量})]}\right\} \tag{9-5}$$

式中：环境容量是指在人类生存和自然生态系统不受威胁的前提下，某一环境所能容纳的污染物最大负荷量，一般选择大气环境容量和水环境容量等因素进行评价。

环境质量指数是指在一个具体的环境中，环境总体或某些要素对人群健康、生存和繁衍及社会经济发展适宜程度的量化表达，环境质量指数通过区域的大气环境质量、水环境质量和土壤环境质量进行评价。污染排放指数是指一个地区排入环境或其他设施的污染物排放情况，选择大气污染物排放压力和水污染物排放压力等要素进行评价。可利用土地资源是指一个地区剩余或潜在可利用的土地资源对未来人口集聚、工业化和城镇化发展的承载力，选择后备适宜建设用地的数量、质量、集中规模等要素进行评价。可利用水资源是指一个地区剩余或潜在可利用水资源对未来社会经济发展的支撑能力，选择水资源丰度、可利用数量及利用潜力等要素进行评价。

（2）环境功能类型识别

根据环境功能综合评价指标，每个评价单元都相应有一个环境功能综合评价值，分

值越高的地区，环境功能越偏向于维护人群环境健康方面，反之则越偏向于保障自然生态安全方面。

综合考虑对评价单元具有重要影响的主导因子及相关国家政策、规划等，通过选取不同类型环境功能区主导因素，划分自然生态保留区、生态功能调节区、食物安全保障区、聚居发展维护区和资源开发引导区，对评价结果进行修正，提出环境功能区划备选方案。

主导因素法是“自上而下”划分环境功能区，划分各类型环境功能区的主导因素见表 9-15。

表 9-15　不同类型环境功能区的主导因素

环境功能区	主导因素
自然生态保留区	人口密度极低，人口流动性差
	经济总量小，经济活力低
生态功能调节区	存在沙漠化、土壤侵蚀、石漠化、土壤盐渍化等风险
	具有较高的水源涵养、水土保持、防风固沙、生物多样性保护及其他生态系统服务功能
	生态系统的完整性、稳定性
食物安全保障区	国家主要耕地、牧场分布，主要农产品产地
	海产品产量较高
聚居发展维护区	区域人口聚居规模较大，人口流动性强，城镇化水平高
	区域的产业聚集度高，经济总量大，经济增速快
	区域存在一定的环境问题或环境风险
资源开发引导区	能矿资源主要开发地区
	具有相对稀缺的特色资源

根据主导因素，综合考虑相关规划、政策，对相关部门既有分区进行归整，依次识别环境功能类型区。

确定Ⅰ类区自然生态保留区范围：依据法律法规，划出自然文化资源保护区域；划出尚未受到大规模人类活动干扰，资源储备不具备开发价值，应受到保护以保留其自然状态的区域。

确定Ⅱ类区生态功能调节区范围：《主体功能区规划》列入限制开发的重要生态功能区。

确定Ⅲ类区食物安全保障区范围：参考农业部门划定的主要农业、牧业、沿海养殖捕捞地区。

确定Ⅳ类区聚居发展维护区范围：参考《主体功能区规划》划定的重点开发区和优化开发区。

确定Ⅴ类区资源开发引导区范围：参考国土部门确定的能源矿产资源重点开发地区。

9.3.3 环境功能分区分类管控

环境功能区划是为了落实环境质量要求、环境管理要求和产业准入要求，建立以环境功能区划为基础的环境管理体系，保障自然生态安全和人群生产生活健康的空间格局，指导区域社会经济与生态环境保护的合理布局。

（1）环境功能区目标导向

为保障各区环境功能，制定各环境功能区主导环境功能目标，以及为达到该功能目标的水环境、大气环境、土壤环境、生态环境、噪声环境和核与辐射等专项环境质量目标。各类功能区目标设置要与功能区类型及主导功能保持一致，具体如下。

自然生态保留区：对具有一定自然资源价值的区域进行强制保护，设定自然保护区、森林公园、湿地公园、风景名胜区等。对尚未受到大规模人类活动影响仍保留着自然特点的较大区域进行保留，保障自然生态系统原真性和可持发展空间，保留自然本底状态，维护生态系统结构和功能完整。

生态功能调节区：保障区域生态调节功能稳定，在重要生态功能区、陆地和海洋生态环境敏感区、脆弱区等区域划定生态红线，保持并提高区域水源涵养、水土保持、防风固沙、生物多样性保护等生态调节功能，保障区域生态系统的完整性与稳定性，维护国家和区域的生态安全。

食物安全保障区：保障主要粮食及优势农产品生产地、畜禽产品产地和水产品产地环境安全，优先保护耕地土壤环境，严控重金属污染。

聚居发展维护区：保障主要人口集聚区环境健康，改善环境质量，防范环境风险，深化主要污染物总量减排，实现环境公共服务均等化。

资源开发引导区：引导资源有序开发，严格总量控制制度，完善资源开发环境管理措施，确保环境质量稳定达标。重点控制资源开发对周边生态环境产生的影响，保障区域生态环境安全。

（2）环境功能区差异化管控

1）产业准入要求

环境功能分区主要目的是通过不同区域主导环境功能及环境保护目标要求，设置产业准入要求，以指导区域产业合理布局及产业结构的优化，促进经济发展与环境保护协调。根据各类环境功能区环境特点、保护重点和环境承载能力，提出分区的产业准入要求与原则，为各区产业准入政策的制定提供指导，具体要求见表 9-16。

2）环境功能分区环境管理要求

环境功能分区是落实差异化、精细环境管控的重要手段。针对不同环境功能区，根据功能区特征和保护重点，制定相关污染物总量控制、质量改善、风险防范及生态保护与建设要求，为相关环境保护政策的制定提供分区依据，具体见表 9-16。

表 9-16　环境功能区产业准入及环境管理要求

<table>
<tr><th>一级区</th><th>二级区</th><th>产业准入</th><th>管控导向</th></tr>
<tr><td rowspan="2">Ⅰ自然生态保留区</td><td>自然资源保留区</td><td rowspan="2">• 根据各类保护区域法律实行强制性保护
• 禁止与保护无关的建设活动
• 现有各类企业污染物排放不能达标的，限期迁出或关闭</td><td rowspan="2">• 根据相关法律法规实行针对性强制保护措施，禁止违反法律法规规定的开发建设活动
• 加强生态环境保护，提高区域各类基础设施建设水平
• 制定生态补偿政策和专项财政转移支付政策</td></tr>
<tr><td>后备保留区</td></tr>
<tr><td rowspan="4">Ⅱ生态功能调节区</td><td>水源涵养区</td><td rowspan="4">• 发展不影响生态功能的旅游等产业，限制区域大规模的工业化、城镇化开发
• 现有开发项目执行污染物排放标准中特别排放限值，新建、扩建项目污染物排放实行加倍削减替代</td><td rowspan="4">• 严格控制污染物排放总量，推进污染物排放总量持续下降
• 加强环境基本公共服务设施建设，提高环境保护基础设施服务水平
• 大力推进生态保护与建设，减轻人类活动对生态环境的压力，提高区域生态系统服务功能</td></tr>
<tr><td>水土保持区</td></tr>
<tr><td>防风固沙区</td></tr>
<tr><td>生物多样性保护区</td></tr>
<tr><td rowspan="3">Ⅲ食物安全保障区</td><td>粮食及优势农产品环境安全保障区</td><td rowspan="3">• 适度进行工业开发建设，有序推进城镇化进程。限制大规模工业化、城镇化开发建设
• 禁止排放重金属、挥发性有机污染物的新建、扩建项目，现有项目通过整治控制污染物对土壤、水体等影响
• 根据区域承载力确定养殖规模，合理布局
• 鼓励循环型农业建设，推进农业集约化发展</td><td rowspan="3">• 根据区域环境质量限制污染物排放总量，严格控制重金属类污染物和挥发性有机污染物等有毒物质排放。加强区域环境监测网络建设，推进农业生态环境治理与修复
• 逐步削减农业面源污染物排放量，控制农田化肥、农药施用量，提高农业秸秆、畜禽养殖废弃物综合利用率，加大土壤和地下水环境保护力度，推进水产养殖污染治理
• 加大农村环境综合治理，提升乡村人居环境建设</td></tr>
<tr><td>畜禽产品环境安全保障区</td></tr>
<tr><td>水产品环境安全保障区</td></tr>
<tr><td rowspan="2">Ⅳ聚居发展维护区</td><td>环境优化区</td><td>• 逐步淘汰落后产能和高污染、高风险项目，鼓励资源节约型、环境友好型产业落户，优化产业结构与布局
• 新建、改建项目必须执行污染物总量削减替代</td><td>• 强化总量控制，提高污染物总量削减率，积极开展各类环境治理行动。加大对工业集聚区循环化、生态化改造，降低区域污染物排放强度
• 加强城镇人居环境体系建设，开展城镇生态系统保护与生态功能修复，提高城镇生态文明水平</td></tr>
<tr><td>环境控制区</td><td>• 有序承接优化区产业转移及其他限制开发区、禁止开发区的人口转移
• 限制资源能源消耗大、环境风险过大的项目落地，新改扩建项目严格实行污染物总量替代政策</td><td>• 强化环境风险评价，建立区域环境风险评估和防控制度
• 科学规划区域开发建设布局，提高资源能源利用效率，建立环境污染和生态破坏严重区域的“限批”制度
• 加大生态建设，维护区域生态良好状态，增强区域生态承载能力</td></tr>
</table>

一级区	二级区	产业准入	管控导向
Ⅳ聚居发展维护区	环境治理区	• 加快淘汰落后产能，对现有不合规、不达标的项目实行淘汰和限期治理 • 新、改、扩建项目实行污染物总量及能耗量的削减替代	• 重点实施污染物排减，加强环境综合治理，大力实施水、大气、土壤、重金属等污染综合治理 • 加大环境基础设施建设，提高各类污染物治理水平 • 强化环境监管，限期实现功能区质量达标，逐步恢复生态功能
Ⅴ资源开发引导区		• 规范各类资源开发秩序，提高资源利用效率，严格控制矿产资源开发利用活动生态影响范围 • 推进集约、高效、协调的矿山开发格局	• 实施生态环境恢复治理重点工程，积极推进矿山生态环境恢复治理相关制度 • 加强资源开发活动对生态环境影响的控制，对造成严重环境污染和生态破坏的，责令限期治理

9.4 “三线一单”生态环境分区管控规划

生态环境问题归根结底就是资源过度利用、空间无序开发导致的生态功能退化和环境质量恶化。保护生态环境，要坚持预防优先，强化底线思维和空间管控。“三线一单”即生态保护红线、环境质量底线、资源利用上线和生态环境准入清单，是我国环境治理体系的重要抓手，也是环境制度体系建设的重要内容。目前，空间规划以“三区三线”（三区：城镇空间、农业空间、生态空间，三线：城镇开发边界、永久基本农田保护红线、生态保护红线）为核心，在生态环境方面，侧重对生态空间和生态保护红线的关注，而对主要产生污染的城镇和农业空间缺乏有效的控制平台。通过“三线一单”系统提出生态环境分区管控体系，尤其是通过环境质量底线和资源利用上线的分区管控，能有效支撑空间规划的完善。

9.4.1 综合管控思路与任务

（1）“三线一单”生态环境分区管控技术思路

“三线一单”生态环境分区管控以生态文明理念为指导，坚持绿色发展理念，以改善环境质量为核心，以生态保护红线、环境质量底线、资源利用上线为基础，将行政区域划分为若干环境管控单元，在一张图上落实生态保护、环境质量、资源利用，按照环境管控单元编制环境准入负面清单，构建生态环境分区管控体系。技术框架如图 9-3 所示。

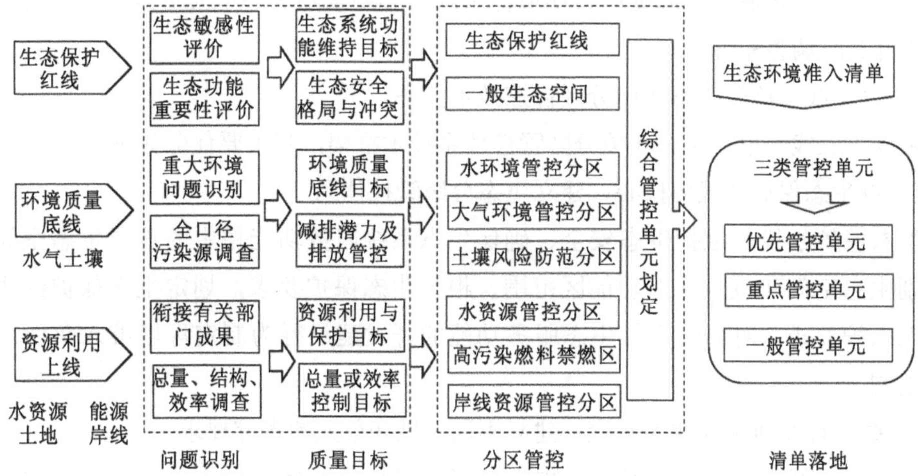

图 9-3 “三线一单”生态环境分区管控体系技术框架

(2)“三线一单”生态环境分区管控技术特征

“三线一单”生态环境分区管控体系综合考虑国土空间生态环境结构-过程-功能特点，系统评估分析生态、环境、资源的传输、影响和承载关系，衔接现有的和正在改革推进的各项制度政策，形成了一套以改善环境质量为核心，将生态保护红线、环境质量底线、资源利用上线落实到区域不同环境管控单元，并建立了环境准入负面清单的环境分区综合管控体系。

“三线一单”生态环境分区管控技术特征如下：

基础性：注重从生态环境系统自身的结构、过程、功能、承载等角度出发，系统开展生态环境的基础性、摸底性评价，识别自然生态环境系统客观规律，形成生态环境保护空间格局、环境功能、资源承载的差异性要求。

系统性：在系统评估生态环境客观规律基础上，充分衔接生态保护红线，大气、水、土壤污染防治，资源总量强度“双控”等相关工作与制度政策，形成生态环境系统保护与精细化管理的统一平台。

约束性：“三线一单”强调环境质量维护底线性要求，生态保护红线只能增加不能减少、环境质量只能变好不能变差、自然资源只能增值不能贬值，环境管控要求只能提高不能降低，是城市开发建设、产业布局、土地利用等活动所不得突破的底线性要求。

空间性：强化空间落地，将生态保护红线、环境质量底线、资源利用上线转化为不同区域和环境控制单元的差异化管理和准入要求。

动态性：随着经济社会发展与生态环境保护水平的提升，“三线一单”的要求应逐步完善提高，污染排放、资源利用、环境保护准入等要求随着环境质量改善和经济技术水平的提升及时调整完善。

（3）“三线一单”生态环境分区管控技术任务

根据“三线一单”生态环境分区管控体系技术框架，其主要任务如下：

1）以生态保护红线为核心，建立生态分级管控体系

生态保护红线是维护生态安全、确保生态系统服务功能稳定的重要生态空间。系统识别生态空间和重点生态功能区范围，根据生态保护要求，划定生态保护红线，制定生态保护要求，对影响主导生态服务功能的开发建设行为制定环境准入负面清单以进行限制。

2）强化环境质量底线的研究，建立不同区域和单元的管控要求

以维护区域环境功能为准则，根据环境要素特点及环境质量改善和达标的管理要求，制定区域环境质量底线，建立不同区域和单元的管控要求，将数量型的目标要求转化为空间性的管控要求，建立精细化的环境质量管理体系。水环境质量底线依据《水污染防治行动计划》确定的控制分区思路进一步细分控制单元，建立与水质目标、污染治理、排放控制相衔接的管控体系。大气环境结合污染源排放、大气环境功能区划及区域传输影响等因素，建立不同区域污染防治、排放控制的管控要求。土壤环境结合土地利用、污染源分布识别污染土壤和场地环境风险，建立不同区域土壤环境安全利用管控要求。通过将环境质量底线落实到不同区域和单元，为不同区域产业准入、污染物排放控制和环境治理提供依据，压实各区域各单元负责人环境保护与治理的主体责任。

3）完善自然资源利用上线，保障生态安全与环境质量改善

从生态安全和环境质量改善的角度出发，完善资源能源开发总量和强度管控制度。目前，我国已经建立了最严格的能源利用及水资源利用总量与强度“双控”，并分解到各省（自治区、直辖市）、市、县。在流域尺度，还需要从流域生态环境系统保护和维护修复河流水系统生命力的角度，优化完善水资源利用上线管控制度，保障河流水系生态流量和生态通道。此外，我国也建立了最严格的耕地保护和建设用地控制制度，同时结合自然资源资产负债表评估，对自然资源减少、质量下降、资产贬值区域，加严资源开发管控。

4）建立环境管控单元，实行差异化管控

将生态、环境、资源的管控要求落实到环境管控单元，建立不同管控单元环境管理及准入负面清单，实现分单元差异化、精细化管理。根据生态保护红线、环境质量底线、资源利用上线的分区管控要求，衔接乡镇和区县行政边界，综合划定环境管控单元，落

实三大红线及生态、环境、资源等差异化管控要求，制定环境管理准入负面清单，负面清单一般包括空间布局、污染物排放、资源开发利用等禁止和限制的分类准入要求。

9.4.2 生态环境分区管控方案编制

“三线一单”生态环境分区管控体系包括一套覆盖全域的生态、大气、水、土壤等生态环境要素及土地、水、能源等自然资源的生态环境综合分区体系，以及基于环境管控单元的环境管理准入负面清单。根据《“生态保护红线、环境质量底线、资源利用上线和环境准入负面清单”编制技术指南（试行）》编制技术路线，如图 9-4 所示。

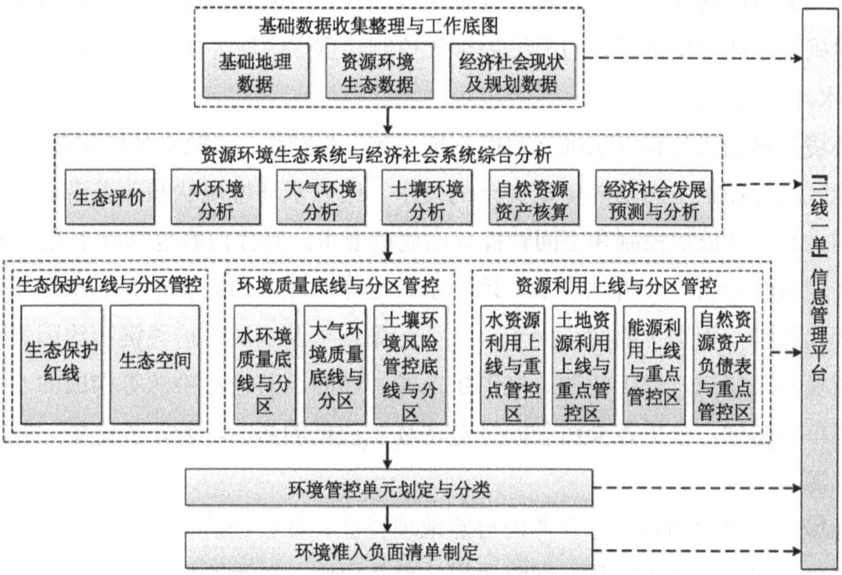

图 9-4 “三线一单”生态环境分区管控方案编制技术路线

（1）生态保护红线

生态保护红线的划定以构建国家生态安全格局为目标，在对资源环境承载能力和国土空间开发适宜性评价的基础上，按生态系统服务功能的重要性、生态环境敏感性，确定水源涵养、生物多样性维护、水土保持、防风固沙等生态功能极重要区域及极敏感区域，将其纳入生态保护红线，同时充分与主体功能区规划、生态功能区划、水功能区划及土地利用现状、城乡发展布局、国家应对气候变化规划等相衔接，与永久基本农田保护红线和城镇开发边界相协调，与经济社会发展需求和当前监管能力相适应，统筹划定生态保护红线。

生态保护红线范围划定采用定量评估与定性判定相结合的方法，将重要生态功能保护落实到国土空间，确保生态保护红线布局合理、落地准确、边界清晰。生态保护红线原则上按禁止开发区域的要求进行管理。严禁不符合主体功能定位的各类开发活动，严禁任意改变用途，确保生态功能不降低、面积不减少、性质不改变。

同时，综合考虑维护区域生态系统完整性、稳定性的要求，结合构建区域生态安全格局的需要，基于重要生态功能区、保护区和其他有必要实施保护的陆域、水域和海域，考虑农业空间和城镇空间，衔接土地利用和城镇开发边界，识别并明确生态空间。生态空间原则上按限制开发区域管理。

（2）环境质量底线

环境质量底线的确定，要充分衔接相关规划的环境质量目标和达标期限要求，合理确定分区域分阶段的环境质量目标。评估污染源排放对环境质量的影响，落实总量控制要求，明确基于环境质量底线的污染物排放控制和重点区域环境管控要求。

1）水环境质量底线

水环境质量底线是将国家确立的控制单元进一步细化，按照水环境质量分阶段改善、实现功能区达标和水生态功能修复提升的要求，结合水环境现状和改善潜力，对水环境质量目标、允许排放量控制和空间管控提出明确要求。具体内容包括以下几个方面。

水环境现状分析。分析地表水、地下水、近岸海域（沿海城市）等水环境质量现状和近年变化趋势，识别主要污染因子、特征污染因子及水质维护关键制约因素。根据水文、水质及污染特征，以工业源、城镇生活源、面源、其他污染源等构成的全口径污染源排放清单为基础，分析各类污染源等对水环境质量的影响，确定各流域、行政区的主要污染来源。

水环境控制单元划分。综合考虑自然地理特征、社会经济特征、水生态与水环境特征，按照以水定陆、水系完整、行政边界完整等原则，以重要控制节点为基础，根据区域污染源空间分布及排放去向，确定受纳水体及受影响控制断面相关的陆域空间，合并一定数量的汇水区，形成各控制节点的汇水区域（子流域）。

水环境质量目标确定。依据水（环境）功能区划，衔接国家、区域、流域及本地区相关规划、行动计划对水环境质量改善要求，确立一套覆盖全流域、落实到各控制断面、控制单元的分阶段水环境质量目标。

水环境质量改善潜力分析。以各控制单元水环境质量目标为约束，选择合适模型方法，测算化学需氧量、氨氮等主要污染物及存在超标风险的其他污染因子的环境容量。同时，综合考虑经济社会发展、产业结构调整、污染控制水平、环境管理水平等因素，构建不同控制情景，测算存量源污染削减潜力和新增源污染排放量，分析分区域分阶段水环境质量改善潜力。结合水环境容量，按照目标可达，经济技术可行原则，综合测算水污染物允许排放量。

水环境分类管控。基于水生态环境差异化的管控要求，将各控制单元按照水质改善需求进行分类，分成优先保护单元、重点管控单元和一般管控单元。其中将饮用水水源保护区、湿地保护区、江河源头、珍稀濒危水生生物及重要水产种质资源的产卵场、索饵场、越冬场、洄游通道、河湖及其生态缓冲带等所属的控制单元作为水环境优先保护区，将人口与经济相对集聚，环境容量超载或水环境质量超标的控制单元作为重点管控单元，其他区域作为一般管控单元。

2）大气环境质量底线

大气环境质量底线是按照大气环境分阶段改善和限期达标要求，根据区域大气环境和污染排放特点，考虑区域间污染传输影响，对大气环境质量改善潜力进行分析，对大气环境质量目标、允许排放量控制和空间管控提出明确要求。

大气环境现状分析。分析大气环境质量现状和近年变化趋势，识别主要污染因子、特征污染因子及影响大气环境质量改善的关键制约因素。依据城市大气环境特点选择合适的技术方法，定量估算不同排放源和污染物排放对城市环境空气中主要污染物浓度的贡献，确定大气污染物主要来源，筛选重点排放行业和排放源。同时分析区域间传输影响，估算周边区域不同污染源对目标城市环境空气中主要污染物浓度的贡献，识别大气污染联防联控的重点区域和重点控制行业。

大气环境质量目标确定。衔接国家、区域、省域和本地区对区域大气环境质量改善的要求，结合大气环境功能区划，合理制定分区域分阶段环境空气质量目标。

大气环境质量改善潜力分析。基于大气污染源排放清单，利用大气环境质量模型，考虑经济社会发展、产业结构调整、污染控制水平、环境管理水平等因素，以环境质量目标为约束，构建不同措施组合的控制情景，分析测算工业、生活、交通、港口船舶等存量源污染减排潜力和新增源污染排放量。评估不同控制情景下的大气环境质量改善潜力。

大气污染物允许排放量测算和校核。基于大气环境质量改善潜力和环境质量目标可达性，参考环境容量，综合考虑经济发展特点与目标、技术可行性等因素，并预留一定安全余量，测算区域主要大气污染物允许排放量，对重点工业园区污染排放给出管控要求。部分地区可根据实际情况，结合排污许可证管理要求，进一步核算主要行业大气污染物允许排放量。

大气环境管控分区。将环境空气一类功能区作为大气环境优先保护区；将环境空气二类功能区中的工业集聚区等高排放区域，上风向、扩散通道、环流通道等影响空气质量的布局敏感区域，静风或风速较小的弱扩散区域，城镇中心及集中居住、医疗、教育等受体敏感区域等作为大气环境重点管控区；将环境空气二类功能区中的其余区域作为一般管控区。

3）土壤环境风险管控底线

土壤环境风险管控底线是根据土壤环境质量标准及土壤污染防治相关规划、行动计划要求，对受污染耕地及污染地块安全利用目标、空间管控提出明确要求。

土壤环境分析。利用国土、农业、环境保护等部门的土壤环境监测调查数据，并结合全国土壤污染状况详查资料，参照国家有关标准规范，对农用地、建设用地和未利用地土壤污染状况进行分析评价，确定土壤污染潜在风险和严重风险区域。

土壤环境风险管控底线确定。根据土壤污染防治要求，确定不同区块土壤环境风险管控目标。

土壤污染风险管控分区。依据土壤环境分析结果，参照农用地土壤环境状况类别划分技术指南，农用地划分为优先保护类、安全利用类和严格管控类，将优先保护类农用地集中区作为农用地优先保护区，将农用地严格管控类和安全利用类区域作为农用地污染风险重点管控区。以行业生产经营活动和危险废物储存、利用、处置活动的地块为重点，筛选识别疑似污染地块。基于疑似污染地块环境初步调查结果，建立污染地块名录，确定污染地块风险等级，明确优先管理对象，将污染地块纳入建设用地污染风险重点管控区。其余区域纳入一般管控区。

（3）资源利用上线

以改善环境质量、保障生态安全为目的，确定水资源开发，土地资源利用，能源消耗的总量、强度及效率等要求。基于自然资源资产“保值增值”的基本原则，编制自然资源资产负债表，确定自然资源的保护和开发利用要求。

1）水资源利用上线

水资源利用要求分析。通过历史趋势分析、横向对比、指标分析等方法，分析近年来水资源供需状况。衔接既有水资源管理制度，梳理用水总量、地下水开采总量和最低水位线、万元国内生产总值用水量、万元工业增加值用水量、灌溉水有效利用系数等水资源开发利用管理要求，作为水资源利用上线管控要求。

生态需水量测算。基于水生态功能保障和水环境质量改善要求，对涉及重要生态服务功能、断流、重度污染、水利水电梯级开发等河段，测算生态需水量等指标，明确需要控制的水面面积、生态水位、河湖岸线等管控要求，纳入水资源利用上线。

重点管控区确定。根据生态需水量测算结果，将相关河段划为生态用水补给区，纳入水资源重点管控区，实施重点管控。根据地下水超采、地下水漏斗、海水入侵等状况，衔接各部门地下水开采相关空间管控要求，将地下水严重超采区、已发生严重地面沉降、海（咸）水入侵等地质环境问题的区域，以及泉水涵养区等需要特殊保护的区域划为地下水开采重点管控区。

2）土地资源利用上线

土地资源利用要求分析。通过历史趋势分析、横向对比、指标分析等方法，分析城镇、工业等土地利用现状和规划，评估土地资源供需形势。衔接国土、规划、建设等部门对土地资源开发利用总量及强度的管控要求，作为土地资源利用上线管控要求。

重点管控区确定。考虑生态环境安全，将生态保护红线集中、重度污染农用地或污染地块集中的区域确定为土地资源重点管控区。

3）能源利用上线

能源利用要求衔接。综合分析区域能源禀赋和能源供给能力，衔接国家、省（自治区、直辖市）、市能源利用相关政策与法规、能源开发利用规划、能源发展规划、节能减排规划，梳理能源利用总量、结构和利用效率要求，作为能源利用上线管控要求。

煤炭消费总量确定。已经下达或制定煤炭消费总量控制目标的城市，严格落实相关要求；尚未下达或制定煤炭消费总量控制目标的城市，以大气环境质量改善目标为约束，测算未来能源供需状况，采用污染排放贡献系数等方法，确定煤炭消费总量。

重点管控区确定。考虑大气环境质量改善要求，在人口密集、污染排放强度高的区域优先划定高污染燃料禁燃区，作为重点管控区。

4）自然资源资产核算及管控

自然资源资产核算。根据《编制自然资源资产负债表试点方案》，记录行政单元区域内耕地、草地等土地资源面积数量和质量等级，天然林、人工林等林木资源面积数量和单位面积蓄积量，水库、湖泊等水资源总量、水质类别等自然资源资产期初、期末的实物量，核算自然资源资产数量和质量变动情况，编制自然资源资产负债表，构建各行政单元内自然资源资产数量增减和质量变化统计台账。

重点管控区确定。根据区域内耕地、草地、森林、水库、湖泊等自然资源核算结果，加强对数量减少、质量下降自然资源的开发管控。将自然资源数量减少、质量下降的区域作为自然资源重点管控区。

（4）综合管控分区及准入清单

将规划城镇建设区、乡镇街道、工业园区（集聚区）等边界与生态保护红线、生态空间、水环境管控分区、大气环境管控分区、土壤污染风险管控分区、资源利用上线管控分区等进行叠加。采用逐级聚类的方法，划定环境综合管控单元，实施分类管控。各地可根据自然环境的特征、人口密度、开发强度、生态环境管理基础能力等多种因素，合理确定环境管控单元的空间尺度。

分析各环境管控单元生态、水、大气、土壤等环境要素的区域功能及自然资源开发保护利用等管控要求，将环境管控单元划分为优先保护、重点管控和一般管控 3 类。其中，优先保护单元包括生态保护红线、水环境优先保护区、大气环境优先保护区、农用地优先保护区等，以生态环境保护为主，禁止或限制大规模的工业发展、矿产等自然资源开发和城镇建设。重点管控单元包括生态保护红线外的其他生态空间、城镇和工业园区（集聚区），人口密集、资源开发强度大、污染物排放强度高的区域，根据单元内水、大气、土壤、生态等环境要素的质量目标和管控要求，以及自然资源管控要求，综合确定准入、治理清单。一般管控单元包括除优先保护类和重点管控类之外的其他区域，执行区域生态环境保护的基本要求。

综合管控分类与各要素分区的关系见表 9-17。

表 9-17　综合管控分类与各要素分区的关系

<table>
<tr><th rowspan="2">生态环境空间分区</th><th colspan="3">综合管控单元分类</th></tr>
<tr><th>优先保护</th><th>重点管控</th><th>一般管控</th></tr>
<tr><td>生态空间分区</td><td>生态保护红线</td><td>其他生态空间</td><td rowspan="17">其他区域</td></tr>
<tr><td rowspan="3">水环境管控分区</td><td rowspan="3">水环境优先保护区</td><td>水环境工业污染重点管控区</td></tr>
<tr><td>水环境城镇生活污染重点管控区</td></tr>
<tr><td>水环境农业污染重点管控区</td></tr>
<tr><td rowspan="4">大气环境管控分区</td><td rowspan="4">大气环境优先保护区</td><td>大气环境高排放重点管控区</td></tr>
<tr><td>大气环境布局敏感重点管控区</td></tr>
<tr><td>大气环境弱扩散重点管控区</td></tr>
<tr><td>大气环境受体敏感重点管控区</td></tr>
<tr><td rowspan="2">土壤污染风险管控分区</td><td rowspan="2">农用地优先保护区</td><td>农用地污染风险重点管控区</td></tr>
<tr><td>建设用地污染风险重点管控区</td></tr>
<tr><td rowspan="5">自然资源管控分区</td><td rowspan="5"></td><td>生态用水补给区</td></tr>
<tr><td>地下水开采重点管控区</td></tr>
<tr><td>土地资源重点管控区</td></tr>
<tr><td>高污染燃料禁燃区</td></tr>
<tr><td>自然资源重点管控区</td></tr>
</table>

根据环境管控单元涉及的生态保护红线、环境质量底线、资源利用上线的管控要求，从空间布局约束、污染物排放管控、环境风险防控、资源利用效率等方面，针对环境管控单元提出优化布局、调整结构、控制规模等调控策略及导向性的环境治理要求，分类明确禁止和限制的环境准入要求。

环境准入负面清单编制要求见表 9-18。

表 9-18　环境准入负面清单编制要求

<table>
<tr><th>管控类型</th><th>管控单元</th><th>编制指引</th></tr>
<tr><td rowspan="5">空间布局约束</td><td>生态保护红线</td><td>1.严禁不符合主体功能定位的各类开发活动
2.严禁任意改变用途
3.已经侵占生态保护红线的，建立退出机制、制定治理方案及时间表
4.结合地方实际，编制生态保护红线正面清单。</td></tr>
<tr><td>其他生态空间</td><td>1.避免开发建设活动损害其生态服务功能和生态产品质量
2.已经侵占生态空间的应建立退出机制、制定治理方案及时间表</td></tr>
<tr><td>水环境优先保护区</td><td>1.避免开发建设活动对水资源、水环境、水生态造成损害
2.保证河湖滨岸的连通性，不得建设破坏河湖缓冲带的项目
3.已经损害保护功能的应建立退出机制、制定治理方案及时间表</td></tr>
<tr><td>大气环境优先保护区</td><td>1.应在负面清单中明确禁止新建、改扩建排放大气污染物的工业企业
2.制定大气污染物排放工业企业退出方案及时间表</td></tr>
<tr><td>农用地优先保护区</td><td>1. 严格控制新建有色金属冶炼、石油加工、化工、焦化、电镀、制革等具有有毒有害物质排放的行业企业
2.应划定缓冲区域，禁止新增排放重金属和多环芳烃、石油烃等有机污染物的开发建设活动
3. 现有相关行业企业加快提标升级改造步伐，并应建立退出机制、制定治理方案及时间表</td></tr>
<tr><td rowspan="4">污染物排放管控</td><td>水环境工业污染重点管控区；水环境城镇生活污染重点管控区</td><td>1.应明确区域及重点行业的水污染物允许排放量
2.对于水环境质量不达标的管控单元：应提出现有污染源水污染物排放削减计划和水环境容量增容方案；应对涉及水污染物排放的新建、改扩建项目提出倍量削减要求；应基于水质目标，提出废水循环利用和加严水污染物排放控制要求
3.对于未完成区域环境质量改善目标要求的管控单元：应提出暂停审批涉水污染物排放的建设项目等环境管理特别措施</td></tr>
<tr><td>水环境农业污染重点管控区</td><td>1.应科学划定畜禽、水产养殖禁养区的范围，明确禁养区内畜禽、水产养殖退出机制
2.应对新建、改扩建规模化畜禽养殖场（小区）提出雨污分流、粪便污水资源化利用等限制性准入条件
3.对于水环境质量不达标的管控区，应提出农业面源整治要求</td></tr>
<tr><td>大气环境布局敏感重点管控区；大气环境弱扩散重点管控区；大气环境受体敏感重点管控区</td><td>1.应明确区域大气污染物允许排放量及主要污染物排放强度，严格控制涉及大气污染物排放的工业项目准入
2.提出区域大气污染物削减要求</td></tr>
<tr><td>大气环境高排放重点管控区</td><td>1.应明确区域及重点行业大气污染物允许排放量
2.对于大气环境质量不达标的管控单元：应结合源清单提出现有源大气污染物排放削减计划；对涉及大气污染物排放的新建、改扩建项目应提出倍量削减要求；应基于大气环境目标提出加严的大气污染物排放控制要求
3.对于未完成区域环境质量改善目标要求的：应提出暂停审批涉及大气污染物排放的建设项目环境准入等环境管理特别措施</td></tr>
</table>

管控类型	管控单元	编制指引
环境风险防控	各优先保护单元；水环境工业污染重点管控区；水环境城镇生活污染重点管控区；大气环境受体敏感重点管控区	针对涉及易导致环境风险的有毒有害和易燃易爆物质的生产、使用、排放、贮运等新建、改扩建项目：应明确提出禁止准入要求或限制性准入条件以及环境风险防控措施
	农用地污染风险重点管控区	1.分类实施严格管控：对于严格管控类，应禁止种植食用农产品；对于安全利用类，应制定安全利用方案，包括种植结构与种植方式调整、种植替代、降低农产品超标风险 2.对于工矿企业污染影响突出、不达标的牧草地：应提出畜牧生产的管控限制要求 3.禁止建设向农用水体排放含有毒、有害废水的项目
	建设用地污染风险重点管控区	1.应明确用途管理，防范人居环境风险 2.制定涉重金属、持久性有机物等有毒有害污染物工业企业的准入条件 3.污染地块经治理与修复，并符合相应规划用地土壤环境质量要求后，方可进入用地程序
资源开发效率要求	生态用水补给区	1.应明确管控区生态用水量（或水位、水面） 2.对于新增取水的建设项目：应提出单位产品或单位产值的水耗、用水效率、再生水利用率等限制性准入条件 3.对于取水总量已超过控制指标的地区：应提出禁止高耗水产业准入的要求
	地下水开采重点管控区	1.应划定地下水禁止开采或者限制开采区，禁止新增取用地下水 2.应明确新建、改扩建项目单位产值水耗限值等用水效率水平 3.对于高耗水行业：应提出禁止准入要求，建立现有企业退出机制并制定治理方案及时间表
	高污染燃料禁燃区	1.禁止新建、扩建采用非清洁燃料的项目和设施 2.已建成的采用高污染燃料项目和设施，应制定改用天然气、电或者其他清洁能源的时间表
	自然资源重点管控区	1.应明确提出自然资源开发利用管控要求，避免加剧自然资源资产数量减少、质量下降的开发建设行为 2.应建立已有开发建设活动退出机制并制定治理方案及时间表

第 10 章　区域生态建设规划

人口、资源、环境和经济可持续发展已经成为国际社会和各国政府关注的重点。然而，随着社会经济高强度无序发展，人类对自然资源过度及不合理的利用，造成生态系统结构破坏、功能衰退、生物多样性减少、生物生产力下降、资源短缺、生态环境恶化、自然灾害频发等一系列生态环境问题，直接影响区域的可持续发展。为了保护生态系统健康、促进社会经济与生态环境的协调发展，制定区域生态建设规划尤为急迫和重要。区域生态建设规划是在对区域生态环境调查评价基础上，以人与自然和谐共生为导向，统筹社会经济发展与生态环境保护，确立规划区域生态建设重点任务，促进区域生态系统与社会经济可持续发展。

10.1　区域生态建设规划概述

长期以来，我国粗放型发展模式导致区域资源约束趋紧、环境污染严重和生态系统退化，协调人与自然关系已成为人们的共识。区域生态建设规划是在深入解析人与自然相互关系的基础上，合理规划人类社会经济活动，建立人与自然和谐的资源利用与开发方式、经济发展模式和绿色生活方式，促进区域自然经济社会复合生态系统可持续发展。因此，区域生态建设规划是我国实施生态文明发展战略、实现可持续发展目标的重要途径，也是一项综合性区域发展规划。

10.1.1　规划的概念与类型

19 世纪末 20 世纪初，关于人类活动和区域土地、水、矿产等自然资源之间协调保护相关理论与实践的出现，促进了生态规划的形成。早期区域生态规划多集中在土地空间结构布局、城市发展布局等方面，如著名的城市规划师霍华德提出在城市规划与建设中寻求与自然协调的“田园城市”模式；美国区域规划协会成员麦克凯提出生态规划是为了优化人类活动、改善生活条件，在一定区域范围内对各类物质基础进行重新配置；现代生态规划奠基人麦克哈格提出了“设计结合自然”的生态规划框架，利用生态学理论制订符合生态学要求的土地利用规划。

随着生态学的不断发展及其在社会经济各个领域的广泛渗入，特别是复合生态系统理论的不断完善，生态规划不仅限于土地利用规划、空间结构布局等方面，而是逐步扩展到经济、人口、资源、环境等诸多方面，特别是随着环境问题加剧，生态规划备受重视。20 世纪 80 年代，苏联生态学家 Yanitsty 提出从时间-空间层次、社会-功能层次、文化-历史层次 3 种层次来开展生态城市建设。联合国教科文组织“人与生物圈计划”（MAB）提出了将生态保护策略、生态基础设施、居民生活标准、文化历史保护、自然融入城市 5 项生态城市规划内容。我国著名生态学家王如松认为，生态规划就是通过生态辨识和系统规划，运用生态学原理、方法和系统科学手段去辨识、模拟、设计生态系统内部各种生态关系，探讨改善系统生态功能、促进人与环境持续协调发展的可行调控政策。欧阳志云认为生态规划是从区域发展角度，运用生态学原理及相关学科知识，通过生态适宜性分析，寻求与自然协调、资源潜力相适应的资源开发方式与社会经济发展途径。

综上所述，区域生态建设规划是以生态学原理为指导，在辨识、模拟和设计生态系统内部各种生态关系的基础上，确定资源开发利用和保护的生态适宜性，探讨改善复合生态系统结构和功能的生态对策，制定生态保护、建设与修复方案，促进人与自然协调、持续发展的规划过程与制度安排，其本质是一种人与环境关系的复合生态系统规划。

与传统环境污染防治规划相比，区域生态规划侧重于协调人类活动与自然关系，通过调整和优化人类生产生活行为，保护与修复生态系统结构与功能，促进生态系统服务功能和价值恢复。因此该类规划是对某一区域社会经济和生态环境复合系统进行结构改善和功能强化的中长期战略部署，是在恢复和保护良好生态环境、保护与合理利用各类自然资源前提下，促进区域国民经济和社会健康、持续、稳定与协调发展。

由于学术界对生态与环境概念理解差异以及部门体制分割等原因，目前区域生态规划按照规划空间尺度、规划对象、学科方向、规划性质、规划目的分为多种类型。如按地理空间可分为区域生态规划、景观生态规划、生物圈保护建设规划；按生态系统类型分为海洋生态规划、淡水生态规划、草原生态规划、森林生态规划、城市生态规划、农村生态规划等；按空间目标布置可分为生态城市建设规划、生态示范区建设规划、生态区域建设规划等。除自然生态系统保护与建设规划（如自然保护区建设规划、生物多样性保护规划等）外，本章区域生态建设规划还主要指区域生态环境综合性发展规划，如生态城市建设规划、生态示范区建设规划（生态省、生态市、生态县、生态镇）、生态文明建设规划、农村生态保护规划等。

10.1.2 规划的基本原则

区域生态建设规划是根据生态规律及社会经济发展计划，对一定地域生态平衡的维系、保护所作的安排。因此，规划编制要遵循以下基本原则：

（1）坚持预防为主、保护优先、生态修复的原则

依照预防为主方针，落实各类监管措施，规范各种经济社会活动。在资源开发与利用中，把节约放在优先位置，以最少的资源消耗支撑经济社会持续发展；在环境保护与发展中，把保护放在优先位置，在保护中发展、在发展中保护；在生态建设与修复中，以自然恢复为主，与人工修复相结合。

（2）坚持绿色发展、循环发展、低碳发展的原则

经济社会发展必须建立在资源得到高效循环利用、生态环境受到严格保护的基础上，形成资源节约利用、生态环境友好的空间格局、产业结构、生产方式。

（3）坚持合理布局、分类指导、突出特色的原则

按照不同地区的生态环境特点和环境功能的差异，因地制宜采取相应对策和措施，分区、分阶段有序落实差异化对策与任务，推动形成开发、保护合理有序、富有特色的经济社会和环境协调发展的空间布局。

（4）坚持统筹规划、重点突破、全面发展的原则

生态环境问题成因复杂，既有自然原因，又有人为原因，因此，统筹山水林田湖草沙各类生态系统，既立足当前，着力解决对经济社会可持续发展制约性强、群众反映强烈的突出问题，打好生态保护与建设攻坚战，又着眼长远，加强顶层设计与鼓励基层探索相结合，持之以恒全面推进各类生态保护与建设任务。

（5）坚持政府引导、改革创新、全民参与的原则

充分发挥市场配置资源的决定性作用和政府的组织、引导、协调作用，不断深化制度改革和科技创新，建立系统完整的生态保护政策法规制度体系；同时广泛发动全体社会成员，弘扬生态文明理念，形成共治、共建、共享的社会氛围。

10.1.3　规划的主要内容

根据我国生态示范区建设规划以及其他类型生态规划编制技术要求，区域生态建设规划一般包括以下几方面。

（1）生态环境现状调查

生态环境现状调查是规划的基础。这一过程主要是通过收集区域内自然环境现状、社会经济发展及其他方面等信息，通过初步统计分析、因子相关分析和现场核实，建立规划资料数据库，为分析与评估规划区的生态过程、生态潜力、生态特征及制约因素奠定基础。生态环境现状调查主要通过资料收集与现场勘查相结合进行。一般从农林牧渔等资源管理部门、专业研究机构收集有关生态资源调查与统计资料，从生态环境部门收集污染源、生态环境质量等方面资料，从各级政府部门收集有关土地利用、自然资源利

用、自然保护区、生态功能区划、生物多样性保护等相关规划和规定。此外，通过现场走访、遥感调查等手段对收集的各类资料进行补充与核实。

（2）生态系统分析与评价

生态系统分析与评价主要运用生态系统及景观生态学理论与方法，对规划区域生态系统的组成、结构、功能与过程进行分析评价，辨识生态位势、生态系统健康水平和可持续性，了解规划区域自然-社会-经济发展的潜力、劣势和制约因素。

生态系统分析与评价主要包括生态过程分析、生态潜力分析、生态格局分析、生态敏感性分析、生态适宜度评价等方面，具体开展内容要结合规划的定位与目标。如为优化区域功能合理布局，促进发展与保护协调，通过生态敏感性评价、生态适宜性评价和生态承载力分析，确定区域内生态经济发展潜力较大但生态敏感性较弱的地区；在制订一些生态补偿类型的生态保护规划时，需要开展生态服务功能价值评价等。另外，通过生态系统分析，确定区域发展过程中存在的主要生态环境问题及制约因素，引导规划方案的制定。

（3）规划目标确定

确定目标是编制规划的中心环节。区域生态建设规划目标设置与规划类型相关。一般创建型规划，如生态市、生态县建设规划、生态文明示范区建设规划等，其规划目标通常是为实现创建生态模式而确定创建时段及相应指标；而一般性生态建设规划，规划目标是为解决区域生态环境问题、完善生态系统结构与功能而设置的目标体系，通常包括表征生态系统结构与功能的指标、生态经济发展目标及生态管理目标。

（4）生态环境功能区划

根据区域生态系统结构特征、生态承载能力、生态服务功能，对其进行空间聚类，将区域分为不同生态功能的特征单元，为区域生态管理、资源合理配置提供空间格局优化框架。生态环境功能区划是生态空间规划、产业布局规划、土地利用规划等规划基础。一般根据分区目的不同，在进行区划时可采用不同的技术方法，主要有地理相关法、空间叠置法、主导因素法、景观制图法和定量分析法。具体方法与内容可参照本书第 9 章的内容。

（5）规划方案制定

区域生态建设规划方案制定要体现尊重自然、顺应自然、保护优先等生态原则。根据区域生态环境特征、生态环境问题，结合区域发展要求和规划目标，应用生态学原理提出系统的规划方案。对于生态创建型规划，规划方案要结合现状与目标之间的差距，提出实现这些目标的任务与措施。一般生态保护方案内容主要有生态系统保护、生态治理修复、资源合理开发利用、生态经济发展等。

（6）规划决策分析

区域生态建设规划的最终目的是提出区域发展方案与途径。规划决策分析就是对各类规划方案进行风险评价、损益分析，论证其可行性，同时对各类规划方案进行比对，筛选出最优方案。

10.2 生态城市建设规划

10.2.1 生态城市的概念与内涵

20 世纪 70 年代，联合国教科文组织发起的“人与生物圈计划”（MAB）中，明确指出生态城市是“从自然生态和社会心理两方面去创造一种能充分融合技术和自然的人类活动的最优环境，诱发人的创造性和生产力，提供高水平的物质和生活方式”。这一观点的提出，立即受到了全球广泛关注，并出现了一系列的城市改造运动，如伯克利型城市、健康城市、清洁城市、绿色城市等，同时也开启了对生态城市的探讨。如美国生态学家 Richard Register 认为生态城市即生态健康的城市，是低污染、紧凑、节能、充满活力并与自然和谐共存的聚居地，认为每个城市都有可能利用其自然禀赋，将原有城市建设转变成生态城市，实现城市生态化和生态城市普遍化，促进城市健康可持续发展。P. F. Downton 认为生态城市就是人与人之间、人类与自然之间实现生态平衡的城市，并指出创建有活力的人居环境、构建与生态原则一致的健康经济、促进社会公平与改善社会福利是生态城市建设关键。我国学者在生态城市实践中也提出了许多观点，有学者认为生态城市是一个经济发达、社会繁荣、生态保护高度和谐、技术与自然达到充分融合，城市环境清洁、优美舒适，从而能最大限度地发挥人的创造力和生产力，并且有利于提高城市文明程度的稳定、协调、持续发展的人工复合生态系统。我国著名生态学家王如松提出了建设天城合一的中国生态城市思想，认为生态城市建设要引进天人合一的系统观、道法天然的自然观、巧夺天工的经济观和以人为本的人文观，实现城市建设的系统化、自然化、经济化和人性化。

综上所述，生态城市是文明、健康、和谐、充满活力的复合系统，是一种生态良性循环的理想区域形态。生态城市是具备高度生态文明的人文环境系统，生态城市建设是摆脱区域发展困境的根本途径，是人类发展的生态价值取向的必然结果，是生态价值观、生态哲学和生态伦理意识的综合体现。

10.2.2 生态城市的建设准则与框架

生态城市的核心是可持续发展，依靠良好的生态环境取得经济发展优势，依靠经济发展为生态环境建设提供保障和支持。为有效指导生态市、生态县、生态示范区等的建设规划，2003 年，我国发布了《生态示范区、生态县、生态市、生态省建设规划编制导则（试行）》，提出了生态城市建设思路：坚持以经济建设为主线，以改善和保护生态环境、创建良好的人居环境为中心，以全面提高人民群众生活质量为出发点，以体制创新、科技创新和管理创新为动力，大力发展生态经济、改善生态环境、培育生态文化，走生产发展、生活富裕、生态良好的文明发展道路，努力实现经济、社会、人口、资源、环境的协调发展。

自党的十七大首次把生态文明写入党的报告以来，生态文明成为我国现代化建设中与物质文明、政治文明、精神文明相并列的重要组成部分。党的十八大报告把生态文明建设放在了更加突出的地位，提出必须树立尊重自然、顺应自然、保护自然的生态文明理念，把生态文明融入经济建设、政治建设、文化建设、社会建设等“五位一体”的总体布局中。党的十九大报告提出建设生态文明是中华民族永续发展的千年大计。国家“十二五”至“十四五”规划纲要也都对加强生态文明建设提出了明确要求。生态文明建设已成为促进区域社会经济可持续发展的必然选择，也成为城市生态建设的应有之义。2019年，生态环境部印发了《国家生态文明建设示范区管理规程》《国家生态文明建设示范县、市指标》，生态文明建设成为生态城市建设的重要内容，生态城市也成为生态文明在城市中的重要体现。2021年，生态环境部印发了《国家生态文明建设示范区规划编制指南（试行）》，对城市生态文明建设体系及任务进行了全面指引。

（1）生态城市建设准则

根据生态城市内涵及国家生态文明建设战略重点，生态城市建设准则可以概括为“一高二低三大共赢”。

“一高”首先是指经济高品质增长，其次是指物质产品极大丰富，社会财富不断增加。

“二低”是指自然资源的低消耗和环境污染的低排放，即经济活动对自然资源的消耗不断降低，生产、生活废物的产生量和排放量不断降低。

“三大共赢”一是指生态、生活与生产的共赢，即生态优美、生活富裕与生产发展三大目标要具有时间和空间的同步性；二是指政府利益、企业利益、公众利益的共赢；三是指社会效益、经济效益、环境效益的共赢。

为实现上述基本准则，生态城市建设需要统筹好五大关系。

统筹经济与生态协调发展。经济与生态的关系是生态城市建设必须重点协调的核心关系，发展生态经济是生态城市建设的第一要务，也是生态文明的基础。构建生态化经济模式、推进生态经济化是城市生态经济发展的基本模式。其中，经济生态化强调基于生态原理来优化经济系统运行，实现经济系统中物质、能量的有序流动与合理配置；生态经济化强调通过机制创新，促使生态环境的生态价值转变为经济价值。

统筹城乡联动发展。生产、生活与生态在空间结构上的配置是生态城市建设的一个重要方面。传统的城乡关系以牺牲农村为代价发展城市，特别是牺牲农村的生态与经济，也牺牲城市的生态来发展城市的经济。当前，城市与农村表现出不同的资源属性与发展特征，需要探索如何构建新型城乡关系，以实现城市与农村生态文明建设的双赢。

统筹政府、企业、公众合作发展。政府、企业、公众是生态城市建设的三大行为主体，三者之间的相互作用与相互制约决定着城市建设成效。在生态城市建设过程中，三种行为主体的基本特征、目标追求、驱动机制与表现形式各不相同。在推进城市生态文明建设初期，必须突出强调政府的主导作用和“第一推动力作用”，必须充分发挥企业的主体地位作用，同时拓宽公众自觉参与的渠道。而到了中后期，则建立政府引导、市场企业主体、公众参与的组织模式。

统筹行为、制度、意识和谐发展。生态城市的基本特征是生态网健全、生态流顺畅、生态序完善。行为、制度、意识是生态文明建设的 3 个层次，也是城市生态序的重要组成部分。面向生态文明的各类行为活动是生态文明建设的直接表现形式，需要构建面向城市生态文明的制度加以支撑，更需要将面向生态文明的意识作为基础。生态文明意识需要体现在社会制度中，更需要融入各行为主体、各社会阶层的具体行动之中。

统筹区域内外持续发展。对于城市而言，通过各类经济活动可以实现系统内外物质、能量、信息等交流，保持城市的正常运行。一个完备的市场交易体系使其与外界存在产品和服务的交换，也保障其可以基于区域内外的生态环境基础而运行。但是城市复合生态系统在充分利用区域内外资源的同时，不应以牺牲区域外部生态基础为代价。生态城市所追求的区域内外公平与公正，不仅局限于经济、社会等领域，也要求实现资源与环境利用上公平与公正。

（2）生态城市建设目标

生态城市的基本特征是可持续发展。因此，针对城市复合生态系统的基本特征及可持续发展建设需求，生态城市建设规划的总体目标是生态环境良好并不断趋向更高水平的平衡，环境污染基本消除，自然资源得到有效保护和合理利用；稳定可靠的生态安全保障体系基本形成；环境保护法律、法规、制度得到有效的贯彻执行；以循环经济为特色的社会经济加速发展；人与自然和谐共处，生态文化有长足发展；城市、乡村环境整洁优美，人民生活水平全面提高。

在该总体目标的指引下，从经济发展、生态保护和社会进步 3 个方面提出生态城市建设建设指标。2003 年出台的《生态县、生态市、生态省建设指标（试行）》确定了生态县、生态市、生态省建设总体目标和建设指标。2007 年，又对该指标体系进行了修订（具体见表 10-1）。为指导各地生态文明建设，2016 年发布了《国家生态文明建设示范县、市指标（试行）》，2019 年对该指标体系进行了修订，从生态制度、生态环境、生态空间、生态经济、生态生活、生态文化六大领域 10 个方面提出了 41 项建设指标。

各地在规划编制中确定各项发展指标时，应紧密结合当地情况，并参照国民经济和社会发展规划目标，提出不同阶段发展目标及中长期规划设想。指标既要先进又要切实可行。对照创建需求，采用定性与定量相结合的方法，对不同层次、不同规划阶段的指标进行可达性分析，并最终确定规划不同阶段的目标。

表 10-1 生态城市建设指标体系

领域	推荐指标
经济发展	农民年人均纯收入、经济发达地区、经济欠发达地区、第三产业占国内生产总值的比例、单位国内生产总值能耗、单位工业增加值新鲜水耗、农业灌溉水有效利用系数、应当实施强制性清洁生产企业通过验收的比例
生态环境	森林覆盖率、受保护地区占国土面积比例、空气环境质量、水环境质量、近岸海域水环境质量、主要污染物排放强度（化学需氧量、二氧化硫）、集中式饮用水水源水质达标率、城市污水集中处理率、工业用水重复率、噪声环境质量、城镇生活垃圾无害化处理率、工业固体废物处置利用率、城镇人均公共绿地面积、环境保护投资占国内生产总值的比重
社会进步	城市化水平、采暖地区集中供热普及率、公众对环境的满意率

（3）生态城市建设框架体系

生态城市是实施可持续发展的有效载体和具体方式，开展生态城市建设对推动区域社会经济和生态环境协调发展具有重要意义。我国著名生态学家王如松在对城市问题和生态城市进行深入研究的基础上，认为我国生态城市建设必须实现 4 个转变，即从对物理空间的需求上升到人生活质量的需求；从污染治理的需求上升到人生理和心理健康需求；从城市绿化需求上升到生态服务功能需求；从面向形象的城市美化上升到面向过程的城市可持续性发展。生态城市建设是一个渐进、有序的系统发育和功能完善过程，按照环境为体、经济为用、生态为纲、文化为常的总体思路推进城市复合系统各类组成的有序发展。

随着生态文明意识的兴起，生态文明建设成为生态城市建设的重要内容。通过对国内多个城市的生态文明建设规划的分析，各个城市生态建设主要集中在经济发展与产业调整、环境改善与资源节约、体制建设与机制创新、文化教育与意识提升、基础建设与和谐人居、绿色行为与公众参与等。

城市生态建设是一项长期的、复杂的、系统的工程，涉及经济、环境、人居、文化、制度等多个方面。生态城市是一种生态良性循环的区域形态，是具备高度生态文明的自然经济社会复系统。为此开展生态城市建设，要求既改变原有的思维方式，也改变行为方式；既改变生产方式，也改变生活方式；既改变道德和观念，也改变法律和制度。通过现有的生态城市建设实践经验，生态城市建设体系应该是以资源环境为基础，经济发展为动力，人居环境为核心，生态文化为灵魂，体制建设为保障的“五位一体”综合建设体系，具体如图 10-1 所示。

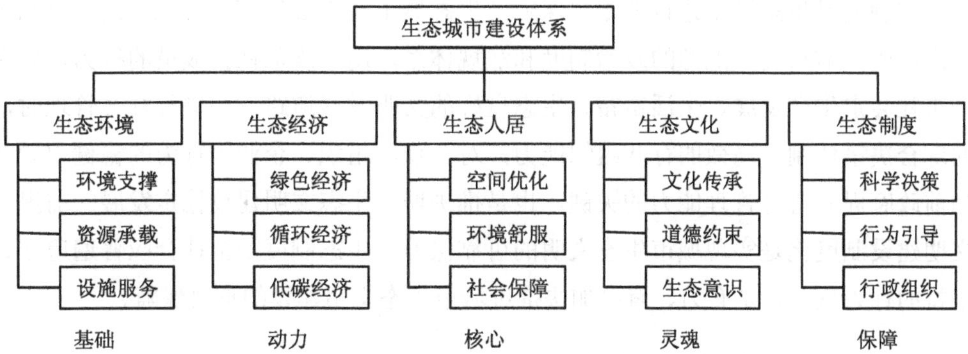

图 10-1　生态城市建设框架体系

生态环境是城市系统运行的物质基础。人类取之于自然、用之于自然，资源环境是城市系统的基础和重要支撑。只有拥有良好的生态环境，才能为人类会活动提供更优质的自然资源，才能实现社会发展的良性转变；才能提高对人才、技术的核心吸引力，提高城市的综合竞争实力；同时，城市基础设施服务能力也是提升资源环境承载能力的重要辅助手段，只有拥有完备的基础设施服务能力，才能在人口压力、资源开发、环境污染等各类压力下保持稳定、协调和有序发展，为城市社会健康有序发展提供重要支撑。

生态经济是城市系统运行的基本动力。生态经济是生态与经济结合，实行生态经济要求人类进行经济活动不仅能够带来经济效益，而且能够推动生态环境保护事业不断向前发展。通过发展绿色产业，实行节约、替代、循环利用和减少污染的先进适用技术，形成绿色经济、低碳经济和循环经济等不同的生态经济发展模式，促进经济合理、绿色发展，推动城市建设健康、有序的稳定开展。

生态人居是城市系统建设的核心内容。人居是与人类生存活动密切相关的空间，是人类在大自然中赖以生存的基地，是人类利用自然、改造自然的主要场所与环境。人居环境核心是“人”，具体理解为人的居住生活环境，它将居住、生活、休憩、交通、管理、公共服务、文化等各个复杂的要求在时间和空间中结合起来。生态城市建设是为了给人们提供一个永续发展的健康安逸生活生产环境。因此，城市空间优化布局、社会秩序有序发展、社会保障体系完善、生活环境舒适等是生态城市建设的重要内容，也是构建美丽幸福中国的核心思想。

生态文化是生态城市建设的精神维度。生态文化是人与自然和谐共生的文化。倡导生态文明，营造全社会关心、支持、参与环境保护的文化氛围，要以多形式、多方位、多层面宣传环境保护知识、政策和法律法规，弘扬生态文化。人是社会活动体，要想实现发展方式的转变，除了转变人类利用与改造的自然方式，还要从思想观念上改变人类的价值观，逐渐消除人类“主人”意识，才能从根本上实现人与自然的和谐共处。

生态制度是生态城市建设的重要保障。生态城市建设必须有一套完善的、有利于保护生态环境、节约资源能源的政治制度和法规体系，用于规范社会成员的行为，确保整个城市社会走生产发展、生活富裕、生态良好的文明发展道路。在进行社会管理时，科学的综合决策体制，高效的行政组织能力，对公众、组织、企业等行为的稳健引导能力是当前政府提升自身管理能力的关键，也是推进城市生态文明建设稳定发展的前提。生态文明建设制度化是实现城市生态文明的可靠保障。生态制度是全社会应普遍遵守、长期坚持的行为规范，是有力、有序加快推进城市生态文明建设的重要保障。

10.2.3 生态城市规划的主要内容

生态城市是由经济、社会、自然构成的复合生态系统。其中，自然子系统是基础，经济子系统是条件，社会子系统是目标。只有使经济发达、社会繁荣、生态保护三者保持高度和谐，才能保证生态系统的结构健全、功能稳定。在全球经济一体化、生态化进程中，国家经济发展背景转变下，以及可持续发展行动不断实施的宏观趋势下，生态城市建设面临新的发展机遇和挑战。根据《生态县、生态市、生态省建设规划编制导则》《国家生态文明示范建设示范区规划编制指南》等技术规范及各地生态城市建设规划实践，生态城市建设规划主要内容如下。

（1）生态城市建设基础分析

在概述规划区域自然、经济、社会状况与特征的基础上，采用 SWOT 分析法对城市生态文明建设面临的机遇与挑战、问题与优势进行全面分析。一方面结合城市生态建设基础，从生态空间布局、生态环境质量、资源能源开发利用、生态制度建设、生态文化培育等方面分析城市生态文明建设存在的问题；另一方面结合经济社会发展形势，梳理国家重大战略、重大决策带来的机遇和挑战。此外，对城市资源能源开发利用趋势、生态环境质量变化趋势、生态环境基础设施需求等方面进行预测分析，从国土空间开发利用、碳达峰与碳中和、产业结构调整、能源结构调整、运输结构调整等方面综合分析未来面临的压力。

（2）规划目标指标

规划目标须统筹考虑城市发展与生态建设阶段任务和长远定位，分阶段提出规划目标；定性与定量相结合，能够体现规划实施效果，并与区域相关发展目标相协调。

一般生态城市建设总体目标要以践行生态文明战略精神为宗旨，以完善区域整体功能、产业转型升级、环境优化提升为重点，通过生态文明“五位一体”综合体系建设，形成最大限度节约能源资源和保护生态环境的产业结构、增长方式和消费模式，城市功能不断优化和提升，城市人居环境不断优化，生态文明观念在全社会牢固树立，最终走上生产发展、生态良好、生活幸福之路。

规划指标可结合生态城市内涵及国家生态城市创建、生态文明示范区建设等相关指标来设置指标体系，也可结合区域实际设置特色指标，进行示范探索。目前，生态城市、生态文明城市建设在我国正处于广泛开展阶段，各地在充分理解生态文明相关理论和生态城市内涵特征的基础上，借鉴国内外生态城市建设经验，结合国家生态文明指标体系及地方特色，提出了各自的生态城市建设指标体系。

（3）规划任务与措施

结合生态文明思想、生态城市概念与建设准则、生态城市“五位一体”建设框架体系，在优化国土空间格局基础上，对生态空间体系、生态经济体系、资源环境体系、生态人居体系、生态文化体系及生态制度体系提出建设任务和要求。

1）生态空间体系建设

合理构架空间格局不仅是统筹区域协调发展的基础，同时也是生态城市建设的基础。围绕城市生态空间山清水秀、生活空间宜居舒适、生产空间集约高效的要求，以加快构建新发展格局为重点，在城市生态空间格局优化已有目标任务及阶段成效基础上，进一步明确建设总体思路、目标指标与任务措施。包括但不限于守住自然生态安全边界，明确生态保护红线、基本农田、城市开发边界等，强化以国家公园为主体的自然保护地体系建设，构建“环、廊联网，斑、楔镶嵌，多区衬绿”的生态格局，严格自然生态空间用途管制。推进城镇化布局、产业发展布局和生态安全格局不断优化，构建绿色发展格局，打造集约化的产业空间、舒适宜居的生活空间；加强城市河湖岸线保护与修复，深入推进区域多规合一等。

2）生态经济体系建设

以经济发展为动力，促进传统链式经济向循环经济、产品经济向功能经济、效率经济向效用经济、自然经济向生态经济转型，创建一个高效的且具有活力的可持续生态产业体系。为此规划要根据城市产业结构及布局，结合生态功能区划产业准入要求，推进粗放型产业体系向复合型、特色型、知识型、高效型转型，提高知识、科技等要素在经济增长中的贡献率，加强区域间的横向联合，建设具有竞争力的可持续产业体系。为此围绕产业生态化、生态产业化要求，明确产业发展总体思路、目标指标与任务措施。包括但不限于明确资源环境承载力，制定区域产业发展准入清单和负面清单，明确产业结构优化和调整方向等；推动产业链纵向延伸、横向发展、侧向带动，控制与提升单位国内生产总值能耗、水耗、用地效益以及降低碳排放强度，推进企业达标排放、清洁生产水平提升，加强园区循环化改造、生态种养模式推广、资源节约与循环利用、废弃物综合利用等，打造绿色低碳循环产业体系；持续践行“绿水青山就是金山银山”理念，发展生态工业、生态农业、生态服务业，推动生态产品价值实现，推进形成绿色发展新动能等。

3）资源环境体系建设

围绕提供更多优质生态产品满足人民群众对美好生活的需要，以生态系统良性循环和生态环境风险有效防范为重点，在城市生态环境保护已有目标任务及阶段成效的基础上，进一步明确建设总体思路、目标指标与任务措施。包括但不限于以下内容。

深化环境污染治理。突出精准治污、科学治污、依法治污，全面推进“三水统筹”，强化环境空气质量改善与气候协同治理，深化土壤污染风险管控和修复，加强近岸海域综合治理，加强噪声污染防治等。

强化生态保护力度，修复自然生态环境。以自然山水等要素为框架，构筑多层次、多功能、立体化、复合型、网络型的生态结构体系，展现城市独特的生态景观。保护和修复自然资源，合理开发和利用自然资源，保护与恢复生物多样性，提升生态系统质量和稳定性，促使生态资产持续增长与正向积累，为当代、后代的生存和发展创造有利条件。

积极应对气候变化。全面落实国家战略要求，对标国家碳达峰、碳中和目标愿景，推动制定碳排放达峰行动方案，落实控制温室气体排放措施。加强森林、农田、草原、湿地、海洋等碳汇建设，履行国际环境公约。加强适应气候变化工作。按照国家履行《关于消耗臭氧层物质的蒙特利尔议定书》的要求，做好消耗臭氧层物质淘汰和氢氟碳化物等削减工作。

有效防范生态环境风险。建立健全突发生态环境事件应急管理机制，加强危险废物和固体废物利用处置、核与辐射管理、环境风险防范与应急、自然生态灾害防治、极端气候事件预警等。

4）生态人居体系建设

围绕生活方式生态化、绿色化、低碳化转变的要求，以加快环境基础设施建设、建设优美人居环境、培育绿色低碳消费与绿色低碳生活方式等为重点，在区域生活方式生态化转变已有目标任务及阶段成效基础上，进一步明确建设总体思路、目标指标与任务措施。包括但不限于以下内容。

加强城市基础设施建设，扩大城市基础设施承载能力，突破基础设施的“瓶颈”，有效发挥基础设施的服务功能，实现城市物流、能流、人流、信息流等各种生态流的通畅。其中包括深化城乡污水垃圾环境治理设施一体化建设，强化城镇集中式与农村分散式饮用水水源地保护，提升城市供排水体系建设水平；推进城市交通、能源、信息等基础设施建设，打造高效便捷的城市运行体系；构建环网相嵌的城乡生态绿地体系，营造自然优美的生态景观等。

确立城市生长管理与精明增长的理念，建立一个具有优良生态环境的、应变弹性较大的都市区空间结构，推进城市有机更新，推广低碳建设、海绵城市建设、无废城市建设等，强化城市功能培育，打造现代舒适的都市家园。

建立完善的社会保障体系、社区服务体系，培育绿色低碳生活方式。引领公众践行《公民生态环境行为规范（试行）》，倡导简约适度、绿色低碳的生活方式，践行绿色消费，推进绿色采购、绿色办公、节能节水、生活垃圾分类等，建设以人为本、人地和谐的社会体系。

5）生态文化体系建设

围绕提升全民生态文明意识的要求，加快构建以生态价值观念为准则的生态文化体系，在区域生态文化培育已有目标任务及阶段成效的基础上，进一步明确建设总体思路、目标指标与任务措施。包括但不限于以下内容。

生态文化传承与创新。充分挖掘、全面整合历史文化资源，弘扬、提升城市文化和人文精神，突显城市生态文化底蕴，培育现代生态文化品牌，建设生态文化载体等，推进生态文化发展。

生态文明意识培育与提高。加大生态环境保护知识普及与教育，举办形式多样的生态文明宣传活动，完善生态文明教育体系等，加强生态文明宣教。积极引导公众参与，开展绿色生活创建行动，深入推进公众、企业、社会组织参与生态文明建设等。

6）生态制度体系建设

围绕推进生态文明建设治理体系和治理能力现代化，以健全生态文明体制机制为重点，在现有生态制度建设基础上，进一步明确生态城市能力体系建设总体思路、目标指标与任务措施，促进传统城市管理向可持续生态管理转变。包括但不限于以下内容。

完善生态文明"四梁八柱"制度体系。持续完善生态环境保护和治理制度，建立"源头严防、过程严管、损害赔偿、责任追究"的全过程生态环境监管体系，完善生态环境执法和责任追究制度；构建制度化、规范化环境保护督察整改机制，创新监管执法手段；逐步提升生态文明建设工作占党政实绩考核比例，出台党政主要领导干部自然资源资产离任审计评价办法；深入探索自然资源资产产权制度和生态补偿制度等。

推进生态文明建设体制机制创新。加快实现治理主体多元化、机构设置协同化、监管体系系统化、管理过程精细化、监管操作规范化、管理载体智慧化、价值实现市场化等。

建立健全现代环境治理体系。全面落实构建政府主导、企业主体、社会组织和公众共同参与的现代环境治理体系，根据实际情况，建立健全环境治理的领导责任体系、企业责任体系、全面行动体系、监管体系、市场体系、信用体系、法律法规政策体系。

10.3 农村生态环境保护规划

10.3.1 农村生态环境保护背景及意义

农村生态环境保护事关广大农民的切身利益，事关农业的可持续发展和农村的和谐稳定，也关系到广大群众“米袋子”“菜篮子”“水缸子”的安全和社会全面进步，是重大的民生问题。自改革开放以来，我国农业现代化建设进程不断加快，农村面貌发生了翻天覆地的变化，社会经济取得了长足发展，与此同时生态环境问题集中叠加呈现，对乡村地区人群的健康和农业的可持续发展产生不良影响。因此，推进乡村环境治理与生态保护刻不容缓。

2013 年，在“中央一号文件”中提出“推进农村生态文明建设。加强农村生态建设、环境保护和综合整治，努力建设美丽乡村”。美丽乡村建设是改变农村资源利用模式，改善生活环境、推动农村产业发展的需要，也是保障农民利益、促进民生和谐的需要，其实质是我国社会主义新农村建设的一个升级阶段，核心在于解决乡村经济发展、乡村空间布局、乡村人居环境、乡村生态环境、乡村文化传承等实施路径问题，因此美丽乡村建设离不开乡村生态环境治理。

2017 年，党的十九大报告中提出乡村振兴战略，要求按照产业兴旺、生态宜居、乡风文明、治理有效、生活富裕的总目标推动乡村振兴。乡村振兴不仅是经济的振兴，也是生态的振兴、社会的振兴。有效防治农村突出环境问题、更好推进乡村振兴战略实施，受到了党和国家前所未有的关注和重视，“中央一号文件”持续安排部署“加强农村突出环境问题综合治理”“抓好农村人居环境整治三年行动”“加强农村污染治理和生态环境保护”等工作任务。2018 年，中共中央办公厅、国务院办公厅印发了《农村人居环境整治三年行动方案》，要求以建设美丽宜居村庄为导向，以农村垃圾、污水治理和村容村貌提升为主攻方向，动员各方力量，整合各种资源，强化各项举措，加快补齐农村人居环境突出短板。2018 年农村人居环境整治三年行动实施以来，各地区、各部门认真贯彻党中央、国务院决策部署，全面扎实推进农村人居环境整治，扭转了农村长期以来存在的脏、乱、差局面，村庄环境基本实现干净整洁有序，农民群众环境卫生观念发生可喜变化、生活质量普遍提高，为全面建成小康社会提供了有力支撑。但是我国农村人居环境总体质量水平不高，还存在区域发展不平衡、基本生活设施不完善、管护机制不健全等问题，与农业农村现代化要求和农民群众对美好生活的向往还有差距。为加快农村人居环境整治提升，2021 年发布了《农村人居环境整治提升五年行动方案（2021—2025 年）》，提出扎实推进农村厕所革命，加快推进农村生活污水治理，全面提升农村生活垃圾治理水平，推动村容村貌整体提升，建立健全长效管护机制。通过农村人居环境整治，擦亮美丽中国、美丽乡村的绿色底色，可以为广大农民提供一个良好的生产生活环境，促进生态优势转化为经济优势，加快农业农村现代化，推进国家治理体系及治理水平现代化。

10.3.2 我国农村生态环境问题

农村生态环境治理一直是环境治理中的难题。随着城市化推进，城市“摊大饼”式发展，城乡土地过度开发，导致乡村空间失序；工业化城镇化及高强度农业生产带来的各类污染使我国农村生态环境问题也不断加剧；农村基础设施建设及投入滞后，导致村落环境恶化。

（1）农村饮用水安全

饮用水安全问题是一项与民生息息相关的重大公共卫生问题之一。全面实施乡村振兴战略，扎实推进“三农”发展，离不开农村水质安全的全面防护。我国是一个缺水且水污染严重的国家，由于农村饮用水水源繁多、村民对水资源及环境保护意识缺乏、农村环境卫生问题监督不到位等原因，水污染问题不断加剧，农村饮用水安全面临严峻的挑战。2010年全国有3.23亿农村人口存在饮用水不安全问题，占当时农村人口的34%。其中各类饮用水水质不安全的有2.27亿人，水量不足、取水不方便及供水保证率不达标的人口占不安全人口的近30%。水质不安全的人口中，饮用水氟、砷含量超标的占23%，苦咸水占17%，铁、锰等超标的占19%，水源被严重污染的占40%。“十二五”时期以来，我国加大农村饮用水安全工程实施；“十三五”期间，2.7亿农村人口供水保障水平得到提升，贫困人口饮用水安全问题得到全面解决。截至2020年年底，全国农村集中供水率达到了88%，全国农村自来水普及率达到了83%，农村供水保障水平得到显著提升。但一些地区农村饮用水安全成果还不够牢固、容易反复，在水量水质保障、长效运行等方面还存在一些薄弱环节。

（2）农村生活污染

长期以来，由于农村规划落后于发展、基础设施建设滞后、公共服务不均等，导致村落人居环境恶化。2020年城乡建设统计数据显示，我国农村生活污水每年产生量约70亿t，对生活污水进行处理的建制镇个数占比65.35%，乡个数占比却只有34.87%。根据第二次全国污染源普查数据，我国农村生活污水化学需氧量排放量占生活源排放总量的50.8%，氨氮、总氮和总磷分别占生活源总排放量的35.0%、30.5%和38.7%。未经处理的污水及污染物直接进入环境，对农村水环境造成了较大的胁迫，特别是环境容量较小的农村河塘沟渠由于污水乱排的现象，出现了不少臭水塘和臭水沟。

生活垃圾是农村的另一生活污染来源。在城市化等因素的影响下，农村人口大量减少，但从农村垃圾产生总量来看，农村人均垃圾产生呈现较大的增长趋势，垃圾总量仍在增加。2019年中国农村垃圾产生量约为52.2亿t，其中生产性垃圾为48.24亿t，占92.41%；生活垃圾为2.99亿t，占1.86%。然而，与城市生活垃圾处理能力和水平相比还有较大差距。2015年，我国城市生活垃圾无害化处理率已达93.7%，但仅有62.2%的行政村对生活垃圾进行了处理。“十三五”时期以来，我国农村生活垃圾治理进入快速推进期。截至2020年年底，农村生活垃圾收运处置体系已覆盖全国90%以上的行政村，全国排查出的2.4万个非正规垃圾堆放点整治基本完成。虽然我国农村生活垃圾治理水平明显提升，乡村面貌得到显著改善，但短板仍然存在，突出表现在照搬城市模式、缺乏适宜农业农村实际的生活垃圾有效处理方式，导致农村垃圾减量化资源化利用水平低，生活垃圾收集、转运、处置成本高，长期稳定运行机制缺乏等现象。

（3）农村生产污染

长期以来，我国环境保护“重城市、轻农村，重工业、轻农业，重点源，轻面源”的环境保护城乡差距十分突出，农村环境保护欠账过多。一方面，乡镇企业蓬勃发展为农村经济腾飞注入了强大推动力，但工业企业环境保护基础设施滞后，对农村地区环境造成了极大影响；另一方面，高强度的农业生产为粮食安全和丰富农产品提供了重要保障，但我国化肥、农药施用量远超过发达国家设置的安全上限，在化肥施用中存在肥料结构不合理、化肥利用率低，流失水平高现象，不仅导致了农田土壤污染，还通过农田径流造成了对水体富营养化污染。而畜禽养殖规模不断增大，进一步加重了农村环境污染。据《第二次全国污染源普查公报》，2017 年农业源水污染物排放量的化学需氧量为 1 067.13 万 t、氨氮为 21.62 万 t、总氮为 141.49 万 t、总磷为 21.20 万 t，分别占总水污染物排放量的 49.8%、22.4%、46.5%和 67.2%；农业生产中的秸秆产生量为 8.05 亿 t，秸秆可收集资源量为 6.74 亿 t，秸秆利用量为 5.85 亿 t；地膜使用量为 141.93 万 t，多年累积残留量为 118.48 万 t。农业面源污染已成为我国农村重要的污染来源。

（4）土壤环境退化

农村生产生活环境污染不断累积和加重，构成了水体—土壤—生物—大气全方位立体污染，突出表现为土地生态环境退化。我国农村土地生态环境退化主要表现为土地资源蚕食、地力退化及土壤污染。1996 年全国耕地面积为 19.50 亿亩，2009 年减少为 18.25 亿亩，接近 18 亿亩红线。近年来，虽然通过加大土地用途管控和划定耕地红线，耕地数量开始逐渐上升，但我国有超 1/4 的耕地基础地力相对较差，生产障碍因素突出，短时间内较难得到根本改变。而工业化、城镇化的快速推进，对土地资源的竞争越加激烈，农业发展空间受到了严重挤压。此外，城乡环境污染加剧了土地质量下降。据全国土壤污染调查报告，我国耕地土壤点位超标率为 19.4%，林地和草地土壤点位超标率分别为 10.0%和 10.4%，这直接威胁了农产品安全。

10.3.3 农村生态环境保护规划主要内容

结合国家生态环境保护规划，“十四五”土壤、地下水和农村生态环境保护规划，农村人居环境整治行动方案，农业农村污染治理攻坚战行动方案等规划，农村生态环境保护规划应主要包括以下几个任务。

（1）农村饮用水水源地保护

饮用水安全问题是我国全面建成小康社会的一个重大问题，不仅涉及人民群众的生命健康，还涉及经济社会的可持续发展，是国家发展水平和质量的一个重要标志。农村饮用水安全保障一直是乡村基础设施建设重点。依据全国农村饮用水安全现状调查和农村饮用水水源基础环境调查及评估结果，结合《饮用水水源保护区污染防治管理规定》，我国农村饮用水水源地保护以水源地水质改善提升、水源地风险防范及规范化水源地建设为主要任务。具体包括：①开展饮用水水源保护区或保护范围划定工作。通过对水源地周边环境状况调查与评估，依据《饮用水水源保护区划分技术规范》，科学划定农村集中式饮用水水源保护区和分散式饮用水水源保护范围，提出不同区域环境保护及建设管理要求。②开展饮用水水源地周边环境整治。根据水源地周边环境状况调查与评估，以水源地水质改善提升为出发点，依法取缔农村集中式饮用水水源保护区内的排污口，对水源地周边的生活污染、工矿污染、农业面源污染进行综合整治，消除影响水源水质的各类污染隐患。③推进饮用水水源地生态保护与修复。逐步推进水源涵养林建设，加强河湖生态缓冲带的建设与管理，提升水源涵养功能及水质净化能力；④加大水源地环境监管力度。根据划定的保护区和保护范围，在水源地周边设立警示标志，建设防护带或隔离带；开展农村饮用水水源水质监测，建立水源水质信息发布机制；制定突发性环境事件应急预案，强化污染事故预防、预警和应急处理。

（2）农村生活污水和垃圾处理

改善农村人居环境，建设美丽宜居乡村，是实施乡村振兴战略的一项重要任务，事关全面建成小康社会，事关广大农民根本福祉，事关农村社会文明和谐。2011 年国务院发布的《加强环境保护重点工作的意见》中提出，推动环境保护基础设施和服务向农村延伸，加强农村生活垃圾和污水处理设施建设。自 2010 年开始的农村环境连片整治示范、《农村人居环境整治三年行动方案》及《农村人居环境整治提升五年行动方案》都将农村生活污水和垃圾处理作为农村人居环境整治的重点。

结合国家水污染防治及农村人居环境整治行动计划，农村生活污水和垃圾污染处理规划内容包括：①分区分类推进治理。重点整治水源保护区和城乡接合部、乡镇政府驻地、中心村、旅游风景区等人口居住集中区域农村生活污水，推动城镇污水管网向周边村庄延伸覆盖。②因地制宜采用污水处理技术。根据农村不同区位条件、村庄人口聚集程度、污水产生规模，因地制宜采用污染治理与资源利用相结合、工程措施与生态措施相结合、集中与分散相结合的建设模式和处理工艺。积极推广低成本、低能耗、易维护、高效率的污水处理技术，鼓励采用生态处理工艺，加强生活污水源头减量和尾水回收利用。③加强农村黑臭水体治理。以房前屋后河塘沟渠为重点，采取控源截污、清淤疏浚、生态修复、水体净化等综合治理，逐步消除农村黑臭水体。鼓励河长制、湖长制体系向村级延伸，建立健全促进水质改善的长效运行维护机制。④健全生活垃圾收运处置体系。根据当地实际，统筹县、乡、村三级设施建设和服务，完善农村生活垃圾收集、转运、处置设施和模式，因地制宜采用小型化、分散化的无害化处理方式，降低收集、转运、处置设施建设和运行成本，构建稳定运行的长效机制，加强日常监督，不断提高运行管理水平。⑤推进农村生活垃圾分类减量与利用。加快推进农村生活垃圾源头分类减量，积极探索符合农村特点和农民习惯、简便易行的分类处理模式，减少垃圾出村处理量。统筹考虑生活垃圾和农业生产废弃物利用、处理，协同推进农村有机生活垃圾、厕所粪污、农业生产有机废弃物资源化处理利用。广泛推进农村可回收垃圾资源化利用、易腐烂垃圾和煤渣灰土就地就近消纳、有毒有害垃圾单独收集储存和处置、其他垃圾无害化处理模式。

（3）畜禽养殖污染防治

根据畜牧业发展和畜禽养殖污染防治工作实际，按照畜牧业融合发展、合理布局、污染防治、环境监管能力建设及污染防治技术推广等角度开展畜禽养殖污染防治。主要规划内容包括：①构建种养结合循环模式实施污染源头管控。通过构建种养结合、农牧循环的可持续发展模式，建立废弃物循环利用体系，从源头上深化畜禽养殖资源化和无害化处理，统筹处理好产业发展与生态环境关系，不断提升畜禽养殖与环境承载能力匹配度。②按照分区分类管理优化畜牧业合理布局。依法划定畜禽养殖禁养区，严格落实禁养区管理；建立规模化畜禽养殖场环境准入、退出制度，实行畜禽养殖污染生态化治理和工业化处理分类管控。③推进畜禽养殖污染精准治理。深化规模化畜禽养殖场污染治理，高标准建设粪污资源化利用设施，开展污水达标处理或生态消纳，强化污染物减排；按照疏堵结合、种养平衡、资源化利用原则，加强其他畜禽散养户污染治理管控，落实基层网格化管理。④加强畜禽养殖业环境监管。加强源头控制，严格项目审批及“三同时”制度，严格畜禽养殖业环境监督执法，利用信息技术，提升管理“智慧化”水平。⑤推广应用畜禽养殖污染防治技术。开展畜禽养殖废弃物综合利用和高效治理技术研发，结合当地特色，大力推广应用绿色养殖技术、绿色饲料，经济高效的粪污资源化利用技术模式。

（4）农业面源污染防治

当前，我国农业面源污染结构性、根源性、趋势性压力仍然较大：一是污染排放总量较大。化肥农药使用量仍处高位，流失风险高。二是有效治理模式缺乏。现有农业面源污染治理措施整体性、系统性不强，缺少适合不同区域的综合治理模式。三是长效运行机制尚未建立。农业面源污染治理投入大、见效慢，社会资本、农户参与积极性不高，市场主体少，市场培育的激励机制还不健全。

根据我国农业产业结构及布局、区域水污染防治要求，按照农业投入品减量化、生产清洁化、废弃物资源化、产业模式生态化、管理长效化等原则开展农业面源污染防治。主要规划内容包括：①实施化肥农药减量增效行动。实施精准施肥，分区域、分作物制定化肥施用限量标准和减量方案，依法落实化肥使用总量控制，推动有机肥替代化肥和测土配方施肥。推广应用高效低风险农药，淘汰高毒农药，推进农作物病虫害绿色防控及统防统治。②发展有机农业，构建种养结合、农牧循环发展机制，从源头上控制面源污染。推进秸秆农用为主、资源化利用，建立健全秸秆资源台账。强化农膜全链条监管，健全回收利用体系，探索农膜回收区域补偿机制。③因地制宜选择生态沟渠、植被过滤带、人工湿地、前置库等生态措施，开展面源污染防治工程建设。对重点地区进行试点示范，形成农业面源污染综合防治模式。④构建面源污染防治长效管理机制。加强绩效考核，健全面源污染防治成效与扶持资金挂钩机制。加快培育新型治理主体，构建农业面源污染防治多元协同治理体系。制定经济激励政策，引导和鼓励农民使用生物农药和高效低毒低残留农药开展病虫草害综合防治。

（5）农村工矿污染防治

由于乡镇工业发展及城市污染转移，工业废水、废气、废渣排放已导致农村地区水体、耕地等环境要素受到严重污染，特别是一些工业发展较早、规模较集中、矿产资源开采规模较大的地区，已形成历史遗留工矿污染。此外，相对于城市工业产业，农村工业发展水平相对较低，产业结构与布局不够合理，农村工业发展持续性不强。结合国家重金属污染防治、土壤污染防治及各地工业企业污染防治规划，开展农村地区工矿污染防治。主要规划内容包括：①推进工业绿色低碳转型。一方面要结合农村环境承载力及生态环境管控分区严格项目准入，合理调整工业产业布局，禁止在基本农田保护区、饮用水水源保护区等敏感区域建设高污染工业企业和园区，严防不符合国家产业政策的重污染行业向农村转移；另一方面要推进一二三产业融合，优化产业结构，打造绿色低碳产业体系。②加强工矿企业污染治理与监管。以污染防治攻坚战为抓手，加大农村地区工矿业环境监管，引导企业适当集中，对污染源实行集中控制，全面取缔“十五小”和“新五小”企业，开展小型企业和家庭作坊环境整治，加强农村地区工矿废弃物收集和处置。③加强工业企业环境风险防治。采取“面、线、点”结合的方式，深化农村地区重点行业和重点企业有毒有害物质污染治理，开展污染隐患排查、用地土壤和地下水自行监测、设施设备拆除污染防治等法定义务，持续推进重点行业、重点企业清洁生产改造和污染物减排，将环境风险防范纳入生产经营的全过程。

第 11 章　水生态环境保护规划

水是人类赖以生存的宝贵资源，是社会经济可持续发展的基础。流域是以水为纽带，由水、土地、生物等自然要素与社会、经济等人文要素组成的复合生态系统。流域不仅是实现区域经济可持续发展的空间载体，也是生态系统进行物质和能量循环、维持生态系统平衡的基本单元。但高强度的人类活动及气候变化对流域水文过程产生了深远影响，诸多与水相关的生态环境要素、过程和功能不断发生变化，流域生态系统健康和生态完整性受损，并在多个空间和时间尺度上产生了非适应性响应，引发水资源短缺、水环境恶化、生境破碎化和生物多样性下降等问题。开展流域水生态环境保护规划，维护流域生态系统健康，是保障区域生态安全的前提。

11.1　水生态环境保护规划概述

水生态环境保护规划以水环境质量提升及水生态安全为导向，制定推动流域绿色发展、强化污染源治理、开展生态修复等方案。规划通过综合考虑与水生态系统结构及功能有关的自然、技术、社会、经济等方面的关系，对人类活动在时空上进行合理的安排，达到预防水生态环境问题发生，促进水生态环境与经济、社会可持续发展的目的。

11.1.1　水生态环境保护规划类型

水生态环境保护规划是生态环境保护规划体系的重要组成部分。在实践中有水污染防治规划、水环境综合整治规划、水质达标规划、饮用水水源地环境保护规划、水生态保护规划等形式。同时在一些综合性生态环境规划中，水生态环境保护往往也是重要内容之一。

水生态环境保护规划类型取决于规划的空间尺度、水体类型、目标内容。各类规划均有各自的特点。

（1）按空间尺度分

按空间尺度可分为流域水环境保护规划、区域（城市）水环境保护规划。流域具有时间上的稳定性和空间上的连续性，是实施水环境保护规划最合理的单元，对其进行综合管理，既有利于全面考虑整个流域水环境容量及水资源承载力，又有利于兼顾上下游、左右岸之间的关系。我国自“九五”时期开始组织编制淮河等流域水污染防治规划，“十五”时期进一步扩大编制规划的流域，“十一五”期间共编制实施了松花江、淮河、海河、辽河、黄河中上游、太湖、巢湖、滇池、三峡库区及其上游、丹江口库区及其上游等 10 个流域的水污染防治规划。“十二五”流域水污染防治规划开始精简集中为重点流域水污染防治规划，“十三五”流域水污染防治规划范围首次覆盖全国，“十四五”在流域水污染防治的基础上拓展为流域水生态环境保护规划。区域水环境保护规划一般以行政区为单位，对某个地区（城市）内的水污染控制和水环境保护提出相应对策及措施。以行政区为单位在资料获取上比较便利，但由于水环境的自然属性，在针对跨行政区的水体环境保护协调性上较差。

（2）按水体类型分

按照水体类型可分为饮用水水源地环境保护规划、地下水污染防治规划、河流水环境保护规划、湖库水环境保护规划及近岸海域水环境保护规划等。饮用水水源地环境保护规划以饮用水安全为重点，旨在加强饮用水水源地污染防治和管理能力建设，建立完善水源地保护相关技术方法、管理制度，解决目前危害饮用水安全的重大问题；地下水污染防治规划旨在解决地下水污染突出问题，逐步建成以防为主的地下水污染防治体系；河流（湖库）水环境保护规划及近岸海域水环境保护规划旨在针对水体污染、水生态退化等问题，提出相应的总量控制、水质改善、水生态修复等方面的对策措施与管控要求。

（3）按目标内容分

按照目标可分为水污染物总量控制规划、水质达标规划、水生态保护规划等。水污染物总量控制规划以国家特定时期确定的污染物为对象，以上级下达的控制总量为目标（或根据区域环境承载力确定控制总量），根据社会经济发展趋势，提出区域结构减排、工程减排、管理减排等措施。水质达标规划是为了实现目标断面或水体整体水质达到功能区要求，对影响水质的各类因素进行剖析，提出总量控制、污染源整治、水体自净能力提升等措施与任务。水生态保护规划一般是针对水体现有的生态问题，从水质提升、生境改善、生态修复等方面提出建议及对策，旨在维持水生态系统的稳定性，提高其健康水平。

11.1.2　水生态环境保护规划原则

水生态环境保护规划虽然类型不同，但是基本以改善水生态环境质量、维护人体健康和保障区域生态安全为根本，因此规划要紧紧围绕流域（区域）经济社会发展的总体要求，以水环境质量改善、水生态功能恢复、水资源优化配置等为重点，坚持问题导向、目标导向，构建资源节约利用、污染严格控制、水体有序流动、生态良性循环的水生态环境保护体系，推动经济社会发展与水资源水环境承载能力相协调。为此规划须遵循以下原则。

（1）目标管理，系统施治原则

坚持山水林田湖草沙系统理念，统筹水资源、水生态、水环境，系统推进工业、农业、生活、航运污染治理，河湖生态流量保障，生态系统保护修复和风险防控等任务。

（2）治水为主，综合整治原则

水环境治理对象是一个综合体，必须用系统论的观点，对整个系统进行调控，综合考虑多种技术及管理手段，对整个系统进行综合治理、同步治理和协同治理。

（3）突出重点，统筹兼顾原则

以环境整治和生态建设为手段，重点解决当前水生态环境质量改善中突出的问题，提出具体解决方案和应对措施。同时还要考虑水生态系统整体性、系统性及其内在规律，对各领域、各区域、各生态要素保护和治理进行统筹安排、长远谋划。

（4）实事求是，因地制宜原则

客观分析当地水生态环境质量状况、生态环境保护工作基础和经济社会发展现状，结合各流域资源禀赋等不同特点，系统设计有针对性的任务措施。

11.1.3 水生态环境保护规划主要内容

水生态环境保护规划的任务是通过污染整治、生态建设等系统管理手段，改善区域（流域）水环境质量，提升水生态环境功能，构建稳定、健康的水生态环境，支撑社会经济可持续发展。规划主要内容如下。

（1）现状调查和评价

通过对规划区域社会经济发展现状、水污染源排放现状、水资源水环境水生态现状调查与评价，找出存在的问题，提出规划需要重点解决的问题。

（2）水生态环境预测与压力分析

在对水生态环境现状进行调查及历史演变分析基础上，结合经济社会发展状况对区域未来水生态环境变化趋势作出科学、系统的判断。预测未来社会经济发展对水资源水环境的需求及污染物排放对水环境容量的需求，分析可能存在的水资源、水环境压力及水生态环境问题。

（3）水生态环境保护目标的设定

在对水生态环境现状进行综合评估基础上，对接上位规划目标要求，以及区域环境整体发展趋势，设定规划区水生态环境目标，包括总体目标、阶段目标及目标指标。

（4）水生态环境保护任务确定

水生态环境保护任务是达到规划目标的具体途径。一般以问题为导向，结合规划目标，开展相应的任务设计。具体可以从水生态环境分区分类管控、水资源优化配置、水污染物总量控制与污染整治、水生态修复等方面去落实，在经过优化比对后，形成规划方案，并提出相应的支撑工程。

水生态环境保护规划编制流程见图 11-1。

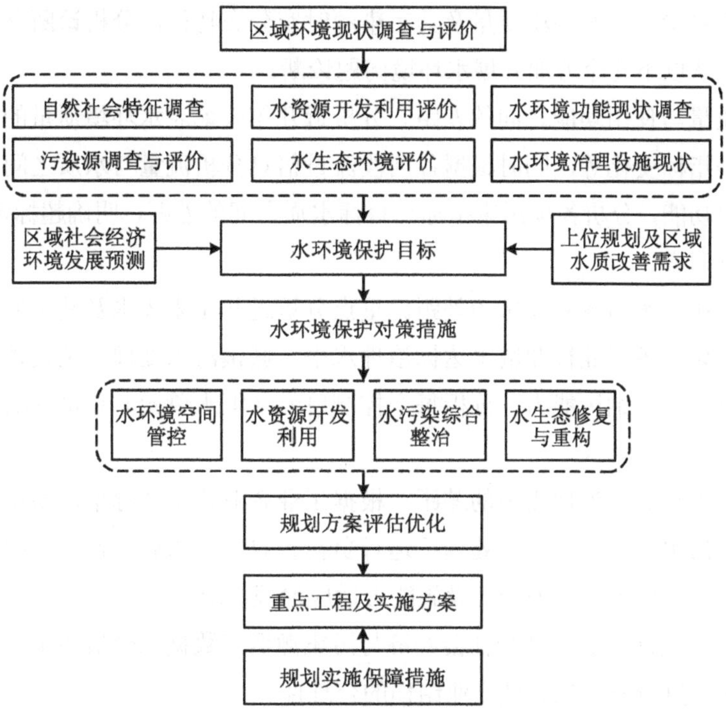

图 11-1　水生态环境保护规划编制流程

11.2　水污染防治规划

《中华人民共和国环境保护法》规定，未达到国家环境质量标准的重点区域、流域的有关地方人民政府，应当制定限期达标规划，并采取措施按期达标。《水污染防治行动计划》要求，未达到水质目标要求的地区要制定达标方案，将治污任务逐一落实到汇水范围内的排污单位，明确防治措施及达标时限。

水污染防治规划技术路线：深入调查评估水环境现状，诊断和识别主要水环境问题，查找与水质目标和要求的差距；分级构建更精细的控制单元，建立污染排放与水质响应关系；以阶段性水质改善目标为约束，统筹考虑水资源优化调控，测算入河（入海）允许排放量，将允许排放量逐一分配至汇水区内的各级行政区和排污单位，拟定许可排放量；科学分配各控制单元污染物削减量，因地制宜地细化整治任务和措施，合理安排重点工程。

从技术经济角度论证目标可达性，提出方案落实的保障措施等。

11.2.1 水环境调查与问题诊断

开展流域（区域）范围内水生态环境问题调查，通过资料收集、现场调查，掌握规划区域水文水系状况、水环境质量及其污染源时空分布特征，分析诊断存在的主要水环境问题。重点从以下几个方面开展水环境问题诊断。

水环境质量与使用功能之间的差距。分析近几年来地表水环境质量的年际、年内变化趋势及污染指标变化等，同时根据各河段流量信息分析流量与水质之间的对应关系。对照水体使用功能，分析各项污染指标与目标水质之间的差距，明确超标水体及其分布，诊断主要影响因素。

污染物产排与水质改善需求的差距。重点分析近几年来废水及其主要污染指标的产生与排放量变化、各工业行业废水达标治理水平、城镇污水处理设施完善程度，结合入河排污口监测数据及纳污能力，分析每个控制单元（汇水单元）总量削减压力及水质改善压力。

现有的治理设施与治理需求的差距。根据工业企业稳定达标率、城镇污水管网设施完善率、城乡污水收集率、污水处理厂运行负荷、农村污水处理设施分布及服务人口等数据，诊断规划区域现有污染治理设施能否适应治理需求。

产业结构合理性分析。结合社会经济与污染源调查数据，分析污染行业的贡献率，从水环境保护角度分析规划区域产业结构的合理性。

环境风险分析。收集规划区域相关资料，分析区域内饮用水安全保障、环境事故发生率、跨界水体污染事故等，诊断主要的水环境风险。

根据各方面问题诊断，对区域内各类问题进行排序，总结出规划区域主要水环境问题，为规划方案的制定提供导向。

11.2.2 水环境控制单元划分

水环境“分区、分类、分级、分期”管控不仅是当前流域水环境管理的主流思想，也是实现流域水环境精细化管理的重要内容。在宏观尺度明确污染防治重点和方向，在区域尺度把握水生态保护格局，在操作层面落实水质目标、突出管控重点、明确任务措施。因此，深化流域（区域）-控制区-控制单元的多级分区分类管理体系是落实流域水质目标、开展流域精细化管理的前提和基础。

水环境控制单元包括水体及影响水体的陆域空间范围，是水质目标管理的基本单元。美国基于水环境控制单元的水质管理研究较为深入，于 2004 年建立了 6 级区划体系，包括 21 个 1 级区、222 个 2 级区、352 个 3 级区、2 150 个 4 级区、约 22 000 个 5 级区和

160 000个6级区，其中，以5级区和6级区作为水质目标管理（total maximun daily load，TMDL）计划实施的控制单元，形成了较为完整的TMDL管理体系，成效显著。

我国控制区和控制单元的水环境分区理念首次提出是在淮河流域“九五”水污染防治规划中。“十五”及“十一五”的重点流域水污染防治规划以控制区-控制单元为框架进行分区，但主要以区域行政管理为载体，缺乏水陆协调性。“十二五”时期形成了比较系统完善的“流域-控制区-控制单元”多级水环境管理体系，重点流域共划分了315个控制单元，兼顾区域水系特征和污染特征，将水质目标与污染控制紧密联系起来，体现流域属性和区域属性，使单元的划分更加科学规范。“十三五”重点流域水污染防治计划进一步深化“流域-控制区-控制单元”的水环境多级管理体系，重点流域分区进一步细化，共划分了1 784个控制单元，作为落实水环境精细化管理的空间单元，使水质目标管理层层落实、层层衔接。

控制单元可以实现从污染源到水体水质之间的响应，使复杂的水环境问题被分解到各控制单元内，逐级细化，从而实现整体水环境质量改善。

（1）水环境控制单元划分原则

水环境控制单元划分既考虑水生态功能要求，又要面向水质目标管理要求，体现水体功能定位，推进流域、区域协调统一，落实区域污染防治责任和任务。因此，水环境控制单元划分要符合以下原则与要求。

完整性与唯一性原则。流域、控制区、控制单元为流域水污染控制三级分区体系，为实现三者自上而下逐步扩散、自下而上逐步收敛的单向逻辑关系，要求控制单元划分时必须保证流域的完整性，不能出现空白，也不能重复出现。

水陆统筹，以水定陆原则。单元为水陆对应的面状区域，自然水系为陆域划分的基准，根据自然汇水特征确定陆域汇流范围，形成水陆结合单元。

落实水质目标管理责任。水环境控制单元是水质目标管理的操作单元，将水质目标、治污责任逐级落实。治污责任应逐级落实到控制单元和行政区，实现空间上的责任分担。

（2）水文响应单元划分

水文响应单元是水环境控制单元的基础单元，因此在开展水环境控制单元划分时，先开展小型汇水区水文响应单元划分。具体可以采用手动提取或自动提取等方法。

手动提取：①利用数字高程图（DEM 或等高线图），识别出山脊和山坳，提取出河道和分水岭；平坦地区可参照公路、小道、行政边界等进行提取；②一般从河口开始，沿分水岭再回到河口，勾描出一个封闭的多边形，形成一个闭合小流域（图11-2）；③将提取结果与已有同级水资源分区图进行比对，调整相差较大的边界；④利用实际水系图，对小流域间的边界和河口汇流处进行调整，应保证一个河段只在一个流域内；⑤可以忽略人工修整的河道和池塘。

图 11-2 提取的小流域边界示意图

自动提取：基于 GIS 平台和 DEM 数据，采用 ArcGIS 软件中的 Hydrology Modeling 模块自动提取水文响应单元。基本操作步骤：①载入无洼地的 DEM；②流向分析（flow direction）；③计算流水累积量（flow accumulation）；④提取河流网络（stream Net）；⑤流域分析（watershed）；⑥栅格转成矢量；⑦流域边界合并，根据详细的水系图调整水文响应单元。

在平原河网地区则主要通过筛选主要河道，结合实际水系进行汇水区的调整。在汇水区划分的过程中，通过设定不同的阈值，将汇流量大于阈值的栅格赋值为 1，得到不同等级疏密的河流，进而得到不同数量的汇水区。汇水区设定单元数量应多于预定的最终单元数量，以便合并和调整。

（3）水环境控制单元划分

水环境控制单元划分主要考虑自然地理特征、社会经济特征、水生态与水环境特征分层级进行划定。因此，要充分考虑水系空间分布、汇水区边界、乡镇级行政区划、水生态功能分区等，按照以水定陆、水系完整、行政边界完整等原则进行划分。

采用 ArcMap 中的多层面空间叠置分析方法，对具有多边形属性的各级行政区界、水环境功能区划、汇水单元等进行空间叠置，建立流域-水环境功能区-行政区-水文响应单元的对应关系，形成新的图层。按照功能单一、水质均一、目标可控、管理可操作等原则，对叠置后形成的新单元通过合并（融合）、截取等方法进行修正，对部分边界按照可操作、可统计等原则进行微调。最终形成具有“关键控制节点-控制河段-对应陆域”的水环境控制单元。

此外，对于树状河流的单个河段和湖库，根据地形图、汇水区、入河（湖）支流等因素，基于行政边界划分下一级控制单元的陆域范围。对于三角洲河网，根据等高线、河网水系汊点等因素，基于行政边界划分控制单元的陆域范围，与河网水域连成一个封闭的控制单元。

流域水环境控制单元划定后要建立相应的环境数据库，用于统计、汇总、计算环境允许排放量，为流域水质目标管理、允许排放量分配奠定基础。数据库中控制单元的属性数据包括编码、名称、面积、主要河段（起始断面）、水域范围、陆域范围、水质目标、水环境功能、区域主要污染物排放量，以及环境允许排放量等。

11.2.3 水污染物总量控制

（1）总量控制概述

污染物总量措施作为遏制环境恶化、改善环境质量的重要手段，在世界范围内得到了广泛应用。自 20 世纪 70 年代开始，各国相继以水质改善为目标，出台了各类总量控制政策及措施，并在流域水环境管理中大力推进，取得了显著的成绩。在众多总量控制实践中，美国的 TMDL 计划作为一种重要的流域总量控制政策措施，在美国及其他国家得到广泛应用。

TMDL 的概念在 1972 年的《清洁水法》中被首次提出，是指水体在规定水质标准下每日所能接受的最大污染物量。美国各州政府根据水质标准识别污染水体，以最大日污染负荷为约束目标，执行相关措施以控制水体中污染物的排放量，实现污染水体水质改善。由于水体污染具有存在范围广、污染来源多等特点，因而常以流域作为控制单元开展 TMDL 计划或阶段性 TMDL 计划的制订。

TMDL 计划主要包括识别水质受损水体、确定控制水体优先顺序、制订 TMDL 计划、实施控制措施、评估控制措施五大实施过程（图 11-3）。首先，地方政府根据相关法规对所辖区域内所有水体现状水质进行评价，确定水体是否适用于相应标准及水体是否需要控制；并以环境利益最大化为指导思想，根据水体用途及污染严重程度进行评估排序以确定控制顺序。其次，通过特征描述、水体纳污量估算与分配，撰写 TMDL 计划报告。随后，根据报告中的分配结果，结合国家污染物排放削减体系（National Pollutant Discharge Elimination System，NPDES）与流域规划分别对点源与非点源实施有效管理。最终，在一定期限内对水体进行监测与评估，在保证措施有效性的同时，重新识别受损水体，对新识别污染水体开展新一轮 TMDL 计划制订。

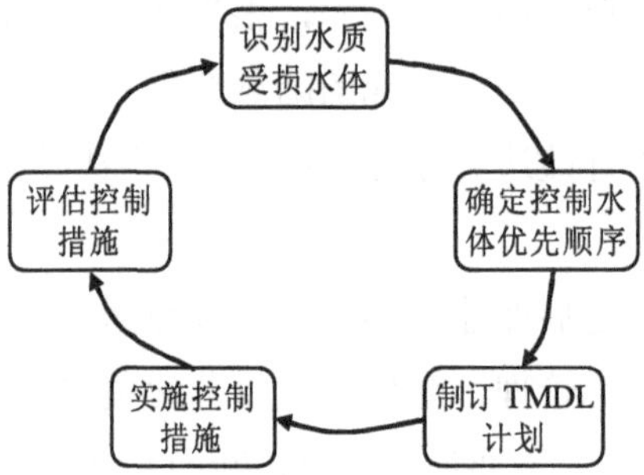

图 11-3　TMDL 计划实施过程

1988 年，《水污染排放许可证管理暂行办法》的颁布与实施拉开了我国以总量控制为抓手的水环境管理序幕。“九五”期间，国务院先后颁布《关于环境保护若干问题的决定》《水污染防治法实施细则》，确立了总量控制制度，为总量控制的科学、有效、顺利实施提供了保障。近年，随着《水污染物排放总量监测技术规范》《水污染防治行动计划》《控制污染物排放许可制实施方案》《排污许可管理条例》等文件的相继提出，我国总量控制在控制目标上逐渐由多指标广泛控制转为个别指标约束控制，在控制措施上逐渐由以城市、地区为控制单元推进产业结构调整与治理措施转变为以流域为控制单元实施水环境质量目标管理，并成功实现了 COD、氨氮等主要污染控制指标的排放量削减，太湖、长江、黄河、淮河等重要水系的水质得到了提升。“九五”以来我国水污染物总量控制发展历程见表 11-1。

表 11-1　“九五”以来我国水污染物总量控制发展历程

时期	指标与目标	主要措施	实施效果
“九五”期间	力争使环境污染和生态破坏加剧的趋势得到基本控制；部分城市和地区的环境质量有所改善；提出“创造条件实施污染物排放总量控制”	对 12 种污染物排放将实行总量控制	污染物排放总量比“八五”末期下降了 10%～15%
“十五”期间	2005 年，COD、氨氮、工业固体废物等主要污染物排放量比 2000 年减少 10%；工业废水中重金属、氰化物、石油类等污染物得到有效控制	削减工业污染物排放总量；强化城市环境的综合治理；控制农业面源污染和农村生活污染	淘汰一批高消耗、高污染落后生产能力，加快污染治理和城市环境基础设施建设；COD 总量削减 2%
“十一五”期间	2010 年 COD 排放量比 2005 年减少 10%	加快城市污水处理与再生利用工程建设；加强工业废水治理	COD 排放总量比 2005 年下降了 12.45%
“十二五”期间	2015 年 COD、氨氮排放量比 2010 年分别减少 8%、10%	加大重点地区、行业污染物减排力度；提升城镇污水处理水平；推动规模化畜禽养殖污染防治	COD 和氨氮排放总量分别累计下降了 12.9%、13%
“十三五”期间	2020 年 COD、氨氮排放量比 2015 年分别减少 10%、10%，且成为国家减排约束性指标	实施以控制单元为基础的水环境质量目标管理；实施流域污染综合治理	—

国家《“十三五”生态环境保护规划》中提出，建立环境质量改善和污染物总量控制的双重体系，以环境容量为核心的总量控制成为流域水环境管控的重要措施。流域容量总量控制规划包括控制范围确定，污染物负荷核算，环境容量估算，总量控制目标及污染负荷分配，污染负荷削减与控制措施实施 6 个过程（图 11-4）。其中，环境容量估算与污染物总量分配过程作为容量总量控制的核心工作，一直是我国容量总量控制的研究重点。

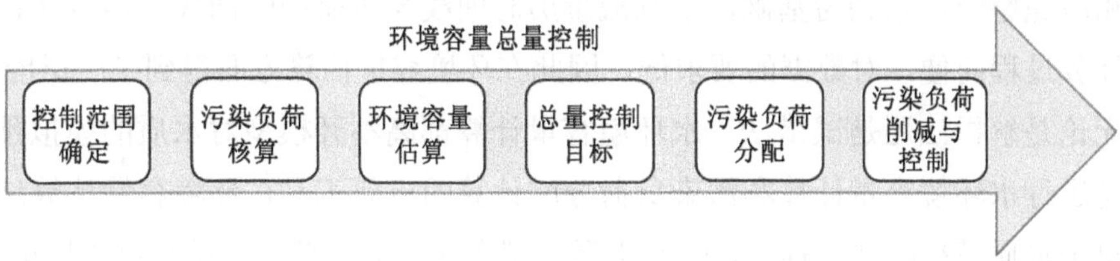

图 11-4　容量总量控制实施过程

（2）水环境容量核算

水环境容量的计算方法有解析法、试错法、非模型法等，其中解析法应用得最为广泛。

解析法是利用经过实测资料验证过的河流水质模型，预测河流水体中的污染物浓度，将预测值与水质目标进行比较，然后用水环境容量计算模型确定允许的污染负荷上限值。解析法因计算简单而被广泛应用，是最常用的河流水环境容量计算方法。

完全混合河流水环境容量解析计算模型为

$$W = 86.4 \times \left[Q_0 \cdot (C_s - C_0) + q \cdot C_s + K \cdot V \cdot C_s \right] \tag{11-1}$$

式中：W 为河流水环境容量，kg/d；Q_0 为上游来水的流量，m^3/s；C_s 为河流水质目标浓度，mg/L；C_0 为背景值浓度，mg/L；q 为旁侧入流，m^3/s；K 为综合降解系数，d^{-1}；V 为河段体积，m^3。

基于控制断面的河流水环境容量解析计算模型为

$$W = 86.4 \cdot Q_h \left[C_s \cdot \exp\left(\frac{Kx}{u}\right) - C_0 \right] \tag{11-2}$$

式中：W 为河流水环境容量，kg/d；Q_h 为控制断面流量，m^3/s；C_s 为河流水质目标浓度，mg/L；C_0 为对照断面浓度，mg/L；K 为综合降解系数，d^{-1}；x 为河段间距，km；u 为流速，km/d。

试错法是以水质模型为基础，利用计算机进行求解，通过对污染物排放量的多次输入调试，使规划区域水质达到一定要求，这时输入的污染物排放量即为环境容量。

相较于解析法，试错法计算要更加精准，但工作量较大。随着信息技术的发展，自动化调试程度不断提高，目前很多水环境容量计算是基于综合水质模型，采用试错法来计算的。

非模型方通过全面的水质与污染源评估，进行“基于水质”或“基于土地”的环境容量估算。目前常见的非模型方法包括负荷历时曲线法、质量平衡法、还原率法等。其中负荷历时曲线法是一种基于完整流量模式下的数据图解分析方法，以代表站点的水质要求和相应完整流量系列为基础，绘制流量历时曲线与负荷历时曲线。该方法计算原理简单，计算过程简便，对数据的要求低，因此在环境容量估算方面得到了广泛应用。

但无论是解析法还是试错法，水环境容量计算都离不开模型对水质的模拟预测。水质模型是进行水环境容量计算和污染负荷分配计算的重要工具，环境容量计算结果的准确性取决于水质模型的精确程度，因此水质模型在应用前，必须经过参数的校正与验证。

（3）污染物总量控制与分配

污染物排放总量分配是总量控制的核心和关键。通过将区域内污染物允许排放量（污染物控制总量）分配到各个区域或各类污染源，实现基于水质标准的水环境管理。总量分配不仅是将污染物排放控制量分配给有关排污源，更重要的是通过对经济活动的管理、环境容量资源的分配推动经济系统的合理运行和社会总资源的有效配置。一方面，通过在流域范围内不均等地分配环境容量资源，实现了流域范围内各控制区域合理布局与负荷分担率；另一方面，在区域范围内不均等地分配技术、经济投入，以实现总量控制负荷指标的具体实施。

总量分配问题从总量控制区域的污染状况来看，可以分为两种情况：一是对于环境容量资源已经占用消耗殆尽或造成严重污染的区域，则制定污染负荷最佳削减分配方案来达到控制区域环境质量管理目标；二是对于环境容量资源有潜在开发前景或有剩余和待开发环境容量的区域，则制定剩余和待开发环境容量规划分配方案，其重点是规划未来发展中的环境容量资源分配、保留和有偿使用问题。

制定科学、公平、合理的污染物总量分配方案是实行总量控制关键。污染物总量分配可以按区域进行，也可以按污染源类型进行。区域总量分配以控制单元、行政单元为分配对象进行允许排放量分配。污染源总量分配以污染源为分配对象进行允许排放量分配。总量分配方法包括以公平原则为基础的分配方法和以效率原则为基础的分配方法两大类。公平性原则是总量分配的首要原则，在公平的基础上以交易和补偿等手段来追求效率。目前，使用较多的总量分配方法有 4 类：最优化模型法、等比例削减法、环境基尼系数法、层次分析法。

为了避免运用单一方法带来的局限性，多种分配方法联合使用也成为总量分配方案设计的一种模式。如可以根据基尼系数计算结果调整层次结构模型权重，并在此基础上进行流域排污总量分配；也有案例将环境基尼系数与线性规划函数结合，对非点源污染排放量在地域间和行业间进行分配；或采用层次分析法与基尼系数法得到以公平与效率为切入点的流域污染源总量分配。作为总量控制的核心环节，大部分分配方案根据控制目标以公平性、效率性、便捷性中的某一个特性为主要原则进行构建。选择一个公平、有效、便捷的总量分配方法，是水污染物总量控制有效开展的保证。

11.2.4 水污染防治方案

水污染防治方案以水质达标与改善为核心，通常可从以下几方面来设置任务。

（1）推进经济结构转型升级

围绕水质达标要求，可从产业结构调整、空间布局优化、推进循环发展等方面提出调控方案。产业结构调整可结合当地落后产能淘汰方案，制订流域内详细的分年度落后产能淘汰计划及整改要求，同时要根据控制单元的水质目标和主体功能区规划要求，充分考虑当地的水资源、水环境承载能力，提出环境准入条件，推进产业结构调整及空间布局优化。此外，结合水质达标要求和当地具体情况，提出工业水循环利用和再生水利用方案，全面推行清洁生产，提出清洁生产审核企业清单。

（2）强化源头污染控制

针对各类污染源，提出控源减排措施，促进工业企业污染深度治理，严格执行国家产业政策，全面实行污染物总量控制，贯彻全面稳定达标排放和“提标升级”工业减排。加快城镇污水处理设施建设与改造，全面加强配套管网建设并推进污水厂污泥处理，提高城镇生活污染治理水平，推进污水再生的利用率。稳步推进农村农业污染整治，根据各控制单元环境承载能力和总量控制要求，优化畜禽养殖业发展布局，加强畜禽养殖污染整治；实行测土配方施肥，推进区域农田减肥增效行动，开展农田排水和地表径流净化工程，控制农业面源污染；加快农村环境综合整治，提高农业生活污水处理水平，建立农村污水处理设施的运维机制。

（3）推进节水型社会建设

根据问题成因分析结果，以保障生态流量为根本出发点，以水资源“双控”为上线，实施转变高耗水方式、闸坝生态调度、完善区域再生水循环利用体系等任务。针对取用水超过总量控制指标体系的控制单元，要对项目新增取水许可提出严格要求，建立重点监控用水单位名录。加强城镇节水，提出对城镇低影响的开发建设方案，推进海绵城市建设。大力发展节水农业，推广旱作农业、抗旱品种、蓄水保墒、渠道防渗、管道输水、喷灌、微灌、测墒节灌、集雨补灌、水肥一体化等节水技术。加强江河湖库水量调度管理，结合当地水量调度方案，提出闸坝联合调度、生态补水等措施，重点保障枯水期生态基流。根据城镇污水排放和处理情况、城镇再生水生产和使用现状、水资源开发利用状况及用水需求分析结果，以促进生态流量恢复为主要目的，设计区域再生水循环利用体系，明确区域再生水处理设施建设规模。

（4）加大水生态保护与修复

水生态系统保护与修复措施主要包括湿地恢复与建设、河湖生态建设、水生生物完整性恢复等方面。湿地恢复与建设根据河湖湿地受损情况分析结果，针对湿地面积萎缩、重要物种生境受损等问题，采取不同的保护与修复措施，主要包括湿地封育保护、退耕还湿、湿地生态补水、生物栖息地恢复与重建等措施。河湖生态恢复则按照自然恢复为主的方针，划分水源涵养区、水体及其生态缓冲带等生态空间，因地制宜提出管控要求与建设任务；对水生态系统严重受损，包括水下生态系统、河湖生态缓冲带受损等，明确河湖生态缓冲带恢复、水生植被恢复等规模化生态保护恢复任务。水生生物完整性恢复应坚持保护优先、自然恢复为主的方针，根据水生生物完整性指数及重现土著鱼类或土著水生植物的水体清单等规划目标要求，提出洄游通道保护、天然生境恢复、生境替代保护、“三场”保护与修复及增殖放流等任务要求。

（5）强化流域水环境管理

结合区域环境保护监管能力现状和水环境监管需求，从人员、设施、财政保障等多方面提出监管能力建设计划，列出环境监测及监察能力建设要求，包括饮用水水源水质全指标监测、重点污染源在线监控系统、水生生物监测、地下水环境监测、化学物质监测及环境风险防控技术支撑能力。同时，结合水质目标要求和环境允许排放量计算结果，制定污染物排放总量控制方案，强化环境质量目标管理，推进排污权交易、生态补偿等机制创新。

11.3 水生态保护与修复规划

我国水生态环境复杂而脆弱，随着水资源的开发利用程度增强及水污染物排放量加大，多数水体都出现了水质下降，水生生物多样性降低和水生生物栖息地退化等问题。为全面开展河湖水生态保护工作、推进河湖功能永续利用，水生态保护与修复规划按照水陆统筹原则，以山水林田湖草沙生命共同体为核心，通过对河湖水系生态调查与评估，诊断影响河湖系统生态健康的主要因素及问题，制定水生态空间管控、水生态景观建设，水生态修复、水生境维护等措施，维护水生生物资源多样性，增强水生态系统的服务功能，从而促进人水和谐，保持水生态系统平衡和可持续发展。

11.3.1 水生态调查与评价

水生态调查与评价是指对水体不同尺度生态系统的组成要素、性质及状态进行调查与评估，是水生态保护与修复规划的基础。

（1）水生态调查

水生态调查包括河湖水文特征、生境状况、水环境质量及生物群落特征等相关信息。

流域水文特征调查通过收集水文、气候、地形地貌等资料，了解研究区域水位、水量、流速、流向的变化，降水量、蒸发量及历史水情变化。同时调查研究区域水电站、闸坝等水利工程分布情况和规模，流域水资源开发利用状况。

河湖生境调查主要是对河流岸边带及水域特征进行调查，包括河道周边主要土地利用类型；沿岸是否存在土壤流失、沿岸侵蚀状况；河岸两侧和湖库带 50 m 范围内植被特征、覆盖度、多样性、优势植被类型及物种；区域大型采砂、河道疏浚等情况。生境调查通常采用遥感解译和近距离观察相结合的方式进行，部分指标则可以通过打分的方式实现。

水环境质量调查主要调查常规水质指标，包括基本水质参数、常规沉积物和底层环境特征。一般通过收集历史数据或现场实测的方式获取。

水生生物包括浮游植物、浮游动物、底栖生物、大型水生维管束植物、鱼类等。通过采样、计数、分类、生物量统计等调查分析方法了解水体中水生生物类别及丰度。

（2）水生态评估

根据《中国重点流域水生态健康系统健康评价》和《流域水生态环境质量监测与评价技术指南》，选取水体理化参数、水生生物群落和物理生境 3 类要素对流域水生态质量进行评估，对流域水生态健康状况进行分级。

水生态环境评估通常要先确定参照状态，以比较并检测环境损伤程度。参照点位的确定要综合生境、水质和生物 3 个要素定性和定量指标，选择未受干扰或干扰极小的生物群落、栖息地和水化学特征区域或点位作为参照状态，如果有相关标准的则参照已有标准。

1）水体理化指标

参照《地表水环境质量标准》（GB 3838—2002），根据不同功能分区水质类别标准限值，进行单因子评价（其中水温和 pH 不作为评价指标）。水质类别等级划分参照《地表水环境质量评价办法》（环办〔2011〕22 号）中河流断面水质评价方法，并根据水质类别等级进行赋分，见表 11-2。

表 11-2 水质理化指标评价等级及赋分

水质类别	Ⅰ～Ⅱ类	Ⅲ类	Ⅳ类	Ⅴ类	劣Ⅴ类
水质状况	优	良好	轻度污染	中度污染	重度污染
赋分	5	4	3	2	1

2）水生生物指标

通过对流域内浮游生物、大型底栖生物、着生藻类和鱼类等水生生物进行采集和分析，根据实际调查情况，选用 1 种或几种评价方法对水生生物进行评价。常见水生生物指数评价方法及其适用性见表 11-3。选择上述指数，根据推荐的分级标准（表 11-4）对各指数进行赋分，以各项算术均值作为断面水生生物指标得分。

表 11-3　常见水生生物指数评价方法及其适用性

方法	适用性	适用生物类群
BMWP 指数	利用底栖动物的定性监测数据，依据不同类群底栖动物对污染物的耐受性差异对水生态环境质量进行评价	底栖动物
Hilsenhoff 指数（BI 生物指数）	利用大型底栖的定量监测数据和各分类单元耐污值数据，依据不同类群底栖动物对污染物的耐受性差异对水生态环境质量进行评价	底栖动物
生物学污染指数（BPI）	利用大型底栖的定量监测数据，从指示类群分布特征的角度对水生态环境质量进行评价	底栖动物
Shannon-Wiener 多样性指数	利用藻类或大型底栖的定量监测数据，从物种多样性角度对水生态环境质量进行评价	底栖动物、藻类
硅藻指数（CDI）	利用硅藻的定量监测数据和各个硅藻种类对环境的指示值及污染指示值对水生态环境质量进行评价	着生硅藻
生物完整性指数（IBI）	利用底栖动物、藻类监测数据，从生物完整性角度在流域、水系尺度开展水生态环境质量评价	底栖动物、藻类

表 11-4　水生生物指标赋分标准

生物指标	优秀	良好	中等	较差	很差
BI 生物指数	＜3.9	3.9～5.4	5.4～7.0	7.0～8.5	≥8.5
BPI 生物学污染指数	＜0.1	0.1～0.5	0.5～1.5	1.5～5	≥5
Shannon-Wiener 多样性指数	＞3	2.0～3.0	1.0～2.0	0～1.0	＝0
硅藻指数（CDI）	≤30	30～50	50～65	65～80	＞80
生物完整性指数	—	—	—	—	—
BMWP 指数（不涉及大型河流）	＞180	136～180	91～135	45～90	0～44
BMWP 指数（可涉及溪流）	＞42	32～42	22～31	11～21	0～10
赋分	5	4	3	2	1

3）栖息地生境指标

参照《流域水生态环境质量监测与评价技术指南》中的生境调查方法，分别对河流和湖库的生境情况开展野外实地测评（表 11-5），监测断面生境总分由 10 项生境参数累加计算 *H*，最后以分级评分标准中的相应得分作为栖息地生境指标得分，详见表 11-6。

表 11-5 河流生境评价指标赋分标准

评价项目	好	较好	一般	差
	16～20	11～15	6～10	0～5
底质	75%以上是碎石、卵石、大石，余为细沙等沉积物	50%～75%是碎石、鹅卵石、大石，余为细沙等沉积物	25%～50%是碎石、鹅卵石、大石，余为细沙等沉积物	碎石、鹅卵石、大石少于 25%，余为细沙等沉积物
栖境复杂性	有水生植被、枯枝落叶、倒木、倒凹河岸和巨石等各种小栖境	有水生植被、枯枝落叶和倒凹河岸等小栖境	以 1 种或两种小栖境为主	以 1 种小栖境为主，底质多以淤泥或细沙为主
V/D 结合特性	慢-深、慢-浅、快-深和快-浅 4 种类型均有，近乎平均分布	只有 3 种情况（如快-浅未出现，分值较低）	只有两种情况出现（如快-浅和慢-浅未出现，分值较低）	只有 1 种类型出现
河岸稳定性	河岸稳定，调查范围内小于 5%河岸受到损害	比较稳定，调查范围内有 5%～30%的面积出现侵蚀现象	调查范围内有 30%～60%的面积发生侵蚀，且洪水期可能会有较大隐患	调查范围内 60%以上的河岸发生侵蚀
河道变化	渠道化没有或很少，河道维持正常模式	渠道化较少，通常出现于桥墩周围，对水生生物影响较小	渠道化较广泛，出现于两岸有筑堤或桥梁支柱的情况下，对水生生物有一定影响	河岸由铁丝和水泥固定，对水生生物影响严重，使其栖境完全改变
河水水量状况	水量较大，河水淹没到河岸两侧，或仅有少量的河道暴露	水量比较大，河水淹没 75%左右的河道	水量一般，河水淹没 25%～75%的河道	水量很小，河道干涸
河岸带植被多样性	河岸周围植被种类很多，面积大，河岸植被覆盖 50%以上	河岸周围植被种类比较多，面积一般，河岸植被覆盖 50%～25%	河岸周围植被种类比较少，面积较小，河岸植被覆盖少于 25%	河岸周围几乎没有任何植被，河岸无植被覆盖
水质状况	很清澈，无任何异味，河水静置后无沉淀物质	较清澈，轻微异味，河水静置后有少量的沉淀物质	较浑浊，有异味，河水静置后有沉淀物质	很浑浊，有大量的刺激性气体溢出，河水静置后沉淀物很多
人类活动强度	调查区域及周边无人类活动干扰或少有人类活动	调查区域及周边人类干扰较小，有少量的步行者或自行车通过	调查区域及周边人类干扰较大，少量机动车通过	调查区域及周边人类干扰很大，交通必经之路，有机动车通过
河岸土地利用类型	调查区域及周边河岸两侧无耕作土壤，营养丰富	调查区域及周边河岸一侧无耕作土壤，另一侧为耕作土壤	调查区域及周边河岸两侧耕作土壤，需要施加化肥和农药	调查区域及周边河岸两侧为耕作废弃的裸露的风化土壤层，营养物质很少

表 11-6 栖息地生境指标赋分标准

得分分值	等级	赋分
$H>150$	无干扰	5
$120<H\leqslant150$	轻微干扰	4
$90<H\leqslant120$	轻度干扰	3
$60<H\leqslant90$	中度干扰	2
$H\leqslant60$	重度干扰	1

4）水生态健康综合评价

利用综合指数法进行水生态环境质量综合评估，通过水化学指标、水生生物指标和生境指标加权求和，构建水生态环境质量综合评价指数（Water Eco-environment Quality Index，WEQI）：

$$\mathrm{WEQI}=\sum_{i=1}^{n}x_i w_i \tag{11-3}$$

式中：x_i为评价指标分值，包括水化学指标、水生物指标和生境指标；w_i为权重，一般将上述指标分别赋值为 0.4、0.4、0.2（具体可根据实际进行调整）。

根据水生态环境质量综合评价指数（WEQI）分值大小，将水生态环境质量状况等级分为 5 级，分别为优秀、良好、中等、较差和很差。

11.3.2 水生态空间管控

水生态空间是指为生态-水文过程提供场所、维持水生态系统健康稳定、保障水生态安全的各类空间，依据其自然生态特征分为以水体为主的河流、湖泊等水域空间，以水陆交错为主的岸线空间，以及与保护水资源数量和质量相关联的涉水陆域空间。

水生态空间管控是国土空间管控的重要组成，为严守水资源利用上限、水环境质量底线、水生态保护红线，强化水资源水环境和水生态红线指标约束，依据水资源禀赋条件、水资源承载状况、河流生态用水需求、经济社会发展需要等因素，合理划定水生态保护红线，预留水资源开发利用空间，谋划水生态空间布局、管控指标、管控措施、管控制度与能力建设。

根据《全国主体功能区规划》，考虑水生态空间的资源、环境、生态属性特征，将流域内的水库、湖泊、蓄滞洪区等点状空间，水域和岸线带状空间，涉水陆域面状空间，包括重要水源涵养区、水土保持重点防治区、饮用水水源地保护区等，按照生态功能重要性，划分为禁止开发区（水生态保护红线区）、限制开发区和水安全保障引导区。

（1）水生态保护红线区

按照水生态保护功能的重要性和环境敏感脆弱性，水生态保护红线区可分为水域及岸线保护红线区、洪水蓄滞红线区、饮用水水源保护红线区、水源涵养保护红线区等。

水域及岸线保护红线区是指对维护水体饮用水水源等生态保护功能，保障河势稳定和湖泊形态稳定，保护水生生物多样性，促进河湖健康具有重要作用的河流、湖库的水域和相关的岸边带等。一般将国家级、省级主体功能区确定的禁止开发区域范围内的水域及岸线，国家和省（自治区、直辖市）人民政府批准划定的各类自然保护区涉及的河流（湖泊）或因岸线开发利用对防洪安全、河势稳定、水生态保护等有重要影响的岸线区纳入水域及岸线保护红线区。

洪水蓄滞红线区主要是指对流域性洪水具有重要行洪、削减洪峰和蓄纳洪水作用的区域，使用较为频繁且具有重要水生态服务功能的河流、水库、湖泊、湿地及国家重要蓄滞洪区中的核心区域等划定洪水蓄滞红线区。

饮用水水源保护红线区主要指对已划定饮用水水源保护区的地表水和地下水饮用水水源地的一级、二级保护区纳入饮用水水源保护红线区。

水源涵养保护红线区主要是指对流域来水具有重要水源涵养与补给等生态功能，其植被具有特殊保护价值的区域。水源涵养保护红线区包括江河源头区、重要地表水水源补给区域和地下名泉补给保护范围等。

（2）水生态限制开发区

按照水生态保护功能和限制人类经济社会活动对保护功能影响的要求，水生态限制开发区可分为水域及岸线限制开发区、洪水蓄滞限制开发区、饮用水水源保护限制开发区、水土保持限制开发区等。

一般将人类活动对生态功能影响较大的水域、水功能区一级区中的缓冲区、部分暂不开发利用的保留区划定为水域限制开发区。将河流的河势相对稳定，岸线开发利用程度已较高，各类岸线利用建设项目已较多，进一步开发利用对防洪、供水、航运及河流生态安全可能产生影响的河道岸线划为岸线限制开发区，或者将对于人类活动对河流的河势稳定可能产生风险的岸线空间，经科学评估后划为岸线限制开发区。

对一些大江大河及其重要支流的蓄滞洪区，结合科学评估，视其在其他空间中的保护功能需要划定限制开发范围；对于具有防洪功能的水库、湖泊，一般将 20 年一遇防洪高水位至水库（湖泊）正常蓄水位之间的带状区域也划定为洪水蓄滞限制开发区。

从饮用水水源保护区的水质保护功能需求出发，对于已划定饮用水水源保护区的集中式饮用水水源地，保护区以内水域和陆域范围可划定为饮用水水源保护限制开发区。

水土保持和水源涵养限制开发区主要是指为预防、控制水土流失，减少面源污染，巩固退耕还林还草等涵养水源需求，并根据水土保持功能脆弱性评价，在对水土流失影响程度、水源涵养与补给等生态功能评价基础上，划定一定范围的水土保持和水源涵养限制开发区。

除按上述类型划定水生态管控空间外，一些水生态保护与修复规划还划定了河湖生态缓冲区，即为对重要水域实行特别保护，划定重要河湖岸线保护区、河湖生态缓冲带等生态空间，对此类生态空间实施特殊管制，严格控制岸线开发建设。禁止非法侵占河湖水域，依法打击围垦湖泊、填湖造地等行为，开展河湖岸线生态化改造与生态缓冲带修复活动。

（3）水安全保障引导区

为保障经济社会发展对水安全保障的需求，在水生态空间中预留出未来可能开发利用的空间，作为水安全保障引导区。

水安全保障引导区分为极重要、重要、一般重要 3 种类型。对于已列入流域综合规划、区域水资源综合规划，或通过水资源水环境承载能力评估后，对县级以上区域水安全保障影响较大，未来可能作为建设大型水利基础设施项目涉及的建设、管理水域及岸线范围（具有防洪、供水等功能），作为极重要水安全保障引导区进行管控；对于县级及以下区域水安全保障影响较大，未来可能建设中型水利基础设施项目涉及的建设、管理的水域及岸线范围，可作为重要水安全保障引导区进行管控；其他未来可能建设小型水利基础设施项目涉及的建设、管理范围，可作为一般重要水安全保障引导区进行管控。

水安全保障引导区的划定需要在水资源承载能力与供水安全总体布局基础上，按照前瞻性、整体性、系统性的原则，统筹谋划区域供水安全保障基础设施网络格局。同时，防洪安全保障要从系统构建全流域防洪安全保障体系出发，统筹考虑上下游、左右岸、局部与整体的利益，在防洪体系布局论证的基础上确定水安全保障引导区格局。

11.3.3 水生态保护与修复方案

围绕水生态结构完整、功能完善、系统安全等目标，可从以下几个方面开展水生态保护与修复方案设置。

（1）水系完整性构建

根据规划区河湖水系格局、水资源条件、生态环境特点和经济社会发展要求，结合河湖水系演变规律，统筹考虑河流连通的需求和可能性，自然连通与人工连通相结合，历史连通与新建连通相结合，合理有序地开发河湖连通。对已建控制闸坝的河湖，通过实施生态调度，实现河湖水系连通需求；对未建设控制闸坝的河湖，按照先保护后修复的原则，对闸坝工程建设方案提出优化建议，制定河湖连通总体保护方案。

加强河湖地貌形态保护与修复。在保障河流行洪功能、提高河道稳定性的前提下，从生态保护角度合理划定岸线并优化堤防布置，维持和恢复河流主河槽、河漫滩和过渡带等自然特征，保持一定的河漫滩宽度和植被空间，保护生境多样性和生物栖息地功能；维持和修复河流蜿蜒性特征，避免人工裁弯取直。加强湖泊管理与保护，通过退田还湖、退渔还湖等措施，恢复湖泊水域面积；实行湖泊生态型清淤，恢复湖岸乡土种，保护与修复湖泊湿地区域内洼地、高岗等高低起伏的自然地貌特点，推进岸线生态型岸坡防护建设与改造。

（2）水生态用水保障

根据湖泊湿地生态目标和需水特点，确定河流生态基流和适宜的生态水位（水位过程），提出包括敏感时期需水总量，分区分类确定河湖生态流量保障目标，建立健全生态用水保障机制，制定重要河湖生态流量保障方案，加强重要河湖主要控制断面生态流量监测评价和预警。

生态需水保障主要包括河道内生态需水量配置、生态基流和敏感生态需水及湖泊湿地生态水位保障等；在流域水资源配置方案中结合区域水资源开发利用总量控制要求，提出河流及主要控制断面的河道内生态需水量配置方案；制定取水限制措施、闸坝生态调度方案、河湖水系连通及生态补水方案、生态泄流方案及流量监控设施等。

（3）水生态系统修复

以水生态系统基本原理和生态工程的基本原则为指导，围绕生态优先、亲水景观、节能环保、可持续发展等基本原则，运用水陆交错带挺水植物协同净化等技术，采用分区、分段治理增强水体自净能力、提高水生生物多样性，形成结构与功能完整的水生态系统，科学合理拟定水体生物生态修复项目，促进规划区水环境质量提升、水生态健康系统建设。

提升水源涵养功能：坚持封、管、造相结合，强化流域水源涵养地建设，推进封山育林，加强森林抚育、提高林分质量、增强生态效能。同时，采取退耕还林、坡改梯和坡面整治相结合的技术措施进行小流域水土流失综合防治。

建立区域湿地保护体系：严格保护流域内湿地类生态红线区域，严格控制非法围占自然湿地，遏制流域内湿地面积减少和湿地生态功能退化。加大流域生态基础设施建设，逐步完善河网、湖荡湿地，构建合理有效的生态廊道、生态斑块，系统性恢复河流、湖泊、山水园林之间的生态关系，加强湿地保护管理能力建设，推进流域湿地保护生态补偿机制的实施。

强化水体水质净化功能：以水质稳定达标、水生态提升为目标，运用生态学原理，将多种生态修复技术与环境优化相结合，修建生态缓冲带，科学种植水生植物，构建滨水生态系统，打造“水下森林”系统，提升水质净化能力，恢复河道景观功能。

（4）重要区域生态保护与修复

重要区域主要包括河源区、河口区、重要湿地和城市河湖区，具有生态环境敏感脆弱、生物多样性丰富、珍稀濒危生物保护价值突出或胁迫效应显著等特征。

河源区：充分考虑其生态环境承载力，按照保护优先、自然恢复为主，人工修复为辅的原则开展区域内水源涵养、自然植被保护、生态系统保水保土功能维护、点（面）源污染整治任务。对于具有珍稀、濒危、特有物种保护需求的河源区，明确需保护的栖息地和关键生境，并提出需特殊保护和保留的河段范围及保护方案。

河口区：综合考虑重要生物栖息地与生物多样性保护要求，以及供水、防洪（潮）、排涝、航运、养殖、滩涂开发等社会服务功能需求，坚持保护优先、开发与保护相协调的原则，对区域内具有重要生物保护价值的滩涂、河滩、湿地和通道实行特殊保护，提出污染物入河量控制要求及点（面）源防治建议。

重要湿地：以恢复湿地生态系统的生态特性和基本功能为目标，重点维护其涵养水源、调蓄洪水、净化水质和保护生物多样性等功能，兼顾景观要求。与此同时，遵循科学修复、合理利用的原则，适度控制人类活动强度，加强湿地水资源配置与管理，选择退耕还湿、污染控制、湿地植被保护与修复等措施。

城市河湖区：统筹城市河湖防洪、排涝、供水、航运、景观、文化等功能需求，保护河湖水系自然形态和自然岸坡相结合，滨水空间打造需兼顾防洪蓄洪、生态廊道保护等要求。同时，结合河湖水功能区划和水质保护目标，提出城市河湖点源、面源、内源控制和治理措施。

第 12 章　大气环境保护规划

大气环境质量的优劣与人类生存密切相关，关系到社会经济能否持续发展。然而，大气污染是我国的严重环境问题之一，特别是在 2013 年雾霾爆发以来，以区域雾霾为特征的大气污染越来越受到社会公众和各级政府的关注。我国大气污染防治和空气质量管理随大气环境问题的演变而不断深化，经历了消烟除尘（1972—1990 年）、“两控区”管控（1991—2000 年）、总量控制（2001—2010 年）、蓝天保卫战（2011—2020 年）4 个阶段。大气环境保护规划起步于 20 世纪 80 年代，是我国环境规划体系的重要组成部分，也是当前攻坚克难、打赢蓝天保卫战的重要指引。

12.1　大气环境保护规划概述

12.1.1　大气环境保护规划概念与目的

大气环境保护规划是指为协调某一区域经济社会发展和大气环境质量要求之间的关系，在分析大气环境质量变化趋势、预测区域社会经济发展对大气环境影响的基础上，为保证人类健康设定大气环境目标，寻求解决该区域大气环境问题、达到大气环境系统功能最优化的环境方案。

大气环境保护规划的主要目的包括两个方面：一是保护公众人体健康不受大气污染影响，这是大多数国家与地区大气环境规划的主要目的；二是保护公共利益，协调社会经济发展与大气环境质量关系。这些目的一般通过包括调整产业结构和能源结构、采取污染防治措施削减大气污染物排放量，提升大气环境自我净化能力（承载能力）等措施来实现。

12.1.2　大气环境保护规划类型

大气环境保护规划根据时间跨度可分为近期、中期和长（远）期大气环境保护规划；根据规划层次可分为国家大气环境保护规划、区域大气环境保护规划和部门大气环境保护规划等；根据大气环境保护目标可分为大气环境质量规划和大气污染控制规划。

大气环境质量规划和大气污染控制规划相互联系、相互影响、相互作用，构成大气环境保护规划的全过程。其中，大气环境质量规划是为保护人体健康和公共利益，应对气候变化所采取的污染控制和环境管理等具体措施及对策。大气污染控制规划则是以污染物总量控制为核心，通过调整产业结构、优化能源结构、开展污染源治理达到大气污染物减排目标，是大气环境质量规划的前提和基础。

大气环境质量规划是以城市总体布局和国家大气环境质量标准为依据，规定了城市不同功能区主要大气污染物的限值浓度。根据污染物排放与大气环境质量的输入响应关系，提出实现不同功能区大气环境质量达标或者改善的对策措施。大气环境质量规划是城市大气环境管理的基础，同时也是城市建设总体规划的重要组成部分。

大气污染控制规划是实现大气环境质量规划的技术与管理方案，可细分为大气污染物排放总量控制规划和大气污染综合治理规划。大气污染物排放总量控制规划是以基于环境质量目标的污染物控制总量为目标，通过控制一定时间内排放到环境中的污染物总量，来实现环境质量达标或目标总量达标的大气环境规划。大气污染综合治理规划是一个系统工程，从规划区域实际出发，对减轻大气污染的各类方案进行经济、技术比较，并根据各区域大气污染物排放特点、环境承载力、经济能力和管理水平等因素，制定技术经济可行的最佳方案。

12.1.3 大气环境保护规划主要内容

大气环境保护规划是在一定空间和时间范围内，为达到大气环境质量要求，运用系统工程方法，通过调整产业结构和能源结构、合理布局，并采用工程技术措施而提出的综合防治大气污染对策。主要步骤包括识别大气污染问题，明确大气环境质量与污染控制目标，估算容许排放量和计划削减量，筛选相应的对策方案，进行技术经济优化分析。

（1）问题诊断与识别

通过对规划区产业结构、能源结构、各类大气污染源、大气环境质量进行调查与评估，诊断区域主要大气环境问题及污染特征。

（2）大气环境发展趋势预测

根据区域产业发展、能源发展、城镇发展等各类规划，预测区域各类大气污染物排放趋势。结合大气环境质量模型或相关统计模型，预测区域大气环境质量的变化趋势，判断未来大气环境质量达标的主要压力。

（3）规划目标确定

大气环境质量规划目标是规划的核心，也是环境空气质量达标的对标要求。根据区域功能区划，确定整个规划区及各功能区的大气环境质量目标。根据各功能区环境质量目标计算区域大气环境容量，结合污染物排放现状确定区域允许排放量和计划削减量，确定总量控制目标。同时为了实现质量目标和总量控制目标，分阶段提出环境治理控制目标，如能源消耗水平、废气治理水平等目标。

（4）大气污染控制规划方案制定与优化

规划方案是规划目标得以实现的手段和途径。分析污染物排放与空气质量间的关系，确定主要污染源合理布局、污染物削减控制、区域空气环境净化等措施，同时对区域产业结构与布局、能源结构与消耗水平等提出控制要求，并对各类规划措施进行技术经济可行性分析。

（5）规划实施保障

从政策、资金、技术等方面提出规划实施的保障措施。

12.2 大气环境保护规划支撑技术

环境规划的实质是以规划目标为约束寻求最优化解决方案。大气环境保护规划的目标是减少大气污染对包括人体健康和生态等各类因素的影响。规划基于“控制污染源”到“减少大气污染环境影响”的映射关系来确定规划目标、选择规划方案，规划方案要最终落实到对大气污染源的控制。在这一过程中，大气环境规划发展了 4 种关键技术，包括大气污染物排放清单编制技术、污染物总量控制技术、情景方案模拟技术、方案成本效益分析技术。对于情景方案模拟技术与成本效益分析技术本书前面章节有所涉及，因此本节重点介绍排放清单编制技术及大气污染物总量控制技术。

12.2.1 大气污染物排放清单编制技术

大气污染物排放清单指各种排放源在一定时间跨度和空间区域内向大气排放的各类污染物量的集合。准确、精细、动态更新大气污染物排放源清单是识别污染物来源、进行空气质量模拟、制定污染控制策略的基础环节和根本依据，是大气环境规划与管理的重要数据支撑。

人为源排放清单一直是大气污染防治规划的重点内容。人为源按其性质又可分为固定源和移动源，按排放量大小固定源可进一步分为点源和面源，点源一般是指排放量较大而需要单独考虑的源排放，面源则是指各类大量的分散排放源。通常一套完整的大气污染物排放清单应当覆盖化石燃料固定燃烧、工艺过程、移动源、溶剂使用、扬尘、生物质燃烧和农业等各类排放源，包含 SO_2、NO_x、CO、VOCs、NH_3、$PM_{2.5}$ 和 PM_{10} 和 O_3 等大气污染物，并具备动态更新机制。为推进各地大气污染防治工作，生态环境部（原环境保护部）按照污染物种类和污染源源类分别发布了单项大气污染物（源）排放清单编制技术指南，包括《大气细颗粒物一次源排放清单编制技术指南（试行）》《大气挥发性有机物源排放清单编制技术指南（试行）》《大气氨源排放清单编制技术指南（试行）》《大气可吸入颗粒物一次源排放清单编制技术指南（试行）》《扬尘源颗粒物排放清单编制技术指南（试行）》《道路机动车大气污染物排放清单编制技术指南（试行）》《非道路移动源大气污染物排放清单编制技术指南（试行）》《生物质燃烧源大气污染物排放清单编制技术指南（试行）》等，初步形成了我国大气污染物源排放清单编制技术支撑体系。

目前，排放清单的编制方法分为“自上而下”和“自下而上”两种。“自上而下”的编制方法是通过引用相关部门统计数据进行清单编制，“自下而上”的编制方法是通过调查或实际测试得到排放因子，结合排放源活动数据估算得到排放清单。“自下而上”的编制方法是目前应用最为广泛的清单编制方法，一般有在线监测法、污染源调查法和排放因子法等。在线监测法通过污染源在线监测设备获取污染源实时排放量数据，这种方法精度高但成本也较大，并且局限于安装了在线监测设备的污染源。污染源调查法则是通过调查、测试等手段逐一获得污染源的位置、活动水平、技术水平、污染控制措施等信息，并在此基础上估算各污染源的排放量。这种方法获得的排放数据精度较高，但调查范围及对象通常限于区域一部分污染源及污染物，如 SO_2、NO_x 和烟尘等常规污染物。排放因子法则是将污染源按种类、经济部门、技术特征等分为若干类型，分别统计每一类污染源的活动水平，并结合对应的排放因子，计算出污染物排放量。基于排放系数和活动水平计算得到各种污染源和各项污染物的排放量，是目前计算排放清单的主要方法。早期由于本地化的排放系数数据有限，我国排放清单编制主要借鉴美国的排放系数数据库（AP-42）。然而，由于我国的燃料性质、生产工艺与国外不同，借鉴国外参数会导致我国排放清单的不确定性很大。因此近年来，我国研究者在排放系数测试方面开展了大量的研究，推动了排放系数的本地化。

排放清单多采用平均排放系数计算，误差很大。针对这一问题，近年来，研究者开发出了基于动态过程的高分辨率排放清单技术，动态考虑能源构成、工艺过程和控制技术变化及对污染物排放的影响。如在交通源排放清单方面，建立了基于道路和行驶工况的移动源排放表征技术；针对农业施肥和牲畜养殖等农业面源量大面广，且污染物排放受气象、土壤酸碱性等条件影响，建立了基于气象和卫星遥感的农业源排放表征技术；针对秸秆野外燃烧、森林大火等生物质开放燃烧源，燃烧量和燃烧位置不易确定，不同植被的排放系数不同，且植被的含湿量、覆盖程度对其燃烧排放系数影响较大等一系列问题，有学者基于 MODIS 卫星，分别利用基于热异常和地表反射率变化的方法，解决了火点遗失导致的排放量低估问题，或综合考虑人口密度、国内生产总值、城市（农村）人口等参数，计算了民用生物质燃烧的排放量。

排放清单最重要的功能是为空气质量模型提供输入。采用“排放系数”法构建的排放清单，往往只给出某地区的大气污染物排放总量，但要将排放清单输入到模式中，不仅需要获得不同排放源各类污染物的排放量，还需要得到具有时间、空间和化学物种分布的网格化排放清单，以满足空气质量模式的要求。因此，时间分配、空间分配和化学物种分配的方法，也是建立排放清单的必要环节。时间分配是将以年为单位的排放清单分配到较精细的时间尺度（一般为小时），以满足空气质量模式对时间分辨率的要求。常用的方法是先根据月变化系数将排放分配到月，然后根据日变化系数分配到天，最后根据时变化系数分配到小时。时间变化系数主要通过调研确定。对于工业行业，可从统计数据中获取分月的主要产品产量，据此确定时间分配系数。对于一些季节性较强的排放源，如民用燃煤、机动车、农业源，近年来部分研究通过对人类活动规律（如供暖时间）、道路实时路况、农作物耕种和施肥规律、卫星火点频率分布等参数的研究，提高了这些源排放的时间分配精度。空间分配是将以行政区为单位的排放清单分配到模拟网格中，以满足空气质量模式对空间分辨率的要求。常用的方法是根据参数（如城市、农村人口，第一产业、第二产业、第三产业的增加值，路网等）的空间分布，将行政区内的排放量按比例分配到模拟网格中。

为实现空气环境质量模拟过程中数据的动态连续处理，清华大学开发了包括空间、时间和化学物种分配等功能的多尺度嵌套、高时空分辨率排放源模式——中国多尺度排放清单模型（Multi-resolution Emission Inventory for China，MEIC），建立了包括 10 种污染物、700 多种排放源的中国多尺度大气污染物排放清单，初步满足了大气化学模式对排放清单的数据需求。

12.2.2 大气污染物总量控制技术

大气污染物总量控制是以环境质量目标为基本依据，根据环境质量标准中各污染物允许浓度，对区域内各类污染源的污染物排放总量实施控制的管理制度。大气环境作为一种重要的环境资源，是人类赖以生存的物质基础。大气污染物总量控制根据区域空气环境质量目标，确定管理区域或空间在一定时间内可容纳的污染物总量，采取措施使得所有污染源排入这一地域或空间内的污染物总量不超过可容纳的污染物总量。大气污染物总量控制是我国近年来落实国家改善大气环境质量目标、有效配置公共资源、强化政策宏观调控的重要措施与手段。

实施大气污染物总量控制的一般方法：首先应取得在空间和时间上具有代表性、能准确反映该地区大气环境质量的监测数据，并根据监测数据确定总量控制区域及其范围；其次是选择适合该地区的大气污染扩散模式，在对污染源调查的基础上建立适合该区域大气污染物排放量与大气环境质量间的定量响应关系；最后按区域大气环境容量和大气环境质量目标要求计算出污染物允许排放量和削减量，并按照一定的总量分配原则将这一控制负荷分配到源，从而达到总量控制的目的。

常用的大气污染物总量控制方法及模型主要有以下 3 种类型。

（1）*A-P* 值法

A-P 值法是由国家颁布的《制定地方大气污染物排放标准的技术方法》（GB/T 3840—1991）提出的，是指用 *A* 值法计算区域中允许排放总量，用修正的 *P* 值法分配到每个污染源的一种方法。在区域大气污染物总量控制过程中，*A-P* 值法是一种简便而灵活的处理方法，能直接快速地确定控制地区的污染物排放总量，还可以相应完成污染源的管理。

A 值法是采用箱式模型计算大气污染物允许排放总量，即将控制区域看作一个箱体，箱底和箱顶分别为区域下垫面和大气混合层顶，四周由区域的范围而定。考虑干、湿沉降及化学衰变后，设置不同功能区污染物平均浓度限值，根据控制区总面积或不同功能区面积及总量控制系数 *A* 值，算出得到控制区域允许污染物排放总量。

$$Q_a = \sum_{i=1}^{n} Q_{ai} \tag{12-1}$$

$$Q_{ai} = A_i \frac{S_i}{\sqrt{S}} \tag{12-2}$$

$$A_i = AC_{si} \tag{12-3}$$

式中：Q_a 为区域内某种类污染物年允许排放总量限值，也是城市理想大气容量，10^4 t/a；Q_{ai} 为第 i 分区内某种类污染物年允许排放总量限值，10^4 t/a；A 为地理区域性总量控制系数，由当地通风量决定，10^4 km^2/a；A_i 为第 i 分区内某种类污染物总量控制系数，10^4 km^2/a；S 为控制区域总面积，km^2；S_i 为第 i 分区面积控制区域总面积，km^2；C_{si} 为第 i 个区域某种污染物的年平均深度限值，mg/m^3。

P 值法是一种烟囱排放标准地区系数法。给定烟囱有效高度 H_e（m）和当地点源排放系数 *P*，便可求出烟囱允许排放率 Q_{pi}（t/h）：

$$Q_{pi} = PC_{si} \times 10^{-6} H_e^2 \tag{12-4}$$

式中：C_{si} 是排放质量浓度，mg/m^3。

将 *A* 值法与 *P* 值法有机结合，则既能规定区域允许排放总量，又能在该总量限制下将污染负荷分配到各个污染源。这种方法计算简单，结果可操作性强，有利于管理，比较实用，但方法粗糙，误差较大，主要应用于大点源，不适用于详细的总量控制规划，通常作为一种基础允许排放量。

（2）基于多源模拟平权分配法

基于多源模拟平权分配法是以多源扩散模型为基础，对特定控制区内的各污染源污染物排放输送进行模拟和测定，得出各污染源对控制点污染物浓度的贡献率。若控制点处的污染物浓度超标，则根据各源贡献率进行削减，使控制点处的污染物浓度满足相应环境标准限值的要求。根据源排放削减依据及方法不同，又可分为等比例削减、浓度贡献加权削减及传递系数加权削减等不同类别。

采用基于多源模拟模型的平权分配法开展总量控制时，控制点必须是能标志整个控制区大气污染物浓度能否达到环境目标值的一些代表点，这些点的浓度达标情况应能反映整个控制区的大气环境质量状况。此外，多源模拟模型法考虑研究区域内每一个源及其扩散过程对每一个控制点浓度的影响，对照控制点浓度来确定各源的允许排放率，是一种细致且具体的方法，计算结果精确，但要求污染源和气象资料详尽，工作量较大。

（3）最优化方法

所谓最优化方法，是将环境因素和经济因素进行系统考虑，并整合多种研究方法，尽可能以低成本、高效率完成区域大气污染物总量控制。通常将大气污染控制对策的环境效益和经济费用有机结合起来，运用系统工程的理论和原则，制定出大气环境质量达标而污染物总排放量最大，治理费用较小的总量控制方案。在进行具体分析时，可从区域环境信息出发，通过城市多源模式完成大气污染物扩散过程的动态模拟和演示，还可以通过数学模型和目标函数的计算来获取目标函数最大（或最小）的最优解。

优化方法考虑了总量分配过程中的经济技术可行性问题，在理论上说更加科学合理。但在具体实施过程中，各种经济技术指标错综复杂，某些模型条件难以实现，因此，很难求得真正意义上的最优解。

12.3　大气污染防治规划编制

与其他规划一样，大气污染防治规划的总体思路是以问题与目标为导向，确定规划期内大气污染防治主要任务及对策措施。主要工作流程包括现状分析、压力预测、问题诊断、目标确定、任务确定、工程设计、规划实施与保障措施制定等。

12.3.1　大气环境形势分析及问题诊断

大气环境现状评价是摸清污染物来源、性质、数量和分布的重要手段，依据此评价结果，可以了解区域内的大气环境质量现状优劣和主要污染源，为确定大气环境控制目标提供依据，也可以通过大气污染物浓度的时空分布特征，了解当地烟气扩散特征和污染物来源，进行大气污染趋势分析，为建立污染源和大气环境质量的响应关系提供基础数据。

（1）规划区域气象特征分析

收集具有代表性的主要气象站近年来的常规气象资料：①主要气象站近年来常规气

象资料，包括风向、风速、云量、温度、湿度、降水量、太阳辐射强度等；②气象统计资料，包括当地气候特征、各季节及全年风向频率分布、各季及全年各风向平均风速、大气稳定度频率分布，以及风向、风速、大气稳定度联合频率分布等；③主要研究项目与重大环评项目所取得的近地层气象观测资料，如冬、夏季节边界层风，温度垂直分布资料和平衡球扩散参数观测资料等。利用资料分析气象特征及大气污染扩散条件。

（2）大气污染源调查与评价

收集规划区域内与污染源排放相关的信息，采用大气污染物排放清单编制技术，建立排放清单，分析规划区域内主要大气污染源排放水平和时空分布特征。

收集大气污染物排放清单所需的基础数据，包括规划区域内的人口及分布，能源消费总量及消费结构，机动车保有量，主要工业企业的基本信息（包括地理位置、主要产品和原材料用量、燃料消耗水平、生产工艺等），区域大气污染物排放控制技术及管理水平等。

采用大气污染物排放清单编制技术，编制规划区域内大气污染物排放清单，包括二氧化硫、氮氧化物、挥发性有机物、颗粒物、氨等。在排放清单基础上，对不同污染物排放特征进行统计分析，其中包括规划区域不同控制单元内各类污染物的排放强度、主要污染物排放源的行业分布、污染源整体污染控制水平等。

对规划区域主要行业及主要污染源根据污染物排放量进行排序，确定重点污染行业及重点污染源。根据各控制单元各类污染物排放强度及空气环境质量分析，确定重点控制区域。

（3）环境空气质量评价

了解规划区域大气环境常规监测点分布，收集各监测点位近3～5年的常规监测数据，必要时可对部分区域进行补充监测。根据所收集的监测数据，分析规划区域内环境空气质量时空变化：①对规划区域内近年主要大气污染物浓度年均值、区域空气环境质量指数（AQI）进行分析，了解规划区域环境质量总体水平及变化趋势；②对规划区域内主要大气污染物日均值进行分析，计算区域全年空气环境质量优良率，分析主要大气污染物浓度变化的季节特征；③对不同点位空气环境质量进行比较分析，结合污染物排放强度分布资料，绘制大气污染较严重、需要重点整治的区域（地块）分布图。

通过环境空气质量现状分析，确定影响当地空气环境质量的主要大气污染物，以及大气污染物超标严重的地区。结合污染源调查结果及区域气象特征，分析影响当地空气环境质量的主导因素。

（4）大气环境预测与压力分析

目前，我国绝大多数大气环境污染防治规划仍以“被动型”规划为主，即在确定的社会发展情景下，预测大气环境面临的压力，为了达到既定目标制定相应整治措施。因此，大气环境预测及压力分析结果直接影响未来大气污染防治措施制定。

社会经济发展活动是影响大气环境质量的重要因素。在大气环境污染防治规划过程中，社会经济发展情景预测对规划的编制具有很大影响。社会经济发展情景预测一般包括人口发展、经济发展、能源结构及消费水平、交通活动量、城市化水平等对大气污染物排放具有直接驱动的影响因素的预测。社会经济发展预测是环境规划预测的基本内容，其中人口预测通常采用年增长系数法，包括自然增长系数和机械增长系数，但需要结合具体城镇化规划进行调整；经济预测除了需对国内生产总值进行预测，还需结合产业发展规划对产业结构、布局进行预测和分析；能源结构与消耗水平是大气污染的重要驱动因素，要结合产业发展规划、能源与产业发展弹性系数等对各类能源消耗总量进行预测，然后在此基础上预测大气污染物排放量；机动车变化可以结合相关统计数据进行回归分析预测。

在对社会经济各类活动进行预测的基础上，结合大气污染物排放清单编制技术，综合考虑污染物控制技术发展，预测不同情景下各类污染物排放水平。大气污染物排放量主要针对二氧化硫、氮氧化物、颗粒物、挥发性有机物、氨等进行预测。其中，工业源污染物排放量预测要考虑工业产业结构调整、现有排放水平及控制技术进步；移动源污染物排放量预测要考虑新车标准实施、油品优化等因素；居民污染源排放量预测要考虑城镇化进程、采暖需求等；农业面源预测要结合农牧业产业结构及规模，重点预测氨等污染物排放量的变化。

建立污染物排放量与规划区域环境空气质量相关关系是进行空气环境质量变化预测的前提。环境空气质量预测的最终目的是要分析社会经济发展对环境的影响。使用大气规划情景方案模拟技术可以实现这部分预测目标。大气规划情景方案分析已在国内外有较为成熟的应用。通过构建基准情景、政策情景等，定量预测规划年的环境空气质量，并通过与环境空气质量标准、管理要求进行对比，分析未来大气环境压力。

（5）大气环境保护问题诊断

根据空气环境质量评价结果，对照国家对区域环境质量总体要求，分析差异所在。对环境质量不达标现状进行成因分析。同时，结合大气环境预测结果对未来规划区域空气环境质量提升面临的压力进行分析。从大气污染治理现状、大气环境管理水平等方面总结区域大气环境保护面临的主要问题。

12.3.2　大气环境管控分区及规划目标

（1）大气环境管控分区

为了进一步推进环境精细化管控，依据大气环境服务功能及环境管理要求，我国对大气环境实行分区分类管控。大气环境分区管理是以大气环境问题解决为导向进行环境区域的划分。在区域环境现状评价、环境功能区划、环境目标区划的基础上，结合社会经济可持续发展的需要，划分不同分级管理区，实行分级管理。基于不同的分区依据和分区目标，大气环境管控分区有大气环境功能分区、大气环境污染控制分区、大气环境管理分区等多种类型。

大气环境功能分区是我国大气管理中最早施行的分区。根据被保护对象对大气环境质量的要求，将区域整体划分为不同的环境功能区，体现大气环境服务职能，执行不同环境质量标准。具体划分可参考《环境空气质量标准》（GB 3095—2012）。大气环境功能分区是当前我国大气环境管理的基础分区。根据各地大气环境功能区划方案，我国大部分区域都属于二类功能区，执行二级空气环境质量标准。

大气环境功能分区确定了不同区域执行的环境质量标准，但通常只是从大气环境服务功能的角度出发，未考虑区域污染现状及受体敏感性，同时同一类型区域范围相对较大，不利于精细化管控。因此，在一些大气环境保护规划中，基于大气环境功能分区，依据大气环境污染程度、污染物排放强度、环境敏感性、区域污染输送、人口密度及自然条件等因素，将区域划分为不同的环境目标区。如在“三线一单”方案中，将大气环境分为大气环境优先保护区、大气环境重点管控区和大气环境一般管控区。

（2）大气环境规划目标设置

规划目标一般要兼顾战略性、科学性和指导性。大气环境规划目标跟其他规划目标一样，按层次可分为总体目标和阶段目标。其中总体目标要体现区域空气质量改善、大气重污染事件发生频率降低等要求，以满足人们对优质环境的追求。我国在《大气污染防治行动计划》（“大气十条”）和《中共中央 国务院关于深入打好污染防治攻坚战的意见》等文件中对目标的描述包括主要污染物排放总量持续下降、空气环境质量总体改善、重污染天气大幅减少等。因此，在地方和城市大气环境保护规划中，目标确定应体现空气质量改善、污染物排放总量控制、大气环境风险防范。同时我国大气环境污染防治也被赋予了促进生产方式转变和驱动创新的责任，因此在目标中也须包含产业结构调整和清洁能源化等方面的内容。

规划目标指标是对总体目标的分解。因此，规划目标指标的选择要体现 3 个层面：环境质量指标、污染物排放量指标、环境治理（管理）指标。其中环境质量指标是规划目标的核心，可以根据区域环境功能要求及上级政府下达的目标要求进行设置，一般采用污染物浓度水平、空气环境质量达标率、重污染天气发生率等指标进行表征。污染物排放量指标通常采用总量控制指标，如区域二氧化硫排放总量、氮氧化物排放总量、挥发性污染物排放量等。虽然污染物排放量与环境质量之间存在非常强的非线性关系，但污染源头减量仍是我们提升区域环境质量的重要抓手。环境治理指标是规划中各类任务措施所需要推进的程度。治理指标通常与总体目标中的环境风险防范、产业结构调整、能耗清洁化等内容关联，如单位国内生产总值能源消耗量、工业烟粉尘减排比例、重点行业挥发性有机物排放削减比例等。

12.3.3 大气污染防治规划主要任务

2012 年，我国第一部综合性大气污染防治规划《重点区域大气污染防治“十二五”规划》的颁布，标志着我国大气污染防治工作的目标导向逐步由污染物总量控制向改善环境质量转变，由主要防治一次污染向既防治一次污染又注重二次污染转变。为解决严重的大气污染问题，2013 年，国务院发布实施《大气污染防治行动计划》，提出了 10 条 35 项重点任务措施。2018 年，国务院发布了《打赢蓝天保卫战三年行动计划》，明确了大气污染防治工作的总体思路、基本目标、主要任务和保障措施，提出了打赢蓝天保卫战的时间表和路线图。根据“大气十条”“蓝天保卫战三年行动计划”的思路，目前我国大气环境保护规划主要围绕空气质量改善和主要污染物减排来设计目标，包括针对臭氧的两项前体物 VOCs 和氮氧化物设计减排目标；在重点举措方面，侧重于加强 $PM_{2.5}$ 与 O_3 协同控制，积极推进产业、能源、运输、用地四大结构调整优化，加强区域联防联控和重污染天气应对，进一步提升环境监测和执法监管能力，推进大气环境管理体系和治理能力现代化。下面是当前我国大气环境保护与污染控制规划中涉及的主要任务。

（1）调整优化产业结构，推动产业绿色发展

按照主体功能区规划、生态保护红线、环境质量底线、资源利用上线编制环境准入清单，明确禁止发展和限制发展的行业、生产工艺和产业目录，完善高耗能、高污染和资源型行业准入条件，加快城市建成区重污染企业搬迁改造或关闭退出，优化产业布局；根据产业政策、产业布局规划，以及土地、环境保护、质量、安全、能耗等要求，严控“两高”行业产能，加大落后产能淘汰和过剩产能压减力度，全面整治“散、乱、污”企业及集群；大力培育绿色环境保护产业，壮大绿色产业规模，发展节能环境保护产业、清洁生产产业、清洁能源产业，培育发展新动能，推进绿色低碳循环产业体系建设。

（2）加快调整能源结构，构建清洁低碳高效能源体系

大力发展清洁能源和新能源，按照宜气则气、宜电则电的原则，积极引导用能企业实施清洁能源替代；有序发展水电，安全高效发展核电，优化风能、太阳能开发布局，因地制宜发展生物质能、地热能等；实施煤炭消费总量控制，严把耗煤新项目准入关，实施煤炭减量替代；加强能源消费总量和能源消费强度双控，开展燃煤锅炉综合整治，大力开发、推广节能高效技术和产品，实现重点用能行业、设备节能标准全覆盖，提高能源利用效率。

（3）开展专项综合整治，全面推进工业废气治理

以石化、化工、工业涂装、合成革、纺织印染、橡胶和塑料制品、包装印刷、钢铁、

水泥、玻璃 10 个行业为重点，全面推进挥发性有机物治理和工业废气清洁排放改造。推进各类园区循环化改造、规范发展和提质增效。对开发区、工业园区等进行集中整治，限期进行达标改造，减少工业集聚区污染，完善园区集中供热设施，积极推广集中供热。大力推进企业清洁生产，强化工业企业无组织排放管控。

（4）推进绿色交通建设，积极调整运输结构

调整优化运力结构，大幅提升铁路货运比例；加快车船结构升级，推进城市建成区新增和更新的公交、环卫、邮政、出租、通勤、轻型物流配送车辆使用新能源或清洁能源汽车，采取经济补偿、限制使用、严格超标排放监管等方式淘汰老旧车辆，推广使用电、天然气等新能源或清洁能源船舶；加快油品质量升级，强化移动源污染防治。

（5）优化调整用地结构，推进面源污染治理

通过实施防风固沙绿化工程，推进露天矿山分类综合整治，推广保护性耕作、林间覆盖等方式，抑制季节性裸地农田扬尘；严格施工扬尘监管，加强扬尘综合治理；坚持疏堵结合，加大政策支持力度，全面加强秸秆综合利用，切实加强秸秆禁烧管控；减少化肥农药使用量，增加有机肥使用量，提高畜禽粪污综合利用率，减少氨挥发排放；建设城市绿道绿廊，实施“退工还林还草”；大力提高城市建成区绿化覆盖率，开展森林城市建设。

（6）实施重大专项行动，大幅降低污染物排放

以减少重污染天气为着力点，开展重点区域、重点行业秋冬季攻坚行动，聚焦重点领域，明确攻坚目标和任务措施；打好柴油货车污染治理攻坚战，统筹油、路、车治理，实施清洁柴油车（机）、清洁运输和清洁油品行动，建立“天地车人”一体化的全方位监控体系，确保柴油货车污染排放总量明显下降；开展工业炉窑治理专项行动，严格实施行业规范和各类工业炉窑的环境保护、能耗等标准。加大不达标工业炉窑的淘汰力度，加快淘汰中小型煤气发生炉，鼓励工业炉窑使用电、天然气等清洁能源或由周边热电厂供热；实施挥发性有机物专项整治，从源头减少产生量、过程减少泄漏量、末端减少排放量，大力推进石化、化工、工业涂装、包装印刷、合成革、制鞋、化纤、纺织印染、橡胶和塑料制品等行业及油品储运销等面源领域治理，全面提升 VOCs 治理体系和治理能力现代化水平。

（7）推动区域联防联控，创新大气环境管理机制

完善区域大气污染防治协作机制，加强重污染天气的应急联动，夯实应急减排措施；升级完善大气复合污染立体监测网络，加强移动源排放监管能力建设，完善大气执法监管体系，深入开展环境保护督察；发挥市场机制作用，积极推行激励与约束并举的节能减排新机制，推进排污权交易、碳交易、用能权交易等制度的创新。

第 13 章　土壤污染防治与修复规划

相比于其他环境要素规划，土壤污染防治规划起步较晚，大部分有关土壤污染防治的研究基本集中在土壤污染风险评价、风险管控与修复技术等方面，对土壤污染防治规划技术方法等的研究较少。2018 年颁布的《中华人民共和国土壤污染防治法》明确提出，县级以上人民政府应当将土壤污染防治工作纳入国民经济和社会发展规划、环境保护规划，设区的市级以上地方人民政府生态环境主管部门应当会同发展改革、农业农村、自然资源、住房城乡建议、林业草原等主管部门根据环境保护规划要求、土地用途、土壤污染状况普查和监测结果等，编制土壤污染防治规划。《中华人民共和国土壤污染防治法》首次以立法形式确定了编制土壤污染防治规划的要求。立足我国土壤污染防治的实际需求，开展土壤污染防治与修复规划，提出基于分级分类分区的土壤污染防治与修复规划任务，是打赢净土保卫战的基本保证。

13.1　土壤污染防治规划概述

土壤污染途径多、成因复杂、控制难度大，土壤环境监督管理体系不健全，土壤污染防治投入不足，全社会土壤污染防治意识不强，由土壤污染所引发的农产品质量安全问题和群体性事件逐年增多，我国面临的土壤环境安全问题更加突出，成为影响群众身体健康和社会稳定的重要因素。“十三五”生态环境保护规划提出了打好大气、水、土壤污染防治三大战役目标。为了切实加强土壤污染防治，逐步改善土壤环境质量，2016 年，我国出台了《土壤污染防治行动计划》（“土十条”），从 10 个方面提出了土壤污染防治的硬任务。2018 年，我国又颁布了《中华人民共和国土壤污染防治法》，进一步加大了对土壤环境的管理，强化了对污染违法行为的处罚力度。但我国土壤污染防治规划仍处于起步阶段，规划技术体系尚未建立，规划技术方法也仍在探索。

13.1.1　土壤污染防治规划定义与特点

与其他规划一样，土壤污染防治规划是指在分析经济社会发展和生态环境保护形势的基础上，系统设计一定时期、一定范围内土壤污染防治的总体思路、目标指标和主要任务。具体是指在一定规划时间内在特定规划区域，为平衡和协调土壤环境与社会经济之间的关系、以改善土壤环境质量、保障农产品安全、建设良好人居环境为目标，对土壤环境治理和修复、土壤环境风险防控、土壤环境保护等所作出的统筹安排，以期达到土壤环境系统功能的最优化。

土壤污染防治规划具有以下 3 个特点。

（1）系统性

土壤系统是由土壤固相、液相和气相相互联系、相互作用而构成的具有特殊结构和功能的多介质系统。土壤污染防治涉及不同要素、不同领域，因此，土壤污染防治规划要突出土壤污染治理的系统性，推进多要素、多领域综合防控，加强与水、气、固体废物等污染防治工作的统筹，综合施策，整体推进。

（2）协同性

土壤污染防治必须坚持地上、地下统筹，推进地下水与土壤污染协同治理。在开展土壤污染调查和风险评估时，同步做好地下水的调查与评估；实施土壤与地下水同步治理与修复，提升水土生态功能；探索地上、地下协同防控模式，推进土壤污染协同管理制度体系，实现土壤污染综合管控。

（3）区域性

受土壤自然属性、人类活动等差异性影响，土壤污染类型、程度具有显著的空间特异性，由此要求土壤污染防治具有典型的区域特征。特别是不同地区的社会经济发展现状、土地利用方式、产业发展结构等不同，对土壤利用需求也存在差异，所以在制定管理政策时，需要综合考虑区域社会经济发展、生态环境保护目标等因素，因地制宜制定土壤污染防控对策。

13.1.2 土壤污染防治规划基本原则

土壤污染防治规划是指导区域开展土壤污染防治活动，提升土壤生态服务功能的重要指导文件，要求以最小投入达到保障农产品质量安全、人居环境安全和改善土壤生态环境的目的，促进土壤资源可持续利用，支撑社会经济持续发展。与其他环境要素规划类似，土壤污染防治规划也是项系统工程，要求在编制规划时应遵循以下原则。

（1）保护优先，源头管治

坚持保护优先和源头管治相结合，对未污染土壤实施优先保护，划为永久基本农田，实行严格保护。以控制新增污染为前提，根据区域土壤环境容量、土壤环境承载力等研究，合理工矿企业空间布局，从源头防控土壤污染。同时发挥国土空间规划、环境综合管控区划成果，强化不同区块环境准入要求，逐步退出高风险企业，强化重点监管企业全生命周期管理。加强对尾矿库、工业园区、垃圾处理设施等重点污染源的环境监管，从源头上减少新增污染。

（2）风险管控，问题导向

以保障农产品质量安全和人居环境安全为底线，对生态环境质量进行逐步改善。土壤污染防治的首要目的是保护农产品质量和人居环境安全，因此要以农用地和建设用地为重点，围绕着“吃得放心、住得安心”标准设计土壤污染防治措施。从受污染农用地安全利用、产出农产品监测、超标农产品处置等关键环节进行风险防控；针对不同土壤污染程度、土地用途等的建设用地，从环境准入、源头防控、风险管控与治理修复等方面提出相应管控要求，提高防治成效。

（3）分区分类，重点突破

编制土壤污染防治规划首先要对区域社会经济发展状况、生态环境质量、土壤污染状况等进行系统分析，识别土壤污染防治的重点管控区、一般管控区和优先保护区。综合考虑经济水平、管理基础、群众需求等，按照分区域、分类别、分时段确定土壤污染防治目标与对策，对集中连片受污染耕地、污染源集中分布等重点区域实施土壤治理与修复，以点带面，重点突破。

（4）管研结合，协调推进

加强土壤环境监管能力建设，完善环境监测网络和土壤数据平台管理，创新土壤环境监管手段，积极运用大数据管理技术、遥感监测技术等，加强土壤污染实时监测和预警响应。同时，规划要充分发挥科技手段对土壤污染防治的促进和导向作用，完善治理与修复标准体系。结合土壤污染防治实践，提出不同区域、不同作物类型、不同污染类型土壤的重金属钝化修复技术，农艺产品安全利用技术，场地风险管控与修复技术等技术应用，推进修复技术产业化，完善治理与修复项目库，提升土壤污染治理与修复综合能力。

13.1.3 土壤污染防治规划类型和内容

（1）土壤污染防治规划类型

虽然我国独立的土壤污染防治规划编制相对较晚，但与其他规划一样，依据不同的分类方案可分为不同类型，其规划内容、侧重点与技术手段也有所差异。

按规划时间分，土壤污染防治规划可分为长期规划、中期规划、短期规划。其中长期规划是对较长一段时期内规划区域土壤污染防治行动进行部署，是指导一个区域土壤污染防治的战略性、纲领性文件。如“土十条”，对我国2020年、2030年的土壤污染防治目标与任务分别进行了部署，也成为指导各地开展土壤污染防治的指导性、纲领性文件。中期规划重点确定今后一段时期内规划区域土壤污染防治的目标指标与任务，一般为5～10年，如“十四五”期间各地编制了土壤污染防治“十四五”规划，成为“十四五”生态环境保护规划的重要组成部分，也是“十四五”期间指导当地土壤污染防治的重要文件。短期规划是指规划期为2～3年的土壤污染防治规划，是对该时段土壤污染防治工作的具体安排。短期规划一般是长期规划和中期规划中提出的目标与任务具体分解，一些地方编制的土壤污染防治三年行动计划（方案）就是短期规划。

按地域和管理层次分，土壤污染防治规划可分为国家级、省级、地市级、县级规划。其中国家级规划从全国生态环境保护总体需要出发，基于全国土壤污染现实，以防控土壤污染风险和维护全国土壤生态安全为目标，确定全国土壤污染风险防控总体思路，制定全国综合防控策略，指导全国各地土壤污染防治工作开展。省级规划基于国家土壤污染防治总体思路，因地制宜地设计当地土壤污染防治风险管控策略，构建省域“风险综合评价-污染源解析-分区管控”体系。地市级及县级土壤污染防治规划以防控辖区内农产品质量和人居环境健康为目标，通过对区域土壤污染状况评估，识别土壤污染分布范围、面积及污染程度，划定土壤环境优先保护区、土壤污染重点管控区和一般管控区，分类实施风险管控对策。

目前，我国土壤污染防治规划对象主要是针对农用地和建设用地。因此按土地利用类型，土壤污染防治规划又可分为农用地土壤安全利用规划、建设用地土壤污染风险管控与修复规划。农用地土壤安全利用规划以土壤环境分类管理为基础，分别对优先保护类、安全利用类和严格管控类农用地提出管控措施。建设用地土壤污染风险管控与修复规划以准入管理为基础，从土壤环境准入、在产污染源管控、土壤环境调查与风险评估、污染场地风险管控和修复等方面设计有针对性的任务。

我国目前已开展的土壤污染防治规划主要还是以管理层级进行划分，规划任务分别按农用地土壤安全利用和建设用地土壤污染风险管控与修复进行设置。

（2）土壤污染防治规划程序与内容

土壤污染防治规划是在分析土壤环境现状及问题的基础上，提出今后一段时间内土壤污染防治的目标、任务及支撑体系。我国土壤污染防治规划主要内容包括土壤环境调查与评价、土壤污染防治形势研判及规划目标确定、土壤污染防治方案及相应的支撑工程设计，规划实施保障体系制定等。规划编制程序如图13-1所示。

1）土壤环境污染调查与评价

通过数据收集及现场调查，收集规划所需的技术材料，其中包括自然环境概况、社会经济发展现状、土壤环境质量监测、污染源及其空间分布等数据，开展土壤环境质量评价，识别土壤污染特征及空间分布，明确规划区主要的土壤环境问题。

2）土壤污染防治形势研判

根据社会经济发展、规划区土壤污染现状，分析规划期内土壤污染防治面临的形势和压力，为确定区域土壤污染防治提供思路。

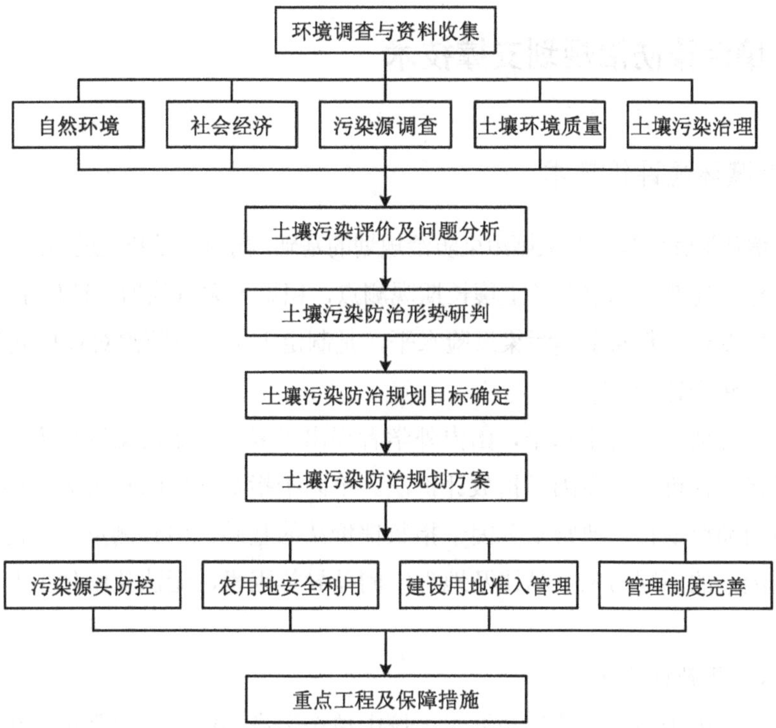

图 13-1 土壤污染防治规划编制程序

3）土壤污染防治规划目标确定

根据规划区域土壤环境质量现状、存在的问题及面临的压力与挑战，从土壤生态环境质量、风险管控水平、污染物控制、土壤环境管理等方面提出相应的目标，包括总体目标和具体指标。总体目标是对规划区域土壤污染防治应达到的效果进行定性描述，具体目标是由一系列定量指标来表征的。

4）土壤污染防治重点任务

以问题与目标为导向，制定了土壤污染防治的具体措施与对策，包括以土壤保护与源头污染预防、农用地安全利用与修复、建设用地风险防范与用地准入、土壤污染重点区域风险综合防控与修复治理、土壤污染防治能力建设等。

5）重点工程与规划实施保障

根据土壤污染防治重点任务，从土壤污染调查评估、源头防控、农用地安全利用、建设用地风险管控及修复、土壤污染能力建设等方面设计土壤污染风险管控重大工程。通过制订项目年度实施计划、资金投入保障机制及责任分工，推动规划实施。规划实施须从组织领导、制度创新、科技支撑、资金投入、宣传教育等方面去保障。

13.2 土壤污染防治规划支撑技术

13.2.1 土壤环境评价技术

开展土壤环境评价是编制土壤污染防治规划的基础。我国已经开展过多次全国土壤环境相关调查工作，局部区域建立了土壤长期观测点，积累了大量数据。评估土壤环境状况，厘清土壤环境变化，判断土壤污染风险水平，是制定土壤污染防治对策措施的前提。

（1）土壤污染评价

为了定量评估土壤污染水平，国内外学者提出了多种土壤污染评价方法，其中主要包括单因子指数评价法和多因子指数评价法。单因子指数评价法只考虑一种污染物的污染水平，较为简单易行，通常是多因子指数评价法的基础。但其侧重单一污染物本身，没有考虑各因子的不同污染贡献比及地理空间差异等因素，无法从整体上判断土壤污染水平。

1）单因子指数评价法

土壤污染单因子指数评价法是针对土壤中单个污染物的污染水平进行评估。以实测污染物含量与土壤背景值或标准值之比，分析其污染水平，比较不同污染物在土壤中的累积程度，识别污染较为严重的污染物种类，从而对土壤中不同种类的污染物进行差异化治理。其中，较为常用的方法包括单因子污染指数法、地累积指数法和富集系数法等。

单因子污染指数法是指对土壤中某一种污染物的含量进行分析，其评价标准是土壤环境质量标准或相应的土壤背景值，其表达式为

$$P_i = \frac{C_i}{B_i} \tag{13-1}$$

式中：P_i为重金属 i 的单因子指数；C_i为污染物 i 的在土壤中的实际含量，mg/kg；B_i为污染物 i 的背景含量，mg/kg。根据 P_i 大小的不同，污染水平可分为清洁（$P_i<1$），轻微污染（$1\leqslant P_i<2$），轻度污染（$2\leqslant P_i<3$），中度污染（$3\leqslant P_i<5$）和重度污染（$P_i\geqslant 5$）。

地累积指数法最早由 Muller 提出，随后被引入土壤重金属污染评价研究中，其计算公式为

$$I_{\text{geo}}(i) = \log_2 \frac{w(i)}{1.5w_{\text{b}}(i)} \tag{13-2}$$

式中：$I_{\text{geo}}(i)$ 为土壤中重金属 i 的地累积指数；$w(i)$ 为重金属 i 的实测含量值，mg/kg；$w_b(i)$ 为重金属 i 的地球化学背景值，mg/kg；1.5 用于校正区域背景值。不同的 I_{geo}（i）对应不同的污染等级，具体见表 13-1。

表 13-1　地累积指数与土壤污染程度分级

I_{geo}（i）	污染等级	污染程度
≥5	6	极重度污染
4～5	5	重度至极重度污染
3～4	4	重度污染
2～3	3	中度至重度污染
1～2	2	中度污染
0～1	1	无污染至中度污染
＜0	0	无污染

富集系数法是通过计算土壤中污染物（一般为重金属）的富集系数来反映污染程度，其数学表达为

$$K_{SEF}=\frac{\frac{E_s}{Al_s}-\frac{E_a}{Al_a}}{\frac{E_a}{Al_a}} \tag{13-3}$$

式中：K_{SEF}为土壤中重金属的富集系数；E_s为土壤中重金属含量，mg/kg；Al_s为土壤中铝元素含量，mg/kg；E_a为未受污染沉积物中重金属含量，mg/kg；Al_s为未受污染土壤中铝元素含量，mg/kg。铝元素在迁移过程中具有惰性，故选作参比元素。当$K_{SEF}>0$时，认为存在重金属富集，富集程度可由数值大小直观表示出来。重金属富集系数越大，表示土壤被重金属污染程度越高。该方法考虑到土壤中重金属的背景值，能反映出重金属污染物的来源和化学活性。

2）多因子指数评价法

在对单个污染指标进行评价时，单因子污染指数法有着巨大的优越性，但当研究区域涉及多种污染因子时，该方法却不能反映土壤污染的整体状况。为了探明土壤复合污染的污染程度，对综合污染水平进行表征，人们提出了一些多因子指数评价法，包括内梅罗污染指数法、污染负荷指数法等。

污染负荷指数又称为几何均值综合指数，即通过污染因素的实测含量与参照元素含量值之比来衡量土壤污染程度，将污染指数相乘再开根可得综合污染负荷指数。该方法的数学表达式为

$$P_{LI}=\sqrt[n]{\prod_{i=1}^{n}P_i}=\sqrt[n]{\prod_{i=1}^{n}\frac{C_i}{w_i}} \tag{13-4}$$

式中：根据P_{LI}大小的不同，污染等级可分为无污染（$P_{LI}\leqslant1.0$）、轻度污染（$1.0<P_{LI}\leqslant2.0$）、中度污染（$2.0<P_{LI}\leqslant3.0$）和重度污染（$P_{LI}>3.0$）。

污染负荷指数法的优点是可以体现出较小数值污染因子在综合污染指数中的贡献作用，但在一些情况下会降低较大值污染物对综合评价指数的作用，使评价结果失真。

内梅罗污染指数法是利用各污染物单因子污染指数的平均值与最大值进行几何平均得到综合指数，反映了多种污染物对土壤污染的贡献，同时也强调了最大单因子污染指数的贡献，其计算公式为

$$P_{\mathrm{N}}=\sqrt{\frac{(\bar{P})^{2}+(P_{\max})^{2}}{2}} \tag{13-5}$$

式中：$\bar{P}$ 和 $P_{\max}$ 分别为各污染物单因子污染指数的平均值和最大值。根据 P_{N} 大小的不同，污染等级可分为清洁（$P_{\mathrm{N}} \leqslant 0.7$）、尚清洁（$0.7 < P_{\mathrm{N}} \leqslant 1.0$）、轻度污染（$1.0 < P_{\mathrm{N}} \leqslant 2.0$）、中度污染（$2.0 < P_{\mathrm{N}} \leqslant 3.0$）和重度污染（$P_{\mathrm{N}} > 3.0$）。

（2）土壤环境风险评价

土壤污染物一方面会破坏土壤质量，另一方面也会对人类及其他生物的健康产生危害。土壤环境风险评价是指土壤污染对人体健康、社会经济及生态系统可能造成的损失进行评估、决策和管理的过程。土壤环境风险评价可分为两大类：基于人体健康风险的评价和基于生态环境风险的评价。基于人体健康的土壤环境风险评价是把土壤环境污染与人体剂量效应建立对应关系，定量描述污染物对人体健康造成的风险；基于生态环境风险的评价采用概率方法对土壤污染物造成生态系统本身的破坏或生态系统中某些要素出现某种危害后果的可能性进行表征。土壤环境风险评价有助于了解土壤污染对生态系统的影响，可为针对性制定生态环境保护决策方案提供依据，因此是土壤环境管理的重要基础工作，同时也是编制土壤污染防治规划的前提。

目前，国内外已经有众多学者及相关研究机构对土壤环境风险评价进行了探索，相继提出了毒物鉴定法、体内外模拟试验（in Vitro and in Vivo）、剂量-反应关系（Dose-Response Relation）等相关风险评估概念。并在此基础上开发了“四步走”（危害识别、剂量响应、暴露评价、风险描述）确定性健康风险评估及多介质综合暴露风险评估等多种风险分析模型，为土壤污染环境风险量化作出了重要贡献。

关于基于人体健康的土壤环境风险评价，美国建立了完善的人体健康风险评估技术体系，从风险评估框架、专项技术导则、基础技术方法及具体应用指南方面都出台了具体的文件，如《健康风险评估导则》《暴露风险评估指南》《暴露因子手册》《超级基金场地健康风险评估手册》等。这些文件均已被许多国家的健康风险评估导则所采用。欧洲环境署（European Environment Agency，EEA）于 1999 年颁布了环境风险评价技术性文件，系统介绍了基于人体健康的土壤环境风险评估的方法与内容。加拿大环境部（Environment Canada，EC）在考虑生态物种和人体健康保护的基础上，分别制定了保护生态和人体健康的土壤质量指导值，并取较低值作为综合性土壤质量指导值。英国环境局（Environment Agency，EA）

2002 年制定了基于不同土地利用类型下人体健康暴露风险的土壤质量指导值。

与发达国家相比，我国对场地风险评估的研究起步较晚，相关技术文件正在逐步颁布执行并完善中。2014 年 7 月颁布了《污染场地风险评估技术导则》（HJ 25.3—2014），经过多年实施，2019 年发布了《建设用地土壤污染风险评估技术导则》（HJ 25.3—2019）。近年来，我国部分省（区、市）针对污染场地健康风险评估也颁布了一些地方标准或技术导则，如北京市颁布的《建设用地土壤污染状况调查与风险评估技术导则》（DB11/T 656—2019）和《场地土壤环境风险评价筛选值》（DB 11/T 811—2011），上海市颁布的《上海市建设用地土壤污染状况调查、风险评估、风险管控与修复方案编制、风险管控与修复效果评估工作的补充规定（试行）》（沪环土〔2020〕62 号），浙江省颁布的《浙江省污染场地风险评估技术导则》（DB 33/T 892—2013）等。

在土壤环境健康风险评估过程中，致癌风险和非致癌危害熵的准确计算受暴露途径、暴露量、污染物毒性参数、暴露模型优化等因素影响。相关学者在土壤污染暴露模型的研选与优化、人体对土壤中有机污染物和重金属暴露量的准确计算等方面开展了一系列的研究，开发了一系列风险管理模型，如荷兰构建的 CSOIL（Contaminated Soil）模型、荷兰 Van Hall 研究所开发的 RISC-Human 模型、英国环境局的 CLEA（Contaminated Land Exposure Assessment）模型、丹麦的 CETOX 模型、德国的 UMS 模型、欧盟的 EUSES 模型和美国的 RBCA（Risk-based Corrective Action）模型等。通过简化特定场地参数、暴露情景参数和生态毒理参数，使评价程序较为简单方便，在世界各国风险评价中得到了广泛的应用。下面介绍几个常用的健康风险评价模型。

1）RBCA（Risk-Based Corrective Action）模型

RBCA 模型是由美国 GSI 公司根据美国试验与材料学会“基于风险的矫正行动”标准开发的。该模型可以实现污染场地的风险分析，还可以用来制定基于风险的土壤筛选值和修复目标值。RBCA 模型按照美国国家环境保护局的化学物质分类将化学物质分为致癌物质与非致癌物质。对于致癌物质，设定 10^{-6} 为可接受致癌风险水平下限，10^{-4} 为可接受致癌风险水平上限；对于非致癌物质，计算其危害值，判定标准设定为 1。致癌物质的致癌风险值（CR）计算公式为

$$\mathrm{CR}=\frac{C\times \mathrm{IR}_{\mathrm{oral}}\times \mathrm{EF}_{\mathrm{oral}}\times \mathrm{SF}_{\mathrm{oral}}}{\mathrm{BW}\times \mathrm{AT}}+\frac{C\times \mathrm{IR}_{\mathrm{dermal}}\times \mathrm{EF}_{\mathrm{demal}}\times \mathrm{ED}_{\mathrm{dermal}}\times \mathrm{SF}_{\mathrm{dermal}}}{\mathrm{BW}\times \mathrm{AT}}+\frac{C\times \mathrm{IR}_{\mathrm{inh}}\times \mathrm{EF}_{\mathrm{inh}}\times \mathrm{ED}_{\mathrm{inh}}\times \mathrm{SF}_{\mathrm{inh}}}{\mathrm{BW}\times \mathrm{AT}} \tag{13-6}$$

式中：C 为污染物浓度；SF 为致癌斜率因子；EF 为暴露频率；ED 为暴露持续时间；IR 为摄入比例；BW 为体重；AT 为平均时间；下标 oral、dermal 和 inh 分别为经口、皮肤接触和吸入。

非致癌物质的危害值（HQ）一般以参考剂量值（RfD）为衡量标准，RfD 采用美国国家环境保护局制定的污染物参考剂量。计算公式为

$$\text{HQ}=\frac{C\times \text{IR}_{\text{oral}}\times \text{EF}_{\text{oral}}\times \text{ED}_{\text{oral}}}{\text{BW}\times \text{AT}\times \text{RfD}_{\text{oral}}}+\frac{C\times \text{IR}_{\text{dermal}}\times \text{EF}_{\text{dermal}}\times \text{ED}_{\text{dermal}}}{\text{BW}\times \text{AT}\times \text{RfD}_{\text{dermal}}}+\frac{C\times \text{IR}_{\text{inh}}\times \text{EF}_{\text{inh}}\times \text{ED}_{\text{inh}}}{\text{BW}\times \text{AT}\times \text{RfD}_{\text{inh}}} \tag{13-7}$$

2）CLEA（Contaminated Land Exposure Assessment）模型

CLEA 模型是英国环境局推荐用来进行污染土壤评价及获取土壤指导限值（guidance value）的模型。CLEA 模型将化学物质对人体或动物的健康效应划分为阈值效应和非阈值效应。其中阈值效应用可接受日土壤摄入量（Tolerable Daily Soil Intake，TDSI）表示，非阈值效应用指示剂量（Index Dose，ID）表示，总称为健康标准值（Health Criteria Values，HCV）。依据日平均暴露量（Average Daily Exposure，ADE）与 HCV 的比值来评价化学物质的危害程度。当 $\frac{\text{ADE}}{\text{HCV}}\leqslant 1$，说明在可接受的范围内；当 $\frac{\text{ADE}}{\text{HCV}}>1$，说明污染场地具有潜在的健康风险。$\frac{\text{ADE}}{\text{HCV}}$ 计算公式为

$$\frac{\text{ADE}}{\text{HCV}}=\frac{C\times \text{IR}_{\text{oral}}\times \text{EF}_{\text{oral}}\times \text{ED}_{\text{oral}}}{\text{BW}\times \text{AT}\times \text{HCV}_{\text{oral}}}+\frac{C\times \text{IR}_{\text{dermal}}\times \text{EF}_{\text{dermal}}\times \text{ED}_{\text{dermal}}}{\text{BW}\times \text{AT}\times \text{HCV}_{\text{dermal}}}+\frac{C\times \text{IR}_{\text{inh}}\times \text{EF}_{\text{inh}}\times \text{ED}_{\text{inh}}}{\text{BW}\times \text{AT}\times \text{HCV}_{\text{inh}}} \tag{13-8}$$

式中：C 为污染物浓度；IR 为摄入比例；EF 为暴露频率；ED 为暴露持续时间；BW 为体重；AT 为平均暴露时间；HCV 为健康标准值；下标 oral、dermal 和 inh 分别为经口、皮肤接触和吸入。

3）HHRE（Human Health Risk Evaluation）模型

HHRE 模型是由欧洲官方提供的，为解决规划带来的土地利用对土壤重金属的影响和风险。该模型指潜在风险源对人类与土壤重金属的接触（暴露途径）影响。它采用基于风险来源-途径-受体相联系的污染框架和决定性方法评价人体健康面临的风险。这个过程包括污染物浓度分析和分解、确认暴露途径和每种途径的平均摄入浓度。LURc 系数代表不同途径发生的土地用途，不是所有的途径都有相同的重要性。

HHRE 模型的计算公式为

$$\text{RI}=\sum_{\text{HM}}(\text{HQ}_{\text{ing}}+\text{HQ}_{\text{food}}) \tag{13-9}$$

$$\text{HQ}_{\text{ing}}=\text{C}_{\text{soil}}\cdot\frac{\text{SIR}}{\text{BW}\times 10^{3}}\cdot\frac{\text{EF}\cdot\text{ED}}{\text{AT}}\cdot\frac{1}{\text{TDI}_{\text{ing}}\text{RER}_{\text{ing}}}\cdot\text{LURc}_{\text{ing}} \tag{13-10}$$

$$\text{HQ}_{\text{food}}=C_{\text{soil}}\cdot\frac{\text{CR}\cdot\text{HF}\cdot\text{BCF}}{\text{BW}}\cdot\frac{\text{EF}\cdot\text{ED}}{\text{AT}}\cdot\frac{1}{\text{TDI}_{\text{food}}\text{RER}_{\text{food}}}\cdot\text{LURc}_{\text{food}} \tag{13-11}$$

式中：ED 为暴露时间；EF 为暴露频率；SIR 为土壤的摄取率；TDI 为每天可容忍的摄入量；BW 为人体体重；RER 为暴露途径；AT 为平均暴露时间；LURc 为土地使用风险系数。当 RI≤1，说明人的一生在不同的暴露途径下都不会出现健康风险；当 RI＞1，说明人在该种环境下会存在潜在的健康风险。

以上主要是基于人体健康的环境风险评价，在实际应用中，为快速了解区域土壤污染的环境风险，常采用传统生态风险评价法，如商值法和潜在危害指数法。商值法（Hazard Quotient，HQ）中的商值由生物可利用部分的暴露量（ADD）除以效应浓度（美国国家环境保护局提供的标准值，RfD）获得，并将所得结果与“1”比较从而进行评价，但是这种半定量方法不具有预测未来风险的能力。潜在危害指数法（Potential Ecological Risk Index，RI）由瑞典科学家 Hakanson 在 1980 年建立，根据重金属的性质及环境行为，从沉积学的角度评价重金属污染程度及其生态危害。RI 既考虑了重金属的浓度高低，又考虑了重金属的毒性大小，自提出便被广泛用于土壤重金属生态风险评价。RI 的计算公式为

$$\mathrm{CF}_i = \frac{C_i}{B_i} \tag{13-12}$$

$$\mathrm{EI}_i = T_{ri}\mathrm{CF}_i \tag{13-13}$$

$$\mathrm{RI} = \sum_{i=1}^{n}\mathrm{EI}_i \tag{13-14}$$

式中：CF_i 为重金属 i 的单因子污染指数；T_{ri} 为重金属 i 的毒性系数；EI_i 为重金属 i 产生的单项生态风险，RI 为 n 个重金属所产生的总生态风险。常见的重金属 Cd、Cr、Cu、Pb、Zn、Hg、Ni、As 等的毒性系数分别为 30、2、5、5、1、40、5、2。

根据 RI 的大小，可以将生态风险等级分为低风险（RI≤150）、中风险（150＜RI≤300）、较高风险（300＜RI≤600）和高风险（RI＞600）。

13.2.2 土壤污染源解析技术

改善土壤环境质量现状，降低土壤污染的风险，亟须对土壤中高浓度的污染物进行有效的控制和治理，而利用科学的源解析手段来获取土壤中污染物的主要来源及其贡献是控制和治理的关键。因此，精确解析土壤污染物的来源对确定污染责任主体或制定适合的污染减排措施至关重要，土壤污染源解析也成了土壤污染防治规划编制的基本工作。

污染源解析最初来源于 20 世纪 60 年代的大气污染源解析，主要是针对大气环境中颗粒物来源开展的，现已逐步形成比较完整的大气污染源解析技术体系。随着实验室检测技术和计算机应用技术的不断发展，源解析技术已在土壤、水、沉积物等多种介质中得到了广泛应用。

土壤污染源解析是利用物理、化学等方法来确定特定区域内土壤中污染物来源的技

术，其研究目的是为土壤的污染防控政策、措施的制定提供理论依据。现有研究主要是针对土壤中重金属（Pb、Cd、Zn、Cu、Cr、Ni、Hg 等）或类金属（As）元素及持久性有机污染物（多环芳烃及其含氧衍生物、有机氯农药等）等多种污染物。

目前，对源解析的认识存在两个层次：第一个层次只需定性判断出环境介质中主要污染物的来源类型，称为源识别（Source Identification）；第二个层次是在源识别的基础上，定量计算出各类污染源的贡献大小，称为源解析（Source Apportionment），有很多研究人员将两者统称为源解析。由于土壤污染的隐蔽性、累积性、地域性等复杂特征使土壤污染物来源解析的研究受到较大的限制。但近十年来在多个国家均开展过土壤污染物源解析的研究，其中我国开展的相关研究最多，主要集中在我国东部沿海经济发达省市，例如，辽宁、江苏、上海、浙江、福建、广东等。但就目前的研究成果来看，大多停留在定性判定土壤中污染物来源类型上，定量计算各类源贡献的研究还比较少。源解析方法主要参考大气污染源解析方法中的受体模型法，通过分析土壤样品中有指示意义的示踪物来实现土壤污染物来源的定性识别和定量解析。图 13-2 是文献中一些典型土壤污染源解析技术。

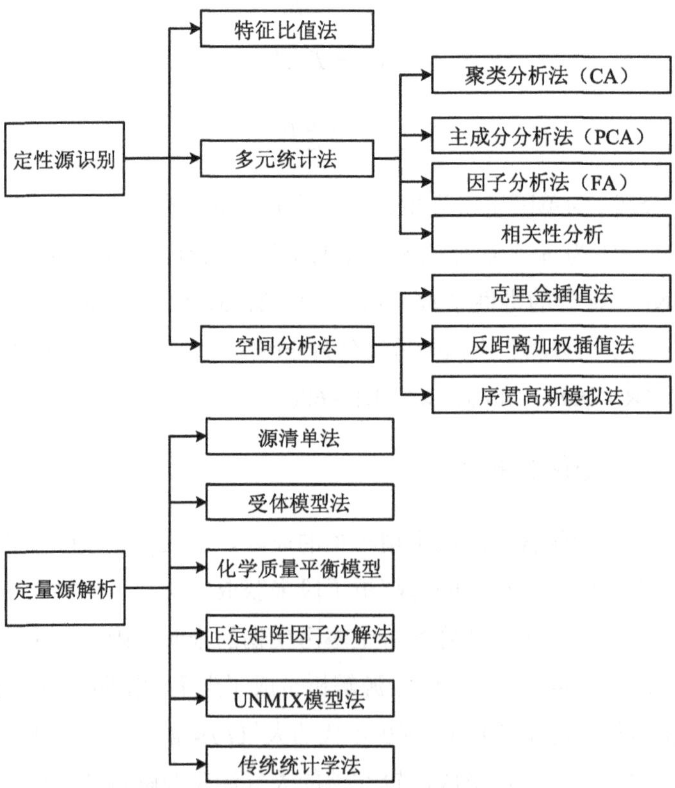

图 13-2 典型土壤污染源解析技术

（1）定性源识别

定性源识别是通过对污染物的主要特征进行识别，进而判断出污染源类型。这类方法操作简单、流程简易。但由于土壤污染物的某些性质具有不稳定性，单一定性方法得到的结论往往较实际会有所偏差，因此一般用于对污染源类型的初步判断。常用方法有特征比值法、多元统计法、空间分析法等。

特征比值法（DRs）是利用源污染机理和特征的差异，通过测定土壤中不同污染物的比值实现源识别。此方法一般用于识别土壤中 PAHs 的来源，常见的 PAHs 种类可达 16 种，PAHs 比值类型及可能的污染来源见表 13-2。

表 13-2　常见 PAHs 比值及可能来源

比值类型*	比值范围	污染源
$\frac{LMW}{HMW}$	＞1	石油
	＜1	燃烧
$\frac{Flt}{Pyr}$	＞1	燃烧
	＜1	石油
$\frac{Phe}{Ant}$	＞15	石油
	＜10	燃烧
$\frac{Flt}{Flt+Pyr}$	＜0.4	石油
	$0.4<\frac{Flt}{Flt+Pyr}<0.5$	石油类燃烧
	＞0.5	生物质和煤的燃烧
$\frac{RaA}{RaA+Chry}$	＜0.2	石油
	$0.2<\frac{RaA}{RaA+Chry}<0.35$	石油类燃烧
	＞0.35	生物质和煤的燃烧
$\frac{Icdp}{Icdp+Bghip}$	＜0.2	石油
	$0.2<\frac{Icdp}{Icdp+Bghip}<0.5$	石油类燃烧
	＞0.5	生物质和煤的燃烧

*：低分子质量 PAHs（LMW），高分子质量 PAHs（HMW），荧蒽（Flt），芘（Pyr），菲（Phe），蒽（Ant），苯并[*a*]蒽（BaA），䓛（Chry），茚并[1,2,3-*cd*]芘（IcdP），苯并[*g,h,i*]芘（BghiP）。

同源污染物在土壤中的分布往往具有某些特征，多元统计法正是利用这些特征进行污染物来源的定性识别。该方法不需要提前对研究区内的污染源进行详细调查，相对减少了工作量。但这类方法在污染源选择时，存在一定的主观性，往往无法有效区分特征相似的污染源。常用的方法包括聚类分析法（CA）、主成分分析法、因子分析法、相关性分析法等。其中，聚类分析法是通过分析两种污染物间的相似程度，得到能反映其间亲疏关系的“距离”，随后加入新物质与之前物质继续比对，重复多次直至所有污染物均完成比对，最后通过“距离”远近识别污染源。一般使用树状图形象地展示污染物间的亲疏关系。主成分分析法是将多种（设数量为 n）有一定相关性的污染物指标，进行线性组合，生成 n 项线性无关的新指标与对应的方差，方差大的指标可能包含污染物的大部分信息。按照方差大小排列新指标，排在前面的指标被称为“主成分”，结合污染源的特征可进行污染物的源识别。主成分分析法使用少数指标替代多数原始指标进行解析，是一种降维统计方法。因子分析法也是一种简化、分析高维数据的统计方法，从指标相关矩阵内部的依赖关系出发，把一些信息重叠、具有错综复杂关系的变量归结为少数几个不相关的综合因子的一种多元统计分析方法，是主成分分析法的扩展。在土壤重金属污染研究中，通常采用主成分分析法或因子分析法与多元线性回归法相结合来定量解析污染物来源。即首先通过主成分分析或因子分析对受体数据进行降维处理，分析多个变量之间的关系，提取出较少的有代表性的因子，即污染因子，其次把这些因子对受体的元素进行多元线性回归，获得多元线性回归方程的回归系数，即可反映这些因子对受体的贡献值。

自然源与人为源对污染物的影响差异，往往会在污染物的空间分布上有所体现。以重金属为例，自然因素对其所在土壤的分布影响一般具有连续性，重金属含量的异常变化往往与工农业等人为源的出现密切相关。空间分析法是根据区域采样点间的空间自相关性，利用地统计插值等方法，对研究区域内的污染物分布状况进行空间分布预测，进而推断可能的污染源。此类方法的优势在于通过少量采样就可获取有价值的信息，有效节约了成本，同时可通过空间分布预测对污染状况有一个宏观了解，是其他源解析方法的良好补充。但该技术仍有一定的局限性，如采样调查往往具有一定的主观性，插值模拟结果具有一定的平滑效应，无法反映局部变化等。传统的地统计插值方法有克里金插值法、反距离加权插值法、序贯高斯模拟法等，这些插值方法均可在 ArcGIS 等软件上完成。

（2）定量源解析

定量源解析不仅要识别污染源的类型，还要通过数学模型计算污染源对受体所作的贡献，便于清晰、直观地展现污染源信息。在土壤污染源解析中，最常用的方法有源清单法和受体模型法（包括化学质量平衡模型法、正定矩阵因子分解法、UNMIX 模型法、传统统计学法等）。近年来，随着统计技术的发展，应用先进统计技术进行土壤源解析也在一些研究中得到应用。同时基于同位素的质量守恒原理，通过测定受体样品中的稳定同位素或放射性同位素来区分污染物来源的同位素法在土壤重金属源解析中得到应用。

源清单法是通过调查和记录，获取各类污染源的排放因子与排放水平，估算污染源的排放量，在一定区域内对主要排放源的贡献进行定量解析。源清单法通过建立不同尺度的区域污染排放源清单，为污染源解析提供了数据支持。源清单方法过程简单、结果清晰，但也存在污染源排放水平难以精准记录、排放因子不确定性大等问题。该方法的核心工作是计算各类污染源的污染物排放量。不同行业的排放量核算方法或系数有所差异，主要包括实际测量法、产排污系数法、物料衡算法、类比法等。在选取污染物产生量和排放量计算方法时，并不是所有污染源都可以使用同一种方法进行计算，需要综合考虑实际情况、数据的可获取性等因素，合理地选择出一种或几种方法组合使用。

化学质量平衡模型法（Chemical Mass Balance，CMB）是基于质量守恒原理构建的一组线性方程，通过每种化学组分的受体浓度与各类排放源成分谱中这种化学组分的含量值来计算各类排放源对受体贡献浓度的一种源解析方法。化学质量平衡模型是基于 3 个假设：污染物的化学成分保持相对稳定，且成分间具有显著差异；污染物之间不发生化学反应；污染源成分谱均为线性无关的，且采样误差符合正态分布。CMB 具有采样量少，算法原理直观易懂，可侧面印证是否遗漏了一些来源等优点，在源排放成分信息明确、污染源数目较多的场景中应用广泛。目前，该方法在大气、水、土壤的污染源解析研究中均得到广泛的应用。

正定矩阵因子分解法（Positive Matrix Factorization，PMF）是由 Paatero 在 1994 年首次提出，是美国国家环境保护局推荐使用的大气污染源解析方法。PMF 是在因子分析的基础上演变而来的多变量因素解析工具。其基本思路是首先将多个受体样品的污染元素浓度数据组合为一个原始矩阵（$\boldsymbol{X}$），然后将其分解为污染源贡献率矩阵（$\boldsymbol{G}$）、污染源成分谱矩阵（$\boldsymbol{F}$）及残差矩阵（$\boldsymbol{E}$），一般计算形式为 $\boldsymbol{X} = \boldsymbol{GF} + \boldsymbol{E}$。样品中每个污染元素浓度的计算公式为

$$x_{ij} = \sum_{k=1}^{q} g_{ik} f_{kj} + e_{ij} \tag{13-15}$$

式中：x_{ij} 为第 i 个样品中第 j 个污染元素的浓度；g_{ik} 为第 k 个污染源对第 i 个样品的贡献率；f_{kj} 为第 k 个污染源对第 j 个污染元素的浓度；e_{ij} 为第 i 个样品中第 j 个污染元素的残差值；q 为污染源个数。

PMF 基于最小二乘法，利用协方差矩阵和相关矩阵对高维变量降维，转变为若干个综合因子，以解决所测的物质浓度与来源之间的化学质量平衡。即通过对 $\boldsymbol{X}$ 进行多次迭代计算，从而获得最优的 $\boldsymbol{G}$ 与 $\boldsymbol{F}$。目前，研究者在土壤有机污染物、重金属源解析中广泛使用 PMF。其优势是可以在污染源未知的情况下使用；在求解的过程中应用非负因子分析方法，能有效避免分解过程中产生负值，使分析结果更具可解释性和现实意义。但其局限性在于缺少可靠的因子数目判定方式，为保证结果的准确，需要反复运行迭代过程来确定最小 Q 值和尽量小的残差值。

UNMIX 模型是美国国家环境保护局开发的源解析模型，是一种基于主成分分析的多元受体模型，属于特征值分析方式。应用 UNMIX 模型有 3 个前提：污染是多种源共同作用的结果，且模型允许存在一些对受体污染贡献很小的源；保证污染源对土壤的贡献

率均为正数；污染源贡献率是由各污染源成分的线性组合构成的。此模型的优势在于无须事先确定污染源个数及污染源成分谱等信息，可直接利用受体浓度进行污染源解析，并在一定程度上规避负值所带来的影响，分析过程迅速、简便和高效，在国外应用较为广泛。但需要大量数据支撑运算、对数据质量要求严格等局限性也限制了其发展，目前在土壤源解析方面应用得不多，但是一种十分具有潜力的模型。

传统统计学法应用于土壤污染源解析的假设是各污染源对受体浓度贡献呈线性组合关系。但是土壤污染受多种因素影响，污染源排放与受体之间存在复杂的关系。为了更好地解释这种复杂关系，基于数据分析等新的统计方法不断被应用于土壤重金属源解析研究。如基于概率和统计分析的随机模型，基于非监督分类技术的有限混合分布模型，基于机器学习和数据挖掘的决策树模型等，如条件推断树。条件推断树通过条件推断框架中二元递归分裂来划分并预测自变量和重金属含量之间的回归关系。该方法根据统计检验来确定自变量和分裂点的选择。在土壤重金属源解析中，影响土壤重金属含量的因素即自变量，如土壤类型、土地利用类型、人口密度、土壤有机质、道路交通状况等，土壤中重金属含量的分布概率是上述自变量的条件分布函数。有学者应用条件推断树等随机模型，对珠江三角洲地区土壤污染物进行了来源解析。随机森林可以被看作一个包含了多个条件决策树的分类器，是一种数据挖掘方法。该算法利用 bootstrap 重抽样方法从原始样本中抽取多个样本，对每个 bootstrap 样本构建决策树，然后将所有决策树预测平均值作为最终预测结果。利用随机森林中各个环境变量对最终变量的重要性系数，可以进一步识别影响重金属含量的主要因素。有研究利用随机森林模型与多元统计分析，对农田土壤中重金属的来源进行了解析。

由于同位素在污染物传播过程中一般不发生变化，所以同位素组成特征一般不因迁移过程而发生改变。同位素法通过测定土壤受体中同位素的组成，基于同位素质量守恒原理构建解析模型，对污染源进行定量解析。同位素溯源具有灵敏度高、结论准确可靠等优点。但目前由于技术限制，此方法的样本处理成本较高，且目前能识别的同位素种类有限。目前，Pb、Cd、Hg、Zn 等同位素常用来识别或解析土壤中重金属污染来源；C、S 等同位素常用来识别或解析土壤中有机污染来源。

13.2.3 土壤污染分区分类管控技术

我国不同地区土壤污染类型复杂，开展分区分类污染风险管控是实施土壤精细化管控的基础。其中，分区规划是基于土壤环境特征、质量状况等，对农用地、建设用地和未利用地土壤污染状况进行分析评价，将空间区域划分为土壤环境保护区、土壤污染重点监控区和风险管控区；分类规划是根据不同土地利用类型、对不同污染程度土壤，分别实施农用地分类管理和建设用地准入管理。

（1）农用地土壤分区分类

为了便于针对性地开展风险管控与修复，《土壤污染防治行动计划》提出了农用地分类管理制度。按照土壤污染程度等将农用地土壤环境质量划分为优先保护类、安全利用类和严格管控类 3 类：其中优先保护类农用地指未污染和轻微污染的农用地，将轻度和中度污染的农用地纳入安全利用类，将重度污染的农用地纳入严格管控类。

农用地土壤环境质量类别划分基于全国农用地土壤污染状况详查结果，充分考虑到农产品质量协同监测结果，对农用地土壤环境质量进行评价，初步划分土壤环境质量类别。对受污染程度相似的耕地，综合考虑耕地的物理边界、地块边界或权属边界等因素，对方案进行优化调整、边界整合，形成最终成果。其主要过程如下。

1）资料收集

收集工矿企业污染排放、农业生产投入、固体废物处理等各类土壤污染源信息，土壤环境质量及农产品质量数据，研究区域人口、农业生产、工业布局、经济发展水平等社会经济资料，以及行政区域、土地利用现状、土壤类型、地形地貌、河流水系、道路交通等各类矢量图件。

2）确定重点关注区

对基础资料和数据进行分析和评估，确定土壤点位超标区、土壤重点污染源影响区、土壤污染问题突出区等重点关注区域。其中，土壤重点污染源影响区指土壤污染重点行业企业通过大气、水等污染扩散途径，对土壤环境造成影响；土壤污染问题突出区指受污染耕地，包括信访投诉较多的受污染耕地、有监测调查发现受污染的耕地、历史上因事故而污染耕地、工业固体废物长期堆放而污染的耕地等。对于重点关注区域外的耕地，原则上可以直接划为优先保护类耕地。对重点关注区域内的耕地，进一步根据土壤详查单元进行土壤环境质量评估及类别判断。原则上对受同一污染源影响且污染程度相似的，应划为同一评价单元。

3）评价点位土壤环境质量评价

根据《土壤环境质量　农用地土壤污染风险管控标准（试行）》（GB 15618—2018），对评价点位土壤的各项污染物逐一评价。土壤污染物评价结果可以分为 3 类：低于或等于筛选值的为优先保护类，介于筛选值和管制值之间的为安全利用类，高于或等于管制值的为严格管控类。按表层土壤的 Cd、Hg、As、Pb、Cr 中类别最差的因子确定该点位的综合评价结果。

4）确定评价单元类别

当评价单元内点位类别一致时，各点位类别即为该评价单元类别；当评价单元内存在不同类别点位时，若某类别点位数量占比超过 80%，其他点位不连续分布，则该点位按照优势点位类别计，如存在两个或以上非优势类别点位连续分布，则按地物边界兼顾土壤类型，划分出连续的非优势点位对应的评价单元；对孤立的严格管控类点位，根据影像信息或实地踏勘情况划分出对应的严格管控类范围，无法判断边界，则按最靠近地物边界划出合理的较小面积范围；当评价单元内存在不连续分布的优先保护类和安全利用类点位，且无优势点位时，可将该评价单元划为安全利用类。

5）评价单元土壤环境质量类别修正

对初步划定为安全利用类或严格管控类的评价单元，根据农产品质量状况辅助判定其耕地土壤环境质量类别。对于土壤污染程度划分为安全利用类且农产品不超标的评价单元，划为优先保护类；对于土壤污染程度划分为安全利用类且农产品轻微超标或土壤污染程度划分为严格管控类且农产品不超标的评价单元，划为安全利用类；对于土壤污染程度划分为安全利用类且农产品严重超标或土壤污染程度划分为严格管控类且农产品超标的评价单元，划为严格管控类。

6）评价单元优化调整

县（市、区）或乡镇要对行政区域内类别一致的相邻单元进行归并、整合。当同一单元跨乡镇行政边界时，为落实属地责任应按照行政边界对单元进行拆分，最终形成成果报告及分类清单。

（2）建设用地风险分类

筛选涉及有色金属冶炼、石油加工、化工、焦化、电镀、制革等行业生产经营活动和危险废物储存、利用、处置活动的地块，识别疑似污染地块。将经布点采样监测结果表明存在土壤污染情况的建设用地地块，已纳入土壤污染重点监管企业名录的建设用地地块，已纳入污染地块管理名录中的污染地块，以及日常监督、监管过程中发现的明显已造成土壤污染的建设用地地块纳入建设用地重点管控区。其余区域则纳入一般管控区。

（3）土壤环境分区管控

根据工作实际，划分农用地土壤优先保护区、农用地土壤污染风险重点管控区、建设用地土壤污染风险重点管控区和一般管控区域。按照保护对象与污染源具体情况，结合地方土壤环境管理相关政策，针对农用地优先保护区、农用地与建设用地污染风险重点管控区，分别提出农用地分类管理、建设用地准入管理等土壤环境分区管控要求。

土壤环境风险管控具体要求应以《中华人民共和国土壤污染防治法》、《农用地土壤环境管理办法（试行）》、《工矿用地土壤环境管理办法（试行）》、地方相关法律法规要求及相关环境保护规划等为基准，在此基础上制定符合地方实际情况的具体管控要求。

13.3 土壤污染防治与修复规划编制

我国单独成文的土壤污染防治专项规划起步较晚。自“土十条”发布后，“十三五”

期间全国各地不同层级的土壤污染防治与修复规划相继编制。从各地实践案例来看，规划基本是基于对规划区域土壤环境状况评估及污染源解析，根据上位规划对土壤环境管理要求，制定相应的规划目标及污染防治总体思路，结合当地实际提出规划期内主要任务及规划实施保障措施。

13.3.1 规划总体思路与目标

根据土壤污染状况调查、农产品产地重金属调查及区域污染源调查等数据，开展区域土壤污染风险综合评估及源解析，识别土壤环境保护区、风险管控区、治理修复区等管控分区，以农用地和建设用地为重点，强化源头严控、过程严管、末端严治，实施分类别、分用途、分阶段治理，构建政府主导、企业担责、公众参与、社会监督的土壤污染防治体系，促进土壤资源永续利用，协同推进水、大气、土壤污染治理。

（1）规划总体思路

根据各地实施实践，土壤污染防治与修复规划总体框架如图 13-3 所示。

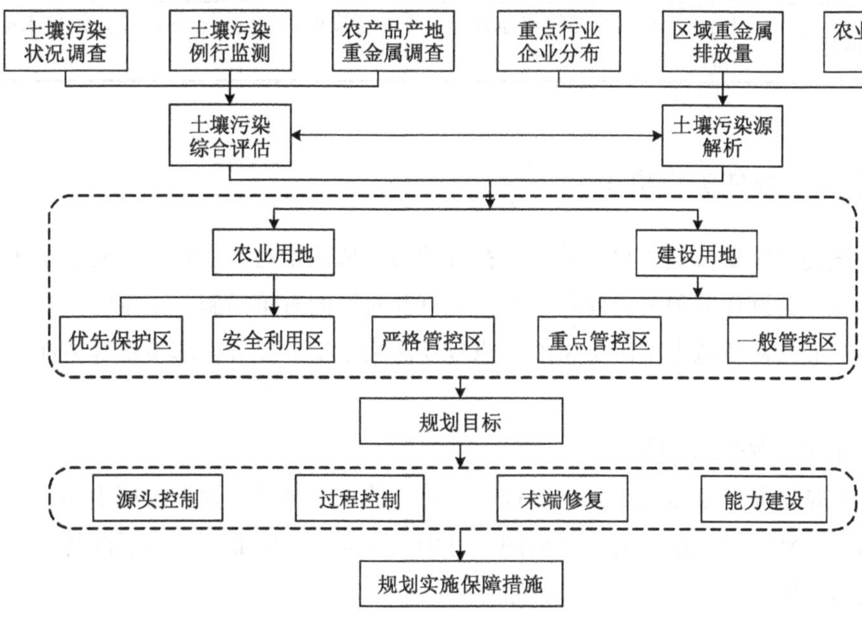

图 13-3 土壤污染防治与修复规划总体框架

（2）规划目标指标

立足于国家土壤污染防治需求及规划区域土壤污染实际，确定该区域土壤污染防治的总体目标。不同层级规划目标设定及指标设置不同。

一般省级土壤污染防治总体阶段目标与国家土壤污染防治规划保持一致，侧重从环境质量改善角度提出阶段性目标；规划目标指标设置也与国家“土十条”确定的指标一致，即受污染耕地安全利用率和污染地块安全利用率两个指标，并根据国家下达的任务和当地实际，确定各个指标的近远期指标值。

市级或县级的规划目标在省级目标的指导下提出近远期阶段目标，阶段目标除了对环境质量改善目标，还会涉及环境风险管控、环境安全保障等目标。在主要指标的设计上，考虑到地方土壤污染防治基础薄弱的实际，将受污染耕地安全利用率、污染地块安全利用率作为约束性指标，同时提出重金属减排比例、监测监管能力建设等预期性目标，详情见表 13-3。

表 13-3 土壤污染防治规划目标指标体系（案例）

指标类型	可设置的指标
污染源控制	重点行业重金属排放量下降比例、废弃农膜回收率、农药化肥施用率等
农用地分类管理	受污染耕地安全利用率、受污染耕地安全利用面积完成比例、耕地土壤环境质量类别划分完成比例等
建设用地准入管理	污染地块安全利用率、暂不开发利用污染地块风险管控率等
监管能力建设	市控土壤环境监测网络建设情况、土壤环境信息化管理平台建设情况等
管理制度建设	污染地块联合监管机制建立、土壤污染调查制度、土壤污染防治技术推广情况等

13.3.2 规划主要任务与措施

规划方案的制定要按照“科学治污、精准治污、依法治污”原则，针对土壤污染防治的重点领域、关键环节和突出问题，提出具有针对性的对策措施。土壤污染防治与修复规划方案一般指从防范土壤污染风险、修复受污染土壤、提升土壤质量等方面制定具体举措。

（1）土壤污染源头综合防治

源头防控是切断土壤污染来源、严控新增污染的重要举措。根据区域土壤污染现状及趋势分析，识别区域土壤污染主要来源，分别从工业源、农业源、生活源等方面，设计土壤污染防控的具体措施。

工矿企业土壤污染防治。推进产业绿色转型发展，优化产业空间布局，深入推进涉重金属企业向工业园区、涉重（金属）园区集聚。推进园区循环化改造，加强废水、固体废物等收集储存处理设施管理，杜绝二次污染。严格总量削减替代管理，实施涉重金属项目精准减排。持续开展涉重金属行业企业排查整治，重点加强涉重金属行业扬尘综合治理、废气无组织排放、废水处理设施、雨污分流改造、危险废物暂存等环节的检查，加强生产过程规范化操作，确保企业废物稳定达标排放。全面摸底调查各类涉重工业固体废物堆存场所，完善和规范“防扬散、防流失、防渗漏”等设施，减少土壤污染风险。

立足规划区域固体废物处理现状，补齐固体废物处理能力缺口。拓宽工业固体废物综合利用渠道，鼓励工业固体废物产生量大的企业在场内开展利用处置，促进工业固体废物资源利用园区化、规模化和产业化。提升危险废物处理能力建设，强化含有色金属冶炼废渣、含汞废物等重金属危险废物的存储、转移运输、处理处置过程的全过程监控。

农业污染源控制。根据污染源解析结果，识别农业污染源管控重点，结合农业面源污染防治，从保障生态安全、保持土壤生产功能的角度出发，对各类农业生产活动进行优化，提出防止农药、化肥、农膜等农业投入品使用造成土壤污染和农产品污染物含量超标的具体措施，从源头上杜绝农田土壤污染。具体包括采取测土配方施肥、缓控释肥、精准施药、统防统治等精准、减量施肥与施药技术，优化农业生产，避免因过度施肥、滥用农药等掠夺式农业生产方式造成土壤环境质量下降；对各类农业废弃物进行综合利用和处理处置，加强畜禽养殖污染防治；加强灌溉水水质管理，开展灌溉水水质监测和净化，防止新增污染水源进入农田系统。

生活污染控制。影响土壤环境质量的生活源包括生活垃圾堆存及填埋场、生活污水随意排放以及污水污泥处置设施等方面。针对生活垃圾，加快城乡生活垃圾处理设施建设，加快垃圾中转站等设施建设，建立与生活垃圾前端分类收集、后端分类处理能力相匹配的转运体系及监管机制，强化土壤和地下水环境日常监测监管；针对污水污泥处置，从污水集中收集处理能力提升、防治污水渗漏、推进污泥、建筑垃圾、医疗废物、污泥等固体废物处理能力方面提出污染控制措施。

（2）农用地土壤分类管理

充分考虑区域农业产业发展、耕地类型、污染程度等，对不同类型的农用地开展分类管理。

优先保护类耕地。根据耕地土壤环境质量类别的评估结果，提出优先保护类耕地面积及范围。在此基础上，围绕永久基本农田土壤环境保护、耕地占补数量和质量平衡、高标准农田建设等方面提出相应的建设措施与任务要求。

安全利用类耕地。根据安全利用类耕地划定范围，提出实现安全利用的措施和任务。耕地安全利用是根据农田土壤污染程度和土壤类型，分别采取农艺调控、替代种植、种植结构调整等措施。对具备一定条件安全利用类耕地，通过采取生物修复等措施，逐步降低土壤中污染物浓度、进而改善耕地土壤环境质量。

严格管控类耕地。根据耕地土壤环境质量评估结果划定严格管控类耕地范围及面积。通过粮食禁止种植区划定、种植结构调整等措施，实现严格管控。在此基础上，对具备一定条件的严格管控类耕地，通过采取化学修复、生物修复、物理修复等修复技术，逐步降低土壤中污染物的浓度。其中化学修复通过钝化技术、阻控技术等降低土壤重金属在土壤中的溶解性、迁移能力和生物有效性，有效抑制作物对重金属的吸收与转运；生物修复通过超富集植物的提取、微生物修复等生物作用将重金属从污染土壤中吸收、积累，降低土壤中重金属含量至可接受范围；物理修复通过换土法、客土法、深耕法实现污染土壤转移与置换。

（3）建设用地土壤污染风险管控和修复

以保障人居环境安全为重点，实施建设用地准入管理。根据建设用地土壤污染程度、问题解决的紧迫程度等，提出重点区域治理与修复对策。

强化污染地块风险管控。严格执行建设用地土壤污染风险管控和修复制度，针对化工、印染、制革、电镀、造纸、铅蓄电池制造、有色金属矿采选、有色金属冶炼和危险废物经营等重点行业关停并转、破产或搬迁企业的原址用地，以及用途变更为住宅、商服、公共管理与公共服务等敏感用途的地块，整合疑似污染地块、污染地块和用途变更为敏感用途的地块，统一纳入《建设用地土壤污染风险管控和修复名录》管理，并进行动态更新。编制建设用地污染地块环境风险管控方案。对暂不开发利用的污染地块，实施以防止污染扩散为目的的风险管控；对拟开发利用为居住用地和商业、学校、医疗、养老机构等公共设施用地的污染地块，实施以安全利用为目的的风险管控。

推进污染地块治理修复。制订建设用地污染地块风险管控年度计划，明确污染地块治理修复责任，对拟开发利用为居住用地和商业、学校、医疗、养老机构等公共设施用地的污染地块，经风险评估确认需要治理与修复的，编制土壤环境详细调查报告、风险评估报告以及污染地块治理与修复工程方案等。以污染地块名录中治理与修复类地块为基础，结合典型土壤类型、污染类型、污染地块行业特点、技术经济条件等，逐步推进污染地块治理与修复项目。

强化污染地块修复环境监管。构建土壤污染溯源及监控平台，对建设用地土壤污染状况调查、风险评估、风险管控或修复等关键环节实施全流程监控。应用智慧监管平台、智能监控、车辆 GPS 等科技手段，对土壤污染修复工程开展数字监管。此外，完善部门监督管理制度，生态环境主管部门、自然资源主管部门，根据各自的职责分别对建设用地土壤污染风险管控和修复的各个环节实行监督。

（4）土壤污染环境监控能力建设

完善土壤污染监测评价体系。根据土壤环境保护、污染防治需求，提出完善和优化土壤环境监测网络建设方案。在耕地方面，衔接土壤环境监测国家网建设、农田土壤环境预警监测点、国控土壤环境监测点基础上，建立覆盖规划区域内各类别耕地土壤环境状况的监测网络。在建设用地方面，在重点监管企业、污水集中处理设施、固体废物处置设施等周边，合理布设土壤或地下水监测点位，有效预警和研判企业内部土壤污染扩散趋势。建立土壤环境监测数据的评价体系。根据耕地土壤环境保护、耕地土壤环境质量目标考核的需求，从耕地土壤环境监测的频次周期、检测指标、结果应用等方面，提出耕地土壤环境监测评价体系建设任务。根据预警和预防重点企业土壤和地下水污染扩散的需求，从企业用地周边土壤和地下水监测频次、特征污染物关联分析、结果应用等方面，提出重点企业周边和重点企业用地土壤和地下水监测评价体系建设任务。

土壤环境监管能力建设。根据土壤环境保护和污染防治科学决策需求，依托现有土壤环境信息化管理系统，从整合和打通污染源、国土空间规划、土壤污染状况详查、土壤环境质量监测、企业用地自行检测等数据信息，增设大数据分析、空间矢量信息叠合、辅助决策、考核评价等模块，提出本地区土壤环境信息化监管能力建设目标和任务。

土壤环境执法能力建设。围绕耕地土壤环境保护、污染地块安全利用的需求，从增配巡检装备、提高土壤环境违法行为发现能力等方面，提出土壤环境执法能力建设任务。加强环境保护第三方单位监管，从规范建设用地土壤环境咨询、修复工程、环境检测等从业单位行为出发，研究提出从业单位登记备案、从业质量评价、在环境信用中应用评价结果等方面的任务。

第 14 章　生态保护规划

自然生态保护是落实国家生态文明战略、夯实区域生态安全的重要手段。自然生态系统虽具有抵抗外界干扰、维持系统循环及适度修复再生的基本规律，但是当系统遭到外界强干扰时，会产生不可逆的损伤。如何有效保障系统完整性、生态可持续性、资源可再生性和空间开发适度性，是提升自然生态系统保护的重点内容。2018 年，党的十九届三中全会通过的《深化党和国家机构改革方案》赋予了生态环境主管部门统筹全地域生态环境保护管理监督的职能，指导、调和监督生态保护修复工作，组织编制生态保护规划，监督对生态环境有影响的自然资源开发利用活动、重要生态环境建设和生态破坏恢复工作。

14.1　生态保护规划概述

14.1.1　生态保护规划内涵

由于人类活动强度加大，对区域生态系统造成了强烈的生态胁迫效应。自然生态系统为人类生存与发展提供的服务功能面临严重威胁的情况下，通过生态保护规划来协调人与自然环境间的关系正日益受到人们的重视。生态保护规划在深入分析生态系统服务功能基础上，评价人类活动对生态系统影响，通过合理规划人类社会经济活动，建立起与自然和谐的资源利用和开发方式，维护和提升生态系统服务功能。

与污染防治规划相比，生态保护规划是一种侧重生态系统保护与修复，强调生态系统服务功能和价值恢复的生态环境规划。生态保护规划的实质就是以可持续发展理论为基础，运用生态经济学和系统工程学的原理与方法，对某一区域社会、经济和生态环境复合系统进行结构改善和功能强化的中长期发展和运行的战略部署，最终实现人与自然和谐共生的美丽画卷。

2000 年，国务院印发了《全国生态环境保护纲要》，开启了国家层面生态保护规划；“十五”时期以来，相继发布了《全国生态保护“十一五”规划》，《全国生态保护“十二五”规划》《全国生态保护“十三五”规划纲要》。从国家生态保护规划实践来看，规划以改善环境质量为核心，以维护国家生态安全为目标，对生物多样性保护提升、自然保护区建设和监管、国家及区域重要生态功能区保护等领域提出了任务要求。2020 年，国家发展改革委、自然资源部联合印发的《全国重要生态系统保护和修复重大工程总体规划（2021—2035 年）》是国家层级生态保护规划的又一实践。该规划通过大力实施重要生态系统保护和修复重大工程，全面加强生态保护和修复工作，推动全国森林、草原、荒漠、河湖、湿地、海洋等自然生态系统状况实现根本好转，生态系统质量明显改善，优质生态产品供给能力基本满足人民群众的需求。

从各类生态保护规划实践来看，生态保护规划是鉴于区域生态系统的复合性和系统性特点，对区域内重要生态系统提出保护和修复的规划安排。其主要包括①森林生态系统保护。通过加快宜林地造林绿化、林相改造等生态工程措施，增加森林面积，提高森林覆盖率，增强林地生态功能。②草地生态系统保护。着眼于草原生态环境的整体改善和草原地区经济可持续发展，确定草原资源的合理利用措施，突出草原生态功能，把草原生态保护建设与生产发展、农牧点建设紧密结合，实现生态效益、社会效益和经济效益统一。③湿地生态系统保护。以保护与恢复工程为重点，加强对自然湿地的保护监管，努力恢复湿地自然特性和生态功能。④自然保护区（地）保护与建设。重点强化自然保护区（地）规范化建设和管理，优化自然保护区空间布局，完善自然保护区管理评估制度，建立“天地一体化”监控体系等。

14.1.2　生态保护规划原则

生态保护规划总体按照山水林田湖草沙系统保护的要求，以改善环境质量为核心，以维护国家生态安全为目标，以保障生态空间、提升生态质量、改善生态功能为主线，大力推进生态文明建设，强化生态监管，完善制度体系，推动补齐生态产品供给不足的短板，为全面建设美丽中国奠定生态基石。

根据这一指导思想，自然生态保护必须遵循以下 4 个原则。

（1）整体性与系统性原则

把生态系统整体保护作为基本理念。按照山水林田湖草沙系统保护的要求，陆海统筹、上下联动，打破要素、区域界限，对各类生态系统实施统一保护和监管，增强生态保护的系统性与协同性。

（2）生态安全原则

把保障区域生态安全作为根本目标，严格落实生态空间管控，划定并严守生态保护红线，强化分类指导、分区推进，保护最重要的生态空间，增强各类生态系统服务功能，打造区域生态安全屏障。

（3）生物多样性保护原则

加强生物多样性保护作为工作主线。保护和可持续利用生物多样性，推动生物遗传资源惠益分享，以生物多样性保护优先区域为重点，完善保护网络，强化生物物种和遗传资源保护能力，构建生物多样性保护体系。

（4）强化生态监管原则

建立全面、严格、及时、有效的监管体系，是加强生态保护统一监管的重要基础。加强自然保护区监督管理，建设“天地一体化”的监测体系和综合监管平台，及时发现和查处生态破坏行为，由被动核查变为主动发现，提高生态保护的精细化和信息化水平。

14.1.3 生态保护规划主要内容

生态保护规划一般包括以下几个步骤和内容。

（1）生态环境现状调查与评价

生态环境现状调查通过收集区域内自然、社会、人口、经济等方面资料，以及国土调查等相关研究成果，同时开展必要的补充调查。在此基础上，全面分析规划区域内山水林田湖草沙等各类生态资源的规模及空间分布、自然保护地类型及空间分布，全面评估规划区域自然地理格局、人口经济分布、水土等自然资源空间匹配关系；涉及沿江滨海环湖区域应分析河湖岸线、海岸带保护和开发利用情况，识别陆域生态廊道、水域生态廊道的空间分布及规模，评价区域生态安全格局。

根据自然地理格局和自然资源禀赋，针对规划区域内主要生态系统功能开展生态系统服务重要性评价，如水源涵养、固碳释氧、水质净化、土壤保持、雨洪调节、生物多样性保护等。综合考虑各项生态系统功能的重要性，确定评价单元生态系统服务重要性等级。针对区域生态敏感性特征，如水土流失、水环境敏感性、生境退化敏感性等，开展生态敏感性评价与等级划分。根据区域气候条件、地形地貌、土壤、植被丰富度和生产力等因素，定性定量评价生态系统恢复力。综合生态系统服务功能重要性评价、敏感性评价、恢复力评价结果，进行分区分类空间表达和叠置分析，识别生态系统服务重要性高、生态敏感性高、生态系统恢复力差的国土空间分布，形成规划区域生态现状底图。

（2）问题诊断及趋势研判

根据调查结果，诊断规划区域主要面临的生态问题。具体包括①资源开发利用问题。基于资料分析和实地调查，梳理山水林田湖草沙等各类资源不合理开发利用的显性问题，包括山林破坏、土地损毁、水土污染、江海岸线过度开发、耕地利用低效等，分析各类问题的关联性和空间分布。②生态系统质量问题。通过历史多期数据分析，从生态系统面积减少、功能退化、恢复力降低、生境破碎化、生物多样性降低等方面，诊断生态系统质量受损问题。③生态空间冲突问题。基于基础评价结果，分析生态系统服务重要性高、生态敏感性高、生态系统恢复力差的区域与生态保护红线、永久基本农田、城镇开发边界、生态空间管控区域的关系，诊断生态空间冲突问题。

根据调查评价和问题诊断结果，结合区域国土空间规划，对中长期生态安全趋势进行研判，如气候变化对水平衡、水安全和生物栖息地、生物多样性影响，人口流动、城乡布局、基础设施建设可能带来的生态风险，以及“碳中和”对生态修复的需求等。

（3）生态功能分区

生态功能区划是根据区域生态系统的结构特点及功能，将其划分为不同的生态功能单元，研究各单元的特点、结构、环境负荷及承载力、生态服务功能，以便更好地对生态功能区进行管理和开发利用。其主要作用是为区域生态管理和生态资源信息的配置提供一个地理空间框架。

生态功能区划是基于各生态系统服务功能及敏感性的相似性和差异性，采用如地理相关法、空间叠置法、主导因素法、空间聚类法等多种分区方法，将属性相近的区域整合成一个功能单元，基于不同的生态管理目标，制定差异性对策措施实行分类管控。

（4）规划目标确定

确定规划目标是编制生态保护规划的中心环节。目标的产生可能是多种形式的，既可来源于规划区域的社会经济发展目标，也可来源于规划区域发展阶段突出问题。生态保护规划目标根据区域突出的生态问题，结合上位专项规划或区域总体规划等对生态保护及修复领域设定任务性目标，重点围绕山水林田湖草沙一体化保护修复，基于国土空间开发格局优化、生态系统质量和稳定性提升需求，分别提出不同规划阶段生态保护与修复目标。根据规划目标，坚持上下衔接、统分结合、简明适用、定性与定量相结合等原则，合理设立生态保护与修复指标体系。

生态保护与修复规划指标设置大部分从生态质量、修复治理两个角度进行设置。生态质量类指标一般包括自然保护区面积占陆地国土面积的比例、生物多样性保护（国家重点物种及特有物种有效保护率）、森林覆盖率、草原综合植被盖度、重要生态系统保育保护率、河流生态流量满足度、水源涵养量、水土保持率、防风固沙量、生态廊道连通性、人均公共绿地面积等；修复治理类指标一般包括自然恢复治理面积、水土流失治理面积、生态岸线恢复长度、野生动物重要栖息地面积增长率等。具体规划可根据规划区域生态保护需求进行选择。

（5）规划方案制定

生态保护规划方案的内容主要包括生态空间格局优化、生态系统保护、生态治理与修复。其中，生态空间格局优化主要从重要生态空间划定与维护、生态廊道和生态网络构建等方面设置相应方案，并对不同的生态空间实行差异化管控。生态系统保护围绕着山水林田湖草沙等各类生态系统及其服务功能，针对水土流失、土地沙化、海岸侵蚀、湿地丧失、自然岸线受损、矿山生态破坏、生物多样性降低等各类生态退化破坏问题，按照生态系统恢复力程度，采取保育保护、自然恢复和辅助修复、生态重塑等措施，优先保护良好生态系统和重要物种栖息地，推进生态系统休养生息，提升生态系统质量和稳定性，提高生态功能，保障生态安全。生态治理与修复主要是针对受损生态系统或生态空间进行自然恢复与辅助修复，如农业空间生态修复、城镇空间生态修复、湿地空间生态修复等。

（6）规划保障措施

生态保护规划的保障措施侧重生态环境监管能力建设，提高区域生态保护水平。具体包括①加强资源开发的生态环境监管。如严格控制破坏地表植物的开发建设活动，加强大型工程项目生态恢复监管，加强对矿业废弃物储存设施监督管理，规范水资源开发行为，强化旅游开发项目的生态环境监管等。②提高生物多样性管理能力。全面调查全国物种及遗传资源本底，建立物种及遗传资源数据库和信息系统，构建物种及遗传资源保护与持续利用信息共享平台；完善相关的法规政策及管理制度；加强进出境查验，建立科学有效的外来物种防治措施、协调管理和应急机制；开展生物物种资源保护和管理宣传。③重视生态敏感区和脆弱区保护。将生态敏感区和脆弱区纳入国家主体功能区中的限制开发区，执行相应的环境准入要求、环境经济政策；加大对生态敏感区和脆弱区的生态监测，优先划定一批禁采区、禁垦区、禁伐区和禁牧区。

14.2 自然保护区保护规划

2019 年，中共中央办公厅、国务院办公厅印发《关于建立以国家公园为主体的自然保护地体系的指导意见》，提出建立以国家公园为主体的自然保护地体系。自然保护区作为自然保护地重要的一员，在生态文明建设中扮演着不可或缺的角色。

根据《中华人民共和国自然保护区条例》，自然保护区是指对有代表性的自然生态系统、珍稀濒危野生动植物物种的天然集中分布区、有特殊意义的自然遗迹等保护对象所在的陆地、陆地水体或者海域，依法划出一定面积予以特殊保护和管理的区域。世界自然保护联盟（IUCN）将保护区分为自然保护区、国家公园、自然纪念物保护区、生境和物种管理保护区、陆地和海洋景观保护区、资源管理保护区。中国自然保护区划分基于主要保护对象，也在一定程度上考虑管理目标，分为自然生态系统（森林生态、草原与草甸、荒漠生态、内陆湿地和水域、海洋和海岸）、野生生物（动物、植物）、自然遗迹（地质遗迹、古生物遗迹）三个大类 9 种类型。

自 1956 年我国建立了第一个自然保护区（广东肇庆鼎湖山自然保护区），此后 60 多年的时间里我国自然保护区事业发展迅速，在全国初步建成一个类型比较齐全的自然保护区网络。截至 2017 年，我国共有 2 750 个自然保护区，其中国家级 463 个、省级 855 个、市级 416 个、县级 1 016 个，这些保护区以森林生态系统类型、野生动物类型、内陆湿地和水域生态系统类型为主，分别占保护区总量（2 750 个）的 52.15%、19.13%、13.85%。

随着人类对地球资源不断增加的需求和压力，有效的保护区系统是保护物种及其栖息地自然生态系统的有效手段，也已经成为衡量生物多样性保护的一个有效指标。但现有自然保护区的数量、面积和管理现状同我国拥有的生物多样性及各类自然资源的丰富程度相比，仍有较大提升空间。自然保护区建设是一项公益性事业，需要国家及地方各级人民政府加强领导，积极扶持。为进一步加强自然保护区规范化建设，有必要制定一个符合国情的自然保护区保护规划。自然保护区规划同其他生态保护规划类似，规划内容也包括现状评价、功能（保护）分区、规划目标、方案制定等规划环节。下面重点介绍自然保护区的现状评价、功能分区及规划编制。

14.2.1 自然保护区现状调查与评价

自然保护区规划的现状调查是在综合科学考察的基础上进行的补充调查，其主要内容包括①自然条件，包括地质地貌、水文、气候、土壤、植被等；②自然资源，包括土地、森林、草原、湿地、生物、景观、水体等自然资源；③生物多样性，包括动植物名录、种群特征与分布，重点保护的动植物名录、种群特征、分布与栖息地或原生地状况，当地特有动植物名录、种群特征、分布与栖息地或原生地状况等；④环境状况，包括环境质量状况，环境污染源的种类、分布与排放量，环境污染治理状况等；⑤经营管理，包括保护区的管理体制，组织机构、人员编制与结构，事业费来源与支出，生产经营与自养能力，以及保护、科研、宣教、监测状况等；⑥基础设施，包括周边社区和保护区范围内的保护、管理、科研监测、旅游等基础设施与设备状况，以及附属设施等；⑦社会经济，包括周边社区与保护区内部的人口、村镇、土地利用、产业结构、经济收入、生活习俗，以及交通、通信、电力、给排水、生活能源等配套的基础设施状况。

自然保护区评价是指从生态环境、经济社会平衡等角度对自然保护区现有的自然状况、保护潜力及管理有效性进行的综合性研究，具体包括对保护区动植物物种、群落和生态环境评价，以及对保护区设置合理性、管理有效性、影响保护区因素、保护区对区域经济社会影响等进行评价。通过自然保护区生态评价及管理评价，既可以对自然保护区的保护对象、保护意义有更加深入的了解和认识，又可以识别出保护区现存的主要问题，为科学合理进行保护区建设和管理提供依据。

（1）自然保护区生态质量评价

自然保护区的生态质量评价是对生态系统本身质量的综合性评价。重点是对保护区内的动植物物种、群落和生境进行评价。但受生物多样性及栖息地的数据不完善影响，通常对保护区生态系统本底掌握不足，难以了解保护区是否有效实现了生物多样性保护目标。因此在数据有限的条件下，一般通过采用一些代表性指标对不同类型的自然保护区生态现状进行简要评价，如采用植被覆盖度和 NPP 来分析生境状况，通过人类扰动来表现人类活动强度等。

植被覆盖度可利用遥感数据反演的植被指数（NDVI）进行估算。根据像元二分模型理论计算植被覆盖度。该理论认为一个像元的 NDVI 值是由绿色植被贡献的信息与无植被覆盖贡献的信息组合而成，根据以下公式计算自然保护区最大植被覆盖度：

$$\mathrm{FVC}=\frac{\mathrm{NDVI}-\mathrm{NDVI}_{\min}}{\mathrm{NDVI}_{\max}-\mathrm{NDVI}_{\min}} \tag{14-1}$$

式中：FVC 为植被覆盖度；NDVI_{max} 为纯植被像元的 NDVI 值，可用 95%处的 NDVI 值；NDVI_{min} 为完全无植被覆盖像元的 NDVI 值，可采用 5%处的 NDVI 值。

根据植被覆盖度的时空变化，可以评价保护区整体生境变化特点。此外，保护区生境变化也可用植被初级生产力（NPP）变化进行评价。应用于植被净初级生产力模拟的生态模型可归类为统计模型、过程模型、机理模型、遥感模型等，在我国广泛使用的模型如 CASA 模型、GLOPEM 模型、PSN 模型、VPM 模型等，具有输入参数少、驱动变量可由遥感数据直接或反演获得等优势。其中，GLOPEM 模型是建立在生理生态学理论基础上，该模型经过参数本地化校正后，已在不同森林生态系统和草原草甸生态系统进行了验证，也常被用于对保护区的生境进行评价。GLOPEM 模型通过模拟光能利用率，以卫星遥感反演的植被吸收光合有效辐射比例（FPAR）模拟植被吸收的光合有效辐射（APAR），获得植被总初级生产力（GPP）；以植被生物量和气温及不同植被群落的维持性呼吸系数及温度关系模拟植被维持性呼吸（R_m）和生长性呼吸（R_g），获得自然保护区的植被净初级生产力。具体计算过程为

$$\mathrm{GPP}=\mathrm{APAR}\times\varepsilon_g=\mathrm{PAR}\times\mathrm{FPAR} \tag{14-2}$$

$$R_a=f(R_m)+R_g \tag{14-3}$$

$$\mathrm{NPP}=\mathrm{GPP}-R_a \tag{14-4}$$

式中：GPP 为总初级生产力；APAR 为植被吸收的光合有效辐射量；ε_g 为 GPP 概念上的植被光能利用率，根据气孔导度类比模型得到；PAR 为光合有效辐射，根据气候学辐射计算方法估算；FPAR 为植被呼吸光合有效辐射比率，采用基于冠层辐射传输算法的卫星遥感反演数据；R_a 为自养呼吸；R_m 为维持性呼吸；R_g 为生长性呼吸；NPP 为植被初级生产力。

基于土地利用与土地覆被的概念，陆地表层人类活动强度可被定义为一定地域人类对陆地表层自然覆被利用、改造和开发的程度，这种利用、改造和开发的程度可以通过土地利用/覆被类型得到反映。因此，可通过分析自然保护区中人工地类（耕地、建设用地）面积变化，然后将对陆地表层自然覆被利用、改造和开发强度作为人类扰动指数。陆地表层人类活动强度通过如下公式计算：

$$HA=\frac{S_{CLE}}{S}\times 100\% \quad (14-5)$$

$$S_{CLE}=\sum_{i=1}^{n}SL_i\times CI_i \quad (14-6)$$

式中：HA 为陆地表层人类活动强度；S_{CLE} 为建设用地当量面积；S 为区域总面积；SL_i 为第 i 种土地利用/覆被类型的面积；CI_i 为第 i 种土地利用/覆被类型的建设用地当量折算系数；n 为区域内土地利用/覆被类型数。S_{CLE} 为用于比较不同人类活动方式对陆地表层作用程度且通过土地利用/覆被类型得到反映的度量单位；CI_i 为不同土地利用/覆被类型按照人类活动对陆地表层作用的强弱换算成建设用地当量系数。不同的土地利用/覆被类型，其表层自然属性变化特征可作为确定不同 CI_i 的依据，根据相关文献，不同土地利用/覆被类型的建设用地当量折算系数如表 14-1 所示。

表 14-1 不同土地利用/覆被类型的建设用地当量折算系数

土地利用/覆被类型	耕地	园地及其他林地	水库、坑塘	城乡工矿居住用地	其他
折算系数	0.2	0.133	0.6	1	0

参考资料：Xu Y，Xu X，Tang Q. Human activity intensity of land surface：Concept，methods and application in China[J]. Journal of Geographical Sciences，2015，26（9）：1349-1361.

（2）管理有效性评价

为了确保自然保护区的管理质量，需要对保护区的管理有效性进行评价。管理有效性评价是系统保护规划过程的重要组成部分，主要评价与单个保护区及保护区系统相关的保护区设计与规划结果、管理体制及过程的充分性与合理性、保护区目标的达成度。管理有效性评价是将项目实施、规划与资金联系起来的重要环节。通过自然保护区管理有效性评价，可以使保护区的管理目标和管理行为之间建立更系统、更清晰的联系，将有助于改进规划，提高资源分配合理性，帮助政策制定者针对普遍的管理问题作出战略层次及保护区系统范围的响应等。

1997 年世界自然保护联盟世界保护区委员会（WCPA）提出的保护区管理有效性 6 要素评价框架，即背景要素、规划要素、投入要素、过程要素、结果要素、效果要素。这一评价框架不仅是各种具体的保护区管理有效性评价方法发展的基础，而且对保护区管理效果评价报告的内容及标准的制定也具有启示作用。6 要素评价框架列出了评价保护区管理效果时需要关注的问题及评价项目，但其不能作为评价自然保护区管理有效性的唯一标准。在此基础上，世界上很多国家和组织机构根据具体情况构建了更为详细的评价指标体系。这些方法可以归为 4 类，包括基于证据的深入评价法、基于同行评定的综合评价法、基于专家知识的快速记分评价法，以及基于假设的分类评价法（表 14-2）。

表 14-2 自然保护区管理有效性评价方法

方法	应用范围	评价目的	评价形式	方法特征
基于证据的深入评价法	单个保护区	评价管理活动达到预期管理目标程度，以提高监测水平	由保护区管理者实行，衡量主要预期成果变化情况	结果可信度较高，保护区人员及利益相关者互动性高，提供可靠和可重复的指标；但需要投入大量人力资源且耗费时间长。该方法适用制定的阈值与基准以提高监测水平
基于同行评定的综合评价法	特定保护区系统内所有保护区	明确保护区系统面临的威胁、保护优先性及后续措施	通过召开座谈会讨论、调查问卷进行评分	结果可信度较高，在系统层次上分析保护区的威胁、薄弱环节和优先性。但缺乏生态完整性和保护区水平的具体指标，通常不能为以后监测管理行为提供可度量的阈值。该方法适用于确定系统内面临的威胁，需要优先保护的地理位置与策略，及其必要的政策干预
基于专家知识的快速记分评价法	单个保护区	快速了解保护区管理过程，报告管理效果的进展	通过记分卡或者结构性问卷，或以访谈调查形式进行	较小的人力资源投入，但因非同行评定，不适用于保护区系统内不同保护区之间的比较。该方法适用于对保护区管理的快速了解，跟踪多个保护区的总体进展情况
基于假设的分类评价法	保护区系统	对整个保护区系统的概括认知	运用已有文献及专家意见对采集的数据进行分类评价	人力和资源投入少，但评价结果不能区分出同一类型的保护区在管理效果上的差异。该方法适用于项目水平上确定优先投资的生物类群和区域，可与其他评价方法结合运用

基于国际上比较成熟的概念和方法，我国也开展了一系列自然保护区管理有效性评价实践。2017 年，环境保护部发布了《自然保护区管理评估规范》（HJ 913—2017），确立了自然保护区管理评估内容，具体包括自然保护区的管理基础、管理措施、管理保障、管理成效及负面影响。其中，管理基础包括自然保护区的土地权属、范围界线、功能区划和保护对象信息；管理措施包括自然保护区的规划编制与实施、资源调查、动态监测、日常管护、巡护执法、科研能力和宣传教育；管理保护包括自然保护区的管理工作制度、机构设置与人员配置、专业技术能力、专门执法机构、资金和管护设施；管理成效包括自然保护区的保护对象变化和社区参与；负面影响包括自然保护区的开发建设活动影响。

自然保护区管理评估采用专家打分法。每位专家对各评估内容相关的指标进行打分，获得最终评分结果。得分 85 分以上为优，70～84 分为良，60～69 分为中，59 分以下为差。同时根据评价结果，可以从中找出自然保护区管理中存在的问题及短板，为保护区规划编制提供依据。

14.2.2 自然保护区功能分区

自然保护区功能分区是保护区规划与设计的核心。根据《中华人民共和国自然保护区条例》《中国自然保护纲要》，自然保护区通常划分为核心区（绝对保护区）、缓冲区（过渡区）和实验区 3 个区域。

（1）核心区

核心区是指自然保护区内保存完好的自然生态系统、珍稀濒危野生动植物和自然遗迹的集中分布区域，包括典型自然生态系统、珍稀濒危物种、农作物野生近缘种或自然遗迹等主要保护对象集中分布的区域；典型地带性植被和完整的垂直植被带分布区域；主要保护植物原生地；主要保护动物繁殖区；关键水源地、取食地和食源地等区域。

自然保护区内可以划分出一个或几个核心区。自然生态系统类自然保护区的核心区面积应能维持生态系统的完整性和稳定性。野生生物类自然保护区的核心区面积应根据主要保护对象的生物生态学特性和生境要求确定，至少一个核心区的面积应满足其最小可存活种群的生存空间需要。一般核心区面积占自然保护区总面积的比例不低于 30%。

（2）缓冲区

缓冲区是指核心区外围划定的用于减缓外界对核心区干扰的区域。缓冲区的空间位置和范围应根据外界干扰源的类型和强度确定。缓冲区的宽度应足以消除外界主要干扰因素对核心区的影响。如果核心区边界有悬崖、峭壁、河流等较好的自然隔离，或存在永久性人工隔离带，可不划定缓冲区。此外，如果核心区外围是以下这些情形，就可以不划定缓冲区：另一个自然保护区的核心区或缓冲区、森林公园的生态保育区、湿地公园的湿地保育区、地质公园的特级保护区、风景名胜区的生态保护区、天然林保护工程的禁伐区、一级国家级公益林、海洋特别保护区的重点保护区。

（3）实验区

在划定核心区、缓冲区和生物廊道后，可以将自然保护区的其他区域划为实验区。实验区是指自然保护区内将自然保护与资源可持续利用有效结合的区域，可开展传统生产、科学实验、宣传教育、生态旅游、管理服务和自然恢复。

根据自然保护区有效管理和当地社区发展需求，一般将以下区域划为实验区：①自然保护区原住居民基本生产生活所占区域；②具有较好的科学研究条件，以便开展科学实验的区域；③具有比较丰富的生物多样性和良好的生态环境，适宜开展生态环境教育和生态文化宣传等活动的区域；④拥有较好自然旅游资源，便于开展生态旅游活动的区域；⑤具有较好的区位条件，能满足自然保护区管护人员办公、管理及生活等方面需要的区域。实验区面积占自然保护区总面积的比例一般不应高于 50%。

除了以上三大类型区域，自然保护区也可以根据实际需要划定季节性核心区、生物廊道、外围保护地带等功能区。季节性核心区主要是针对保护对象以迁徙或洄游性野生动物为主的自然保护区。季节性核心区一般包括自然保护区内迁徙鸟类繁殖、取食的关键区域；迁徙或迁移兽类、爬行类、两栖类的关键繁殖区域；洄游性水生动物的关键繁殖区域。季节性核心区在野生动物集中分布时段按核心区管理，在其他时段则按实验区管理。生物廊道是指连接隔离的生境斑块并适宜生物生存、扩散与基因交流等活动的生态走廊。生物廊道根据主要保护对象的种类、数量、分布、迁徙或洄游规律，以及生境适宜性和阻隔因子等情况进行划定。生物廊道参照缓冲区进行管理。自然保护区的外围保护地带指在自然保护区外划定的、主要对自然保护区建设与管理起增强、协调、补充作用的保护地带。如果保护区面积较小难以维持自然生态系统稳定性及野生动植物生境安全性，或缓冲区宽度不足以消除外界干扰因素对主要保护对象的影响，或者外围有主要保护对象分布，上述情形下自然保护区可划定一定范围的外围保护地带。外围保护地带参照缓冲区或实验区管理。

根据《自然保护区功能区划技术规程》（GB/T 35822—2018），自然保护区功能分区可采用人工区划法、自然区划法和综合区划法。在地形起伏不大的丘陵地带，可采用以人工区划为主的综合区划法，即基本上采用人工区划，同时尽量利用自然界线（如河流、山脊、沟谷等）。在地形起伏较大的山区，采用以自然区划为主的综合区划法。功能区界的界定必须在现场进行，对照明显地物标志调绘到图面材料上，地面标志不明显的地方应采用必要的测绘手段辅助进行。

14.2.3 自然保护区保护规划编制

（1）规划方案编制总体要求

自然保护区保护规划应坚持以自然环境、自然资源保护为中心，以确保被保护对象的安全、稳定、自然生长与发展，保护生物多样性为目的，积极开展科学研究，探索合理利用，将保护区建设成集保护、科研、宣教和利用于一体的综合型、开放式保护体系，促进自然保护事业和当地社区的可持续发展。为此，规划方案编制时要把握以下几个原则和要求。

尊重自然，突出人与自然和谐。生物圈保护区强调保护生物多样性与持续利用生物资源有机地结合起来，为解决自然保护与社会经济发展之间的矛盾提供了重要思路。自然保护区保护与建设应借鉴生物圈保护区的模式和做法，以人与自然和谐、促进社会协调、可持续发展为主线，合理把握保护与利用的辩证关系。

针对保护对象特性，突出分类指导。编制自然保护区保护规划应以保护对象得到有效保护为出发点，把注意力更多地集中到解决保护对象、自然资源受威胁状况和制约保护区发展的“瓶颈”等重点问题上来。应考虑规划的内容与保护管理的主题是否存在冲突，综合分析保护区和社区建设基础及能力、外部政策与基础设施条件是否相配，而不是面面俱到。

强调分区规划，注重外部连通性。我国自然保护区沿用了生物圈保护区的功能区划办法，从空间上对自然保护区进行分区规划，以发挥不同时空范围内保护区的各种价值并与社会经济发展更加紧密地结合起来。保护规划应摒弃孤岛式的管理模式，将自然保护区作为区域重要保护节点，通过生物廊道与周边保护区、天然林区等建立通道，有利于生物物种的交流传播。

注重衔接与协调，增强可操作性。在规划体系上统筹协调，与上位规划在指导思想、建设布局、建设重点、建设内容方面相衔接；应与地方行政区域国民经济和社会发展中长期规划有机衔接，准确把握国民经济和社会发展目标、战略、步骤，明确区域发展方向、区域重大基础设施布局、重要资源开发、城镇建设等主要内容，避免保护区规划与区域国民经济和社会发展中长期规划交叉重叠甚至是相互矛盾。

（2）保护区保护与建设方案制定

自然保护区保护规划方案及措施应基于生态保护学的理论与方法，以保护区域内原有的景观和生态系统为重点，重点考虑以下几个方面。

1）自然保护与生态恢复

对危及自然保护和主要保护对象生存、成长、繁衍的一切因素，如火灾、污染、病虫害、人为活动等，提出封禁、观测、阻隔、检疫等预防与积极治理措施。对正在退化或已遭到破坏的生态系统应根据各自生态系统的特点或退化与破坏程度，提出恢复、修复或重建措施。生态恢复一般在实验区进行，应以自然力为主并辅以必要的人工措施。种群恢复发展应在保护好现有资源的条件下，采取自然恢复与人工诱导恢复相结合的原则进行，按照自然规律改善栖息地条件，扩大栖息地范围。

2）保持物种多样性

采取有效措施保存动物、植物、微生物物种及其群体的天然基因库。保护区严禁引入外来物种。对于珍稀、濒危、独有的物种基因，应根据国家有关物种保护规划制定可行的就地、迁地或其他保存措施，建设相应的保存设施和保存基地。就地保护以栖息地保护和种群保护为重点，规划封山封沟、禁猎禁采等严格保护的区域和封禁时段。条件恶劣地区适当为野生动物提供饮水、食源和隐蔽条件；建立野生动物野外救护设施等措施。对部分保护对象可采取移地保护措施，采集培育保护区内珍稀濒危与特有树种苗木，繁育珍稀动物种群，为实现被破坏生态环境重建、濒危物种种群复壮及物种资源开发提供种源与技术途径。此外，还要积极改善栖息地条件，积极增殖物种资源，扩大野外种群数量。

3）珍稀动植物保护

通过森林禁伐与珍稀树种保护，促进森林自然更新，结合局部人工造林，逐步恢复自然保护区内森林植被；严禁在保护区内采挖药材与花卉植物，以恢复保护区自然风貌。通过生态保护，优化野生动物的生存环境。加强对珍稀动物生存现状的调研，采取生态保护对策，促进种群繁衍，防止物种灭绝。对于趋于灭绝的物种按照国家有关物种保护规划有计划地采取拯救措施。

4）生态旅游优化

生态旅游以积极保护为前提，主要进行科普、探险、自然游憩等生态旅游项目，强调人与自然和谐统一的主题，与自然景观和传统生产生活方式协调。自然保护区生态旅游只能在实验区进行，必须有严格的环境容量限制，不破坏和影响生态环境，不影响和干扰保护对象和科学实验活动。旅游区域和服务区域必须适度集中。旅游区域内不进行大规模的修建和整饰，旅游设施以自然和传统为主，旅游景点的开发不破坏原有自然风貌。

5）科学研究及生态监测

要依托和吸引外界科研力量，积极对外拓展，加强与国内外科研、教学机构的合作，显著提高自然保护区科技协作能力。对于有一定科学研究与监测基础，与有关科研院所、大专院校等研究单位合作承担国家级或省（部）级课题并已成为有关科研院所、大专院校研究基地的自然保护区，可以建设科研中心（站）并配备相应的科研设备。强化保护区内的生物多样性监测、自然资源监测、关键物种观测和生态环境监测等。监测项目应根据自然保护区类型、资源分布状况、环境特点、监测对象及保护管理要求确定。

14.3 生物多样性保护规划

生物多样性是人类赖以生存和发展的基础，是地球生命共同体的血脉和根基，为人类提供了丰富多样的生产生活必需品、健康安全的生态环境和独特别致的景观文化。我国是世界上生物多样性最丰富的国家之一，生物多样性保护已取得长足成效，但仍面临生物多样性丧失、生态系统退化等一系列的挑战。保护生物多样性刻不容缓。

为了进一步提高生物多样性保护水平，加大生物多样性资源的有序利用，探索人与自然和谐共生之路，促进经济发展与生态保护协调统一，2021 年，中共中央、国务院发布《关于进一步加强生物多样性保护的意见》（中办发〔2021〕53 号），要求制定新时期国家生物多样性保护战略与行动计划，编制生物多样性保护重大工程十年规划。各省（区、市）制定国民经济和社会发展五年规划时，应提出生物多样性保护目标和主要任务。相关部门将生物多样性保护纳入行业发展规划，加强可持续管理，减少对生态系统功能和生物多样性的负面影响。各地可结合实际制定（修订）本区域生物多样性保护行动计划及规划，明确省级、市级、县级生物多样性保护的目标和职责分工。鼓励企业和社会组织自愿制定生物多样性保护行动计划。

14.3.1 规划指导思想与原则

（1）指导思想

根据《中华人民共和国自然保护区条例》、《中国生物多样性保护战略与行动计划》（2011—2030年）、《关于进一步加强生物多样性保护的意见》等文件，以及我国各地已经开展的生物多样性保护规划实践，生物多样性保护规划要立足新发展阶段，完整、准确、全面贯彻新发展理念、构建新发展格局，坚持生态优先、绿色发展，以有效应对生物多样性面临的挑战、全面提升生物多样性保护水平为目标，扎实推进生物多样性保护重大工程，持续加大监督和执法力度，进一步提高保护能力和管理水平，确保重要生态系统、生物物种和生物遗传资源得到全面保护，将生物多样性保护理念融入生态文明建设全过程，积极参与全球生物多样性治理，共建万物和谐的美丽家园。

（2）规划原则

尊重自然、保护优先。牢固树立尊重自然、顺应自然、保护自然的生态文明理念，坚持保护优先、自然恢复为主。在经济社会发展中确保生物多样性保护优先，采取积极防范措施，对重要生态系统、生物物种及遗传资源实施有效保护，恢复和改善区域生态环境，保障生态安全。

绿色发展、惠益共享。充分挖掘生物多样性的直接使用价值、生产使用价值、间接使用价值，禁止掠夺性开发生物资源，促进生物资源可持续利用技术的研发与推广，科学、合理利用生物资源。健全生态产品价值实现机制，促进公平公正分享、利用遗传资源所产生的惠益，推动生产和生活方式的绿色低碳转型，实现生物多样性保护和高质量发展双赢。

系统谋划、统筹推进。坚持遗传、物种和生态系统多样性的系统性保护，秉持“山水林田湖草沙生命共同体”理念，协调好社会经济发展和生物多样性保护的关系，促进生态质量和生态系统稳定性持续提升，形成生物多样性保护的有力保障。

政府主导、多方参与。充分发挥政府的组织推动作用，加强部门协作，综合运用法律、行政、经济、技术等手段，加大管理、投入和监督力度。完善全社会共同参与生物多样性保护的长效机制，强化信息公开和舆论引导，广泛开展生物多样性宣传和教育活动，提高生物多样性保护自觉性和参与度，构建生物多样性保护和治理新格局。

14.3.2 规划流程与内容

生物多样性保护规划的一个重要内容就是在地理空间上识别和划定需要重点关注或采取保护行动的区域，即回答在哪里保护的问题，以指导保护投入方向，提高效率，实现对关键的、有代表性的保护对象的有效保护。基于这个目标，保护规划通常需要包含3个尺度的问题：①大尺度上，较大面积保护区域或热点区域识别。一般在全球或国家尺度上确定优化保护区域或热点区域对于生物多样性保护策略的制定，如保护地布局、可持续自然资源利用和管理方式、政府和国际保护资源的分配、保护行动的整体协调等具有重要价值，同时也为可持续发展决策提供重要依据。②区域尺度上，保护地网络系统规划。该尺度系统保护规划有助于将有限的资源引导到最需要的地方，从而在客观上降低保护成本；同时从更广的区域规划背景上指导地方层面的决策，并促进保护与发展的协调。区域尺度的系统保护规划是解决生物多样性保护问题的重要途径之一，其最终目的是识别一套由陆地和水域构成的保护网络，覆盖范围能够很好地代表区域内的物种、生态系统和生态过程。③保护地规划。保护地规划是指在具体保护地上的规划设计，目的是明确保护地内保护对象的状况和所面临的威胁，制定有效管理策略，并采取行动。

上述 3 个尺度工作形成一套系统的工作体系，以实现生物多样性保护的资源最优配置和成效最大化。因此，生物多样性保护规划是根据生物多样性的属性特征，确定保护目标，利用多学科和技术对一个地区生物多样性进行优先保护区域识别和保护地网络规划设计，并确定有效的保护管理策略与行动。生物多样性保护规划编制须关注以下几方面问题，即保护什么、保护多少、是否有保护空缺、在哪里保护、如何保护。结合规划基本流程与规划关注问题，生物多样性保护规划主要流程与内容如下。

（1）信息资料收集

基础信息是规划编制的重要依据。生物多样性保护规划中需要收集的数据主要包括 5 个方面：①保护现状数据，包括各种类型的保护地分布及其保护状态；②生物数据，即物种、群落分布数据及其状态；③生态数据，即生态系统分布数据或植被数据；④自然环境特征数据，包括土地利用、土壤、地质、海拔、水文等数据；⑤社会经济数据，包括人口分布、经济水平、可能威胁生物多样性保护的其他经济活动和干扰信息等。

规划所需的数据信息可以通过政府部门、相关组织协会、科研机构获取。如果缺乏，可以通过进行一些实地调查选择性补充。同时还要确保规划中使用的各种数据的可信程度、不确定性和时效性。

（2）保护对象识别

为了有效阻止生物多样性丧失，需要明确规划区域内有哪些重要的生物多样性要素需要保护。生物多样性具有从基因、物种、生态系统到景观的多个组织层次，因此保护对象也需从这些层次中进行识别。一般采用粗筛和细筛来识别规划区域主要保护对象。粗筛是将区域内具有代表性的生态系统作为保护对象，从而保护栖息在各个生态系统中的大部分物种；细筛是将粗筛中可能遗漏的、重要的或种群数量正在下降的物种作为保护对象，这些物种往往是珍稀、濒危和特有物种。通过粗筛与细筛，最大限度捕获区域内生物多样性信息，尽可能选择生物多样性保护价值高的区域。

选择生态系统作为保护对象可以考虑以下几种类型：生态区的优势生态系统类型、反映特殊气候地理与土壤特征的非地带性生态系统类型、局部特有的生态系统类型、物种丰富度高的生态系统类型、特殊生境、具有特殊意义的生态服务功能区等。物种保护对象识别通常按以下原则进行：国家Ⅰ级、Ⅱ级重点保护野生物种，IUCN 物种濒危等级，CITES 附录等级，区域特有性，受威胁程度高，经济价值高，科研研究价值高。

（3）生态完整性及生存力评估

完整的生态系统既可以支持和维持生物要素和生态过程，又可以承受自然和人为的干扰并自我恢复。通过生态完整性评估，识别出具有可持续生存潜力的种群、群落和生态系统组成的生物多样性重要区域。生态完整性和种群生存力评估方法如下。

使用大小、状态和景观环境的单一或组合确定种群生存力和群落、生态系统完整性。“大小”是衡量一个物种分布范围及其丰度、密度的参数，采用生态系统或群落支撑、缓冲并吸收各类干扰并长时间持续存在所需要的最小动态面积来表征；“状态”是衡量保护对象生物和非生物因子、结构和过程质量的综合参数，包括生殖规律和成功率、有无竞争者/捕食者、人类影响程度及有无生物遗迹等。“景观环境”是指种群与其他种群的连通性、相邻生态过程和环境功能的完整性的综合。景观环境对于那些生态过程极易受到干扰的分散在小斑块中的生物群落/生态系统来说将影响更大。通常相互连通或与其他自然生态环境相连的群落和生态系统完整性更高。

生态完整性评估还包括评估群落和生态系统的本地物种构成、自然变化范围内的生态过程和自然干扰。使用空间信息和其他可用数据建立合适的参数，评估空间单元的相对状态和景观环境。常用于陆地和淡水群落/生态系统的数据层参数包括敏感物种数量、自然植被比例、道路密度、人口密度、破碎化程度和群落/生态系统大小。

种群生存力分析（PVA）是通过模型来模拟种群灭绝可能性的一种定量评估方法。对于保护规划制定者而言，最有用的指标是维持生存力所需的最小种群的大小。此外，分析复合种群动态、独立大种群与许多相互交流的小种群的景观环境也很重要。种群生存力分析可以采用一些生境适宜度模型进行评估。

生存力或完整性评估的步骤：收集利用现有的种群生存力分析信息、物种恢复计划管理信息、群落或生态系统的生存力或完整性排名，确定可接受的生存力级别和可接受的数据年限；收集可用的调查与空间数据，确定补充生态力或完整性评估空缺的方法；使用 GIS 评价大小、状态和景观环境，建立出空间格局和实地排名的经验模型；基于大小、状态和景观环境框架中的信息和空间数据，与地方专家合作确定生态力或完整性标准和排名，定义生态力或不具生态力的类型。

（4）生物多样性威胁分析

所谓威胁，是指由人类引起的、降低生物多样性持续生存能力的行为。进行威胁分析的主要目的是通过对保护对象或生物多样性要素及其分布的各类威胁进行强度和影响范围分析，找出关键威胁因子的直接根源，为生物多样性保护策略制定提供依据。为了评估威胁的影响范围和严重程度，了解威胁根源，一般可实施以下步骤：①整理威胁相关信息，按照保护对象、保护对象分布、用于保护优先区设计的空间规划单元、生物多样性重要区域等进行分类收集，对于具有相似关键生态属性的保护对象和对象组的威胁信息进行汇总分组；②采用专家评估法，确定最严重的当前和未来威胁，识别这些威胁可获得的信息来源和形式并找到信息空缺；③确定生态区内保护对象、保护对象分布和空间规划单元所受威胁的类型、相对严重程度、影响范围和时间期限；④分析生物多样性重点区域受威胁的相对强度，同时利用未来威胁评估模型评估各类威胁潜在的影响范围和强度。

生物多样性威胁分析主要是为确定保护方案和指定保护行动的优先级，同时通过威胁分析，找出威胁来源，为消除和预防威胁方案的制定提供依据。

（5）保护目标设定

保护目标是在识别保护优先区域的过程中，针对每个保护对象在某一特定区域内所设定的量化保护程度指标，既包括物种和生态系统的数量，又包括它们在一个生态区内的分布状况。保护目标是衡量生物多样性保护和恢复进展的基础，为设计保护规划提供一个努力的基准。设定保护目标的意义，一方面是为了保证一定数量种群的生态、繁衍及抗干扰能力，使其能够长期生存下去；另一方面也为决策者提供量化依据，能够基于不同条件设定不同的保护目标，从而调整保护策略。

生物多样性保护对象的保护目标设定包含 3 个组成部分：丰度、分布、设计。丰度目标是维持保护对象生存所必需的分布点的数量或面积比例，用于体现冗余度。分布目标定义了保护对象在生态区内分布点的空间排列，用于体现代表性。设计目标主要是反映保护对象的生存环境及某些关键生态过程，如长距离的连通性等。表 14-3 为生物多样性保护规划目标框架。

表 14-3 生物多样性保护规划目标框架

目标	可量化目标	保护策略
丰度	数量	提高冗余度使生存力最大化
分布	数量/单元	通过提高环境梯度变异代表性使生存力最大化
设计	连通性、空间排列、关键生态过程的联系	通过维持或加强特定生态过程使生存力最大化

丰度目标通常以分布区的数量和面积百分比来表示。面积比例指标经常用于底栖、大斑块和廊道生态系统的保护对象，而数量指标通常适用于物种、群落和小斑块的生态系统保护对象。设定分布目标时要确保各种生物物理环境下保护对象分布体现环境代表

性、生存力和遗传多样性。对于大斑块、廊道和基底系统（包括陆地和淡水），则可以借助生物物理陆地单元和水生生物物理环境的组合来表现生态变异性和环境梯度。对于分布于多个生态区的广布物种，设定目标时应先设定大生态区的大目标，再为每个生态区设定具体目标。设计目标可以在丰度和分布目标之外设置提高保护对象持续生存潜力的指标，如生态系统连通性、大型哺乳动物的迁徙廊道等。

（6）保护网络构建及方案筛选

生物多样性保护规划的最终产出是列出一组有生物多样性保护价值的区域，以及保护这些区域生物多样性的有效方案。基于整个规划区内生物多样性和社会经济分布状况，明确每个地理单元保护的重要程度，同时平衡规划区内的保护需求，系统识别生物多样性保护网络。目前，国际上多采用最大熵模型（Maxent 模型）来实现保护网络的选择。Marxan 模型利用物种的分布与环境数据，采用特定算法评估物种的生态位，并投射到景观中，可以直观呈现物种出现的概率、生境适宜度或物种丰富度等，是目前应用最广泛、预测效果最好的物种分布模型。其特点是综合考虑生物多样性价值与生境适宜性，生成高效的保护地网络方案。利用该模型可以在满足一定保护目标前提下，筛选出那些生物多样性保护价值高、保护代价低的地方作为有效保护的优先区域，从而为决策提供支持。

在确定保护网络后，需要一系列保护方案与行动进行支持。保护行动优先次序的确定是方案优化筛选的重要环节。为此，一般通过分析保护现状、保护价值（或生物多样性价值）、威胁因子、可行性及影响程度等来确定方案的优先次序。其中，最重要的指标是威胁因子对保护地和保护对象的威胁程度。一方面威胁因子的严重性和影响范围有助于决定哪个保护地最迫切需要关注；另一方面根据威胁因子类型，需要设计适用于多个区域的减缓对策。

14.3.3　生物多样性保护主要任务

2011 年，我国发布了《中国生物多样性保护战略与行动计划》（2011—2030 年），提出了我国未来 20 年生物多样性保护总体目标、战略任务和优先行动。然而我国生物多样性下降的总体趋势尚未得到有效遏制，资源过度利用、工程建设及气候变化严重影响着物种生存和生物资源的可持续利用，生物物种资源流失严重的形势没有得到根本改变。为此，2021 年我国发布了《生物多样性保护》白皮书，并制定与实施了《生物多样性保护重大工程十年规划（2021—2030 年）》，以推进生物多样性保护优先区域本底调查，完善观测网络，优化完善生物多样性保护监管数据和信息平台等，全面提升生物多样性保护能力和治理水平。

为推进我国生物多样性保护工作的科学化、规范化和系统化，维护区域生态系统稳定，提升区域生态系统功能。在国家层面与地方层面纷纷制定了生物多样性保护目标、任务和措施，作为生物多样性保护工作中的重要行动指南。根据我国当前生物多样性保护成效及保护规划实践，当前生物多样性保护主要任务集中在生物多样性本底资源调查、生物多样性保护体系建设、生态系统、物种及遗传多样性保护、促进生物资源可持续开发与利用、改善生态环境质量及强化生物多样性保护能力建设等方面。

（1）加强生物多样性监测体系建设

开展生物多样性本底调查，摸清规划区域生物多样性底数，掌握典型生态系统、珍稀濒危物种、重要或指示物种的分布特征。持续推进生物多样性调查监测，统筹衔接各类资源调查监测工作，全面推进生物多样性保护优先区域典型生态系统、重点生物物种及重要生物遗传资源调查。充分依托现有各级各类监测站点和监测样地（线），构建生态定位站点等监测网络。建立反映生态环境质量的指示物种清单，开展长期监测。

完善生物多样性保护与监测信息云平台。加大生态系统和重点生物类群监测设备研制和设施建设力度，加快卫星遥感和无人机航空遥感技术应用，探索人工智能应用，推动生物多样性监测现代化。依托国家生态保护红线监管平台，有效衔接国土空间基础信息平台，应用云计算、物联网等信息化手段，充分整合利用各级各类生物物种、遗传资源数据库和信息系统，在保障生物遗传资源信息安全的前提下实现数据共享。研究开发生物多样性预测预警模型，建立预警技术体系和应急响应机制，实现长期动态监控。

（2）优化生物多样性保护空间格局

坚持就地保护为主、迁地保护为辅的原则，合理布局规划区域自然保护区、保护地等重点保护区域的空间结构，强化自然保护区生物多样性管理。

优化就地保护体系。在国土空间规划中统筹划定生态保护红线，优化调整自然保护地，加强对生物多样性保护优先区域的保护监管。因地制宜科学构建促进物种迁徙和基因交流的生态廊道，着力解决自然景观破碎化、保护区域孤岛化、生态连通性降低等突出问题。合理布局建设物种保护空间体系，重点加强珍稀濒危动植物、旗舰物种和指示物种保护管理，明确重点保护对象及其受威胁程度，对其栖息生境实施不同保护措施。选择重要珍稀濒危物种、极小种群和遗传资源破碎分布点建设保护点。持续推进各级各类自然保护地、城市绿地等保护空间标准化、规范化建设。

完善迁地保护体系。优化建设动植物园、濒危植物扩繁和迁地保护中心、野生动物收容救护中心和保育救助站、种质资源库（场、区、圃）、微生物菌种保藏中心等各级各类抢救性迁地保护设施，填补重要区域和重要物种保护空缺，完善生物资源迁地保存繁育体系。科学构建珍稀濒危动植物、旗舰物种和指示物种的迁地保护群落，对于栖息地环境遭到严重破坏的重点物种，加强其替代生境研究和示范建设，推进特殊物种人工繁育和野化放归工作。抓好迁地保护种群的档案建设与监测管理工作。

（3）加强生物安全管理

严密防控外来物种入侵。持续加强对外来物种入侵的防范和应对，完善外来入侵物种防控制度，建立外来入侵物种防控部际协调机制，推动联防联控。加强农田、渔业水域、森林、草原、湿地、近岸海域、海岛等重点区域外来入侵物种的调查、监测、预警、控制、评估、清除、生态修复等工作。强化入侵物种口岸防控，严防境外动植物疫情疫病和外来物种传入，筑牢口岸检疫防线。构建外来物种风险评价和监管技术支撑体系，进一步加强早期预警阻击、应急控制、阻断扑灭、可持续综合防御控制等技术研究和示范应用。

完善转基因生物安全管理。严格规范生物技术及其产品的安全管理，积极推动生物技术的有序健康发展。开展转基因生物安全检测与评价，防范转基因生物环境释放可能对生物多样性保护及可持续利用产生的不利影响。

强化生物遗传资源监管。加强对生物遗传资源保护、获取、利用和惠益分享的管理和监督，保障生物遗传资源安全。开展重要生物遗传资源调查和保护成效评估，查明生物遗传资源本底，查清重要生物遗传资源分布、保护及利用现状。

（4）促进生物资源可持续开发与利用

协调经济发展与生物多样性保护的关系，研究创新生物技术，促进生物资源可持续利用，加强对生物资源的开发、整理、检测、筛选和性状评价，筛选优良生物种质基因，推进相关生物技术在农业、林业、生物医药和环境保护等领域的应用，鼓励技术创新。有效保护农作物种质资源和畜禽种质资源，建立健全生物遗传资源库。借鉴国际国内先进经验，探索建立生物遗传资源及传统知识获取与惠益共享制度。

规范生物多样性友好型经营活动。引导规范利用生物资源，发展野生生物资源人工繁育培育利用、生物质转化利用、农作物和森林草原病虫害绿色防控等绿色产业。进一步扩大生物多样性保护与乡村振兴相协同的示范技术、创新机制等应用范围。制定自然保护地控制区经营性项目特许经营管理办法，鼓励原住居民参与特许经营活动，在适当区域开展自然教育、生态旅游和康养等活动，构建高品质、多样化生态产品体系。

（5）改善生态环境质量

加大生态保护修复力度，提升生态系统质量和稳定性，对维护国家生态安全具有基础性与战略性作用。统筹推进山水林田湖草沙一体化保护和系统治理，不断加大生态修复力度，促进自然生态系统总体稳定向好，服务功能逐步增强，生态环境质量持续改善，缓解生物多样性保护压力。

以恢复退化生态系统、增强生态系统稳定性和提升生态系统质量为目标，持续开展山水林田湖草沙生态保护修复工程，其中包括天然林保护修复、防护林体系建设、退耕退牧还林还草、河湖湿地保护与修复、红树林与滨海湿地保护等一系列生态保护与修复工程，有效改善和恢复重点区域野生动植物生境。

良好的环境质量是保护生物多样性的基础条件，也是生物多样性保护的应有之义。以蓝天保卫战、碧水保卫战、净土保卫战为抓手，持续推进污染防治力度，改善生态环境质量，优化物种生境，恢复各类生态系统功能，有效缓解了生物多样性丧失压力。

（6）强化生物多样性保护能力建设

完善生物多样性评估体系。建立健全生物多样性保护恢复成效、生态系统服务功能、物种资源经济价值等评估标准体系。结合全国生态状况调查评估，每 5 年发布一次生物多样性综合评估报告。开展大型工程建设、资源开发利用、外来物种入侵、生物技术应用、气候变化、环境污染、自然灾害等对生物多样性的影响评价，提出应对策略。

全面开展执法监督检查。建立重要保护物种栖息地生态破坏定期遥感监测机制，将危害国家重点保护野生动植物及其栖息地行为和整治情况纳入中央生态环境保护督察、“绿盾”自然保护地强化监督等专项行动。定期组织开展专项执法行动，清理取缔各种非法利用和破坏水生生物资源及其生态、生境的行为。健全联合执法机制，严厉打击非法猎捕、采集、运输、交易野生动植物及其制品等违法犯罪行为，形成严打、严防、严管、严控的高压态势。

强化生物多样性保护基础研究，开展生物多样性本底调查与编目，实施高等植物、脊椎动物等类群的受威胁现状评估，发布濒危物种名录。加强生物多样性保护科研能力建设，加快推广和普及生物多样性保护新理念、新技术和新方法，提高专业及管理人员的技术水平、业务能力，从全球生物多样性保护角度开阔视野、创新思想和理念。以高等院校相关专业为载体，加强生物多样性领域的专业人才培养。强化生物多样性基础科研平台建设，增强专业实验室研究开发能力，推广成熟研究成果和技术，促进成果共享。

第 15 章　趋势与展望

我国生态环境保护工作开展近 50 年来，生态环境规划经历了从无到有、从简单到完善的发展历程，逐步形成了纵横交错的多样化规划体系，规划理念、技术方法、规划领域取得了重大进展，规划实践探索也丰富多样，规划的基础性、统领性、战略性作用得到了发挥。实现高质量发展，美丽中国建设，需要从理念到行动、从过程到结果全过程对传统发展模式进行生态化系统改造，特别是党的十八大以来，生态文明建设体制改革深入推进，美丽中国宏伟目标的提出，经济高质量发展与生态环境高水平保护要求不断升级，对生态环境规划提出了新要求：必须以“发展规划为统领，空间规划为基础，专项规划、区域规划为支撑的规划体系”为政策载体落实实施；作为道路或模式的生态文明——“生产发展、生活富裕、生态良好的文明发展之路”“人与自然和谐共生的现代化”，同样需要以规划来引导和管理。

15.1　问题与挑战

我国生态环境保护发展历程表明，生态环境规划推动了我国环境保护基本国策的实施和不同时期环境保护工作的系统施策，缓和了发展与保护之间的矛盾。近 50 年来，我国生态环境规划理念不断创新，规划领域不断丰富，技术方法不断完善，规划体系不断拓展，为我国生态环境质量改善、生态安全格局构建提供了坚实的保障。然而当前我国生态环境规划领域仍存在一些问题，制约了规划功能的发挥。

（1）规划基础性、统领性作用有待提高

党中央、国务院提出了建立以国家发展规划为统领，以空间规划为基础，以专项规划、区域规划为支撑的国家规划体系。生态环境规划作为其中一部分，既要贯彻总体国家安全观，坚守生态环境安全底线和问题导向，又要满足人民群众对优美环境的需求，对环境质量持续改善的需求，对更好的生态产品与服务的需求。这就决定了生态环境规划要在经济社会发展的全方位、全地域、全过程中，统筹兼顾、整体施策、多措并举地开展。同时，生态环境的系统性、生态环境保护的全局性及国家生态安全维护与治理的权力平衡性决定了生态环境规划不能定位为一般的专项规划。生态环境空间管制、总量管控和环境准入是解决结构性、根源性、全局性资源环境问题的关键工具，也是其他规划编制的依据或应遵从的前提条件，具有基础性、统领性作用。然而当前我国生态环境规划一方面在法律支撑、行政管理、组织体系等方面仍存在较多的短板；另一方面规划“就环境论环境”的专项思维、“规划统筹力度不够与其他政策工具混合发力”的碎片化局面，以及“规划规划，墙上挂挂”的弱实施困境，导致生态环境规划的基础性、统领性作用不强。

（2）规划实施管理需进一步加强

与城乡规划、土地利用规划等相比，我国关于生态环境规划没有独立的立法，相关法律规范零散地分布于《环境保护规划》及其他单行法规中，规划实施的强制性没有法律依据。与此同时，尽管目前规划在目标分解、责任压实和实施信息平台构建等方面做了一些实践工作，但整体上还存在“轰轰烈烈编规划，无声无息推实施”的重规划轻实施的现象。目前，许多生态环境规划编制缺乏科学性，如规划对目标指标、任务措施和工程项目等内在关系分析不足，这就导致目标与任务存在脱节现象、工程项目实施可行性无法得到保障；或因对空间谋划不足，空间底盘“弱”导致规划目标任务精细化落地难，影响规划落地实施效力；或规划中常罗列一些泛泛的原则、标准，缺乏可操作的实施导则和约束性指标进行管控等，这些因素导致规划实施做实、做精、做强难度较大。此外，由于生态环境规划的系统性、全局性，大部分规划任务与其他部门职能相关，这就容易导致在规划实施过程中，存在各部门分工不明确、部门之间推诿扯皮等现象，还未形成生态环境保护的“大环境保护格局”，规划实施合力大打折扣。

（3）规划编制技术支撑体系不完善

生态环境规划编制是一项专业性较强的工作，需要多领域技术合作。虽然多年丰富的生态环境规划实践推动了我国规划技术的不断创新、提升，然而在规划目标指标制定、环境模拟与预测、规划方案优选等方面尚未形成统一的技术规范，传统规划技术仍未向多领域技术融合和全过程管理技术转型，环境优化和集成等技术仍较薄弱，规划技术体系仍不完善。与城乡规划、土地利用规划等其他专项规划相比，生态环境规划的空间化、信息化、定量化、可视化技术水平还需要加强。此外，虽然一些规划研究推动了规划关键技术的突破，但通常这些技术的应用实践不多，技术研发与实践应用存在脱节现象。以生态环境部环境规划院为主的环境规划院所紧密结合各级政府环境规划编制技术需求，一定程度上解决了高校及科研院所技术研发与实践应用脱节的问题，对各项技术研发和落地应用起到了重要的推动作用。然而在一些地方规划编制过程中，规划编制关键技术仍存在推广难的现象。这一方面与许多地方“任务性”编制规划有关，另一方面也与规划编制技术人员素质参差不齐有关。生态环境规划的评价技术、模拟预测技术、综合分析技术、方案优化技术都对编制人员的专业素养有较高的要求，然而当前我国从事生态环境规划编制的门槛较低，许多地方规划“用规划编规划”，没有采用科学的技术方法识别规划区域生态环境特征，解析区域生态环境问题，优化规划目标与方案，最终导致规划质量不能满足预期要求，无法有效指导生态环境保护工作的开展，这也是我国许多生态环境规划实施难的主要原因之一。

15.2 发展趋势

党的十九大报告中提出我国社会主要矛盾发生变化，人民需求从“物质文化”演进为“美好生活需求”。生态文明建设和生态环境保护深入推进，美丽中国引领绿色转型，生态环境规划被赋予新的使命与担当，着眼于化解主要矛盾、满足新时代的新要求。

（1）美丽中国为生态环境规划确定了新方向

党的十九大报告描绘了新时代我国生态文明建设的宏伟蓝图和实现美丽中国的战略路径，即到 2020 年，坚决打好污染防治攻坚战；到 2035 年，生态环境根本好转，美丽中国目标基本实现；到本世纪中叶，把我国建成富强民主文明和谐美丽的社会主义现代化强国。在这新形势、新时代下，生态文明建设的战略路径与总体目标也是指导“十四五”及更长时期生态环境保护工作新的“历史坐标”，未来一段时期生态环境保护规划，要放在社会主义现代化建设的全过程、生态文明和美丽中国建设的全过程、生态环境统筹保护治理的全过程中谋划。要重新审视、调整中国环境宏观战略路线图，提出反映发展需求、响应社会期待的内容。要全方位、全地域、全过程开展生态环境保护建设，形成有利于资源节约和生态环境保护的空间布局、产业结构、生产方式、生活方式。同时，应充分发挥生态环境保护规划制度统领作用，通过规划推进改革，通过改革促进规划实施，在实践中完善制度政策。

建设美丽中国和实现中华民族永续发展应是包括生态环境规划在内所有规划的共识，尤其需要通过生态环境规划来细化、具体化这一目标。生态文明建设则需要生态环境保护规划去落实与实践。一方面，“尊重自然、顺应自然、保护自然”的生态文明理念将成为生态环境规划的价值取向和编制实施等行为的规范，体现在生态环境规划的目标建立、方案设计与优化的依据和准则上；另一方面，“资源约束趋紧、环境污染严重和生态系统退化”等关键问题尤其是“损害群众健康突出环境问题”也将成为下一阶段生态环境保护规划拟重点解决及关注的问题。

（2）人与自然和谐共生的现代化为生态环境规划赋予了新标签

党的二十大报告提出，人与自然和谐共生是中国式现代化的基本特征与基本要求，也是美丽中国的重要内涵之一。人与自然和谐共生的现代化建设要求树立和践行“绿水青山就是金山银山”的理念，处理好发展与保护的关系，加快发展方式绿色转型，推动社会经济发展绿色化、低碳化，实现高质量发展和高水平保护的有机统一，让绿色成为中国式现代化建设的重要色彩。同时，人与自然和谐共生的现代化要求深入推进环境污染防治，坚持精准、科学、依法治污，持续深入打好蓝天保卫战、碧水保卫战、净土保卫战，打造美丽舒适的幸福家园，满足人民对优美生态环境的需求。人与自然和谐共生的现代化要求统筹山水林田湖草沙一体化保护，优化国土空间格局，实施重要生态系统保护和修复重大工程，推行草原、森林、河流、湖泊、湿地休养生息，不断提升生态系统多样性、稳定性、持续性，夯实中国式现代化建设的基石。

中国式现代化建设要求生态环境规划需站在人与自然和谐共生的高度去谋划发展。要以“绿水青山就是金山银山”理念为规划指导思想，按节约优先、保护优先、自然恢复为主的规划原则，将发展方式绿色转型、环境污染防治、生态系统多样性提升、“碳达峰与碳中和”等作为规划的重要任务，系统推进山水林田湖草沙一体化保护和治理，统筹产业结构调整、污染治理、生态保护、应对气候变化，协同推进降碳、减污、扩绿、增长，坚定不移走生产发展、生活富裕、生态良好的文明发展道路，实现中华民族永续发展。因此，绿色低碳发展、污染防治攻坚战、山水林田湖草沙系统治理与修复、应对气候变化等都将成为下一阶段生态环境规划的重要内容。

（3）体制改革为生态环境规划界定了新边界

党的十九大以来，生态环境主管部门增加了海洋、地下水、气候变化、排污口与农业面源污染等管理职能。国家《生态文明体制改革总体方案》提出了要求构建起由自然资源资产产权制度、国土空间开发保护制度等 8 项制度构成的产权清晰、多元参与、激励约束并重、系统完整的生态文明制度体系。体制机制改革将拓展了生态环境规划的边界与内容，新时期生态环境保护规划将成为统筹推进经济建设、政治建设、文化建设、社会建设、生态文明建设“五位一体”发展，扎实推进“美丽中国”建设进程，着力补齐生态环境短板，协调好生态环境保护与经济社会发展的关系，推动生态环境保护领域各项改革措施落实好、实施好的重要抓手。

新时期的生态环境规划首先要开展规划范围、治理目标、路径、监测方法与手段、上下衔接管理方式等“技术底盘”的对接，在技术层面进行制度、管理体系的整合与统一，再延伸至管理体系与制度的重构，以综合规划强化综合统筹作用。同时以纵向横向发展为尺度，系统构建我国生态环境规划体系。生态环境保护的系统性、整体性特点，决定了生态环境保护需要横向到边、纵向到底，机构改革赋予了生态环境主管部门统筹全地域生态环境保护管理监督的职能，未来规划体系要按照横向到边、纵向到底，纵横结合两个维度进行设计。横向上，生态环境规划应覆盖所有生态环境保护的内容，覆盖陆地和海洋，覆盖山水林田湖草，覆盖城乡，覆盖所有的排污主体和排污过程，覆盖所有环境介质，覆盖所有污染物类型，实现生态环境统筹规划、统筹保护、统筹治理、统筹监督。纵向上，改变以往环境规划头重脚轻的局面，建立国家-省-市-县 4 个层级的生态环境规划体系。

（4）社会经济转型对生态环境规划提出了新要求

2018 年全国生态环境保护大会上，习近平总书记明确提出，要加快构建生态文明体系，加快建立健全以生态价值观念为准则的生态文化体系，以产业生态化和生态产业化为主体的生态经济体系，以改善生态环境质量为核心的目标责任体系，以治理体系和治理能力现代化为保障的生态文明制度体系，以生态系统良性循环和环境风险有效防控为重点的生态安全体系。生态文明建设框架体系的提出为生态环境规划指明了方向，也提出了生态环境规划的核心要求。

党的十九大报告明确判断，中国特色社会主义进入新时代，我国经济已由高速增长阶段转向为高质量发展阶段，正处在转变发展方式、优化经济结构、转换增长动力的攻关期，推动高质量发展是我国当前和未来一段时期确定发展思路、实施宏观调控的根本要求。因此，未来一段时期仍将是我国生态环境保护的主次要矛盾转化期、经济社会发展和生态环境保护的阶段性和区域性分异并存期。我国经济社会环境的问题将更加复杂，生态环境压力依然较大。因此，在国家规划体系中，生态环境规划不能仅作为从属于社会经济类规划（如国民经济和社会发展规划、城市总体规划）的专项规划，而应作为基础性规划，作为社会经济类规划的编制依据，以体现将“生态文明放在突出地位，融入经济建设、政治建设、文化建设、社会建设各方面和全过程”的“五位一体”建设布局。

15.3 技术应用展望

当前，生态环境规划正处于从目标规划向过程规划转变，从软性规划向约束性规划转变，从重规划编制向重编制和实施转变，从单一规划向基础性、空间性、导向性等综合规划转变，从环境保护向注重绩效和保护群众健康、保护生态系统健康、保护环境安全理念的规划转变。生态环境规划作为一项系统工程，涉及多学科交叉，需要更多的理论创新、技术突破来支撑不同领域规划实践，有效发挥规划在生态环境保护中的引领作用。

在美丽中国、人与自然和谐共生的现代化及碳达峰与碳中和的愿景下，未来生态环境规划要进一步加强环境优化和集成等薄弱技术方法研究，结合不同领域特点开发出更多适用性的新技术、新方法。特别是随着现代信息技术的发展，大数据分析、环境情景模拟、空间分析、社会经济环境综合分析等技术被逐渐引入规划的编制，将推进生态环境规划空间化、信息化、定量化、可视化水平。

（1）大数据分析技术

在信息化的今天，数据获取方式和分析技术的进步推动着区域规划编制创新。我国生态环境规划所涉及的数据大部分是反映自然和社会现象之间的多维数据，来源于生态环境、气象、水利、自然资源、农业农村、林业草原、交通运输、社会经济等不同部门，这些数据具有数量巨大（Volume）、变化速度快（Velocity）、模态繁多（Variety）、难以辨识（Veracity）和价值大密度低（Value）等特点。生态环境规划的前期工作是信息数据获取。然而，数据的数量和质量会对整个规划对数据利用的广度和深度产生深远的影响。在传统的规划现状调查和资料收集过程中所获取的数据，主要类型就是描述规划区域物质空间形态及经济社会环境等要素属性，因此建立在其上的规划研究方法可干预的深度和广度也仅限于此。而大数据的兴起代表可以收集海量现状数据而且种类更多，收集的方式也更加多样化。如在开源地图（Open Street Map，OSM）中的POI信息、路网信息等，航班和铁路班次信息，智能基础设施的数据等，这些数据都是传统方式无法获取的。

在数据的分析和加工阶段，可以用大数据分析技术对规划数据进行分析、挖掘和再加工。采用智能感知、分布式集群、云计算、机器学习、专业化模型等相关工具、技术和方法在生态环境规划中进行数据分析。例如，使用Hadoop的分布式文件系统（HDFS）和分布式数据库（MapReduce）对生态环境大数据进行批量处理；利用决策树、贝叶斯、回归模型、认知算法等机器学习模型和算法对海量数据进行关联分析和深度挖掘。如在土壤源解析过程中，传统的源解析方法主要包括主成分分析法、同位素比值分析、正定矩阵分解和随机模型等，但大量研究表明，机器学习方法可以处理土壤污染物与环境之间复杂的非线性关系和层次关系，具有强大的土壤污染源解析能力。

此外，具有公共政策属性的生态环境规划也在大数据的运用下，推动了规划评估和管理创新。世界各国都将推进大数据分析技术的研究应用作为重大发展战略，利用构建的大数据体系进行政府决策支持。我国已将生态环境大数据列为国家发展战略中的重要一环，建立了涵盖大气、水和土壤等领域的生态环境监测网络系统并逐步加大监测密度。基于大数据进行精细化生态环境管理决策应用，如通过对生态环境与经济社会大数据形势进行分析，建立生态环境与经济社会形势分析关联指数，将环境变化特征与经济社会发展情况进行关联对比，识别影响环境质量变化的主要原因；通过对环境质量现状和变化趋势进行综合统计分析，全面掌握环境质量变化特征，精准化制定环境质量提升方案等。此外，在大数据基础上发展而来的人工智能，是规划的重要技术支撑。如当前流行的chatGPT，可以基于大数据以更加平实、清晰的方式向公众解读规划建设目标及内容，也可以为环境规划师设计生态环境保护规划重点任务提供一些思路。

（2）生态环境模拟与预测技术

生态环境模拟与预测是生态环境规划中的重要一环，既是对未来生态环境变化进行直观感知，也是评估方案可行性的重要依据。我国虽然从“七五”时期就开启了社会经济环境大系统模拟与预测研究，但在具体实践中，因受数据与时间成本等限制，有关复杂系统环境模拟、大区域尺度环境模拟与预测的实践并不多，大部分规划实践都局限于利用简化模型对某个环境属性进行预测分析，或者只是简要地对未来发展态势进行经验研判。然而生态环境过程存在显著的空间异质性与时间动态变化，单要素环境模拟无法把握复杂系统中各要素之间的相互关系及其全过程变化，因此也无法满足现代生态环境规划需求。

近几年来，以生态环境部环境规划院为代表的一些科研机构及高等院校开展了环境综合模拟研究，重点在大气、水环境模拟与预测方面开发应用了一系列综合模拟预测模型。如结合国家尺度和区域尺度大气污染物排放清单，采用 WRF/CMAQ 和 WRF/CAMx 等模型工具，对区域间大气污染物传输、影响进行分析，以实现对区域大气污染物排放控制策略优化；又如在流域面源污染控制方面，引入 SWAT 面源污染模型，对流域面源污染流失负荷进行时空模拟与预测，识别流域面源污染控制关键源区及关键时期，为面源污染控制决策提供依据；另有研究采用水质预测模型（MIKE、WASP）对规划区域水环境进行情景预测，以此来筛选优化水污染控制方案。

由于社会经济环境复合系统中各要素存在相互关联、相互制约的错综复杂关系，一些机理模型在规划实践中也遭遇了应用“瓶颈”。机器学习方法是从海量数据中自行寻找规律，构建关系并进行预测的活动，近年来逐渐与大数据分析技术融合在一起，其强大的拟合能力及优秀的数据挖掘效果使各行各业的研究者都开始尝试利用机器学习方法解决实际问题，其也被逐步应用到生态环境规划中。如笔者在太湖流域水质目标管理方案制定中，通过机器学习模型（随机森林模型）识别出影响流域水质的主导因子，建立流域特征与水质关联性预测模型，对太湖流域浙江片水系水质进行了预测，并采用空间聚类分析划定了水质重点控制区。又如长江生态环境保护修复智慧决策平台构建过程中，利用机器学习方法解决复杂环境问题的优势，构建流域水环境分析机器学习方法模型库，覆盖污染物反演、黑臭水体识别、水质预测、环境功能评价、污染物排放量预测、流域环境问题诊断、工业园区污染排放溯源等。

随着大数据、互联网、云计算、人工智能等信息化技术的发展，生态环境模拟与预测能力得到进一步提升。特别是生态大数据库或平台的广泛建立，极大地支撑了生态环境模拟与预测发展，未来规划实践中对区域生态环境过程可以更加精准地进行模拟与预测，提升规划决策的科学性。

（3）三维可视化技术

生态环境规划涉及环境、社会、经济等因素的空间分布和时间演变信息。传统的生态环境规划主要是利用纸质地图和统计资料进行时空及属性信息的获取和表达，在信息容量、质量与展示方面具有一定局限性，影响了生态环境规划结果的科学性。近十多年来，地理信息系统（GIS）与遥感（RS）和全球定位系统（GPS）等的有效结合，实现了区域生态环境要素二维、三维的抽象表达，在生态环境规划领域发挥着巨大的作用。随着 GIS 在生态规划中的应用，人们越来越多地要求从三维空间来处理相关问题，特别是 Google Earth 推出以来，三维 GIS 成了当今 GIS 应用发展的重要趋势。结合 GIS 和三维技术，以地理环境为依托，通过视觉效果探讨空间信息所反映的规律知识，实现数据的可视化，使结果更为直观。随着三维 GIS 可视化功能和空间数据分析能力的不断增强，利用环境分析模型、GIS 空间分析能力及三维可视化技术，开展环境影响评价分析、环境功能区划、环境规划空间布局、环境演变模拟预测、环境规划方案决策等，为生态环境规划提供了直观科学的分析结果。因此，结合环境分析模型，并与决策支持系统相互结合，三维 GIS 必将成为未来生态环境规划辅助决策支持的重要工具。

在三维可视化技术应用中，虚拟现实（Virtual Reality，VR）技术发挥着重要的作用。利用图形图像、多媒体、地理信息及可视化技术将生态环境规划相关要素集合起来，并进行数字化处理，建立规划要素数据库，并以该数据库为基础构建出虚拟现实技术系统。在 VR 技术系统中，以宏观的视野全面观察区域环境综合现状，并根据可持续发展的现实要求，对区域环境治理、保护等内容进行综合集成，利用相应的数值信息直接表达出来，然后编制出环境规划的近期、短期、中期目标、任务、要求和方案，并实现虚拟实景模拟，将规划成果逼真展示，以指导区域环境管理。

未来可视化技术在生态环境规划中的应用主要集中在 3 个方面：①历史过程模拟。将前期调查到的区域大气、水、土地利用等环境信息的收集和整理，利用环境模拟模型、地理信息可视化技术、虚拟现实技术等将单一或多环境要素的历史演变过程进行模拟表达，便于规划人员了解区域环境要素的历史变迁，发现环境问题，指导规划方案的制定。②基础现实表达。实景与抽象等相结合，进行区域环境的现状表达。利用图片图形及地理信息的可视化技术，实现对环境现状要素的抽象表达。通过抽象与具体的现实表达反映出区域环境规划的规律性，诊断出可能的环境问题，并提出相应的解决对策。③智能决策支持。生态环境规划伴随着大量的结构化、半结构化和非结构化并存的决策问题，利用人机交互能力强的三维可视化技术、地理空间分析技术、虚拟现实技术，与环境智能决策支持系统的集成，可以实现对三维数据可视化智能提取，为规划决策提供依据，也极大提高决策的便捷性、科学性和合理性。④规划方案展示。区域环境规划方案的展示既可以通过几何图形符号表达，也可以通过效果图进行表达和展示。通过三维虚拟可视化技术对方案进行三维动态仿真表达，展现环境现状和环境演变过程，使规划方案展示更加丰富和直观。

（4）环境经济分析技术

生态环境规划技术体系中，环境经济分析技术占据一定比重，是生态环境规划研究的热点之一。毕军等（2021）对环境规划领域 12 项关键技术进行了文献计量分析，结果显示，2000—2020 年国际上（以 SCI 收录论文为代表）关注较多的有环境目标管理制定技术（16%）、规划情景分析技术（14%）、产业代谢分析技术（13%）和环境经济学分析技术（10%），而我国 SCI 发文中，涉及环境经济学分析技术的比例高达 13%。

在生态环境规划实践中，环境经济分析技术通常用于对规划方案的比较分析或优化。如采用市场价值法、机会成本法、影子工程法等经济评估法对方案的环境成本和效益进行分析，以此来决策方案的可行性；或者在进行众多方案的优化筛选时，将经济效益也作为重要的目标进行分析。如笔者在对苕溪流域农业产业结构进行优化时的多目标规划模型就涵盖了环境目标、经济目标和社会目标。在对太湖流域长兴水环境整治工程进行筛选时，利用环境经济分析技术对各类工程的成本进行了分析，并作为水环境整治方案筛选的重要衡量指标之一。

生态系统服务价值评价起源于 20 世纪末，近年来也成为生态经济学的研究热点。从 Costanza 等（1997）对全球自然资本的首次评估，到千年生态系统评估（Millennium Ecosystem Assessment，MEA）、生态系统和生物多样性经济学（The Economics of Ecosystems and Biodiversity，TEEB）等计划的实施，该领域的研究逐渐走向了以实证数据为主的探索阶段。生态服务价值评估目前也开始应用于区域生态现状评估中。由于生态系统服务功能评价通常用各类功能的物理量进行表征，各生态系统之间无法进行综合比较。采用生态系统服务功能价值评价，即将各功能大小进行归一化，为比较区域生态服务功能提供了便捷。如笔者在浙江省“三线一单”方案编制中，引入生态服务价值评估，根据生态服务功能价值的聚类分析，将高功能的区域纳入优先保护区。

2021 年，联合国正式通过了具有里程碑意义的环境经济核算系统的新框架 SEEA-EA。2020 年，生态环境部与中国科学院生态环境研究中心联合编制了陆地生态系统生产总值（Gross Ecosystem Product，GEP）核算技术指南。这些核算框架及指南的出台，将环境系统与经济系统纳入统一核算体系，为全面研究环境与经济发展协调性提供了可能。生态环境规划一方面依据生态学、系统学原理对生态环境建设进行调控，另一方面根据经济学原理对人类社会经济活动进行约束与规范，其实质是要在经济发展和环境保护之间寻求最佳协调平衡点。因此，在规划过程中开展环境经济系统价值核算，可以在同一标准体系下对环境行为与经济行为进行比较，识别生态环境规划重点领域并采取有效措施。随着“绿水青山就是金山银山”理念的推广与践行，生态系统服务价值核算将作为生态环境规划的一项基础性工作，为生态产品价值体现，拓宽“绿水青山就是金山银山”转化通道提供实现路径。

美丽中国、健康中国及碳达峰与碳中和等战略目标，对新时期生态环境规划提出了不同领域、不同学科交叉融合拓展的新需求，亟待现有规划技术与人工智能、数据技术、社会治理等领域相融合，因此多领域技术集成与应用将是未来生态环境规划技术体系发展的重点。然而，国内外现有研究多着眼于环境目标管理制定技术、规划情景分析技术、产业代谢分析技术等以自然环境为研究对象的“硬技术”，而对于以人的行为为研究对象的“软技术”，如环境舆情分析与管理、环境行为模拟与分析，以及更加注重整体发展观的环境空间规划技术等研究尚不充分。未来我国生态环境规划技术领域，要加强社会经济环境等系统的综合影响分析，环境经济耦合、定量评估技术等的研究，以及“软技术”等薄弱技术的发展；同时，要强化大数据、云计算、可视化等现代信息技术运用，加强多学科交叉结合、多类型技术集成与创新，提升生态环境规划编制的科学性、规范化。

参考文献

[1] Abernethy V D. Carrying capacity：The tradition and policy implications of limits[J]. Ethics in Science and Environmental Politics，2001：9-18.

[2] Adams T E，Chen S，Dymond R. Results from operational hydrologic forecasts using the NOAA/NWS OHRFC Ohio River Community HEC-RAS Model[J]. Journal of Hydrologic Engineering，2018，7（23）.

[3] Breiman. Random forests [J]. Machine Learning，2001，45（1）：5-32.

[4] Breiman. Statistical modeling：The two cultures [J]. Statistical Science，2001，16：199-215.

[5] Chen Z，Wei S. Application of system dynamics to water security research[J]. Water Resources Management，2014，28（2）：287-300.

[6] Cohen-Rosenthal E. Making sense out of industrial ecology：a framework for analysis and action[J]. Journal of Cleaner Production，2004，12（8-10）：1111-1123.

[7] Costanza R，d'Arge R，De Groot R，et al. The value of the world's ecosystem services and natural capital [J]. Nature，1997，387（6630）：253-260.

[8] Delgado J A，Shaffer M，Hu C G S，et al. A decade of change in nutrient management：a new nitrogen index[J]. Journal of Soil and Water Conservation，2006，61（2）：62A-71A.

[9] Elshorbagy A，Teegavarapu R S V，Ormsbee L. Total maximum daily load（TMDL）approach to surface water quality management：concepts，issues，and applications [J]. Canadian Journal of Civil Engineering，2005，32（2）：442-448.

[10] Gburek W J，Sharpley A N，Heathnaite L，et al. Phosphorus management at the watershed scale：A modification of the phosphorus index[J]. Journal of Environmental Quality，2000，29（1）：130-144.

[11] Haith D A，Shoemaker L L. Generalized watershed loading functions for stream-flow nutrients [J]. Water Resources Bulletin，1987，23：471-478.

[12] Hill CHM. PLOAD version 3.0：An Arcview GIS tool to calculate nonpoint sources of pollution in watershed and stormwater projects：User's Manual[M]. Washington，DC：US Environmental Protection Agency，2001.

[13] Holguin-Gonzalez J E，Everaert G，Boets P，et al. Development and application of an integrated ecological modelling framework to analyze the impact of wastewater discharges on the ecological water

quality of rivers [J]. Environmental Modelling and Software，2013，48：27-36.

[14] Hydrologic Engineering Center. HEC-RAS User's Manual Version 5.0[R]. U.S. Army Corps of Engineering.Davis，CA USA，2016.

[15] Iverson L R，Prasad A M，Matthews S N，et al. Estimating potential habitat for 134 eastern US tree species under six climate scenarios [J]. Forest Ecology and Management，2008，254：390-406.

[16] Lifset R. Why Industrial Ecology？[J]. Journal of Industrial Ecology，1997，1（4）：1-2.

[17] Schneider D M，Godschalk D R，Axler N. The Carrying Capacity Concept as a Planning Tool[M]. Chicagao：American Planning Association，1978.

[18] Swami A，Jain R. Scikit-Learn：Machine learning in python [J]. Journal of Machine Learning Research，2012，12（10）：2825-2830.

[19] Wang Q S，Yuan X L，Cheng X X，et al. Coordinated development of energy，economy and environment subsystems-A case study[J]. Ecological Indicators，2014，46：514-523.

[20] Wool T A，Amborse R B，Martin J L，et al. Water quality analysis simulation program（WASP） Version 6.0：Draft User's Manual [M]. U.S. Atlanta G．A：Environmental Protection Agency，2001.

[21] Xue Q，Song W，Zhang Y L，et al. Research progress in ecological carrying capacity：implications，assessment methods and current focus[J]. Journal of Resources and Ecology，2017，8（5）：514-525.

[22] 奥德姆，巴雷特. 生态学基础[M]. 陆健健，译. 北京：高等教育出版社，2009.

[23] 包存宽，何佳，徐美玲，等. 我国环境规划体系框架设计[J]. 城乡规划，2013（2）：21-26.

[24] 毕军，马宗伟，刘蓓蓓，等. 中国环境规划学科发展：现状与展望[J]. 中国环境管理，2021，13（5）：159-169.

[25] 边金云. AnnAGNPS 模型在四岭水库小流域非点源控制中的应用研究[D]. 杭州：浙江大学，2012.

[26] 蔡芫镔，潘文斌，任霖光. BASINS3.0 系统述评[J]. 安全与环境工程，2005（2）：69-72.

[27] 曹智，闵庆文，刘某承，等. 基于生态系统服务的生态承载力：概念、内涵与评估模型及应用[J]. 自然资源学报，2015，30（1）：1-11.

[28] 陈国阶. 环境区划若干问题探讨[J]. 环境科学，1993（3）：52-56，93.

[29] 大自然保护协会. 生物多样性保护规划编制方法与应用[M]. 北京：科学出版社，2022.

[30] 杜栋，庞庆华. 现代综合评价方法与案例精选（第 2 版）[M]. 北京：清华大学出版社，2008.

[31] 杜树新，吴铁军. 模式识别中的支持向量机方法[J]. 浙江大学学报：工学版，2003，37（5）：521-527.

[32] 傅国伟. 当代环境规划的定义、作用与特征分析[J]. 中国环境科学，1999，19（1）：72-76.

[33] 傅国伟. 环境工程手册：环境规划卷[M]. 北京：高等教育出版社，2003.

[34] 高江波，黄姣，李双成，等. 中国自然地理区划研究的新进展与发展趋势[J]. 地理科学进展，2010，29（11）：1400-1407.

[35] 高吉喜. 可持续发展理论探索—生态承载力理论、方法与应用[M]. 北京：中国环境科学出版社，

2001.

[36] 高密来. 中国生态环境区划初探[J]. 生态学杂志，1995（2）：37-43.

[37] 高晓路，廖柳文，吴丹贤，等. “十四五”生态环境分区管治的战略方向[J]. 环境保护，2019，47（10）：27-32.

[38] 龚子逸. 大数据影响下区域规划编制方法的创新[J]. 城市地理，2017，16：36-37.

[39] 郭怀成，尚金城，张天柱. 环境规划学[M]. 北京：高等教育出版社，2009.

[40] 郭怀城. 环境规划方法与应用[M]. 北京：化学工业出版社，2006.

[41] 郭秀锐，毛显强，冉圣宏. 国内环境承载力研究进展[J]. 中国人口 • 资源与环境，2000，10（3）：28-30.

[42] 郭腾云，徐勇，马国霞，等. 区域经济空间结构理论与方法的回顾[J]. 地理科学进展，2009，28（1）：111-118.

[43] 郭雪琪，吴仁海，张毅强，等. 费用-效益法在环境影响经济损益分析中的应用[J]. 环境科学与技术，2019，42（7）：227-236.

[44] 国家环境保护总局. 生态功能区划技术暂行规程[Z]. 2002.

[45] 环境保护部，中国科学院. 全国生态功能区划（修编版）[Z].2015. http：//www.mee.gov.cn/gkml/hbb/bgg/201511/t20151126_317777.htm.

[46] 环境保护部.“环境质量底线、资源利用上线和环境准入负面清单”编制技术指南（试行）（环办环评〔2017〕99号）[Z]. 2017.

[47] 环境保护部. 生态功能区划分技术规范（征求意见稿）[Z]. 2014. http：//www.mee.gov.cn/gkml/hbb/bgth/201405/t20140521_275396.htm.

[48] 环境保护部. 国家环境保护“十一五”规划[M]. 北京：中国环境科学出版社，2008.

[49] 环境环境保护局计划司. 环境规划指南[M]. 北京：清华大学出版社，1994.

[50] 黄金川，黄武强，张煜. 中国地级以上城市基础设施评价研究[J]. 经济地理，2011，31（1）：47-54.

[51] 黄贤金，周艳. 资源环境承载力研究方法综述[J]. 中国环境管理，2018，10（6）：36-42，54.

[52] 贾琳，杨飞，张胜田，等. 土壤环境功能区划研究进展浅析[J]. 中国农业资源与区划，2015，36（1）：107-114.

[53] 江河，刘贵利，陈帆，等. 国土空间生态环境分区管治理论和技术方法研究[M]. 北京：中国建筑工业出版社，2019.

[54] 蒋洪强，刘年磊，胡溪，等. 我国生态环境空间管控制度研究与实践进展[J]. 环境保护，2019，47（13）：32-36.

[55] 金佳鑫，王颖，江洪，等. 基于遥感和典范对应分析方法优化生态地理分区——以中国区域为例[J]. 中国科学（地球科学），2016，46（9）：1188-1196.

[56] 赖锡军. 流域水环境过程综合模拟研究进展[J]. 地理科学进展，2019，38（8）：1123-1135.

[57] 李娇，吴劲，蒋进元，等. 近十年土壤污染物源解析研究综述[J]. 土壤通报，2018，49（1）：232-242.
[58] 李金昌，等. 生态价值论[M]. 重庆：重庆大学出版社，1999.
[59] 李树. 我国生态产业的发展模式及政策支持[J]. 经济问题，2008（11）：24-27.
[60] 李天昕，等. 环境规划与管理实务[M]. 北京：冶金工业出版社，2014.
[61] 李云燕，葛畅. 环境费用效益分析：理论、应用与展望[J]. 环境保护与循环经济，2016，36（9）：29-34.
[62] 李兆富，刘红玉，李燕. HSPF 水文水质模型应用研究综述[J]. 环境科学，2012，33（7）：2217-2223.
[63] 刘方园，王水花，张煜东. 支持向量机模型与应用综述[J]. 计算机系统应用，2018，27（4）：1-9.
[64] 刘贵利，郭健，江河. 国土空间规划体系中的生态环境保护规划研究[J]. 环境保护，2019，47（10）：33-38.
[65] 刘宏波，瞿明凯，张健琳，等. 土壤污染物源解析技术研究进展[J]. 环境监控与预警，2021，13（1）：1-6，19.
[66] 刘建国，张妍，黄杏灵. 中国人文地理学区域空间结构研究的主要领域及展望[J]. 地理科学，2019，39（6）：874-885.
[67] 刘康，李团胜. 生态规划——理论、方法与应用[M]. 北京：化学工业出版社，2004.
[68] 刘立忠. 环境规划与管理[M]. 北京：中国建材工业出版社，2015.
[69] 刘璐. 城市总体规划中的生态环境规划[J]. 美与时代：城市版，2016（6）：38-39.
[70] 刘瑞平，魏楠，王夏晖，等. 中国土壤污染风险管控规划技术体系研究[J]. 环境科学与管理，2021，46（1）：17-21.
[71] 刘思峰，杨英杰. 灰色系统研究进展（2004—2014）[J]. 南京航空航天大学学报，2015，47（1）：1-18.
[72] 刘文政，朱瑾. 资源环境承载力研究进展：基于地理学综合研究的视角[J]. 中国人口•资源与环境，2017，27（6）：75-86.
[73] 刘宇辉. 中国 1961—2001 年人地协调度演变分析——基于生态足迹模型的研究[J]. 经济地理，2005（2）：219-222，235.
[74] 刘峥延，毛显强，江河. “十四五”时期生态环境保护重点方向和任务研究[J]. 中国环境管理，2019（3）：40-45.
[75] 刘作新，谷健. 我国土壤环境功能区划内涵及其框架[J]. 土壤，2014，46（3）：389-393.
[76] 龙花楼，刘永强，李婷婷，等. 生态文明建设视角下土地利用规划与环境保护规划的空间衔接研究[J]. 经济地理，2014，34（5）：1-8.
[77] 陆大道. 关于地理学的“人-地系统”理论研究[J]. 地理研究，2002（2）：135-145.
[78] 吕红迪，万军，秦昌波，等. “三线一单”划定的基本思路与建议[J]. 环境影响评价，2018，40（3）：1-4.

[79] 吕一河，傅微，李婷，等. 区域资源环境综合承载力研究进展与展望[J]. 地理科学进展，2018，37（1）：130-138.

[80] 麦少芝，徐颂军，潘颖君. PSR 模型在湿地生态系统健康评价中的应用[J]. 热带地理，2005，25（4）：317-321.

[81] 孟伟，张远，郑丙辉. 辽河流域水生态分区研究[J]. 环境科学学报，2007，27（6）：911-918.

[82] 穆聪，李家科，邓朝显，等. MIKE 模型在城市及流域水文——环境模拟中的应用进展[J]. 水资源与水工程学报，2019，30（2）：71-80.

[83] 欧阳志云，王如松. 生态规划的回顾与展望[J]. 自然资源学报，1995，10（3）：203-215.

[84] 彭再德，杨凯，王云. 区域环境承载力研究方法初探[J]. 中国环境科学，1996，16（1）：6-10.

[85] 曲修齐，刘淼，李春林，等. 生态承载力评估方法研究进展[J]. 气象与环境学报，2019，35（4）：113-119.

[86] 权佳，欧阳志云，徐卫华，等. 自然保护区管理有效性评价方法的比较与应用[J]. 生物多样性，2010，18（1）：90-99.

[87] 尚金城，包存宽，赵彦伟. 环境规划与管理[M]. 北京：科学出版社，2009.

[88] 尚金城，等. 城市环境规划[M]. 北京：高等教育出版社，2008.

[89] 佘雁翎，张启，张瑜. VR 技术在环境规划中的应用研究[J]. 中国战略新兴产业，2018（32）：222.

[90] 申玉铭. 论人地关系的演变与人地系统优化研究[J]. 人文地理，1998（4）：34-38.

[91] 施王金羽，沈鉴翔，刘蓓蓓. “要素—领域—任务”国家生态环境规划体系的形成与演进[J]. 中国环境管理，2020，12（5）：65-70，41.

[92] 石垚，杨建新，刘晶茹，等. 基于 MFA 的生态工业园区物质代谢研究方法探析[J]. 生态学报，2010，30（1）：228-237.

[93] 唐国平. 基于 WASP 模型的水质模拟及水环境容量研究——以南河下游为例[D]. 苏州：苏州科技大学，2017.

[94] 唐永銮. 中国环境区划划分的原则和方法及分区框架的探讨[J]. 重庆环境科学，1992（5）：2-7.

[95] 万军，秦昌波，于雷，等. 关于加快建立“三线一单”的构想与建议[J]. 环境保护，2017，45（20）：7-9.

[96] 万军. 面向美丽中国的生态环境规划探讨[J]. 环境与可持续发展，2020，45（6）：139-140.

[97] 王超，李辉林，胡清，等. 我国土壤环境的风险评估技术分析与展望[J]. 生态毒理学报，2021，16（1）：28-42.

[98] 王钉，万大娟，贺涛，等. 环境规划实施效果评估方法比较研究[J]. 环境科学与管理，2014，39（4）：182-186.

[99] 王恩涌. 关于“人地关系”的发展与认识[J]. 人文地理，1991，（3）：1-7.

[100] 王芳，刘新建. 经济发展水平评价的投入产出方法[C]. 中国投入产出学会第六届年会暨学术研讨会，2004.

[101] 王俭，孙铁珩，李培军，等. 环境承载力研究进展[J]. 应用生态学报，2005（4）：768-772.
[102] 王金南，董战峰，蒋洪强，等. 中国环境保护战略政策 70 年历史变迁与改革方向[J]. 环境科学研究，2019，32（10）：1636-1644.
[103] 王金南，蒋洪强. 国家“十二五”环境保护规划体系与重点任务[J]. 环境保护，2012，40（1）：51-55.
[104] 王金南，蒋洪强，等. 环境规划学[M]. 北京：中国环境出版社，2014.
[105] 王金南，万军，王倩，等. 改革开放 40 年与中国生态环境规划发展[J]. 中国环境管理，2018，10（6）：5-18.
[106] 王金南，许开鹏，王晶晶，等. 环境功能区划关键技术与应用研究[M]. 北京：中国环境出版集团，2016.
[107] 王金南，秦昌波，万军，等. 国家生态环境保护规划发展历程及展望[J]. 中国环境管理，2021，13（5）：20-28.
[108] 王金南，许开鹏，陆军，等. 国家环境功能区划制度的战略定位与体系框架[J]. 环境保护，2013，41（22）：35-37.
[109] 王金南，张惠远，蒋洪强. 关于我国环境区划体系的探讨[J]. 环境保护，2010，38（10）：29-33.
[110] 王金南. 全面开启人与自然和谐共生的美丽中国建设新征程——为美丽中国建设专题作序[J]. 中国环境管理，2022，14（6）：5-7.
[111] 王金南. 国家“十二五”环境规划技术指南[M]. 北京：中国环境出版社，2013.
[112] 王立婷，刘仁志. 土壤污染风险评价研究进展[J]. 中国环境管理，2020，12（2）：62-68.
[113] 王留锁. 系统动力学模型在环境规划预测中的应用——以辽宁省为例[J]. 中国人口·资源与环境，2012，22（S2）：281-286.
[114] 王明翠，刘雪芹，张建辉. 湖泊富营养化评价方法及分级标准[J]. 中国环境监测，2002（5）：47-49.
[115] 王群，王万茂，金雯. 中国城市土地集约利用研究中的新观点和新方法：综述与展望[J]. 中国人口·资源与环境，2017，27（S1）：95-100.
[116] 王如松. 城乡生态建设的三大理论支柱——复合生态 循环经济 生态文化[C]. 中国生态学学会. 生态安全与生态建设——中国科协 2002 年学术年会论文集，2002：146-151.
[117] 王书肖，邱雄辉，张强，等. 我国人为源大气污染物排放清单编制技术进展及展望[J]. 环境保护，2017，45（21）：21-26.
[118] 王伟，芮元鹏，江河. 国家治理体系现代化中生态环境保护规划的使命与定位[J]. 环境保护，2019，47（13）：37-43.
[119] 王夏晖，刘瑞平，何军，等. 土壤污染防治规划技术方法与实践[M]. 北京：中国环境出版集团，2022.
[120] 王亚平. 生态文明建设与人地系统优化的协同机理及实现路径研究[D]. 济南：山东师范大学，2019.
[121] 王玉涛，王丰川，洪静兰，等. 中国生命周期评价理论与实践研究进展及对策分析[J]. 生态学报，2016，36（22）：7179-7184.

[122] 韦鹤平，徐明德. 环境系统工程[M]. 北京：化学工业出版社，2009.

[123] 魏晓旭，颜长珍. 生态承载力评价方法研究进展[J]. 地球环境学报，2019，10（5）：441-452.

[124] 文宇立，谢阳村，徐敏，等. 构建适应新国土空间规划的流域空间管控体系[J]. 中国环境管理，2020，5：58-64.

[125] 吴波，郭书海，李宝林，等. 中国土壤环境功能区划方案[J]. 应用生态学报，2018，29（3）：961-968.

[126] 吴传钧. 论地理学的研究核心——人地关系地域系统[J]. 经济地理，1991，（3）：1-6.

[127] 吴舜泽，徐毅，王倩. 环境规划 回顾与展望[M]. 北京：中国环境科学出版社，2009.

[128] 吴舜泽，洪亚雄，王金南，等. 国家环境保护“十二五”规划基本思路研究报告[M]. 北京：中国环境科学出版社，2011.

[129] 吴舜泽，周劲松，万军. 国家环境保护规划实施评估与考核关键技术[M]. 北京：化学工业出版社，2015.

[130] 吴运金，邓绍坡，何跃，等. 土壤环境功能区划的体系与方法探讨[J]. 土壤通报，2014，45（5）：1042-1048.

[131] 肖焰恒，陈艳. 生态工业理论及其模式实现途径探讨[J]. 中国人口·资源与环境，2001，（3）：100-103.

[132] 谢高地，张彩霞，张雷明，等. 基于单位面积价值当量因子的生态系统服务价值化方法改进[J]. 自然资源学报，2015，30（8）：1243-1254.

[133] 熊建新，陈端吕，彭保发，等. 洞庭湖区生态承载力系统耦合协调度时空分异[J]. 地理科学，2014，34（9）：1108-1116.

[134] 许开鹏，迟妍妍，陆军，等. 环境功能区划进展与展望[J]. 环境保护，2017，45（1）：53-57.

[135] 许振成，彭晓春，贺涛. 现代环境规划理论与实践[M]. 北京：化学工业出版社，2012.

[136] 薛文博，王金南，杨金田，等. 国内外空气质量模型研究进展[J]. 环境与可持续发展，2013，38（3）：14-20.

[137] 杨强，李丽，王运动，等. 1935—2010年中国人口分布空间格局及其演变特征[J]. 地理研究，2016，35（8）：1547-1560.

[138] 杨小兵. 聚类分析中若干关键技术的研究[D]. 杭州：浙江大学，2005.

[139] 杨祎. SWAT模型径流模拟的不确定性研究[D]. 杭州：浙江大学，2014.

[140] 杨源杰，黄道. 人工神经网络算法研究及应用[J]. 华东理工大学学报，2002（5）：115-118.

[141] 于宏兵，周启星，郑力燕，等. 松花江流域水生态功能分区研究[M]. 北京：科学出版社，2016.

[142] 余晓娟. 风险型决策模型概述及应用[D]. 武汉：华中师范大学，2007.

[143] 於方，董战峰，过孝民，等. 中国环境保护规划评估制度建设的主要问题分析[J]. 环境污染与防治，2009，31（10）：91-94.

[144] 袁平波，顾为兵，尹东. 数据结构及应用算法[M]. 合肥：中国科学技术大学出版社，2013.

[145] 张宝莉，徐玉新. 环境规划与管理[M]. 北京：中国环境出版社，2004.

[146] 张承中. 环境规划与管理[M]. 北京：高等教育出版社，2007.

[147] 张惠远. 我国环境功能区划框架体系的初步构想[J]. 环境保护，2009，37（2）：7-10.

[148] 张恺，骆春会，陈旭锋，等. 中国不同尺度大气污染物排放清单编制工作综述[J]. 中国环境监测，2019，35（3）：59-68.

[149] 张象枢，魏国印，李克国. 环境经济学[M]. 北京：中国环境科学出版社，1994.

[150] 张学玲，余文波，蔡海生，等. 区域生态环境脆弱性评价方法研究综述[J]. 生态学报，2018，38（16）：5970-5981.

[151] 张玉斌，郑粉莉. AGNPS 模型及其应用[J]. 水土保持研究，2004（4）：124-127.

[152] 赵东升，郭彩贇，郑度，等. 生态承载力研究进展[J]. 生态学报，2019，39（2）：399-410.

[153] 郑思远. 多层级水环境分区分类体系构建[D]. 杭州：浙江大学，2019.

[154] 郑秀君，胡彬. 我国生命周期评价（LCA）文献综述及国外最新研究进展[J]. 科技进步与对策，2013，30（6）：155-160.

[155] 朱立晨，王豪伟，唐立娜. 闽三角区域生态系统服务重要性评价及其空间分布[J]. 生态学报，2018，38（20）：7254-7268.

[156] 朱瑶，梁志伟，李伟，等. 流域水环境污染模型及其应用研究综述[J]. 应用生态学报，2013，24（10）：3012-3018.

[157] 祝萍，黄麟，肖桐，等. 中国典型自然保护区生境状况时空变化特征[J]. 地理学报，2018，73（1）：92-103.